Hochschultext

H. Diehl H. Ihlefeld H. Schwegler

Physik für Biologen

Mit 273 Abbildungen

Springer-Verlag
Berlin Heidelberg New York 1981

Professor Dr. H. Diehl
Professor Dr. H. Schwegler

Fachbereich 2 der Universität Bremen, Postfach 33 04 40
2800 Bremen 33

Dr. H. Ihlefeld
Fachbereich 4 der Universität Oldenburg
2900 Oldenburg

CIP-Kurztitelaufnahme der Deutschen Bibliothek
Diehl, Horst:
Physik für Biologen / H. Diehl ; H. Ihlefeld ; H. Schwegler. –
Berlin ; Heidelberg ; New York : Springer, 1981.
(Hochschultext)

ISBN-13: 978-3-540-10420-9   e-ISBN-13: 978-3-642-67867-7
DOI: 10.1007/978-3-642-67867-7

NE: Ihlefeld, Heimbert:; Schwegler, Helmut:; GT

Das Werk ist urheberrechtlich geschützt. Die dadurch begründeten Rechte, insbesondere die der Übersetzung, des Nachdruckes, der Entnahme von Abbildungen, der Funksendung, der Wiedergabe auf photomechanischem oder ähnlichem Wege und der Speicherung in Datenverarbeitungsanlagen bleiben, auch bei nur auszugsweiser Verwertung, vorbehalten. Die Vergütungsansprüche des § 54, Abs. 2 UrhG werden durch die "Verwertungsgesellschaft Wort", München, wahrgenommen.
© by Springer-Verlag Berlin Heidelberg 1981

Die Wiedergabe von Gebrauchsnamen, Handelsnamen, Warenbezeichnungen usw. in diesem Werk berechtigt auch ohne besondere Kennzeichnung nicht zu der Annahme, daß solche Namen im Sinne der Warenzeichen- und Markenschutz-Gesetzgebung als frei zu betrachten wären und daher von jedermann benutzt werden dürften.

2153/3130-5 4 3 2 1 0

Vorwort

Die neu gestaltete gymnasiale Oberstufe hat dazu geführt, daß die Studienanfänger des Faches Biologie sehr unterschiedliche Voraussetzungen für den Unterricht in Physik als Hilfswissenschaft mitbringen. Andererseits sind die Anforderungen der biologischen Ausbildung und Berufspraxis an die naturwissenschaftlichen Nachbardisziplinen angestiegen. Wir mußten aber — nach mehrjährigen Erfahrungen in der Physikausbildung von Biologiestudenten — feststellen, daß das Festhalten am für Physikstudenten üblichen Fachkanon für die meisten Biologiestudenten zu einer nur ungern angenommenen Pflichtveranstaltung führt. Wir haben deshalb ein anderes Konzept erprobt, das zu dem vorliegenden Buch geführt hat.

Bezüglich der Stoffauswahl sind wir davon ausgegangen, daß es für den Biologiestudenten ein spezifisches Interesse an der Physik gibt, das weder durch eine "Physik für Naturwissenschaftler", die so unterschiedlichen Anforderungen wie für die Chemiker- und für die Medizinerausbildung gerecht werden will, noch durch eine Physik für Mediziner voll erfüllt wird. Im Supermarkt des physikalischen Fächerkatalogs für die ärztliche Vorprüfung wird eher ein Kaleidoskop der Physik feilgeboten, als zum selbständigen Eindringen in relevante Teilgebiete der Physik angeregt. Gegenüber dem Chemiker benötigt der Biologe sehr viel weniger Atom-, Molekül- und Quantenphysik, dagegen mehr aktualisierte "klassische Physik" sowohl im Hinblick auf seine Arbeitsmethoden als auch für seine Hypothesen und die Interpretationen seiner Arbeitsergebnisse.

Die Anordnung des Stoffes im vorliegenden Buch weicht von der in Physik-Lehrbüchern üblichen stark ab. Die historisch gewachsene Abfolge Mechanik, Akustik, Wärmelehre, ... ist naturgemäß auch didaktisch gut geeignet, ein vollständiges Begriffssystem der Physik zu vermitteln. Doch kann und soll dies nicht das Ziel des Physikunterrichts für Biologiestudenten sein; und außerdem gibt es inzwischen zahlreiche Beispiele, daß eine an anderen Prinzipien orientierte Stoffanordnung zu sehr anregenden und erfolgreichen physikalischen Lehrbüchern sogar für Physiker führen kann, z.B. The Feynman Lectures on Physics.

Folgende Überlegungen haben zu der hier vorliegenden Stoffanordnung geführt: Der Physikunterricht für den Biologiestudenten sollte mit Themen beginnen, die er frühzeitig in sein Hauptstudium integrieren kann und für die i.a. Anknüpfungspunkte von der Schule oder aus dem bisherigen Berufsleben her zu erwarten sind. Das gilt sicherlich für die Teilgebiete Optik (Kap.1) und Elektrizitätslehre (Kap.2 u. 3). Die einfachen Gesetze der geometrischen Optik bieten in aller Regel Anknüpfungspunkte, sie lassen sich rasch erweitern auf das Verständnis der Funktion von Auge und Mikroskop hin, das bereits in den allerersten Biologiekursen benötigt wird. Die Befassung mit dem Auflösungsvermögen und mit Varianten mikroskopischer Techniken bietet Anlaß, überzugehen auf die Wellenoptik (Phasenkontrastverfahren, Interferenzmikroskop). Die in Kap.2 vermittelte Elektrizitätslehre verzichtet auf die Elektrodynamik und orientiert sich an elektrischen Phänomenen mit dem Ziel, den Studenten zu befähigen, mit elektrischen Geräten und Schaltungen sachgerecht arbeiten zu können. Dieser Ansatz hat sich nach unseren Erfahrungen bewährt, da der Student zur Elektrizität (und zur Physik überhaupt) sowieso ein "Lichtschalterverhältnis" mitbringt und über eine Systematisierung der Phänomene eher eingeführt werden kann als über die Elektrodynamik. Diese wird in geringem Umfang zusammen mit den Grundbegriffen der Mechanik im Kap.3 ergänzt und der Leser kann darauf aufbauend am Beispiel von Elektronenmikroskop und Massenspektrometer zu den Grundbegriffen der Elektronen- bzw. Ionenoptik geführt werden.

Kapitel 4 befaßt sich mit der Kontinuumsmechanik, die dem Biologen und Biochemiker den Zugang zur Zentrifugation, Strömungsphysik (Kreislauf), zu Grenzflächengleichgewichten und zur Akustik (Hören) eröffnet. Dem mathematisch unerfahrenen Leser wird hier etwas Geduld und mitunter die Hinzuziehung eines Mathematik-Buches abverlangt, wenn er das Kapitel 4 voll ausschöpfen will. Ein grundlegendes Verständnis der Phänomene wird aber auch erreicht, wenn man darauf verzichtet, jeden Rechenschritt nachzuvollziehen.

Die Kapitel 5 und 6 befassen sich mit der Molekül-, Atom- und Kernphysik, wobei zwar die Quantenphysik in ihren Grundzügen und Konsequenzen dargestellt wird, als Schwerpunkte jedoch biologisch relevante Teilgebiete hervorgehoben werden. In Kap.5 sind das die optisch-spektrometrischen Methoden und im Kap.6 ist es eine Phänomenologie der radioaktiven Strahlungen, ihrer Messungen, ihrer Nutzbarmachung und ihrer Risiken.

Kapitel 7 gilt den Gesetzen der Thermodynamik. Dieses Gebiet wird teilweise auch im Chemie-Unterricht für Biologen behandelt, so daß wir uns hier auf eine übergreifende physikalische Betrachtungsweise beschränken konnten und experimentelle Methoden nicht im einzelnen zu besprechen brauchten. Lesern, die sich biophysikalisch orientieren wollen, wird dieses Kapitel besonders empfohlen. Diese Empfehlung gilt auch für Kap.8, das die Gesetzmässigkeiten des Energie- und Stofftransports unter biophysikalischen Gesichtspunkten behandelt.

Wir haben durchgehend die Symbole, Einheiten und die physikalische Nomenklatur verwandt, wie sie inzwischen durch internationale Vereinbarungen und teilweise auch durch gesetzliche Regelungen in der Bundesrepublik Deutschland festgelegt worden sind. Soweit andere Einheiten noch häufig gebraucht werden, haben wir diese ebenfalls erklärt.

In ähnlicher Form wie in diesem Buch haben wir die Physik bereits in Studienmaterialien dargestellt, die im Rahmen eines Versuchs "Fernstudium im Medienverbund" durch das Deutsche Institut für Fernstudien an der Universität Tübingen (DIFF) in verschiedenen Universitäten eingesetzt werden. Didaktische Erfahrungen damit sind berücksichtigt worden. Dennoch wird manches zu verbessern und Fehler werden zu korrigieren sein. Für entsprechende Hinweise wären wir dankbar.

Für mannigfache Anregungen, auf die sich die bisherige Arbeit stützen konnte, haben wir an dieser Stelle vielen zu danken: einigen Kollegen aus dem Fachbereich Biologie der Universität Tübingen, insbesondere Herrn Prof. Dr. V. Braun; den Professoren Dr. W. Haupt, Universität Erlangen-Nürnberg, Dr. D. Todt, FU Berlin, und Dr. W. Weber, PH Reutlingen, die als Gutachter für den Fernstudienversuch tätig waren; ebenso den Kollegen des Fachbereichs Biologie der Universität Bremen, namentlich Herrn Prof. Dr. V. Kasche. Die Herren F. Budde, B. Müller, H. Rohbeck und Frau E. Kollack von Rhaden haben mit viel Geduld und Fleiß bei der Herstellung der Abbildungen mitgewirkt, wofür wir unseren Dank aussprechen. Schließlich sind wir Frau R. Hoffmann zu großem Dank verpflichtet, die mit großer Sorgfalt die Manuskript-Texte für dieses Buch geschrieben hat.

Bremen, Januar 1981

Horst Diehl
Heimbert Ihlefeld
Helmut Schwegler

Inhaltsverzeichnis

1. *Optik* 1
   1.1 Grundgesetze der Strahlenoptik 1
       1.1.1 Lichtstrahlen 2
       1.1.2 Reflexion von Lichtstrahlen 2
       1.1.3 Brechung von Lichtstrahlen 5
       1.1.4 Optische Abbildung mit idealen Linsen 9
       1.1.5 Dicke Linsen und Objektive 14
       1.1.6 Zusammenfassung 15
       1.1.7 Aufgaben 16
   1.2 Die Kamera und das Auge 17
       1.2.1 Die fotografische Kamera 17
       1.2.2 Das Wirbeltierauge 18
       1.2.3 Der Sehwinkel 19
       1.2.4 Aufgaben 19
   1.3 Das Mikroskop 20
       1.3.1 Die Lupe 21
       1.3.2 Das Mikroskop 23
       1.3.3 Zusammenfassung 27
       1.3.4 Aufgaben 28
   1.4 Exkurs: Schwingungen und Wellen 28
       1.4.1 Wellenerscheinungen beim Licht 29
       1.4.2 Schwingungen 30
       1.4.3 Wellen 33
       1.4.4 Zusammenfassung 39
       1.4.5 Aufgaben 40
   1.5 Licht als Welle 41
       1.5.1 Spektralfarben 41
       1.5.2 Beugung an Blenden und Gittern 43
       1.5.3 Auflösungsvermögen des Mikroskops 47
       1.5.4 Phasenkontrastverfahren und Interferenzmikroskop 50

		1.5.5	Zusammenfassung	52
		1.5.6	Aufgaben	53
	1.6	Licht als elektromagnetische Welle		53
		1.6.1	Elektromagnetische Wellen	53
		1.6.2	Polarisation	55
		1.6.3	Ausblick	57
		1.6.4	Aufgabe	57
2.	*Elektrische Geräte und Schaltungen*			58
	2.1	Die Grundphänomene der Elektrizität		59
		2.1.1	Ladung	59
		2.1.2	Der elektrische Strom	60
		2.1.3	Die elektrische Spannung	63
		2.1.4	Zusammenfassung	65
		2.1.5	Aufgaben	65
	2.2	Weitere elektrische Größen		65
		2.2.1	Der elektrische Widerstand	66
		2.2.2	Arbeit. Energie	68
		2.2.3	Die elektrische Leistung	70
		2.2.4	Zusammenfassung	71
		2.2.5	Aufgaben	71
	2.3	Gleichstrom und Wechselstrom		72
		2.3.1	Zeitabhängigkeit	72
		2.3.2	Mittelwerte	72
		2.3.3	Effektivwerte	74
		2.3.4	Meßverfahren	76
		2.3.5	Biologische Wirkungen	77
		2.3.6	Schutzkontakt-Systeme	78
		2.3.7	Zusammenfassung	79
		2.3.8	Aufgaben	79
	2.4	Elektrische Bauelemente		80
		2.4.1	Widerstand	80
		2.4.2	Kondensator	81
		2.4.3	Spule und Transformator	87
		2.4.4	Zusammenfassung	88
		2.4.5	Aufgaben	89
	2.5	Elektrische Schaltungen		90
		2.5.1	Stromteilung. Spannungsteilung	90
		2.5.2	Meßschaltungen für Ströme und Spannungen	94

		2.5.3	Zusammenfassung	96
		2.5.4	Aufgaben	97
	2.6	Elektrische Operationseinheiten		98
		2.6.1	Stromquellen	98
		2.6.2	Gleichrichter	99
		2.6.3	Verstärker	101
		2.6.4	Meßwandler	104
		2.6.5	Registriergeräte	106
		2.6.6	Zusammenfassung	109
		2.6.7	Aufgaben	109
	2.7	Optoelektronik		110
		2.7.1	Fotozellen, Sekundärelektronenvervielfacher	110
		2.7.2	Fotoleiter	112
		2.7.3	Fotospannungseffekt	112
		2.7.4	Aufgaben	113
	2.8	Ausblick		114
3.	*Bewegung von Teilchen in Feldern*			115
	3.1	Grundbegriffe der Mechanik		115
		3.1.1	Kinematik	115
		3.1.2	Grundgesetz der Dynamik	120
		3.1.3	Homogene Kraftfelder	122
		3.1.4	Zusammenfassung	125
		3.1.5	Aufgaben	126
	3.2	Elektrisches und magnetisches Feld		126
		3.2.1	Kraftwirkung des elektrischen Feldes	127
		3.2.2	Kraftwirkung des magnetischen Feldes	128
		3.2.3	Ladungen als Quellen eines elektrostatischen Feldes	130
		3.2.4	Magnetfeld stationärer Ströme	132
		3.2.5	Maxwell-Gleichungen	133
		3.2.6	Zusammenfassung	134
		3.2.7	Aufgaben	134
	3.3	Energie		135
		3.3.1	Kinetische und potentielle Energie. Energieerhaltung	135
		3.3.2	Kraft und Arbeit	136
		3.3.3	Reibung	138
		3.3.4	Elektrisches Feld und Spannung	139
		3.3.5	Elektrische Leistung	141
		3.3.6	Zusammenfassung	142
		3.3.7	Aufgaben	142

3.4 Das Elektronenmikroskop 143
    3.4.1 Elektronen als Teilchen und Wellen 144
    3.4.2 Auflösungsvermögen 145
    3.4.3 Bildkontrast 146
    3.4.4 Arbeitsweise des Elektronenmikroskops 147
    3.4.5 Aufgaben 150
3.5 Das Massenspektrometer 150
    3.5.1 Aufbau eines Massenspektrometers 151
    3.5.2 Probenzuführung und Ionenerzeugung 151
    3.5.3 Massentrennung 152
    3.5.4 Ionennachweis 154
    3.5.5 Aufgaben 155
3.6 Reibung und elektrische Leitfähigkeit 155
    3.6.1 Bewegung eines Teilchens mit Reibung 156
    3.6.2 Elektrischer Widerstand 157
    3.6.3 Aufgaben 160
3.7 Quantenmechanik 161
    Aufgaben 163

4. *Mechanik fester, flüssiger und gasförmiger Körper* 164
    4.1 Ruhende Flüssigkeiten und Gase 164
        4.1.1 Ungeordnete Bewegung in ruhenden
               Flüssigkeiten und Gasen 165
        4.1.2 Dichte und Druck 167
        4.1.3 Barometrische Höhenformel 171
        4.1.4 Auftrieb 174
        4.1.5 Sedimentationsgleichgewicht 176
        4.1.6 Zusammenfassung 177
        4.1.7 Aufgaben 178
    4.2 Zentrifugation 178
        4.2.1 Zentrifugalkraft 178
        4.2.2 Sedimentationsgleichgewicht und Gradientenmethode 180
        4.2.3 Zeitlicher Ablauf der Sedimentation 183
        4.2.4 Zusammenfassung 184
        4.2.5 Aufgaben 185
    4.3 Strömung von Flüssigkeiten 185
        4.3.1 Geschwindigkeitsfeld. Stromdichte.
               Kontinuitätsgleichung 186
        4.3.2 Bernoullische Gleichung 187

		4.3.3	Viskosität. Laminare Strömung	188

	4.3.4	Reibungswiderstand von Körpern	193
	4.3.5	Ähnlichkeitsgesetze. Turbulenz	195
	4.3.6	Zusammenfassung	197
	4.3.7	Aufgaben	197
4.4	Deformation elastischer Materialien		198
	4.4.1	Dehnungselastizität. Hookesches Gesetz	198
	4.4.2	Anisotropes elastisches Verhalten	201
	4.4.3	Plastische Verformung. Reißen	202
	4.4.4	Aufgabe	203
4.5	Akustik		203
	4.5.1	Elastische Schwingungen. Schallquellen	204
	4.5.2	Schallwellen	206
	4.5.3	Resonanz. Schallempfänger	210
	4.5.4	Das Ohr. Subjektive Schallempfindung	212
	4.5.5	Zusammenfassung	215
	4.5.6	Aufgaben	215
4.6	Oberflächen und Membranen		217
	4.6.1	Grenzflächen von Flüssigkeiten. Kohäsion und Adhäsion	217
	4.6.2	Adhäsion zwischen Flüssigkeit und festem Stoff	220
	4.6.3	Lipidschichten	222
	4.6.4	Zusammenfassung	224
	4.6.5	Aufgaben	225

5. *Atom- und Molekülphysik. Spektrometrie* 226

5.1	Entwicklung und Bedeutung von Modellvorstellungen im atomaren Bereich		226
5.2	Elektronen machen sich bemerkbar		229
	5.2.1	Gebundene und freie Elektronen	229
	5.2.2	Atomelektronen und Molekülelektronen	233
	5.2.3	Spektrometrie	236
	5.2.4	Zusammenfassung	238
	5.2.5	Aufgaben	238
5.3	Atome und Moleküle lassen sich "sehen"		240
	5.3.1	Spektrometrie mit sichtbarem und ultraviolettem Licht	240
	5.3.2	Spektrometrie in der Gasphase	241
	5.3.3	Spektrometrie an Lösungen	244
	5.3.4	Lichtstreuung	251
	5.3.5	Elektronenspinresonanz (ESR) und Kernspinresonanz (NMR)	254

        5.3.6 Zusammenfassung 256
        5.3.7 Aufgaben 257
   5.4 Moleküle lassen sich erkennen 258
        5.4.1 Moleküle schwingen 258
        5.4.2 Moleküle rotieren 260
        5.4.3 Moleküle absorbieren und emittieren in
              charakteristischer Weise Infrarotstrahlung 263
        5.4.4 Zusammenfassung 268
        5.4.5 Aufgaben 268
   5.5 Weitere Wechselwirkungen von Licht und Materie 269
        5.5.1 Fotochemische Wirkungen 269
        5.5.2 Fotosynthese 271
        5.5.3 Der Laser 272
        5.5.4 Aufgaben 275
   5.6 Ausblick 275

6. *Kernphysik* 277
   6.1 Der Atomkern 278
        6.1.1 Die Nukleonen 278
        6.1.2 Natürliche Radioaktivität 282
        6.1.3 Halbwertszeit 284
        6.1.4 Die Maßeinheit der Radioaktivität 285
        6.1.5 Aufgaben 286
   6.2 Künstliche Radioaktivität 287
        6.2.1 Das Positron 287
        6.2.2 Die Kernspaltung 288
        6.2.3 Die Kernfusion 290
        6.2.4 Aufgaben 291
   6.3 Röntgenstrahlung. Gammastrahlung 291
        6.3.1 Erzeugung von Röntgenstrahlung 292
        6.3.2 Absorption von Röntgenstrahlung 295
        6.3.3 Röntgendiffraktrometrie 296
        6.3.4 Kosmische Strahlung 298
        6.3.5 Aufgaben 299
   6.4 Nutzanwendungen radioaktiven Materials 300
        6.4.1 Altersbestimmungen 300
        6.4.2 Tracer-Methoden 301
        6.4.3 Abschwächungs- und Verdünnungsmethoden 303
        6.4.4 Ionisationseffekte 304
        6.4.5 Aufgaben 305

6.5 Strahlenschäden und Strahlenschutz 305
    6.5.1 Strahlendosimetrie 306
    6.5.2 Strahlenbiologie. Dosiswirkungsbeziehungen 307
    6.5.3 Strahlenschutz 310
    6.5.4 Aufgaben 312
6.6 Kernstrahlungsmeßtechnik 312
    6.6.1 Der Geiger-Müller-Zähler 313
    6.6.2 Der Szintillationsdetektor 314
    6.6.3 Der Halbleiterdetektor 316
    6.6.4 Die Fotoschicht-Schwärzung 317
    6.6.5 Nebel- und Blasenkammer 317
    6.6.6 Fehlerquellen bei Kernstrahlungsmessungen 319
    6.6.7 Aufgaben 320
6.7 Ausblick 320

7. *Thermodynamik* 322
  7.1 Das thermodynamische Gleichgewicht 323
    7.1.1 Der Begriff des Gleichgewichtes 323
    7.1.2 Zustandsgleichungen 326
    7.1.3 Zusammenfassung 329
    7.1.4 Aufgaben 330
  7.2 Kinetik der Gase 331
    7.2.1 Wahrscheinlichkeitsverteilung der Geschwindigkeit .. 331
    7.2.2 Maxwellsche Geschwindigkeitsverteilung 332
    7.2.3 Zustandsgleichungen 334
    7.2.4 Entropie 337
    7.2.5 Chemische Reaktionen in Gasen 342
    7.2.6 Zusammenfassung 347
    7.2.7 Aufgaben 348
  7.3 Die Hauptsätze der Thermodynamik 349
    7.3.1 Der erste Hauptsatz 349
    7.3.2 Isobare Prozesse. Enthalpie 350
    7.3.3 Der zweite Hauptsatz 352
    7.3.4 Isobar-isotherme Prozesse. Freie Enthalpie 353
    7.3.5 Zusammenfassung 355
    7.3.6 Aufgaben 355
  7.4 Anwendungen des zweiten Hauptsatzes 356
    7.4.1 Phasen 356
    7.4.2 Verdünnte Lösungen 358

	7.4.3	Chemische Reaktionen. Bioenergetik	362
	7.4.4	Elektrochemie	367
	7.4.5	Zusammenfassung	368
	7.4.6	Aufgaben	369

8. *Dissipative Prozesse* 370
   - 8.1 Energietransport und Wärmeleitung 371
     - 8.1.1 Wärmeleitung 371
     - 8.1.2 Konvektion 374
     - 8.1.3 Temperaturstrahlung 375
     - 8.1.4 Regulation der Temperatur bei Warmblütern 377
     - 8.1.5 Der Energiehaushalt der Erde 379
     - 8.1.6 Zusammenfassung 380
     - 8.1.7 Aufgaben 380
   - 8.2 Stofftransport in Lösungen 381
     - 8.2.1 Das 1. Ficksche Gesetz 382
     - 8.2.2 Das 2. Ficksche Gesetz. Anwendungen auf einfache Diffusionsvorgänge 384
     - 8.2.3 Abhängigkeit der Diffusionskonstanten von der Molekülgröße 390
     - 8.2.4 Zusammenfassung 392
     - 8.2.5 Aufgaben 392
   - 8.3 Stofftransport durch Membranen 393
     - 8.3.1 Transport ungeladener Moleküle durch einfache Diffusion 393
     - 8.3.2 Transport von Ionen durch einfache Diffusion 398
     - 8.3.3 Erleichterter Transport 400
     - 8.3.4 Aktiver Transport 402
     - 8.3.5 Zusammenfassung 406
     - 8.3.6 Aufgaben 407
   - 8.4 Nichtlineare Phänomene 407

Anhang A *Mathematische Formeln* 412
   - A.1 Geometrie 412
   - A.2 Vektoren 413
   - A.3 Funktionen 415
   - A.4 Differentiation 418
   - A.5 Integration 420

Anhang B	*Physikalische Größen und Maßeinheiten*		422
	B.1	Physikalische Größen	422
	B.2	Gegenseitiger Zusammenhang physikalischer Größen	422
	B.3	Das internationale Einheitensystem	423
	B.4	Dezimalfaktoren	424
	B.5	Einige spezielle Größen und Einheiten	425
Anhang C	*Naturkonstanten*		428
Anhang D	*Griechisches Alphabet*		429
Anhang E	*Lösungen der Aufgaben*		430
Anhang F	*Ergänzende und weiterführende Literatur*		443
Sachverzeichnis			449

1. Optik

Wir beginnen die Physik mit der Optik, weil sie ein für den Biologen sehr wichtiges Gebiet der Physik ist, das sich durch große begriffliche Klarheit und Einfachheit auszeichnet, ohne daß zu ihrem Verständnis besonders viele Mathematikkenntnisse Voraussetzung sind. Man kann schon in der Optik viel vom typischen Denken und der typischen Methodik der Physik lernen.

Das Kapitel Optik bringt zuerst die geometrische Optik oder Strahlenoptik und behandelt erst in seiner zweiten Hälfte die Welleneigenschaften des Lichts. Auch dieser Aufbau wurde mit Absicht gewählt, obwohl die Wellentheorie als die übergreifende Theorie der optischen Phänomene anzusehen ist; übergreifend in dem Sinne, daß aus der Wellentheorie die Gesetze der Strahlenoptik hergeleitet werden können. Die Gründe für diesen Aufbau sind

- Die Strahlenoptik beschreibt viele Eigenschaften des Lichtes richtig, insbesondere viele für den Biologen wichtige Eigenschaften.
- Ein Leser mit geringen Vorkenntnissen findet einen leichteren Zugang zur Strahlenoptik, unter anderem auch, weil dazu besonders wenig Mathematik benötigt wird.
- Auch der Physiker verwendet aus praktischen Gründen die Wellentheorie meist nur dort, wo Welleneigenschaften des Lichtes es erzwingen (als Analogie: Sie benutzen als Biologe kein großes Mikroskop, wenn Sie ein Objekt schon mit einer Lupe erkennen können).

1.1 Die Grundgesetze der Strahlenoptik

Wir wollen in diesem Abschnitt das Verhalten von Licht beim Auftreffen auf Spiegel und beim Durchgang durch Glaskörper wie Prismen, Linsen und Objektive auf der Grundlage der Grundgesetze der Strahlenoptik beschreiben. Kenntnisse darüber werden wir benötigen, wenn wir in den folgenden Abschnitten die Funktionsweise des Auges und des Mikroskops behandeln.

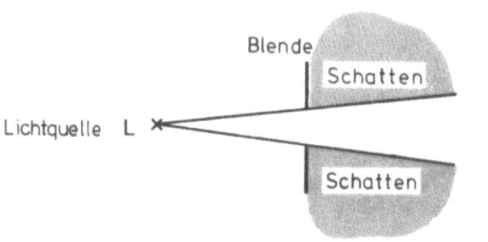
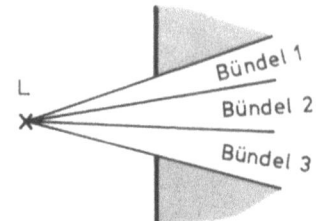

Abb. 1.1. Lichtbündel

Abb. 1.2. Zerlegung und Zusammensetzung von Lichtbündeln

1.1.1 Lichtstrahlen

Das naturwissenschaftliche Verständnis des Lichtes hat starke historische Wandlungen durchgemacht. Während Newton (1643-1727), den man wegen seiner Arbeiten zur Mechanik den Begründer der modernen Naturwissenschaften nennen kann, sich Licht als Teilchen vorstellte, die von der Lichtquelle geradlinig weglaufen, zwangen später die Erscheinungen der Beugung und der Interferenz zu einer Wellentheorie (Huygens 1678, Fresnel 1818). Aus den bereits genannten Gründen wollen wir diese Wellentheorie erst in den Abschnitten 1.4 bis 1.6 behandeln. Wir beschreiben optische Erscheinungen zunächst im Rahmen der Strahlenoptik, die sich weder auf Teilchen- noch auf Wellenvorstellungen stützt, sondern mit dem anschaulichen Begriff des Lichtstrahls arbeitet.

Der Begriff Lichtstrahl entsteht durch Idealisierung aus dem Begriff Lichtbündel. Ein *Lichtbündel* erzeugt man, indem man aus dem von einer punktförmigen Quelle kommenden Licht durch eine Blende ein "Bündel" herausblendet (Abb.1.1). Indem wir in unserer Vorstellung den Öffnungswinkel des Lichtbündels kleiner und kleiner werden lassen und damit das Bündel unendlich schmal machen, gelangen wir zur Abstraktion des *Lichtstrahls*, der sich wie eine gerade Linie von der Quelle ins Unendliche erstreckt. Dabei lassen wir außer acht, daß es in der Realität keine streng punktförmigen Lichtquellen gibt — ebensowenig wie wegen der Beugungsphänomene ein reales Bündel durch eine Blende wirklich unendlich schmal gemacht werden kann (Abschnitt 1.5). Wie wir einzelne benachbarte Lichtbündel zu einem Bündel mit größerem Öffnungswinkel zusammensetzen können (Abb.1.2), können wir uns jedes Lichtbündel aus unendlich vielen Lichtstrahlen aufgebaut denken. Das Verhalten dieser Lichtstrahlen untersucht die geometrische Optik.

1.1.2 Reflexion von Lichtstrahlen

Fällt Licht auf eine glatte Oberfläche, so wird es reflektiert. Die Idealisierung einer glatten Oberfläche nennen wir einen Spiegel. Es ist eine empi-

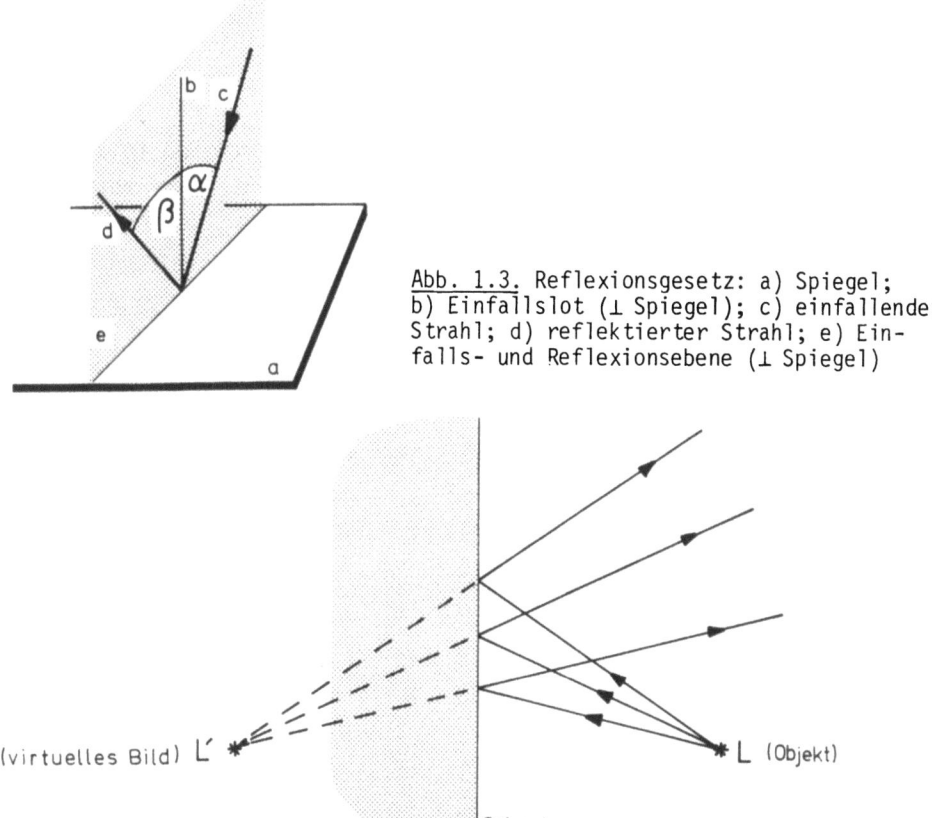

Abb. 1.3. Reflexionsgesetz: a) Spiegel; b) Einfallslot (⊥ Spiegel); c) einfallender Strahl; d) reflektierter Strahl; e) Einfalls- und Reflexionsebene (⊥ Spiegel)

Abb. 1.4. Reflexion am ebenen Spiegel. Das virtuelle Bild L' des Objektes L entsteht durch die gedachten Verlängerungen der reflektierten Strahlen, die sich am Ort des virtuellen Bildes schneiden

rische, d.h. durch Experimente immer wieder nachweisbare Tatsache, daß die Reflexion eines Lichtstrahls an einem Spiegel dem *Reflexionsgesetz* (Abb.1.3) gehorcht:

$$\boxed{\text{Einfallswinkel } \alpha = \text{Ausfallswinkel } \beta} \quad . \tag{1.1}$$

(Winkel werden in der Geometrie mit griechischen Buchstaben bezeichnet, z.B. α, β, γ, δ, ϑ, φ. Das griechische Alphabet finden Sie in Anhang D.)

Über das Gesetz (1.1) für die Winkel hinaus bestätigt alle experimentelle Erfahrung auch noch die Gesetzmäßigkeit, daß einfallender Strahl, Einfallslot und ausfallender Strahl in einer Ebene liegen (Abb.1.3).

Ganz geläufig ist Ihnen das "Spiegelbild" eines ebenen Spiegels: Lichtstrahlen die von einem punktförmigen Objekt, der Lichtquelle L, ausgehen und auf einen ebenen Spiegel treffen, werden so reflektiert, daß es einem Betrachter der reflektierten Strahlen scheint, als gingen sie von einem Punkt hinter dem Spiegel aus, nämlich dem Spiegelbild L' des Objekts. Dieses Spiegelbild wird *virtuelles Bild* (gedachtes, scheinbares Bild) genannt, da es durch nur gedachte Lichtstrahlen entsteht. Die Lichtstrahlen gelangen auf ihrem Weg vom Objekt zum Betrachter gar nicht hinter den Spiegel. Deshalb kann man das virtuelle Bild an seinem Ort hinter dem Spiegel nicht auf einem Bildschirm oder Film auffangen (Abb.1.4).

Betrachtet man ein ausgedehntes Objekt in einem ebenen Spiegel, so hat das virtuelle Bild dieselbe Größe wie das Objekt. Dies ist nicht mehr der Fall, wenn der Spiegel gekrümmt ist. Dieser Effekt der Vergrößerung oder Verkleinerung eines virtuellen Bildes gegenüber dem Objekt wird z.B. bei den Vexierspiegeln eines Spiegelkabinetts angewandt. Da er im übrigen nicht weiter wichtig ist — für Vergrößerungen benutzt man im allgemeinen lieber eine Lupe —, wollen wir nicht näher darauf eingehen.

Am gekrümmten Spiegel tritt jedoch noch ein anderes wichtiges Phänomen auf. Wir betrachten einen kugelförmig gekrümmten Hohlspiegel und einen Objektpunkt auf der Innenseite des Hohlspiegels. Ist der Abstand des Objektpunktes vom Spiegel größer als der halbe Radius der Spiegelkrümmung, so werden die vom Objektpunkt L ausgehenden Strahlen nach der Reflexion wieder in einem Punkt L' vereinigt: es entsteht ein *reelles Bild* des Objektes (Abb.1.5). Für das reelle Bild gilt im Gegensatz zum virtuellen Bild: *Das reelle Bild L' des Objektes L kann auf einem Bildschirm oder Film aufgefangen werden*; denn die

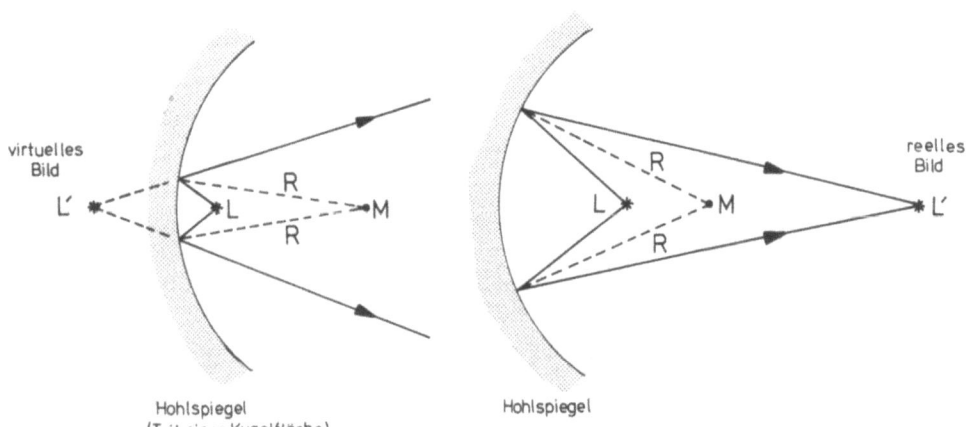

Abb. 1.5. Reflexion am Hohlspiegel. Der Hohlspiegel ist Teil einer Kugelfläche mit dem Radius R und dem Mittelpunkt M. Rechts: Das reelle Bild L' des Objektpunktes L entsteht als Schnittpunkt der reflektierten Strahlen (Abstand Objekt-Spiegel > R/2). Links: Ist der Abstand Objekt-Spiegel < R/2, so divergieren die reflektierten Strahlen, sie kommen nicht zum Schnitt. Jedoch entsteht dann hinter dem Spiegel ein virtuelles Bild (Abb.1.4)

1.1 Die Grundgesetze der Strahlenoptik

Lichtstrahlen gelangen wirklich zum Ort des reellen Bildes. Diese Eigenschaft von Hohlspiegeln, reelle Bilder zu erzeugen, wird in Spiegelteleskopen zur Herstellung astronomischer Aufnahmen verwendet. Für die biologisch wichtigen Abbildungstechniken zur Erzeugung (vergrößerter) reeller Bilder werden Linsen anstatt Hohlspiegel benutzt. Die Phänomene am Hohlspiegel haben wir Ihnen dennoch erklärt, weil sie den Unterschied zwischen virtuellen und reellen Bildern deutlich machen.

1.1.3 Brechung von Lichtstrahlen

Es gibt Körper, die Licht sehr gut reflektieren, z.B. sind Metalle mit glatten Oberflächen sehr gute Spiegel. In andere Körper wie z.B. Glas oder Wasser kann Licht eintreten. Ein Teil des Lichtes wird dann im Körper absorbiert, womit wir uns hier nicht weiter beschäftigen wollen (siehe dazu Kap.5). Der Teil des Lichtes, der nicht absorbiert wird, kann den Körper auf der anderen Seite wieder verlassen. Das Verhalten dieses nichtabsorbierten Lichtes soll uns im weiteren beschäftigen.

Aus allen Experimenten mit schmalen Lichtbündeln, die wir als näherungsweise Realisierung von Lichtstrahlen ansehen können, ersieht man, daß Lichtstrahlen beim Eintritt vom Vakuum in einen Körper ihre Richtung ändern: das Licht wird gebrochen. Einfallender Strahl, Einfallslot und Lichtstrahl im Körper ("gebrochener Strahl") liegen in einer Ebene. Für die Richtungsänderung ("Brechung") beim Durchtritt des Lichts durch die Oberfläche des Körpers gilt aufgrund der experimentellen Erfahrung (Abb.1.6)

$$\frac{\sin\alpha}{\sin\beta} = n \ . \tag{1.2}$$

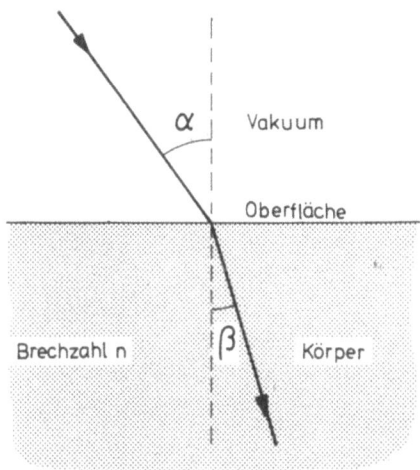

Abb. 1.6. Brechung eines Lichtstrahls beim Eintritt vom Vakuum in einen Körper der Brechzahl n. Das Einfallslot steht senkrecht auf der Grenzfläche zwischen Vakuum und Körper. α bezeichnet den Winkel zwischen einfallendem Strahl und Lot, β den Winkel zwischen gebrochenem Strahl und Lot

Ist Ihnen die Winkelfunktion Sinus noch nicht bekannt, konzentrieren Sie Ihre Aufmerksamkeit auf die qualitative Formulierung des Brechungsgesetzes im Kasten ganz unten. Diese ist durchaus hinreichend, um die weiteren Abschnitte über Strahlenoptik zu verstehen.

Die Zahl n, die das Verhältnis der beiden Sinusfunktionen angibt, heißt *Brechzahl* des betreffenden Körpers und ist für das Material des Körpers charakteristisch: sie ist eine sogenannte Materialkonstante (Sie werden später noch viele andere Materialkonstanten kennenlernen). Zahlenwerte für n finden Sie unten in einer Tabelle.

Tritt Licht nicht durch eine Oberfläche von Vakuum in einen Körper, sondern durch eine Grenzfläche von einem Material A mit Brechzahl n_A in ein Material B mit Brechzahl n_B, so erfolgt die Brechung nach dem *Brechungsgesetz*

$$\boxed{\frac{\sin\alpha}{\sin\beta} = \frac{n_B}{n_A}} \quad . \tag{1.3}$$

Gleichung (1.2) ist darin als Spezialfall enthalten, wenn wir dem Vakuum die Brechzahl 1 zuordnen. Einige Beispiele von Brechzahlen:

Material	n
Vakuum	1
Luft	1,0003 ≈ 1
Wasser	1,33
Linse des menschl. Auges	1,36
Glaskörper des m. Auges	1,34
Gläser	1,4 bis 1,8

Bei gegebenen Materialien hat die rechte Seite von (1.3) einen festen Zahlenwert, den auch der Quotient der linken Seite annimmt: je nach dem Wert von α stellt sich β entsprechend ein.

Sie werden mit dem Brechungsgesetz in der Form (1.3) keine Rechnungen durchführen müssen. Wichtig ist vielmehr, daß Sie das Phänomen der Brechung qualitativ erfassen. Prägen Sie sich deshalb folgende qualitative Fassung des Brechungsgesetzes ein (vgl. Abb.1.7):

Tritt Licht vom Körper mit niedrigerer Brechzahl in einen Körper mit höherer Brechzahl, wird es zum Lot hin gebrochen.

Tritt Licht vom Körper mit höherer Brechzahl in einen Körper mit niedrigerer Brechzahl, wird es vom Lot weg gebrochen.

In beiden Fällen ist die Brechung um so stärker, je mehr sich die beiden Brechzahlen unterscheiden.

1.1 Die Grundgesetze der Strahlenoptik

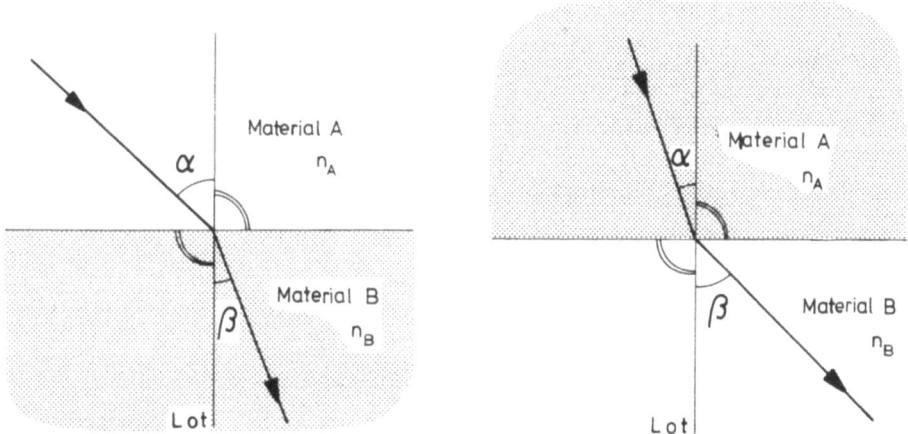

Abb. 1.7. Qualitative Illustration des Brechungsgesetzes (1.3). Links: $n_A < n_B$, Brechung zum Lot hin, d.h. $\beta < \alpha$; rechts: $n_A > n_B$, Brechung vom Lot weg, d.h. $\beta > \alpha$.

Damit sind Sie in der Lage, die Wirkung von Prismen und Linsen qualitativ zu verstehen.

Für die weiteren Abschnitte dieses Kapitels besonders wichtig ist die Brechung an Glasoberflächen, also an Grenzflächen zwischen Luft und Glas. Für Luft können wir näherungsweise die Brechzahl 1 des Vakuums verwenden, die Brechzahlen von Gläsern liegen zwischen 1,4 und 1,8. Tritt Licht von Luft oder vom Vakuum in ein Glas, so wird es also zum Einfallslot hin gebrochen, tritt es aus dem Glas wieder in Luft, wird es vom Lot weg gebrochen. Licht, das durch eine planparallele Glasplatte hindurchtritt, ändert seine Richtung nicht, wie Abb.1.8 zeigt.

Ein Grenzfall des Brechungsgesetzes führt uns auf das Phänomen der *Totalreflexion*. Betrachten wir den Durchtritt eines Lichtstrahls von Glas in Luft wie rechts in Abb.1.7 dargestellt. Der Austrittswinkel β ist immer größer als der Winkel α. Da β nicht größer als $90°$ werden kann, gibt es einen größten Winkel α_g, bei dem das Licht gerade noch austritt ($\beta=90°$), den "Grenzwinkel"

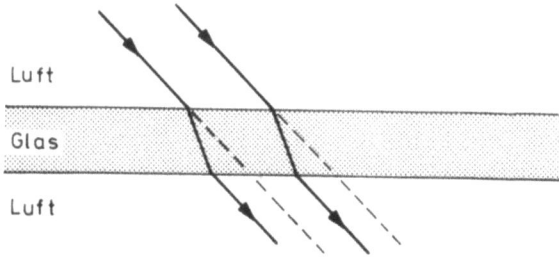

Abb. 1.8. Licht tritt durch eine planparallele Glasplatte

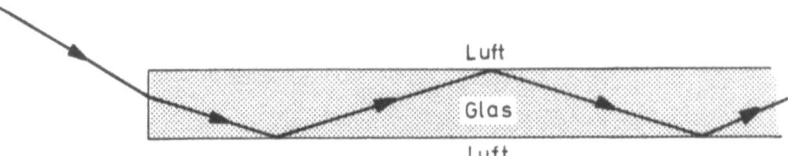

Abb. 1.9. Mehrfache Totalreflexion in einem Lichtleiter

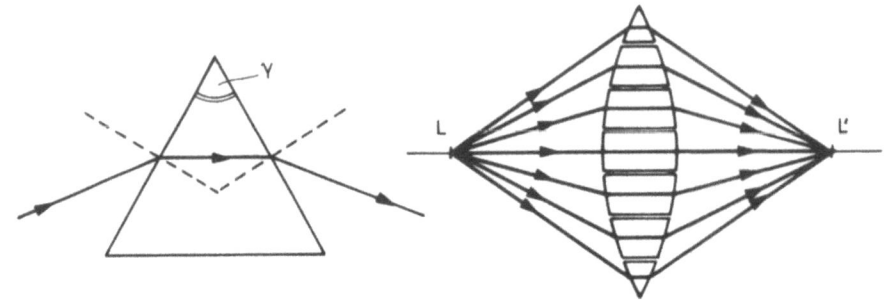

Abb. 1.10. Links: Strahlengang durch ein Prisma. Der Lichtstrahl wird um so stärker abgelenkt, je größer der Winkel des Prismas ist. Rechts: Der Strahlengang durch eine Linse wird erklärt, indem man die Linse in Prismen verschiedener Prismenwinkel zerlegt. Ein Objekt L wird in ein Bild L' abgebildet

$$\alpha_g = \frac{1}{n_{Glas}} \; . \tag{1.4}$$

Für größere Winkel α gilt das Brechungsgesetz offenbar nicht mehr. Was macht das Licht, wenn $\alpha > \alpha_g$? Die Antwort findet man experimentell: Licht mit $\alpha > \alpha_g$ wird vollständig ins Glas reflektiert (Abb.1.9). Dieses Phänomen der Totalreflexion wird in "Lichtleitern" verwendet, die als dünne Glasfäden Licht transportieren, auch über Biegungen hinweg. Eine wichtige Anwendung ist die Fotografie von inneren Organen mit Hilfe von Bündeln solcher Lichtleiter, die das Bild nach außen übertragen. Auch für Nachrichtenübertragungssysteme (Rundfunk, Fernsehen) werden in Zukunft Lichtfasern eine große Rolle spielen.

Um einen Lichtstrahl umzulenken, kann man einen Spiegel verwenden. Eine andere Möglichkeit dazu bietet das *Prisma* (Abb.1.10). Die Ablenkung durch die zweifache Brechung bei Eintritt und Austritt des Lichtstrahls hängt von Brechzahl und Form des Prismas ab. Die Ablenkung kann mit dem Brechungsgesetz (1.3) berechnet oder geometrisch konstruiert werden. Für unsere Zwecke genügt jedoch ein qualitatives Verständnis. Mit Hilfe der qualitativen Formulierung des Brechungsgesetzes — "zum Lot hin, vom Lot weg" — können wir die Wirkungsweise des Prismas erklären.

Reflexionsgesetz und Brechungsgesetz sind Beispiele für *Naturgesetze*: wir nehmen an, daß sie unter den angegebenen Bedingungen (z.B. daß Beugungserscheinungen keine Rolle spielen, siehe Abschnitt 1.5) immer und überall gelten, daß sie im klassischen Altertum gegolten haben ebenso wie sie im Jahre 3000 gelten werden, daß sie draußen im Weltall gelten ebenso wie in einem Schacht tief unter der Erde. Wegen dieses raum-zeitlich universellen Geltungsanspruchs sind sie nicht logisch aus unseren begrenzten Erfahrungen zu begründen. Verbunden mit diesem universellen Gültigkeitsanspruch sind sie vielmehr als hypothetische Setzungen des Menschen anzusehen. Wir erhalten sie aufrecht, weil wir wissen, daß sie sich bisher in einer ungeheuren Zahl einzelner experimenteller Überprüfungen bewährt haben. Naturgesetze sind ebensowenig wie metaphysische Aussagen und Glaubenssätze beweisbar; sie unterscheiden sich von diesen dadurch, daß sie experimentellen Überprüfungen zugänglich sind, in denen sie sich prinzipiell als falsch erweisen können: sie können falsifiziert werden. Nur solange die Überprüfungen Einklang mit der Aussage des Naturgesetzes ergeben, halten wir an dem Naturgesetz fest.

1.1.4 Optische Abbildung mit idealen Linsen

Eigenschaften einer "idealen" Linse: Sie haben sicher schon mit einer Lupe gearbeitet. Diese ist ein durch zwei Kugelflächen begrenzter Körper aus Glas. Allgemein nennt man einen solchen Körper eine *Linse*. Wir betrachten zunächst nur bikonvexe und plankonvexe Linsen — Linsen, die auf einer Seite nach außen gewölbt und auf der anderen Seite entweder ebenfalls nach außen gewölbt oder eben sind. Das Verhalten von Lichtstrahlen beim Durchgang durch solche Linsen können wir veranschaulichen, indem wir in Gedanken die Linse in kleine Prismen zerlegen. In Abbildung 1.10 ist dies schematisch dargestellt mit dem Ergebnis, daß Strahlen, die von einem Punkt L ausgehen, wieder in einem Bildpunkt L', dem reellen Bild von L, vereinigt werden. Eine wirkliche, eine "reale" Linse vereinigt die von dem Punkt L ausgehenden Lichtstrahlen allerdings nicht genau in einem einzigen Bildpunkt. Hinter der Darstellung in Abb.1.10 steht die Vorstellung einer "idealen" Linse. Um den Komplikationen, die mit der realen Linse verknüpft sind, zunächst zu entgehen, wendet der Physiker das Verfahren der begrifflichen Idealisierung an, das Ihnen schon beim Lichtstrahl und beim idealen Spiegel begegnet ist. Er bildet den Begriff der idealen Linse. *Die ideale Linse vereinigt die von einem Objektpunkt ausgehenden Lichtstrahlen wieder in einem scharfen Bildpunkt.* Eine reale Linse kommt der idealen Linse um so näher, je dünner sie ist; daher findet man häufig die Bezeichnung dünne Linse als Synonym für ideale Linse.

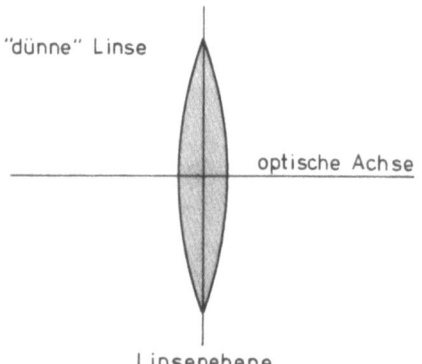

Abb. 1.11. Optische Achse und Linsenebene

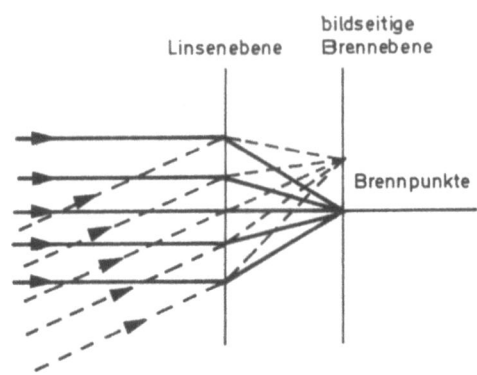

Abb. 1.12. Brennpunkte für parallele Bündel unter verschiedenen Einfallswinkeln. Die Strahlen durch die Linsenmitte ändern ihre Richtung nicht

In den folgenden Zeichnungen von Strahlengängen durch ideale Linsen charakterisieren wir die Lage der Linse durch eine Linsenebene (Abb.1.11). Die Achse, die durch die Mitte der Linse geht und senkrecht auf der Linsenebene steht, heißt *optische Achse*.

Das Brechungsverhalten einer idealen Linse kann durch den Wert einer einzigen Größe, der *Brennweite*, charakterisiert werden. Die Brennweite wird folgendermaßen definiert: wir betrachten nicht (wie in Abb.1.10 rechts) Lichtstrahlen die von einem Objektpunkt L ausgehen, der endlichen Abstand von der Linsenebene hat, sondern ein Bündel von Lichtstrahlen, die parallel zur optischen Achse aus dem Unendlichen kommen (Abb.1.12, durchgezogene Lichtstrahlen). Diese Lichtstrahlen werden durch die ideale Linse im "Brennpunkt" vereinigt. Der Abstand des Brennpunktes von der Linsenebene ist die Brennweite f. Je größer die Brennweite, um so schwächer bricht die Linse. Deshalb können wir den reziproken Wert $D = 1/f$ der Brennweite f als Maß dafür annehmen, wie stark die Linse bricht. D heißt *Brechkraft* und wird üblicherweise in der Einheit m^{-1} gemessen; man verwendet dafür bei Brechkräften den Namen Dioptrie: $1\ dpt = 1\ m^{-1}$. Brennweiten und Brechkräfte hängen von der Krümmung der Linse und von der Brechzahl n_g des Glases ab: je größer n_g und je stärker die Krümmung der Linse, desto größer die Brechkraft.

Läßt man ein Bündel von parallelen Lichtstrahlen nicht parallel, sondern schräg zur optischen Achse auf die Linse fallen (gestrichelte Lichtstrahlen in Abb.1.12), so liegt der Brennpunkt nicht mehr auf der optischen Achse. Die Brennpunkte für verschiedene Einfallswinkel liegen bei idealen Linsen in einer Ebene, der *Brennebene*.

1.1 Die Grundgesetze der Strahlenoptik 11

Bildkonstruktion: Wir kehren nun wieder zurück zur Situation von Abb.1.10, d.h. zu Lichtstrahlen, die von einem Objektpunkt L ausgehen, der sich in endlichem Abstand a, der sogenannten Objektweite a, vor der Linsenebene befindet. Die zur Linsenebene parallele und auf der optischen Achse senkrechte Ebene, in der sich der Objektpunkt befindet, heißt *Objektebene*. Wir nehmen zunächst an, daß die Objektweite a > f ist. Dann wird der Objektpunkt L in einen reellen Bildpunkt L' abgebildet, dessen Abstand von der Linsenebene wir als Bildweite a' bezeichnen. Bevor wir eine Konstruktion der Lage dieses Bildpunktes angeben, sei noch unsere Begriffsliste vervollständigt: Die zu Objektebene und Linsenebene parallele und auf der optischen Achse senkrechte Ebene, in der sich der Bildpunkt befindet, heißt *Bildebene*.

Die Lage des Bildpunktes ergibt sich aus folgenden zwei Regeln:

1. Strahlen durch die Linsenmitte ändern ihre Richtung nicht, da in der Linsenmitte vordere und hintere Linsenoberfläche parallel sind (vgl. Abb.1.8, die seitliche Verschiebung wird um so geringer, je dünner die Glasplatte ist. Bei einer idealen Linse spielt sie deshalb keine Rolle).

2. Strahlen, die parallel zur optischen Achse auf die Linsenebene treffen, gehen auf der anderen Seite der Linse durch den Brennpunkt auf der optischen Achse (vgl. noch einmal Abb.1.12).

Daraus folgt die in Abb.1.13 gegebene Konstruktion des Bildpunktes L'. Zwei Strahlen legen durch ihren Schnitt die Lage des Bildpunktes fest. Da die Linse eine ideale Linse sein soll, treffen auch alle anderen Strahlen, die vom Objektpunkt L ausgehen, wieder im Bildpunkt L' zusammen.

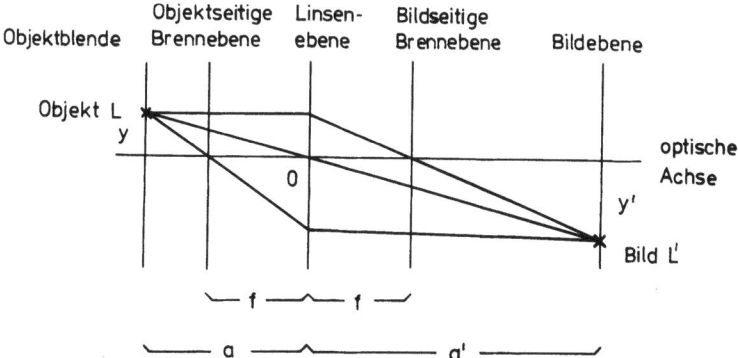

Abb. 1.13. Konstruktion des Bildes für eine "dünne Linse". Achsenparallele Strahlen auf der einen Seite der Linse laufen auf der anderen Seite durch den Brennpunkt auf der Achse, ein Strahl durch die Linsenmitte ändert seine Richtung nicht. Da f < a < 2f, ist y' > y (Vergrößerung). Sämtliche Strahlengänge der geometrischen Optik lassen sich umkehren, und wir sehen, daß wir wegen a' > 2f in der umgekehrten Strahlrichtung Verkleinerung erhalten

Abbildungsgleichung und Abbildungsmaßstab: Objektweite a, Bildweite a' und Brennweite f sind verknüpft durch die *Abbildungsgleichung*

$$\boxed{\frac{1}{a} + \frac{1}{a'} = \frac{1}{f}} \quad . \tag{1.5}$$

Diese Gleichung erlaubt beispielsweise, die Bildweite aus gegebener Objektweite und Brennweite zu berechnen. Aus (1.5) ergibt sich, daß das Bild eines Objekts um so weiter von der Linse entfernt ist, je mehr sich das Objekt dem Brennpunkt nähert.

Wichtig ist für Sie, die Aussage von (1.5) zu verstehen; eine Herleitung brauchen Sie nicht zu kennen. Für Leser, welche den 2. Strahlensatz kennen (siehe Anhang A), geben wir die Skizze einer Herleitung von (1.5). Mit Hilfe des 2. Strahlensatzes können Sie aus Abb.1.13 die beiden Gleichungen gewinnen

$$\frac{f}{a} = \frac{y'}{y+y'} \quad \text{und} \quad \frac{f}{a'} = \frac{y}{y+y'} \quad . \tag{1.6}$$

Daraus folgt

$$\frac{f}{a} = \frac{y+y'}{y+y'} - \frac{y}{y+y'} = 1 - \frac{f}{a'} \quad , \quad \frac{1}{a} = \frac{1}{f} - \frac{1}{a'} \quad . \tag{1.7}$$

Haben wir anstelle eines einzelnen Objektpunktes einen ausgedehnten Gegenstand als Objekt, so erzeugen die Lichtstrahlen, die von jedem einzelnen Punkt seiner Oberfläche ausgehen, einen zugehörigen Bildpunkt. Alle diese Bildpunkte zusammen ergeben ein Bild des ausgedehnten Objektes. Im Beispiel der Abb.1.14 ist dieses Bild gegenüber dem Objekt vergrößert. Wir können jedoch die Rolle von Objekt und Bild in den Abbildungen 1.13 und 1.14 vertauschen: dann sehen wir, daß auch Verkleinerung möglich ist.

Über die Vergrößerung oder Verkleinerung können quantitative Aussagen gemacht werden: Durch Vergleich der Abbildungen 1.13 und 1.14 können Sie erkennen, daß das Größenverhältnis von Bild zu Objekt durch das Verhältnis der Längen y' und y gegeben ist. Dieses Verhältnis heißt *Abbildungsmaßstab*; es gilt

$$\boxed{\frac{y'}{y} = \frac{a'}{a}} \quad , \tag{1.8}$$

d.h. zum Beispiel y' = 2y, wenn a' = 2a. Wie für (1.5) müssen Sie auch für (1.8) die Herleitung nicht kennen. Leser, die den 2. Strahlensatz anwenden wollen, können die Gleichung jedoch unschwer aus Abb.1.13 gewinnen.

1.1 Die Grundgesetze der Strahlenoptik

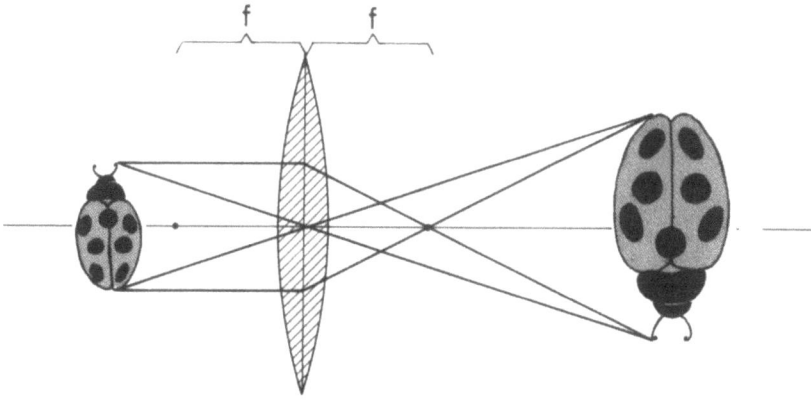

Abb. 1.14. Reelles Bild eines ausgedehnten Objektes (Bildkonstruktion wie in Abb.1.13). Das Bild kann auf einem Bildschirm oder einem Film festgehalten werden (Prinzip der Foto-Kamera und des Auges, siehe Abschn.1.2)

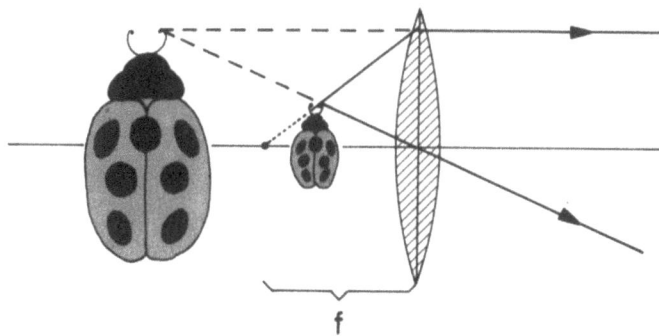

Abb. 1.15. Virtuelles Bild für Objektweite a < f. Das Objekt scheint sich für einen Beobachter der Lichtstrahlen rechts der Linse am Ort des virtuellen Bildes zu befinden (Prinzip der Lupe, siehe Abschn.1.3.1)

Vielleicht ist Ihnen schon aufgefallen, daß die Abbildungsgleichung (1.5) eine negative Bildweite a' ergibt, wenn 1/a größer als 1/f, d.h. wenn a kleiner als f wird. Das bedeutet, daß dann das Bild auf derselben Seite der Linse liegt wie das Objekt. Eine Durchführung der Bildkonstruktion wie in Abb.1.13 oder 1.14 ergibt für a < f die in Abb.1.15 dargestellte Situation: die Linse erzeugt in diesem Fall kein reelles, sondern ein virtuelles Bild. Wir wollen diesen Fall jetzt nicht ausführlicher besprechen, da wir bei der Behandlung der Lupe darauf zurückkommen werden.

Zusammenstellung aller für verschiedene Objektweiten a auftretenden Fälle

a > 2f	reelles Bild	Verkleinerung, y' < y (Abb.1.13 und 1.14 mit Rollentausch von Objekt und Bild)
a = 2f	reelles Bild	y' = y
f < a < 2f	reelles Bild	Vergrößerung, y' > y (Abb.1.13 und 1.14)
a = f	reelles Bild	mit a' = ∞
a < f	virtuelles Bild	stets Vergrößerung (Abb.1.15)

1.1.5 Dicke Linsen und Objektive

Das Idealverhalten von Linsen, das wir bisher besprochen haben, wird von realen Linsen um so besser realisiert, je dünner sie sind. Umgekehrt heißt das: Braucht man Linsen mit starker Brechkraft und kurzer Brennweite, die stark gekrümmt und deshalb dick sein müssen, so zeigen diese ein vom idealen mehr oder weniger abweichendes Verhalten. Man nennt diese Abweichungen *Abbildungsfehler*. Dieses Wort darf nicht so mißverstanden werden, daß es sich um "Fehler" handele, die durch technisch unzureichende oder gar schlampige Herstellung der Linsen entstehen. Vielmehr sind die Abbildungsfehler Eigenschaften der realen Linse, die zwar unerwünscht sind, die aber unvermeidbar mit anderen erwünschten und notwendigen Eigenschaften der Linse verbunden sind. Zu den Abbildungsfehlern gehört, daß kein scharfer Brennpunkt, sondern nur ein "Brennfleck" existiert, damit verbunden, daß Objektpunkte nicht in scharfe Bildpunkte abgebildet werden, und daß ein Objekt nicht formtreu, insbesondere ein ebenes Objekt nicht in eine Bildebene, sondern in eine gekrümmte Bildfläche abgebildet wird.

Es ist möglich, die Abbildungsfehler zu verringern oder zu "korrigieren", indem man mehrere Linsen unterschiedlicher Form und unterschiedlicher Brechzahl zu einem Linsensystem, einem *Objektiv*, zusammenbaut (Abb.1.16). Die Bildkonstruktion für ein Objektiv ist ähnlich wie für eine ideale Linse (Abb.1.13) mit dem Unterschied, daß anstelle der Linsenebene zwei sogenannte Hauptebenen zur Charakterisierung des Objektives eingeführt werden müssen. Brennweite, Objektweite und Bildweite werden dann als Abstand zur jeweiligen (objektseitigen bzw. bildseitigen) Hauptebene gemessen. Unter Berücksichtigung dieser Vorschrift bleiben auch die Abbildungsgleichung (1.5) und (1.8) für den Abbildungsmaßstab auf Objektive anwendbar.

In das Objektiv der Abb.1.16 sind auch zwei plankonkave Linsen eingebaut, Linsen, die auf einer Seite eben und auf der anderen Seite nach innen gewölbt, d.h. konkav sind. Diese und die bikonkaven Linsen heißen Zerstreuungslinsen im Gegensatz zu den bisher ausschließlich besprochenen bikonvexen und

1.1 Die Grundgesetze der Strahlenoptik

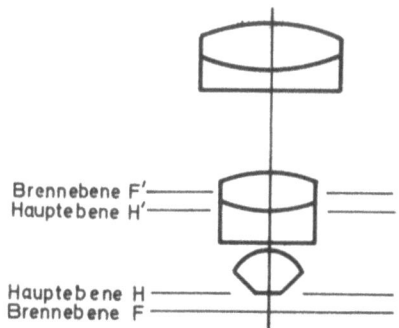

Abb. 1.16. Fünflinsiges Objektiv mit Brennebenen F' und F und Hauptebenen H' und H. Die einzelnen Linsen bestehen aus Gläsern unterschiedlicher Brechzahl

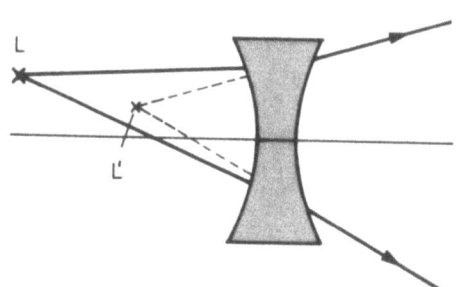

Abb. 1.17. Eine einzelne Zerstreuungslinse erzeugt ein virtuelles Bild L' eines Objektpunktes L. Ein ausgedehntes Objekt wird dabei stets verkleinert

plankonvexen Linsen, die Sammellinsen heißen. Eine einzelne Zerstreuungslinse erzeugt keine reellen Bilder, sondern nur virtuelle Bilder (Abb.1.17). In Objektiven werden Zerstreuungslinsen stets nur in Kombination mit Sammellinsen verwendet. Sie leisten dann einen Beitrag zur Korrektur von Abbildungsfehlern.

Beim Zusammensetzen von Linsen zu Linsensystemen werden nicht die Brennweiten, sondern die Brechkräfte addiert: man erhält die resultierende Brechkraft als Summe der Einzelbrechkräfte

$$\frac{1}{f} = \frac{1}{f_1} + \frac{1}{f_2} + \frac{1}{f_3} + \ldots \quad . \tag{1.9}$$

Dabei liefern Sammellinsen positive, Zerstreuungslinsen negative Beiträge. Die resultierende Brechkraft $1/f$ eines Objektives muß positiv sein, da das Objektiv ein reelles Bild erzeugen soll.

1.1.6 Zusammenfassung

Wir haben in diesem Abschnitt gelernt, wie Lichtstrahlen an Oberflächen reflektiert und beim Durchtritt durch Grenzflächen gebrochen werden, und in welcher Weise sich die Brechung auf Lichtstrahlen auswirkt, die durch Linsen treten. Wir haben gesehen, daß es an Spiegeln und an Linsen zur Entstehung von Bildern kommt; wir haben gelernt, zwischen reellen und virtuellen Bildern zu unterscheiden:

- virtuelle Bilder sind scheinbare Bilder: die von einem Objektpunkt ausgehenden Lichtstrahlen scheinen einem Betrachter dieser Lichtstrahlen von einem virtuellen Bildpunkt herzukommen. Da die Lichtstrahlen in Wahrheit nicht von diesem Bildpunkt herkommen, den Ort dieses gedachten Bildes nicht wirklich durchlaufen, kann das virtuelle Bild an seinem Ort nicht aufgefangen werden.

- reelle Bilder entstehen, indem Lichtstrahlen, die von einem Objektpunkt in verschiedene Richtungen auslaufen, wirklich in einem Bildpunkt zusammengeführt werden. Ein Betrachter der von diesem Bildpunkt wieder auslaufenden Strahlen sieht das Objekt scheinbar am Ort des Bildes (wie beim virtuellen Bild). Jedoch kann darüber hinaus das reelle Bild an seinem Ort (unabhängig von einem Betrachter) aufgefangen werden; denn die Lichtstrahlen durchlaufen wirklich den Ort des Bildes.

Wir haben den Begriff der idealen Linse für eine Linse eingeführt, die ideale Bilder herstellt, und wir haben einfache Konstruktionsregeln für diese Bilder kennengelernt. Zum Schluß haben wir erfahren, daß reale Linsen und Objektive stets vom Ideal ein wenig abweichen. Beim Bau eines Objektives ist das Ziel, diese Abweichungen gering zu halten.

1.1.7 Aufgaben

1) Welche der folgenden Aussagen sind richtig?
    A. Ein virtuelles Bild kann an seinem Ort auf einem Bildschirm aufgefangen oder auf einer Fotoplatte festgehalten werden.
    B. Ein Beobachter der von einem reellen oder virtuellen Bild ausgehenden (bzw. scheinbar ausgehenden) Strahlen sieht das Objekt am Ort des Bildes.
    C. Sammellinsen erzeugen nur reelle Bilder.
    D. Zertreuungslinsen erzeugen nur virtuelle Bilder.
    E. Lichtstrahlen durchlaufen wirklich den Ort des reellen Bildes.

2) Welche Brennweite hat ein Brillenglas mit der Brechkraft 2 dpt?

3) Eine Linse mit einer Brennweite $f = 10$ cm bilde einen Gegenstand ab. Berechnen Sie die Bildweite für $a = 12{,}5$ cm, $a = 2f$ und $a = f$.

4) Eine (Sammel-)Linse habe die Brennweite $f = 20$ cm. Ein Gegenstand der Höhe y befinde sich in der Objektweite $a = 1$m. Berechnen Sie zunächst a' und geben Sie dann an, welcher Abbildungsmaßstab resultiert. Wie groß ist das Bild?

5) Zwei (Sammel-)Linsen, die eine Brechkraft von je 1 dpt haben, werden zusammengesetzt. Welches ist die Brechkraft des Systems?

1.2 Die Kamera und das Auge

In diesem Abschnitt werden die Grundgesetze der Strahlenoptik benutzt, um die Entstehung von Bildern im Fotoapparat (Kamera) und im Wirbeltierauge zu erklären.

1.2.1 Die fotografische Kamera

Der Aufbau einer Kamera ist in Abb.1.18 schematisch dargestellt. Er besteht im wesentlichen aus einem Objektiv und einem *Bildfenster*, in dem das erzeugte Bild mit einer Mattscheibe beobachtet oder mit Fotoplatte oder Film festgehalten werden soll. Soll ein Gegenstand mit der Objektweite a ins Bildfenster abgebildet werden, muß das Bildfenster den Abstand der Bildweite a' vom Objektiv haben, der durch die Abbildungsgleichung (1.5) festgelegt ist.

Hat man den Abstand Objektiv-Bildfenster, die sogenannte *Entfernungseinstellung*, fest gewählt, so erscheinen nur Objekte mit einer bestimmten Objektweite oder "Entfernung" scharf in der Ebene des Bildfensters: die Objektweite muß so sein, daß die gemäß (1.5) zugeordnete Bildweite mit dem Abstand Objektiv-Bildfenster übereinstimmt. Objekte mit kleinerer oder größerer Objektweite werden hinter bzw. vor der Ebene des Bildfensters (scharf) abgebildet; im Bildfenster entsteht ein "unscharfes Bild", bei dem jedem Objektpunkt ein kreisförmiger Bildfleck entspricht. Die Unschärfe läßt sich verringern, wenn man den wirksamen Durchmesser des Objektives durch eine *Blende* verkleinert,

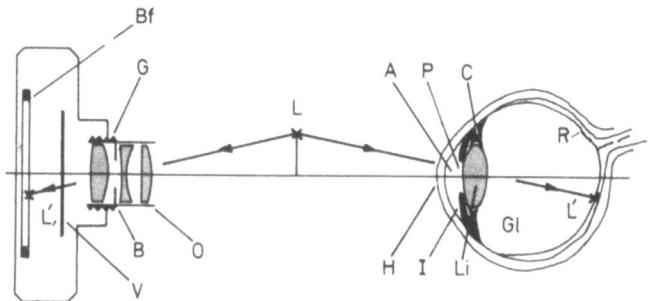

Abb. 1.18. Kamera und menschliches Auge. Kamera: O: Mehrlinsiges Objektiv; B: Blende; V: Verschluß; G: Gewinde zur Verschiebung des Objektivs: Entfernungseinstellung; Bf: Bildfenster. Auge: H: Hornhaut; A: vordere Augenkammer; I: Iris; P: Pupille; Li: Linse; C: Ciliarmuskel; Gl: Glaskörper; R: Retina

wenn man "abblendet". Wir bezeichnen mit *Schärfentiefe* den Bereich von Objektweiten, für den die Schärfe im Bildfenster noch hinreichend gut ist. Abblenden vergrößert demnach die Schärfentiefe. Da damit aber auch weniger Licht pro Zeit durch das Objektiv tritt, muß zur Belichtung eines Films oder einer Platte der *Verschluß* länger offengehalten werden. Dem ist wiederum eine Grenze gesetzt, wenn man bewegte Objekte fotografieren und eine Bewegungsunschärfe der Aufnahme vermeiden will.

1.2.2 Das Wirbeltierauge

Das Wirbeltierauge ist wie eine fotografische Kamera gebaut. Anstelle des Objektives besitzt es eine Linse; das Bild wird nicht von einer Mattscheibe oder Fotoplatte aufgefangen, sondern von der Netzhaut, der *Retina*. Als Beispiel eines Wirbeltierauges ist in Abb.1.18 das menschliche Auge schematisch dargestellt. Der Blende der Kamera entspricht im menschlichen Auge die *Iris* mit der Pupillenöffnung. Die optische Abbildung wird streng genommen nicht von der Linse allein bestimmt, sondern wie bei einem Objektiv von einem "Linsensystem", dem *dioptrischen Apparat*; dieser besteht aus der gekrümmten Hornhaut, der wassergefüllten vorderen Augenkammer und der eigentlichen Linse, hinter der sich nicht wie bei der Kamera Luft der Brechzahl 1, sondern der "Glaskörper" der hinteren Augenkammer mit der Brechzahl 1,34 befindet. In Ruhestellung der Linse entspricht der dioptrische Apparat einer Sammellinse mit der Brennweite 15 mm. Die Entfernungseinstellung, die *Akkommodation*, erfolgt beim Menschen und bei einigen Säugetieren, bei Vögeln und Reptilien durch Änderung der Linsenkrümmung und damit der Brechkraft der Linse, bei Fischen und Amphibien wie bei der Kamera durch Bewegung der Linse von der Retina weg. In Ruhestellung der Linse ist das menschliche Auge auf Objekte der Entfernung ∞ akkommodiert, Nahakkommodation bis 10 cm ist möglich, als normale Sehweite werden 25 cm angesehen.

Räumlich sehen können die Lebewesen optimal, die ihre beiden Augen so richten können, daß das Bild des Objektes auf beide Netzhäute fällt. Aus den verschiedenen Bildern, welche die Augen durch ihre verschiedenen Blickwinkel erhalten, kann das Gehirn eine Einschätzung des Objektabstandes gewinnen. Dies ist jedoch nur möglich für Objekte, deren Abstand (Objektweite) nicht zu groß gegen den Abstand der beiden Augen ist, so daß auf beiden Netzhäuten wesentlich verschiedene Bilder entstehen. Den Abstand ferner Objekte können wir nur einschätzen, wenn uns die Größe des Objektes bekannt ist.

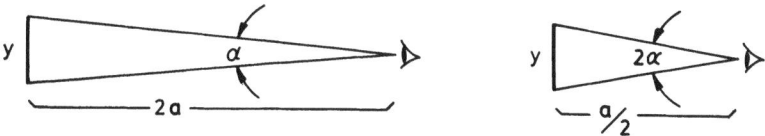

Abb. 1.19. Das Verhältnis y/a ist der Sehwinkel α (links). Der Sehwinkel verdoppelt sich, wenn wir den Abstand zum Objekt halbieren (rechts)

1.2.3 Der Sehwinkel

In Umkehrung des letzten Satzes können wir auch sagen, daß wir die Größe ferner Objekte nur einschätzen können, wenn uns der Abstand bekannt ist. Dies ergibt sich aus folgendem Sachverhalt: Grob gesprochen liegt dem Gehirn als Information über die Größe des Objektes nur die Größe des Netzhautbildes vor.

Nach der Gleichung (1.8) für den Abbildungsmaßstab gilt für die Größe y' des Netzhautbildes

$$y' = a' \frac{y}{a} , \qquad (1.10)$$

wenn y die Größe des Objektes ist; a' ist beim Menschen konstant, also ist die Größe des Netzhautbildes proportional zum Verhältnis y/a von Objektgröße zur Objektweite. Dieses Verhältnis bezeichnet den Winkel, unter dem wir den Gegenstand sehen: wir nennen diesen Winkel den *Sehwinkel* α (vgl. Abb.1.19)

$$\alpha = y/a . \qquad (1.11)$$

> Sehwinkel = Objektgröße zu Objektweite .

Der Winkel α ergibt sich im Bogenmaß (siehe Anhang A.1).

Gleichung (1.11) zeigt, daß der Sehwinkel größer wird, wenn wir den Abstand eines Objektes verringern: "wir sehen den Gegenstand größer" (Abb.1.19). Diese Möglichkeit der "Vergrößerung" ist jedoch dadurch begrenzt, daß das Auge auf kleinere Objektweiten als 10 cm nicht akkommodieren kann. Um weiter zu "vergrößern", brauchen wir als Hilfsmittel eine Lupe oder ein Mikroskop.

1.2.4 Aufgaben

1) Wir geben Ihnen zwei Listen von Begriffen, die sich auf die Bildherstellung mit einer Kamera und den Sehvorgang im menschlichen Auge beziehen:

a. Entfernungseinstellung   A. Dioptrischer Apparat
b. Blende   B. Akkommodation
c. Fotoplatte   C. Retina
d. Objektiv   D. Iris

Ordnen Sie dies zu analogen Begriffspaaren!

2) Eine Kamera bilde unendlich ferne Gegenstände auf das Bildfenster scharf ab, wenn dieses den Abstand a' = 10 cm vom Objektiv hat. Welche Brennweite f hat das Objektiv? Nun werde der Abstand des Bildfensters vom Objektiv um 5 mm vergrößert. Berechnen Sie nach (1.5) die Objektweite der Gegenstände, die nun scharf im Bildfenster erscheinen.

3) Welche der folgenden Aussagen sind richtig?

    A. Der Sehwinkel ist für alle Objekte gleicher Größe gleich.

    B. Der Sehwinkel nimmt mit der Entfernung eines Objektes ab.

    C. Bei gleichem Abstand wird ein doppelt so großes Objekt unter dem doppelten Sehwinkel gesehen.

    D. Zwei Objekte, die unter demselben Sehwinkel erscheinen, sind gleich weit entfernt.

    E. Ohne technische Hilfsmittel kann man den Sehwinkel nicht vergrößern.

4) Zwei helle Punkte mit gegenseitigem Abstand 1 mm kann das menschliche Auge bis zu einer Entfernung von ungefähr 3 m getrennt wahrnehmen (mit Kohlepapier, in das zwei feine Löcher gestochen wurden, können Sie das selber ausprobieren). Wie groß ist der Sehwinkel, bei dem das Auge die Punkte gerade noch getrennt wahrnimmt, in Bogenmaß und in Grad? ("Auflösungsvermögen des Auges")

1.3 Das Mikroskop

In diesem Abschnitt behandeln wir die Funktionsweisen von Lupe und Mikroskop auf der Grundlage der Gesetze der Strahlenoptik, und leiten die Formeln für

1.3 Das Mikroskop

die Vergrößerung ab. Wir besprechen die Köhlersche Beleuchtung und die Hellfeld- und Dunkelfeld-Mikroskopie.

1.3.1 Die Lupe

Eine Lupe ist eine Sammellinse, die als Akkommodationshilfe des Auges dient: sie erlaubt, den Sehwinkel dadurch zu vergrößern, daß der Objektabstand unter die Akkommodationsgrenze des "unbewaffneten" Auges von ca. 10 cm verringert werden kann.

Als *Vergrößerung v der Lupe* definiert man das Verhältnis des Sehwinkels α', der mit Hilfe der Lupe erreicht werden kann, zum Sehwinkel $\alpha = y/25$ cm, unter dem man das Objekt der Größe y im Abstand der normalen Sehweite erblickt

$$v = \frac{\alpha'}{\alpha} = \frac{\alpha' \cdot 25 \text{ cm}}{y} \quad . \tag{1.12}$$

(Vergleiche hierzu schon Abb.1.21.) Wir wollen diese Beziehung noch weiter umformen, indem wir den Sehwinkel α' durch die Brennweite der Lupe ausdrücken. Dazu müssen wir die Wirkungsweise der Lupe genauer diskutieren.

Wir betrachten Abb.1.20. Unter der Annahme, daß sich das Auge unmittelbar hinter der Lupe befindet, wird das Objekt unter einem Sehwinkel α' gesehen

$$\alpha' = \frac{y}{a} \quad . \tag{1.13}$$

Dies wäre auch der Sehwinkel ohne Lupe, jedoch müßte ohne Lupe das Auge auf die Entfernung a akkommodieren, was nicht möglich ist, wenn $a < 10$ cm. Mit Lupe muß das Auge nur auf die Entfernung a' des virtuellen Bildes akkommodieren. Gl.(1.13) in (1.12) eingesetzt, ergibt

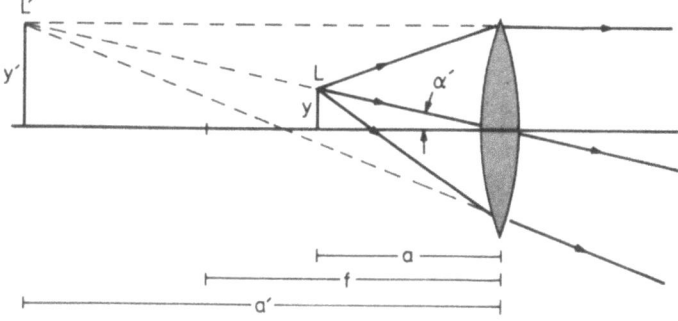

Abb. 1.20. Sehwinkel bei Verwendung einer Lupe, $\alpha' = y/a$. Das Objekt muß sich zwischen Brennpunkt und Linse befinden, $a \leq f$; unter dieser Bedingung entsteht ein virtuelles Bild (Abb.1.15)

$$v = \frac{\alpha'}{\alpha} = \frac{25 \text{ cm}}{a} \quad . \tag{1.14}$$

Für a können wir die Abbildungsgleichung (1.5) mit negativer Bildweite a'

$$\frac{1}{a} = \frac{1}{f} + \frac{1}{a'} \tag{1.15}$$

einsetzen, und wir erhalten als Vergrößerung der Lupe

$$\boxed{v = 25 \text{ cm}\left(\frac{1}{f} + \frac{1}{a'}\right)} \quad . \tag{1.16}$$

Die Bildweite a' ist die Entfernung, auf die das Auge akkommodieren muß.

Wir haben in Abschnitt 1.2 erfahren, daß es für das Auge am wenigsten ermüdend ist, wenn es auf Entfernung ∞ akkommodiert ist. Deshalb ist es zweckmäßig, die Lupe so zu benutzen. Wie man aus (1.15) ersieht, muß man dazu a = f wählen, dann wandert das virtuelle Bild ins Unendliche (in (1.15): 1/∞ = 0). Beachten Sie, daß dies nicht heißt, daß uns das Objekt bzw. sein virtuelles Bild unendlich entfernt erscheint, da wir ja gar keine Entfernungseinschätzung machen (die Akkommodation der Augenlinse wird im Gehirn nicht als Entfernungsmessung verarbeitet).

Bei Akkommodation auf Entfernung ∞ (a=f) wird aus (1.13)

$$\alpha'_\infty = \frac{y}{f} \tag{1.17}$$

und aus (1.16) für die Vergrößerung

$$\boxed{v_\infty = \frac{25 \text{ cm}}{f}} \quad . \tag{1.18}$$

Abbildung 1.21 macht den Begriff der Vergrößerung einer Lupe noch einmal deutlich für den Spezialfall a = f (unendlicher Akkommodation).

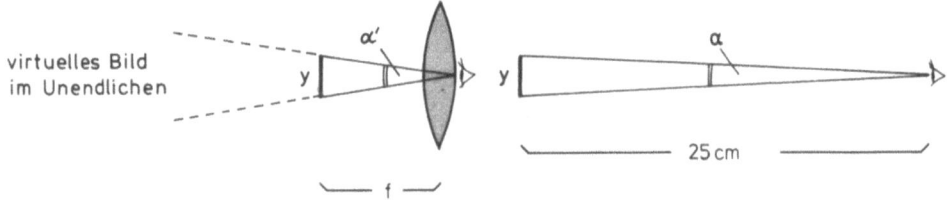

<u>Abb. 1.21.</u> Zur Definition der Vergrößerung für den Fall der Akkommodation auf ∞ (vgl. dazu Abb.1.19).
links: Sehwinkel $\alpha' = y/f$ } Vergrößerung $v_\infty = \alpha'/\alpha = 25 \text{ cm}/f$
rechts: Sehwinkel $\alpha = y/25 \text{ cm}$

1.3 Das Mikroskop

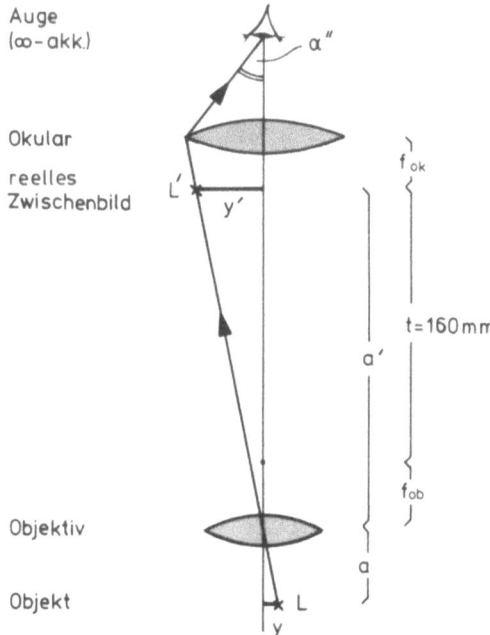

Abb. 1.22. Schematischer Aufbau eines Mikroskops. Das Objektiv mit der Brennweite f_{ob} bildet das Objekt der Größe y in das Zwischenbild der Größe y' ab. Das Zwischenbild wird vom Auge mit dem Okular (Brennweite f_{ok}) betrachtet; das Zwischenbild liegt gerade in der Brennebene des Okulars, so daß das Auge auf ∞ akkommodiert. Die Tubuslänge t ist genormt und beträgt bei fast allen Mikroskopen 160 mm. Das Auge ist in der Abbildung der Übersichtlichkeit halber etwas verschoben — der Betrachter des Zwischenbildes geht mit dem Auge unmittelbar an das Okular heran (Abb.1.21)

1.3.2 Das Mikroskop

Ein Mikroskop besteht aus zwei optischen Komponenten, dem Objektiv und einer mehrlinsigen Lupe, genannt "Okular" (Abb.1.22). Das Objektiv erzeugt ein vergrößertes reelles Bild des Objekts, das "Zwischenbild", das wiederum mit dem Okular betrachtet wird. So resultiert die vergrößernde Wirkung eines Mikroskops aus den Vergrößerungen des Objektivs und des Okulars.

Ist a der Abstand des Objektes und a' der Abstand des reellen Zwischenbildes vom Objektiv, so ist nach (1.8) die Vergrößerung v_{ob} des Zwischenbildes gegenüber dem Objekt

$$v_{ob} = \frac{y'}{y} = \frac{a'}{a} \quad . \tag{1.19}$$

Drücken wir 1/a durch die Abbildungsgleichung (1.5) aus, so erhalten wir

$$v_{ob} = \frac{a' - f_{ob}}{f_{ob}} \quad . \tag{1.20}$$

Die Differenz $a' - f_{ob}$ ist gerade gleich der Tubuslänge t = 160 mm (Abb.1.22), so daß sich für die Vergrößerung des Objektivs der Ausdruck ergibt

$$v_{ob} = \frac{160 \text{ mm}}{f_{ob}} \quad . \tag{1.21}$$

Diese Vergrößerung erhalten wir auch für den Sehwinkel, wenn wir einmal das Objekt y und einmal das Zwischenbild y' jeweils aus 25 cm Entfernung betrachten:

$$\alpha = \frac{y}{25 \text{ cm}} \quad , \quad \alpha' = \frac{y'}{25 \text{ cm}} \quad . \tag{1.22}$$

Das Verhältnis dieser Sehwinkel ist ebenfalls die Vergrößerung (1.19).

Betrachten wir das Zwischenbild mit dem Okular, so erreichen wir den Sehwinkel α'' (Abb.1.22). Das Verhältnis von α'' zu α' ist gleich der Okularvergrößerung v_{ok}, d.h. $v_{ok} = \alpha''/\alpha'$ nach (1.14). Akkommodiert das Auge auf ∞ gilt für die Okularvergrößerung v_{ok} nach (1.18)

$$v_{ok} = \frac{\alpha''}{\alpha'} = \frac{25 \text{ cm}}{f_{ok}} \quad . \tag{1.23}$$

Die *Vergrößerung des Mikroskops* ergibt sich als das Verhältnis der Sehwinkel α'' und α

$$v = \frac{\alpha''}{\alpha} = \frac{\alpha''}{\alpha'} \frac{\alpha'}{\alpha} = v_{ok} \cdot v_{ob} \quad . \tag{1.24}$$

Die Mikroskopvergrößerung ist also gleich dem Produkt aus Objektiv- und Okularvergrößerung. Ersetzen wir v_{ok} und v_{ob} durch (1.21) und (1.23) so erhalten wir den Ausdruck

$$\boxed{v = \frac{160 \text{ mm}}{f_{ob}} \cdot \frac{25 \text{ cm}}{f_{ok}}} \quad . \tag{1.25}$$

Kontrast und Hellfeldbeleuchtung: Strukturen des Objekts sollen im Bild durch Helligkeitsunterschiede erkennbar sein. Den Helligkeitsunterschied zwischen verschiedenen Teilen des Bildes nennt man den *Kontrast*. Es gibt verschiedene Möglichkeiten, Kontrast zu erzeugen. In jedem Fall muß das Objekt beleuchtet werden. Bei der Hellfeldbeleuchtung wird das Objekt von unten beleuchtet; das Bild entsteht durch Lichtstrahlen, die von unten geradlinig durchs Objekt treten, das Objektiv erreichen und dann in der oben dargestellten Weise vom Mikroskop "verarbeitet" werden. Beim Durchtritt durchs Objekt wird Licht von verschiedenen Objektteilen mehr oder weniger stark absorbiert, die durchgehenden Lichtstrahlen werden mehr oder weniger stark geschwächt. Das heißt: *bei Hellfeldbeleuchtung entsteht der Kontrast durch unterschiedliches Absorptionsvermögen* der verschiedenen Objektteile. Die dadurch im Bilde sichtbar gemachten Objektstrukturen erscheinen dunkel auf

1.3 Das Mikroskop

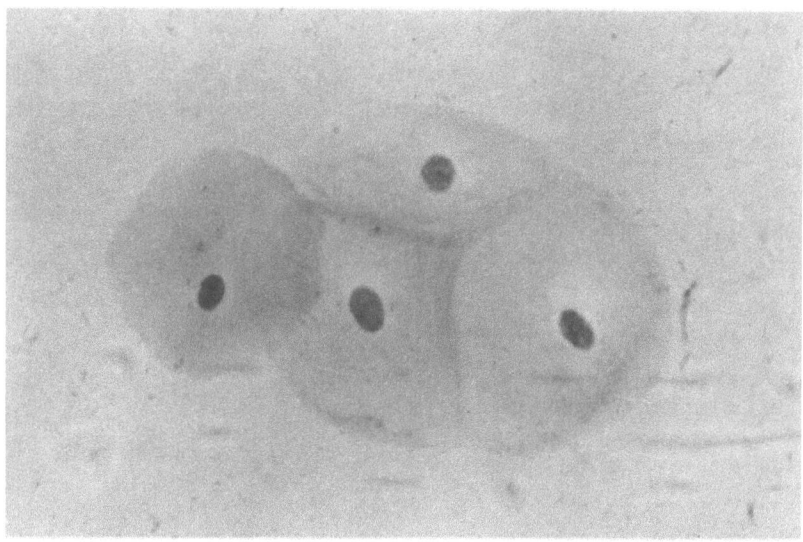

Abb. 1.23. Aufnahme von Mundschleimhautzellen in Hellfeldbeleuchtung (500-fach vergrößert). Dieselben Objekte — mit anderen Verfahren aufgenommen — sehen Sie in Abb.1.26 und 1.44. Die Aufnahme 1.23 wurde als letzte gemacht, da die Zellen angefärbt werden mußten, um mit Hilfe des Absorptionsvermögens der Farbstoffmoleküle ausreichenden Kontrast im Hellfeld zu erzielen

hellem Grunde. Häufig kann der Hellfeldkontrast durch Anfärben bestimmter Objektstrukturen erhöht oder überhaupt erst erzeugt werden (Abb.1.23).

Eine optimale Beleuchtung ist Voraussetzung für gute Mikroskop-Bilder: es muß sichergestellt sein, daß man wirkliche Strukturen des Objektes und nicht Strukturen der Lampe sieht, daß das Objekt gleichmäßig ausgeleuchtet wird und daß kein unnötiges Streulicht das Objektiv erreicht und das Bild verschleiert. Die gebräuchlichste Beleuchtung ist die *Köhlersche Beleuchtung* (Abb.1.24), bei der eine gleichmäßige helle, leuchtende Fläche durch eine Kondensorlinse auf die Objektebene abgebildet wird und so das Objekt beleuchtet. Als gleichmäßig helle, leuchtende Fläche dient eine Kollektorlinse, die ihrerseits das Licht z.B. von einer Glühlampenwendel erhält, und zwar von allen Teilen der Wendel gleichermaßen. Da nicht die Lampenwendel, sondern der leuchtende Kollektor vom Kondensor ins Objektfeld abgebildet wird, tragen zur Beleuchtung eines bestimmten Objektpunktes alle Teile der Glühlampenwendel bei (Abb.1.24), ebenso für einen anderen Objektpunkt: so wird vermieden, daß die Struktur der Glühlampenwendel im Objektfeld erscheint. Unnötiges Streulicht wird von zwei Blenden abgehalten: Die *Leuchtfeldblende* begrenzt den beleuchteten Bereich des Objekts auf das Gesichtsfeld des Mikroskops; so wird verhindert, daß Streulicht von Objektteilen außerhalb des Gesichtsfeldes ins Objektiv gelangt, wodurch das Bild verschleiert würde. Die *Aperturblende*

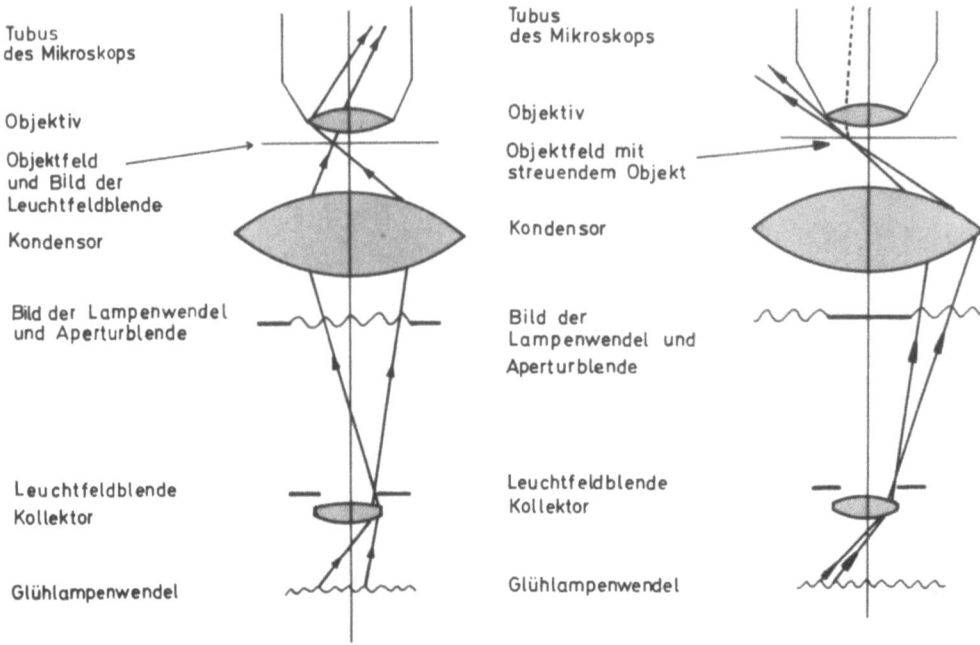

Abb. 1.24   Abb. 1.25

Abb. 1.24. Köhlersche Beleuchtung für Hellfeld. Die Kollektorebene mit der Leuchtfeldblende wird ins Objektfeld abgebildet; bei richtiger Einstellung erscheint die Leuchtfeldblende gleichzeitig mit dem Objekt scharf im Gesichtsfeld. Die Kollektorlinse bildet die Lampenwendel in die Ebene der Aperturblende ab. Um Streulicht zu vermeiden ist (a) die Leuchtfeldblende nur so weit zu öffnen, daß gerade das Gesichtsfeld ausgeleuchtet wird und (b) die Aperturblende so weit zuzuziehen, daß gerade noch keine Abnahme der Helligkeit auftritt

Abb. 1.25. Strahlengang bei Dunkelfeldbeleuchtung. Die scheibenförmige Aperturblende läßt nur Strahlen weiterlaufen, die das Objektiv nicht direkt erreichen: sie ist sozusagen das Negativ der optimal eingestellten Hellfeld-Aperturblende. Das Bild entsteht durch das am Objekt gestreute Licht (in der Abbildung gestrichelt). Im Gegensatz zur Hellfeldbeleuchtung ist also dies Streulicht kein Störfaktor, sondern wesentlich für die Bildentstehung

begrenzt den Winkel, unter dem das Licht durchs Objekt tritt, soweit, daß alle Lichtstrahlen die Objektivöffnung erreichen; schräger einfallende Lichtstrahlen, die das Objektiv nicht erreichen, erhöhen nur das Streulicht, ohne zum Kontrast beizutragen. Bei der gleich zu besprechenden Dunkelfeldbeleuchtung ist das gerade anders.

Während bei Hellfeldbeleuchtung der Kontrast durch unterschiedliches Absorptionsvermögen von Teilen des Objekts zustande kommt, *entsteht der Kontrast bei Dunkelfeldbeleuchtung durch das unterschiedliche Streuvermögen*. Diese Beleuchtung ergibt sich, wenn man durch eine Scheibenblende im Lichtbündel verhindert, daß geradlinig durch das Objekt tretendes Licht das Objektiv erreicht

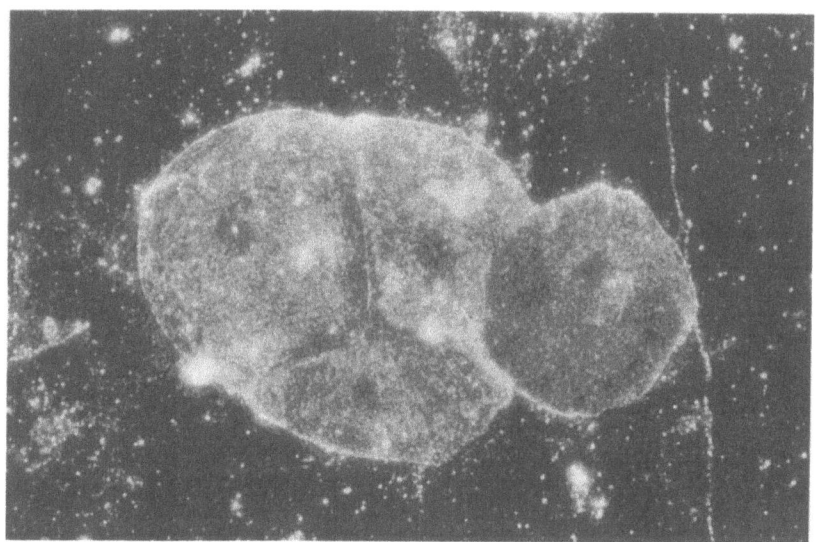

Abb. 1.26. Aufnahme von Mundschleimhautzellen in Dunkelfeldbeleuchtung (500-fach vergrößert). Vergleichen Sie mit Abb.1.23 und 1.44

(Abb.1.25). Ins Objektiv tritt dann nur das an verschiedenen Teilen des Objektes mehr oder minder stark gestreute Licht und bewirkt die Abbildung des Objektes durch das Mikroskop. Bei Dunkelfeldbeleuchtung erscheint das Objekt hell auf dunklem Hintergrund (Abb.1.26).

1.3.3 Zusammenfassung

Wir haben zunächst die Lupe als ein einfaches Instrument zur Vergrößerung des Sehwinkels kennengelernt und mit (1.18) eine Formel angegeben, welche die Vergrößerung mit der Brennweite der Lupe verknüpft. Dann haben wir gesehen, wie im Mikroskop eine weitere Vergrößerung erreicht wird, indem man der Lupe ein Objektiv vorschaltet, das zunächst vom Objekt ein vergrößertes Zwischenbild erzeugt, welches anschließend durch die Lupe (das Okular) betrachtet wird. Die resultierende Vergrößerung ergibt sich als Produkt der Vergrößerungen von Objektiv und Okular (1.25).

Hellfeld- und Dunkelfeldbeleuchtung haben wir als zwei verschiedene Arten des Mikroskopierens kennengelernt, bei denen Objektstrukturen im einen Fall durch ihr unterschiedliches Absorptionsvermögen, im anderen Falle durch ihr unterschiedliches Streuvermögen einen Bildkontrast erzeugen. Es werden also unter Umständen mit beiden Methoden ganz verschiedene Objektstrukturen sichtbar gemacht.

1.3.4 Aufgaben

1) Welche Brennweite hat eine Lupe mit Vergrößerung v = 5? Mit dieser Lupe werde ein Objekt so betrachtet, daß das Auge auf a' = 25 cm akkommodiert. Berechnen Sie für diesen Fall die Vergrößerung nach (1.16). Ist es von Vorteil, mit Akkommodation auf 25 cm anstatt auf ∞ zu arbeiten?

2) Wie wirkt sich eine Änderung der Tubuslänge des Mikroskops auf seine Vergrößerung aus?

3) Welche der folgenden Aussagen sind richtig?

   A. In Hellfeldbeleuchtung erscheint das Objekt hell auf dunklem Grunde.

   B. In Dunkelfeldbeleuchtung entsteht der Kontrast durch unterschiedliches Streuvermögen.

   C. In Hellfeldbeleuchtung wird der Kontrast durch zusätzliches Streulicht verstärkt.

   D. Zur richtigen Einstellung der Köhlerschen Beleuchtung gehört, daß die Kollektorebene mit der Leuchtfeldblende in die Objektebene abgebildet wird.

   E. Aperturblende und Leuchtfeldblende verhindern Streulicht bei Hellfeldbeleuchtung.

1.4 Exkurs: Schwingungen und Wellen

Schon zu Beginn von Abschnitt 1.1 haben wir darauf hingewiesen, daß man mit der Vorstellung von Lichtstrahlen nur zu einem unvollständigen Verständnis von Licht gelangt. Wichtige, für das Mikroskopieren entscheidende Phänomene (z.B. begrenztes Auflösungsvermögen) und besondere Mikroskopierverfahren (Phasenkontrastverfahren, Interferenzmikroskop) sind nur zu verstehen, wenn man Licht als Welle betrachtet. Um den Wellencharakter von Licht kennenzulernen, müssen wir erst mit den Konzepten der Schwingung und der Welle vertraut werden; dem dient dieser Exkurs.

Sie werden im Folgenden etwas mehr Mathematik benötigen als bisher, insbesondere Kenntnisse über die Sinus-Funktion. Wir haben für Sie im mathematischen Anhang (Anhang A) einige wichtige Eigenschaften der trigonometrischen Funktionen zusammengestellt.

1.4 Exkurs: Schwingungen und Wellen

Abb. 1.27. Beugungsbild bei Beugung an einer Kante

Abb. 1.28. Beugungsbild eines Spaltes

1.4.1 Wellenerscheinungen beim Licht

Um Ihnen die Notwendigkeit kurz vor Augen zu führen, sich beim Licht nicht mit der Vorstellung von Lichtstrahlen zufrieden zu geben, und Sie für die Bearbeitung dieses Exkurs-Kapitels zu motivieren, führen wir Erscheinungen an, die darauf hindeuten, daß Licht Wellencharakter hat.

Läßt man Licht an einer Kante vorbeitreten, so sollte nach der Strahlenoptik eine scharfe Grenze Licht-Schatten auftreten; tatsächlich jedoch ist der Lichtbereich in der Nähe der Licht-Schatten-Grenze von dunklen Streifen durchzogen (Abb.1.27). Noch deutlicher wird dies bei Durchtritt von Licht durch kleine Öffnungen wie z.B. einen Spalt (Abb.1.28).

Solche Erscheinungen heißen Beugungserscheinungen. Sie sind charakteristisch für die Ausbreitung von Wellen, wie sie in verschiedensten Bereichen der Physik auftreten. Jedermann bekannt sind Wasserwellen, bei denen sich eine vertikale Bewegung der Wasseroberfläche horizontal ausbreitet. Auch die Tatsache, daß sich Schall als Welle ausbreitet, dürfte Ihnen geläufig sein; die Schallwellen sind Druck- und Dichteschwankungen, die sich im Raume ausbreiten.

Welches sind nun die gemeinsamen Charakteristika solcher in vieler Hinsicht doch sehr verschiedenartiger Phänomene und in welcher Weise können diese Charakteristika auch dem Licht zugeschrieben werden? Mit der ersten Frage beschäftigt sich dieser Exkurs, mit der zweiten der anschließende Abschnitt 1.5. Schall als Welle werden wir im Kap.4 kennenlernen.

1.4.2 Schwingungen

Wir wollen in diesem Exkurs eine präzise Vorstellung des räumlich-zeitlichen Phänomens einer Welle entwickeln. Zur Vorbereitung besprechen wir ein nur zeitliches Phänomen; wir definieren die Schwingung:

> Ein Vorgang, bei dem sich eine physikalische Größe periodisch ändert, heißt Schwingung.

In mathematischer Sprache heißt dies, daß die betreffende physikalische Größe eine periodische Funktion der Zeit ist. Wir gehen im weiteren davon aus, daß Sie mit dem Funktionsbegriff vertraut sind (siehe Anhang A.3). Unser Ziel ist hier, Ihnen den Begriff der Schwingung nahezubringen. Dazu geben wir jetzt einige physikalische Beispiele:

1) Die Pendelbewegung eines Uhrenpendels oder die Auf- und Ab-Bewegung eines an einer Feder hängenden Gewichts (Abb.1.29).

2) Die Bewegung der Membran eines Lautsprechers, der einen einzelnen Ton erzeugt, ebenso die Bewegung einer schwingenden Gitarrensaite.

3) Die Auf- und Ab-Bewegung eines auf dem Wasser schwimmenden Korkens bei einer Wasserwelle. Die Höhe h(t) des Korkens ändert sich periodisch.

4) Das periodische Aufleuchten eines Lichtsignals (Leuchtturm, Flughafen).

Bei der Schwingung handelt es sich um ein "nur zeitliches" Phänomen in folgendem Sinne: Die physikalischen Größen, wie Auslenkung x, Höhe h usw.,

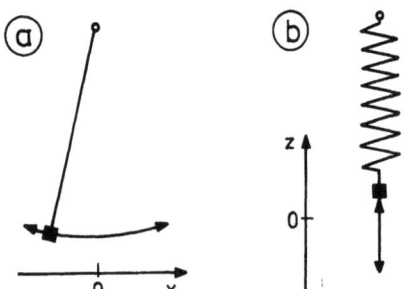

Abb. 1.29. Pendel- und Federschwingung. Die sich periodisch ändernde physikalische Größe ist im einen Fall (a) die Auslenkung x(t) des Pendels aus seiner Ruhelage x = 0, im anderen Fall (b) die entsprechende Auslenkung z(t) der Feder

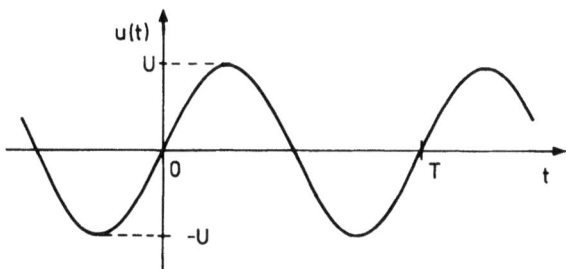

Abb. 1.30. Harmonische Schwingung. Der Graph stellt die Erregung u als Funktion der Zeit t dar. Zur Zeit t = 0 sehen wir die Erregung Null (im Beispiel 1.29 läuft das Pendel oder das Gewicht an der Feder gerade durch die Ruhelage), dann ein Anwachsen, bis zur Zeit t = 1/(4ν) = π/(2ω) ein Maximum erreicht wird (maximaler Ausschlag im Beispiel 1.29). Der gesamte Vorgang wiederholt sich jeweils nach einer Schwingungsdauer T = 1/ν = 2π/ω

können wohl selbst "räumlicher Natur" sein, der Begriff Schwingung meint aber die nur zeitliche Änderung der jeweiligen physikalischen Größe, z.B. die Höhe h als Funktion der Zeit, h = h(t), oder die Intensität des Lichtsignals als Funktion der Zeit. Erst das Konzept der Welle (Abschn.1.4.3) wird räumliche Änderungen in die Betrachtung einbeziehen. Im weiteren nennen wir die physikalische Größe allgemein eine "Erregung" u, diese Erregung ist eine periodische Funktion u = u(t) der Zeit.

Kann das Zeitverhalten der Erregung u(t) durch die Funktion Sinus oder Cosinus dargestellt werden, wie es in den Beispielen 1)-3) üblich ist, so spricht man von einer *harmonischen Schwingung*

$$u(t) = U \sin(2\pi\nu t) \quad . \tag{1.26}$$

Abbildung 1.30 zeigt den Graphen (siehe Anhang A.3) dieser harmonischen Funktion. Sie erkennen das periodische Verhalten. Die maximale Erregung U, genannt die *Amplitude* der Schwingung, wiederholt sich ebenso wie der ganze Schwingungsvorgang in Zeitabständen T, dies T heißt *Schwingungsdauer*.

Nach einer beliebigen Zeit t sind t/T Schwingungsvorgänge von der Länge einer Schwingungsdauer abgelaufen, die Anzahl solcher Schwingungsvorgänge pro Zeit beträgt also (t/T)/t = 1/T.

$$\frac{1}{T} = \nu \tag{1.27}$$

heißt *Frequenz* der Schwingung; die Frequenz wird meist in der Einheit 1/s angegeben, wofür die Bezeichnung Hz (Hertz) üblich ist.

Die Funktion sin α, wie sie in der Mathematik definiert ist, wiederholt sich jeweils, wenn die Größe α um den Wert 2π fortschreitet: die Funktion ist

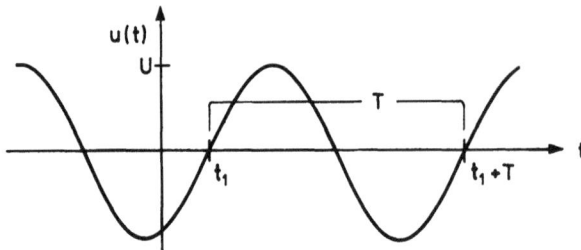

Abb. 1.31. Sinusfunktion mit Phasenverschiebung. Der Graph der phasenverschobenen Schwingung hat einen aufsteigenden Nulldurchgang bei der Zeit $t_1 = \varphi/\omega$

periodisch mit der Periode 2π. Um Schwingungen mit beliebiger Schwingungsdauer (Periode) T mit Hilfe der Sinusfunktion darstellen zu können, müssen wir die Zeit t mit dem Faktor $2\pi/T = 2\pi\nu$ multiplizieren: die Funktion $\sin(2\pi t/T) = \sin(2\pi\nu t)$ wiederholt sich jeweils, wenn die Zeit t um T fortschreitet.

Hauptsächlich aus Gründen einer verkürzten Schreibweise hat es sich eingebürgert, für die 2π-fache Frequenz eine eigene Abkürzung $\omega = 2\pi\nu$ einzuführen. ω heißt *Kreisfrequenz* und wird in der Einheit 1/s angegeben (für 1/s sprich "pro Sekunde"). Mit dieser Abkürzung können wir anstelle von (1.26) schreiben

$$u(t) = U \sin(\omega t) \ . \tag{1.28}$$

Der Zusammenhang zwischen Kreisfrequenz ω und Schwingungsdauer T ist gegeben durch

$$\omega = \frac{2\pi}{T} \ . \tag{1.29}$$

Schwingung mit Phasenverschiebung:

Die Abbildung 1.30 zeigt den Graphen einer harmonischen Schwingung mit einem aufsteigenden Nulldurchgang bei $t=0$. Verstellen wir sozusagen die Uhr ein wenig, so rutscht der aufsteigende Nulldurchgang auf der Zeitachse etwas nach links oder rechts, den entsprechenden Graphen zeigt Abb.1.31. Sie können auch an zwei gleichartige Pendel denken, von denen eines "aus dem Takt" geraten ist; seine Auslenkungen folgen denen des anderen Pendels mit einer gewissen Verzögerung t_1. Die aufsteigenden Nulldurchgänge liegen dann bei Zeiten t_1, t_1+T, t_1+2T, ... Damit die Sinusfunktion gerade zu diesen Zeiten aufsteigende Nulldurchgänge hat, müssen wir schreiben

$$u(t) = U \sin[\omega(t-t_1)] = U \sin(\omega t - \omega t_1) \ ; \tag{1.30}$$

$\varphi = \omega t_1$ heißt *Phasenverschiebung* der Schwingung

$$u(t) = U \sin(\omega t - \varphi) \quad . \tag{1.31}$$

1.4.3 Wellen

Während eine Schwingung ein nur zeitliches Phänomen ist, ist eine Welle ein räumlich-zeitliches Phänomen. Mathematisch gesprochen ist die Welle eine Funktion der Zeit *und* des Raumes. Wir kennzeichnen einen Punkt im Raum durch den Ortsvektor $\vec{r}$ (siehe Anhang A.2). Die Erregung u einer Welle hat also für jeden Zeitpunkt t und jeden Raumpunkt $\vec{r}$ einen bestimmten Funktionswert $u = u(\vec{r},t)$.

Nicht jede Funktion von Raum und Zeit ist eine Welle. Wir definieren:

> Eine Welle ist ein Vorgang in Raum und Zeit, bei dem eine ortsabhängige physikalische Größe (Erregung) an jedem festen Ort $\vec{r}$ eine Schwingung $u_{\vec{r}}(t)$ ausführt, und bei dem die Schwingungen an verschiedenen Raumpunkten $\vec{r}$ gegeneinander in räumlich periodischer Weise phasenverschoben sind.

Zur Veranschaulichung der Definition einer Welle betrachten wir eine Wasserwelle. Jeder Punkt der Wasseroberfläche führt eine Schwingung aus, wie wir in Beispiel 3) von Abschnitt 1.4.2 gesehen haben; dabei schwingt die Wasseroberfläche an verschiedenen Orten mit einer vom Ort abhängigen Phasenverschiebung. Halten wir die Wellenbewegung an — wir können die Wasserwelle fotografieren — so sehen wir eine räumlich ausgebreitete periodische Struktur, ein räumliches Bild der Welle: dieses Bild ergibt sich gerade aus den Schwingungen, die "in räumlich periodischer Weise phasenverschoben sind". Im zeitlichen Ablauf wandert das räumliche Bild der Welle, die Welle "breitet sich aus". Bevor wir diesen Vorgang mathematisch präzisieren, geben wir ein paar Beispiele für Wellen an:

1) Wasserwellen: die Erregung ist die Höhe der Wasseroberfläche $h(\vec{r},t)$, die Welle breitet sich horizontal in alle Richtungen aus.

2) Schallwellen: die Erregung ist der Luftdruck, der sich periodisch mit der Frequenz der Schallquelle ändert. Die Schallwelle breitet sich in alle Richtungen des Raumes aus.

3) Licht breitet sich ebenfalls in Form einer Welle aus.

Man spricht von einer *ebenen, harmonischen Welle*, wenn das räumlich-zeitliche Verhalten der Erregung in folgender Weise durch die Funktion Sinus dargestellt werden kann:

$$u(\vec{r},t) \equiv u(x,y,z,t) = U \sin(kx-\omega t) \quad . \tag{1.32}$$

Dies ist eine Funktion von Raum und Zeit, eine Funktion der vier Variablen x, y, z, t. Das linke Identitätszeichen bringt nur zwei Schreibweisen in Zusammenhang: ein bestimmter Ort kann durch den Ortsvektor $\vec{r}$ oder durch die drei kartesischen Ortskoordinaten x, y, z gekennzeichnet werden. Das rechte Gleichheitszeichen in (1.32) hingegen bedeutet die Definition der ebenen harmonischen Welle, die sich in x-Richtung ausbreitet. Jedem Raumpunkt $\vec{r}$ mit Koordinaten x, y, z wird zu jeder Zeit t ein Wert der Erregung u(x,y,z,t) zugewiesen. Die durch die Sinusfunktion gegebene Vorschrift zur Berechnung der Erregungen u(x,y,z,t) enthält nur die Variablen x und t: das bedeutet, daß die Erregung an der Stelle x für jeden Wert der Koordinaten y und z dieselbe ist. Alle Punkte mit dem gleichen x-Wert bilden eine Ebene senkrecht zur x-Achse; die Erregung ist also in der ganzen "y-z-Ebene" mit konstantem x dieselbe. Man nennt jede solche Ebene gleicher Erregung eine Wellenfront. Wir werden gleich noch sehen, daß die Wellenfronten im Laufe der Zeit t in x-Richtung vorwärtswandern und sprechen deshalb davon, daß die Welle sich in x-Richtung ausbreitet. Man kann durch Veränderung von (1.32) auch Wellen beschreiben, die sich in irgendeine andere Richtung ausbreiten. Da uns aber niemand daran hindert, die Ausbreitungsrichtung der jeweils betrachteten Wellen als x-Richtung zu bezeichnen, genügt es, (1.32) zu diskutieren.

Weil also bei der ebenen Welle (1.32) der Wert der Erregung nur von x und t abhängt, müssen wir nur noch diese Abhängigkeit genauer diskutieren. Wir wählen dazu zwei Sonderfälle aus: Einmal betrachten wir einen bestimmten festen Wert x_0 der Ortskoordinate x. Dann ergibt sich aus (1.32) für einen Ort mit x_0 (und y, z beliebig) das Zeitverhalten der Erregung

$$u_{x_0}(t) = U \sin(kx_0-\omega t) = -U \sin(\omega t-kx_0) = U \sin(\omega t-kx_0-\pi) \tag{1.33}$$

wegen $\sin(-\alpha) = -\sin\alpha = \sin(\alpha-\pi)$ (Anhang A.3). Der Vergleich von (1.33) mit (1.31) zeigt, daß die Erregung u am festen Orte x_0 eine Schwingung ausführt mit Kreisfrequenz ω, Schwingungsdauer $T = 2\pi/\omega$ und einer Phasenverschiebung $\varphi = kx_0+\pi$. Die Phasenverschiebung hängt vom gewählten Ort x_0 ab. Das heißt, daß wir an jedem Ort eine andere Phasenverschiebung haben, $\varphi(x) = kx+\pi$. Dies entspricht voll und ganz der Definition einer Welle, die wir am Anfang dieses Abschnitts gegeben haben. Lesen Sie diese noch einmal!

1.4 Exkurs: Schwingungen und Wellen

Bei dieser Definition wird die Welle aus Schwingungen an den verschiedenen Orten aufgebaut. Eine gleichwertige Alternative besteht darin, die Welle aus räumlichen periodischen Strukturen zu verschiedenen Zeiten aufzubauen, und zwar so, daß eine periodische Struktur im Verlaufe der Zeit durch den Raum wandert: "die Welle läuft". Wir wollen uns dies an der ebenen harmonischen Welle von (1.32) klarmachen.

Dazu betrachten wir den bereits angekündigten anderen Sonderfall. Wir wählen in (1.32) einen festen Zeitpunkt $t = t_0$, machen also sozusagen eine Momentaufnahme der Welle und betrachten zum Zeitpunkt der Momentaufnahme das Muster der Erregung im Raum (denken Sie an die Momentaufnahme einer Wasserwelle). Aus (1.32) erhalten wir ein periodisches Feld der Erregung im Raum, das sinusförmig von der Ortskoordinate x abhängig ist

$$u(\vec{r},t_0) \equiv u(x,y,z,t_0) = U \sin(kx - \omega t_0) \quad . \tag{1.34}$$

Wir nennen dies eine *periodische Struktur*. Ein Vergleich mit der Schwingungsgleichung (1.31) zeigt, daß die Ortskoordinate x an die Stelle der Zeit t und der Parameter k an die Stelle der Kreisfrequenz ω getreten sind, während ωt_0 dem Phasenwinkel entspricht. Die periodische Struktur hat eine räumliche Periode λ, die durch $2\pi = k\lambda$, also $\lambda = 2\pi/k$ gegeben ist. λ heißt die *Wellenlänge* und entspricht der Schwingungsdauer T bei der Schwingung. $1/\lambda = k/(2\pi)$ erkennen wir als die Zahl der Wellenlängen pro Längenintervall. Man könnte diese Größe die Ortsfrequenz nennen, weil sie der Frequenz $\nu = 1/T = \omega/(2\pi)$ bei der Schwingung entspricht, es ist jedoch stattdessen die Bezeichnung *Wellenzahl* üblich. k ist die 2π-fache Wellenzahl

$$k = \frac{2\pi}{\lambda} \tag{1.35}$$

und heißt *Kreiswellenzahl*. Diese ist wie die Wellenzahl $1/\lambda$ selbst eine reziproke Länge und kann beispielsweise in m^{-1} oder cm^{-1} angegeben werden. Die Kreiswellenzahl (1.35) einer periodischen Struktur entspricht der Kreisfrequenz $\omega = 2\pi/T = 2\pi\nu$ bei der Schwingung.

Fassen wir noch einmal zusammen:

- Schwingung ist ein zeitliches Phänomen, dargestellt durch eine Zeitfunktion $u(t)$,

- periodische Struktur ist ein räumliches Phänomen, dargestellt durch eine Raumfunktion $u(\vec{r})$.

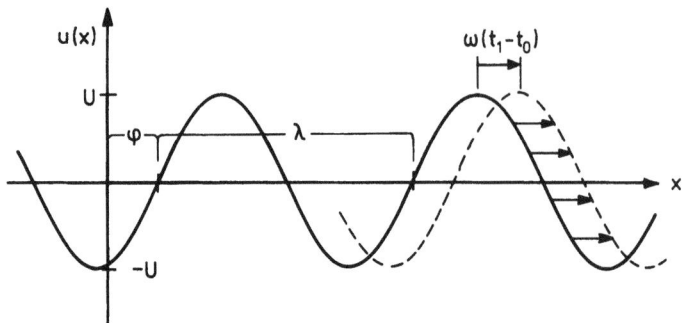

Abb. 1.32. Periodische Struktur. Dargestellt ist die harmonische periodische Struktur (1.33) mit der Wellenlänge $\lambda = 2\pi/k$ und der räumlichen Phasenverschiebung $\varphi = \omega t_0$. Die gestrichelte Linie veranschaulicht, wie bei einer Welle die periodische Struktur in der Zeit von t_0 bis t_1 weiterwandert. In dieser Zeit resultiert die zusätzliche Phasenverschiebung $\omega(t_1-t_0)$

Beides ist im harmonischen Fall eine Sinusfunktion und darauf beruhen die Zuordnungen:

Schwingungsdauer T —— Wellenlänge λ
Frequenz ν —————— Wellenzahl $1/\lambda$
Kreisfrequenz ω ———— Kreiswellenzahl k.

Eine Welle aber ist ein räumlich-zeitliches Phänomen, das sich an jedem festen Ort als eine Schwingung (in der Zeit) und zu jeder festen Zeit als eine periodische Struktur (im Raum) darstellt.

Die räumlichen periodischen Strukturen zu verschiedenen Zeiten t haben gemäß (1.32) oder (1.34) eine Phasenverschiebung ωt, die proportional mit der Zeit t anwächst. Das bedeutet, daß sich die periodische Struktur im Laufe der Zeit in positive x-Richtung verschiebt (Abb.1.32). Betrachten wir bei dieser Verschiebung einen Punkt fester Phase, z.B. einen aufsteigenden Nulldurchgang, der durch $kx-\omega t = 0$ festgelegt ist, so sehen wir, daß die Verschiebung des Punktes fester Phase durch

$$x = \frac{\omega}{k} t \qquad (1.36)$$

beschrieben wird. Mit fortschreitender Zeit t wächst auch x; der aufsteigende Nulldurchgang wandert in Richtung der positiven x-Achse. Die Größe

$$\boxed{c = \frac{\omega}{k} = \nu \lambda} \qquad (1.37)$$

1.4 Exkurs: Schwingungen und Wellen

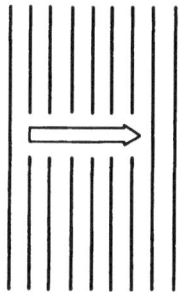

Abb. 1.33. Wellenfronten einer ebenen Welle und einer Kugelwelle

nennen wir die *Phasengeschwindigkeit* der Welle. Durch Einsetzen in die Definitionsgleichung (1.32) der ebenen harmonischen Welle sehen wir

$$u(\vec{r},t) = U \sin(kx-\omega t) = U \sin[k(x-ct)] \quad . \tag{1.38}$$

Prägen Sie sich den durch (1.37) gegebenen Zusammenhang zwischen Phasengeschwindigkeit, Frequenz und Wellenlänge ein. Gl.(1.37) gilt für jede Art von harmonischen Wellen, z.B. auch für Schallwellen, die wir im Kap.4 kennenlernen werden; dann ist c die Schallgeschwindigkeit. In diesem Kapitel interessieren wir uns jedoch für Lichtwellen; dann ist c die Lichtgeschwindigkeit.

Eine zusammenhängende Menge von Raumpunkten gleichen Erregungszustandes (z.B. maximaler Erregung) bilden eine sogenannte Wellenfront. Bei der ebenen Welle von (1.32) sind die Wellenfronten Ebenen x = const (Abb.1.33). Sie wandern im Laufe der Zeit in eine Richtung senkrecht zur Wellenfront (in die Richtung der "Wellennormalen"), d.h. in x-Richtung nach rechts, mit der Geschwindigkeit c.

Die Wellenfronten können auch andere Gestalt haben. Z.B. sind sie bei einer auslaufenden Kugelwelle Kugelflächen r = const (Abb.1.33), die ausgehend von einer Quelle radial nach außen weglaufen. In der mathematischen Beschreibung der Kugelwelle tritt die Radialkoordinate r an die Stelle der kartesischen Koordinate x in (1.32). Lichtwellen wie Schallwellen sind meist Kugelwellen. Eine Wasserwelle an der Oberfläche eines Gewässers ist dagegen als Kreiswelle zu bezeichnen, da sie sich nur in 2 Dimensionen ausbreitet.

Überlagerung von Wellen

Treffen zwei gleichartige Wellen $u_1(\vec{r},t)$ und $u_2(\vec{r},t)$ (z.B. u_1 und u_2 Drucke zweier Schallwellen) aufeinander, so überlagern sie sich in den meisten Fällen, mit denen Sie zu tun haben werden, rein additiv zu $u(\vec{r},t) = u_1(\vec{r},t)+u_2(\vec{r},t)$

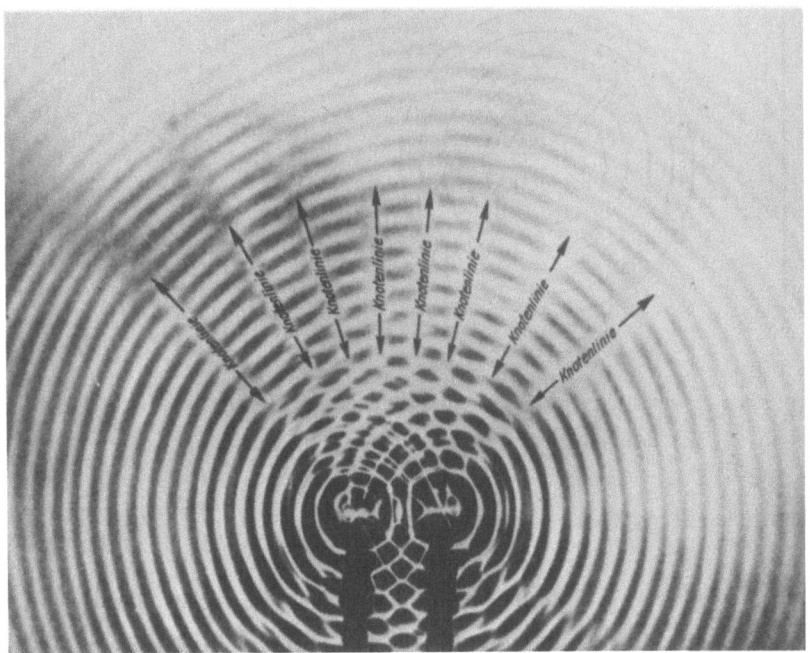

Abb. 1.34. Interferenzmuster zweier interferierender Kreiswellen. Die Wasserwellen werden durch zwei periodisch eintauchende Stifte erzeugt

an jedem Orte $\vec{r}$ und zu jeder Zeit t; man nennt dies *Superposition*. Dabei führt die Addition zweier positiver bzw. zweier negativer Beiträge (d.h. z.B. zweier "Wellenberge" bzw. zweier "Wellentäler") zu einer "Verstärkung" der Erregung in dem betreffenden Raum-Zeit-Gebiet, eine Addition eines positiven und eines negativen Beitrags (z.B. eines "Wellenbergs" und eines "Wellentales") zu einer "Abschwächung" oder sogar "Auslöschung".

Diese Erscheinung der Verstärkung oder Abschwächung ist die für Wellenerscheinungen typische *Interferenz*. In Abb.1.34 ist diese am Beispiel zweier Kreiswellen gleicher Frequenz vorgeführt: Es entstehen Zonen der Verstärkung und Zonen der Auslöschung ("Interferenzmuster"). An Wasserwellen können Sie die Interferenz gut beobachten, wenn Sie z.B. einfach zwei Steinchen ins Wasser werfen.

Während die allgemeine Superposition sich auf beliebige, auch nichtperiodische Felder bezieht, ist von besonderem Interesse noch der Fall der Superposition von harmonischen Wellen (d.h. Sinuswellen), deren Frequenzen ganzzahlige Vielfache einer Grundfrequenz sind (Beispiel in Abb.1.35). Es entstehen dabei Wellenformen, die nicht mehr sinusförmig, sondern komplizierter sind. Machen Sie sich an der Definition, die zu Beginn dieses Abschnitts gegeben wurde, klar, daß es sich nach wie vor um Wellen handelt.

1.4 Exkurs: Schwingungen und Wellen

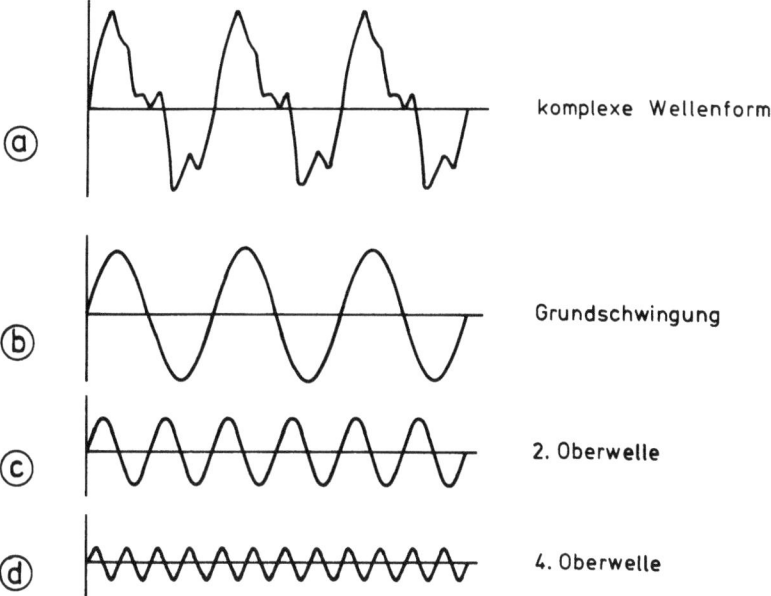

Abb. 1.35. Fourier-Analyse. Eine komplizierte periodische Funktion, die sich ergibt als Summe einer Grundschwingung (gleicher Frequenz) und zweier Oberschwingungen doppelter und vierfacher Frequenz. a = b + c + d

Ohne an dieser Stelle die mathematische Begründung kennengelernt zu haben, sollen Sie sich folgenden Sachverhalt merken: Jede Funktion, also auch jede periodische Funktion und damit jede Welle (nach der gegebenen Definition) kann als Summe von Sinusfunktionen oder Sinuswellen (ebener, harmonischer Wellen) geschrieben werden. Dies nennt man Fourier-Zerlegung oder *Fourier-Analyse*. Betrachten Sie nochmals das Beispiel von Abb.1.35, wo eine periodische Funktion in 3 Sinusfunktionen zerlegt ist. Die Fourier-Analyse ist nicht nur ein mathematischer Trick, sondern von vielfältiger physikalischer Bedeutung: so besteht weißes Licht aus Lichtwellen verschiedener Farben (Spektralfarben, Abschn.1.5), ein akustischer Klang aus Tönen verschiedener Frequenz (Kap.4).

Die Überlegungen dieses Exkurses waren im Kern rein mathematisch (geometrisch oder kinematisch) und sind auf beliebige Wellenfelder der unterschiedlichsten Art anwendbar. Wir wollen uns nun wieder ganz speziell dem Licht zuwenden.

1.4.4 Zusammenfassung

Sie sollten in diesem Abschnitt Ihre Vorstellungen von Schwingungen und Wellen präzisieren

- sowohl anhand verbaler Formulierungen in den Kästen zu Beginn der Abschnitte 1.4.2 und 1.4.3
- als auch anhand einer mathematischen Beschreibung mit Hilfe der Sinusfunktion.

Dabei konnten Sie insbesondere erlernen, welche Bedeutung die Begriffe Schwingungsdauer, Frequenz, Kreisfrequenz, Wellenlänge, Wellenzahl, Kreiswellenzahl und Phasengeschwindigkeit für die Charakterisierung einer Schwingung bzw. Welle haben.

Am Ende des Abschnitts wurde erläutert, wie durch Superposition von Wellen Interferenzen entstehen. Dies wird im nächsten Abschnitt anhand spezieller Interferenzphänomene von Licht noch vertieft werden.

1.4.5 Aufgaben

1) Welche der folgenden Aussagen sind richtig?

   A. Ein schwingendes Pendel kann als Beispiel einer Welle angesehen werden.

   B. Eine periodische Struktur ist ein rein räumliches Phänomen.

   C. Eine Schwingung ist eine periodische Struktur, deren Wellenlänge mit der Schwingungsdauer übereinstimmt.

   D. Eine Welle ist ein Vorgang in Raum und Zeit, bei dem eine periodische Struktur im Laufe der Zeit durch den Raum wandert.

   E. Eine Schwingung ist ein rein zeitliches Phänomen.

2) Berechnen Sie für eine Welle, die sich mit Lichtgeschwindigkeit $c = 3 \cdot 10^8$ m/s ausbreitet, welche Wellenlänge λ zur Frequenz $\nu = 10^7$ Hz = 10 MHz gehört. Sie können das Ergebnis an der Skala Ihres Radiogerätes überprüfen.

3) Welche der folgenden Aussagen sind richtig?

   A. Fourier-Zerlegung ist die Umkehrung der Superposition ebener, harmonischer Wellen.

   B. Fourier-Zerlegung ist die Zerlegung einer harmonischen Welle in beliebige periodische Vorgänge.

C. Superposition zweier Wellen führt in jedem Raumpunkt
zu Verstärkung.

D. Interferenz ist die Umkehrung von Superposition.

E. Die Zerlegung weißen Lichtes in farbige Anteile ist
ein physikalisches Beispiel von Fourier-Zerlegung.

1.5 Licht als Welle

Eine ganze Reihe von optischen Phänomenen können wir nur verstehen, wenn wir das Licht als Welle behandeln. Wir werden in diesem Abschnitt den Wellencharakter des Lichts anhand einiger wichtiger Anwendungen studieren und damit zu einem vertieften Verständnis des Lichts gelangen. Im Rahmen der Wellentheorie des Lichts besprechen wir das Auflösungsvermögen des Mikroskops und Mikroskopierverfahren, welche Phasenkontraste sichtbar machen.

1.5.1 Spektralfarben

In Abschnitt 1.4.1 haben wir Ihnen schon Erscheinungen vorgeführt, die darauf hinweisen, daß Licht Wellencharakter hat. Nachdem wir inzwischen in Abschnitt 1.4.3 das Konzept "Welle" präzisiert haben, können wir genauer darlegen, weshalb die Welleneigenschaften des Lichts solche Beugungserscheinungen verursachen. Im folgenden betrachten wir also Licht als eine Erregung $u(\vec{r},t)$, die sich wellenförmig im Raum ausbreitet. Auf die eigentliche physikalische Natur dieser Erregung, nämlich elektrische und magnetische Feldstärken, werden wir erst in Abschnitt 1.6 zu sprechen kommen.

Im Rahmen der Wellentheorie bleiben die Aussagen der Strahlenoptik richtig, wenn man die Lichtstrahlen der Strahlenoptik als die Wellennormalen in der Wellentheorie interpretiert. Da Sie vermutlich keine Spezialisten in theoretischer Physik werden wollen, brauchen wir Ihnen die Details dieses Zusammenhangs nicht zu schildern. In der Praxis wird auch von Physikern überall dort die Strahlenoptik verwendet, wo sie zur Beschreibung und Erklärung der Phänomene ausreicht. Es gibt jedoch auch optische Phänomene, insbesondere die Interferenz und die Beugung, zu deren Verständnis man Wellenoptik benötigt. Mit solchen Phänomenen wollen wir uns hier beschäftigen.

Licht hat im Vakuum eine Phasengeschwindigkeit $c = 299792$ km/s. Es kann verschiedene Frequenzen haben; die jeweils zugehörige Wellenlänge ergibt sich aus (1.37). Soweit wir Licht mit dem Sinnesorgan Auge registrieren können, nehmen wir die unterschiedlichen Frequenzen subjektiv als Farben wahr. Dabei können wir folgende Zuordnung feststellen (1 $\mu m = 10^{-6}$ m)

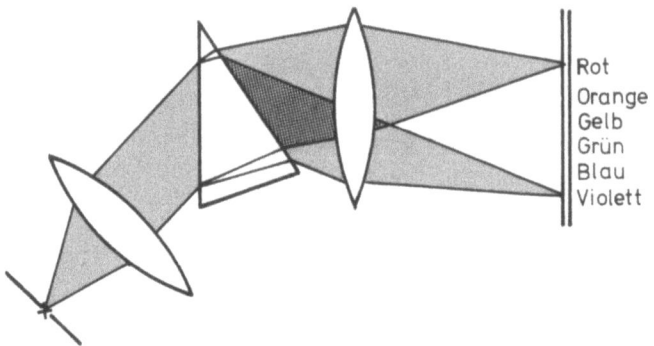

Abb. 1.36. Prismenspektrograph. Das Licht tritt durch einen schmalen Spalt in den Spektrographen ein. Eine Linse fokussiert das Licht zu einem parallelen Lichtbündel; dieses Lichtbündel durchsetzt das Prisma und wird dabei in seine spektralen Komponenten zerlegt. Eine zweite Linse fokussiert die monochromatischen Bündel auf einen Schirm, der das "Spektrum" des analysierten Lichtes zeigt. Da die Brechzahl mit höherer Frequenz zunimmt, wird violettes Licht stärker gebrochen als rotes. Eingezeichnet ist der Strahlengang für 2 Frequenzen im Roten und Violetten. Statt eines Schirmes (Fotoplatte) wird meistens ein zweiter Spalt verwendet, der aus dem Spektrum eine Frequenz (Farbe) selektiert. Durch Drehen des Prismas kann die selektierte Frequenz variiert werden. Diese Anordnung nennt man "Monochromator" (= Gerät zur Herstellung monochromatischen Lichtes)

Wellenlänge [μm]	Frequenz [Hz]	Farbempfinden
0,70	$4,3 \cdot 10^{14}$	Rot
0,65	4,6	Orange
0,60	5,0	Gelb
0,54	5,6	Grün
0,46	6,5	Blau
0,42	7,1	Violett

Es handelt sich also um "ziemlich kleine" Wellenlängen und "ziemlich hohe" Frequenzen. Deshalb können wir auch das schnelle Oszillieren der Erregung beim Licht nicht sehen. Wir halten fest, daß das sichtbare Licht nur einen schmalen Frequenzbereich um $5 \cdot 10^{14}$ Hz umfaßt. Diesseits und jenseits des sichtbaren Lichtes gibt es "unsichtbares Licht": infrarotes und ultraviolettes Licht. Wir kommen darauf in Abschnitt 1.6 zurück (siehe dort Abb.1.46).

Das Sonnenlicht oder das Licht einer hellen Glühlampe empfinden wir als weiß. Der "Farbe" weiß entspricht keine eigene Frequenz, vielmehr besteht das weiße Licht aus einer Überlagerung aller sichtbaren Lichtfrequenzen, d.h. aller Farben der obigen Tabelle. Durch geeignete Verfahren können wir das weiße Licht in die darin enthaltenen Frequenzen bzw. Farben zerlegen: wir erhalten "monochromatische Anteile" oder *Spektralfarben* des weißen Lichtes.

1.5 Licht als Welle							43

Wir können eine solche Zerlegung mit Hilfe des Phänomens der *Dispersion* erreichen: Darunter versteht man die Tatsache, daß die Brechzahl n eines Körpers für Licht verschiedener Frequenzen nicht gleich ist. Die Brechzahl hängt von der Frequenz ab: $n = n(\nu)$. Da die Brechung durch ein Prisma umso stärker ist, je größer die Brechzahl des Prismas ist (Abschn.1.1.3), spreizt ein Prisma Licht, das aus verschiedenen Frequenzen zusammengesetzt ist, in seine Farbbestandteile, die monochromatischen Komponenten auf. Den Strahlengang in einem solchen Prismenspektrographen zeigt Abb.1.36. Auf dem Schirm sehen wir das farbige "Spektrum" des zerlegten Lichtes; man spricht deshalb auch von Spektralanalyse. Anstelle eines Prismas können wir auch ein Gitter zur Spektralanalyse verwenden, worauf wir im nächsten Abschnitt zu sprechen kommen werden.

Während die Dispersion im Hinblick auf Spektralanalyse nützlich erscheint, ist sie bei optischen Abbildungen durch Linsen und Objektive eine ärgerliche Sache, nämlich die Ursache eines Abbildungsfehlers, der sogenannten chromatischen Aberration: Licht verschiedener Farbe wird von einer Linse verschieden stark abgelenkt und deshalb sind auch die Brennweiten und Bildweiten verschieden. Eine geeignete Zusammensetzung mehrerer Linsen unterschiedlicher Dispersion zu achromatischen oder apochromatischen Objektiven kann die chromatische Aberration für 2 bzw. 3 Frequenzen korrigieren. Dies reicht z.B. für Fotoobjektive im allgemeinen aus. Bei hohen Anforderungen an die Bildschärfe, etwa beim Mikroskopieren, verwendet man jedoch möglichst monochromatisches Licht.

1.5.2 Beugung an Blenden und Gittern

Wegen des Wellencharakters zeigt Licht Erscheinungen der Interferenz wie sie in Abschnitt 1.4.3 besprochen wurden. Eine spezielle Form der Interferenz ist die Beugung von Licht an Kanten, kleinen Öffnungen (Spalt, Kreisblende) oder Gittern, wie sie schon mehrfach erwähnt wurde.

Wir wollen zuerst die *Beugung am Spalt* genauer diskutieren. Wir betrachten eine ebene Welle, die auf einen Spalt der Breite d trifft (Abb.1.37). Der Spalt wirkt für die rechte Seite als Lichtquelle. Die Lichtwelle breitet sich vom Spalt aus prinzipiell in alle Richtungen aus. Aufgrund von Interferenz ist jedoch die Intensität in den verschiedenen Richtungen verschieden. Fokussiert man durch eine Linse — ähnlich wie schon in Abb.1.12 dargestellt — Licht der verschiedenen Richtungen in je einen Brennpunkt auf einem Bildschirm in der Brennebene der Linse, so findet man experimentell eine Helligkeitsstruktur mit hellen und dunklen Stellen. Die Verteilung der Lichtintensität ist in Abb.1.37 rechts als Graph dargestellt. In der Mitte ist es am hellsten. Vergleiche dazu Abb.1.28.

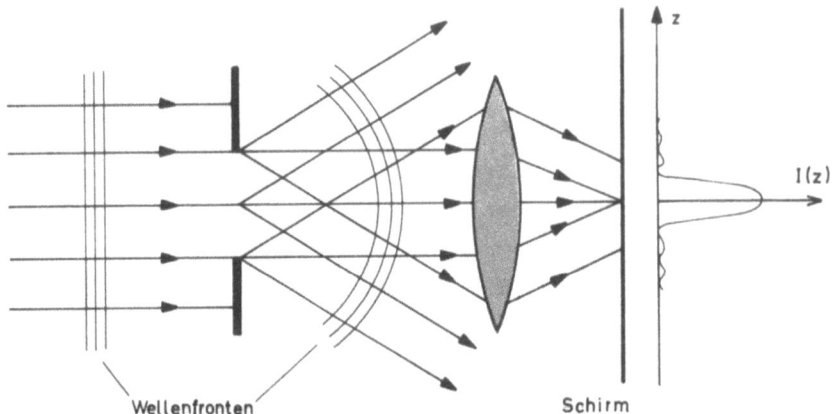

Abb. 1.37. Eine ebene Welle trifft auf einen Spalt der Breite d und breitet sich dahinter in verschiedene Richtungen aus. Eine Linse fokussiert die verschiedenen Richtungen. Es ergibt sich die rechts aufgetragene Helligkeitsverteilung (z: vertikale Koordinate, I(z): Lichtintensität)

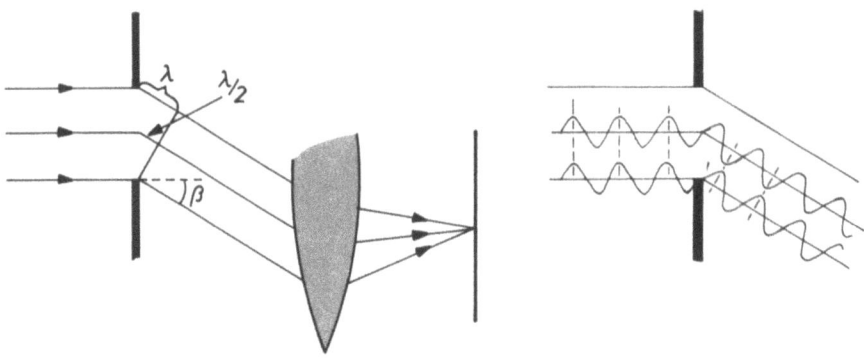

Abb. 1.38. Ein Bündel einer bestimmten Richtung ist aus Abb.1.37 herausgezeichnet. Links die geometrische Bedingung für vollständige Auslöschung. Rechts die Erläuterung durch schematische Darstellung einer "Momentaufnahme" der Welle

Die exakte Berechnung dieser Intensitätsverteilung ist schwierig. Relativ einfach sind jedoch die Richtungen vollständiger Auslöschung zu berechnen. Dazu haben wir in Abb.1.38 den Teil des Lichtes herausgezeichnet, der in *eine* bestimmte Richtung läuft, nämlich die Richtung mit dem Winkel β gegenüber der Vorwärtsrichtung; alle anderen Richtungen sind weggelassen, damit das Bild nicht unübersichtlich wird. Vollständige Auslöschung erfolgt, wenn jeder Teilstrahl eines Bündels einen Partner findet, mit dem er zu Null interferiert. Dies ist beispielsweise der Fall, wenn $\sin\beta = \lambda/d$. Dann haben der untere und mittlere Strahl gerade eine Phasendifferenz von $\lambda/2$: sie löschen sich aus (Abb.1.38 rechts). Ebenso löschen sich zwei Strahlen, die etwas über dem un-

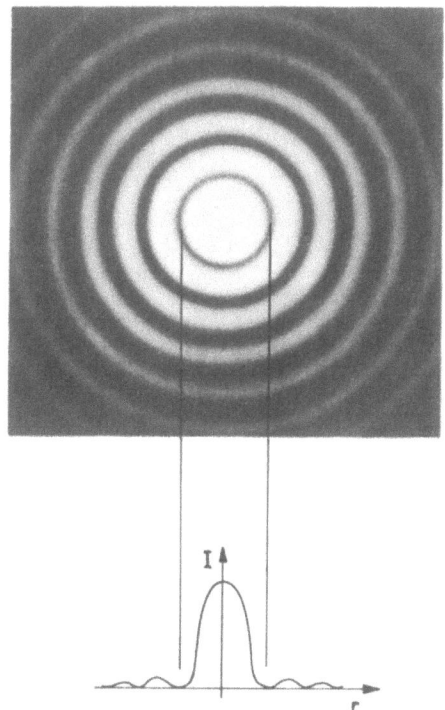

Abb. 1.39. Beugung an einer Kreisblende. Oben: Beugungsbild auf einem Schirm. Die Lichtintensität in Abhängigkeit von einer Radial-Koordinate r auf dem Schirm wird durch die Airy-Funktion beschrieben. Unten: Airy-Funktion I(r) als Graph

teren und etwas über dem mittleren liegen, gegenseitig aus usw.: so gibt es zu jedem Strahl der unteren Hälfte des Spaltes einen der oberen Hälfte, die sich gegenseitig auslöschen.

In welchen anderen Richtungen β kommt es noch zu Auslöschung? Überlegen Sie sich selbst, daß man immer dann alle Strahlen zu sich gegenseitig auslöschenden Paaren ordnen kann, wenn

$$\sin\beta = \frac{m\lambda}{d} \quad ; \quad m = 1,2,3,\ldots \quad . \tag{1.39}$$

Dies ist die Bedingung für die Richtungen vollständiger Auslöschung (Beugungsminima 1., 2., ..., nter Ordnung).

Eine kreisförmige Öffnung, eine *Kreisblende*, ergibt ein kreisförmiges Beugungsbild (Abb.1.39). Das Beugungsminimum 1. Ordnung entsteht für einen Winkel β_1 gegen die Vorwärtsrichtung

$$\boxed{\sin\beta_1 = 0{,}61 \frac{\lambda}{R}} \quad , \tag{1.40}$$

wobei R der Öffnungsradius der Kreisblende ist. Gl.(1.40) ist etwas schwieriger herzuleiten als (1.39) für den Spalt, da man die Kreisöffnung in geeignete ringförmige Zonen gleicher Fläche aufteilen muß, die sich gerade gegen-

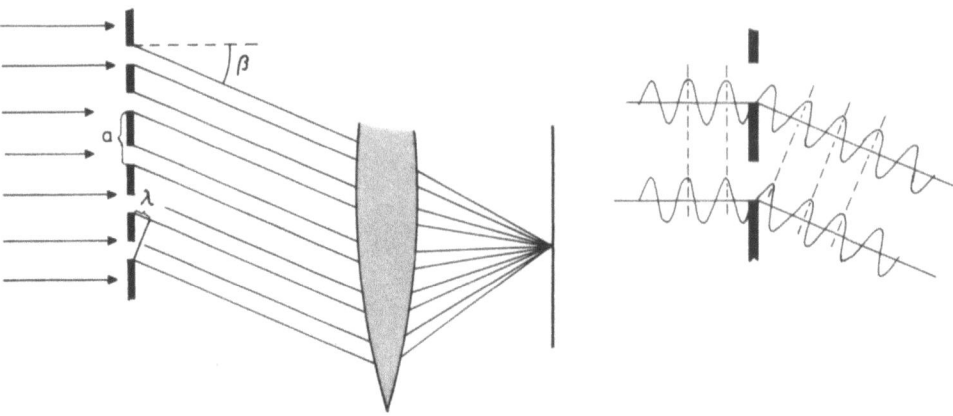

Abb. 1.40. Beugung am Gitter. Wie in Abb.1.38 ist von den Strahlen, die hinter dem Gitter in verschiedene Richtungen laufen, nur ein Bündel in einer bestimmten Richtung β herausgezeichnet. Der Winkel β wird gegen die Gitternormale, die Senkrechte zur Gitterebene, gemessen. In der schematischen Darstellung einer "Momentaufnahme" der Welle rechts erkennt man, daß in der gewählten Richtung β gerade maximale Verstärkung durch Superposition erfolgt

seitig auslöschen. Dies führt letzten Endes zum Faktor 0,61. Sie brauchen diese Herleitung nicht selbst durchführen zu können. Die genaue Verteilung der Lichtintensität auf dem Schirm der Linse wird durch die in Abb.1.39 wiedergegebene Funktion I(r) beschrieben, die den Namen Airy-Funktion trägt.

Rechnerisch einfacher ist wiederum die Beugung an einem *Gitter*. Ein Gitter ist eine lichtdurchlässige oder reflektierende Fläche, deren Durchlässigkeit bzw. Reflexionsvermögen eine periodische Struktur hat. Im einfachsten Fall haben wir eine periodische Anordnung von Spalten (Abb.1.40) mit der Periode a, der sogenannten Gitterkonstante. Die Überlegung zur Bestimmung der Winkel für totale Auslöschung oder maximale Verstärkung erfolgt wie oben beim Einzelspalt. Betrachten wir Lichtbündel, die unter dem Normalenwinkel β von den verschiedenen Spalten des Gitters ausgehen, so erhalten wir maximale Verstärkung, wenn benachbarte Bündel um eine ganze Wellenlänge oder ein Vielfaches einer ganzen Wellenlänge verschoben sind, also für

$$\sin\beta = \frac{m\lambda}{a} \quad , \quad m = 0,1,2,\ldots \quad . \tag{1.41}$$

Analog zu den Beugungsminima beim Spalt sprechen wir von den Maxima 1., 2., ... Ordnung für m = 1, 2, ... Die Ordnung m = 0 (d.h. auch β=0) kennzeichnet den durchgehenden, ungebeugten Strahl. Zwischen den einzelnen Beugungsmaxima löschen sich die interferierenden Strahlen weitgehend aus und zwar um so besser, je mehr Spalte zur Interferenz beitragen.

1.5 Licht als Welle

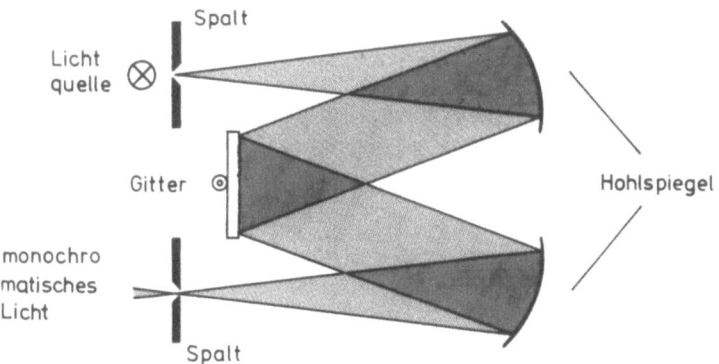

Abb. 1.41. Gittermonochromator. Dieser ist analog zum Prismenmonochromator (Abb.1.36) aufgebaut; die Abbildung zeigt die gebräuchlichste Form eines Gittermonochromators; es werden keine Linsen, sondern Hohlspiegel verwendet. Ein Hohlspiegel lenkt das Licht als paralleles Bündel auf ein Reflexionsgitter, ein zweiter Hohlspiegel fokussiert das gebeugte Bündel auf den Austrittsspalt; die Beugungsrichtung wird durch Drehen des Gitters variiert. Die Anordnung kann sowohl zur Spektralanalyse des eintretenden Lichts (Gitterspektrograph) oder zur Herstellung von monochromatischem Licht (Monochromator) verwendet werden

Gleichung (1.41) zeigt, daß die Winkel der Beugungsmaxima für eine feste Ordnung m von der Wellenlänge abhängen, so gilt für den Winkel β_1 des Beugungsmaximums 1. Ordnung

$$\sin\beta_1 = \frac{\lambda}{a} \quad . \tag{1.42}$$

Der Winkel des ersten Beugungsmaximums wächst mit der Wellenlänge, das Beugungsmaximum für rotes Licht ist weiter von der Mitte (dem Maximum nullter Ordnung) entfernt als das Maximum für blaues Licht: durch die Beugung wird das Licht in seine monochromatischen Komponenten aufgespreizt. Deshalb können wir ein Gitter ebenso wie ein Prisma zur Spektralanalyse verwenden. Ein solches Gerät heißt *Gitterspektrograph* (Abb.1.41). Dabei liefert uns (1.42) eine direkte Möglichkeit zur Bestimmung der Wellenlänge.

1.5.3 Auflösungsvermögen des Mikroskops

Nach den Überlegungen von Abschnitt 1.3.2 erscheint es möglich, die Vergrösserung eines Mikroskops beliebig weit zu treiben, indem man nur die Brennweite des Objektivs immer kleiner macht. Dem wird jedoch durch Beugungserscheinungen eine Grenze gesetzt. Hat das Objektiv einen Durchmesser 2R, wirkt es wie eine Kreisblende dieses Durchmessers: von punktförmigen Objekten werden keine punktförmigen Bilder, sondern Beugungsfiguren nach Art der Abb.1.39

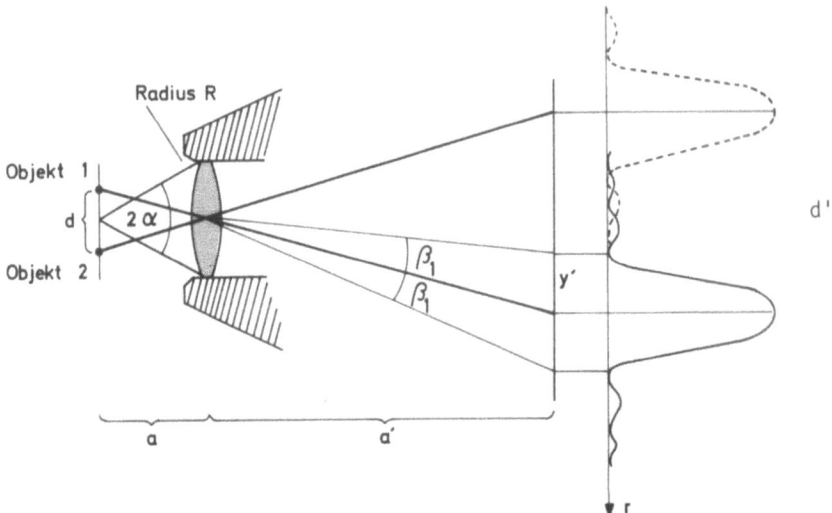

Abb. 1.42. Schemazeichnung zum Auflösungsvermögen des Mikroskops. Rechts die Beugungsfiguren am Ort des Zwischenbildes, gegen die Mikroskopdimensionen stark vergrößert (der tatsächliche Abstand der beiden Hauptmaxima liegt in der Größenordnung 10 μm). Zwei benachbarte Objektpunkte ergeben nur dann ein Bild mit zwei voneinander unterscheidbaren hellen Scheibchen, wenn die Beugungsfiguren mindestens soweit gegeneinander verschoben sind, daß das Hauptmaximum der einen auf das erste Minimum der anderen fällt, d.h. d' $\geq$ y' ist

erzeugt mit einem hellen Scheibchen in der Mitte (siehe auch Abb.1.42). Wir wollen berechnen, wie klein der Abstand zweier Objektpunkte sein darf, damit ihre Bilder noch in zwei identifizierbare Scheibchen aufgelöst sind und nicht unauflösbar ineinander fließen. Die Strahlen zur Mitte und zum Rand eines Beugungsscheibchens schließen einen Winkel β_1 ein, der durch (1.40) gegeben ist. Dieser Winkel ist gleich dem Verhältnis von Radius y' des Beugungsscheibchens zur Bildweite a' des Zwischenbildes

$$\sin\beta_1 \approx \beta_1 \approx \frac{y'}{a'} \quad . \tag{1.43}$$

Wir setzen diesen Ausdruck für β_1 in (1.40) ein und erhalten

$$\frac{y'}{a'} = 0{,}61 \frac{\lambda}{R} \quad . \tag{1.44}$$

Nun kann man von der Erfahrungstatsache ausgehen, daß zwei Objektpunkte gerade noch getrennt wahrnehmbar sind, wenn das zentrale Maximum des einen Bildes (die Mitte des zugehörigen Beugungsscheibchens) auf das erste Minimum des zweiten Bildes (den Rand des betreffenden Beugungsscheibchens) trifft.

1.5 Licht als Welle

Das heißt, wir können y' als den minimalen auflösbaren Abstand der Bilder zweier Objektpunkte ansehen. Zu einem Bildabstand y' gehört nach (1.8) für den Abbildungsmaßstab ein Abstand d der Objekte mit

$$\frac{d}{a} = \frac{y'}{a'} \quad . \tag{1.45}$$

Setzen wir dies in (1.44) ein, so erhalten wir für den minimalen auflösbaren Objektabstand d

$$d = 0{,}61 \frac{\lambda}{R/a} \quad . \tag{1.46}$$

R/a = tgα ist der Tangens des halben Öffnungswinkels des Objektivs (Abb.1.42). Der Mathematiker und Physiker Abbe (1840-1905), der die Theorie der optischen Abbildung entwickelt hat, hat seine Überlegungen zum Auflösungsvermögen etwas anders geführt und er erhielt für den minimalen Abstand d den Ausdruck

$$\boxed{d = 0{,}61 \frac{\lambda}{\sin\alpha}} \quad . \tag{1.47}$$

Da die Grenze zwischen Auflösbarkeit und Nichtauflösbarkeit zweier Objektpunkte mit der obigen Erfahrungsregel ohnedies nicht als völlig scharf festgelegt betrachtet werden kann, fällt auch der Unterschied zwischen (1.46) und (1.47) praktisch nicht ins Gewicht; meist wird (1.47) verwendet. sinα heißt *numerische Apertur* des Objektivs. Apertur bedeutet Öffnung, numerisch ist eine veraltete Bezeichnung der Tatsache, daß der Sinus eine dimensionslose Zahl ist, während der Öffnungswinkel in Grad eine "Maßeinheit" besitzt.

An (1.47) können wir erkennen:

- der minimale auflösbare Abstand d ist proportional zur Wellenlänge λ. Daraus folgt, daß es günstiger ist, mit blauem oder grünem Licht zu mikroskopieren als mit rotem Licht;

- um den Abstand d möglichst klein zu machen, muß man Objektive mit möglichst großer numerischer Apertur bauen. In günstigen Fällen kann man sinα nahezu 1 machen. Man erhält dann aus (1.47) als kleinsten auflösbaren Abstand für grünes Licht einen Wert d = 0,61 · 0,5 μm ≈ 0,3 μm.

Das Auflösungsvermögen eines Lichtmikroskops kann noch verbessert werden, wenn man zwischen Objekt und Objektiv eine Flüssigkeit der Brechzahl n > 1 einbringt. Diese Methode der sogenannten *Ölimmersion* beruht auf folgendem Sachverhalt: Befindet sich auf der Objektseite einer Linse oder eines Objektivs statt Luft ein Medium der Brechzahl n, so gilt anstelle von (1.8) für den Abbildungsmaßstab

$$\frac{y'}{y} = n \frac{a'}{a} \quad \text{oder} \quad \frac{y'}{a'} = n \frac{y}{a} \; . \tag{1.48}$$

Daraus folgt anstelle von (1.45)

$$n \frac{d}{a} = \frac{y'}{a'} \; , \tag{1.49}$$

und man erhält anstelle von (1.47) für den kleinsten auflösbaren Abstand

$$\boxed{d = 0{,}61 \frac{\lambda}{n \sin\alpha} = 0{,}61 \frac{\lambda}{A}} \; . \tag{1.50}$$

Man nennt jetzt $A = n \sin\alpha$ die numerische Apertur. Als Flüssigkeit verwendet man sogenannte Immersionsöle der Brechzahl $n \approx 1{,}6$ und man kann damit den kleinsten auflösbaren Abstand auf ca. $0{,}\overline{2}$ μm verbessern.

Da die Begrenzung des Auflösungsvermögens durch Beugung zustande kommt (Abb.1.42), ist sie unabhängig von der Vergrößerung. Die Vergrößerung könnte man beliebig steigern; Objektstrukturen, die kleiner sind als der kleinste auflösbare Abstand, würden dadurch nicht sichtbar: durch die Beugung sind sie "ausgewaschen".

1.5.4 Phasenkontrastverfahren und Interferenzmikroskop

In Abschnitt 1.3.2 haben wir davon gesprochen, daß eine mikroskopische Struktur durch unterschiedliches Absorptionsvermögen oder unterschiedliches Streuvermögen gegenüber ihrer Umgebung sichtbar wird. Der so entstehende Kontrast ist in beiden Fällen ein *Amplitudenkontrast*, da die durch unterschiedliche Absorption oder Streuung unterschiedlichen Lichtamplituden U in der Bildebene unterschiedliche Lichtintensitäten bedeuten. Strukturen mit sehr gleichmäßigem Absorptions- oder Streuvermögen erzeugen keinen Amplitudenkontrast und können mit dem bisher besprochenen Mikroskopierverfahren nicht wahrgenommen werden. Solche Objektstrukturen verschieben jedoch häufig die Phase der Lichtwelle gegenüber der Umgebung und erzeugen damit einen *Phasenkontrast*. Da jedoch das Auge die schnellen Oszillationen einer Lichtwelle ($\nu \approx 5 \cdot 10^{14}$ Hz) nicht verfolgen kann, kann ein solcher Phasenkontrast nicht direkt wahrgenommen werden. Eine Wahrnehmung wird möglich, wenn es gelingt, den vom Objekt erzeugten Phasenkontrast nachträglich in einen Amplitudenkontrast zu verwandeln.

Wir haben bereits bei der Beugung am Spalt gesehen, daß interferierende Lichtstrahlen ein Intensitätsmuster erzeugen, das auf der Phasenverschiebung zwischen den Lichtwellen beruht. Die Phasenverschiebung wird also sichtbar, wenn die Lichtwellen, zwischen denen die Phasenverschiebung besteht, mitein-

1.5 Licht als Welle

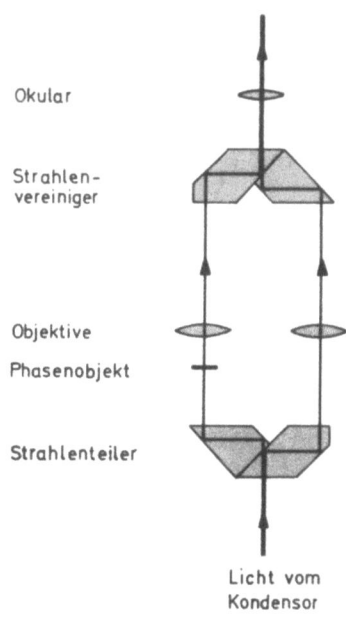

Abb. 1.43. Interferenzmikroskop. Objektstrahl und Referenzstrahl sind zu Beginn phasengleich. Das Objekt verschiebt die Phase des Objektstrahls. Bei Überlagerung der Strahlen führt die Phasendifferenz zu einer Veränderung der Amplitude

ander interferieren. Das Interferenzmikroskop benutzt zwei durch Aufspaltung erzeugte Teilstrahlen, die gegenseitig phasengleich sind (Abb.1.43). Ein Teilstrahl tritt direkt in das eine Objektiv, der andere läuft durch ein Objekt, wird dadurch phasenverzögert und tritt dann in das andere Objektiv. Die Teilstrahlen werden in der Bildebene vereinigt; dort interferieren die phasenverschobenen Wellen des einen Strahls mit den unverschobenen Wellen des anderen Strahls und es entsteht durch Auslöschung ein dunkles Bild des Objekts.

In der Praxis arbeitet man weniger mit dem Interferenzmikroskop, das apparativ durch die Strahlteilung und die zwei Objektive recht aufwendig ist, als mit dem *Phasenkontrastverfahren*. Wie der Name sagt, ist dies kein Gerät, sondern eine spezielle Methode, ein gewöhnliches Lichtmikroskop zu benutzen, vergleichbar der Dunkelfeldmethode. Mit Hilfe einer speziellen Aperturblende (siehe "Köhlersche Beleuchtung") und eines speziellen Objektivs wird erreicht, daß sich Licht mit einer durchs Objekt hervorgerufenen Phasenverzögerung einem Referenz-Lichtstrahl überlagert und durch Interferenz ein Bild des Objektes entstehen läßt. Die Einzelheiten der Entstehung des Interferenzbildes beim Phasenkontrastverfahren sind recht kompliziert, wir wollen deshalb hier nicht näher darauf eingehen, verweisen vielmehr auf spezielle Literatur zur Benutzung des Lichtmikroskops. Abbildung 1.44 zeigt eine Aufnahme, die im Phasenkontrastverfahren hergestellt ist.

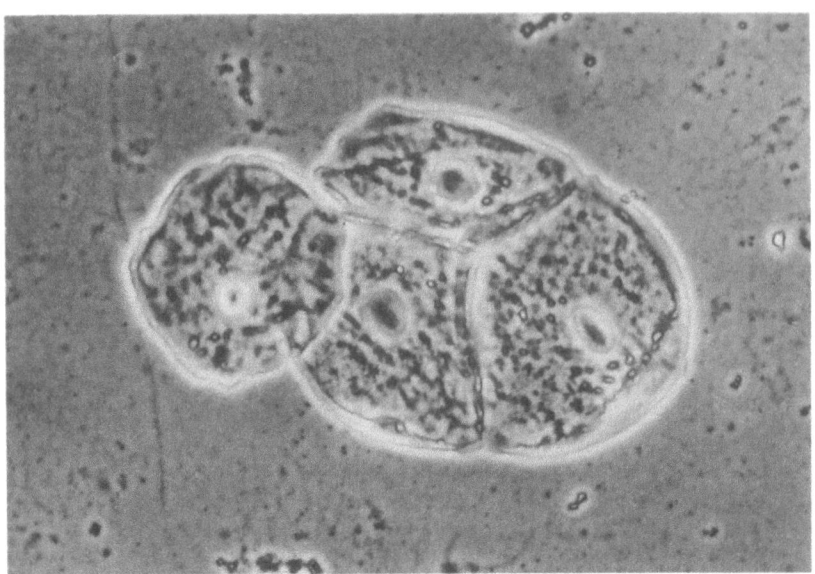

Abb. 1.44. Aufnahme von Mundschleimhautzellen mit dem Phasenkontrastverfahren (500-fach vergrößert). Vergleichen Sie mit Abb.1.23 und 1.26

1.5.5 Zusammenfassung

Sie haben in diesem Abschnitt gelernt, daß Licht Wellencharakter hat und daß es Lichtwellen verschiedener Frequenzen gibt. Licht, das sich aus Wellen verschiedener Frequenz zusammensetzt, kann in die Anteile verschiedener Frequenz (sogenannte monochromatische Bestandteile) zerlegt werden durch Prismen- oder Gitterspektrographen. Erstere beruhen auf der Abhängigkeit der Brechzahl $n(\nu)$ eines Prismas von der Frequenz ν, letztere auf der Abhängigkeit des Beugungswinkels $\beta_1(\nu)$ für das Beugungsmaximum 1. Ordnung eines Gitters von der Frequenz ν (oder der Wellenlänge $\lambda=\nu/c$). Wichtige Anwendungen dieser Spektrographen werden Sie im Kapitel 5 kennenlernen.

Sie haben gelernt, wie das Auflösungsvermögen eines Mikroskops durch Beugung beschränkt wird, und Sie haben eine Formel für den kleinsten auflösbaren Objektabstand kennengelernt.

Schließlich wurde noch das Prinzip angesprochen, mit dem man beim Phasenkontrastverfahren und beim Interferenzmikroskop Phasenkontraste in Amplitudenkontraste verwandelt, wodurch auch Objektstrukturen, die wenig Amplitudenkontrast, aber starken Phasenkontrast erzeugen, besser sichtbar gemacht werden können.

1.5.6 Aufgaben

1) Welche der folgenden Aussagen sind richtig?

   A. Dispersion ist die Erhöhung der Frequenz von Lichtwellen durch die Wirkung von Glas.

   B. Der Prismenspektrograph beruht auf unterschiedlich starker Brechung von Licht verschiedener Frequenzen.

   C. Der Prismenspektrograph beruht auf einer Modifikation des Brechungsgesetzes durch Beugungsphänomene.

   D. Dispersion ist die Ursache der chromatischen Abberration.

   E. Dispersion bedeutet verschiedene Brechzahlen für verschiedene Frequenzen.

2) Welche der folgenden Aussagen sind richtig?

   A. Objekte ohne Amplitudenkontrast können dennoch einen Phasenkontrast erzeugen.

   B. Amplitudenkontrast kommt nur bei Hellfeldbeleuchtung zustande, Phasenkontrast nur bei Dunkelfeldbeleuchtung.

   C. Das Phasenkontrastverfahren verwandelt Phasenkontraste in Amplitudenkontraste.

   D. Phasenkontrast entsteht durch Phasenverschiebung.

   E. Das Interferenzmikroskop verwandelt Phasenkontraste in Amplitudenkontraste.

1.6 Licht als elektromagnetische Welle

Nachdem wir die Eigenschaften des Lichtes behandelt haben, die auf seinem Wellencharakter beruhen, wollen wir uns jetzt mit der physikalischen Natur der Lichtwellen befassen. Wir lernen, daß Licht ein sich als Welle ausbreitendes elektromagnetisches Feld ist. Als Eigenschaft eines solchen Feldes wird die Polarisation eingeführt.

1.6.1 Elektromagnetische Wellen

Eine orts- und zeitabhängige physikalische Größe nennt man ein *Feld*. Beispiele sind: der orts- und zeitabhängige Luftdruck $p(\vec{r},t)$ bei einer Schallwelle; das

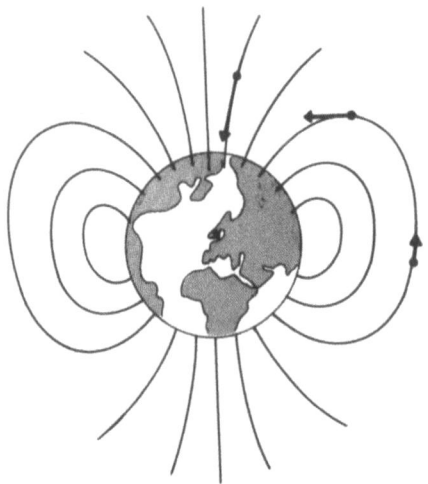

Abb. 1.45. Magnetfeld der Erde. Die "Feldlinien" geben die Richtung des Vektors der magnetischen Feldstärke in jedem Raumpunkt an. Als Beispiel sind für drei Raumpunkte die Feldstärkevektoren eingezeichnet

Temperaturfeld $T(\vec{r},t)$ in einem Körper oder einem Raum (Wohnraum, Labor), das jedem Punkt des Körpers oder des Raums zu jedem Zeitpunkt einen Temperaturwert zuordnet; das Feld der Sauerstoffkonzentration in einem Gewässer, das jedem Ort zu jeder Zeit einen Wert der Konzentration von gelöstem O_2 zuordnet. Da die Werte dieser physikalischen Größen abgesehen von der Maßeinheit reine Zahlen (sogenannte Skalare) sind, handelt es sich bei all diesen Beispielen um *skalare Felder*. Auch die Erregung $u(\vec{r},t)$, mit der wir im vorigen Abschnitt Lichtwellen beschrieben haben, ist als skalares Feld anzusehen.

Diese Beschreibung von Licht entspricht etwa dem historischen Stand der Wellentheorie des Lichts, bevor Maxwell (1865) und Hertz (1888) Licht als "elektromagnetische Wellen" erkannten. Es erwies sich, daß man nicht damit auskommt, Licht als skalares Feld anzusehen. Man braucht den Begriff des Vektorfeldes.

Vektoren sind physikalische Größen, die von Skalaren verschieden sind. Ein Vektor $\vec{H}$ hat abgesehen von der Maßeinheit nicht nur eine zahlenmäßige Größe, seinen Betrag, sondern zusätzlich eine Richtung. Als Beispiel eines Vektors haben wir schon den Ortsvektor $\vec{r}$ kennengelernt, der bezogen auf einen Ursprung die Lage eines Punktes im Raum kennzeichnet. Andere physikalische Größen mit Vektorcharakter sind Geschwindigkeiten, Kräfte, elektrische und magnetische Feldstärken.

Wird jedem Raumpunkt $\vec{r}$ zu jeder Zeit t ein Wert einer vektoriellen physikalischen Größe $\vec{H}$ zugeordnet, nennt man dies ein *Vektorfeld* $\vec{H}(\vec{r},t)$. Ein Beispiel ist das Magnetfeld der Erde (Abb.1.45). An jedem Raumpunkt auf, über oder unter der Erdoberfläche ist eine magnetische Feldstärke $\vec{H}$ vorhanden, die eine Größe und eine Richtung besitzt; die Richtung wird z.B. mit Hilfe einer

1.6 Licht als elektromagnetische Welle

Magnetnadel festgestellt. Das Erdmagnetfeld ändert sich zeitlich nur in geologischen Zeitdimensionen, es ist näherungsweise ein konstantes oder "statisches" Feld.

Wir wissen heute aus einer Fülle von experimentellen Fakten, daß Licht ein *elektromagnetisches Feld* ist, das durch das Zusammenwirken zweier Vektorfelder zustande kommt:

1) ein magnetisches Feld $\vec{H}(\vec{r},t)$, das im Gegensatz zum statischen Erdmagnetfeld sich schnell zeitlich ändert (bei Licht sehr schnell: nämlich mit der Frequenz des Lichtes).

2) ein elektrisches Feld $\vec{E}(\vec{r},t)$, das sich ebenso schnell ändert. Die physikalische Größe "elektrische Feldstärke" E werden wir später in der Elektrizitätslehre als treibende Kraft elektrischer Ströme, als Ursache der elektrischen "Spannung" kennenlernen. Hier besprechen wir nur diejenigen Eigenschaften des elektrischen Feldes, die für das Verständnis von Verhaltensweisen des Lichtes wichtig sind.

Ein elektromagnetisches Feld besteht aus den zwei Feldern $\vec{H}(\vec{r},t)$ und $\vec{E}(\vec{r},t)$, die dabei so miteinander verknüpft sind, daß sie sich nur gemeinsam zeitlich ändern können.

Erfolgen die zeitlichen Änderungen periodisch, so müssen aufgrund der besonderen Verknüpfung zwischen den Feldern $\vec{E}(\vec{r},t)$ und $\vec{H}(\vec{r},t)$ diese Felder auch im Raume — zu jeder Zeit — eine periodische Struktur haben (Abb.1.47): das Feld ist in diesem Falle eine *elektromagnetische Welle*. Alle elektromagnetischen Wellen haben im Vakuum dieselbe Phasengeschwindigkeit c = 299792 km/s. Wie bei allen Wellen gilt der Zusammenhang (1.37) zwischen Frequenz und Wellenlänge.

Liegt die Frequenz zwischen $4 \cdot 10^{14}$ und $7 \cdot 10^{14}$ Hz, so handelt es sich um sichtbares Licht. Schon in Abschnitt 1.5.1 haben wir erwähnt, daß es diesseits und jenseits des Frequenzgebietes des sichtbaren Lichtes anderes "Licht" — wir sagen jetzt besser: andere elektromagnetische Wellen — mit niedrigeren und höheren Frequenzen gibt. Den gesamten Bereich der elektromagnetischen Wellen nennt man das *elektromagnetische Spektrum* (Abb.1.46): Es reicht von technischen Wechselströmen (50 Hz) über Radiowellen (10^4-10^8 Hz, λ=10 km-1 dm) bis zu γ-Strahlen (10^{20}-10^{25} Hz, $\lambda=10^{-12}$-10^{-15} m).

1.6.2 Polarisation

Bei einer elektromagnetischen Welle im Vakuum stehen an jeder Stelle $\vec{r}$ und zu jeder Zeit t elektrische Feldstärke $\vec{E}$ und magnetische Feldstärke $\vec{H}$ aufeinander senkrecht und jeder von beiden senkrecht zur Ausbreitungsrichtung

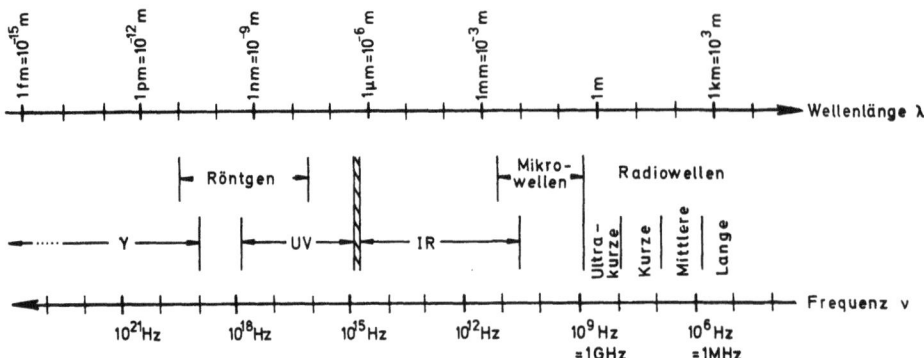

Abb. 1.46. Spektrum der elektromagnetischen Wellen. Schraffiert das Gebiet des sichtbaren Lichtes. Zum Verständnis der Abkürzungen GHz = Gigahertz und MHz = Megahertz lesen Sie bitte in Anhang B nach. Über γ-Strahlen, UV- und IR-Licht wir in den Kapiteln 5 und 6 noch ausführlich gesprochen werden

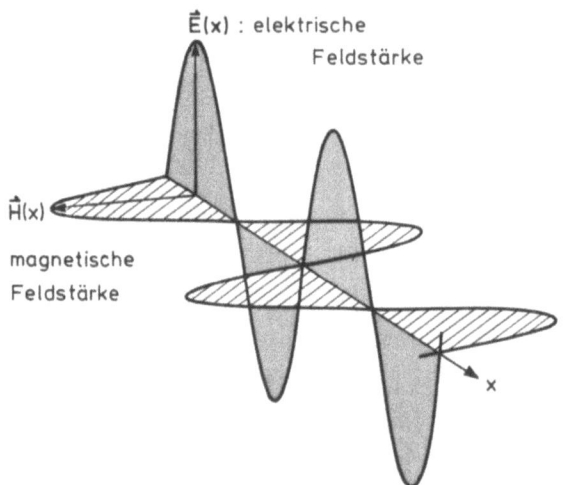

Abb. 1.47. Ebene elektromagnetische Welle, betrachtet zu fester Zeit t in Abhängigkeit von der Ausbreitungsrichtung x

der Welle (der Mathematiker sagt: die drei Richtungen bilden ein "rechtwinkeliges Dreibein"). Sind diese drei Richtungen an allen Stellen $\vec{r}$ und zu allen Zeiten t gleich — Gegenrichtung zählt dabei als gleiche Richtung —, so heißt die Welle polarisiert (oder genauer: linear polarisiert). Von einer solchen polarisierten Welle gibt Abb.1.47 ein Bild von Größe und Richtung der beiden Feldstärke-Vektoren in Abhängigkeit von der Koordinate x in Ausbreitungsrichtung bei fester Zeit [t_0 in (1.34)], also sozusagen eine Momentaufnahme. Es handelt sich um eine periodische Struktur im Sinne von Abschnitt 1.4.3 mit zusätzlichen Polarisationseigenschaften, nämlich den ausgezeichneten Richtungen der beiden Feldstärken. Sie sehen wohl ein, daß solche Richtungsauszeichnung oder Polarisation nur bei Vektorfeldern möglich ist. Man hat sich

1.6 Licht als elektromagnetische Welle

geeinigt, die Richtung der magnetischen Feldstärke $\vec{H}$ die Polarisationsrichtung der Welle zu nennen und die von der $\vec{H}$-Richtung und der Ausbreitungsrichtung (im Bilde: x-Richtung) gebildete Ebene im Raum die *Polarisationsebene*.

Abbildung 1.47 gibt, wie schon gesagt, eine Momentaufnahme. Wenn Sie sich an das erinnern, was Sie in Abschnitt 1.4 über Wellen gelernt haben, können Sie sich die räumlich-zeitliche elektromagnetische Welle so vorstellen, daß Sie in Gedanken die periodische Struktur der Abb.1.47 entlang der x-Achse mit Lichtgeschwindigkeit nach vorne wandern lassen. Darstellen kann man das auf Papier nur schlecht, man müßte einen Film zeigen.

1.6.3 Ausblick

Wir knüpfen an die einleitenden Sätze zu Abschnitt 1.1.1 an und weisen Sie darauf hin, daß historisch mit dem Verständnis des Lichtes als elektromagnetische Welle im Gefolge der Arbeiten von Maxwell und Hertz die wechselhafte Geschichte der Entwicklung unseres Verständnisses des Lichtes noch nicht zu Ende war. Vielmehr zwangen Experimente, die auf teilchenartige Aspekte des Lichtes verwiesen (Fotoeffekt, Compton-Effekt, Absorptions- und Emissionsspektren von Atomen und Molekülen) zur Entwicklung des Konzeptes der Lichtquanten oder Photonen im Rahmen der Quantentheorie. Diese Konzeption besagt sehr vereinfacht, daß Licht bei Wechselwirkung mit Materie in "quantisierten Portionen" umgesetzt, absorbiert oder emittiert wird. Wir brauchen darauf im Zusammenhang mit den Intentionen dieses Kapitels nicht näher einzugehen, aber wir werden im Kapitel 5 darauf zurückkommen.

1.6.4 Aufgabe

Welche der folgenden Aussagen sind richtig?

A. Bei einer polarisierten elektromagnetischen Welle sind elektrische Feldstärke $\vec{E}$ und magnetische Feldstärke $\vec{H}$ stets parallel.

B. Ein Vektorfeld ist eine Funktion, die jedem Raum-Zeit-Punkt $(\vec{r},t)$ einen Vektor mit bestimmten Betrag und bestimmter Richtung zuordnet.

C. Eine elektromagnetische Welle ist ein Vorgang in Raum und Zeit, bei dem zu jeder festen Zeit die elektrische Feldstärke und die magnetische Feldstärke periodisch im Raume sind und im Laufe der Zeit diese periodischen Strukturen durch den Raum wandern.

D. Bei einer linear polarisierten elektromagnetischen Welle heißt die Ebene, in welcher die magnetische Feldstärke schwingt, Polarisationsebene.

2. Elektrische Geräte und Schaltungen

Am Beginn der neuzeitlichen Entwicklung der Elektrizitätslehre stand die Beobachtung eines biologischen Objekts: Galvani beobachtete 1789 in Bologna, daß ein enthäuteter, mit einem Kupferhaken an einem eisernen Balkongeländer aufgehängter Froschschenkel jedes Mal zuckte, wenn er mit dem Eisengeländer in Berührung kam. Galvani deutete dies fälschlicherweise als Beweis für das Vorhandensein tierischer Elektrizität. Später erkannte der Physiker Volta, daß das Kupfer und das Eisen die Elektroden einer elektrolytischen Zelle mit der Körperflüssigkeit des Schenkels als Elektrolyt bilden. Besteht eine elektrische Verbindung zwischen den Elektroden, so wird der Schenkel von einem Strom durchflossen, der die Kontraktion der Muskel auslöst. Heute sind die elektrischen Meßmethoden soweit verfeinert, daß wir die eine Muskelbewegung auslösenden Ströme in den Nervenbahnen nachweisen und untersuchen können.

Was also hat ein Biologe mit Elektrizität zu tun? Die Elektrizität ist für den Biologen sowohl Arbeitsmittel als auch Arbeitsgegenstand. Als Arbeitsmittel spielt sie eine große Rolle in seiner Meßtechnologie. Als Arbeitsgegenstand stellt sie sich in der Elektrophysiologie (z.B. EKG) oder in der Elektrobiochemie (z.B. Elektrophorese) dar.

Bei der Verwendung elektrischer Geräte ist auch an die Sicherheit des Experimentators zu denken. Elektrische Geräte können schadhaft werden, oder es kann notwendig sein, beim Experimentieren mit offenliegenden Spannungsquellen umzugehen. Dann kann insbesondere im Naßbereich Lebensgefahr bestehen. Wie sind solche Risiken einzuschätzen?

Es soll deshalb in diesem und im folgenden Kapitel die Elektrizitätslehre insoweit vermittelt werden, wie sie einerseits für den sachgerechten Einsatz elektrischer Geräte notwendig und andererseits für das Verständnis bioelektrischer Phänomene Voraussetzung ist.

Dieses Kapitel soll Sie hauptsächlich mit makroskopischen elektrischen Vorgängen, mit elektrischen Schaltungen und Geräten vertraut machen. Das nächste Kapitel wird dann noch einmal die wichtigsten theoretischen Gesichtspunkte zusammenfassen, und die Grundlagen und Anwendungen der Vakuumelektronik behandeln.

2.1 Die Grundphänomene der Elektrizität

Als Grundgrößen der Elektrizität wollen wir Ladung, Strom und Spannung ansehen. Mit Hilfe dieser drei Größen lassen sich alle elektrischen Erscheinungen verstehen. Nun können wir diese drei Größen nicht wie z.B. Licht oder Schall unmittelbar wahrnehmen. Sie werden uns jedoch durch ihre makroskopischen Wirkungen zugänglich.

2.1.1 Ladung

Es ist eine Erfahrung, daß Körper elektrische Ladungen besitzen können, und daß es zwei verschiedene Arten von elektrischen Ladungen gibt. Diese werden "positiv" und "negativ" genannt. Zum Beispiel entsteht positive elektrische Ladung (kurz: positive Ladung) auf einem Glasstab, der mit einer Plastikfolie gerieben wird; die Plastikfolie erhält dabei eine negative elektrische Ladung (kurz: negative Ladung).

Ein Körper wird dadurch *aufgeladen*, daß er Ladung von einem anderen Körper erhält. Was der eine Körper an Ladung gewinnt, geht dem anderen Körper an Ladung verloren. Die positive Ladung des Glasstabes und die negative Ladung der Plastikfolie sind dem Betrag nach gleich groß.

Die Bezeichnung "positiv" und "negativ" für die beiden möglichen Ladungsarten wurde von Franklin (1709-1790) eingeführt. Der Begriff positive Ladung bedeutet immer das Fehlen winziger Materieteilchen, nämlich der Elementarteilchen Elektronen, und umgekehrt bedeutet negative Ladung das Vorhandensein zusätzlicher Elektronen. Experimente zeigen, daß die (negative) Ladung eines Elektrons die kleinste vorkommende Ladungseinheit ist; der Betrag der Ladung eines Elektrons wird daher *Elementarladung* genannt (Anhang C). Jede vorkommende Ladung ist ein Vielfaches von ihr.

Die historisch festgelegte Maßeinheit für die Ladung, deren Zustandekommen wir hier nicht untersuchen wollen, ist das *Coulomb*, es wird mit C abgekürzt. Es hat sich dann später herausgestellt, daß eine ungeheure Anzahl von Elektronen benötigt wird, um die Ladung von -1 C zusammenzubringen, nämlich $6{,}24\,146\ldots \cdot 10^{18}$ Elektronen.

Eine *Batterie* besteht aus zwei Teilkörpern, von denen der eine eine positive Ladung und der andere eine gleich große negative Ladung besitzt. Diese Ladung beträgt bei einer Autobatterie rund 300 000 C und bei einer Taschenlampenbatterie rund 300 C. Auch die tierische Zelle stellt eine Art Mikrobatterie dar, denn die Teilbereiche Membran und Zytoplasma besitzen eine Ladung von rund $0{,}3 \cdot 10^{-5}$ C.

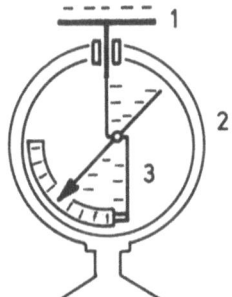

Abb. 2.1. Schema eines Elektrometers. Die elektrische Ladung wird dem Elektrometer bei 1 zugeführt und verteilt sich auf den Zeiger und seine Halterung (beide aus Metall, 3); wegen der elektrostatischen Abstoßung gleichnamiger Ladungen wird der Zeiger aus seiner senkrechten Ruhelage ausgelenkt. Das Gehäuse (2) ist isoliert

Es ist wiederum eine Erfahrung, daß sich Ladungen gleicher Art ("gleichnamige Ladungen") abstoßen und Ladungen verschiedener Art ("entgegengesetzte Ladungen") einander anziehen. Über die dabei ausgeübten Kräfte zwischen den Ladungen wird im nächsten Kapitel gesprochen werden. Die Abstoßung und Anziehung von gleichnamigen bzw. ungleichnamigen Ladungen wird benutzt zur Messung von Ladung. Instrumente zur Messung von Ladung heißen Elektrometer (Abb.2.1).

2.1.2 Der elektrische Strom

Jede Bewegung von geladenen Teilchen stellt einen elektrischen Strom dar. Elektrischer Stromfluß in Metallen ist nichts anders als der Fluß gleichsinnig bewegter Elektronen. In biologischer Materie spielen positive Ladungsträger eine wichtige Rolle (z.B. H^+, Na^+, K^+, Ca^{++}). Als *konventionelle Stromrichtung*, auch "technische Stromrichtung" genannt, wird die Bewegungsrichtung von positiven Ladungsträgern bezeichnet. Elektronen und andere negative Ladungsträger (negative Ionen) bewegen sich demnach entgegen der konventionellen Stromrichtung.

Wir wollen hier einmal ausrechnen, wovon der Strom im einzelnen abhängt (Abb.2.2): Haben wir N Teilchen, jedes mit der Ladung q behaftet, so ergeben

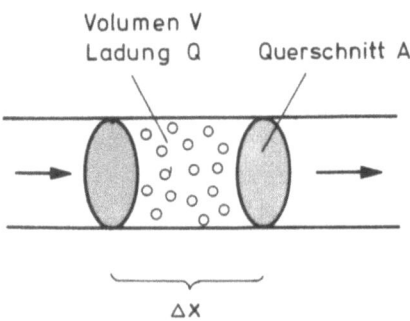

Abb. 2.2. Elektrischer Strom in einem Leiter. In einem Leiterstück des Volumens V befinden sich N Teilchen jeweils mit der Ladung q. In einer Zeitspanne Δt treten alle Teilchen im Volumen V durch die Querschnittsfläche A und damit insgesamt die Ladung $Q = N \cdot q$

2.1 Die Grundphänomene der Elektrizität

sie die Gesamtladung $Q = Nq$. Tritt diese pro Zeitintervall Δt durch die Querschnittsfläche A eines Leiters, so ist der Strom

$$I = \frac{Q}{\Delta t} = \frac{N \cdot q}{\Delta t} \quad . \tag{2.1}$$

Die geladenen Teilchen füllen ein Volumen V mit einer bestimmten Dichte n aus, sie ist gegeben durch

$$n = \frac{N}{V} \tag{2.2}$$

und sie bewegen sich mit der Geschwindigkeit

$$v = \frac{\Delta x}{\Delta t} \tag{2.3}$$

durch den Leiter hindurch, wobei Δx der in der Zeit Δt zurückgelegte Weg senkrecht zur Querschnittsfläche A ist. Das Volumen V, in dem sich die Ladung Q befindet, ist dann gegeben durch

$$V = \Delta x \cdot A \quad . \tag{2.4}$$

Mit (2.4) ergibt sich aus (2.2)

$$N = n \cdot \Delta x \cdot A \tag{2.5}$$

und damit in (2.1)

$$I = \frac{n \cdot \Delta x \cdot A \cdot q}{\Delta t} \quad . \tag{2.6}$$

Wenn wir hier noch (2.3) einsetzen, so erhalten wir

$$I = n \cdot q \cdot v \cdot A \quad . \tag{2.7}$$

Diese Gleichung besagt, daß jeder Strom I direkt proportional ist zur Dichte n der geladenen Teilchen, zu ihrer Ladung q und ihrer Geschwindigkeit v, mit der sich diese Ladungen bewegen und zur Größe der Fläche A (senkrecht zur Richtung von v), durch die sich die Ladungen bewegen.

Durch manche Materialien fließt elektrischer Strom sehr viel leichter als durch andere. Man nennt sie *Leiter*. Andere Materialien erlauben überhaupt keinen Stromfluß. Sie heißen *Isolatoren*. Bei der Vielfalt der natürlich vor-

Tabelle 2.1. Größenordnung vorkommender Ströme

Stromverbraucher	Stromverbrauch
Elektr. Schienenfahrzeuge	100 A
Heiz- und Kochgeräte	1-10 A
Transistorradios	10^{-2} A
Körperströme	10^{-6} A und kleiner

kommenden und technisch erzeugten Stoffe gibt es einen beinahe kontinuierlichen Übergang an Stoffen von den Isolatoren bis zu den guten Leitern. Zu den guten Leitern gehören die Metalle (und hier wiederum sind die Edelmetalle die besten Leiter). Typische Beispiele für Isolatoren sind Keramik, Plastik und Wachse.

Die Größe eines Stromes I, die *Stromstärke*, wird in *Ampere* (Abkürzung: A) gemessen. Gl.(2.1) stellt den Zusammenhang von Stromstärke und Ladung her:

$$1 \text{ A} = 1 \text{ C s}^{-1} \; . \tag{2.1a}$$

In alltäglichen elektrischen Geräten wie Glühlampen, elektrischen Heizungen und Laborausrüstungen fließen Ströme in der Größenordnung von Ampere. Beispiele für unterschiedliche Stromstärken in verschiedenen elektrischen "Verbrauchern" zeigt Tab.2.1.

Zum Messen der Stromstärke werden Strommeßgeräte eingesetzt, die auf direkten Wirkungen des Stromes beruhen, z.B. Erzeugen eines Magnetfeldes um sich herum (davon wird später noch die Rede sein). Instrumente dieser Art heißen *Drehspulinstrumente*. Sie besitzen in der Regel umschaltbare Meßbereiche und sind auch zur Messung von Spannungen und von Widerständen geeignet. Man nennt diese Instrumente dann *Vielfachmeßinstrumente*. Abbildung 2.3 zeigt ein als Drehspulinstrument arbeitendes Vielfachinstrument. Dieses Instrument erfordert eine durch den Zeiger angewiesene Meßwertablesung. Man nennt diese Instrumente *Analogmeßgeräte*.

In den letzten Jahren haben sich in der elektrischen Meßtechnik sehr stark Instrumente durchgesetzt, die eine unmittelbare Zahlendarstellung des Meßwertes geben, die sogenannten *Digitalmeßgeräte*.

Für viele besonders in der Elektrophysiologie durchgeführte Messungen der Stromstärke benötigt man außerordentlich empfindliche Meßgeräte. Sie werden oft als Galvanometer bezeichnet. Ihr Funktionsprinzip gleicht vollständig dem des Drehspulinstrumentes.

2.1 Die Grundphänomene der Elektrizität

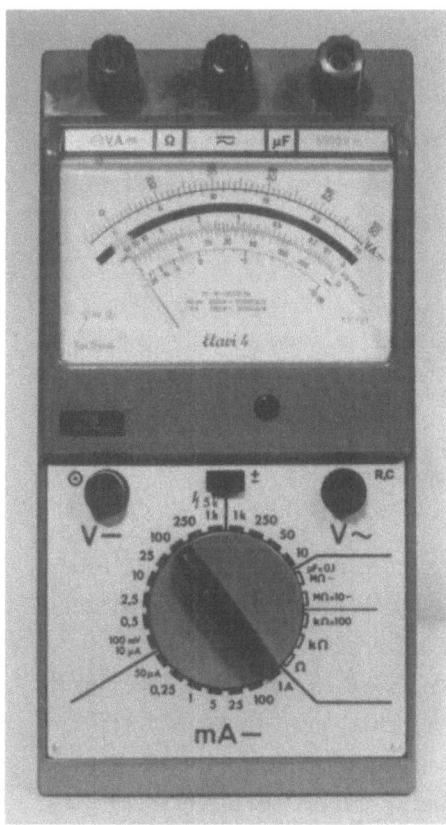

Abb. 2.3. Ein Vielfachmeßinstrument zur Messung einer Wechselspannung, einer Gleichspannung, eines Gleichstroms, eines Widerstandes oder einer Kapazität (diese Größen werden noch näher erläutert). Die Betriebsart, z.B. als Spannungsmesser (Voltmeter) oder als Strommesser (Amperemeter), und der Meßbereich werden am Drehschalter eingestellt. In der Abbildung ist das Gerät für die Messung einer Gleichspannung bis 100 Volt eingestellt; zum Ablesen der Größe benutzt man in diesem Falle die oberste Skala entsprechend dem gewählten Meßbereich

2.1.3 Die elektrische Spannung

Wir haben bisher über Ladung und Ladungsfluß, nämlich den Strom, gesprochen ohne etwas über die Ursache zu sagen, warum denn elektrische Ladungen in Bewegung kommen, was die Ursache des elektrischen Stroms ist. Wir stoßen mit dieser Frage auf die dritte Grundgröße der Elektrizitätslehre, nämlich auf die elektrische Spannung (wiederum kurz: Spannung). Die strenge physikalische Definition der Spannung braucht uns jetzt nicht zu beschäftigen. Wir können es bei einer phänomenologischen Klärung des Begriffes Spannung bewenden lassen.

> Spannung ist die Voraussetzung für das Fließen eines elektrischen Stromes.

Vergleichen wir das Elektron mit einem Wassertropfen, so ist die Spannung zu vergleichen mit dem Gefälle, das den Wassertropfen in Bewegung bringt. Ebenso wie Sie ein Gefälle (z.B. 10% Straßenneigung) immer nur zwischen zwei Punkten angeben können, ist auch die elektrische Spannung immer nur zwischen

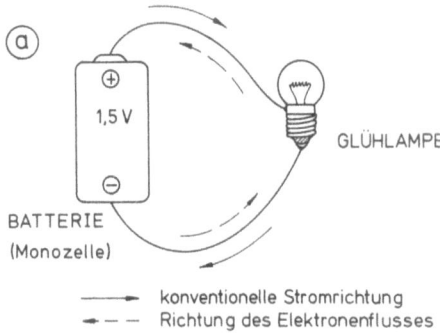

Abb. 2.4. Zuordnung von Spannungsrichtung und Stromrichtung. a) Stromkreis Batterie-Glühlampe-Batterie; b) Schaltsymbol für eine Gleichspannungsquelle (links) und eine Wechselspannungsquelle (rechts)

zwei Punkten definiert. Zwei solche Punkte sind die beiden Anschlußklemmen einer Batterie und die beiden Buchsen einer Steckdose. Auch eine Gewitterwolke und die Erdoberfläche können solche Punkte sein.

Statt der Bezeichnung elektrische Spannung wird in der Physik häufig die synonyme Bezeichnung Potentialdifferenz gebraucht. Auch dieser Begriff kann hier nicht streng erklärt werden, aber er verdeutlicht besser, daß es sich hier um eine Größe handelt, die zwischen zwei räumlich definierten Punkten vorhanden ist (siehe auch Abschn.3.3.4).

Entsprechend der Definition des konventionellen Stromflusses wird auch den beiden Punkten, zwischen denen die Spannung angegeben wird, je ein Vorzeichen zugeordnet. Derjenige der beiden Punkte, der bei Herstellung einer leitenden Verbindung zwischen beiden Punkten, Elektronen oder andere negativ geladene Teilchen an den anderen Punkt abgeben kann, erhält ein negatives Vorzeichen — *Minus-Pol* —; der andere Punkt erhält das positive Vorzeichen — *Plus-Pol*. Abbildung 2.4a zeigt die Polung einer Taschenlampenbatterie. Das Schaltzeichen (Symbol) für eine Gleichspannungsquelle zeigt Abb.2.4b.

Gemessen wird die Spannung in der Einheit Volt (Abkürzung: V). Tabelle 2.2 veranschaulicht die Größenordnung vorkommender Spannungen. In der Praxis er-

Tabelle 2.2. Größenordnung vorkommender Spannungen

Gegenstand	Spannung [V]
Röntgenröhre	10.000
Autobatterie	12
Taschenlampenbatterie (Monozelle)	1,5
biologische Membranen	0,05
Elektrokardiographie	10^{-3}
Elektroencephalographie	10^{-6}

folgt die Spannungsmessung häufig mit einem Vielfachmeßinstrument von der in Abb.2.3 dargestellten Art. Ist das Meßinstrument nur zur Spannungsmessung oder nur zur Strommessung eingerichtet, so heißt es *Voltmeter* bzw. *Amperemeter*.

Wir fassen die insoweit besprochenen elektrischen Größen noch einmal zusammen:

Größe	Größen-abkürzung	Einheit	Einheiten-abkürzung
Ladung	Q	Coulomb	C
Spannung	U	Volt	V
Strom	I	Ampere	A

2.1.4 Zusammenfassung

Wir haben die elektrischen Größen Ladung, Strom und Spannung eingeführt und ihnen die international vereinbarten Einheiten Coulomb (C), Ampere (A) und Volt (V) zugeordnet. Die drei Größen sind miteinander verknüpft: Bewegte Ladung ist Strom und Bewegungsursache ist die Spannung. Die Stromrichtung ist als positiv definiert für die Bewegungsrichtung von positiven Ladungen. Es gibt eine kleinste Ladungseinheit, die Elementarladung e; sie ist gleich dem Betrag der Ladung eines Elektrons.

2.1.5 Aufgaben

1) Wie groß ist die Ladung eines Elektrons?
2) Durch eine 100 Watt-Glühbirne fließt ein Strom von etwa 0,5 A. Wieviel Ladung wird pro Sekunde durch die Glühwendel hindurch befördert? Wieviel Elektronen sind das?

2.2 Weitere elektrische Größen

Neben den elektrischen Größen Ladung, Strom und Spannung müssen Sie sich noch mit drei weiteren aus den vorigen ableitbaren Größen vertraut machen. Es sind dies die Größen Widerstand, Arbeit und Leistung. Diese der Alltagssprache entnommenen Begriffe erwecken bei Ihnen sicher schon ein inhaltliches Vorverständnis. Es soll in diesem Abschnitt darum gehen, diese Begriffe für ihre Verwendbarkeit in der Elektrizitätslehre genauer zu definieren.

2.2.1 Der elektrische Widerstand

Wir haben bereits festgestellt, daß ein Strom fließt, wenn eine Spannung an den Enden eines Leiters oder Halbleiters angelegt wird. In ganz geringem Umfang ist das sogar bei Isolatoren der Fall. Der Ladungstransport erfolgt also bei Leitern, Halbleitern und Isolatoren mit ganz unterschiedlichem *Widerstand*.

Die Definition des elektrischen Widerstandes R lautet:

> Der Widerstand R eines Gegenstandes ist der Quotient aus der an diesem Gegenstand anliegenden Spannung U und dem ihn durchfließenden Strom I:
> $$R = \frac{U}{I} \ . \tag{2.8}$$

Diese Definition gilt ganz allgemein für jeden Gegenstand und für jedes Material, durch das der Strom fließt. Aus der Definition (2.8) für R ergibt sich auch die Maßeinheit für den Widerstand, nämlich Volt/Ampere. Dafür sagt man Ohm, abgekürzt wird mit dem griechischen Buchstaben Ω.

Fließt z.B. durch eine Glühlampe, die an 220 V angeschlossen wird, ein Strom von 0,5 A, so hat diese Lampe einen Widerstand von R = 220 V/0,5 A = 440 Ω.

Die Erfahrung lehrt, daß bei einer Vielzahl von Stromleitern der sie durchfließende Strom proportional ist zur anliegenden Spannung, d.h., daß der Widerstand R immer derselbe ist unabhängig von der anliegenden Spannung. Dieses Verhalten pflegt man als *Ohmsches Gesetz* zu bezeichnen:

$$R = \frac{U}{I} = \text{const} \tag{2.9}$$

Es sei betont, daß in (2.9) das erste Gleichheitszeichen die allgemein gültige Definition der Größe Widerstand darstellt entsprechend (2.8), während das zweite Gleichheitszeichen nur einen Erfahrungswert (eben das "Ohmsche Gesetz") für eine Klasse von Leitern wiedergibt.

Es muß aber klar sein, daß das Ohmsche Gesetz nicht eigentlich ein Gesetz ist, sondern nur eine beschränkt gültige Regel für einige Stromleiter, die entsprechend als "Ohmsche Widerstände" bezeichnet werden. Die wichtigste Einschränkung ist, daß auch bei den Ohmschen Widerständen R nur konstant ist, wenn ihre Temperatur konstant bleibt. Gerade dies ist jedoch häufig nicht der Fall, da Stromfluß zu einer Erwärmung führt.

Halbleiter und Isolatoren zeichnen sich im Gegensatz zu den Ohmschen Leitern geradezu dadurch aus, daß sich ihr Widerstand mit der Höhe der anlie-

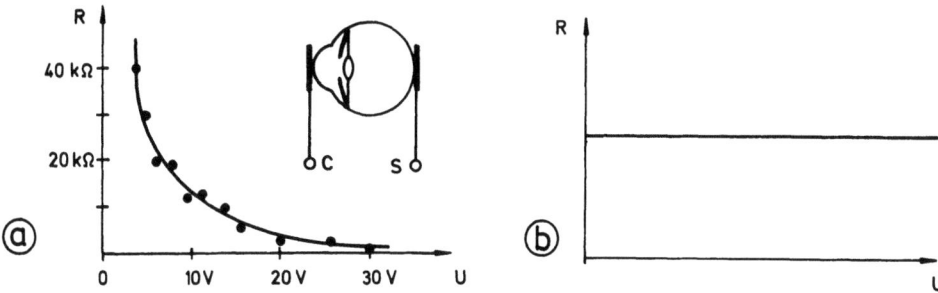

Abb. 2.5. Der Widerstand eines menschlichen Auges zwischen Cornea (C) und Sklera (S) nimmt mit wachsender Spannung zwischen C und S ab (a, nach Beier u. Pliquett). Ein Ohmscher Leiter behält seinen Widerstand unabhängig von der Spannung bei (b)

genden Spannung verändert. Abbildung 2.5a zeigt, daß das menschliche Auge ein nichtohmscher Leiter ist, Abb. 2.5b zeigt das Beispiel eines Ohmschen Leiters.

Die Größe eines Widerstandes hängt sowohl von der Art des Materials ab wie auch von dessen Abmessungen. Die Erfahrung lehrt folgendes Gesetz:

$$R = \rho \frac{l}{A}, \qquad (2.10)$$

worin l: Länge des leitenden Materials zwischen den Polen der Spannungsquelle; A: Querschnitt des leitenden Materials; ρ: *spezifischer Widerstand*; seine Einheit ergibt sich aus der obigen Gleichung als Ohm·Meter (Ωm).

Der spezifische Widerstand ist eine Materialkonstante. Er hängt aber im allgemeinen noch ab vom Zustand des Materials, z.B. von seiner Temperatur und seinem Feuchtigkeitsgehalt, und bei nichtohmschen Leitern auch noch von der angelegten Spannung. Tabelle 2.3 zeigt Größenordnungen von spezifischen Widerständen.

Biologische Materie zeigt ein sehr unterschiedliches Widerstandsverhalten. Die Zellflüssigkeiten verhalten sich ähnlich wie Kochsalzlösungen. Die mei-

Tabelle 2.3. Der spezifische Widerstand einiger Materialien

Material	Ωm	
Silber	$1,5 \cdot 10^{-8}$	
Eisen	10^{-7}	Leiter
physiologische Kochsalzlösung	0,8	
Kohle	$4 \cdot 10^{-4}$	
Silizium	$10^{-4} - 10^4$	Halbleiter
Selen	$10 - 10^3$	
Kochsalzkristall	10^8	
Glas	10^{11}	Isolatoren
Polystyrol	10^{16}	

sten Proteine zeigen ein halbleiterähnliches Verhalten. Haare, Nägel, Zähne und Knochen sind Isolatoren. Der Körper insgesamt stellt einen schlechten Leiter dar.

Die Messung eines Widerstandes erfolgt entsprechend der Definition: 1. Schritt Spannungsmessung, 2. Schritt Strommessung, 3. Schritt Quotientenbildung. Häufig geschieht das automatisch innerhalb eines besonderen Meßinstrumentes, dem *Ohm-Meter*.

Widerstände werden normgerecht in Schaltskizzen dargestellt durch das Zeichen ─▭─. In manchen Büchern findet sich stattdessen noch das früher verwendete Zeichen ─⋀⋀─.

2.2.2 Arbeit. Energie

Elektrizität wird nicht nur für meßtechnische Zwecke eingesetzt, sondern im Labor wie in weiten Bereichen des täglichen Lebens spielt sie vor allem als Energieträger eine wesentliche Rolle. Energie wird benötigt zur Verrichtung von Arbeit jeglicher Art. Energie kann in vielen Formen auftreten: elektrische, magnetische, mechanische, chemische, thermische, elektromagnetische, Kern-Energie u.a.

Was ist *elektrische Energie* und wie wirkt sie sich aus? Sicher fällt Ihnen sofort ein, daß es elektrische Heizungen gibt und daß Elektromotoren Maschinen antreiben. Sicherlich haben Sie auch schon einmal von einem verchromten oder versilberten Löffel gegessen. Der Chrom- oder Silberbelag auf einem unedleren Metall wird durch einen elektrolytischen Prozeß hergestellt, bei dem Metallatome zu Ladungsträgern werden. Ein anderes elektrochemisches Beispiel ist die Aufladung eines Akkumulators (z.B. Blitzlicht-Akku an der Steckdose).

Mit diesen Beispielen haben wir die drei wichtigsten Formen von "Arbeit" angesprochen, die elektrische Energie verrichten kann: Erwärmung, Verrichtung von mechanischer Arbeit und elektrochemische Umsetzung.

Die Größe Arbeit, welche eine elektrische Energiequelle verrichtet, wird folgendermaßen quantitativ definiert:

> Die aus einer Spannungsquelle abgegebene elektrische Energie ist gegeben durch das Produkt aus den drei Faktoren: Spannung U der Quelle, Stromstärke I zwischen den Polen der Quelle und Zeitdauer t des Stromflusses, kurz
>
> $\Delta W = U \cdot I \cdot \Delta t$. (2.11)
>
> ΔW: abgegebene Energie oder Arbeit; Einheit *Joule* (Aussprache: dschul und nicht dschaul), abgekürzt J; Δt: Zeitintervall

2.2 Weitere elektrische Größen

Die Glühlampe, durch die 0,5 A fließen, wenn sie an die Steckdose mit 220 V angeschlossen wird, erfordert zum Betrieb während einer Sekunde die Energie ΔW = 220 V · 0,5 A · 1 s = 110 J. Diese Energie wird von der Spannungsquelle Steckdose, also letztlich vom Elektrizitätswerk, geliefert. Die Glühlampe "verbraucht" diese Energie in der Weise, daß sie diese in Wärme und Licht umsetzt. In diesem Sinne sprechen wir von einem elektrischen "Verbraucher".

Die Wärmewirkung des elektrischen Stromes ist dadurch bedingt, daß die durch die Spannung in Bewegung gehaltenen Ladungsträger immer wieder mit Atomen und Molekülen des Leiters zusammenstoßen. Dabei erhalten diese Bewegungsenergie von den Ladungsträgern (in Metallen sind es Elektronen), was bedeutet, daß sich der Leiter erwärmt.

Die Wärmewirkung des elektrischen Stromes ist außer bei den Heiz- und Kochgeräten unerwünscht, aber leider nicht vermeidbar. Wer hat sich nicht schon einmal an einer Glühbirne die Finger verbrannt. Elektromotoren werden heiß, bei Überlastung schmoren sie. Auch eine Autobatterie wird bei ihrer Aufladung warm. Sie können leicht einsehen, daß die Nutzung elektrischer Energie zwangsläufig mit mehr oder weniger Wärmeentwicklung verknüpft ist, wenn Sie (2.8) und (2.11) kombinieren. Aus (2.8) folgt

$$U = R \cdot I \ . \tag{2.12}$$

Dies in (2.11) eingesetzt ergibt

$$\Delta W = R \cdot I^2 \cdot \Delta t \ . \tag{2.13}$$

Man bezeichnet die nach (2.13) dem Leiter zugeführte Energie als *Joulesche Wärme*. Da jeder Stromfluß I gegen einen Widerstand R stattfindet, ist auch jeder Transport von elektrischer Energie mit einer teilweisen Umwandlung in Joulesche Wärme verbunden. Wird Strom durch einen dicken Draht (Netzkabel) übertragen, so ist der Betrag der Jouleschen Wärme gering. Fließt der gleiche Strom jedoch durch einen dünnen Draht (z.B. Wolframfaden in einer Glühbirne), so entsteht wegen seines höheren Widerstands entsprechend (2.13) mehr Joulesche Wärme. In der Glühbirne wird der dünne Wolframfaden durch die Joulesche Wärme so hoch erhitzt, daß er hell glüht und als Lichtquelle wirkt.

Die Messung der elektrischen Arbeit erfolgt im Prinzip so, wie es die Definitionsgleichung (2.11) vorschreibt. In der Praxis geschieht das üblicherweise in einem besonderen integrierten Meßinstrument, dem sogenannten "Stromzähler", der aber ein Energieverbrauchsmesser ist, dessen Anzeige entsprechend jeder Haushalt eine Rechnung von den Stadtwerken erhält. Die dort übliche Maßeinheit für die elektrische Energie ist die Kilowattstunde (kWh). Die gesetzlich zu verwendende Maßeinheit ist Wattsekunde oder Joule, abgekürzt Ws = J. Eine Kilowattstunde ist gleich der elektrischen Energie von 3 600 000 J.

2.2.3 Die elektrische Leistung

Mit der Größe Arbeit hängt die Größe Leistung eng zusammen. Ihre Definition lautet generell (auch bei nicht-elektrischen Leistungen):

> Die Leistung P ist der Quotient aus der Arbeit ΔW und dem Zeitintervall Δt, in dem die Arbeit ΔW verrichtet wird:
>
> $$P = \frac{\Delta W}{\Delta t} \:.$$
> (2.14)

Aus (2.14) ergibt sich für die Maßeinheit der Leistung Joule/Sekunde (J/s), für die die Bezeichnung *Watt* (W) eingeführt worden ist

$$1 \: J \: s^{-1} = 1 \: W \:.\tag{2.15}$$

Aus der Definitionsgleichung (2.15) des Watt erhielten wir die mit dem Joule identische Maßeinheit für Energie und Arbeit, die Wattsekunde (Ws):

$$1 \: J = 1 \: Ws \:.\tag{2.16}$$

Der Umrechnungsfaktor von kWh in J (siehe oben) folgt unmittelbar aus (2.16) — rechnen Sie diesen Schritt einmal nach!

Die spezielle Gleichung für die *elektrische* Leistung erhalten wir, wenn wir in (2.14) für die Arbeit ΔW die elektrische Arbeit aus (2.11) einsetzen:

$$P = UI\Delta t/\Delta t = UI \:.\tag{2.17}$$

Die Glühlampe, die pro Sekunde 110 J "verbraucht", hat also eine Leistung von P = 110 J/1s = 110 W. In einer Stunde benötigt diese Glühlampe zum Betrieb die Energie W = 110 W · 3600 s = 0,11 kWh.

Die Leistung eines elektrischen Gerätes wird auf dem Typenschild angegeben. So haben elektrische Glühbirnen etwa 60 oder 100 Watt. Die Muskeln eines Menschen leisten etwa ebenso viel. Heiz- und Kochgeräte leisten wenige kW (Kilowatt). Große Kernkraftwerke liefern 1,3 GW (Gigawatt = 10^9 W). So spezifisch leistungsfähige Organe wie Auge und Ohr sind vergleichsweise in der

Lage, Signalleistungen an Licht bzw. Schall von weniger als Picowatt (pW = 10^{-12} W) zu registrieren.

2.2.4 Zusammenfassung

Strom fließt in einem Leiter gegen einen Widerstand. Der elektrische Widerstand ist definiert als der Quotient aus Spannung und Strom. Für viele Stromleiter (Metalle, Elektrolyte) gilt das Ohmsche Gesetz. Ohm (Ω) ist die Einheit des Widerstandes. Der spezifische Widerstand ist eine Materialkonstante.

Als elektrische Leistung bezeichnet man das Produkt aus Strom und Spannung. Sie wird in der Einheit Watt gemessen. Multipliziert man die Leistung mit der Zeit, während der sie erbracht wird, so erhält man die elektrische Energie (Arbeit); sie wird gemessen in Joule.

2.2.5 Aufgaben

1) Bei einem Gewitter können Blitze entstehen, die eine Spannung von 10^9 V überbrücken und einen Strom von 10^5 A führen. Allerdings dauert der Blitz nur etwa 100 µs (Mikrosekunden). Der Energiepreis beträgt heute ca. 0,15 DM (kWh)$^{-1}$. Wieviel "Geld" wird da ungefähr in einem Blitz "verschleudert"?

2) Zeichnen Sie qualitativ die Kennlinie eines Ohmschen Leiters in das Koordinatensystem ein!

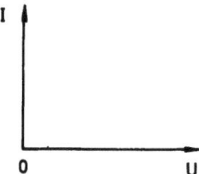

3) Welche Behauptungen über die Definitionsgleichung des elektrischen Widerstandes und das Ohmsche Gesetz sind richtig?

   A. Die Definitionsgleichung gilt allgemein (immer).

   B. Die Definitionsgleichung gilt nur unter der Voraussetzung der Gültigkeit des Ohmschen Gesetzes.

   C. Das Ohmsche Gesetz gilt nur für bestimmte Leiter (z.B. Metalle) bei konstanter Temperatur.

D. Es gibt keinen Unterschied zwischen der Definitionsgleichung des elektrischen Stroms und dem Ohmschen Gesetz.

2.3 Gleichstrom und Wechselstrom

Wir haben bisher nicht unterschieden zwischen den beiden Spannungsarten Gleichspannung und Wechselspannung bzw. den Stromarten Gleichstrom und Wechselstrom. Für die Wärmewirkung des Stromes ist die Unterscheidung auch nicht wichtig, jedoch für meßtechnische Probleme.

2.3.1 Zeitabhängigkeit

> Als *Gleichströme* bezeichnet man alle Ströme, die ihre Richtung nicht ändern.

Das können auch Ströme sein, die zeitlich schwanken. Erfolgt die Schwankung in regelmäßiger Weise, so spricht man von *pulsierendem Gleichstrom*. Den einer Batterie entnommenen Strom, der zeitlich nicht schwankt, können wir hingegen als Gleichstrom im engeren Sinne oder konstanten Gleichstrom bezeichnen. Ein pulsierender Gleichstrom wird daraus, wenn Sie den durch die Batterie gespeisten Stromkreis regelmäßig an- und abschalten oder durch regelmäßige Widerstandsvergrößerung (-verkleinerung) den Strom entsprechend verkleinern (vergrößern). Abbildung 2.6 zeigt mögliche Erscheinungsformen. Die elektrophysiologischen Spannungen sind in der Regel pulsierende Gleichspannungen.

> Bei Wechselströmen kehrt sich die Stromrichtung im Verlauf der Zeit immer wieder (regelmäßig oder unregelmäßig) um.

Abbildung 2.7 zeigt einige Beispiele für Wechselströme.

Das in Stadt und Land installierte Verteilungsnetz der Elektrizitätswerke verbreitet in Deutschland eine sinusförmige Wechselspannung von 220 V mit der Frequenz 50 Hz, in Amerika von 110 V und 60 Hz.

2.3.2 Mittelwerte

Ströme und Spannungen sind immer Funktionen der Zeit (auch ein konstanter Gleichstrom ist eine Zeitfunktion, eben die triviale Funktion $I(t) = $ const.). Aus den verschiedenen Funktionswerten zu den verschiedenen Zeiten können wir

2.3 Gleichstrom und Wechselstrom

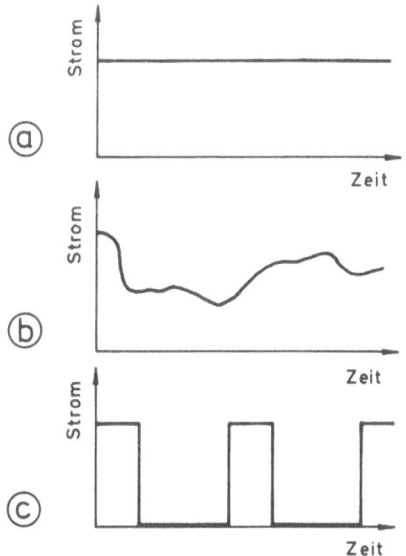

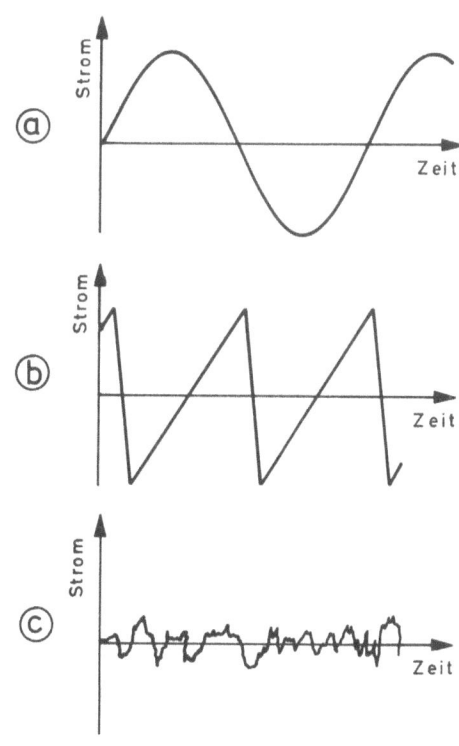

Abb. 2.6. Gleichströme. a) zeitlich konstanter (idealer) Gleichstrom; b) zeitlich nicht konstanter (schwankender) Gleichstrom; c) pulsierender Gleichstrom (konstante Pulsfrequenz und -höhe)

Abb. 2.7. Wechselströme. a) sinusförmiger Wechselstrom; b) "Sägezahn", ein nicht sinusförmiger Wechselstrom mit konstanter Frequenz und Amplitude; c) "Rauschen", unregelmäßiger Wechselstrom mit statistischen Schwankungen

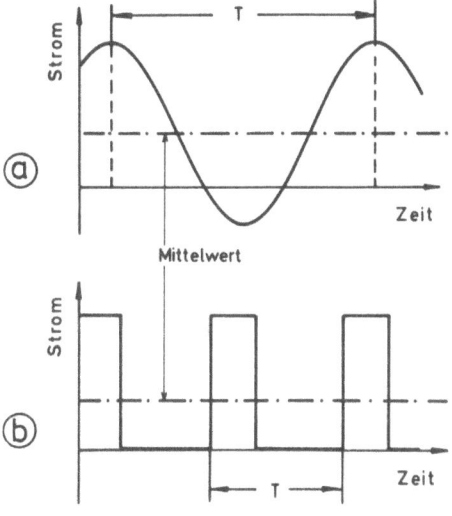

Abb. 2.8. Mittelwerte von zeitlich veränderlichen Strömen findet man graphisch durch die Mittellinie für einen bestimmten Zeitabschnitt: Bezüglich der Mittellinie verläuft die Stromkurve gleich "viel" oberhalb wie unterhalb, d.h. die Flächen zwischen Stromkurve und Mittellinie oberhalb und unterhalb sind gleich. Bei periodisch sich ändernden Strömen betrachtet man das Zeitintervall einer Periode. a) Überlagerung eines sinusförmigen Wechselstromes und eines konstanten Gleichstromes (Mittelwert); b) Pulsierender Gleichstrom

einen mittleren Wert bilden, den Mittelwert. Mathematisch ist der Mittelwert
$\bar{f}$ einer Funktion f(t) in der Zeitspanne Δt gegeben durch

$$\bar{f} = \frac{1}{\Delta t} \int_0^{\Delta t} f(t)dt \quad . \tag{2.18}$$

Abbildung 2.8 zeigt Mittelwertbildungen.

Biologisch relevante Spannungen ("Potentiale"), die an Organen, Nerven oder Membranen auftreten, resultieren meist aus einer Überlagerung einer Gleichspannung und einer unregelmäßigen Wechselspannung.

2.3.3 Effektivwerte

Wir haben vorhin von der *Netzspannung* 220 V gesprochen. Was besagt denn diese Angabe bei einer Wechselspannung überhaupt? Der Mittelwert kann es nicht sein, da dieser ja Null ist. Es läge nahe anzunehmen, daß es die *Spitzenspannung* U_0 (.d.h., der einmal positive und einmal negative Spitzenwert des Spannungsverlaufs) ist. Diese Größe ist aber für den Elektrizitätszweck Energieübertragung ziemlich belanglos. Dort kommt es hingegen darauf an zu wissen, welche Leistung denn nun effektiv durch eine Wechselspannung verfügbar wird im Vergleich zur Gleichspannung, für die sie ja gegeben ist durch P = UI. Es gilt also einen Effektivwert anzugeben.

> Als *Effektivwert* eines Wechselstroms bezeichnet man diejenige Gleichstromgröße, die dieselbe Leistung wie der Wechselstrom in einem elektrischen Verbraucher erbringt.

Wir wollen uns das veranschaulichen. Abbildung 2.9 zeigt den zeitlichen Verlauf von Wechselspannung U, Strom I und Leistung P bei einem elektrischen Verbraucher. Strom und Spannung halten sich genau so lange unterhalb der Null-Linie auf wie oberhalb. Ihr zeitlicher Mittelwert ist Null. Die Leistung wird demgegenüber niemals negativ. Ihr Mittelwert $\bar{P}$ ist halb so groß wie ihr Maximalwert P_0:

$$\bar{P} = \frac{1}{2} P_0 = \frac{1}{2} U_0 I_0 \quad . \tag{2.19}$$

Die Richtigkeit des 2. Gleichheitszeichens in der obigen Gleichung bestätigen Sie durch Anwendung von (2.17). Die Richtigkeit des 1. Gleichheitszeichens ergibt sich aus der graphischen Konstruktion des Mittelwertes (Abb.2.8): die mittlere Leistung eines sinusförmigen Wechselstroms ist gleich der halben

2.3 Gleichstrom und Wechselstrom

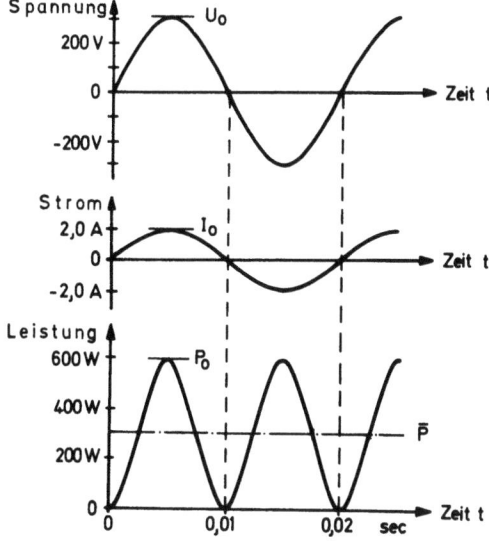

Abb. 2.9. Zusammenhang von Spannung, Strom und Leistung an einem Verbraucherwiderstand. Oben: Spannung $U = U_0 \sin\omega t$; Mitte: Strom $I = I_0 \sin\omega t$; Unten: Leistung $P = P_0 \sin^2\omega t$, jeweils mit $\omega = 2\pi\nu$ und $\nu = 50 \text{ s}^{-1}$ (Netzfrequenz)

Spitzenleistung. Fließt durch einen Widerstand R ein Wechselstrom $I = I_0 \sin\omega t$, so erbringt er dort gemäß (2.19) die mittlere (Heiz-) Leistung

$$\bar{P} = \frac{1}{2} U_0 I_0 = \frac{1}{2} I_0^2 R \quad , \tag{2.20}$$

wobei wir U_0 gemäß (2.8) ersetzt haben. Nach der Definition des Effektivwertes suchen wir nach der Größe eines Gleichstroms, der dieselbe Leistung erbringt; bezeichnen wir diesen Gleichstromwert mit I_{eff}, so gilt

$$I_{eff}^2 R = \bar{P} = \frac{1}{2} I_0^2 R \quad , \tag{2.21}$$

woraus folgt

$$I_{eff} = \frac{1}{\sqrt{2}} I_0 \quad . \tag{2.22}$$

Analog erhalten wir für die Effektivspannung den Ausdruck

$$U_{eff} = \frac{1}{\sqrt{2}} U_0 \quad . \tag{2.23}$$

Die 220 V der Steckdose bezeichnen genau diesen Effektivwert der Wechselspannung. Wie groß ist die Spitzenspannung U_0 des Netzes, wenn wir wissen, daß die Netzspannung $U(t)$ sinusförmig ist?

$$U_0 = U_{eff} \cdot \sqrt{2} = 220 \text{ V} \cdot \sqrt{2} = 311 \text{ V} \quad .$$

2.3.4 Meßverfahren

Wir haben für die Messung von Gleichspannungen und Gleichströmen bereits das Drehspulinstrument kennengelernt. Drehspulinstrumente hoher Meßempfindlichkeit bezeichnet man als Galvanometer. Es gibt handelsübliche Drehspulgalvanometer mit einer Stromempfindlichkeit bis zu etwa 10^{-12} A pro mm Ausschlag und einer Spannungsempfindlichkeit von etwa 10^{-8} V pro mm Ausschlag auf der Ableseskala.

Drehspulinstrumente kann man ebenfalls für Wechselstrommessungen benutzen, wenn man ihnen einen Gleichrichter vorschaltet (Gleichrichter werden Sie in Abschnitt 2.6.2 kennenlernen). Bei der Meßinstrumentaufschrift finden Sie bei solchen Geräten das Sinnbild ⟶⊢ ⌐|.

Die Drehspulinstrumente für Wechselspannung und Wechselstrom sind unmittelbar in Effektivwerten geeicht. Es sei daran erinnert, daß diese Eichungen nur für den Frequenzbereich von 15-60 Hz, also gerade auch für die Netzfrequenz gelten, aber nicht für höhere Frequenzen. Hochfrequente Ströme werden mit sog. *Thermoumformer*instrumenten (Sinnbild ⌣ ⌐|) gemessen. Es handelt sich dabei um Meßgeräte, bei denen der hochfrequente Strom durch einen feinen Draht fließt und diesen erwärmt. Die Temperatur des Heizdrahtes wird gemessen, sie ist proportional zur Stromstärke. Auch dieses Instrument zeigt, da über die Heizwirkung gemessen wird, Effektivwerte an.

Aber was bringt es, eine Temperatur zu messen, wenn man eine Stromstärke wissen will. Dazu ein Einschub über Eichen und Kalibrieren:

> *Eichen* ist eine amtlich überwachte Einhaltung der gesetzlichen Normen (DIN) für Maße und Gewichte.

Die von den Eichämtern vorgenommenen und letztlich von der Physikalisch-Technischen Bundesanstalt festgelegten Prüfverfahren sind bei kommerziell erworbenen Geräten schon in der Fabrik durchgeführt worden (Typenprüfung). *Kalibrieren* ist ein analoger nicht-amtlicher Vorgang, der häufig beim Experimentieren durchgeführt werden muß: Die Zuordnung von Einheiten zu Meßgrößen, die durch ein nicht geeichtes Verfahren gewonnen werden. Im obigen Beispiel wird die Kalibrierung des Thermoumformerinstrumentes darin bestehen, einen Wechselstrom von 50 Hz erst mit einem Drehspulinstrument und dann den gleichen Strom mit dem Thermoumformerinstrument zu messen. Auf der Skala des Thermoumformerinstrumentes wird auf der entsprechenden Stelle der vom Drehspulinstrument abgelesene Wert eingetragen. Dies wird für eine Reihe von Stromstärken wiederholt.

Meßinstrumente, die sowohl für Gleich- als auch für Wechselstrom eingesetzt werden können, sind die sog. Weicheisen- oder Dreheiseninstrumente.

2.3 Gleichstrom und Wechselstrom

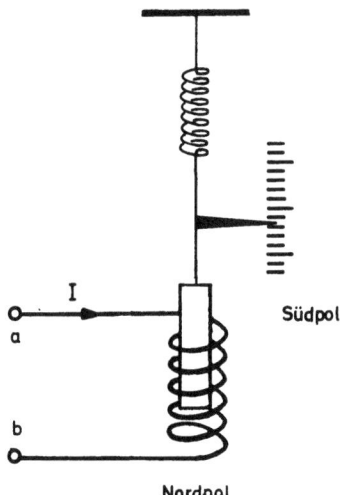

Abb. 2.10. Prinzip des Elektromagneten. Fließt Strom durch die Spule a b, so erzeugt er ein Magnetfeld in Richtung der Spulenachse. Dabei entstehen zwei magnetische Pole, ein Südpol und ein Nordpol. Bringt man einen Stab aus einem magnetisierbaren Material (das sind nur die Metalle Eisen, Kobalt und Nickel sowie einige Legierungen) in die Spulenachse, so wird in dem Stab ein Magnetfeld mit entgegengesetzter Richtung erzeugt. Da sich ungleichnamige "Magnetpole" anziehen, wird der magnetisierte Stab in die Spule hineingezogen. Die Bewegungsrichtung des Stabes ist unabhängig von der Stromrichtung, denn das Vorzeichen der Magnetisierung des Stabes wechselt ebenso schnell wie das des magnetisierenden Spulenfeldes, und die Anziehung bleibt bestehen. Deshalb können mit dem Weicheiseninstrument sowohl Gleich- wie Wechselströme gemessen werden

Diese Instrumente tragen das Sinnbild ✦. Ihr Meßprinzip beruht auf einem elektrisch-magnetischen Phänomen, das uns noch häufiger begegnen wird (Abb. 2.10).

Die Spitzenwerte von Wechselspannungen können zuverlässig und einfach gemessen werden mit Hilfe eines Kathodenstrahloszillographen, den wir in Abschnitt 2.6.5 behandeln.

2.3.5 Biologische Wirkungen

Vielen Leuten bleibt ein "elektrischer Schlag", den sie einmal beim Hantieren mit einem schadhaften Elektrogerät oder beim unvorsichtigen Experimentieren erhalten haben, in unangenehmer Erinnerung. Bestenfalls! Der Schlag rührt her von einem Strom, der durch den Körper geht. Ein elektrischer Strom hat zwei Effekte auf das Gewebe. Der Strom stimuliert Nerven und Muskelfasern, was Schmerz und Muskelkontraktion hervorruft, und er erwärmt das Gewebe in ähnlicher Weise wie eine Heizplatte.

Das Gewebe und die Körperflüssigkeiten unterhalb der Haut leiten den Strom fast so gut wie ein Metall. Während aber die Metalle Elektronenleiter sind, haben wir es hier ausschließlich mit Ionenleitung zu tun. Die Zellen und Zwischenzellflüssigkeiten enthalten sehr viele Ionen, da die anorganischen Salze (Mineralstoffe) stark in Ionen dissoziiert sind. Daran liegt es, daß Gleichstrom und niederfrequenter Wechselstrom (Netz) sehr viel gefährlicher sind als hochfrequente Ströme. Mit einem Gleich- oder niederfrequenten Wechselstrom werden diese Ionen so weit verschoben, daß viele Ionen durch die Zellwände hindurchtreten, was zu starken Fehlfunktionen und Zellschäden führen kann. Der hochfrequente Wechselstrom bewegt die Ionen dagegen rasch aber mit wenig Auslenkung hin und her, was nur eine Erwärmung zur Folge hat.

Die trockene Haut enthält besonders wenige Ladungsträger. Deshalb bildet sie bei einem Stromfluß den größten Widerstand auf dem Weg des Stromes durch den Körper. Wegen $P = I^2 R$ bedeutet dies, daß es dort am ehesten zu Verbrennungen kommt ("Strommarken"). Ist die Haut dagegen feucht, so ist die Gefahr eines elektrischen Schlages besonders hoch, da dann der Hautwiderstand erniedrigt ist.

Die meisten Menschen beginnen den elektrischen Strom erst zu fühlen, wenn er eine Größe von etwa 0,5 mA erreicht. Bei 5 mA beginnt der Schmerz, und Ströme größer als 10 mA rufen anhaltend krampfartige Muskelkontraktionen hervor. In diesem Zustand kann der Betroffene die Stromquelle nicht mehr loslassen. Das Herz, die Atmungsmuskulatur und das Hirn werden besonders schwer betroffen durch elektrische Ströme.

2.3.6 Schutzkontakt-Systeme

Die wichtigste und zugleich gefährlichste Laborinstallation ist das elektrische Versorgungsnetz, kurz "Netz" genannt. Von den beiden Buchsen der Steckdose aus führen zwei Kabel zum Elektrizitätswerk. Von diesen beiden Kabeln ist eines im Elektrizitätswerk geerdet, es "liegt auf Erdpotential". Ein Voltmeter mißt zwischen dieser Buchse der Steckdose und der Erde ständig die Spannung Null (*Nulleiter*). Die andere Buchse der Steckdose hingegen führt die *Phase*, sie führt gegen Erde genau die in Abb.2.9 dargestellte Sinusspannung $U_0 \sin\omega t$.

Einen elektrischen Schlag erhält man also bereits, wenn man nur mit der Phase in Berührung kommt, da sich die Füße immer auf Erdpotential befinden. Eine solche Gefahr kann auch entstehen, wenn durch Schadhaftwerden der Isolation der Phase in einem Gerät ein Kontakt mit dem metallischen Gehäuse zustande kommt.

Um diese Gefahr auszuschließen ist das "Schuko-System" (Schutz-Kontakt-System) eingeführt worden. Es ist vorgeschrieben, daß stets neben den beiden stromführenden Leitern ein dritter Leiter, der *Erd-* oder *Schutz-Leiter*, als gekennzeichneter Draht mitgeführt werden muß, mit dem automatisch beim Einführen des Steckers in die Steckdose das Gerätegehäuse verbunden wird.

Abbildung 2.11 zeigt das Schema des Schuko-Systems. Kommt die Phase unbeabsichtigt mit dem Gehäuse in Berührung ("Gehäuseschluß"), bleibt das Gehäuse auf Erdpotential, und durch den Kurzschlußstrom ("Erdschluß") schaltet eine Überstromsicherung in der Phasenleitung automatisch die Phase ab.

2.3 Gleichstrom und Wechselstrom

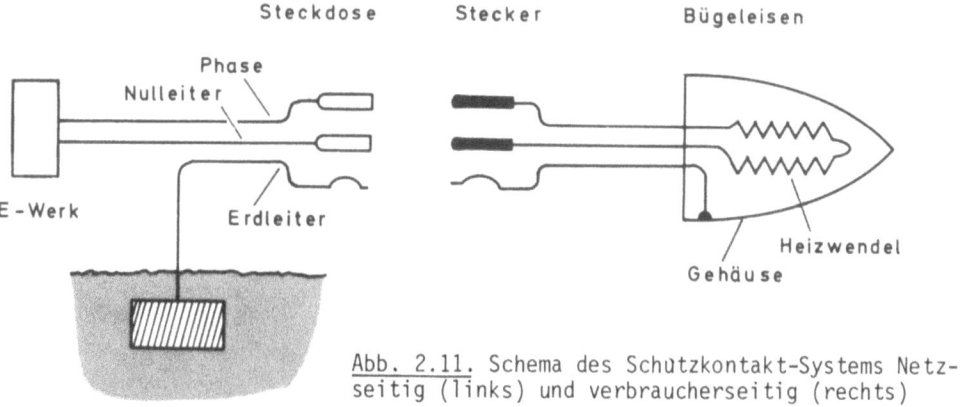

Abb. 2.11. Schema des Schutzkontakt-Systems Netzseitig (links) und verbraucherseitig (rechts)

2.3.7 Zusammenfassung

Gleichströme fließen immer in die gleiche Richtung. Wechselströme kehren ihre Bewegungsrichtung periodisch um. Bei Wechselströmen wird nicht ihr Mittelwert und auch nicht ihr Spitzenwert angegeben, sondern der Effektivwert. Er vergleicht einen Wechselstrom mit dem Gleichstrom von gleicher Leistung. Für sinusförmigen Wechselstrom haben wir eine Relation von Effektivwert und Spitzenwert hergeleitet. Wir haben einige Meßverfahren für Gleich- und Wechselspannung bzw. -ströme kennengelernt. Das wichtigste Meßinstrument ist das Drehspulinstrument. Bei den sog. Vielfachinstrumenten enthält es einen Gleichrichter und ist dann für Wechselströme ebenso verwendbar wie für Gleichströme. Gleichspannung und niederfrequente Wechselspannungen (Netzspannung) üben lebensgefährdende biologische Wirkungen aus. Schutz vor Berührung mit Hochspannung bietet das "Schutzkontakt-System". Metallische Gehäuseteile elektrischer Geräte werden dabei geerdet.

2.3.8 Aufgaben

1) Zeichnen Sie in das Diagramm die Netzspannung ein

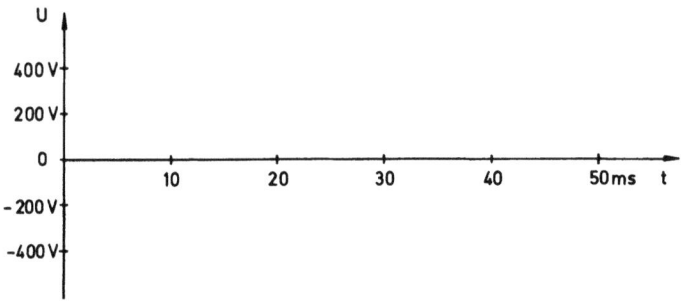

2) Es liegt ein pulsierender Gleichstrom vor, der durch die Funktion U(t) = $U_0(1 + \sin\omega t)$ beschrieben wird.

a) Tragen Sie den Spannungsverlauf ein in ein Diagramm der Art wie in Aufgabe 1).

b) Ordnen Sie die folgenden Spannungswerte 0, U_0, $U_0 + \frac{1}{\sqrt{2}} \cdot U_0$, $2U_0$ den folgenden Begriffen zu:

Maximalwert
Minimalwert
Mittelwert

Effektivwert (Hilfe: es addieren sich der Effektivwert einer Gleichspannung U_0 und einer Wechselspannung $U_0 \sin\omega t$).

2.4 Elektrische Bauelemente

Nachdem wir die wichtigsten Grundbegriffe der Elektrizitätslehre durchgearbeitet haben, wollen wir uns in diesem Abschnitt einfachen elektrischen Bauelementen zuwenden, die diese Grundbegriffe real miteinander verknüpfen: Widerstand, Kondensator, Spule und Transformator. Durch Zusammenschalten solcher Bauelemente mit Operationseinheiten (Abschn. 2.5.6) entstehen elektrische Geräte.

2.4.1 Widerstand

Wir haben in Abschnitt 2.2.1 die Definition des elektrischen Widerstandes sowie einige Beispiele für Widerstände kennengelernt. Das Wort Widerstand hat eine doppelte Bedeutung. Zum einen meint es die *physikalische Größe Widerstand* R = U/I. Zum anderen meint es den *Gegenstand Widerstand*. Der Gegenstand Widerstand (englisch: resistor) hat einen Widerstand (englisch: resistance). Technische Widerstände (Abb. 2.12) bestehen meist aus einer überlackierten dünnen Graphitschicht auf einem Keramikröhrchen. Diese Widerstände sind so konstruiert, daß ihr Widerstandswert möglichst unabhängig ist von der Größe der angelegten Spannung. Es handelt sich also um Ohmsche Widerstände. Der Ohmsche Widerstand verhält sich gegenüber Gleichstrom und Wechselstrom in gleicher Weise:

$$R = \frac{U}{I} = \frac{U_0 \sin\omega t}{I_0 \sin\omega t} = \frac{U_0}{I_0} = \frac{U_{eff}}{I_{eff}} \quad . \tag{2.24}$$

2.4 Elektrische Bauelemente

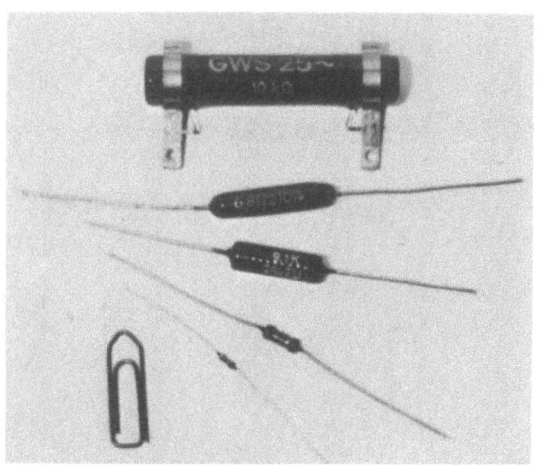

Abb. 2.12. Einige technisch gebräuchliche Widerstände. Die Abmessung der Widerstände hängt nicht von ihrem Widerstandswert sondern von ihrer elektrischen Belastbarkeit ab. Von oben nach unten sind dargestellt: 10 kΩ/25 W; 6,8 kΩ/5 W; 9,1 kΩ/1 W; 0,47 kΩ/0,5 W; 200 kΩ/0,2 W. (Büroklammer zum Größenvergleich)

2.4.2 Kondensator

Zwei elektrische Leiter, die gegeneinander isoliert sind, bilden einen Kondensator, ganz unabhängig von Gestalt und Größe der Leiter. So stellen zwei Geldstücke, die durch ein Papier getrennt aufeinanderliegen, einen Kondensator dar ebenso wie zwei Leitungen eines elektrischen Kabels. Abbildung 2.13 zeigt drei Beispiele für mögliche Kondensatoren.

Legt man an einen solchen Kondensator eine Spannung U, so fließt Ladung auf den Kondensator und zwar auf den einen Leiter die Ladung Q und auf den anderen die Ladung -Q. "Der Kondensator wird aufgeladen". Je größer die Spannung, desto mehr Ladung fließt auf den Kondensator; es gilt:

$$Q = C \cdot U \ . \tag{2.25}$$

Die Konstante C heißt *Kapazität* des Kondensators: Sie gibt an, wieviel Ladung der Kondensator bei einer bestimmten Spannung aufnimmt. Der Kondensator (Gegenstand) hat eine Kapazität (physikalische Größe). Die Kapazität C wird in Coulomb/Volt gemessen: dafür ist die Bezeichnung Farad (F) eingeführt worden: 1 F = 1 C/V. Farad ist eine sehr große Einheit. Technisch gebräuchliche Kondensatoren haben Kapazitäten von Picofarad (pF), Nanofarad (nF) oder Mikrofarad (µF) (Abb.2.14).

Die Kapazität eines Kondensators hängt von einer Materialeigenschaft des Isolators zwischen den beiden Leitern ab und von der geometrischen Gestalt, und zwar ist die Kapazität um so größer, je größer die Fläche A des Kondensators und je kleiner der Abstand l der beiden Flächen voneinander ist. Für Kondensatoren mit zwei gleichen Leitern in gleichmäßigem Abstand gilt

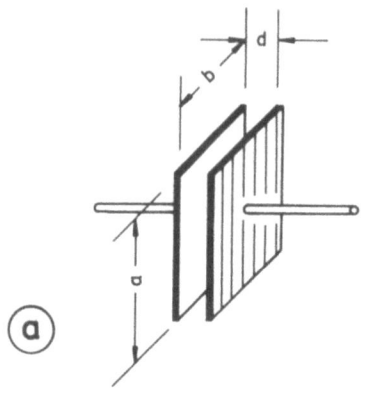
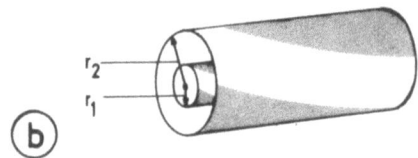
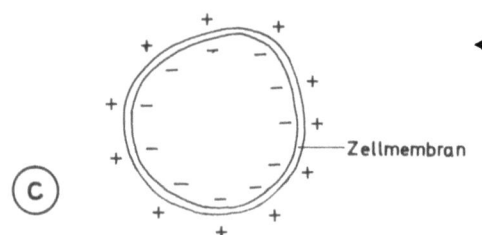
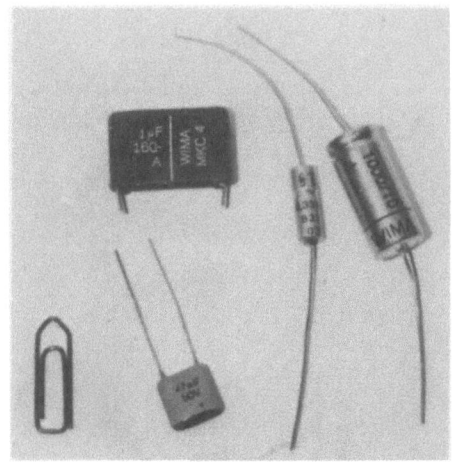

Abb. 2.14. Einige technisch gebräuchliche Kondensatoren. Im Aufdruck ist neben der Kapazität die Höhe der Spannung angegeben, die an dem Kondensator anliegen darf. Von oben links: 1 µF/160 V; 0,33 µF/63 V; 1000 µF/10 V; 47 nF/50 V. (Büroklammer zum Größenvergleich)

◄ Abb. 2.13. Kondensatortypen. a) Plattenkondensator; b) Zylinderkondensator; c) elektrische Doppelschicht, z.B. auf beiden Seiten einer Zellmembran; die Zelloberfläche entspricht der Kondensatorfläche, die Dicke der Zellmembran dem Abstand der Kondensatorflächen

$$C = \frac{Q}{U} = \varepsilon\varepsilon_0 \frac{A}{l} \; . \tag{2.25a}$$

$\varepsilon_0 = 8,859 \cdot 10^{-12}$ AsV^{-1} m^{-1} ist eine universelle, vom Kondensatormaterial unabhängige Konstante, deren Größe man sich nicht merken muß. Man kann sie in jedem Lehrbuch der Elektrizität nachschlagen. Die Dielektrizitätskonstante ε kennzeichnet die erwähnte Materialeigenschaft des Isolators zwischen den Leitern des Kondensators. Sie hat keine Einheit und ist eine reine Zahl. Sie bezeichnet das Verhältnis der Kapazität mit Isolator zur Kapazität ohne Isolator zwischen den Kondensator-"Platten". Die folgende Aufstellung zeigt ε für einige Isolatoren (bei 25°C, soweit nicht anders angegeben):

Wasser	78,3
Nitrobenzol	34,9
Äthanol	25,0

2.4 Elektrische Bauelemente

n-Butanol	17,0
Benzol	2,28
Luft	1,0006
Vakuum	1,0000
Eis	2-3
Wasser von 0°C	88
Wasser von 100°C	55,3
Bienenwachs	2,75-3,0
Zellmembran	5-10

Technische Kondensatoren werden hergestellt, indem zwischen zwei Metallfolien ein dünnes ölgetränktes Dielektrikum (Isolator) gebracht wird. Das ganze wird in Vielfachschichten übereinandergewickelt. Abbildung 2.14 zeigt Ausführungsbeispiele.

Auch biologische Zellen sind Kondensatoren. Im allgemeinen befindet sich eine negative Ladung auf der Innenseite der Zelle, während die Flüssigkeit außerhalb der Zelle positive Ionen enthält. Die Ladungen werden durch die dünne Zellmembran auseinander gehalten, was das System zu einem regelrechten Kondensator macht (Abb.2.13c). Die Zellmembran ist sehr dünn im Vergleich zur Zellgröße. Sie ist etwa 0,1 μm dick und die Spannung zwischen beiden Seiten der Membran liegt in der Größenordnung von 100 mV.

Jeder technische Kondensator hat eine Leckrate, die dadurch bedingt ist, daß der Isolator kein 100%iger Isolator ist, sondern eben nur ein sehr schlechter Leiter; dadurch entsteht ein kleiner *Leckstrom*.

Auch die Zellmembran hat die charakteristische Eigenschaft, ein wenig durchlässig zu sein. Positive Natrium-Ionen aus dem Außenraum werden von den negativen Ladungen immer angezogen. Einige dieser Ionen durchdringen die Barriere. Dadurch würde bald die negative Ladung auf der Innenseite neutralisiert werden, wenn es nicht einen Mechanismus in der Zelle gäbe, der diese Na^+-Ionen wieder hinaus befördert. Dieser Mechanismus wird als *Natriumpumpe* bezeichnet. Pumpen kostet Energie, und es wird geschätzt, daß ca. 20% der Energie, die wir im Ruhezustand verbrauchen, für die Natriumpumpe benötigt wird, um die Na^+-Ionen gegen die Membranspannung durch die Zellwand hindurch zu transferieren (siehe auch Abschnitt 8.3.4).

Sie werden vielleicht fragen, warum wir den Kondensator so ausführlich behandeln, obwohl dieses Bauteil doch so gut wie gar keinen Strom leiten kann. Tatsächlich stellt der Kondensator für Gleichstrom einen unendlich großen Widerstand dar, weil er den Stromkreis unterbricht. Für Wechselstrom gilt das aber nicht, obwohl zwischen den Kondensatorplatten kein Strom fließt.

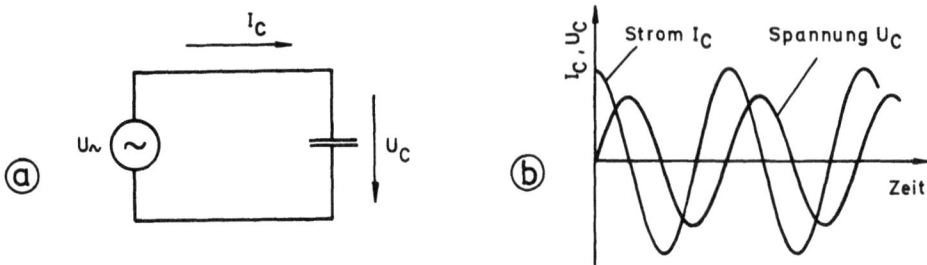

Abb. 2.15. Phasenverschiebung von Strom und Spannung am Kondensator. Der Strom eilt der Spannung am Kondensator um $\pi/2 \triangleq 90° \triangleq$ Viertelperiode voraus. a) Schaltung mit positiv definierter Strom- und Spannungsrichtung am Kondensator. b) Strom und Spannung am Kondensator sind in Abhängigkeit von der Zeit aufgetragen

Legen wir nämlich an einen Kondensator gemäß Schaltung in Abb.2.15 die Wechselspannung

$$U(t) = U_0 \sin\omega t \qquad (2.26)$$

an, so fließt ein Wechselstrom I_C, d.h. es gibt einen endlichen Widerstand, der sich messen läßt.

Zum mathematischen Beweis differenzieren wir die Kondensatorgleichung $Q = CU$ nach t und erhalten

$$I = \frac{dQ}{dt} = C\frac{dU}{dt} \quad . \qquad (2.27)$$

Dabei ist

$$\frac{dU}{dt} = \omega U_0 \cos\omega t = \omega U_0 \sin\left(\omega t + \frac{\pi}{2}\right) \qquad (2.28)$$

und damit

$$I = C\omega U_0 \sin\left(\omega t + \frac{\pi}{2}\right) \quad . \qquad (2.29)$$

Das Ergebnis dieser Rechnung wird veranschaulicht in Abb.2.15b. Der Strom eilt der Spannung zeitlich um eine Viertelperiode voraus. Man sagt: Die *Phasenverschiebung* zwischen Strom und Spannung beträgt 90° oder $\pi/2$. Die Amplitude des Stromes ist $I = C\omega U_0$ und für die Effektivwerte gilt $I_{eff} = C\omega U_{eff}$. Also beträgt die Größe des Widerstandes

2.4 Elektrische Bauelemente

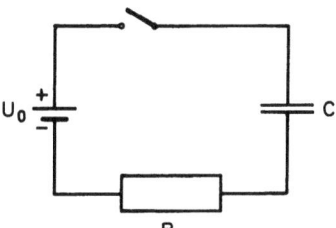

Abb. 2.16. Schaltung zur Aufladung eines Kondensators über einen Widerstand

$$R = \frac{U_{eff}}{I_{eff}} = \frac{U_0}{I_0} = \frac{1}{\omega C} \quad . \tag{2.30}$$

Wechselstromwiderstand und Kapazität verhalten sich also umgekehrt proportional zueinander.

Der Kondensator besitzt offenbar besondere Eigenschaften bei zeitlich veränderlichen Strömen. Auch eine Aufladung des Kondensators mit Gleichstrom wird nicht schneller erfolgen können als der Strom über die Leitungswiderstände zufließen kann. Wir wollen diese Aufladung eines Kondensators über einen Widerstand näher untersuchen, weil Sie mit diesem Phänomen oder mit dem ganz ähnlichen der Entladung eines Kondensators über einen Widerstand sicher einmal zu tun haben werden. Sie brauchen sich dann nicht mehr zu wundern, wenn Sie, längst nachdem Sie ein elektrisches Gerät, das einen großen Kondensator enthält, abgeschaltet und sogar vom Netz getrennt haben, bei Berührung noch einen elektrischen Schlag bekommen. Das kann Ihnen z.B. bei Stromversorgungsgeräten von starken Blitzlampen zustoßen.

Abbildung 2.16 zeigt einen Stromkreis, der einen Widerstand, einen Kondensator, einen Schalter und eine Gleichspannungsquelle enthält, alle hintereinander geschaltet. Bitte beachten Sie die Schaltungssymbole: Die Gleichspannungsquelle wird dargestellt durch das Zeichen -||-, wobei der lange Strich den Pluspol der Quelle bezeichnet. Der Kondensator wird durch zwei gleich lange Parallelstriche dargestellt.

Wird der Schalter in Abb.2.16 geschlossen, so wird der Kondensator aufgeladen. Es fließt ein Strom, der sich mit der Zeit verändert, durch den Stromkreis. Über den Widerstand R fällt die Spannung $U_R = RI$ ab und über den Kondensator die Spannung $U_C = Q/C$. Beide zusammen sind ebenso groß wie die Spannung U_0 der Spannungsquelle. Also

$$U_0 = U_R + U_C = RI + Q/C \quad . \tag{2.31}$$

Zu beachten ist, daß hierbei der Ladestrom I und die Ladung Q des Kondensators sich mit der Zeit ändern können, und daß beide nach (2.27) eindeutig zusammenhängen. Damit erhalten wir

$$U_0 = R \frac{dQ}{dt} + \frac{Q}{C} \quad . \tag{2.32}$$

Diese Gleichung kann man integrieren, und man erhält dann die Funktion Q(t), d.h., den Ladungszustand des Kondensators als Funktion der Zeit. Wir wollen uns hier aber darauf beschränken, die Lösung anzugeben und nachzuweisen, daß sie richtig ist. Die Lösung lautet:

$$Q(t) = CU_0(1-e^{-t/RC}) \quad . \tag{2.33}$$

Um nachzuweisen, daß diese Gleichung die Lösung von (2.32) ist, differenzieren wir sie nach t und prüfen, ob mit Q(t) und dQ/dt (2.32) erfüllt wird:

$$\frac{dQ}{dt} = CU_0 \frac{1}{RC} e^{-t/RC} = \frac{U_0}{R} e^{-t/RC} \quad . \tag{2.34}$$

In (2.32) eingesetzt, erhalten wir

$$U_0 = R \left(\frac{U_0}{R} e^{-t/RC} \right) + U_0(1-e^{-t/RC}) = U_0 \quad . \tag{2.35}$$

Die angegebene Lösung erfüllt also (2.32). Wir können den Spannungsverlauf über den Kondensator bei dessen Aufladung angeben:

$$U_C(t) = \frac{Q}{C} = U_0(1-e^{-t/RC}) \quad . \tag{2.36}$$

Abbildung 2.17 zeigt den Spannungsverlauf über den Kondensator während der Aufladung. Bitte beachten Sie, daß in der Exponentialfunktion als Exponent stets eine Zahl (ohne Einheit) stehen muß. Dies ist in den obigen Gleichungen nur der Fall, wenn RC eine Zeiteinheit darstellt. Das ist der Fall:

$$\Omega F = \frac{V}{A} \frac{As}{V} = s \quad . \tag{2.37}$$

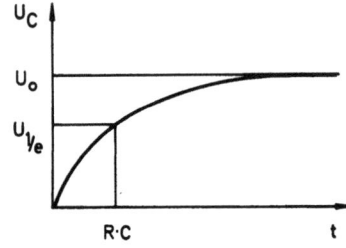

Abb. 2.17. Die Spannung des Kondensators in Abb. 2.16 als Funktion der Zeit: nach der Zeit R·C hat sich die Spannung bis zu 1/e dem Endwert genähert: $U_{1/e} = U_0(1-1/e) = 0{,}632\, U_0$

2.4 Elektrische Bauelemente

Die Größe RC heißt die *Zeitkonstante* des Stromkreises. Zur Zeit t = RC hat die Kondensatorspannung den Wert (Abb.2.17)

$$U_C(t=RC) = U_0(1-e^{-1}) = U_0(1-0{,}368) = 0{,}632\, U_0 \quad . \tag{2.38}$$

Die Größe RC legt also fest, wie lange es dauert, bis die Spannung über den Kondensator ihren festen Endwert erreicht. Wenn z.B. R den Wert 2 MΩ und C den Wert 3 µF hat, so ist die Zeitkonstante des Stromkreises 6 s.

2.4.3 Spule und Transformator

Das Bauelement Spule haben wir bereits in Abb.2.10 als stromführendes Teil des Elektromagneten kennengelernt. Spulen stellen für Wechselstrom einen Widerstand dar, für Gleichstrom aber nicht. Technisch sind Spulen von ähnlicher Bedeutung wie Kondensatoren; ihr Verhalten in Wechselstromkreisen kann in ähnlicher Weise berechnet werden. Als biologisches Modell werden Spulen kaum benötigt. Wir gehen hier deshalb nicht weiter darauf ein.

Nicht übergehen dürfen wir aber eine Vorrichtung, die aus zwei Spulen mit einem gemeinsamen Eisenkern besteht, weil sie von außerordentlich großer praktischer Bedeutung ist: der *Transformator*. Mit ihm läßt sich die Amplitude einer Wechselspannung verändern. Die beiden Spulen (Abb.2.18) werden als Primär- bzw. Sekundärspule bezeichnet. Wenn ein Strom durch die Primärspule geschickt wird, wird ein in sich geschlossenes Magnetfeld durch das ganze Eisenviereck aufgebaut. Da das Magnetfeld durch die Sekundärspule hindurchgreift, wird dort eine Spannung *induziert*. Die Größe der induzierten Spannung hängt ab vom Verhältnis der Windungszahlen beider Spulen:

$$\frac{U_2}{U_1} = \frac{N_2}{N_1} \quad . \tag{2.39}$$

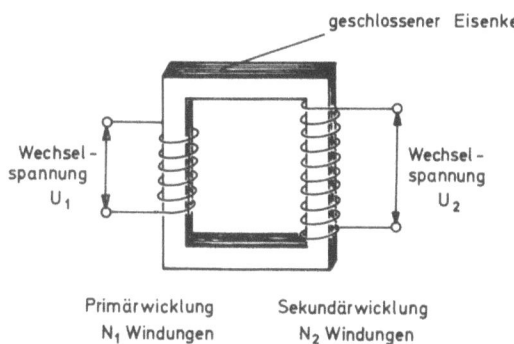

Abb. 2.18. Schema eines Transformators. Die Bezeichnungen "Primär" und "Sekundär" beziehen sich nur auf die entsprechende Benutzung des Transformators; die Transformation der Wechselspannung ist umkehrbar

Die Spannung über die Sekundärwicklung ist also größer (kleiner) als über die Primärwicklung, wenn N_2 größer (kleiner) ist als N_1. Man sagt, die Spannung wird "hochtransformiert" oder sie wird "herabtransformiert".

Manchmal wird ein Transformator benutzt, um den Sekundärstrom galvanisch vom Primärstromkreis zu trennen, d.h. es soll keine stromleitende Verbindung zwischen den beiden Stromkreisen geben. So ist zum Beispiel bei der Netzspannung immer ein und derselbe Pol geerdet, d.h. zwischen diesem Pol und dem Erdboden ist die Spannung Null. Der andere Pol hat dagegen 220 V gegen Erde (Abschn.2.3.6). Für die Verwendung von 220 V in einem Stromkreis, der schon an anderer Stelle eine Erdung aufweist oder der überhaupt "erdfrei" sein soll, müssen die 220 V "potentialfrei" angeboten werden. Das erfolgt durch den Transformator mit dem Windungsverhältnis 1:1, man spricht von einem *Trenntransformator*. Selbstverständlich ist bei der Spannungstransformation immer die Sekundärspannung potentialfrei.

Für die Leistungsbilanz des Transformators gilt, daß P_1 (Eingangsleistung) = P_2 (Ausgangsleistung), also

$$U_1 I_1 = U_2 I_2 \qquad (2.40)$$

und zusammen mit (2.39)

$$\frac{U_2}{U_1} = \frac{I_1}{I_2} = \frac{N_2}{N_1} \; . \qquad (2.41)$$

Das bedeutet, daß die der Sekundärspule entnehmbare Stromstärke in demselben Verhältnis (nämlich dem Windungszahlenverhältnis) abnimmt wie die Sekundärspannung zunimmt.

Sie benötigen nicht die Theorie über den Transformator, aber Sie werden es im Labor häufig mit Transformatoren zu tun haben, da viele Laborinstrumente nicht gerade mit den angebotenen 220 V Netzspannung arbeiten, sondern andere Spannungen brauchen.

Ein Transformator funktioniert keinesfalls bei Gleichspannung. Wird ein Transformator an Gleichspannung angeschlossen, so wird er bald schmoren und brennen. Da die Transformatorwicklung ja keinen nennenswerten Widerstand für Gleichstrom bietet, wird ein sehr hoher Gleichstrom fließen, der eine große Wärmewirkung und schließlich Zerstörung verursacht.

2.4.4 Zusammenfassung

Wir haben einige der wichtigsten elektrischen Bauelemente behandelt: Widerstand, Kondensator, Spule und Transformator. Während sich ein Widerstand gegenüber Gleich- und Wechselstrom in gleicher Weise verhält, haben Kondensator und Spule sehr unterschiedliche Eigenschaften gegenüber Gleich- und Wechselstrom. Spule und Kondensator bieten Wechselstrom einen Widerstand. Für Gleichstrom ist die Spule gar kein und der Kondensator ein unüberwindbarer Widerstand. Der Transformator besteht aus zwei magnetisch miteinander verkoppelten Spulen. Er "transformiert" entsprechend dem Windungszahlenverhältnis der beiden Spulen Wechselspannungen "herauf" oder "herunter". Die Wechselspannungsfrequenz wird dabei nicht verändert.

2.4.5 Aufgaben

1) Es wird eine Wechselspannung von 11 kV benötigt. Zur Verfügung steht eine Netzsteckdose, die mit einer 10 A-Sicherung abgesichert ist. Welches Windungszahlverhältnis $N_1:N_2$ muß der zu verwendende Transformator haben und wieviel Strom ist sekundärseitig maximal abnehmbar?

2) Sie haben drei schwarze Kästen mit je zwei Anschlußbuchsen vor sich. In jedem der Kästen soll sich ein Widerstand oder ein Kondensator oder eine Spule befinden.

   Sie haben zur Verfügung eine Gleich- und eine Wechselspannungsquelle sowie ein Amperemeter mit dem Zeichen ≃.

   Zur Identifizierung der schwarzen Kästen können Sie zwei Schaltungen aufbauen:

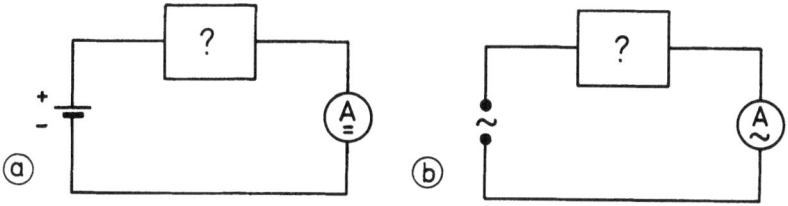

   Mit den beiden Meßanordnungen und den drei schwarzen Kästen sind folgende von 1 bis 6 durchnumerierte Meßergebnisse denkbar:
   Das Amperemeter mißt

	Gleichstrom	Wechselstrom	keinen Strom
a)	1	2	3
b)	4	5	6

90   2. Elektrische Geräte und Schaltungen

Bitte setzen Sie im folgenden die zutreffenden der Ziffern 1 bis 6 ein

Widerstand: _____
Kondensator: _____
Spule: _____

3) An einem zunächst ungeladenen Kondensator wird über einen Widerstand eine Gleichspannung angelegt.

Welche der im folgenden aufgeführten Diagramme geben den zeitlichen Verlauf der Kondensatorspannung und des Ladestromes qualitativ *richtig* wieder?

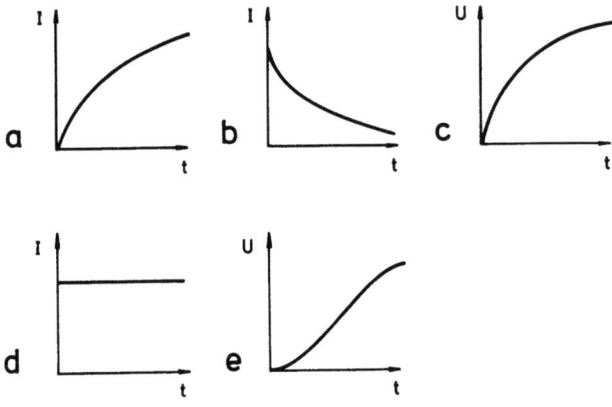

2.5 Elektrische Schaltungen

Sie haben es bisher schon mit einer Anzahl von elektrischen Schaltungen zu tun gehabt. Diese hatten aber immer nur den Zweck, die Eigenschaften einzelner Bauteile kennenzulernen. Dazu genügten einfache Schaltungen, die jeweils nur aus einem einzigen unverzweigten Stromkreis bestanden.

Elektrische Schaltungen, die eine weitergehende Funktion haben, sind komplizierter aufgebaut. Die elektrischen Operationseinheiten, die Sie im Abschnitt 2.6 kennenlernen werden, bestehen nämlich im wesentlichen aus den materiellen Bauelementen, von denen Sie die wichtigsten im Abschnitt 2.4 kennengelernt haben, und aus den Schaltungsideen (d.h. Verknüpfung von Bauteilen), von denen wir jetzt sprechen wollen.

2.5.1 Stromteilung, Spannungsteilung

Elektrische Schaltungen enthalten Verzweigungspunkte (Knoten) (Abb.2.19) und Maschen (Netze) (Abb.2.16). Jeder geschlossene Stromkreis in einem Stromnetz wird als Masche bezeichnet.

2.5 Elektrische Schaltungen

Für einen Verzweigungspunkt gilt die *erste Kirchhoffsche Regel*:

> An jedem Punkt eines Leitersystems ist die Summe der Stromstärken der zufließenden und der abfließenden Ströme Null.

Wir können auch sagen:

> Die Summe der Stromstärken der zufließenden Ströme ist gleich der Summe der Stromstärken der abfließenden Ströme.

Der Grund liegt darin, daß es an einem Knotenpunkt keine Ladungsanhäufung geben kann und auch keine Ladung verloren gehen kann. Mathematisch formuliert lautet die Regel

$$\sum_{k=1}^{n} I_k = 0 \; , \quad (2.42)$$

wobei $\sum_{k=1}^{n} I_k = I_1 + I_2 + I_3 + \ldots + I_n$ bedeutet.

Für eine Masche gilt die *zweite Kirchhoffsche Regel*:

> In einem geschlossenen Leiterkreis ist die Summe der Spannungen Null.

Hierzu noch einige begriffsklärende Bemerkungen: Zur Berechnung der elektrischen Größen einer Masche benötigt man die Begriffe *eingeprägte Spannung* (früher sagte man elektromotorische Kraft, EMK) und *Spannungsabfall*. Unter eingeprägter Spannung versteht man nichts weiter als die Spannung einer in die betreffende Masche eingeschalteten Spannungsquelle. Spannungsabfall entsteht gemäß $U = RI$ an den einzelnen Widerständen der Masche.

Anders formuliert besagt die 2. Kirchhoffsche Regel, daß die über die einzelnen passiven Bauelemente abfallende Spannung zusammen nicht größer und nicht kleiner ist als genau die eingeprägte Spannung.

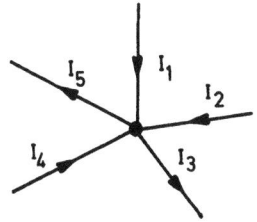

Abb. 2.19. Verzweigungspunkt von elektrischen Strömen: "Knoten"

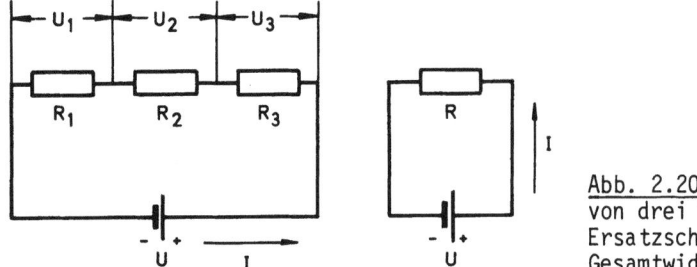

Abb. 2.20. a) Reihenschaltung von drei Widerständen; b) das Ersatzschaltbild dazu mit dem Gesamtwiderstand $R = R_1 + R_2 + R_3$

Zur Veranschaulichung: In Abb.2.20a ist U die eingeprägte Spannung und U_1, U_2 und U_3 sind die Spannungsabfälle über R_1, R_2 und R_3. Nach der 2. Kirchhoffschen Regel ist hier

$$U = U_1 + U_2 + U_3 \;.$$

Aus den beiden Kirchhoffschen Regeln sind wichtige Folgerungen zu ziehen bezüglich der Anordnung von Bauelementen. Wir wollen das ausführlich nachvollziehen am Beispiel der Widerstände, weil das zu für Sie wichtigen praktischen Anwendungen führt.

Für die *Reihenschaltung* von drei Widerständen (Abb.2.20) gilt nach der 2. Kirchhoffschen Regel, daß die Summe der Spannungsabfälle über die drei Einzelwiderstände gleich ist der Spannung U der Batterie, also

$$R_1 I + R_2 I + R_3 I = U \tag{2.43}$$

$$U = (R_1 + R_2 + R_3) I \quad \text{bzw.} \tag{2.44}$$

$$\frac{U}{I} = R_1 + R_2 + R_3 = R \;. \tag{2.45}$$

Offensichtlich können wir verallgemeinernd sagen:

> Bei der Hintereinanderschaltung (Reihenschaltung) von Widerständen addieren sich die Einzelwiderstände zum Gesamtwiderstand: $R = \sum_{k=1}^{n} R_k$.

Dieses Resultat findet eine praktische Anwendung zur Herstellung variabler Spannungsquellen. Zur Verfügung stehen im Labor in der Regel nur wenige Spannungswerte, z.B. einige Batterien mit festen Spannungen oder die Netzspannung von 220 V. Benötigt werden aber häufig veränderbare Spannungsquellen. Z.B. muß zur Einhaltung einer bestimmten Temperatur ein bestimmter Strom für einen Heizwiderstand eingestellt werden.

2.5 Elektrische Schaltungen

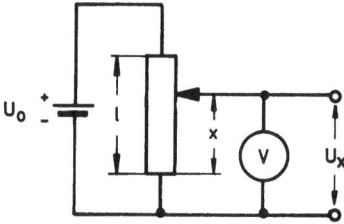

Abb. 2.21. Spannungsteiler ("Potentiometer"). Für ein lineares Potentiometer gilt für den Widerstand R_x über die Strecke x und den Widerstand R_0 über die Strecke l: $R_x/R_0 = x/l$

Abbildung 2.21 zeigt eine sog. *Potentiometer-* oder *Spannungsteilerschaltung*. Eine Spannungsquelle, die eine Gleich- oder eine Wechselspannungsquelle sein darf, wird an einen hochohmigen, großen Widerstand angeschlossen. Die Quelle habe die Spannung U_0 und der Widerstand R_0 die Länge l. Am Widerstand befindet sich ein Schleifkontakt. Der Teil des Widerstandes R_0, der zwischen seinem unteren Ende und dem Schleifkontakt liegt, verhält sich zum Gesamtwiderstand R_0 wie x zu l, also

$$\frac{R_x}{R_0} = \frac{x}{l} \quad \text{bzw.} \quad R_x = \frac{x}{l} R_0 \tag{2.46}$$

und entsprechend ist die vom Voltmeter gemessene Spannung an den Ausgangsklemmen gegeben durch

$$U_x = R_x I = \frac{x}{l} R_0 I \quad . \tag{2.47}$$

Durch Hin- und Herschieben des Schleifkontaktes über die volle Länge l des Widerstandes R_0 kann an den Ausgangsklemmen also jede beliebige Spannung zwischen 0 und U_0 hergestellt werden.

Die 2. Kirchhoffsche Regel führte zu der Aussage, daß der Gesamtwiderstand einer Reihe von hintereinander geschalteten Leitern gleich der Summe der Widerstände der einzelnen Leiter ist.

Auch die 1. Kirchhoffsche Regel führt zu einer Aussage über das Schaltungsverhalten von Widerständen, nämlich bei deren *Parallelschaltung*. Für die Parallelschaltung von Widerständen (wir nehmen für die exemplarische Durchrechnung zwei, siehe Abb.2.22) erhalten wir über die Stromverzweigung

$$I = I_1 + I_2 \quad . \tag{2.48}$$

Für die beiden Einzelwiderstände gilt überdies

$$I_1 = \frac{U}{R_1} \quad \text{und} \quad I_2 = \frac{U}{R_2} \quad , \tag{2.49}$$

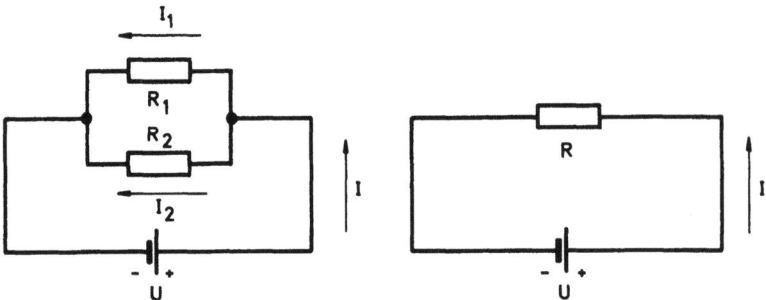

Abb. 2.22. a) Parallelschaltung von zwei Widerständen. b) Das Ersatzschaltbild dazu mit dem Gesamtwiderstand

und für den unbekannten Gesamtwiderstand R gilt $I = U/R$. In der Strombilanzgleichung (2.48) ergibt das

$$\frac{U}{R} = \frac{U}{R_1} + \frac{U}{R_2} \ . \tag{2.50}$$

Setzt man diese Überlegungen fort, so erhält man für n parallel geschaltete Widerstände:

$$\frac{1}{R} = \sum_{k=1}^{n} \frac{1}{R_k} \ . \tag{2.51}$$

> Bei der Parallelschaltung von Widerständen addieren sich die reziproken Werte der Widerstände zum reziproken Wert des Gesamtwiderstandes.

2.5.2 Meßschaltungen für Ströme und Spannungen

Die Beherrschung der Regeln für die Reihen- und Parallelschaltung von Widerständen ist eine unerläßliche Voraussetzung für die sachgerechte Verwendung von Strom- und Spannungsmeßgeräten. Diese Geräte besitzen nämlich selbst einen Widerstand, der Eigenwiderstand oder *Innenwiderstand* genannt wird. Auch Spannungsquellen besitzen einen Innenwiderstand.

Der *Innenwiderstand von Spannungsquellen* macht sich dadurch bemerkbar, daß man ihnen nicht beliebig große Stromstärken entnehmen kann. Die chemischen Prozesse, die in einer Batterie zur Stromerzeugung führen, können nicht unendlich schnell ablaufen. Das wirkt sich so aus, als ob sich zwischen den Polen der Batterie ein elektrischer Widerstand befinde.

In Abbildung 2.23a ist in dem gestrichelten Kasten die Spannungsquelle als Ersatzschaltbild dargestellt, bestehend aus einer idealen, stets die

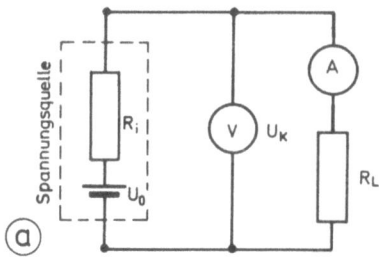 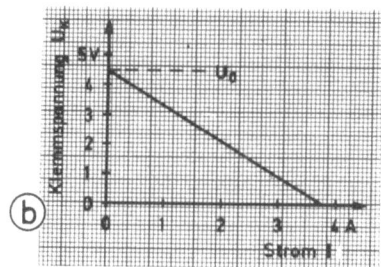

Abb. 2.23. Innenwiderstand einer Spannungsquelle. a) Schaltbild: Im gestrichelten Kasten ist die Spannungsquelle als Reihenschaltung von idealer Spannungsquelle und ihrem Innenwiderstand dargestellt. b) Kennlinie der Spannungsquelle: Die verfügbare Spannung nimmt mit zunehmender Belastung der Spannungsquelle (zunehmende Stromentnahme) ab

Spannung U_0 anbietenden Quelle in Reihe mit einem (nicht unbedingt Ohmschen) Innenwiderstand der Quelle. Die an den Polen oder Klemmen der Batterie abnehmbare Spannung wird als *Klemmenspannung* bezeichnet. Die Klemmenspannung einer Taschenlampenbatterie bricht schnell zusammen, wenn man ihr Ströme im Ampere-Bereich entnimmt. Aus Abb.2.23b ist abzulesen, daß bei Kurzschluß der Batterieklemmen ein Strom von ca. 3,8 A fließt (Kurzschlußstrom der Batterie).

Abbildung 2.24 zeigt zwei Anordnungen zur gleichzeitigen Messung von Spannung und Strom an einem Verbraucher R. Bestimmt man in Abb.2.24a den Widerstand des Verbrauchers R dadurch, daß man den Quotienten aus der gemessenen Spannung und dem gemessenen Strom bildet, so macht man einen gewissen Fehler, denn Strom fließt nicht nur durch den Widerstand R, sondern auch durch den Innenwiderstand R_i des Voltmeters. Das heißt: das Amperemeter mißt mehr Strom als durch den Widerstand R hindurchfließt. Gemessen werden sollte aber allein dieser. Der Unterschied wird umso kleiner, je größer der Innenwiderstand des Voltmeters ist. Der Innenwiderstand des Voltmeters soll also möglichst groß sein. Das ist auch notwendig zur Messung des Spannungsabfalls über R, denn sonst fließt gar nicht der ganze Strom über R und das Voltmeter mißt eine zu kleine Spannung. Daraus folgt:

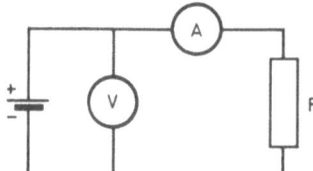 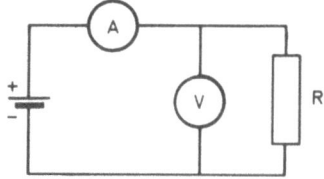

Abb. 2.24. Zwei Anordnungen zur Messung von Strom und Spannung an einem Verbraucherwiderstand R. a) Das Amperemeter mißt den Strom mit, der durch das Voltmeter fließt. b) Das Voltmeter mißt die Spannung mit, die über das Amperemeter abfällt

> Der Innenwiderstand eines Voltmeters muß wesentlich größer sein
> als der Widerstand, über den die Spannung gemessen werden soll.

Für den Biologen folgt hieraus insbesondere, daß er bei elektrophysiologischen Spannungsmessungen, bei denen er es immer mit Spannungsquellen von hohem Innenwiderstand zu tun hat, streng darauf achten muß, daß sein Meßinstrument einen wesentlich höheren Innenwiderstand hat.

Der nach Schaltung in Abb.2.24a entstehende Fehler in der Strommessung läßt sich umgehen, wenn man wie in Abb.2.24b schaltet. Das Amperemeter zeigt dort wirklich nur den Strom an, der durch R fließt. Jetzt haben wir uns allerdings einen Fehler in der Spannungsmessung eingehandelt. Das Amperemeter hat ja auch einen Innenwiderstand. Über diesen entsteht ein Spannungsabfall, und der wird nun vom Voltmeter mitgemessen. Man erhält jetzt den Widerstand R zu groß. Der Innenwiderstand des Amperemeters soll also möglichst klein sein. Das ist auch notwendig für die Strommessung selbst, denn der Stromfluß soll sich ja durch die Einschaltung eines Amperemeters nicht verändern. Daraus folgt:

> Der Innenwiderstand eines Amperemeters muß wesentlich kleiner sein
> als der Widerstand des Stromkreises, dessen Strom es messen soll.

Wird ein Amperemeter parallel zum Verbraucherwiderstand geschaltet, so kann es wegen seines geringen Innenwiderstandes durchbrennen.

2.5.3 Zusammenfassung

In diesem Abschnitt haben wir uns mit dem Aufbau einfacher elektrischer Schaltungen befaßt. Grundlage aller elektrischen Schaltungen sind die beiden Kirchhoffschen Regeln, die Aussagen machen über Stromverzweigungen und Spannungsteilungen. Unmittelbare Folgerungen daraus sind die Regeln über die Addition von Widerständen in Reihen- und in Parallelschaltungen, die Potentiometerschaltung zur Teilung von Spannungen und die Meßschaltungen für Ströme und Spannungen. Amperemeter (niedriger Innenwiderstand) werden in Reihe mit dem Meßobjekt geschaltet, dessen Stromdurchfluß man messen will, und Voltmeter parallel zur Spannung.

2.5.4 Aufgaben

1) Welcher Widerstand herrscht zwischen den Punkten A und B der Schaltung

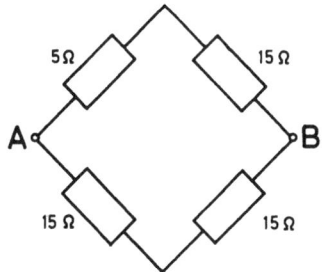

2) Berechnen Sie in untenstehender Schaltung die unbekannte Spannung U_x.

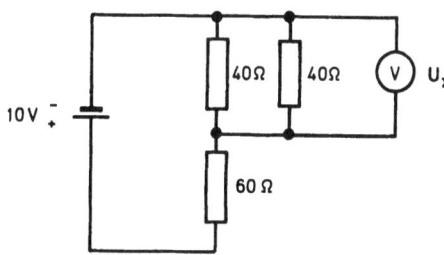

3) Eine Batterie besitzt im unbelasteten Zustand eine Klemmenspannung von 2,0 V. Bei Belastung durch einen Strom von 10 A fällt ihre Klemmenspannung auf 1,4 V. Wie groß ist der Innenwiderstand der Batterie?

4) Sie sollen mit einer einzigen Schaltung gleichzeitig zwei Widerstände messen (z.B. zwei verschiedene Hautwiderstände). Dazu steht Ihnen eine Spannungsquelle U_0 zur Verfüfung, ein Amperemeter mit vernachlässigbarem Innenwiderstand und ein Voltmeter mit praktisch unendlich hohem Innenwiderstand.

5) Welche der Schaltungen kann zur Zerstörung eines Meßgerätes führen?

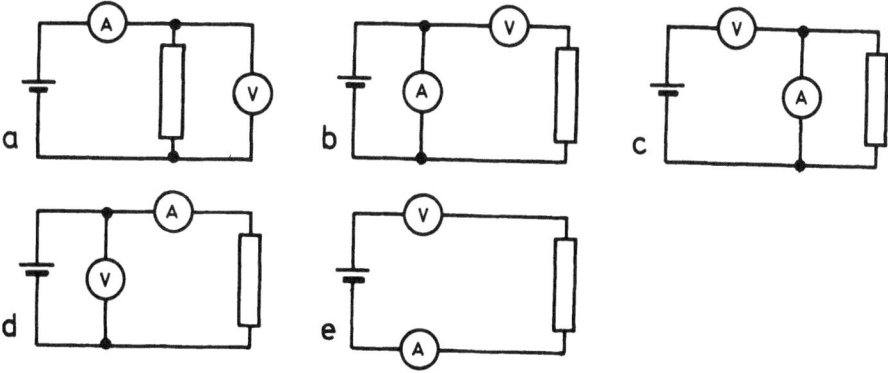

2.6 Elektrische Operationseinheiten

Sie werden in diesem und im nächsten Abschnitt Funktionseinheiten kennenlernen, die Ihnen in der Praxis als geschlossene Baueinheiten begegnen. Dieser Abschnitt bezieht sich auf allgemeine elektrische Operationseinheiten wie Spannungsquellen, Gleichrichter, Verstärker und Registriergeräte, während Abschnitt 2.7 speziell auf solche Operationseinheiten eingeht, bei denen elektrische Wirkungen durch Licht hervorgerufen werden (Optoelektronik). Als Elektronik wird das Teilgebiet der Elektrizitätslehre bezeichnet, das sich mit der Steuerung und Messung kleiner Ströme bis herab zu einzelnen Elektronen befaßt.

2.6.1 Stromquellen

Elektrische Instrumente brauchen zum Betrieb eine Energiequelle. Es kann sich hierbei um die Netzsteckdose handeln oder um eine Batterie oder vielleicht auch um eine Solarzelle. Eine ideale Stromquelle genügt folgenden Bedingungen:

a) die Höhe der Spannung ist dem benötigten Wert angepaßt,

b) die Höhe der Spannung bleibt erhalten, unabhängig von der Stromstärke, die der Quelle entnommen wird,

c) die Spannungsform (sei es eine sinusförmige oder eine Gleich-Spannung) bleibt erhalten,

d) die Stromquelle ist kurzschlußsicher.

Haushaltsansprüchen genügt die um ±10% schwankende Netzspannung. Andere Wechselspannungen als 220 Volt lassen sich durch Transformatoren gewinnen. Dabei bleiben natürlich die Spannungsschwankungen von ±10% erhalten. Wird eine stabilere Wechselspannung benötigt, so muß man einen sog. *Spannungskonstanter* vorschalten. Diese (kommerziell verfügbaren) Geräte beinhalten eine elektronische Regelschaltung, welche eine Wechselspannung von 1% Konstanz oder besser bereitstellt. Für Laboransprüche ist das notwendig.

Als Gleichspannungsquellen können Batterien benutzt werden. In ihnen wird chemische Energie in elektrische Energie umgesetzt. Eine einzelne Batterie ist jedoch jeweils nur in der Lage, wenige Volt Spannung bereitzustellen, und die verfügbare Leistung ist eng begrenzt. Außer den Batterien (den sogenannten Primärzellen) gibt es *Akkumulatoren* (sog. Sekundärzellen), die ihnen elektrisch zugeführte Energie in chemische Energie umwandeln, diese beliebig lange speichern und bei Bedarf wieder als elektrische Energie abgeben (typisches Beispiel: Auto-'Batterie').

2.6 Elektrische Operationseinheiten

Für Leistungsansprüche an Gleichspannungsquellen, denen die chemischen Energiequellen nicht genügen können, werden *Netzgeräte* gebaut. Sie wandeln mittels eines Gleichrichters (Abschnitt 2.6.2) die Netzspannung in eine Gleichspannung um.

Alle Spannungsquellen sind der Gefahr ausgesetzt, daß sie "kurzgeschlossen" werden. Als Kurzschluß bezeichnet man die Herstellung einer praktisch widerstandslosen Verbindung zwischen den Klemmen der Spannungsquelle. Wenn der Innenwiderstand einer solchen Spannungsquelle sehr klein ist, so kann der Kurzschlußstrom einige zehn oder hundert Ampere betragen. Ein so großer Strom kann natürlich die Kurzschlußverbindung (etwa einen Draht) erhitzen und zerschmelzen oder verbrennen und zu Bränden oder Verletzungen führen.

Um Geräte vor schadhaften Überlastungen zu schützen, werden Schmelzeinsätze (Sicherungen) eingebaut. Es handelt sich dabei um dünne eingekapselte Drähte, die ohne Schaden für die übrigen Teile bei Überlastung durchschmoren.

2.6.2 Gleichrichter

Der wesentliche Bestandteil eines Netzgerätes ist der Gleichrichter, der die Wechselspannung in eine Gleichspannung umwandelt. Abbildung 2.25 zeigt das Schaltbild und die Funktionsweise eines Gleichrichters.

Als neues Schaltelement und wesentlichen Bestandteil eines jeden Gleichrichters lernen wir hier die *Diode* kennen, Schaltzeichen ─▶├─. Es handelt sich

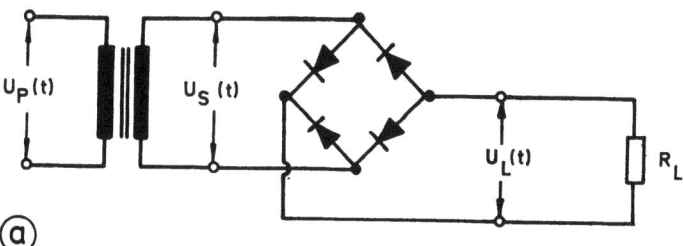

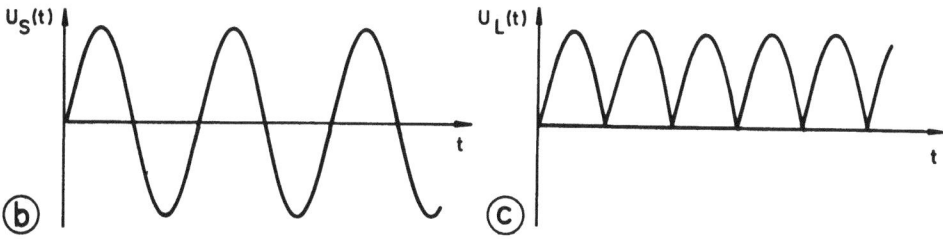

Abb. 2.25. Gleichrichtung. a) Schaltbild eines Gleichrichters (Graetz-Typ). b) Sekundärspannung des Transformators als Funktion der Zeit: $U_S(t)$. c) Spannung am Lastwiderstand als Funktion der Zeit: $U_L(t)$

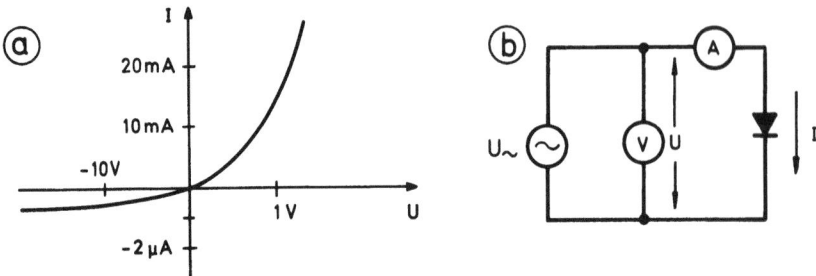

Abb. 2.26. a) Kennlinie einer Diode. Beachten Sie die unterschiedlichen Maßstäbe an den Achsen des Koordinatensystems. b) Schaltung zur Aufnahme der Kennlinie unter a)

hierbei meist um Halbleiterbauelemente. Die ideale Diode ist ein Bauelement, das wie ein Kurzschluß funktioniert, wenn die anliegende Spannung die Polung + ▶︎┤ - - hat. Man sagt dann: Die Diode ist in *Durchlaßrichtung* gepolt. Hat hingegen die anliegende Spannung die Polung - ▶︎┤ - +, so stellt die Diode einen außerordentlich großen Widerstand dar. Man sagt: Die Diode ist in *Sperrrichtung* gepolt. Bei einer Wechselspannung wirkt die Diode wie ein Schalter, der im Rhythmus der Wechselspannung geöffnet und geschlossen wird.

Abbildung 2.26 zeigt die *Charakteristik* oder *Kennlinie* (so nennt man die Darstellung der Stromstärke als Funktion der anliegenden Spannung) einer Diode. Die Spannung über die Diode in Durchlaßrichtung beträgt in der Regel einige Zehntel Volt bei einigen Hundert mA Strom. In der Sperrichtung beträgt der doch durchgelassene Strom wenige µA bei Sperrspannungen in der Größenordnung von 100 V.

In Abb.2.25a ist $U_S(t)$ die Sekundärspannung eines Transformators. Ist bei einer Halbwelle gerade $U_S(t)$ positiv, so leitet die obere linke und die untere rechte Diode des Diodenvierecks, und ein Strom kann durch den Lastwiderstand R_L fließen. Über R_L fällt die Spannung $U_L(t)$ ab. Wenn $U_S(t)$ gerade die negative Halbwelle durchläuft, ist die obere rechte und die untere linke Diode des Diodenvierecks in Durchlaßrichtung geschaltet. Somit fließt auch während dieser Halbwelle wieder der Strom in gleicher Richtung wie vorher über den Lastwiderstand R_L. Abbildung 2.25b und c zeigen die Spannungsverläufe am Eingang bzw. Ausgang des Gleichrichters. Dieser Zyklus wiederholt sich während jeder Periode von $U_S(t)$. Die entstandene Wellenform von $U_L(t)$ ist also eine "pulsierende Gleichspannung", d.h. regelmäßig variierende Amplitude unter Beibehaltung der Spannungsrichtung.

Für viele Anwendungsgebiete reicht es aber nicht aus, einen pulsierenden Gleichstrom zu haben, sondern man benötigt einen auch dem Betrag nach gleich-

2.6 Elektrische Operationseinheiten

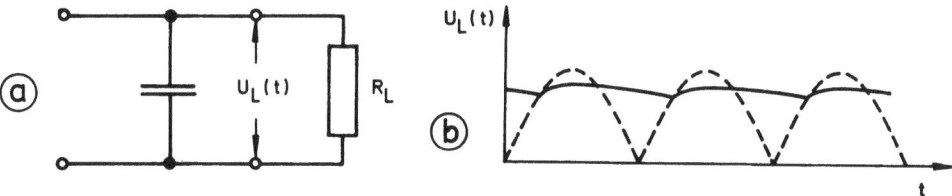

Abb. 2.27. Einfache Glättung eines pulsierenden Gleichstroms. a) Durch Parallelschaltung eines Kondensators zum Lastwiderstand in Abb.2.26a; b) der erzielte Spannungsverlauf (ausgezogen); gestrichelt: die pulsierende Gleichspannung ohne Glättung gemäß Abb.2.26b

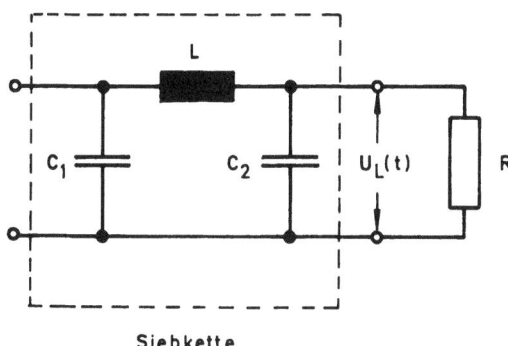

Siebkette

Abb. 2.28. Verbesserte Glättung eines pulsierenden Gleichstroms durch eine "Siebkette". Die Kondensatoren und die Spule speichern während jeder Halbwelle Energie und geben sie zwischen den Halbwellen wieder ab. Dies führt zu einer Nivellierung von $U_L(t)$

bleibenden Strom. Eine Methode, dem nahe zu kommen, besteht, darin, einen Kondensator parallel zum Lastwiderstand zu legen, wie in Abb.2.27a (*Stromglättung*). Wenn Strom durch den Gleichrichter fließt, dann fließt er teils auf den Kondensator C, teils durch den Lastwiderstand R. Der Kondensator wird aufgeladen. Während des abnehmenden Strompulses des Gleichrichters liefert dann der geladene Kondensator durch Entladung Strom durch den Lastwiderstand. So wird die Stromlücke bis zum nächsten Puls weitgehend ausgeglichen. Der nächste Strompuls lädt den Kondensator wieder voll auf. Das Ergebnis ist ein ziemlich gleichmäßiger Strom durch den Lastwiderstand bzw. ein geglätteter Verlauf von $U_L(t)$, wie etwa in Abb.2.27b dargestellt.

Es bleibt aber immer noch eine Welligkeit in Strom und Spannung, deren Ausmaß durch Erhöhung der Kapazität des Kondensators oder/und durch Zuschalten einer Spule und eines weiteren Kondensators entsprechend Abb.2.28 weiter vermindert werden kann.

2.6.3 Verstärker

Elektrische Signale, die man bei Messungen von Nervenimpulsen, Lichteffekten, Schalldrücken u.a. erhält, sind sehr klein. Die Messung bioelektrischer Phänomene ist erst möglich geworden mit der Entwicklung von Signalverstärkern,

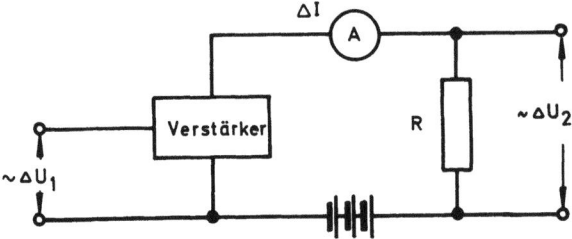

Abb. 2.29. Prinzipschaltbild eines Verstärkers. Die Wechselspannung ΔU_1 wird zur Wechselspannung ΔU_2 verstärkt

und der Fortschritt der experimentellen Neurophysiologie ist unmittelbar verknüpft mit der meßtechnischen Weiterentwicklung. Die Potentialdifferenz zwischen zwei Stellen eines Nervs beträgt nur wenige hundertstel Volt und dauert nur wenige tausendstel Sekunden.

Das Prinzip der Verstärkung besteht darin, daß kleine Spannungs- oder Strom*änderungen*, in welchen die Information oder das Signal enthalten ist, in eine größere Spannungs- oder Strom*änderung* verwandelt werden. Es sind die Änderungen, die verstärkt werden und nicht die (Mittelwerte der) Spannungen oder Ströme selbst. In Diagrammen wird die Operationseinheit "Verstärker" meist durch das Zeichen ─⏐<<⏐─ dargestellt. Wir wollen uns auch hier an dieser Stelle nicht um die Abläufe im Innern eines Verstärkers kümmern, sondern nur sein Verhalten von außen studieren ("black box"-Standpunkt).

In Abb.2.29 liegt am Eingang des Verstärkers das zu verstärkende kleine Wechselspannungssignal ΔU_1. Am Ausgang hat das eine Änderung des Stromflusses zur Folge. Diese Stromänderung am Verstärkerausgang kann über den Widerstand R die Spannungsänderung ΔU_2 hervorrufen. Wenn der Strom anfangs I_0 beträgt, dann ist die Ausgangsspannung über R gegeben durch $U_0 = RI_0$. Ändert sich der Strom zu $I_0 - \Delta I$ (also eine Stromabnahme z.B.), so wird die Spannung U_2 über R zu

$$U_2 = (I_0 - \Delta I)R = I_0 R - \Delta I R = U_0 - \Delta U_2 \tag{2.52}$$

wobei $\Delta U_2 = \Delta I R$.

Nahezu alle Verstärker arbeiten nach diesem Prinzip. Eine kleine Änderung der Eingangsspannung führt zu einer relativ großen Stromänderung. Über einen Lastwiderstand wird die Stromänderung zu einer großen Spannungsänderung gemacht. Soll eine kleine Stromänderung verstärkt werden, so muß der Strom durch einen Widerstand geschickt werden, um die darüber abfallende Spannungsänderung verstärken zu können. Dann führt eine eingangsseitige Änderung des Stroms zunächst zu einer Änderung des Spannungssignals, welches seinerseits zu einer großen Stromänderung durch den Verstärker führt.

2.6 Elektrische Operationseinheiten

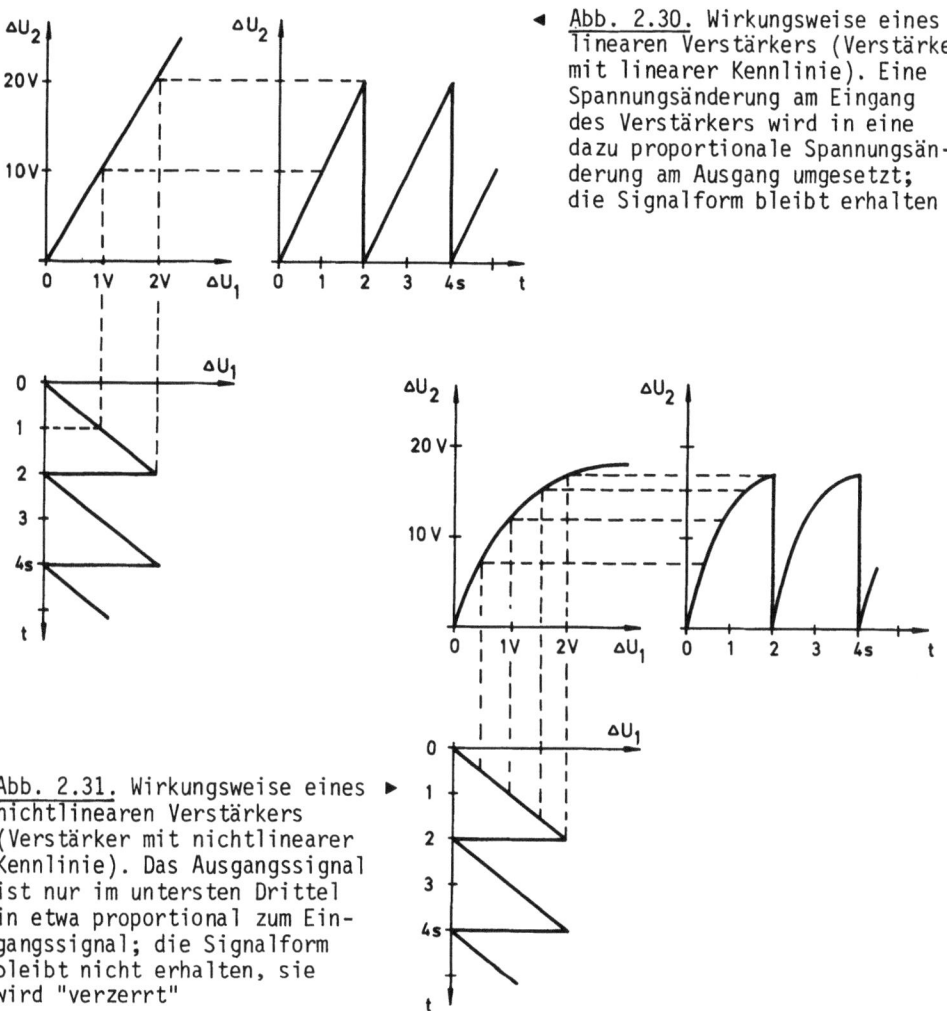

Abb. 2.30. Wirkungsweise eines linearen Verstärkers (Verstärker mit linearer Kennlinie). Eine Spannungsänderung am Eingang des Verstärkers wird in eine dazu proportionale Spannungsänderung am Ausgang umgesetzt; die Signalform bleibt erhalten

Abb. 2.31. Wirkungsweise eines nichtlinearen Verstärkers (Verstärker mit nichtlinearer Kennlinie). Das Ausgangssignal ist nur im untersten Drittel in etwa proportional zum Eingangssignal; die Signalform bleibt nicht erhalten, sie wird "verzerrt"

Ein idealer Verstärker hat einen gleichbleibenden Verstärkungsfaktor, unabhängig von der Größe des Eingangssignals ΔU_1. Beträgt sein *Verstärkungsfaktor* 1000, so wird ein $\Delta U_1 = 10$ mV zu einem $\Delta U_2 = 10$ V und ein $\Delta U_1 = 1$V zu einem $\Delta U_2 = 1000$ V. Jeder technisch realisierbare Verstärker kann aber nicht bis zu beliebig hohen Spannungen gleichbleibend verstärken. So mag in Wirklichkeit für $\Delta U_1 = 1$V die verstärkte Wechselspannung ΔU_2 nur noch 900 V betragen, der Verstärkungsfaktor ist dann eben nur 900. Man nennt einen solchen Verstärker *nichtlinear*. Der ideale Verstärker ist ein *linearer* Verstärker.

> Jeder Verstärker arbeitet nur für einen nach unten und nach oben begrenzten Bereich der Eingangsspannung als linearer Verstärker.

Lineares und nichtlineares Verstärkerverhalten wird in Abb.2.30 bzw. 2.31 dargestellt. Die Charakteristik eines Verstärkers kann aufgezeigt werden durch eine Kurve, welche die Beziehung zwischen Eingangssignal-Spannung ΔU_1 und Ausgangssignal-Spannung ΔU_2 aus Abb.2.29 wiedergibt. Abbildung 2.30 zeigt die Kennlinie eines linear operierenden Verstärkers. Als Eingangssignal ist in diesem Beispiel eine "Sägezahnspannung" gewählt worden. Bei t = 0 ist das Eingangs- und damit auch das Ausgangssignal 0. Bei t = 1 s beträgt das Eingangssignal 1 V und das Ausgangssignal 10 V, und wenn die Eingangsspannung 2 V ist, beträgt die Ausgangsspannung 20 V. Es gilt also eine lineare Beziehung zwischen Eingangs- und Ausgangssignal. Auch das Ausgangssignal ist eine Sägezahnspannung; sie ist zu den jeweiligen Zeiten 10mal größer als am Eingang. Der Verstärkungsfaktor ist 10.

In Abb.2.31 ist die Kennlinie, welche das Eingangs- und das Ausgangssignal zueinander in Relation setzt, nichtlinear. Wiederum wird eine Sägezahnspannung als Eingangssignal angenommen. Indem wir wieder Zeitpunkt für Zeitpunkt die jeweilige Verstärkung eintragen, stellen wir fest, daß das Ausgangssignal eine andere Form hat als das Eingangssignal. Es tritt also bei der Signalverstärkung eine *Verzerrung* auf. Solche Verzerrungen sind bei Verstärkern unvermeidbar, wenn man bei hohen Verstärkungsfaktoren arbeiten will. Es ist deshalb sinnvoller, mehrere Verstärkerstufen mit Verstärkungsfaktoren von etwa 10-100 hintereinander zu schalten, als einen einzigen Verstärker mit entsprechend höherem Verstärkungsfaktor zu verwenden. Wenn ein Verstärker im nichtlinearen Bereich arbeitet, sagt man auch "er ist *übersteuert*".

2.6.4 Meßwandler

So unterschiedliche Größen wie der pH-Wert einer Lösung, die Stärke eines Lichtsignals, die Höhe einer Temperatur, die Umdrehungsgeschwindigkeit einer Zentrifuge und vieles andere mehr werden im allgemeinen durch elektrische Meßinstrumente angezeigt. Die unterschiedlichen Größen müssen dazu alle in elektrische Größen umgewandelt und gemessen werden. Entsprechende Apparate nennt man Meßwandler.

Der ganze Abschnitt 2.7 wird sich mit Wandlern befassen, welche Lichtwirkungen erfassen und in elektrische Signale umwandeln (Optoelektronik). In diesem Abschnitt wollen wir an Hand nicht-optischer Beispiele die Operationseinheit Meßwandler darstellen.

a) *Der Thermistor*

Der Thermistor ist ein Meßwandler zur Messung der Temperatur. Der Widerstand des Thermistors ändert sich mit der Temperatur. Im Prinzip wird damit die

2.6 Elektrische Operationseinheiten

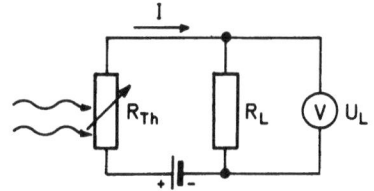

Abb. 2.32. Schaltung eines Thermistors als Temperaturfühler. R_{Th}: Thermistor, R_L: Lastwiderstand, über den der zu I proportionale Spannungsabfall gemessen wird

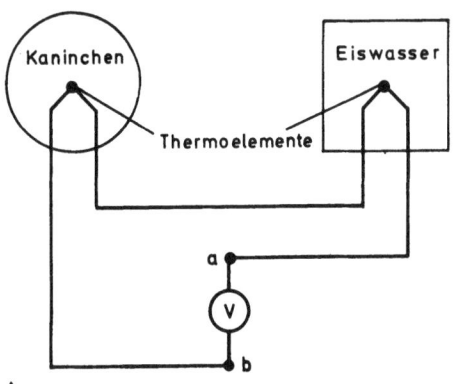

Abb. 2.33. Anordnung zur in-vivo-Messung einer Temperatur mit zwei Thermoelementen. Eine Temperaturdifferenz zwischen Meßpunkt (Tier) und Referenzpunkt (Eis) erzeugt zwischen den Punkten b und a die Thermospannung. Ⓥ ist ein hochohmiges Voltmeter

Temperaturmessung in eine Widerstandsmessung überführt. Abbildung 2.32 zeigt ein Schema des Meßaufbaus. Der durch den Thermistorwiderstand R_{Th} fließende Strom verursacht über den Lastwiderstand R_L den Spannungsabfall U_L. Dieser wird mit einem schreibenden Voltmeter registriert.

Die Spannung U_L wird an R_L gemessen und nicht direkt an R_{Th}, da R_L größer ist als R_{Th}. R_L hält den Stromfluß niedrig, da sich der Thermistor nicht durch den Strom erwärmen darf.

b) *Das Thermoelement*

Das Thermoelement ist ein anderer Meßwandler zur Messung der Temperatur. Es besteht aus zwei dünnen Drähten aus verschiedenen Metallen, die an einem Punkt zusammengeschweißt sind. Zwischen Schweißpunkten, die sich auf verschiedenen Temperaturen befinden, entsteht eine elektrische Spannung von der Größenordnung mV oder weniger, welche mit einem empfindlichen Voltmeter gemessen werden kann. Es ist nicht notwendig, noch eine externe Spannung anzulegen. Um größere Ausgangsspannungen zu erhalten, kann man mehrere Thermoelemente hintereinander schalten. Eine solche Anordnung nennt man eine *Thermosäule*.

Beispiel: Die Temperatur eines Kaninchens unter dem Einfluß einer Droge soll gemessen werden. Dazu wird ein versiegeltes Thermoelement unter der Haut des Kaninchens implantiert. Das Tier schläft und bewegt sich während des Experiments nicht. Wie kann die Temperatur gemessen werden?

Abbildung 2.33 zeigt die Meßanordnung. Eines der beiden Thermoelemente wird in ein Eisbad gelegt und liefert damit die Referenztemperatur von 0°C.

Das andere wird implantiert. Die Spannung wird mit einem hochohmigen Voltmeter gemessen.

2.6.5 Registriergeräte

Im Verlaufe beinahe eines jeden Experiments fallen Mengen von Daten an, die irgendwie festgestellt, abgenommen und registriert werden müssen. Das Registrieren kann erfolgen durch Ablesen der Meßwerte von Instrumenten und Notieren oder durch Aufzeichnung auf einem Schreiber oder durch einen Drucker oder durch einen Oszillographen oder durch ein Magnetbandgerät oder auch direkt durch den elektronischen Speicher eines Rechners.

So weit wir es bisher mit Meßinstrumenten zu tun hatten, handelte es sich um anzeigende Instrumente, z.B. das Elektrometer, die Drehspulinstrumente und digital anzeigende Meßgeräte. Wir wollen uns im folgenden Meßgeräten zuwenden, welche ihre Meßwerte selber protokollieren. Das am häufigsten verwendete Gerät dieser Art ist der *Schreiber*, bei dem mit Tinte oder Kugelschreiber die Meßwerte kontinuierlich auf Papier aufgezeichnet werden. Messung und Aufzeichnung erfolgen in analoger Form. Abbildung 2.34 zeigt ein solches Schreiberprotokoll.

Die üblichen Schreiber arbeiten nach einem der beiden folgenden Verfahren:

a) *Schreibendes Voltmeter*. Die Messung des Stroms oder der Spannung erfolgt mit einem Drehspulinstrument. Der Zeiger des Instrumentes ist dabei als Schreibarm konstruiert.

b) Der *Potentiometer-Schreiber* verwendet einen Servomotor, der den Schleifkontakt eines Potentiometers so verschiebt, daß stets eine Nullspannung hergestellt wird. Das Prinzip wird in Abb.2.35 erklärt.

Zur Registrierung schneller Vorgänge sind Schreiber zu langsam. Dafür werden *Kathodenstrahl-Oszillographen* eingesetzt. Mit ihnen können Momentanwerte von einer oder mehreren sich rasch ändernden elektrischen Größen als Funktion der Zeit oder als Funktion einer anderen elektrischen Größe sichtbar gemacht werden. Es gibt zwei Haupttypen von Oszillographen: der Oszillograph zur Registrierung periodischer Vorgänge und der Speicheroszillograph zur Registrierung nichtperiodischer Vorgänge.

Kathodenstrahl-Oszillographen funktionieren nach demselben Prinzip wie Fernsehröhren. Es beruht darauf, daß Elektronen von positiv geladenen Flächen angezogen und von negativ geladenen abgestoßen werden (Abschn.3.1.3).

2.6 Elektrische Operationseinheiten

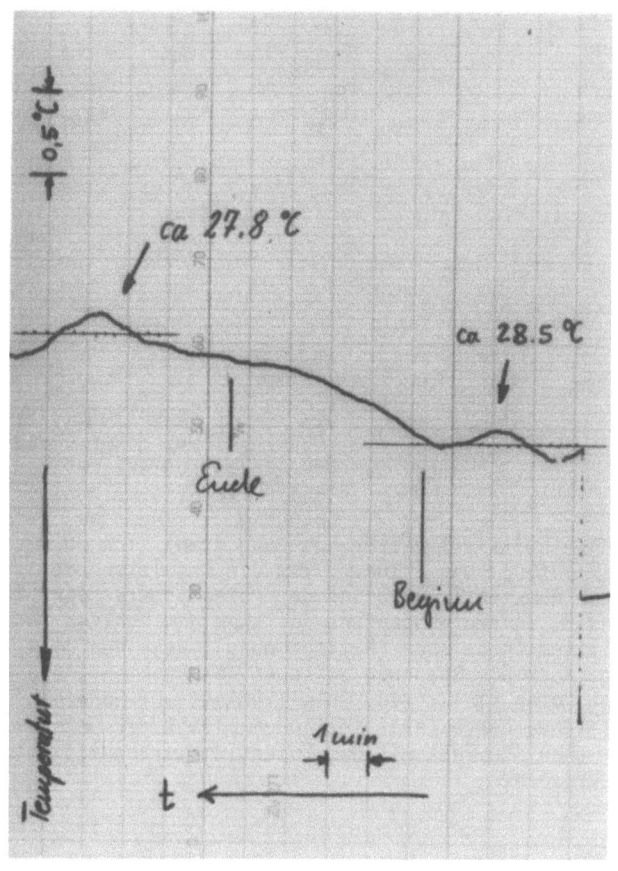

Abb. 2.34. Schreiberprotokoll. Die Kurve verfolgt die Änderung der Temperatur an den Fingerspitzen eines Menschen, der eine Zigarette raucht (Beginn bis Ende). Nikotin verengt die Blutgefäße und senkt mit der Durchblutung auch die Temperatur der äußeren Gliedmaßen. Die Temperatur wurde mit einem Thermistor gemessen, dessen Widerstand mit steigender Temperatur abnimmt. Die Zeitachse ist der Richtung des Papiervorschubs entgegengesetzt: sie zeigt nach links

Abbildung 2.36 zeigt das Schema einer Kathodenstrahlröhre. Um den fokussierten Elektronenfleck über den Schirm zu bewegen, wird der Elektronenstrahl nach Austritt aus der Elektronenkanone (Elektronenquelle mit beschleunigt austretenden Elektronen) durch Kondensatorplatten abgelenkt. Eine Spannung zwischen den Platten Y_1 und Y_2 lenkt den Elektronenstrahl auf dem Schirm vertikal ab (*Vertikalablenkung*). In derselben Weise lenkt eine an die Platten X_1 X_2 angelegte Spannung den Strahl in horizontaler Richtung ab (*Horizontalablenkung*). Auf dem Schirm befindet sich eine phosphoreszierende Schicht, welche etwa 1 s lang nachleuchtet, wodurch eine "Spur" des Elektronenstrahls sichtbar wird. Bei den Speicheroszillographen bleibt die Spur mehrere Stunden lang haltbar, so daß man die Aufnahmen ausmessen oder photographieren kann.

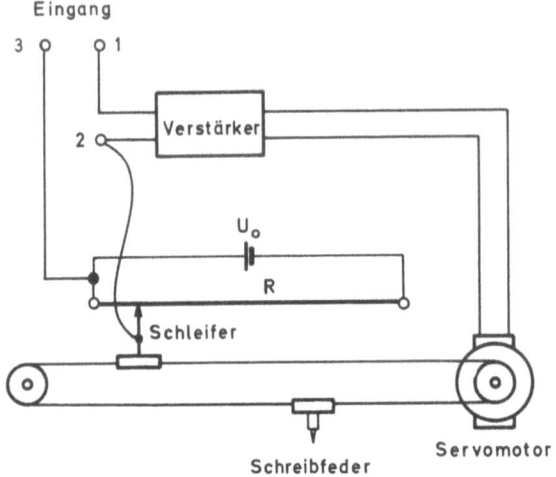

Abb. 2.35. Potentiometerschreiber. Der Motor bewegt den Schleifkontakt des Potentiometers, sobald eine Spannung zwischen den Punkten 1 und 2 auftritt. Je nach Polarität dieser Spannung dreht sich der Motor in die eine oder andere Richtung. Die Spannung ist die Resultierende des Eingangssignals zwischen den Punkten 1 und 3 und der Potentiometerspannung zwischen den Punkten 2 und 3. Wenn die Spannung zwischen den Punkten 1 und 2 Null ist, dann ist das System in Balance (Nullspannung). Wenn nun die Eingangsspannung steigt, steigt auch die Spannung zwischen den Punkten 1 und 2 in positiver Richtung und der Motor stellt den Schleifkontakt auf höhere Spannung so weit, bis wieder Balance hergestellt ist; dann bleibt der Motor stehen. Der Schreibstift ist mechanisch fest mit dem Potentiometerabgriff verbunden und bewegt sich entsprechend

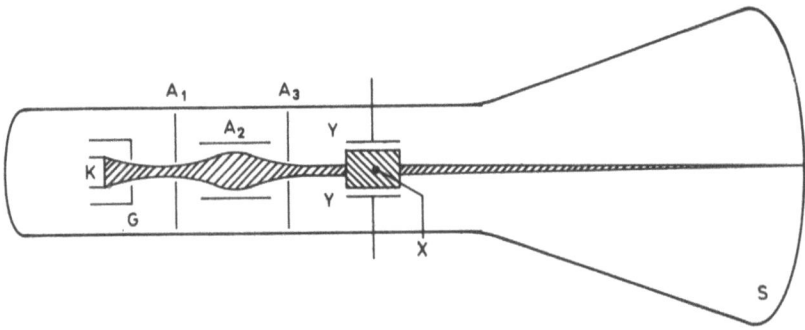

Abb. 2.36. Schema einer Kathodenstrahlröhre. Elektronen emittieren aus einer elektrisch geheizten Kathode K und werden durch ein kleines Loch am Ende des Hohlzylinders G zur Anode A1 hingezogen, die eine positive Spannung von mehreren kV gegenüber K hat. G ist negativ in Bezug auf K und hindert etliche Elektronen am Passieren des Lochs. Änderungen der Spannung von G gegen K kontrollieren also die Intensität des Elektronenstrahls. Die Anordnung A1 A2 A3 wirkt auf den Elektronenstrahl wie eine Linse auf einen Lichtstrahl. Man nennt eine solche Anordnung deshalb auch eine elektrostatische Linse. Die Anordnung von K bis A3 nennt man eine Elektronenkanone

2.6 Elektrische Operationseinheiten

2.6.6 Zusammenfassung

Wir haben in diesem Abschnitt einige laborübliche elektrische Geräte behandelt unter dem Gesichtspunkt ihrer von außen feststellbaren Eigenschaften. Die Anforderungen an Stromquellen wurden definiert. Der Gleichrichter wurde dargestellt am Beispiel der Gleichrichtung der Netzspannung. Es sei noch betont, daß sich nach dem gleichen Prinzip auch unregelmäßige Wechselströme gleichrichten lassen. Das gleichrichtende Bauelement ist die Diode, ein Ventil, welches Ströme in der einen Richtung durchläßt und in der anderen Richtung sperrt.

Viele Spannungen und Ströme müssen für Meß- und Regelzwecke verstärkt werden. Verstärken lassen sich nur *Wechsel*spannungen. Das verstärkende Bauelement ist der Transistor. Verzerrungsfreie Verstärkung erfordert, daß der Verstärker im linearen Kennlinienbereich betrieben wird.

Die wichtigsten Registriergeräte sind Schreiber für langsame Vorgänge und Kathodenstrahloszillographen für schnelle Vorgänge.

2.6.7 Aufgaben

1) Welcher der im folgenden dargestellten Kurvenzüge beschreibt die charakteristische Stromspannungskennlinie einer Halbleiterdiode am besten?

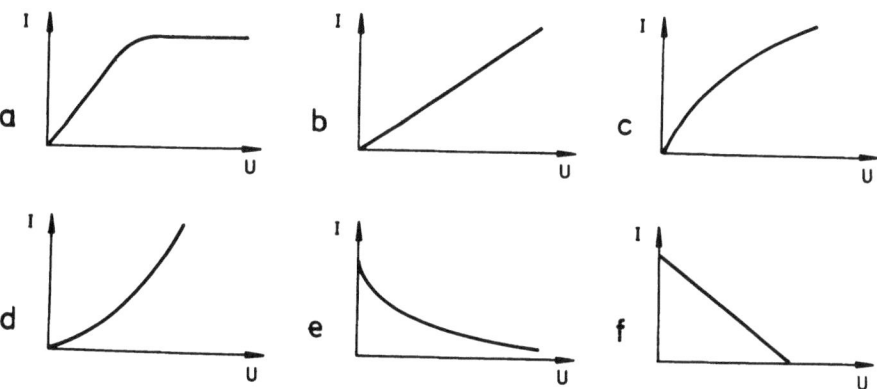

2) Eine Spannungsänderung von 0,1 V am Eingang eines Verstärkers führt zu einer Stromänderung $\Delta I = 1$ mA über einen Ausgangswiderstand von 5000 Ω. Wie groß ist der Verstärkungsfaktor des einzelnen und zweier hintereinander geschalteter Verstärker?

2.7 Optoelektronik

Wir wollen in diesem Abschnitt die optoelektronischen Meßwandler in ihren Grundzügen darstellen. Die zu Grunde liegenden fotoelektronischen Erscheinungen sind in 3 Hauptgruppen einzuteilen, nämlich

a) Fotoemission: die Erzeugung von Ladungsträgern (Strom) durch Licht;

b) Fotoleitung: die Erzeugung oder Änderung einer Leitfähigkeit durch Licht;

c) Fotospannungs-Effekt (auch Sperrschichteffekt genannt): die Erzeugung einer Spannung durch Licht.

Wir können den Mechanismus fotoelektronischer Wirkungen nicht ohne Kenntnisse der Atom- und Festkörperphysik verstehen. Deshalb bleibt die Behandlung hier auf den Anwendungszusammenhang beschränkt.

2.7.1 Fotozellen, Sekundärelektronenvervielfacher

Fotozellen und Sekundärelektronenvervielfachern liegt das Phänomen der *Fotoemission* zugrunde. Zum Mechanismus sei an dieser Stelle nur gesagt, daß Elektronen in der Lage sind, metallische Oberflächen zu verlassen und "freie" Elektronen zu werden, wenn ihnen genügend Energie zugeführt wird. Licht von einer bestimmten Mindestenergie an, d.h. unterhalb einer bestimmten Wellenlänge, vermag diese Energie zuzuführen (siehe auch Abschnitt 5.2.1).

Eine Fotoemissionszelle oder kurz *Fotozelle* besteht aus einem Glaskolben, der entweder evakuiert oder mit einem Edelgas von niedrigem Druck gefüllt ist und einer fotoempfindlichen Kathode sowie einer Anode. Die Kathode besitzt eine verhältnismäßig große Fläche und ist so angeordnet, daß Licht auf sie einfallen kann. Die Anode hat kleine Abmessungen und besteht gewöhnlich aus einem dünnen Stab oder Draht und wird so eingerichtet, daß sie möglichst wenig das einfallende Licht behindert oder die Kathode abschattet.

Legt man eine elektrische Spannung zwischen Fotokathode und Anode an, so werden bei positiver Anode die von der Fotokathode emittierten Fotoelektronen in Richtung der Anode beschleunigt und in dem äußeren Anodenkreis wird gemäß Abb.2.37 ein Strom, der *Fotostrom*, fließen.

Der wichtigste Typ von Elektronenröhren mit Fotoemission ist der *Sekundärelektronenvervielfacher* (SEV) oder häufig kurz *Fotovervielfacher* genannt. Es handelt sich hierbei um eine Hochvakuumzelle, bei der eine beträchtliche innere Verstärkung dadurch erreicht wird, daß die Elektronen gezwungen werden, eine Kette von Hilfselektroden, sog. *Dynoden*, zu passieren, die im Raum zwischen Kathode und Anode angeordnet sind (Abb.2.38). Wenn man von der kathoden-

2.7 Optoelektronik

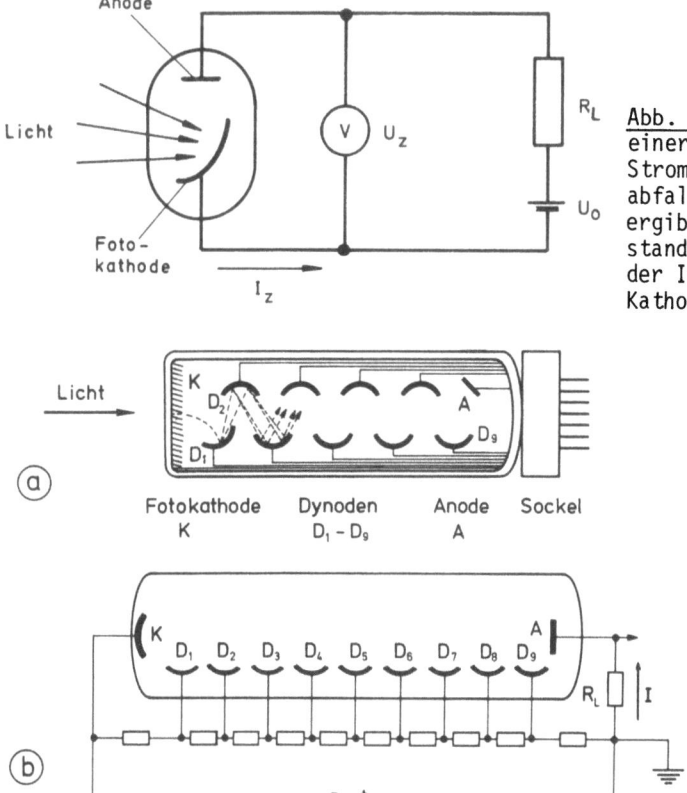

Abb. 2.37. Schaltschema einer Fotozelle. Aus dem Strom I_z und dem Spannungsabfall U_z über die Zelle ergibt sich der Zellwiderstand R_z; R_z ändert sich mit der Intensität des auf die Kathode fallenden Lichtes

Abb. 2.38. Sekundärelektronenvervielfacher (SEV). a) Schema des mechanischen Aufbaues; b) Schema des elektrischen Aufbaues. Die Spannung U_0 beträgt ca. 1000 V. Die Reihenschaltung der Widerstände erzeugt zwischen den einzelnen Dynoden Spannungsabfälle von ca. 100 V. Dadurch werden die Elektronen von Dynode zu Dynode beschleunigt. Aus Sicherheitsgründen wird die Anode der Hochspannungsquelle geerdet, da der zu messende Fotostrom I nicht auf Hochspannung liegen soll

nächsten Dynode ausgeht, erhält jede folgende Dynode ein höheres Potential als die vorhergehende. Trifft ein Elektron auf eine Dynode auf, so werden mehrere Sekundärelektronen aus der Oberfläche der Dynode ausgelöst. Diese werden in Richtung der nächsten Dynode beschleunigt, aus der sie noch mehr Elektronen herausschlagen, so daß auf diese Weise der Strom laufend weiter verstärkt wird.

In einem SEV mit 11 Dynodenstufen liegt die Gesamtverstärkung in der Grössenordnung von 10^6 bis 10^7. Damit erhält man ein viel besseres Ausgangssignal als bei der einfachen Fotozelle. Allerdings benötigt der SEV eine Betriebsspannung von 1000 bis 2000 Volt. Zur Bereitstellung dieser Betriebsspannungen benötigt man Hochspannungsnetzgeräte.

Der SEV ist ebenso empfindlich wie das menschliche Auge. Seine spektrale Empfindlichkeit reicht darüber hinaus vom ultravioletten über das sichtbare bis ins nahe infrarote Spektralgebiet.

2.7.2 Fotoleiter

Der Effekt der Fotoleitung besteht darin, daß die Leitfähigkeit bestimmter Kristalle beträchtlich zunimmt, wenn sie dem Licht ausgesetzt werden. Alle Substanzen, die *Fotoleitfähigkeit* zeigen, sind im Prinzip Halbleiter. Meistens werden die Elemente Selen, Germanium und Silizium sowie Verbindungen wie Cadmiumsulfid und Bleisulfid verwendet. Der Kristall wird mit metallischen Elektroden ausgerüstet, so daß bei Verbindung mit einer elektrischen Spannungsquelle Elektronen an der negativen Elektrode (Kathode) in den Kristall eintreten und an der positiven Elektrode (Anode) austreten.

Der *Dunkelwiderstand* der meist verwendeten PbS- oder CdS-Widerstände (Belichtungsmesser in Fotoapparaten) liegt je nach Abmessung bei 10^6 bis 10^8 Ω. Bei Belichtung sinkt ihr Widerstand bis herab zu ca. 10^3 Ω. Da die Widerstandsfotoleiter einen reinen Widerstand darstellen, ist der Wert der Widerstandsänderung bei Belichtung unabhängig von der Polarität der angelegten Spannung. Sie sind also sowohl in Gleich- als auch in Wechselstromkreisen einsetzbar.

Beim Einsatz von Fotoleitern ist zu beachten, daß diese eine unterschiedliche spektrale Empfindlichkeit haben. So ist der CdS-Widerstand besonders empfindlich für sichtbares Licht, und der PbS-Widerstand für infrarotes Licht.

Auch die Halbleiter-Diode und der Transitor, das Herzstück des Gleichrichters bzw. Verstärkers, sind Fotoleiter. Auch sie ändern ihr Widerstandsverhalten bei auftreffendem Licht; und zwar nimmt bei der *Fotodiode* der Sperrstrom, nicht der Durchflußstrom, mit der Beleuchtungsstärke zu. Beim *Fototransistor* kann der Effekt verstärkt werden.

2.7.3 Fotospannungseffekt

Fotoelemente erzeugen eine elektrische Spannung, wenn Licht auf sie fällt. Viele Stoffe zeigen diesen Fotospannungseffekt (englisch: photovoltaic effect). Besonders ausgeprägt ist der Effekt bei Kristallen aus Selen und Silizium sowie bei den sog. Sperrschichtelementen, z.B. aus Cu_2O und metallischem Kupfer. Dieses Phänomen findet seine Erklärung darin, daß das einfallende Licht an der bestrahlten Zwischenfläche die Erzeugung von Ladungsträgern (positiven und negativen) bewirkt.

Fotoelemente haben inzwischen besondere Bedeutung erlangt für die direkte Umwandlung von Sonnenenergie in elektrische Energie (Solarzellen). Eine andere

2.7 Optoelektronik

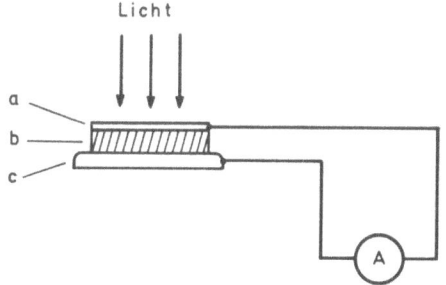

Abb. 2.39. Schema eines Selen-Fotoelements. Das Selen-Fotoelement besteht aus einer Selenschicht b, die auf einer metallischen Unterlage c aufgebracht ist, und einer sehr dünnen transparenten Schicht eines Edelmetalles, z.B. Gold a, die auf der dem Licht zugewandten Seite des Selen ausgedampft wird. Je eine Elektrode wird mit der metallischen Unterlage und dem transparenten Goldfilm verbunden

bekannte Anwendung von Fotoelementen ist das Luxmeter für die direkte Messung der Beleuchtungsstärke oder zum Einsatz für fotografische Belichtungsmesser. In dieser Anwendung benutzt man vorzugsweise Selenelemente, da Selen einen Verlauf der spektralen Empfindlichkeit besitzt, der dem der relativen spektralen Empfindlichkeit des Auges sehr nahe kommt. Ein Belichtungsmesser dieser Art enthält ein empfindliches Amperemeter, das in Reihe geschaltet ist mit dem Selenkristall, so daß die Auslenkung des Zeigers ein Maß für die Beleuchtungsstärke ist. Abbildung 2.39 zeigt das Schema eines Fotoelementes.

2.7.4 Aufgaben

1) Ein SEV hat zehn Dynoden, an deren jeder ein Elektron drei Sekundärelektronen auslöst. Wieviele Elektronen erreichen im Idealfall die Anode, wenn ein Photon auf der Kathode ein Elektron auslöst? Wie groß ist die neue Stromverstärkung, wenn nun der mittlere Sekundär-Multiplikator pro Dynode auf 3,5 erhöht wird?

2) Bitte geben Sie die richtigen Zuordnungen zwischen Buchstaben und Ziffern an:

A. Fotospannungseffekt	1. Der Widerstand ist abhängig vom einfallenden Licht
B. Fotoleitung	2. Die Fotoelektronen lösen Sekundärelektronen aus
C. Fotoemission	3. Licht erzeugt positive und negative Ladungsträger

2.8 Ausblick

Wir haben in diesem Kapitel die Elektrizitätslehre wenig im Zusammenhang mit ihren physikalischen Grundlagen behandelt, sondern mehr im Zusammenhang ihrer praktischen Anwendungen. Die elektrischen Erscheinungen sind weitgehend an Materie gebunden und können auch nur mit tieferer Kenntnis der Struktur der Materie besser verstanden werden. Sie werden deshalb auch in allen folgenden Kapiteln wieder auf elektrische Phänomene stoßen, die Sie aber weitgehend in das bisherige Begriffsschema werden einordnen können. Von den klassischen Teilgebieten der Physik, nämlich Mechanik, Wärmelehre, Elektrizitätslehre und Optik haben Sie nunmehr die beiden letzteren in einer Exemplarität kennengelernt, die es Ihnen gestatten sollte, in einer vorläufigen Weise damit zu arbeiten. Damit ist gemeint, daß Sie grundlegende Begriffe, Regeln und Gesetzmäßigkeiten sich soweit angeeignet haben, daß Sie in der Lage sind, eine später in Studium und Beruf notwendig werdende Vertiefung des Stoffes an Hand von Physik-Lehrbüchern zu erarbeiten. Wir verweisen auf die im Anhang F angegebenen allgemeinen Lehrbücher sowie die dort speziell zu Kap.2 genannten Bücher, die sich durch einen besonderen Bezug zur Biologie auszeichnen.

3. Bewegung von Teilchen in Feldern

Im vorigen Kapitel haben Sie elektrische Meßverfahren und laborgemäße Elektronik gelernt. Die Darstellung baute auf den Grundbegriffen Ladung und Spannung auf, der elektrische Strom wurde in Abschnitt 2.1.2 als Bewegung von Ladungen erklärt. Als Ursache der Bewegung von Ladungen in Leitern und ihrer Beschleunigung in Röhren (z.B. Sekundärelektronenvervielfacher, Oszillograph) trat die Spannung auf, ohne daß diese ursächliche Beziehung weiter aufgeklärt wurde. Es ist das Ziel dieses Kapitels, die "Kraft" kennenzulernen, die Ladungen abstößt oder anzieht und sie dadurch beschleunigt.

Allgemeiner gesprochen ist das Hauptziel dieses Kapitels, die Bewegung von Teilchen in Kraftfeldern verstehen zu lernen. Man nennt dies Gebiet auch *Mechanik der Teilchen*.

Als Anwendung werden Sie zwei für den Biologen wichtige experimentelle Methoden kennenlernen, die mit Vakuumelektronik arbeiten, das Elektronenmikroskop und das Massenspektrometer.

3.1 Grundbegriffe der Mechanik

In diesem Abschnitt wird die Kraft als Ursache jeder Beschleunigung eingeführt und an einfachen Beispielen gezeigt, wie bestimmte Kraftfelder bestimmte Bewegungsvorgänge verursachen. Vorher müssen Sie noch lernen, die Bewegung (Kinematik) eines Teilchens in mathematischer Weise präzise zu beschreiben.

3.1.1 Kinematik

Bewegt ein Teilchen (sei es ein Elektron, ein Molekül m-RNS, ein geworfener Stein oder ein Himmelskörper) sich im Raum, so bewegt es sich nach klassischer Vorstellung entlang einer Bahnkurve oder *Trajektorie*. Das bedeutet im einzelnen: Zu jedem Zeitpunkt t befindet sich das Teilchen an einem Ort, den wir durch den jeweiligen Ortsvektor $\vec{r}(t)$ kennzeichnen. Dieser ist die gerichtete Strecke von einem willkürlich gewählten Nullpunkt (dem sogenannten "Ursprung")

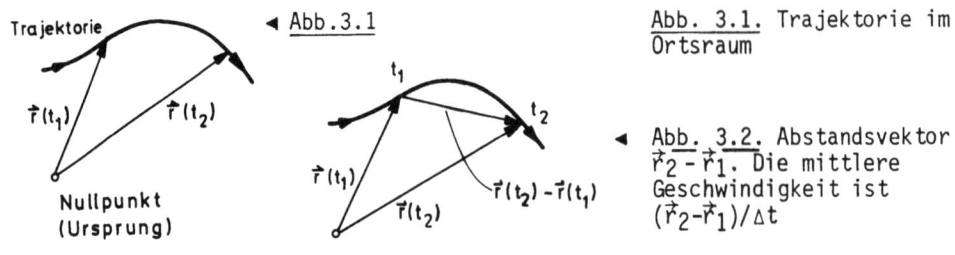

Abb. 3.1. Trajektorie im Ortsraum

Abb. 3.2. Abstandsvektor $\vec{r}_2 - \vec{r}_1$. Die mittlere Geschwindigkeit ist $(\vec{r}_2-\vec{r}_1)/\Delta t$

zum betreffenden Ort im dreidimensionalen Raum (Abb.3.1). Der Ortsvektor hat eine Länge, den sogenannten Betrag, und eine Richtung. Infolge der Bewegung des Teilchens ändert sich der Teilchenort mit der Zeit, die Bewegung des Teilchens wird beschrieben durch eine Funktion $\vec{r}(t)$, sprich "$\vec{r}$ von t" oder physikalischer "$\vec{r}$ zur Zeit t". Die Menge aller Orte, welche das Teilchen im Laufe der Zeit durchläuft, bilden eine stetige Kurve, die Bahnkurve oder Trajektorie.

Die Differenz zweier Ortsvektoren $\vec{r}_2 = \vec{r}(t_2)$ und $\vec{r}_1 = \vec{r}(t_1)$, welche die Orte angeben, an denen sich ein Teilchen zu den Zeiten t_1 und t_2 befindet, ergibt nach den Regeln der Vektorrechnung (siehe Anhang A) einen Abstandsvektor $\vec{r}_2 - \vec{r}_1$ (Abb.3.2). Dividieren wir diesen durch das Zeitintervall $\Delta t = t_2 - t_1$, so erhalten wir die Geschwindigkeit des Teilchens zwischen $\vec{r}_1$ und $\vec{r}_2$

$$\vec{v}_{12} = \frac{\vec{r}(t_2) - \vec{r}(t_1)}{\Delta t} \quad . \tag{3.1}$$

Diese ist ebenfalls ein Vektor. Es handelt sich um eine mittlere Geschwindigkeit, wie Sie sich etwa am Beispiel eines 100 m Läufers klarmachen können ($\vec{r}_1$: Start, $\vec{r}_2$: Ziel). Die momentane *Geschwindigkeit*, die im weiteren immer gemeint ist, wenn wir von Geschwindigkeit reden, erhalten wir, wenn wir das Intervall Δt immer kleiner machen und schließlich den Grenzwert $\Delta t \to 0$ bilden (siehe den mathematischen Anhang A)

$$\boxed{\vec{v}(t) = \lim_{\Delta t \to 0} \frac{\vec{r}(t+\Delta t) - \vec{r}(t)}{\Delta t} = \frac{d\vec{r}(t)}{dt}} \quad . \tag{3.2}$$

Diese Geschwindigkeit ist parallel zur Bahntangente (Abb.3.3). Sie ist ein Vektor mit Richtung und Betrag. Der Tachometer Ihres Autos zeigt beispielsweise nur den Betrag, auch ein Windrad mißt nur den Betrag der Windgeschwindigkeit, während der Wetterhahn die Richtung zeigt. Für den Betrag schreiben wir v ohne den Vektorpfeil (in anderen Büchern finden Sie auch die Bezeichnung |v| oder |$\vec{v}$|). Mögliche Einheiten für den Betrag der Geschwindigkeit sind km/h, m/s usw. Eine vollständige Angabe der Geschwindigkeit besteht aus Betrag und Richtung!

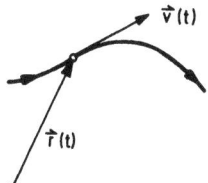

Abb. 3.3. (Momentane) Geschwindigkeit $\vec{v}(t)$; sie ist tangential zur Trajektorie

Multipliziert man die Geschwindigkeit $\vec{v}(t)$ mit der Masse m des Teilchens, erhält man den *Impuls*

$$\boxed{\vec{p}(t) = m \cdot \vec{v}(t)} \quad . \tag{3.3}$$

Er ist ebenfalls ein Vektor, und sein Betrag wird angegeben z.B. in kg·m/s. Die Bedeutung des Impulses werden Sie später kennenlernen (Abschn.3.1.2). Der Betrag des Impulses wird p geschrieben, $p = m \cdot v$.

Wir kommen nun zur Definition der Beschleunigung:

> Ist die Geschwindigkeit $\vec{v}(t)$ eines Körpers als Funktion der Zeit konstant, also $\vec{v}(t_1) = \vec{v}(t_2) = \ldots$, so heißt die Bewegung geradlinig gleichförmig, andernfalls beschleunigt.

Eine Bewegung ist also beschleunigt, wenn die Richtung der Geschwindigkeit konstant bleibt, aber der Betrag v(t) sich zeitlich ändert (z.B. Läufer beim Start); sie ist aber auch beschleunigt, wenn der Betrag v der Geschwindigkeit konstant bleibt und nur die Richtung sich ändert (z.B. rotierender Körper an einem Faden, Kettenkarrussel). Diese Definition von Beschleunigung ist qualitativ.

In quantitativer, mathematisch präziser Weise definiert man als *Beschleunigung* die Änderung der Geschwindigkeit $\vec{v}(t)$ in der Zeit, die analog zu (3.2) zu bilden ist als Grenzwert eines Differenzenquotienten für $\Delta t \to 0$

$$\boxed{\vec{a}(t) = \lim_{\Delta t \to 0} \frac{\vec{v}(t+\Delta t) - \vec{v}(t)}{\Delta t} = \frac{d\vec{v}}{dt} = \frac{d^2\vec{r}}{dt^2}} \quad . \tag{3.4}$$

Ändert sich bei der Beschleunigung nur der Betrag v(t) der Geschwindigkeit, während die Richtung dieselbe bleibt, so ist $\vec{a}$ parallel zu $\vec{v}$ und damit parallel zur Bahntangente: es handelt sich um eine reine *Tangentialbeschleunigung*. Eine solche liegt vor beim obigen Beispiel des startenden Läufers, ebenso beim anfahrenden Auto, beim senkrecht nach unten fallenden Stein, schließlich auch bei der Beschleunigung eines Elektrons zwischen Kathode und Anode einer Vakuumröhre (Abschn.3.1.3).

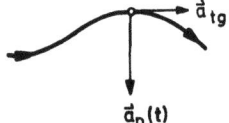

Abb. 3.4. Tangentialbeschleunigung $\vec{a}_{tg}$ und Normalbeschleunigung $\vec{a}_n$. Beide Vektoren stehen aufeinander senkrecht. Ihre Vektorsumme ergibt die resultierende Beschleunigung $\vec{a}$

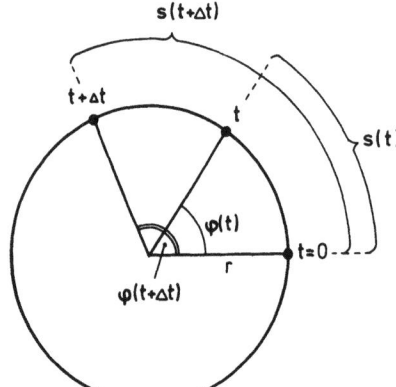

Abb. 3.5. Gleichmäßige Bewegung eines Teilchens auf einer Kreisbahn. Zwischen den Zeiten 0 und t hat das Teilchen auf der Kreisbahn die Wegstrecke s(t) zurückgelegt, nach einem zusätzlichen Zeitintervall Δt ist die Wegstrecke zu s(t+Δt) verlängert

Ändert sich auch die Richtung der Geschwindigkeit $\vec{v}$, so hat der Beschleunigungsvektor $\vec{a}$ auch eine Komponente senkrecht zur Bahntangente, die *Normalbeschleunigung* (Abb.3.4). Bei vielen Bewegungsvorgängen tritt gleichzeitig eine Tangential- und eine Normalbeschleunigung auf, z.B. bei einem Planeten auf elliptischer Bahn, bei einem Stein auf seiner (näherungsweise parabelförmigen) Wurfbahn, auch bei einem Elektron, das zwischen den Kondensatorplatten eines Oszillographen seitlich abgelenkt wird (Abschn.3.1.3).

Normalbeschleunigung bei gleichförmiger Kreisbewegung

Nur Normalbeschleunigung haben wir bei einem Planeten auf einer Kreisbahn ebenso wie beim gleichförmig umlaufenden Kettenkarrussel oder einer Zentrifuge. Wir wollen dies etwas abstrakter betrachten und behandeln ein Teilchen, das mit konstantem Betrag v der Geschwindigkeit auf einer Kreisbahn vom Radius r umläuft. Den Ort des Teilchens zur Zeit t können wir durch eine Winkelvariable φ(t) angeben (Abb.3.5). Die Änderung dieser Winkelvariablen in der Zeit nennen wir die *Winkelgeschwindigkeit* ω

$$\omega = \lim_{\Delta t \to 0} \frac{\varphi(t+\Delta t) - \varphi(t)}{\Delta t} = \frac{d\varphi}{dt} \quad . \tag{3.5}$$

Man mißt sie z.B. in der Einheit s^{-1}. Ist speziell $\omega = 2\pi s^{-1}$ (sprich 2π pro Sekunde), so erfolgt 1 Umlauf pro Sekunde, jeder volle Umlauf dauert 1 Sekunde. Wir sagen: die Kreisbewegung hat eine Frequenz von 1 Hz und eine Umlaufzeit oder Periode von 1 s. Für eine beliebige Winkelgeschwindigkeit ω gilt

3.1 Grundbegriffe der Mechanik

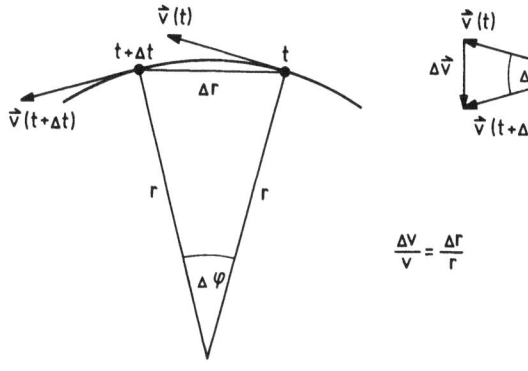

Abb. 3.6. Berechnung der Normalbeschleunigung. Links: Orte und Geschwindigkeiten des Teilchens zu zwei Zeiten t und t+Δt. Rechts: Graphische Darstellung der Geschwindigkeitsänderung $\Delta\vec{v}$ in der Zeit Δt

$$\text{Frequenz } \nu = \frac{\omega}{2\pi}$$
$$\text{Umlaufzeit } T = \frac{1}{\nu} = \frac{2\pi}{\omega} \quad . \tag{3.6}$$

Sie sehen, daß die Winkelgeschwindigkeit ω für die Kreisbewegung dieselbe Rolle spielt wie die "Kreisfrequenz" ω für die harmonische Schwingung (Abschn. 1.4.2).

Aufgrund der Definition des Winkels φ (im Bogenmaß) als Quotient von zurückgelegter Strecke auf der Kreisbahn und Radius der Kreisbahn

$$\varphi(t) = \frac{s(t)}{r} \tag{3.7}$$

ergibt sich

$$\frac{d\varphi(t)}{dt} = \frac{1}{r}\frac{ds(t)}{dt} = \frac{1}{r}v \quad , \tag{3.8}$$

also

$$\boxed{\omega = \frac{v}{r}} \tag{3.9}$$

als Zusammenhang zwischen Betrag v der Geschwindigkeit des Teilchens und Winkelgeschwindigkeit ω.

Nun können wir die Normalbeschleunigung bei gleichförmiger Kreisbewegung berechnen. Wir betrachten dazu in Abb.3.6 Ort und Geschwindigkeit des Teilchens zu zwei Zeiten t und t+Δt. Die Differenz der Winkelvariablen nennen wir Δφ = φ(t+Δt) - φ(t) und entsprechend die Differenz der zurückgelegten Wegstrecke Δs = s(t+Δt) - s(t). Je kleiner Δt und damit Δφ ist, um so besser können wir Δs durch das in der Abbildung eingezeichnete Δr approximieren. Die vektorielle Änderung $\Delta\vec{v} = \vec{v}(t+\Delta t) - \vec{v}(t)$ der Geschwindigkeit in der Zeit Δt erhalten wir nach der Rechenregel für Vektoraddition in der graphisch dargestellten Weise, wobei die Vektoren $\vec{v}(t+\Delta t)$ und $\vec{v}(t)$ gerade den Winkel $\Delta\varphi$ einschließen. Aus der Ähnlichkeit der beiden Dreiecke folgt

$$\frac{|\Delta\vec{v}|}{v} = \frac{\Delta r}{r} \approx \frac{\Delta s}{r} \quad . \tag{3.10}$$

Durch Vergleich der Ausdrücke ganz links und ganz rechts erhalten wir mit $\Delta s = v\Delta t$ die Beziehung

$$\frac{|\Delta\vec{v}|}{\Delta t} \approx \frac{v^2}{r} \quad . \tag{3.11}$$

Im Grenzwert $\Delta t \to 0$ geht die linke Seite dieser Gleichung über in die zeitliche Änderung der Geschwindigkeit in Normalrichtung, also die Normalbeschleunigung

$$\boxed{a_n = \frac{v^2}{r} = \omega^2 r} \quad . \tag{3.12}$$

Bei festem Radius r ist die Normalbeschleunigung proportional zum Quadrat ω^2 der Winkelgeschwindigkeit, bei fester Winkelgeschwindigkeit proportional zum Radius r der Bahn.

Wir werden (3.12) in Abschnitt 3.2.2 bei der Betrachtung eines Elektrons benutzen, das in einem homogenen Magnetfeld kreist, und später im Kapitel 4 bei der Behandlung der Zentrifuge.

Wir erinnern zum Abschluß daran, daß der eben behandelte Fall reiner Normalbeschleunigung ein Spezialfall ist. Im allgemeinen Fall gibt es einen Beschleunigungsvektor, der sich durch vektorielle Addition aus Normal- und Tangentialbeschleunigung zusammensetzt. Wie jeder Vektor besteht er aus Betrag und Richtung. Der Betrag einer Beschleunigung wird gemessen in Einheiten km/h^2 oder m/s^2 usw.

3.1.2 Das Grundgesetz der Dynamik

Während die Kinematik Bewegungsvorgänge nur beschreibt, versucht die Dynamik Ursachen dafür anzugeben, daß ein Bewegungsvorgang in einer ganz bestimmten Weise abläuft. Dazu betrachtet man zunächst eine Bewegung ohne äußere Einwirkungen auf das sich bewegende Teilchen. Nach dem "Galileischen Trägheitsprinzip" bewegt sich ein Teilchen, das keinen äußeren Einflüssen ausgesetzt ist, in alle Ewigkeit geradlinig gleichförmig fort. Die Geschwindigkeit $\vec{v}$ und

3.1 Grundbegriffe der Mechanik

damit der Impuls $\vec{p} = m\vec{v}$ sind in Betrag und Richtung konstant, sind "Erhaltungsgrößen". Für den Ort gilt in diesem Falle

$$\vec{r}(t) = \vec{r}(t_0) + \vec{v} \cdot (t-t_0) \quad . \tag{3.13}$$

Das bedeutet aber, daß die Änderung der Geschwindigkeit, also die Beschleunigung eine äußere Ursache haben muß. Diese äußere Ursache nennt man Kraft. Präzise formuliert wird dies im Newtonschen *Grundgesetz der Mechanik* (Newton 1687)

$$\boxed{\begin{aligned} & m\vec{a} = \vec{F}(\vec{r}) \\ \text{oder:} \quad & m\frac{d\vec{v}}{dt} = \vec{F}(\vec{r}) \\ \text{oder:} \quad & \frac{d\vec{p}}{dt} = \vec{F}(\vec{r}) \end{aligned}} \quad . \tag{3.14}$$

Die drei Schreibweisen ergeben sich daraus, daß man die linken Seiten aufgrund von (3.3) und (3.4) ineinander umformen kann. Formuliert man (3.14) um in

$$\vec{a} = \frac{d\vec{v}}{dt} = \frac{\vec{F}(\vec{r})}{m} \quad , \tag{3.15}$$

so erkennt man, daß das Newtonsche Grundgesetz das Folgende bedeutet

> Die Beschleunigung $\vec{a}$, die ein Teilchen erfährt, das sich am Orte $\vec{r}$ mit der Geschwindigkeit $\vec{v}$ bewegt, ist proportional zu einer an diesem Orte wirkenden Kraft $\vec{F}(\vec{r})$ und umgekehrt proportional zur Masse m des Teilchens.

Die Masse m ist eine Eigenschaft des Teilchens. Die Kraft ist etwas dem Teilchen von außen Widerfahrendes, was das Teilchen an jedem Raumpunkt $\vec{r}$ vorfindet (oder manchmal auch nicht vorfindet; dann ist die Kraft an dieser Stelle gleich Null). $\vec{F}(\vec{r})$ ist also ein Vektor*feld*, wir nennen es das *Kraftfeld*: jedem Raumpunkt $\vec{r}$ ist ein Vektor $\vec{F}(\vec{r})$ zugeordnet (Abschn.1.6; eine mögliche Abhängigkeit des Feldes von der Zeit t wollen wir hier nicht besonders hervorheben).

Gleichung (3.14) besagt, daß die Beschleunigung $\vec{a}$ am Orte $\vec{r}$ parallel zur Richtung des Kraftvektors $\vec{F}(\vec{r})$ erfolgt, $\vec{a}$ ist parallel zu $\vec{F}$, und für die Beträge der Vektoren gilt: $F(\vec{r}) = m \cdot a$. Aus dieser Beziehung folgt, daß der Betrag einer Kraft gemessen wird in $kg \cdot m/s^2$ (Kilogramm · Meter pro Sekunde im

Quadrat). Für diese Einheit hat man die Abkürzung N (Newton) eingeführt. Der Buchstabe F als Bezeichnung für die Kraft kommt übrigens aus dem Englischen ("force") — wie auch die schon früher eingeführten Buchstaben v ("velocity") und a ("acceleration").

Das Newtonsche "Grundgesetz" ist keineswegs nur die Definition eines Begriffes Kraft. Da man nämlich die Kräfte kennt, denen einzelne Teilchen und kompliziertere Systeme gehorchen müssen — wir geben diese Kräfte unten an —, sagt uns das Newtonsche Grundgesetz, welche Bewegungsabläufe von diesen Kräften herbeigeführt werden können, d.h. welche möglich und welche nicht möglich sind. In mathematischer Sprache: das Newtonsche Grundgesetz ist eine Differentialgleichung 2. Ordnung, die nur bestimmte Funktionen $\vec{r}(t)$ als Lösungen zuläßt. Jede solche Lösung ist bei gegebenem Kraftfeld $\vec{F}(\vec{r})$ eindeutig durch Anfangsbedingungen Ort $\vec{r}(t_0)$ und Geschwindigkeit $\vec{v}(t_0)$ zu einer Anfangszeit t_0 bestimmt. Das ist der *Determinismus* der klassischen Mechanik, der in der Quantenmechanik allerdings aufgegeben werden muß (Abschn.3.7).

Nach heutiger Kenntnis lassen sich alle noch so komplizierten Bewegungsvorgänge auf nur wenige fundamentale Kraftfelder zurückführen. Für die Erklärung makroskopischer Vorgänge bis hinunter zur Molekül- und Atomphysik genügen sogar schon die ersten zwei (a und b) der folgenden Liste:

a) *Gravitations- oder Schwerefelder* beeinflussen alle Teilchen über ihre Masse. Sie sind jedoch schwach gegen b) und deshalb für sehr viele physikalische und biologische Vorgänge ohne Bedeutung.

b) Die für die meisten physikalischen Vorgänge außerhalb der Kernphysik verantwortlichen und damit auch für den Biologen wichtigsten Kraftfelder sind die *elektromagnetischen*. Wir werden diese im Abschnitt 3.2 ausführlicher besprechen.

c) Die Gesetze der *Kernkräfte* (die man noch weiter unterteilt in schwache und starke Kräfte) regieren den Zusammenhalt der Kerne und die Umwandlungen von Elementarteilchen. Auf diesem Felde ist die Wissenschaft noch in bewegter Entwicklung. Soweit heute absehbar, sind die Kernkräfte für die Biologie nicht von direkter Bedeutung, weshalb wir auf sie nicht näher eingehen werden.

3.1.3 Homogene Kraftfelder

Um mit dem Grundgesetz (3.14) umgehen zu lernen und gleichzeitig eine im Kontext dieses Kapitels wichtige Anwendung kennenzulernen, behandeln wir die Bewegung eines Teilchens in einem homogenen Kraftfeld. Ein Kraftfeld $\vec{F}(\vec{r})$ ist homogen, wenn es von $\vec{r}$ nicht abhängt, d.h. wenn die Kraft $\vec{F}$ in jedem Raum-

3.1 Grundbegriffe der Mechanik

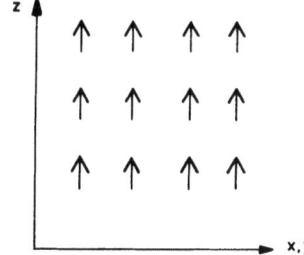

Abb. 3.7. Homogenes Kraftfeld: In jedem Raumpunkt wirkt dieselbe Kraft

punkt $\vec{r}$ denselben Betrag und dieselbe Richtung hat. Wir legen das Koordinatensystem so, daß die Richtung der Kraft mit der z-Richtung zusammenfällt, also

$$\left.\begin{array}{l} F_x(\vec{r}) = 0 \\ F_y(\vec{r}) = 0 \\ F_z(\vec{r}) = F = \text{const.} \end{array}\right\} \quad (3.16)$$

Graphisch ist dieses Feld in Abb.3.7 dargestellt.

Das homogene Kraftfeld ist physikalisch realisiert

1) näherungsweise als Gravitationsfeld auf der Erdoberfläche. Hier wirkt auf eine Masse m eine Kraft $m \cdot 9{,}81$ m/s^2 nach unten (z ist also nach unten gerichtet). Überlegen Sie sich selbst, warum wir sagen "näherungsweise"! (Antwort: genau genommen ist die Kraft radial und von z abhängig);

2) als elektrisches Feld zwischen zwei Kondensatorplatten oder flächigen Elektroden (auch dies näherungsweise, insofern als Inhomogenitäten an den Rändern des Kondensators auftreten). Den Zusammenhang dieses Kraftfeldes mit der Spannung werden wir in Abschnitt 3.3.4 behandeln.

Der "freie Fall"

Wir besprechen zunächst eine Bewegung in Richtung der Kraft, die sich mathematisch ergibt, wenn die Anfangsgeschwindigkeit $v(t_0)$ parallel zur Kraft liegt: $v_x(t_0) = v_y(t_0) = 0$. Da in x- und y-Richtung keine Kraft wirkt, bleiben nach dem Trägheitsprinzip für alle Zeiten $v_x = v_y = 0$, die Bahnkurve ist gerade. Die z-Komponente von (3.14) liefert

$$\left.\begin{array}{l} a_z(t) = \dfrac{dv_z(t)}{dt} = \dfrac{F}{m} \\[2mm] v_z(t) = \dfrac{dz(t)}{dt} = v_z(t_0) + \dfrac{F}{m}(t-t_0) \\[2mm] z(t) = z(t_0) + v_z(t_0) \cdot (t-t_0) + \dfrac{F}{m} \dfrac{(t-t_0)^2}{2} \end{array}\right\} \quad (3.17)$$

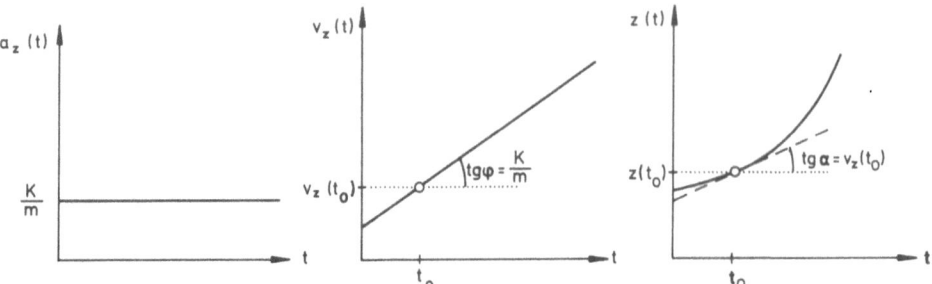

Abb. 3.8. "Freier Fall": Die Beschleunigung ist konstant, die Geschwindigkeit nimmt proportional zur Zeit t zu (das Teilchen wird immer schneller), die Ortskoordinate z des Teilchens nimmt ebenfalls zu, jedoch quadratisch in der Zeit

Die Richtigkeit der letzten Zeile können Sie überprüfen, indem Sie durch Differenzieren die Richtigkeit der ersten Zeile nachweisen und durch Einsetzen von $t = t_0$ die Gültigkeit der Anfangsbedingungen verifizieren. Die letzte Zeile von (3.17) beschreibt

1) den freien Fall eines Körpers auf der Erdoberfläche (z nach unten!) ohne Berücksichtigung der Abbremsung durch Luftreibung (über Reibung siehe Abschnitte 3.3.3 und 3.6);

2) die Beschleunigung eines Elektrons auf dem Wege von Kathode zu Anode.

Die Gleichungen (3.17) sind in Abb.3.8 graphisch dargestellt. Die Orts-Zeit-Kurve $z(t)$ ist ein Stück einer Parabel. Verwechseln Sie die Orts-Zeit-Kurve nicht mit der Bahnkurve. Die Bahnkurve ist beim freien Fall eine Gerade in z-Richtung durch den Anfangsort. Zur Übung sei empfohlen: Zeichnen Sie die zu Abb.3.8 analogen Graphen für die spezielle Anfangsbedingung $t_0 = 0$, $z(0) = 0$, $v_z(0) = 0$.

Der "schiefe Wurf"

Im allgemeinen Fall der Bewegung im homogenen Feld ist $\vec{v}(t_0)$ nicht parallel zur Kraft. Man hat dann nach dem Trägheitsprinzip [und nach (3.14)]

$$\left. \begin{array}{ll} v_x(t) = v_x(t_0) = \text{const.} \,, & x(t) = x(t_0) + v_x(t_0) \cdot (t-t_0) \\ v_y(t) = v_y(t_0) = \text{const.} \,, & y(t) = y(t_0) + v_y(t_0) \cdot (t-t_0) \end{array} \right\} \quad (3.18)$$

während für $v_z(t)$ und $z(t)$ die Lösung (3.17) unverändert gültig bleibt. Anschaulicher gesprochen haben wir die Überlagerung einer geradlinig gleichförmigen Bewegung in x- und y-Richtung (3.18) mit einer beschleunigten Bewegung

3.1 Grundbegriffe der Mechanik

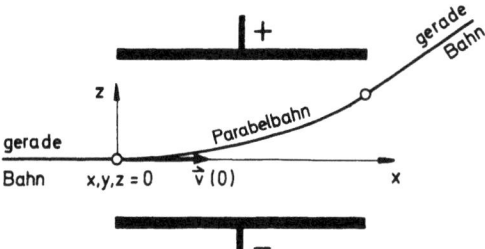

Abb. 3.9. Elektronenbahn im Kondensator. Außerhalb ist die Bewegung geradlinig gleichförmig. Im elektrischen Felde erfolgt eine "Ablenkung" auf parabolischer Bahn

in z-Richtung (3.17). Für die Bahnkurve ergibt sich eine Parabel. Anwendungen sind

1) die Wurfbahn eines Körpers. Hier hätte eine genauere Behandlung noch die Verfälschung der Parabelbahn durch Luftreibung zu berücksichtigen;

2) die Ablenkung eines Elektrons zwischen den Kondensatorplatten in einer Oszillographen- oder Fernsehröhre. Dort wirkt ein homogenes Kraftfeld senkrecht zu den Platten. Wir machen die Richtung dieses Feldes zur z-Richtung. Legen wir den Koordinatenursprung an den Ort, wo das Elektron in den Kondensator und damit in das Feld eintritt; sei die Eintrittszeit t = 0 und die Eintrittsgeschwindigkeit parallel zur x-Richtung, also $v_y(0) = v_z(0) = 0$, so ergibt sich die Bahnkurve der Abb.3.9. Die Polung der Kondensatorplatten wird erst in Abschnitt 3.2.3 erklärt werden (auch Abb.3.19).

3.1.4 Zusammenfassung

Wir haben in diesem Abschnitt gelernt, wie die Begriffe Geschwindigkeit und Beschleunigung mathematisch präzise definiert werden. Die Beschleunigung haben wir zerlegt in Tangential- und Normalbeschleunigung. Für die gleichförmige Bewegung auf einer Kreisbahn haben wir eine Formel für die Normalbeschleunigung angegeben (3.12).

Wir haben dann das Newtonsche Grundgesetz (3.14) der Mechanik kennengelernt, das Beschleunigung auf die Wirkung von Kräften zurückführt. Bei vorgegebenen Kraftfeldern geben die Lösungsfunktionen des Newtonschen Grundgesetzes als einer Differentialgleichung die möglichen Bewegungsabläufe wieder. Die Anfangsbedingungen für Ort und Geschwindigkeit legen fest, welcher dieser Bewegungsabläufe im Einzelfall realisiert ist. An verschiedenen Beispielen mit homogenen Kraftfeldern haben wir Ihnen dies im Detail vorgeführt.

3.1.5 Aufgaben

1) Welche der folgenden Aussagen sind richtig?

   A. Die Geschwindigkeit ist stets tangential zur Trajektorie

   B. Die Beschleunigung ist stets tangential zur Trajektorie

   C. Der Impuls ist parallel zur Geschwindigkeit

   D. Jede Bewegung auf gekrümmter Bahn ist eine beschleunigte Bewegung

   E. Jede Bewegung auf gerader Bahn hat die Beschleunigung Null

2) Welche der folgenden Aussagen sind richtig?

   A. Masse mal Beschleunigung gleich Kraft; also ohne Kraft keine Beschleunigung

   B. Ein Kraftfeld ist ein skalares Feld

   C. Die Beschleunigung ist stets parallel zur Kraft

   D. Bei gegebenem Anfangsort bestimmt ein Kraftfeld die Bewegung eindeutig

   E. Bei geeigneten Anfangsbedingungen ist die Bahnkurve in einem homogenen Feld eine Gerade.

3) Ein Teilchen läuft auf einer Kreisbahn mit Radius 10 cm und mit einer Geschwindigkeit von 63 cm/s. Wie groß sind ω, ν und T?

4) Wie groß sind beim freien Fall Tangential- und Normalbeschleunigung?

3.2 Elektrisches und magnetisches Feld

Sie sollen nun die elektromagnetischen Kräfte genauer kennenlernen. Das elektromagnetische Feld besteht aus zwei Vektorfeldern, dem elektrischen $\vec{E}$-Feld

3.2 Elektrisches und magnetisches Feld   127

und dem magnetischen $\vec{H}$-Feld. Beide üben spezifische Kräfte auf geladene Teilchen aus. Beide werden aber auch selbst durch Ladungen erzeugt. Dieser Abschnitt schlägt die Brücke zwischen Mechanik und Elektrizitätslehre.

3.2.1 Kraftwirkung des elektrischen Feldes

Das Vorhandensein eines elektrischen oder magnetischen Feldes äußert sich durch Kräfte, die auf Ladungen ausgeübt werden. Nur dadurch machen sich diese Felder bemerkbar.

Eine Ladung wird in einem *elektrischen Feld* $\vec{E}(\vec{r})$ beschleunigt. Befindet sich ein geladenes Teilchen mit Ladung q an einem Ort, an dem das elektrische Feld den Wert $\vec{E}$ hat, so wirkt auf das Teilchen die *Coulomb-Kraft*

$$\boxed{\vec{F}_C = q\vec{E}} \quad . \tag{3.19}$$

Dies bedeutet in Worten: Die Bewegung des Teilchens wird nach dem dynamischen Grundgesetz (3.14) bestimmt durch ein Kraftfeld $\vec{F}(\vec{r})$, das gleich dem mit q multiplizierten elektrischen Feld $\vec{E}(\vec{r})$ ist. Da eine Kraft in Newton und eine Ladung in Coulomb gemessen wird, folgt aus (3.19) als Einheit der elektrischen Feldstärke

$$\frac{N}{C} = \frac{m \cdot kg \cdot s^{-2}}{A \cdot s} = \frac{m \cdot kg}{A \cdot s^3} \quad . \tag{3.20}$$

Später werden wir noch sehen, daß die elektrische Feldstärke gleich der elektrischen Spannung pro Länge ist (3.51); deshalb gilt für ihre Einheit auch

$$\frac{N}{C} = \frac{V}{m} \quad . \tag{3.21}$$

Der Vergleich von (3.20) und (3.21) zeigt dann, wie die Einheit Volt der elektrischen Spannung auf die Basiseinheiten des SI-Systems (siehe Anhang B) zurückzuführen ist

$$V = \frac{m^2 \cdot kg}{A \cdot s^3} \quad . \tag{3.22}$$

In Abschnitt 3.2.3 werden wir erfahren, daß zwischen den Platten eines Kondensators ein homogenes elektrisches Feld herrscht, das bei geeigneter Orientierung des Koordinatensystems nur eine z-Komponente E_z hat. Auf ein Teilchen mit der Ladung q, das sich im Gebiet zwischen den Kondensatorplatten bewegt, wirkt nach (3.19) ein homogenes Kraftfeld, das ebenfalls nur eine z-Komponente $F_z = qE_z$ hat. Die Bewegungsabläufe in einem solchen Kraftfeld wurden in Abschnitt 3.1.3 detailliert diskutiert. Es ergab sich im allgemeinen Fall die Parabelbahn des "schiefen Wurfs", z.B. auch für das in Abb.3.9 gezeigte Elektron. Wir werden auf die Bewegung von Elektronen im homogenen Felde eines Plattenkondensators noch mehrmals zurückkommen (Abschn.3.2.3 und 3.3.4). Gl.(3.19) ist auch die Grundlage zum Verständnis der elektrischen Linsen eines Elektronenmikroskops (Abschn.3.4.4) und der elektrischen Leitfähigkeit (Abschn.3.6.2).

3.2.2 Kraftwirkung des magnetischen Feldes

Das magnetische Feld $\vec{H}$ wirkt nur auf bewegte geladene Teilchen, und zwar in Form der *Lorentz-Kraft*

$$\boxed{\vec{F}_L = \mu_0 q (\vec{v} \times \vec{H})} \quad . \tag{3.23}$$

$\mu_0 = 4\pi \cdot 10^{-7}$ N·A^{-2} ist ein Proportionalitätsfaktor, der nötig ist, um historisch gewachsene Einheiten-Konventionen aufrechtzuerhalten. Aus (3.23) ergibt sich dann als Einheit der magnetischen Feldstärke

$$\frac{N \cdot A^2 \cdot s}{N \cdot C \cdot m} = \frac{A}{m} \quad . \tag{3.24}$$

Der Faktor μ_0 ist zwar beim Rechnen mit (3.23) wichtig, jedoch nicht um die Physik zu verstehen, die in dieser Gleichung steckt: ein Teilchen am Ort $\vec{r}$ mit einer Geschwindigkeit $\vec{v}$ erfährt eine Kraft, die proportional ist zu seiner Ladung q, der augenblicklichen Geschwindigkeit $\vec{v}$ und der am Orte $\vec{r}$ herrschenden magnetischen Feldstärke $\vec{H}$. Der Ausdruck $\vec{v} \times \vec{H}$ ist das in Anhang A erklärte "vektorielle Produkt": das Ergebnis dieser Multiplikation ist ein Vektor (Abb. 3.10), der auf $\vec{v}$ und $\vec{H}$ senkrecht steht und den Betrag v·H·sinα hat (α: Winkel zwischen $\vec{v}$ und $\vec{H}$). Also ist der Betrag der Kraft

$$F_L = \mu_0 q v H \sin\alpha \quad . \tag{3.25}$$

Wir werden die Lorentz-Kraft (3.23) später noch mehrmals gebrauchen. Zum Verständnis des Massenspektrometers (Abschn.3.5.3) wird es wichtig sein zu wissen, wie sich geladene Teilchen in einem homogenen Magnetfeld unter dem Einfluß der Lorentz-Kraft bewegen (Abb.3.11). Wir denken uns eine z-Achse so gelegt, daß die magnetische Feldstärke nur eine z-Komponente $H_z = H$ hat. Teilchen, die sich mit der Geschwindigkeit $\vec{v}$ senkrecht zur Richtung des Magnetfeldes bewegen, erfahren eine auf $\vec{H}$ und $\vec{v}$ senkrecht stehende Kraft vom Betrage $F_L = \mu_0 q v H$, da sin$(\pi/2) = 1$. Da diese Kraft auf $\vec{v}$ senkrecht steht, ändert sie

3.2 Elektrisches und magnetisches Feld

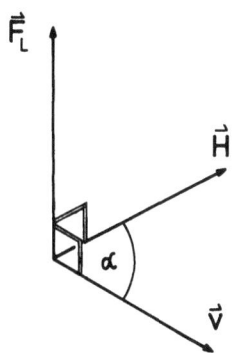

Abb. 3.10. Lorentz-Kraft. $\vec{F}_L$ steht senkrecht auf $\vec{v}$ und $\vec{H}$

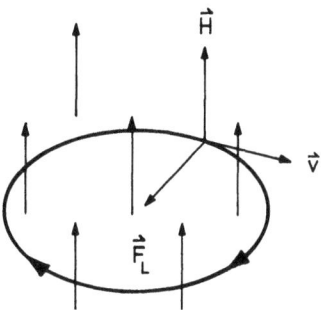

Abb. 3.11. Kreisbahn eines positiv geladenen Teilchens in einem homogenen Magnetfeld in z-Richtung. Die Kreisbahn liegt in einer Ebene $\perp$ z

nicht den Betrag v, es gibt keine Tangentialbeschleunigung, sondern nur eine Normalbeschleunigung der Größe

$$a_n = \frac{\mu_0 q v H}{m} \quad . \tag{3.26}$$

Da dies an jeder Stelle der Teilchenbahn in gleicher Weise gilt, resultiert eine gleichförmige Kreisbewegung: wir können für a_n den Ausdruck (3.12) benutzen

$$a_n = \frac{v^2}{r} \tag{3.27}$$

und erhalten durch Gleichsetzen von (3.26) und (3.27) für den Radius der Kreisbahn

$$\boxed{r = \frac{mv}{\mu_0 q H}} \quad . \tag{3.28}$$

Das heißt: je höher die Geschwindigkeit v, um so größer der Radius; je höher die magnetische Feldstärke H, um so kleiner der Radius. Wie beim Massenspektrometer spielen solche Kreisbahnen eine wichtige Rolle bei verschiedenen Teilchenschleudern (Betatron, Zyklotron).

Die Lorentz-Kraft ist auch die Grundlage der Strommessung im *Drehspulgalvanometer* (Abschn.2.1.2). Der prinzipielle Bau eines solchen Gerätes ist in Abb.3.12 dargestellt. Der zu messende Strom fließt durch einen Leiter, der zu einer Spule gewickelt ist. Diese Spule befindet sich im Magnetfeld $\vec{H}$ eines Magneten. Die Richtung des Magnetfeldes wird in der Abbildung als y-Richtung gewählt. Dann wirkt auf diejenigen Leiterstücke der Spule, in denen

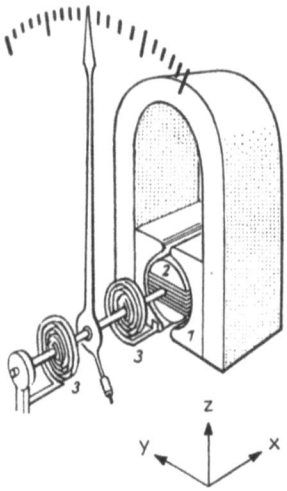

Abb. 3.12. Prinzipieller Aufbau eines Drehspulinstrumentes. Die vom Strom durchflossene Spule (2) dreht sich im Feld des Permanentmagneten (1) gegen die Kraft der Federn (3); je nach Stromrichtung schlägt der Zeiger nach links oder rechts aus

der Strom in x-Richtung fließt (die negativen Ladungsträger bewegen sich entgegengesetzt) nach (3.23) eine Lorentz-Kraft nach oben und auf die entgegengesetzten Leiterstücke der Spule, in denen der Strom in negative x-Richtung fließt, eine Lorentz-Kraft nach unten. Beide Kräfte versuchen die Spule zu drehen, was soweit möglich ist, bis die rücktreibenden Federkräfte gerade die Lorentz-Kräfte kompensieren: wenn die resultierende Kraft Null ist, kommt die Spule mit dem daran befestigten Zeiger zur Ruhe; es kann an der Skala abgelesen werden, die bei der Herstellung des Gerätes mit Hilfe bekannter Ströme geeicht worden ist.

3.2.3 Ladungen als Quellen eines elektrostatischen Feldes

Elektrisches Feld und magnetisches Feld üben nicht nur Kraftwirkungen auf Ladungen und Ströme aus, sie werden selbst auch durch Ladungen und Ströme hervorgebracht.

Jedes ruhende Teilchen mit einer Ladung Q erzeugt in seiner Umgebung ein radial nach außen gerichtetes Feld (*Coulomb-Feld*) der Größe

$$\boxed{E = \frac{1}{4\pi\varepsilon_0} \frac{Q}{r^2}} \quad . \tag{3.29}$$

Die Feldstärke ist proportional zur Ladung Q und nimmt mit wachsendem Abstand r von der Ladung $\sim 1/r^2$ ab (Abb.3.13). Die Proportionalitätskonstante zwischen E und Q/r^2 ist $1/(4\pi\varepsilon_0) = 8,99 \cdot 10^9 \, Nm^2/C^2$.

Häufig stellt man das Feld durch ein "Feldlinienbild" dar (Abb.3.14): die Richtung der Feldlinien gibt die Richtung des Feldstärkevektors in jedem Punkte an, die Dichte der Linien ist proportional zum Betrag der Feldstärke.

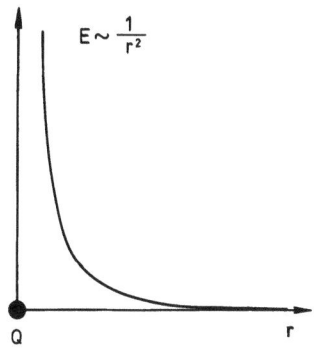
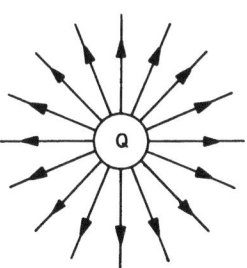

Abb. 3.14. Feldlinienbild einer positiven Ladung Q (bei einer negativen Ladung zeigen die Pfeile nach innen)

Abb. 3.13. Betrag E der elektrischen Feldstärke in Abhängigkeit vom Abstand r von der Ladung Q, die das Feld erzeugt

Bringen wir eine zweite Ladung q (oft "Probeladung" genannt) in das von der Ladung Q erzeugte Feld (3.29), so erfährt sie nach (3.19) eine Kraft, die abstoßend ist, wenn Q und q gleiches Vorzeichen haben, und anziehend, wenn die Vorzeichen verschieden sind. Die Größe dieser Coulomb-Kraft ist

$$F_C = \frac{qQ}{4\pi\varepsilon_0 r^2} \quad . \tag{3.30}$$

Tatsächlich stehen q und Q hier völlig gleichwertig nebeneinander: Dem entspricht, daß (3.30) ebenso die Kraft angibt, die von q auf Q ausgeübt wird. Dies ist ein Sonderfall des allgemeinen mechanischen Prinzips "actio gleich reactio". Es kommt auch sprachlich zum Ausdruck, wenn man bei (3.30) von *Coulomb-Wechselwirkung* spricht.

Hat man nicht eine einzige "Punktladung" Q, sondern mehrere oder viele solcher Einzelladungen, wie auf den Platten eines Kondensators, so überlagern sich die von den einzelnen Ladungen erzeugten elektrischen Felder (und ebenso die daraus nach (3.19) resultierenden Kraftfelder für eine Probeladung q) in vektorieller Addition (Superpositionsprinzip). Die Ergebnisse sind dann andere als rein radiale Felder: Beispielsweise entsteht zwischen den Platten eines Plattenkondensators (Plattenfläche A) mit den Gesamtladungen Q bzw. -Q ein homogenes elektrisches Feld, das von der positiven zur negativen Platte weist und den Betrag

$$E_{Kond} = \frac{Q}{\varepsilon_0 A} \tag{3.31}$$

besitzt. Ist d der Abstand der Kondensatorplatten und führt man als Abkürzung die "Kapazität" $C = \varepsilon_0 A/d$ ein, so kann man (3.31) auf folgende Form bringen

$$d \cdot E_{Kond} = \frac{Q}{C} \quad . \tag{3.32}$$

Wir halten fest, daß der Plattenkondensator das homogene elektrische Feld (3.31) erzeugt. Ein geladenes Teilchen mit Ladung q zwischen den Kondensatorplatten bewegt sich dann nach (3.19) in einem homogenen Kraftfeld der Größe

$$F_{Kond} = q \cdot E_{Kond} = \frac{qQ}{\varepsilon_0 A} \quad . \tag{3.33}$$

Die nach dem Newtonschen Grundgesetz (3.14) der Mechanik resultierenden Parabelbahnen haben wir schon im Abschnitt 3.1.3 berechnet. Überlegen Sie sich selbst, was aus der oben angegebenen Richtung des elektrischen Feldes zwischen den Platten für die Richtung der Kraft auf ein Elektron folgt und zu welcher Kondensatorplatte ein Elektron abgelenkt wird (Abb.3.9).

Wir bemerken nebenbei, daß (3.30) und (3.31) in folgender Weise modifiziert werden, wenn sich zwischen den Ladungen bzw. zwischen den Kondensatorplatten ein dielektrisches Medium mit der Dielektrizitätskonstanten ε befindet (Abschn.2.4.2)

$$F_C = \frac{1}{\varepsilon} \frac{qQ}{4\pi\varepsilon_0 r^2} \tag{3.34}$$

$$F_{Kond} = qE_{Kond} = q \cdot \frac{1}{\varepsilon} \frac{Q}{\varepsilon_0 A} \quad . \tag{3.35}$$

Auf dem Kraftgesetz (3.30) beruht auch die Ladungsmessung mit einem *Elektrometer* (siehe auch Abschnitt 2.1.1, insbesondere Abb.2.1). Die geladenen Teilchen, aus denen die zu messende Gesamtladung besteht, verteilen sich auf die beiden gegeneinander beweglichen Teile des Elektrometers und stoßen sich nach dem Coulomb-Gesetz (3.30) ab. Dabei entfernen sich die beiden Teile so weit voneinander, bis rücktreibende Kräfte des Gerätes (z.B. Feder, welche den Zeiger hält) die Coulomb-Kräfte kompensieren: wenn die resultierende Gesamtkraft Null ist, kommt das Gerät zur Ruhe; es kann dann an einer Skala abgelesen werden, die bei Herstellung des Gerätes mit Hilfe bekannter Ladungsmengen geeicht worden ist.

3.2.4 Magnetfeld stationärer Ströme

Ladungen erzeugen ein elektrisches Feld [für ruhende oder langsam bewegte Ladungen ist es das Coulomb-Feld (3.29)]; bewegte Ladungen erzeugen darüber hinaus ein magnetisches Feld. Wir wollen dies hier nur für den Spezialfall *stationärer Ströme* (zeitunabhängiger Ströme, Gleichströme im engeren Sinne des Wortes) diskutieren; Ströme sind ja bewegte Ladungen.

3.2 Elektrisches und magnetisches Feld

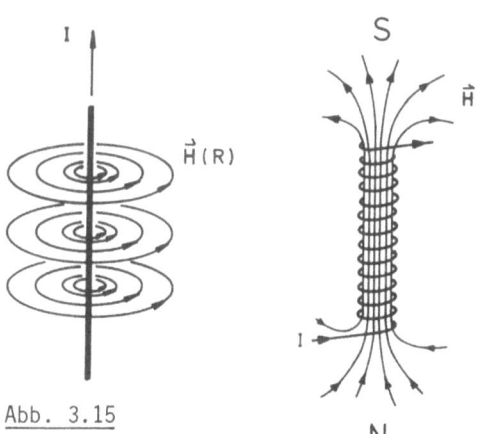

Abb. 3.15

Abb. 3.15. Magnetische Feldlinien um einen stromdurchflossenen Leiter

◀ Abb. 3.16. Magnetische Feldlinien einer stromdurchflossenen Spule. Bei der eingezeichneten Stromrichtung befindet sich am unteren Ende der Nordpol und am oberen Ende der Südpol der magnetfelderzeugenden Spule

Um einen langen geraden Leiter, der einen Strom I führt, bildet sich ein zirkulares Magnetfeld, dessen Feldlinienbild in Abb.3.15 wiedergegeben ist. Der Betrag des Magnetfeldes nimmt mit wachsendem Abstand R vom Draht ab

$$H = \frac{I}{2\pi R} \quad . \tag{3.36}$$

Haben wir einen Leiter zu einer Spule gewickelt (Abb.3.16), so entsteht im Inneren der Spule ein homogenes Magnetfeld der Größe

$$H = \frac{NI}{L} \tag{3.37}$$

(N: Windungszahl; L: Länge der Spule). (3.36) und (3.37) sind Spezialfälle des Ampêreschen Gesetzes, das allgemein die Erzeugung von Magnetfeldern durch Ströme beschreibt.

3.2.5 Maxwell-Gleichungen

Wir haben im Vorangegangenen nur besprochen, welches elektrische Feld von ruhenden oder höchstens langsam bewegten Ladungen und welches magnetische Feld von stationären oder höchstens langsam veränderlichen Strömen erzeugt werden. Dies scheint für Sie als Biologen zu genügen.

Um quantitativ zu beschreiben, wie auch schnell bewegte Ladungen und schnell veränderliche Ströme als Quellen des elektromagnetischen Feldes wirken, muß man sich eines von Maxwell 1862 aufgestellten Systems von 4 partiellen Differentialgleichungen bedienen. Diese Theorie lehrt auch zu verstehen, wie sich die elektromagnetischen Felder von den Quellen lösen (Emission von elektromagnetischer Strahlung, z.B. Licht oder Radiowellen) und dann als elektromagnetische Wellen durch den Raum eilen und so ein gewisses "Eigenleben" führen. Was dabei alles geschehen kann, haben wir in dem für Sie wichtigen Ausmaße in Kapitel 1 besprochen.

3.2.6 Zusammenfassung

Wir haben in diesem Abschnitt zunächst Coulomb-Kraft und Lorentz-Kraft als die Kräfte kennengelernt, die durch elektrische und magnetische Felder auf Ladungen ausgeübt werden.

Dann haben wir erfahren, daß elektrische und magnetische Felder ihrerseits durch ruhende und bewegte Ladungen erzeugt werden: insbesondere haben wir besprochen das Coulomb-Feld eines geladenen Teilchens, das homogene elektrische Feld eines Plattenkondensators sowie das magnetische Feld um einen stromdurchflossenen Leiter und in einer Leiterspule.

3.2.7 Aufgaben

1) Ein geladenes Teilchen bewegt sich in y-Richtung durch ein homogenes Magnetfeld in z-Richtung. In welche Richtung wirkt die Lorentz-Kraft?

    A. x-Richtung; B. y-Richtung; C. z-Richtung; D. diagonal in y-z-Ebene; E. die Lorentz-Kraft ist Null.

2) Welche der folgenden Aussagen sind richtig?

    A. Die Coulomb-Kraft auf ein Teilchen ist proportional zur Ladung des Teilchens und zur elektrischen Feldstärke

    B. Die Coulomb-Kraft zwischen zwei Ladungen q und Q im Vakuum ist: $F_C = qQ/(4\pi\epsilon_0 r^2)$

    C. Die elektrische Feldstärke zwischen den Platten eines Kondensators ist proportional zum Verhältnis Q/A von Ladung zu Plattenfläche

    D. Um einen stromdurchflossenen Leiter bildet sich ein zirkulares Magnetfeld, das proportional zur Stromstärke I ist.

3) Ein Elektron fliege wie in der folgenden Abbildung dargestellt mit der Geschwindigkeit $\vec{v}$ (parallel zu den Platten) in einen Kondensator. Welche der eingezeichneten Trajektorien ist richtig?

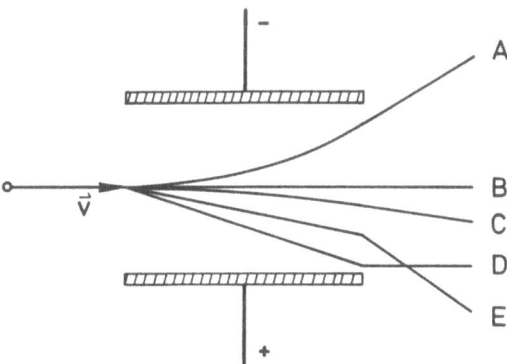

3.3 Energie

In Kapitel 2 haben Sie schon eine vorläufige Bekanntschaft mit dem Energiebegriff gemacht. In diesem Kapitel wollen wir den Energiebegriff präzisieren, verschiedene Energieformen (kinetische und potentielle Energie, innere Energie) kennenlernen und Arbeit als eine Form der Energieumwandlung erkennen. Speziell für den Fall geladener Teilchen im elektrischen Feld werden wir die Zusammenhänge zwischen Spannung und elektrischer Feldstärke und zwischen Spannung und potentieller Energie herstellen.

3.3.1 Kinetische und potentielle Energie. Energieerhaltung

Worin liegt die Bedeutung des Energiebegriffs? Die technologische Bedeutung liegt darin begründet, daß Energie benötigt wird, um Arbeit zu verrichten (Stichwort "Energiekrise"). Die naturwissenschaftliche Bedeutung liegt darüber hinaus darin, daß die Energie eine physikalische Größe ist, für die ein strenger *Erhaltungssatz* gilt: Energie kann weder erzeugt noch vernichtet werden, sie kann nur von einer Energieform in eine andere umgewandelt werden. Auch bei der Beschleunigung eines Teilchens durch eine Kraft erfolgt ein solcher Umsatz von Energie, nämlich von potentieller in kinetische Energie oder umgekehrt.

Die *kinetische Energie* (oder Bewegungsenergie) eines Teilchens, das sich mit der Geschwindigkeit v (Impuls p=mv) bewegt, beträgt

$$T = \frac{m}{2} v^2 = \frac{p^2}{2m} \quad . \tag{3.38}$$

Aus dieser Definition der kinetischen Energie ersehen wir, daß diese wie alle anderen Formen von Energie in der Maßeinheit $kg \cdot m^2/s^2 = J$ (Joule) oder dezimalen Vielfachen davon gemessen wird.

Wirkt keine Kraft auf das Teilchen, so ist nach dem Galileischen Trägheitsprinzip die Geschwindigkeit v konstant, somit auch die kinetische Energie T.

Wenn ein Kraftfeld $\vec{F}(\vec{r})$ vorhanden ist, wird das Teilchen nach dem Newtonschen Grundgesetz (3.14) beschleunigt, die Geschwindigkeit ändert sich in der Zeit, und mit v(t) wird auch die kinetische Energie T(t) zeitabhängig. Der Zuwachs ΔT (oder wenn ΔT negativ ist, die Abnahme) der kinetischen Energie T in einer Zeitspanne Δt erfolgt jedoch auf Kosten (oder zu Gunsten) der *potentiellen Energie* V. Diese ist in allen Fällen, die uns hier interessieren, eine Funktion nur des Ortes $\vec{r}$, also ein skalares Feld $V(\vec{r})$.

Bei der Bewegung des Teilchens nach dem Newtonschen Grundgesetz (3.14) ändern sich kinetische Energie und potentielle Energie des Teilchens

$$T(t) = T[v(t)] \quad , \quad V(t) = V[\vec{r}(t)]$$

stets so, daß die Gesamtenergie E zeitlich konstant bleibt

$$\boxed{E = T + V = \text{const.}} \tag{3.39}$$

E ist eine *Erhaltungsgröße*.

Die in einer Zeit Δt durch die Einwirkung des Kraftfeldes auf das Teilchen bewirkte Änderung ΔT der kinetischen Energie nennt man die von dem Kraftfeld an dem Teilchen geleistete *Arbeit* ΔW (von englisch "work")

$$\boxed{\Delta W = \Delta T = -\Delta V} \quad . \tag{3.40}$$

Das rechte Gleichheitszeichen gilt wegen (3.39). Die Zunahme der kinetischen Energie ist gleich der Abnahme der potentiellen Energie. Die pro Zeit Δt geleistete Arbeit heißt *Leistung* [siehe (2.14)]

$$P = \frac{\Delta W}{\Delta t} = \frac{\Delta T}{\Delta t} = -\frac{\Delta V}{\Delta t} \quad . \tag{3.41}$$

Einheit der Leistung ist J/s = W (Watt).

3.3.2 Kraft und Arbeit

Durch einige Rechnung mit dem Newtonschen Grundgesetz (3.14) läßt sich folgendes zeigen: Legt das Teilchen in einem kurzen Zeitintervall Δt das kleine Wegstück $\Delta\vec{r} = \vec{r}(t+\Delta t) - \vec{r}(t)$ im Kraftfeld $\vec{F}$ zurück (Abb.3.17), so leistet das Kraftfeld am Teilchen die Arbeit ΔW

3.3 Energie

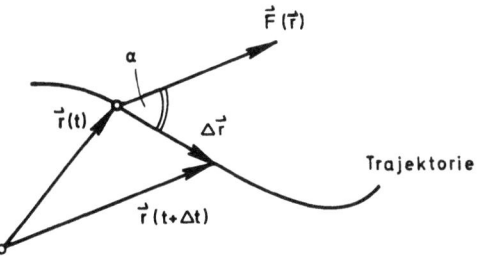

Abb. 3.17. Zur Erläuterung der Arbeit
$\Delta W = \vec{F}(\vec{r})\cdot\Delta\vec{r} = F\Delta r \sin\alpha$

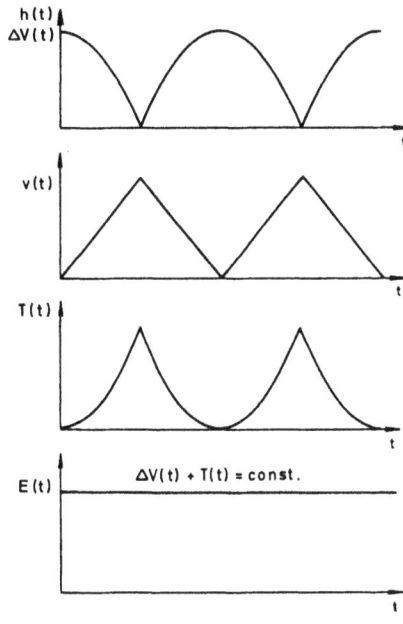

Abb. 3.18. Der hüpfende Gummiball:
Graphen des Orts h(t), der potentiellen
Energie $\Delta V(t)$, des Geschwindigkeits*betrags* v(t), der kinetischen Energie
$T(t) = (m/2)v^2$ und der Gesamtenergie
$E(t) = \Delta V(t) + T(t)$

$$\boxed{\Delta W = \vec{F}(\vec{r})\Delta\vec{r}} \qquad (3.42)$$

kurz: *Arbeit gleich Kraft mal Weg*. Das Produkt der rechten Seite von (3.42) ist das Skalarprodukt der Vektoren $\vec{F}$ und $\Delta\vec{r}$ (Anhang A), in kartesischen Komponenten geschrieben lautet es

$$\Delta W = F_x\Delta x + F_y\Delta y + F_z\Delta z \quad . \qquad (3.43)$$

An (3.42) können Sie übrigens überprüfen, daß die Maßeinheit der Arbeit wie die jeder Energie $N\cdot m = J$ ist.

Die bisher in diesem Abschnitt 3.3 entwickelten Begriffsbildungen und Gleichungen seien an einem einfachen Beispiel veranschaulicht: *der freie Fall oder der auf- und abhüpfende Gummiball*. Die Fallbewegung im homogenen Feld wurde in Abschnitt 3.1.3 besprochen und durchgerechnet (Gl.(3.17) und Abb.3.8). Wir denken uns die Koordinate z nach unten gerichtet und setzen $F_z = mg$ (g= 9,81 m/s^2). Als Anfangsbedingung schreiben wir $t_0 = 0$ und $v(0) = 0$. Dann erhalten wir für den Graphen der Höhe h(t) die linke Parabel der Abb.3.18, die den freien Fall darstellt, bis der Erdboden erreicht ist. Handelt es sich um einen ideal elastischen Gummiball, so wird er am Erdboden reflektiert, steigt wieder zu seiner Anfangshöhe, fällt dann wieder und so fort, unendlich oft. Das Ergebnis ist der in Abb.3.18 dargestellte Graph für h(t).

Da die Schwerkraft nach unten wirkt, ist sie in der h-Richtung negativ, $F_h = -mg$; dementsprechend ist nach (3.40) und (3.42) die potentielle Energie

$$\Delta V = V(h) - V(0) = mgh \quad . \tag{3.44}$$

Wir haben also für die potentielle Energie $\Delta V(t)$ des Teilchens während seiner Bewegung denselben Graphen wie für $h(t)$, wenn wir den Ordinatenmaßstab mit einem Faktor mg umeichen (Abb.3.17 oben).

Der Graph des Betrages $v(t)$ der Geschwindigkeit besteht aus Geradenstücken (Abb.3.8), woraus für $T(t)$ nach (3.38) wieder Parabeln folgen. Die Summe von potentieller Energie $\Delta V(t)$ und kinetischer Energie $T(t)$ ergibt in Abb.3.18 eine Konstante in Übereinstimmung mit dem Erhaltungsgesetz (3.39).

3.3.3 Reibung

Vielleicht haben Sie schon in Ihren Gedanken die Diskussion des Gummiballhüpfens mit der Erfahrung konfrontiert, daß doch jeder Gummiball zu hüpfen aufhört. Versuchen Sie für die wirkliche Bewegung eines Gummiballs die vier Graphen der Abb.3.18 zu modifizieren (Aufg.3 von Abschn.3.3.7)!

Der Energiesatz scheint verletzt! $E = T + V$ nimmt ab und geht für große t nach Null!

Dennoch wird keine Energie vernichtet; denn die Energie $E = T + V$ der makroskopischen Bewegung wird durch Reibung und inelastisches Verhalten bei der Reflexion nur umgewandelt in Energie der mikroskopischen Bewegung von Atomen und Molekülen, die makroskopische Energie "dissipiert" in die mikroskopische Bewegung. Die gesamte Energie der mikroskopischen Bewegung nennt man die innere Energie U. Unter Berücksichtigung der inneren Energie gilt der Energieerhaltungssatz in der Form

$$T + V + U = \text{const.} \tag{3.45}$$

Leider ist für die innere Energie derselbe Buchstabe U üblich, wie wir ihn in diesem Buch auch für die elektrische Spannung (Kap.2 und Abschn.3.3.4 und folgende dieses Kapitels 3) gebrauchen. Eine Verwechslung ist jedoch kaum möglich, wenn man stets den Kontext beachtet. Im weiteren Verlauf dieses Kapitels 3 werden wir übrigens von der inneren Energie nur noch einmal in Abschnitt 3.6.2 kurz sprechen, ausführlicher werden wir in Kapitel 7 darauf zurückkommen.

Reibungseffekte spielen bei allen makroskopischen Bewegungsvorgängen eine wichtige Rolle. Wir werden ihnen in Kapitel 4 mehrmals begegnen, aber auch der elektrische Widerstand eines Materials ist ein Reibungseffekt (Abschn. 3.6.2).

3.3.4 Elektrisches Feld und Spannung

Die Energie-Überlegungen der Abschnitte 3.3.1 und 3.3.2 waren eine Ergänzung von Abschnitt 3.1 (Grundbegriffe der Mechanik). Da uns von allen Kraftfeldern am meisten die mit dem elektrischen Feld verknüpfte Coulomb-Kraft interessiert [Abschn.3.2.1, Gl.(3.19)], sollen diese Energie-Überlegungen noch speziell auf den Fall der Bewegung eines geladenen Teilchens im elektrischen Felde angewandt werden.

Für die potentielle Energie eines geladenen Teilchens im elektrischen Felde $\vec{E}$ gilt nach (3.40), (3.42) und (3.19)

$$\Delta V = -\vec{F}\Delta\vec{r} = -q\vec{E}\Delta\vec{r} \tag{3.46}$$

für Wegstücke $\Delta\vec{r}$, auf denen sich $\vec{E}$ nicht wesentlich ändert; für homogene elektrische Felder bedeutet dies, daß $\Delta\vec{r}$ völlig beliebig (auch beliebig groß) sein kann. Man schreibt nun für (3.46)

$$\Delta V = q\Delta\varphi \tag{3.47}$$

unter Einführung eines *elektrischen Potentials* φ mit

$$\Delta\varphi = -\vec{E}\Delta\vec{r} \quad . \tag{3.48}$$

Für ein homogenes elektrisches Feld in z-Richtung (nur die z-Komponente $E_z = E$ ist von Null verschieden) ist $\vec{E}\Delta\vec{r} = E\Delta z$. Deshalb

$$E = -\frac{\Delta\varphi}{\Delta z} = -\frac{d\varphi}{dz} \quad . \tag{3.49}$$

Der negative Wert der Potentialdifferenz $\Delta\varphi = \varphi(z_2) - \varphi(z_1)$ zwischen zwei Raumpunkten mit Werten z_2 und z_1 der z-Koordinate heißt *Spannung* U zwischen z_2 und z_1

$$U = -\Delta\varphi \quad . \tag{3.50}$$

In Abb.3.19 haben wir eine graphische Darstellung versucht, die Ihnen helfen soll, die etwas verwirrenden Vorzeichenkonventionen zu überblicken. Mit (3.50) wird aus (3.49)

$$\boxed{E = \frac{U}{\Delta z}} \quad . \tag{3.51}$$

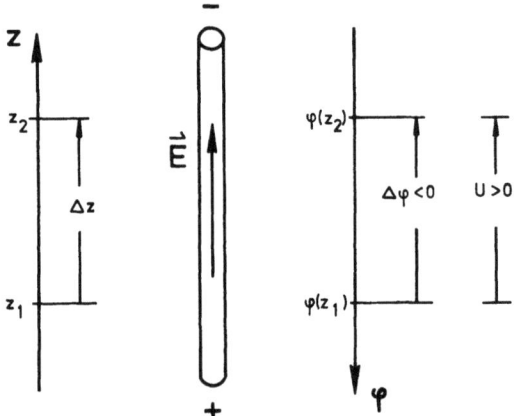

Abb. 3.19. Zusammenhang zwischen elektrischer Feldstärke $\vec{E}$, Potentialdifferenz $\Delta\varphi$ und Spannung U: für einen geraden Draht mit konstanter Feldstärke $\vec{E}$ in z-Richtung liegt zwischen z_1 und z_2 eine negative Potentialdifferenz $\Delta\varphi = -E\Delta z$, aber eine positive Spannung $U = -\Delta\varphi = E\Delta z$. Die Spannung weist wie $\vec{E}$ von + nach −

Das heißt: *Die elektrische Feldstärke ist die Spannung pro Länge.*

Im Kapitel 2 wurde die Spannung als Ursache des elektrischen Stromes eingeführt. Dies wird jetzt qualitativ verständlich durch den Zusammenhang (3.51) zwischen Spannung und elektrischer Feldstärke, die durch die Coulomb-Kraft Ladungen beschleunigt. In quantitativ präziser Weise werden wir die Spannung als Ursache des elektrischen Stromes aber erst im Abschnitt 3.6 behandeln.

Hier halten wir zunächst fest, was aus (3.47) und (3.50) folgt:

> Der Unterschied $\Delta V = V_2 - V_1$ der potentiellen Energie eines Teilchens mit Ladung q zwischen zwei Punkten z_2 und z_1 seiner Bahn ist $\Delta V = q(\varphi_2 - \varphi_1) = -qU$.

Wegen der Energieerhaltung (3.39) oder (3.40) folgt daraus

> Ein Teilchen mit Ladung q, das eine Potentialdifferenz $\varphi_2 - \varphi_1$ durchläuft, erhöht seine kinetische Energie um $\Delta T = -q(\varphi_2 - \varphi_1) = qU$.

Wir können aus der zuletzt gemachten Aussage eine Formel gewinnen, die wir zum Verständnis von Elektronenmikroskop und Massenspektrometer benötigen werden. Es geht um die Frage, welche Endgeschwindigkeit ein Elektron erreicht, das auf dem Wege von Kathode zu Anode eine Spannung U durchläuft, wenn man annimmt, daß seine Anfangsgeschwindigkeit an der Kathode Null war. Dann war auch die kinetische Energie am Anfang Null und wir erhalten für die kinetische Energie $T = \Delta T$ an der Anode

$$T = \frac{m}{2} v^2 = qU \qquad (3.52)$$

3.3 Energie

und daraus für die Endgeschwindigkeit

$$v = \sqrt{\frac{2qU}{m}} \quad . \tag{3.53}$$

Wenn Sie eine kleine Rechnung nicht scheuen, können Sie dieses Ergebnis übrigens auch aus der zweiten Gleichung von (3.17) gewinnen mit $t_0 = 0$, $v_z(0) = 0$ und $F = qU/l$. Für t haben Sie die Zeit einzusetzen, welche das Elektron bis zur Anode braucht und diese ergibt sich aus der dritten Gleichung von (3.17) gemäß $l = qUt^2/(2ml)$, also $t = l\sqrt{2m/(qU)}$.

3.3.5 Elektrische Leistung

Der Zuwachs $\Delta T = qU$ der kinetischen Energie eines Teilchens beim Durchlaufen der Spannung U ist nach (3.40) die vom elektrischen Felde am Teilchen geleistete Arbeit ΔW. Mit (3.51) können wir schreiben $\Delta W = qE\Delta z$ und nach Division durch die Zeit Δt, die zum Durchlaufen der Strecke Δz benötigt wird

$$\frac{\Delta W}{\Delta t} = qE \frac{\Delta z}{\Delta t} \quad . \tag{3.54}$$

Dies ist nach (3.41) die Leistung P des elektrischen Feldes am geladenen Teilchen. Gehen wir zum Limes $\Delta t \to 0$ über, so können wir schreiben

$$\boxed{P = \frac{dW}{dt} = qEv} \tag{3.55}$$

mit der Teilchengeschwindigkeit v.

Wirkt das elektrische Feld gleichzeitig auf N Teilchen, so ist die Leistung das N-fache von (3.55). Wir betrachten nun ein Leiterstück der Länge l und Querschnittfläche A, also des Volumens $V = A \cdot l$, in dem sich N Ladungsträger (z.B. Elektronen) befinden sollen, die mit der Geschwindigkeit v laufen. Am Leiter liege eine Spannung U, also ist $E = U/l$. Das heißt: die Spannung U oder das Feld E überträgt nach (3.55) auf die Ladungsträger die Leistung

$$P = NqEv = \frac{Nqv}{l} U \quad . \tag{3.56}$$

$Nqv/l = (N/V)qvA$ ist nach (2.7) der Strom I, da $N/V = n$ die Dichte der Ladungsträger ist. Also überträgt die Spannung U oder das Feld E auf die Ladungsträger die Leistung

$$\boxed{P = IU} \quad . \tag{3.57}$$

Damit haben wir die schon in Kapitel 2 angegebene Formel (2.17) aus dem mechanischen Leistungsbegriff (3.41) hergeleitet.

3.3.6 Zusammenfassung

Wir haben in diesem Abschnitt verschiedene Energieformen kennengelernt:
- die kinetische Energie, die ein bewegtes Teilchen besitzt,
- die potentielle Energie eines Teilchens in einem Kraftfeld,
- die innere Energie eines Körpers.

Wir haben erfahren, daß Energie nicht erzeugt und nicht vernichtet werden kann, sondern nur von einer Energieform in eine andere umgewandelt werden kann (Energieerhaltung).

Wird ein Teilchen unter der Wirkung eines Kraftfeldes beschleunigt, so wird potentielle Energie in kinetische Energie umgewandelt. Die umgewandelte Energie heißt die Arbeit, welche das Kraftfeld an Teilchen leistet.

Als spezielles Kraftfeld haben wir das Feld der Coulomb-Kraft genauer besprochen. Dabei konnten wir dem Vektorfeld der elektrischen Feldstärke ein skalares Feld zuordnen, das elektrisches Potential heißt. Die negative Potentialdifferenz zwischen zwei Raumpunkten ist die elektrische Spannung zwischen diesen Punkten.

Zum Abschluß haben wir gesehen, wie der Gewinn an kinetischer Energie eines Teilchens, das durch ein elektrisches Feld beschleunigt wird — also die Arbeit, die das Feld am Teilchen leistet — aufgrund des Energiesatzes aus der durchlaufenen Spannung berechnet werden kann.

3.3.7 Aufgaben

1) Welche der folgenden Aussagen sind richtig?

   A. Die kinetische Energie nimmt zu mit wachsender Geschwindigkeit; außerdem ist sie der Masse proportional.

   B. Die Änderung der kinetischen Energie eines Teilchens geht auf Kosten der potentiellen Energie.

   C. Arbeit ist die Änderung der potentiellen Energie auf Kosten der Kraft.

   D. Arbeit ist die durch die Kraft bewirkte Zunahme der kinetischen Energie; diese ist gleich der Abnahme der potentiellen Energie.

   E. Arbeit ist Kraft mal Weg.

   F. Leistung ist Arbeit pro Zeit.

3.4 Das Elektronenmikroskop

2) Ein Fahrzeug mit dem Gewicht einer Tonne = 10^3 kg bewegt sich mit 50 km/h. Wie groß ist seine kinetische Energie?

3) Versuchen Sie für die wirkliche Bewegung eines Gummiballs mit Luftreibung und nicht ideal elastischer Reflexion am Erdboden die vier Graphen der Abb.3.18 zu modifizieren.

4) Welche der folgenden Aussagen sind richtig?

   A. Potentielle Energie V und elektrisches Potential φ unterscheiden sich nur durch das Vorzeichen.

   B. Die Spannung zwischen den Platten eines Kondensators ist elektrische Feldstärke mal Plattenabstand.

   C. Die Differenz der potentiellen Energie eines geladenen Teilchens zwischen zwei Punkten seiner Bahn ist gleich seiner Ladung mal der Potentialdifferenz zwischen den Punkten.

   D. Der Zuwachs der kinetischen Energie eines geladenen Teilchens zwischen zwei Punkten seiner Bahn ist gleich seiner Ladung mal der Spannung zwischen den Punkten.

   E. Mit der kinetischen Energie eines geladenen Teilchens wächst auch seine Ladung.

5) Ein Elektron mit der Anfangsgeschwindigkeit Null durchläuft eine Spannung U = 1000 V. Es erreicht am Ende eine Energie, die der Physiker 1000 eV (Elektronvolt) nennt. Berechnen Sie die Endenergie in der Einheit Joule und die Endgeschwindigkeit (Masse und Ladung des Elektrons finden Sie im Anhang C).

3.4 Das Elektronenmikroskop

Nachdem wir das kinetische und dynamische Verhalten von geladenen Teilchen studiert haben, wollen wir nun die praktische Nutzanwendung an zwei ausgewählten Beispielen kennenlernen, und zwar für Ionen das Massenspektrometer (im nächsten Abschnitt 3.5) und für Elektronen das Elektronenmikroskop. Beide gehören zu den wichtigsten analytischen Geräten der Biologie und Chemie.

Wir werden bei der Behandlung des Elektronenmikroskops gleich noch auf eine weitere Eigenschaft der Elektronen stoßen, nämlich daß sie sich nicht immer wie klassische Teilchen verhalten, die sich längs stetiger Bahnkurven bewegen, sondern daß ihre Bewegung auch Wellencharakter hat.

3.4.1 Elektronen als Teilchen und Wellen

In Kapitel 1 haben Sie gelernt, daß das Auflösungsvermögen des Lichtmikroskops durch Beugungsphänomene begrenzt ist, die eine Folge der Welleneigenschaften von Licht sind. Das Auflösungsvermögen ist um so besser, je kürzer die Wellenlänge λ des Lichtes ist; deshalb ist es günstiger mit blauem als mit rotem Licht zu mikroskopieren. Im Elektronenmikroskop wird das Licht durch einen Elektronenstrahl ersetzt. Durch elektrische und magnetische Felder, welche die Elektronen durch Coulomb-Kraft und Lorentz-Kraft beeinflussen, — sogenannte elektrische und magnetische "Linsen" — werden die Elektronenstrahlen so abgelenkt, daß sie ein Bild des durchstrahlten Objektes erzeugen. Darauf werden wir weiter unten genauer eingehen.

Wenn Sie nun Elektronen für klassische Teilchen halten, die sich exakt nach den in den vorangegangenen Kapiteln besprochenen Gesetzen längs stetiger Bahnkurven bewegen, so schließen Sie daraus, daß die Abbildung eines Objektes durch Elektronenstrahlen nicht durch Beugung beeinflußt wird und es deshalb auch keine prinzipielle Begrenzung des Auflösungsvermögens gibt. Dies ist jedoch falsch! Elektronen verhalten sich nur näherungsweise so wie klassische Teilchen; daneben gibt es auch Wellenerscheinungen wie Interferenz und Beugung. Dieses "doppelte Gesicht" von Elektronen wie auch anderer Elementarteilchen hat Anfang dieses Jahrhunderts den Physikern großes Kopfzerbrechen bereitet. Man sprach vom *Welle-Teilchen-Dualismus*. Für einen Elektronenstrahl bedeutet dieser Dualismus

- ein Elektronenstrahl verhält sich näherungsweise so, als ob er aus klassischen Teilchen bestünde, die zu jedem Zeitpunkt einen Ort $\vec{r}$, eine Geschwindigkeit $\vec{v}$ und einen Impuls $\vec{p} = m\vec{v}$ besitzen, wobei diese Eigenschaften sich gemäß dem Newtonschen Grundgesetz zeitlich ändern;

- die Abweichung vom klassischen Teilchenverhalten zeigt sich in Wellenphänomenen, so als ob ein Elektronenstrahl eine Welle wäre, vergleichbar einer Lichtwelle. Dem Elektronenstrahl können Welleneigenschaften wie Frequenz ν und Wellenlänge λ zugeordnet werden.

Die lange Diskussion dieses dualistischen Verhaltens anhand vielfältiger Experimente hat ergeben, daß die Welleneigenschaft λ mit der Teilcheneigenschaft ν verknüpft ist durch eine Relation, die zuerst von de Broglie (1924) angegeben wurde

3.4 Das Elektronenmikroskop

$$\boxed{\lambda = \frac{h}{mv}} \quad , \tag{3.58}$$

wobei h = 6,6262 · 10^{-34} Js das *Plancksche Wirkungsquantum* ist.

Wir müssen Sie bitten, den Welle-Teilchen-Dualismus und die de-Broglie-Relation hier ohne tiefere Begründung zur Kenntnis zu nehmen. Tatsächlich hat die Quantentheorie ein umfassendes und widerspruchsfreies Verständnis dieser Zusammenhänge gebracht, das zu entfalten den diesem Buch gesetzten Rahmen weit sprengen würde. Ganz kurz werden wir darüber noch im Abschnitt 3.7 reden, und auch in Kapitel 5 werden einige weitere Aspekte der Quantentheorie zur Sprache kommen.

Die Elektronen erhalten ihre hohen Geschwindigkeiten, indem sie eine Spannung U durchlaufen. Nach (3.53) gilt

$$mv = \sqrt{2mqU} \quad , \tag{3.59}$$

wobei jetzt die Elektronenladung q = -e = -1,60 · 10^{-19} C einzusetzen ist. Gl. (3.58) und (3.59) zusammen ergeben für die Wellenlänge λ eines Elektronenstrahls, der die Spannung U durchlaufen hat

$$\lambda = \frac{h}{\sqrt{2mqU}} \quad . \tag{3.60}$$

Einsetzen von h, m und q ergibt

$$\lambda = \sqrt{\frac{1,5 \text{ V}}{U}} \text{ nm} \quad . \tag{3.61}$$

Setzen Sie hier U in der Einheit Volt ein, so ist die Einheit V in Zähler und Nenner zu kürzen; Sie erhalten λ in der Einheit nm = 10^{-9} m. Durch Verwendung sehr schneller Elektronen im Elektronenmikroskop kann man Wellenlängen von nahezu 10^{-12} m erreichen, während Licht bei 0,5 · 10^{-6} m liegt. In jenen kurzen Wellenlängen liegt die Ursache dafür, daß das Auflösungsvermögen des Elektronenmikroskops viel besser als dasjenige des Lichtmikroskops ist.

3.4.2 Auflösungsvermögen

Die Welleneigenschaften des Elektronenstrahls begrenzen das Auflösungsvermögen des Elektronenmikroskops ebenso wie es die Welleneigenschaften des Lichts beim Lichtmikroskop tun. Der kleinste auflösbare Objektabstand d ist in beiden Fällen

$$d = \frac{\lambda}{\sin\alpha} \quad . \tag{3.62}$$

Wir werden im nächsten Abschnitt sehen, daß der Öffnungswinkel α beim Elektronenmikroskop sehr klein gehalten werden muß, um einen guten Kontrast zu garantieren. Man arbeitet mit Winkeln $\alpha \approx 0{,}3°$. Dem entspricht eine numerische Apertur $\sin\alpha \approx 6 \cdot 10^{-4}$. Dennoch erreicht man wegen der kurzen Wellenlängen kleinste auflösbare Objektabstände d von weniger als 10 nm, während die Grenze des Lichtmikroskops bei 200 nm liegt.

3.4.3 Bildkontrast

Das Auflösungsvermögen ist eine durch Aufbau und Abbildungsmedium festgelegte Grenzgröße des Mikroskops, die angibt, welche Abstände grundsätzlich sichtbar gemacht werden können und welche nicht. Ob ein auflösbarer Abstand auch sichtbar wird, hängt vom Bildkontrast ab. Der Bildkontrast gibt an wie stark der Helligkeitsunterschied zwischen den Bildelementen ist. Ein hohes Auflösungsvermögen ist nutzlos, wenn der Bildkontrast so gering ist, daß Objektstrukturen ohne Helligkeitsunterschiede abgebildet werden und damit nicht mehr erkennbar sind.

In der Entstehung des Bildkontrastes gibt es einen wesentlichen Unterschied zwischen dem Licht- und Elektronenmikroskop. Beim Lichtmikroskop in Hellfeldbeleuchtung entsteht das Bild durch Lichtstrahlen, die geradlinig durchs Objekt treten; der Kontrast entsteht dadurch, daß die Lichtstrahlen durch unterschiedliche Absorption verschiedener Objektteile unterschiedlich geschwächt werden. Auch beim Elektronenmikroskop entsteht das Bild durch Elektronenstrahlen, die geradlinig durchs Objekt treten; die unterschiedliche Schwächung durch verschiedene Objektteile geschieht jedoch nicht durch unterschiedliche Absorption, sondern durch unterschiedlich starke Streuung von Elektronen. Da die vom geradlinig durchtretenden Strahl seitlich weggestreuten Elektronen nicht zur Bildentstehung beitragen, sondern das Bild nur verschleiern würden, muß durch eine enge Objektivblende (Abb.3.20) möglichst viel dieser Streustrahlung beseitigt werden. Dies führt zu den geringen Öffnungswinkeln und geringen numerischen Aperturen von Elektronenmikroskopen.

Da die Blende nicht nur das unerwünschte Streulicht wegblendet, sondern auch wenig direkte Strahlen durchläßt, die das Bild erzeugen, besteht die Gefahr, daß keine ausreichende Bildhelligkeit mehr zustande kommt. Deshalb müssen die elektronenmikroskopischen Objekte sehr dünn sein, damit der geradlinig durchgehende Strahl nicht zu sehr durch Streuung geschwächt wird. Bei wasserhaltigen (biologischen) Objekten muß die Schnittdicke des Objektes unter 0,1 µm liegen.

3.4 Das Elektronenmikroskop

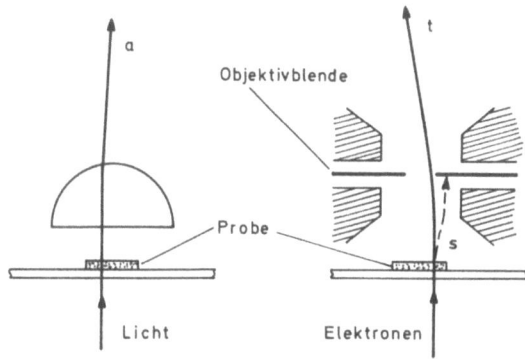

Abb. 3.20. Entstehung des Bildkontrastes in einem Licht- und in einem Elektronenmikroskop. Abhängig von der Dichte der Objektstrukturen wird geradlinig durchtretendes Licht durch Absorption (a), ein geradlinig durchtretender Elektronenstrahl (t) durch Streuung (s) geschwächt

Beim lichtoptischen Mikroskopieren ist es üblich, biologische Objekte zur Kontrasterhöhung anzufärben. Dabei findet eine selektive strukturgebundene Einlagerung von Farbstoffmolekülen in das Objekt statt. Die Farbstoffmoleküle absorbieren das Licht stärker als ihre Umgebung und erhöhen damit den Bildkontrast. Beim elektronenoptischen Mikroskopieren wird eine analoge Technik angewandt, das "electron-staining": das Einbringen von Schwermetallatomen in oder auf die Probe durch Behandlung z.B. mit Uranylacetat, Quecksilberchlorid oder Phosphorwolframsäure. Auch die Schwermetallatome lagern sich bevorzugt strukturkonform an. Sie streuen Elektronen sehr viel stärker als die leichten Atome wie H, C, O, N, aus denen die benachbarte biologische Umgebung hauptsächlich besteht. Damit wird eine Erhöhung des Bildkontrastes erreicht.

3.4.4 Arbeitsweise des Elektronenmikroskops

Abbildung 3.21 zeigt ein Elektronenmikroskop. Seine Funktionen lassen sich in fünf Gruppen zusammenfassen: das Vakuumsystem, die Elektronenquelle, das Abbildungssystem, der Probenraum und die Bildregistrierung.

a) *Das Vakuumsystem*

Der Innenraum des Elektronenmikroskops wird evakuiert. Der Restdruck beträgt etwa 10^{-4} Pa oder 10^{-9} bar (1 bar $\approx$ Atmosphärendruck, siehe Abschn. 4.1.2). Das Vakuum ist aus mehreren Gründen notwendig. Erstens: Der von der Elektronenquelle kommende Elektronenstrahl darf nicht von Gasmolekülen zerstreut werden, bevor er die Probe erreicht. Zweitens: Der weiß-glühende Wolframdraht, der die Elektronen emittiert, wird nicht oxydiert (was seine Lebensdauer erheblich herabsetzen würde). Drittens: Die Anwesenheit von Wasser und anderen Molekülen würde eine Kontaminierung der Probe verursachen, was bei deren Dünne zu einem relativ großen Fehler führen würde; und viertens wird durch das Vakuum die

148   3. Bewegung von Teilchen in Feldern

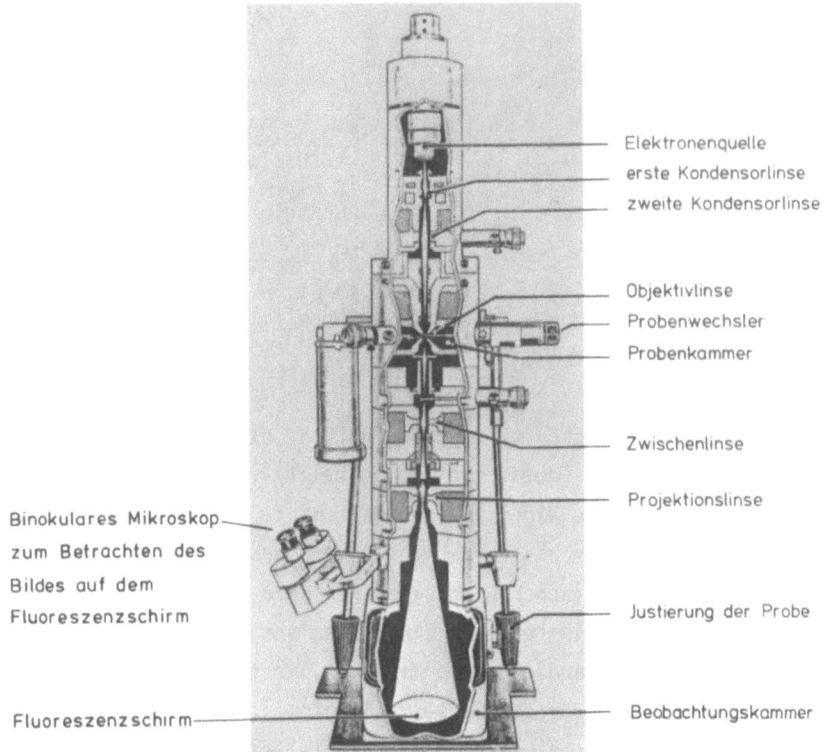

Abb. 3.21. Aufbau eines Elektronenmikroskops

Elektronenquelle (-100 kV) von den übrigen Teilen des Elektronenmikroskops elektrisch isoliert.

b) *Die Elektronenquelle*

Die Elektronenquelle (englisch: electron gun) ist im Prinzip ebenso aufgebaut wie bei der Kathodenstrahlröhre. Der elektrisch zur Weißglut erhitzte Wolframdraht emittiert Elektronen (Glühemission). Da er auf einer hohen negativen Spannung gehalten wird, "sehen" die emittierten Elektronen den Rest des Instrumentes als hoch positiv; sie werden dort hinein beschleunigt und gelangen in das Abbildungssystem und zur Probe.

c) *Das Abbildungssystem*

Elektronenstrahlen können (außer durch Kollision mit Atomen) grundsätzlich auf zwei Arten in ihrer Richtung geändert werden: durch ein elektrisches Feld gemäß (3.19) oder durch ein magnetisches Feld gemäß (3.23). In Analogie zu den Glaslinsen in der Lichtoptik spricht man hierbei von *elektrostatischen*

3.4 Das Elektronenmikroskop

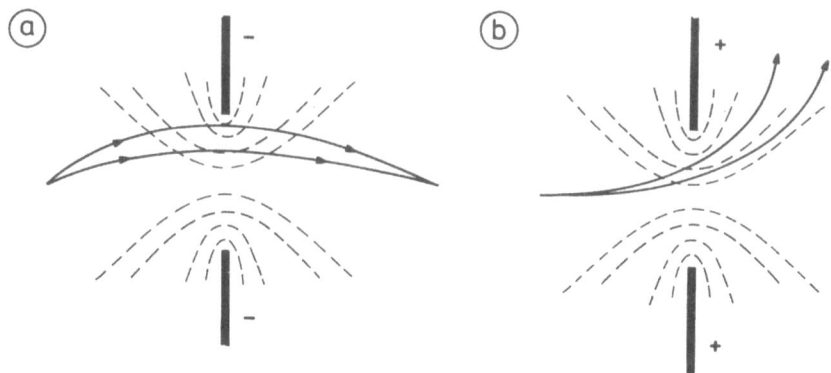

Abb. 3.22. Kreisförmige Lochblende als elektrostatische Linse. a) Negativ geladen als Sammellinse; b) positiv geladen als Zerstreuungslinse. -----: Linien konstanten Potentials φ (Äquipotentiallinien); ———: Elektronenbahnen

bzw. magnetostatischen Linsen. Eine elektrostatische Linse ist im Prinzip nichts weiter als ein kreisförmiges Loch in einer geladenen Metallplatte. Abbildung 3.22 zeigt die Linien konstanten Potentials φ (Äquipotentiallinien) und die Elektronenbahnen (Trajektorien) solcher elektrostatischer Linsen, die je nach Ladung der Metallplatte als Sammellinsen oder als Zerstreuungslinsen wirken. Magnetostatische Linsen können grundsätzlich nur als Sammellinsen arbeiten.

d) *Der Probenraum*

Der Probenraum ist über eine Luftschleuse zugänglich, damit nicht bei jedem Probenwechsel das ganze Gerät belüftet werden muß. Die Präparation und Handhabung der Probe liegt außerhalb des Konzepts dieses Hochschultextes (siehe Literaturhinweise in Anhang F).

e) *Die Bildregistrierung*

Der abbildende Elektronenstrahl trifft auf einen fluoreszierenden Schirm, z.B. Zinksulfid auf einer Metallunterlage. Die Zinksulfidmoleküle oder andere phosphoreszierende Stoffe werden durch die Elektronen zur Lichtemission angeregt (ähnlich wie nachleuchtende Ziffernblätter und Schaltertasten). Ersetzt man den Fluoreszenzschirm durch eine Fotoplatte, so läßt sich das elektronenmikroskopische Bild fotografieren.

3.4.5 Aufgaben

1) Welche der folgenden Behauptungen sind richtig?

   A. Der kleinste auflösbare Abstand unter dem Elektronenmikroskop ist direkt proportional zur de-Broglie-Wellenlänge eines Elektrons.

   B. Je größer die Geschwindigkeit eines Elektrons ist, desto größer ist auch seine de-Broglie-Wellenlänge.

   C. Inhomogene elektrische und magnetische Felder wirken als elektrostatische bzw. magnetostatische Linsen.

   D. In einem homogenen elektrischen Feld (z.B. in einem Plattenkondensator) bewegen sich Elektronen auf Spiralbahnen.

2) Berechnen Sie die de-Broglie-Wellenlänge λ für eine Elektronengeschwindigkeit $v = 10^8$ m/s (Werte von m und h siehe Anhang C).

3) Welche Spannung U muß ein Elektronenstrahl durchlaufen, wenn er nach Durchlaufen der Spannung eine de-Broglie-Wellenlänge $\lambda = 10^{-11}$ m haben soll?

4) Bitte tragen Sie bei den folgenden Behauptungen ein, ob sie für das Elektronenmikroskop oder für das Lichtmikroskop zutreffen. Markieren Sie bitte entsprechend mit EM bzw. LM.

   A. Je größer die numerische Apertur, desto größer ist die Bildhelligkeit und desto geringer ist der Bildkontrast.

   B. Der Bildkontrast ist bedingt durch die Absorptionsfähigkeit der Probe.

   C. Der Bildkontrast ist bedingt durch die Streufähigkeit der Probe.

   D. Das Auflösungsvermögen ist gegeben durch $d = \lambda/(n \cdot \sin\alpha)$, wobei λ die benutzte Wellenlänge und $n \cdot \sin\alpha$ die numerische Apertur ist.

3.5 Das Massenspektrometer

Als Beispiel für die Bewegung von Ionen in elektrischen und magnetischen Feldern wollen wir nun das Massenspektrometer behandeln.

Die Massenspektrometrie ist eine Methode zur Messung der Masse und der Menge von Atomen, Molekülen und Molekülbruchstücken. Die Methode ist anwend-

3.5 Das Massenspektrometer   151

bar für Gase und verdampfbare Flüssigkeiten. Sie ist geeignet zum qualitativen und quantitativen Spurennachweis, z.B. Identifizierung und Mengenbestimmung von Vergiftungsrückständen in Körperflüssigkeiten.

3.5.1 Aufbau eines Massenspektrometers

Die Massenspektrometrie wird mit ionisierten Teilchen durchgeführt, da diese leicht durch elektrische und magnetische Felder manipulierbar sind, während die massenabhängigen Eigenschaften neutraler Moleküle wie Trägheit oder Diffusionsgeschwindigkeit nicht rasch und nicht selektiv genug wirksam sind.

In jedem Massenspektrometer wirken vier Funktionseinheiten zusammen (Abb. 3.23):

die Probenzuführung,
die Ionenerzeugung,
die Massentrennung und
der Ionennachweis.

3.5.2 Probenzuführung und Ionenerzeugung

Das Probenzuführungssystem muß die zu untersuchende Probe der Ionisationskammer zuführen. In der Ionisationskammer wie auch im übrigen Innenraum des Massenspektrometers wird ein Vakuum von etwa 10^{-4} Pa = 10^{-9} bar aufrechter-

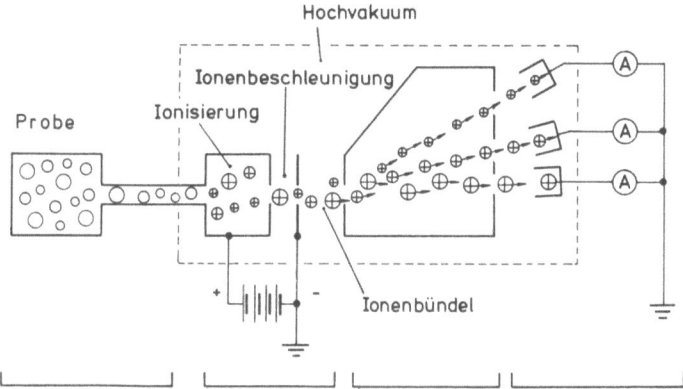

Abb. 3.23. Schema eines Massenspektrometers. Die gasförmige Probe wird in der Ionisationskammer ionisiert. Die Ionen werden gegen die auf Erdpotential befindliche Lochblende beschleunigt, fliegen durch diese hindurch in das Magnetfeld und werden dort entsprechend ihrem Ladungs/Masse-Verhältnis getrennt. Die Intensität der getrennten Ionenströme wird gemessen

halten zur Vermeidung von Stößen zwischen Ionen und Neutralteilchen (genauso wie das beim Elektronenmikroskop der Fall ist). Um die Substanzmenge in der Ionenquelle trotz des Verbrauchs durch den Ionisierungsvorgang und trotz des ständigen Abpumpens konstant zu halten, ist die kontinuierliche Zuführung von Probensubstanz erforderlich. Hierzu verdampft man die Probe vollständig (sofern sie nicht ohnehin gasförmig ist) und speichert sie unter einem Druck von etwa 1 Pa = 10^{-5} bar in einem Vorratsbehälter (Probenraum in Abb.3.23). Aus ihm läßt man dann die dampf- oder gasförmige Probe durch ein kleines Loch (ca. 0,1 mm) in die Ionenquelle einströmen.

Die am häufigsten angewandte Methode der Ionenerzeugung ist die sog. *Elektronenstoßionisierung*. Hierbei emittieren Glühkathoden (die meist aus Wolfram oder Rhenium bestehen) Elektronen, die quer zur Strömungsrichtung des Probendampfes mit 50-100 V gegen eine Anode beschleunigt und magnetisch gebündelt werden. Dabei wird ein Teil der im Stoßraum befindlichen Moleküle durch Elektronenstoß ionisiert. Es entstehen vorwiegend positive Ionen. Bei großen Molekülen werden neben den Molekülionen auch Ionen von Molekülbruchstücken gebildet.

3.5.3 Massentrennung

Die verschiedenen in der Ionenquelle erzeugten Ionen müssen im Trennsystem nach ihrer Masse getrennt und dem Ionenauffänger zugeführt werden. Man spricht bezüglich der Führung von Ionenstrahlen in Analogie zur Führung von Lichtstrahlen von der *Ionenoptik*, ebenso wie bei der Führung der Elektronen, z.B. im Elektronenmikroskop, von Elektronenoptik.

Meistens wird die Massentrennung mit Hilfe eines Magnetfeldes vorgenommen. Dabei wird der Magnet so angeordnet, daß die Bewegungsrichtung der Ionen senkrecht zu den Feldlinien verläuft. In Abschnitt 3.2.2 haben wir gesehen, daß die Ionen sich in diesem Falle auf einer Kreisbahn bewegen, deren Radius r durch (3.28) gegeben ist

$$r = \frac{mv}{\mu_0 qH} \quad . \tag{3.63}$$

Hat das Ion seine Geschwindigkeit v vor Eintritt in das Magnetfeld dadurch erhalten, daß es eine Spannung U durchlaufen hat, so gilt nach (3.53)

$$mv = \sqrt{2mqU} \quad . \tag{3.64}$$

Setzen wir (3.64) in (3.63) ein, so erhalten wir den Radius r der Kreisbahn als Funktion der durchlaufenen Spannung U

3.5 Das Massenspektrometer

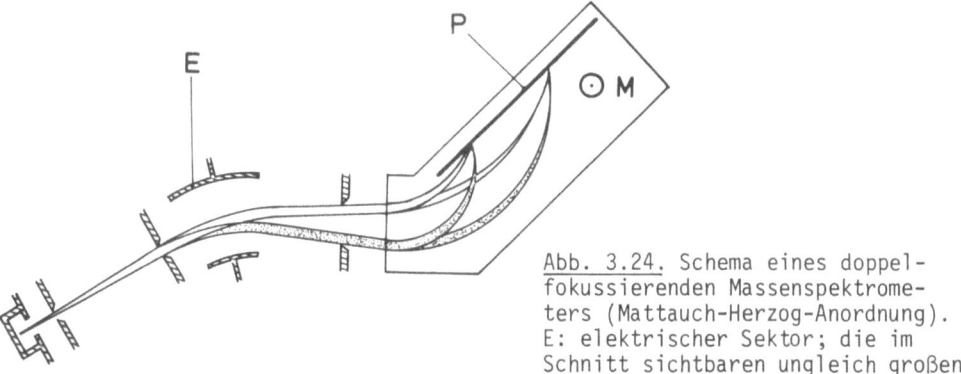

Abb. 3.24. Schema eines doppelfokussierenden Massenspektrometers (Mattauch-Herzog-Anordnung). E: elektrischer Sektor; die im Schnitt sichtbaren ungleich großen Kondensatorplatten erzeugen das inhomogene elektrische Feld; M: magnetischer Sektor; das inhomogene Magnetfeld steht senkrecht auf der Papierebene; P: Photoplatte in der Fokalebene zur Registrierung der auftreffenden Ionen.

$$r = \frac{1}{\mu_0 H} \sqrt{\frac{2mU}{q}} \quad . \tag{3.65}$$

Aus dieser Gleichung geht hervor, daß die Ionen bei konstanter Beschleunigungsspannung U und konstanter Magnetfeldstärke H nicht nach ihrer Masse, sondern nach dem Verhältnis Masse zu Ladung getrennt werden. Die Masse m selbst wird gar nicht gemessen. Das bedeutet, daß Ionen mit $Zm/(Zq)$ an derselben Stelle erscheinen wie die Ionen mit m/q ($Z=1,2,3,\ldots$). So lassen sich z.B. $^{12}C_{14}{}^{1}H_{10}^{++}$-Ionen nicht von $^{12}C_{7}{}^{1}H_{5}^{+}$-Ionen unterscheiden; und es lassen sich auch nicht ohne weiteres isobare Massen (das sind Teilchen mit gleicher Summe von Massenzahlen) unterscheiden wie z.B. C_2H_4 und CO.

Das hier beschriebene sogenannte Sektorfeldinstrument erreicht eine Massenauflösung A von ca. 2000. Das *Massenauflösungsvermögen* A wird definiert als

$$A = \frac{m}{\Delta m} , \tag{3.66}$$

wobei Δm die kleinste Massendifferenz ist, die ein Ion der Masse m von einem anderen haben muß, um beide noch getrennt beobachten zu können. Ein wesentlich höheres Auflösungsvermögen für spezielle Zwecke bis zu etwa 100 000 kann durch doppelfokussierende Massenspektrometer erreicht werden. Es handelt sich dabei meist um die Kombination eines magnetischen und eines elektrischen Sektorfeldes. Abbildung 3.24 zeigt das Schema eines doppelfokussierenden Massenspektrometers.

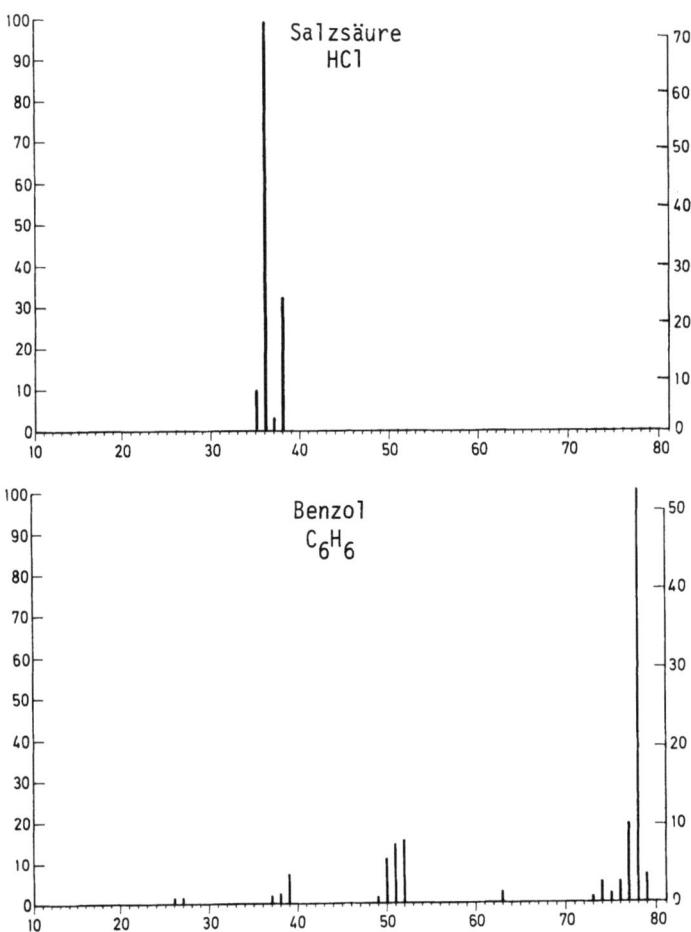

Abb. 3.25. Massenspektrogramme von HCl (oben) und C_6H_6 (unten). Auf der Abszisse sind die Massenzahlen eingetragen, auf der linken Ordinate die Häufigkeiten des Vorkommens einzelner Ionenmassen in Relation zur häufigsten Ionenmasse (100%). Auf der rechten Ordinate sind die relativen Häufigkeiten des Vorkommens einzelner Ionenmassen am Gesamtionenstrom ablesbar. Die jeweils um den höchsten Massenanteil gruppierten Linien entsprechen den natürlich vorkommenden Isotopen von Chlor (oben) und Kohlenstoff (unten). Beim C_6H_6 fällt außerdem auf, daß C_3- und C_4-Ionenbruchstücke entstehen

3.5.4 Ionennachweis

Nach Durchlaufen der Trennstrecke treffen die Ionen auf eine Nachweisvorrichtung, welche die Ionen quantitativ anzeigt. Die am häufigsten verwendete Methode ist die sog. Auffängermethode, bei der die ankommenden Ionen einfach auf einem Metallbehälter (Faraday-Käfig) gesammelt und über einen hochohmigen Widerstand (10^9 bis 10^{11} Ω) zur Erde abgeleitet werden. Da die zur Verfügung stehenden Ionenströme sehr klein sind, muß der Widerstand so groß sein, um

3.6 Reibung und elektrische Leitfähigkeit   155

einen gut meßbaren Spannungsabfall zu bekommen. Im Gegensatz zur Prinzipdarstellung in Abb.3.23 werden in der Praxis nicht mehrere Auffänger verwandt, sondern nur einer. Stattdessen wird durch kontinuierliche Veränderung der Magnetfeldstärke der Bahnradius der verschiedenen Ionenbündel verändert. Dadurch bringt man nacheinander die den verschiedenen Ionenbündeln zugehörigen elektrischen Ströme zur Anzeige. Eine während der Magnetfeldänderung aufgenommene Registrierung der verschiedenen Ionenbündel einer Probe zeigt Abb.3.25.

3.5.5 Aufgaben

1) Ein Massenspektrometer habe ein Auflösungsvermögen von A = 1000. Kann es die isobaren Massen C_2H_4 (Äthylen) und CO (Kohlenmonoxyd) voneinander trennen? Die exakten Massen sind: C_2H_4 = 28,031300 und CO = 27,994915 atomare Masseneinheiten (siehe Anhang B).

2) Welche der folgenden Aussagen sind richtig?

   A. Das Massenspektrometer erlaubt die Bestimmung des Verhältnisses m/q von unbekannten Teilchen, wobei m die Ionenmasse und q die Ionenladung ist.

   B. Das Massenspektrometer ist nur für ionisierbare Teilchen brauchbar.

   C. Der Radius einer Ionenbahn im Magnetfeld ist um so größer, je kleiner die Magnetfeldstärke ist.

3.6 Reibung und elektrische Leitfähigkeit

Wir haben bisher die Bewegung von Elektronen und anderen geladenen Teilchen im Vakuum behandelt, wo sie nur den häufig homogenen, stets aber einfachen und gut zu berechnenden elektrischen und magnetischen Feldern zwischen Kondensatorplatten, Elektroden oder Magnetschuhen ausgesetzt sind. Viel schwieriger zu verstehen oder gar zu berechnen ist die Bewegung durch dichte Materie, wo zu dem Einfluß solcher Felder noch sehr komplizierte und im einzelnen gar nicht zu verfolgende Einwirkungen ("Stöße") von Teilchen dieser Materie hinzukommen. Man spricht dann in pauschaler Weise von Reibung. Die Reibungseffekte können sehr kompliziert sein und wir wollen hier nur einige einfache Aspekte herausgreifen.

3.6.1 Bewegung eines Teilchens mit Reibung

Bewegt sich ein Elektron unter dem Einfluß einer elektrischen Feldstärke (oder einer Spannung) durch einen Leiter, oder bewegt sich ein Makromolekül unter dem Einfluß einer Kraft (z.B. Schwerkraft, Zentrifugalkraft; Anwendungen davon in Kap.4) durch ein Lösungsmittel, so wirken auf das Elektron oder das Makromolekül auch noch Kräfte der Umgebung, nämlich der Atome und Moleküle des Leiters bzw. des Lösungsmittels. Alle Kräfte, die auf das Teilchen wirken, sind nach dem Superpositionsprinzip vektoriell zu addieren ("Kräfteparallelogramm") zu einer resultierenden Kraft; diese ist im Newtonschen Grundgesetz (3.14) zu verwenden, sie bestimmt das Bewegungsverhalten des Teilchens

$$m\vec{a} = \text{Summe aller Kräfte} \quad . \tag{3.67}$$

Nun wirken die genannten Kräfte der Umgebung aufgrund der komplexen molekularen Prozesse in einem Leiter oder Lösungsmittel in sehr unregelmäßiger und im einzelnen unkontrollierbarer Weise auf das Teilchen. Sie führen aber in jedem Falle zu einer Abbremsung des Teilchens. Es hat sich gezeigt, daß diese Abbremsung in vielen Fällen pauschal durch eine der Bewegungsrichtung entgegengesetzte *Reibungskraft* $\vec{F}_{Reib}$ beschrieben werden kann, die proportional zur Geschwindigkeit des Teilchens ist

$$\vec{F}_{Reib} = -f\vec{v} \quad . \tag{3.68}$$

Der Reibungskoeffizient f ist abhängig vom Material, in dem sich das Teilchen bewegt (Lösungsmittel, Leitermaterial). Wirken nun diese Reibungskraft und ein externes Kraftfeld $\vec{F}_{ex}$ (z.B. die Coulomb-Kraft eines elektrischen Feldes) zusammen, so lautet das Newtonsche Bewegungsgesetz

$$m\vec{a} = \vec{F}_{ex} - f\vec{v} \quad . \tag{3.69}$$

Beginnt ein Teilchen sich unter dem Einfluß einer äußeren Kraft $\vec{F}_{ex}$ zu bewegen, so ist zunächst bei kleiner Geschwindigkeit die Reibungskraft klein, das Teilchen wird durch $\vec{F}_{ex}$ beschleunigt. Mit wachsender Geschwindigkeit wächst jedoch auch die der Bewegung entgegengerichtete Reibungskraft, bis sie schließlich dem Betrage nach gleich F_{ex} wird; dann sind rechte wie linke Seite von (3.69) gleich Null, es erfolgt keine weitere Beschleunigung mehr. Diese Phase der Bewegung, die — einmal erreicht — beliebig lange andauern kann, heißt stationärer Zustand (steady state); im *stationären Zustand* gilt

3.6 Reibung und elektrische Leitfähigkeit

$$\boxed{f \cdot \vec{v} = \vec{F}_{ex}} \quad . \tag{3.70}$$

Es ist also nicht die Beschleunigung proportional zur äußeren Kraft, sondern die Geschwindigkeit. Das Gesetz (3.70) wurde zwei Jahrtausende lang in der Bewegungslehre des Aristoteles (384-322 v.Chr.) als Grundgesetz der Mechanik angesehen, bis Galilei und Newton an dessen Stelle das Gesetz (3.14) setzten. Die alte Beziehung (3.70) ergibt sich in der Newtonschen Mechanik unter speziellen Bedingungen, und abgeleitet aus dem allgemeingültigen Bewegungsgesetz (3.14).

Wir werden (3.70) später noch benötigen bei der Behandlung der Diffusion (insbesondere Brownsche Bewegung), auch in Zusammenhang der für den Biologen wichtigen Vorgänge Sedimentation und Zentrifugation (Kap.4).

Wie bei Reibung der Energiesatz zu formulieren ist, wurde schon im Abschnitt 3.3.3 behandelt (3.45) und braucht deshalb hier nicht noch einmal aufgegriffen zu werden. Jedoch werden wir auf die "Joulesche Wärme" am Ende des nächsten Abschnittes noch zu sprechen kommen.

3.6.2 Elektrischer Widerstand

Ein elektrischer Strom als Bewegung von Ladungen kann nur auftreten in Materialien, in denen bewegliche Ladungsträger vorhanden sind. Solche Materialien heißen Leiter; Materialien ohne bewegliche Ladungsträger heißen Nichtleiter oder Isolatoren (Abschn.2.2.1).

In *Metallen* sind bewegliche Elektronen als Ladungsträger in großer Zahl vorhanden (dementsprechend große Leitfähigkeit), in *Elektrolyten* sind die Ladungsträger positive und negative Ionen in unterschiedlicher Konzentration (je nach Qualität des Elektrolyten). *Halbleiter* unterscheiden sich von den Metallen durch die geringere Anzahl von beweglichen Elektronen; neben den negativen Elektronen können bei Halbleitern auch positive "Defektelektronen" zur Leitfähigkeit beitragen, die nichts anderes sind als bewegliche Löcher (Elektronenfehlstellen) in einer dichten Packung unbeweglicher negativer Elektronen. Bei allen drei Typen wird die Leitung durch das Ohmsche Gesetz beschrieben, solange nicht besondere Komplikationen auftreten. Bei Halbleitern sind allerdings gerade die Komplikationen das Interessante; sie führen zu den verschiedensten Halbleiter-Bauelementen, welche die Grundlage unserer ganzen modernen Elektronik sind; darauf können wir an dieser Stelle aber nicht weiter eingehen.

Wir betrachten einen Leiter in einem homogenen elektrischen Felde E in z-Richtung. Während im Vakuum Elektronen und andere geladene Teilchen durch ein

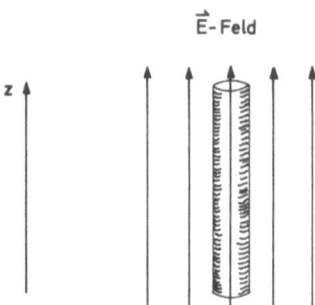

Abb. 3.26. Leiter in einem homogenen elektrischen Feld (vgl. auch Abb.3.19)

elektrisches Feld beschleunigt werden, $a \sim E$ (Abschn.3.2.1 und 3.3.4) und die Geschwindigkeit der geladenen Teilchen nach (3.17) mit der Zeit anwächst, bleiben in dichter Materie die Geschwindigkeit und damit der Strom konstant. Wie kommt das?

Die Ursache liegt darin, daß die Ladungsträger sich nicht ungestört bewegen können, vielmehr mit anderen Teilchen in der dichten Materie immer wieder zusammenstoßen. Dadurch werden die durch Beschleunigung im Felde erzielten Geschwindigkeiten immer wieder verändert; in ungünstigen Fällen kehrt der Ladungsträger beim Stoß sogar seine Bewegungsrichtung um. Nehmen wir an, daß der zeitliche Abstand zwischen zwei Stößen, die ein Ladungsträger erleidet, im Mittel eine "Stoßzeit" τ beträgt und nehmen wir weiter an, daß bei einem Stoß der Ladungsträger in eine beliebige Richtung gestreut wird, so erkennen wir, daß das elektrische Feld seine beschleunigende Wirkung immer nur über die Zeitdauer dieser Stoßzeit τ ausüben kann. Dann wird gleichsam "das Ergebnis zerstört, das Feld muß wieder von vorne beginnen". Nach der zweiten Gleichung von (3.17) mit $t_0 = 0$, $v(0) = 0$ und $F = qE$ erreicht das Teilchen am Ende der Stoßzeit τ die Geschwindigkeit

$$v = \frac{q}{m} E \tau \quad . \tag{3.71}$$

Natürlich erfolgen die Stöße nicht immer genau nach der Stoßzeit τ, sondern manchmal früher, manchmal später; entsprechend sind die erzielten Geschwindigkeiten manchmal kleiner, manchmal größer. Wir können jedoch (3.71) als die mittlere Geschwindigkeit der Ladungsträger ansehen.

Ist $n = N/V$ die Dichte der Ladungsträger, so ist nach (2.7) der Strom

$$I = nqvA = \frac{Nqv}{l} \tag{3.72}$$

3.6 Reibung und elektrische Leitfähigkeit

mit l = V/A = Länge eines beliebig herausgeschnittenen Leitervolumens V. Setzen wir (3.71) in (3.72) ein, so erhalten wir

$$I = A \frac{nq^2}{m} \tau E = \frac{A}{l} \frac{nq^2}{m} \tau U \quad . \tag{3.73}$$

Das rechte Gleichheitszeichen gilt wegen U = E·l. (3.73) ist das Ohmsche Gesetz mit Widerstand

$$R = \frac{l}{A} \frac{m}{nq^2 \tau} \tag{3.74}$$

oder spezifischem Widerstand (2.10)

$$\boxed{\rho = \frac{m}{nq^2 \tau}} \quad . \tag{3.75}$$

Wir sehen, daß der spezifische Widerstand um so kleiner ist, je größer die Dichte (Anzahl pro Volumen) der Ladungsträger und je länger die Stoßzeit (also je seltener die chaotisierenden Stöße) sind.

Im Abschnitt 3.3.4 haben wir in einem Kasten festgehalten, daß ein Elektron beim Durchlaufen einer Spannung seine potentielle Energie im elektrischen Felde um qU vermindert. Daraus ergab sich Gleichung (3.57), die besagt, daß ein Strom I einer Spannungsquelle mit Spannung U die Leistung P = I·U entnimmt.

In Abschnitt 3.3.4 ist auch formuliert worden, daß diese Abnahme qU der potentiellen Energie mit einer Zunahme der kinetischen Energie um den gleichen Betrag qU verbunden ist. Das gilt bei Bewegung in dichter Materie (z.B. elektrischen Leitern) natürlich nur für die Zeit τ zwischen zwei Stößen (es wird dabei die Geschwindigkeit (3.71) erzielt). Die Stöße wandeln diese Energie um in kinetische Energie der ungeordneten Bewegung aller Teilchen der dichten Materie, also in *innere Energie*. Im Mittel über viele Bewegungs- und Stoßprozesse haben die Elektronen die Geschwindigkeit v [Gl.(3.71)] und damit pro Volumen die *konstante* kinetische Energie $n(m/2)v^2$. Betrachten wir die Energieumwandlung pauschal über viele Stoßprozesse so sehen wir, daß die gesamte von der Spannung an den Ladungsträgern in einer Zeit Δt geleistete Arbeit P·Δt der inneren Energie des Leiters zugeführt wird.

Bei elektrischer Leitung in dichter Materie wird die der Spannungsquelle entzogene Arbeit P·Δt = I·U·Δt der inneren Energie des Leiters zugeführt.

Der Zuwachs I·U·Δt der inneren Energie des Leiters heißt "Joulesche Wärme", weil er sich in einer Erhöhung der Temperatur bemerkbar macht: der Leiter wird wärmer!

3.6.3 Aufgaben

1) Welche der folgenden Aussagen sind richtig?

   A. Bei Reibung ist das Newtonsche Bewegungsgesetz verletzt.

   B. Reibung wird im Newtonschen Bewegungsgesetz durch eine Reibungskraft berücksichtigt, die häufig proportional zur Geschwindigkeit angenommen werden kann.

   C. Bei Reibung ist die Geschwindigkeit anstelle der Beschleunigung zur äußeren Kraft proportional, weil Aristoteles dies gefordert hat.

   D. Bei Reibung ist die Geschwindigkeit proportional zur äußeren Kraft im stationären Zustand, d.h. wenn die Beschleunigungsvorgänge beendet sind.

   E. Reibung verletzt den Satz von der Energieerhaltung.

2) In Kupfer betragen die Elektronendichte $n = 8 \cdot 10^{28}$ m^{-3} und bei Zimmertemperatur die Stoßzeit $\tau = 3 \cdot 10^{-14}$ s. Wie groß ist der spezifische Widerstand? Vergleiche mit dem Wert für Ag, der in Abschnitt 2.2.1 angegeben wurde.

3) Welche der folgenden Aussagen sind richtig?

   A. Der elektrische Widerstand kommt zustande durch Stöße zwischen Ladungsträgern und anderen Teilchen im leitenden Medium.

   B. In dichter Materie können die Ladungsträger nicht kontinuierlich zu immer höheren Geschwindigkeiten in Feldrichtung beschleunigt werden, da Stöße mit anderen Teilchen die Bewegung immer wieder chaotisieren.

   C. Auf Ladungsträger in dichter Materie kann die Coulomb-Kraft nicht einwirken, da die Reibung das elektrische Feld verdrängt.

   D. Die im Mittel konstante Geschwindigkeit der Ladungsträger in dichter Materie kommt durch das Wechselspiel von Coulomb-Kraft und Lorentz-Kraft zustande.

   E. Die Entstehung "Joulescher Wärme" verletzt den Erhaltungssatz der Energie.

3.7 Quantenmechanik

Bis zu Beginn dieses Jahrhunderts hielt man Moleküle, Atome, Elektronen und andere Elementarteilchen für "klassische Teilchen", die sich längs stetiger Bahnen nach dem Newtonschen Grundgesetz der Mechanik bewegen — wie wir es in den Abschnitten 3.1 bis 3.3 besprochen haben. Dann aber entdeckte man immer mehr Phänomene, die zwangen, diese Vorstellungen zu modifizieren. Man behalf sich einige Zeit mit dem Welle-Teilchen-Dualismus (Abschn.3.4.1), bis man in den Jahren 1925/1926 in der Form der Quantenmechanik eine neue, widerspruchsfreie Theorie fand. Diese Quantenmechanik, die begrifflich und mathematisch komplizierter ist als die klassische Mechanik, brauchen Sie als Biologe nicht in vollem Umfange zu erlernen. Sie sollen jedoch einige wichtige Prinzipien erfahren, die für dieses Teilgebiet der Physik charakteristisch sind.

Nach klassischer Vorstellung (Abschn.3.1) bewegt sich ein Teilchen auf einer stetigen Bahn (Trajektorie). Die Bewegung ist durch das Newtonsche Grundgesetz (3.14) eindeutig festgelegt (determiniert), wenn der sogenannte Zustand des Teilchens zu einer beliebigen Zeit t_0 festgelegt ist.

Im Gegensatz dazu lehrt die Quantenmechanik:

---
1) Es gibt keine stetigen Teilchenbahnen.
2) Die Bewegung erfolgt auch nicht determiniert, sondern nach statistischen Gesetzen.

Letzteres bedeutet, daß man im allgemeinen keine sicheren Aussagen über das Verhalten eines einzelnen Systems (Elektron, Atom, Molekül usw.) machen kann, sondern nur Häufigkeitsaussagen über das Verhalten vieler Systeme unter gleichen Bedingungen.

War dann alles Unsinn, was wir bisher gelernt haben, z.B. über die Bewegung von Elektronen? Nein! Die einzelnen Elektronen verhalten sich zwar nicht so, wie es dort beschrieben oder berechnet wurde, sondern weichen in ihrem statistischen Verhalten mehr oder weniger davon ab. Über diese Abweichungen macht die Quantenmechanik aber eine präzise Aussage, indem sie eine untere Grenze der "Genauigkeit" der Klassischen Mechanik angibt, die *Heisenbergsche Unschärferelation*

$$\Delta x \cdot \Delta p \geq \frac{h}{4\pi} \quad ; \tag{3.76}$$

h ist das Plancksche Wirkungsquantum (Abschn.3.4.1). Die Unschärferelation (3.76) bezieht sich auf die Statistik vieler Systeme unter gleichen Bedingungen (z.B. Elektronen im selben elektrischen Feld). Δx gibt den Bereich, in dem die Ortswerte x der einzelnen Systeme variieren, Δp den Bereich, in dem die Impulswerte variieren. Das Produkt kann nicht kleiner werden als h/4π, meist liegt es auch tatsächlich in dieser Größenordnung.

Berechnen Sie für Elektronen mit Geschwindigkeiten um 10^7 m/s und dementsprechend Impulsen um 10^{-23} kg·m/s die Ortsunschärfe Δx, wenn die relative Impulsunschärfe Δp/p 10% beträgt (Aufg.1 am Ende dieses Abschnittes). Sie finden das richtige Ergebnis im Anhang E und Sie sehen daran, daß die Unschärfen so gering sein können, daß auch das Verhalten des einzelnen Elektrons mit für praktische Zwecke ausreichender Genauigkeit durch die Ergebnisse der Klassischen Mechanik dargestellt wird. In all diesen Fällen ist es nicht nur zulässig, sondern auch viel bequemer, klassisch zu rechnen: Sie haben also nicht vergebens gelernt.

Zu den Abweichungen vom klassischen Verhalten zählen die Beugungserscheinungen von Elektronenstrahlen, die wir beim Elektronenmikroskop besprochen haben (Abschn.3.4). Wir haben dort im Sinne des Welle-Teilchen-Dualismus dem Elektronenstrahl einfach eine Wellenlänge zugeordnet, ohne uns mit dem Problem auseinanderzusetzen, daß ein Elektronenstrahl nicht sowohl ein Strahl einzelner klassischer Teilchen als auch ein kontinuierliches Wellenfeld sein kann. Die Quantenmechanik hebt den unbefriedigenden Dualismus auf: Elektronen sind einzelne Teilchen, die sich aber nicht klassisch, sondern statistisch verhalten. Die statistische Verteilung der Teilchen ist wie die Intensitätsverteilung eines Wellenfeldes. Beim Elektronenmikroskop verhalten sich die meisten Elektronen näherungsweise so, wie es die klassische Mechanik verlangt. Die Beugungserscheinungen aber kommen durch einzelne Elektronen zustande, deren Verhalten stark vom klassischen abweicht.

Nicht immer sind die Abweichungen vom klassischen Verhalten so gering. Es gibt auch viele Fälle, wo man von vornherein quantenmechanisch rechnen muß, insbesondere bei der Bewegung von Elektronen *in Atomen und Molekülen* (Kap.5).

Es wird dann häufig ein weiterer Unterschied zwischen klassischer Physik und Quantenphysik sehr wichtig. Klassisch können physikalische Größen, z.B. die Energie, im allgemeinen beliebige Werte aus dem Bereich der reellen Zahlen annehmen (die kinetische Energie aus dem Bereich der positiven reellen Zahlen). Sehen Sie sich dazu etwa die Abbildungen 3.8 und 3.18 an.

> 3) Die Quantenmechanik erlaubt in vielen Fällen nur einzelne diskrete Werte (sogenannte "Eigenwerte") als Meßwerte der physikalischen Größen.

3.7 Quantenmechanik

Befindet sich ein Atom oder Molekül in einem Zustand, dessen Energie ein solcher Energieeigenwert ist, spricht man von einem *Energiezustand*. Wir werden bei der Behandlung von Atomen und Molekülen in Kap.5 die Begriffe Energiewert, *Energiezustand* oder auch Energieterm und Energieniveau (engl. energy level) synonym verwenden, worauf Sie sich auch für die Praxis der Kommunikation mit Physikern und Physikliteratur einstellen müssen.

Aufgaben zu Abschnitt 3.7

1) Seien Elektronen betrachtet, die sich (siehe Aufg.5 von Abschnitt 3.3.7) mit Geschwindigkeiten um 10^7 m/s und dementsprechend Impulsen um 10^{-23} kg·m/s bewegen mit statistischen Unschärfen $\Delta p/p$ von 10%. Wie groß ist dann Δx?

2) Welche der folgenden Aussagen sind richtig?

   A. Die Quantenmechanik macht statistische Aussagen über das Verhalten mikroskopischer Systeme.

   B. Die Anwendbarkeit der klassischen Mechanik auf Quantensysteme ist durch die Unschärferelation eingeschränkt.

   C. Die Unschärferelation gibt eine obere Grenze der statistischen Unschärfe.

   D. In der Quantenmechanik gibt es zwar keine Teilchenbahnen, jedoch stimmen die quantenmechanisch berechneten Energien stets mit den klassisch berechneten überein.

   E. In quantenmechanischen Systemen kann die Energie häufig nur bestimmte diskrete Werte annehmen.

4. Mechanik fester, flüssiger und gasförmiger Körper

Die Mechanik, wie wir sie insbesondere in Abschnitt 3.1 kennengelernt haben, ist (abgesehen von den Modifikationen für die atomare und subatomare Bewegung durch die Quantentheorie) eine universelle Theorie in dem Sinne, daß sie die Bewegung von Materie in beliebigen Kraftfeldern beschreibt. Es gibt nach Abschnitt 3.1.2 zwar nur wenige fundamentale Kraftfelder. In makroskopischen Systemen aus vielen Teilchen (Gase, Flüssigkeiten, Festkörper, Biomaterie) kommt es aber durch komplizierte Überlagerung vieler, insbesondere elektrischer, Kräfte der einzelnen Teilchen (Elektronen, Atome, Moleküle) zu einer Vielzahl verschiedener makroskopischer Kraftwirkungen, denen besondere Namen gegeben werden; man kann sie auch ohne dauernde Bezugnahme auf ihre Entstehung aus den fundamentalen Kraftfeldern untersuchen und anwenden, z.B. Druckkraft eines Gases oder einer Flüssigkeit auf einen Kolben, Reibungskräfte bei Strömung von Flüssigkeiten und Gasen (Blut, Atemluft) oder bei Bewegung eines festen Körpers durch eine Flüssigkeit oder ein Gas (Bewegung von Makromolekülen in Lösung), elastische Kräfte einer Feder, eines Gummibandes oder eines Gewebes, Oberflächenkräfte an fest-flüssig- oder flüssig-flüssig-Grenzflächen (Lipide und Wasser) usw. Mit der Wirkung solcher Kräfte beschäftigt sich dieses Kapitel 4, und zwar insoweit, als die dadurch verursachten oder beeinflußten Vorgänge biologische Bedeutung haben, sei es als Prinzip wichtiger Untersuchungsmethoden (z.B. Zentrifugation, Elektrophorese) oder im Hinblick auf biologische Funktionen (Sauerstofftransport in Atemluft und Blut, Hören, Kompartimentierung durch Membranen).

4.1 Ruhende Flüssigkeiten und Gase

Systeme von der Größenordnung der Elementarteilchen und Atome (und damit auch kleine und mittelgroße Moleküle) nennt der Physiker *mikroskopisch*, obwohl sie viel zu klein sind, als daß wir sie mit dem "Mikroskop" sehen könnten.

4.1 Ruhende Flüssigkeiten und Gase

Systeme der Größe, wie sie in unserer natürlichen Erfahrungswelt vorkommen, nennt der Physiker hingegen *makroskopisch*. Wir wissen, daß solche makroskopischen Systeme aus mikroskopischen Bausteinen zusammengesetzt sind, und zwar aus ungeheuer vielen (in der Größenordnung von 10^{23} pro Mol). Jemand, der mit einem solchen System experimentiert, interessiert sich im allgemeinen nicht für das Verhalten jedes einzelnen Bausteins, er charakterisiert den Zustand des Systems durch eine kleine Zahl "makroskopischer Zustandsgrößen".

Es gibt makroskopische Systeme verschiedener Erscheinungsformen (Aggregatzustände, Phasen): Gase, Flüssigkeiten, Festkörper. Wir wollen uns zunächst besonders für Flüssigkeiten interessieren mit dem Ziel, die Zentrifugationsmethoden zu verstehen. Für Gase und Flüssigkeiten sind die wichtigsten makroskopischen Zustandsgrößen Druck, Dichte und Temperatur.

4.1.1 Ungeordnete Bewegung in ruhenden Flüssigkeiten und Gasen

Gase und Flüssigkeiten bezeichnen wir als fluide Stoffe, weil sie "fließen" oder "strömen" können, wobei sie ihre Form den jeweils vorgegebenen Gefäßformen (Kolben, Rohre, Adern) anpassen. Feste Stoffe können dies nicht. Die Ursache der Fluidität ist darin zu sehen, daß die mikroskopischen Bausteine nicht wie beim Festkörper in strenger Ordnung angeordnet sind, sondern sich relativ frei gegeneinander bewegen. Diese oft sogar heftige Bewegung der Bausteine ist auch vorhanden, wenn der fluide Stoff sich *makroskopisch gesehen in völliger Ruhe befindet* (im sogenannten thermodynamischen Gleichgewicht, siehe Kap.7).

Beim *Gas* ist die Beweglichkeit der Bausteine am größten. Die sich bewegenden Bausteine sind die Moleküle. Sie fliegen in chaotischer Weise mit verschiedenen Geschwindigkeiten durch das dem Gas zur Verfügung stehende Volumen (Abb.4.1), wobei sie häufig zusammenstoßen, gelegentlich auch an die Wand stoßen. Bei den Stößen wirken elektrische Kräfte zwischen den Elektronenhüllen der Stoßpartner (Coulomb-Wechselwirkung). Zwischen den Stößen bewegen sie sich dagegen im wesentlichen ohne Wechselwirkung, das heißt kräftefrei, also geradlinig gleichförmig.

Die gesamte Energie aller Moleküle zusammen ist die innere Energie U des Gases. Das bedeutet, wenn wir nur die Bewegung (Translationsbewegung) der ganzen Moleküle berücksichtigen und z.B. Energie von Kreiselbewegungen der Moleküle um sich selbst (Rotationsenergie, siehe Abschn.7.2.3) vernachlässigen

$$U = \sum_{\text{alle Moleküle i}} \frac{m_i}{2} v_i^2 \; . \tag{4.1}$$

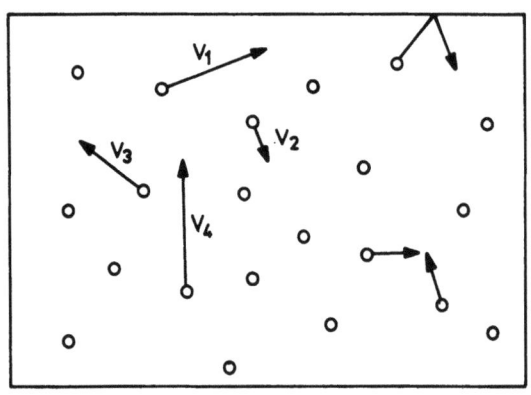

Abb. 4.1. Ungeordnete Bewegung der Moleküle eines Gases. Für einige Moleküle sind Geschwindigkeitsvektoren eingezeichnet. Bei anderen ist ein bevorstehender Stoß und eine Reflexion an der Gefäßwand angedeutet

Die innere Energie U des Gases muß nach dem Energiesatz konstant bleiben, solange dem Gas von außen keine Energie zugeführt oder weggenommen wird. Dies gilt, obwohl die einzelnen Moleküle bei ihren Stößen dauernd Energie austauschen, ihre Energie also verändern.

Bei der Reflexion eines Moleküls an der festen Gefäßwand ändert sich allerdings seine Energie nicht, es ändern sich lediglich die *Richtungen* von Geschwindigkeit und Impuls. Zu einer Impulsänderung ist nach dem Newtonschen Grundgesetz der Mechanik (Abschn.3.1.2) eine Kraft erforderlich. Die Summe all der Kräfte, welche die Wand bei der Reflexion der vielen Teilchen an der Wand ausüben muß, ist nichts anderes als der *Druck* der Gefäßwand auf das Gas. Er ist nach dem Prinzip "actio gleich reactio" gleich dem Druck des Gases auf die Wand, der sich als Zusammenfassung aller Stöße auf die Wand ergibt.

Die ungeordnete Bewegung der Gasmoleküle führt zu einer andauernden Durchmischung des Gases, die man *Diffusion* nennt. Man spricht von Selbstdiffusion, wenn das Gas nur eine Molekülsorte enthält, also nur die Moleküle der selben Sorte durchmischt werden. Bei Gasen mit mehreren Molekülsorten bewirkt die Diffusion eine vollständige Durchmischung der Sorten. Wirken keine äußeren Kraftfelder auf das Gas, führt die Diffusion zu einer Gleichverteilung der Moleküle auf das ganze Volumen: es herrscht überall dieselbe Dichte.

Bei *Flüssigkeiten* verhält sich alles grob gesehen genau so wie beim Gas. Eine genauere Darstellung hat jedoch zu berücksichtigen, daß Flüssigkeiten viel dichter gepackt sind: man kann nicht mehr unterscheiden zwischen einem wechselwirkungsfreien Flug von Molekülen und gelegentlichen Stößen (Wechselwirkungen der Moleküle). Wechselwirkungen sind ständig vorhanden. Damit wird bei einer genaueren Betrachtung der Molekülbegriff für Flüssigkeiten fragwürdig. Es ist weitgehend willkürlich, welche Wechselwirkungen man als *intra*molekular und welche man als *inter*molekular erklärt. Denken Sie an Wasser, wo Sie wegen der Wasserstoffbrücken ein H-Atom diesem oder jenem H_2O zuordnen können. Was schon für einfache Flüssigkeiten gilt, gilt erst recht für Biomaterie, die kompliziertere Strukturen aufweist und weder zu den Flüssigkeiten noch zu den festen Stoffen zu rechnen ist. Diesen Sachverhalt sollten Sie nie ganz vergessen, wenn Sie in der "Molekular"-Biologie mit einfachen Modellen von Reaktionen zwischen Molekülen arbeiten.

Diese Problematik soll hier nicht vertieft werden. Richtig ist, daß es auch in Flüssigkeiten eine ungeordnete Bewegung und eine ständige Durchmischung der Bausteine, also Diffusion gibt. Wirken keine äußeren Kraftfelder, führt die Diffusion zu einer vollständigen Homogenisierung der Flüssigkeit: sie hat in allen Teilvolumina die gleichen physikalischen und chemischen Eigenschaften.

Zur inneren Energie U einer Flüssigkeit (ebenso eines Festkörpers oder eines Stückes Biomaterie) trägt nicht wie beim Gas im wesentlichen nur die kinetische Energie irgendwelcher ungeordnet sich bewegender Bausteine bei, sondern auch Wechselwirkungsenergie (potentielle Energie) der Bausteine untereinander. Ebenso ist der Druck nicht nur als die Kraftwirkung zu begreifen, die bei der Reflexion von Molekülen auf die Gefäßwand ausgeübt wird, sondern allgemeiner als eine Kraftwirkung zwischen Flüssigkeit und Gefäßwand schlechthin.

4.1.2 Dichte und Druck

Wir müssen nun die physikalischen Größen Dichte und Druck präzise definieren. *Als Dichte ρ bezeichnet man die Masse pro Volumen*

$$\boxed{\rho = \frac{M}{V}} \quad . \tag{4.2}$$

Die Dichte wird dementsprechend gemessen beispielsweise in den Einheiten kg/m^3, kg/l oder g/l. Besteht das betrachtete Stück Materie aus N Teilchen im Volumen V mit Teilchenmassen m, so ist $M = N \cdot m$ und die Dichte ("Massendichte")

$$\rho = \frac{N}{V} \cdot m \quad , \tag{4.3}$$

also "Teilchendichte" N/V mal Teilchenmasse. Ein mögliches Meßverfahren für Dichten ergibt sich unmittelbar aus (4.2), nämlich durch gleichzeitige Messung von Masse und Volumen. Einige Dichtewerte bei Zimmertemperatur (20°C):

Materie	ρ	
Luft (Atmosphärendruck 1013 mb)	$1{,}205 \cdot 10^{-3}$	g/cm^3
Wasser	0,9983	g/cm^3
Aluminium	2,70	g/cm^3
Quecksilber	13,60	g/cm^3

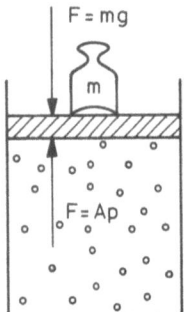

Abb. 4.2. Druck eines Gases. Damit der Kolben sich nicht bewegt (Gleichgewicht), muß der nach oben gerichteten "Druckkraft" Ap eine gleich große nach unten gerichtete Kraft entgegenwirken (A: Fläche des Kolbens)

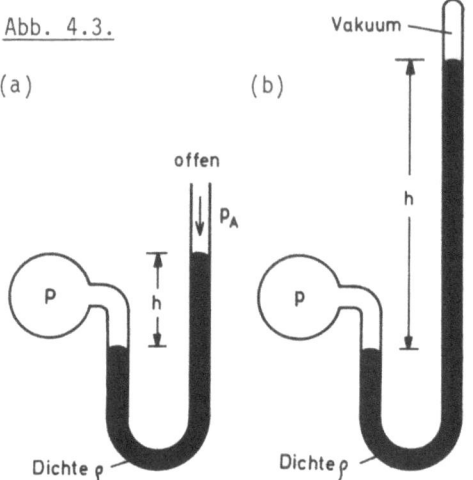

Abb. 4.3.

Abb. 4.3. Offenes (a) und geschlossenes (b) Manometer, mit dem ein Gasdruck p im Kolben gemessen wird. Im offenen Manometer gilt $p = \rho h g + p_A$; im geschlossenen Manometer ist $p_A = 0$, also $p = \rho h g$

Materialien, deren Dichte vom Druck nicht abhängt, nennt man inkompressibel. Festkörper und viele Flüssigkeiten (z.B. Wasser) sind in guter Näherung inkompressibel. Die Dichte von Gasen (z.B. Luft) dagegen ist stark druckabhängig.

Der Druck p wird definiert als Kraft pro Fläche

$$\boxed{p = \frac{F}{A}} \quad . \tag{4.4}$$

Der Druck wird deshalb beispielsweise in der Einheit N/m^2 = kg/(s$^2 \cdot$m) gemessen, wofür als Abkürzung Pa (= Pascal) gebraucht wird. Für Luftdruck sind außerdem die Einheiten bar = 10^5 Pa oder mbar (millibar) = 10^2 Pa gebräuchlich (ältere Einheiten wie 1 atm=101325 Pa oder 1 Torr=1 mm Quecksilbersäule ≈ 133 Pa sollen in Zukunft nicht mehr benutzt werden).

In Gasen und Flüssigkeiten (im Gegensatz zu festen Strukturen) *wirkt der Druck isotrop*, d.h. in gleicher Weise in alle Richtungen, nach oben, nach

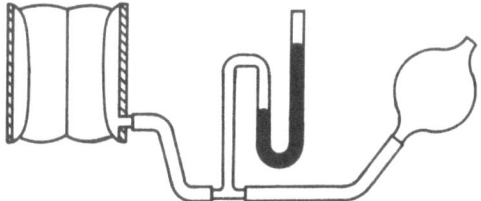

Abb.4.4. Blutdruckmessung (schematisch): Das Luftkissen der Manschette (links) wird aufgeblasen und drückt auf die Blutgefäße; der Druck in der Manschette wird mit einem Manometer gemessen (Mitte)

unten, zur Seite, und insbesondere in gleicher Weise auf jede Fläche der Gefäßwand. Wie bereits in Abschnitt 4.1.1 angesprochen, muß die Gefäßwand mit gleichem Druck entgegenwirken, damit sich die Kraftwirkungen kompensieren. Dies ist in Abb.4.2 veranschaulicht, wo eine der Wände durch einen beweglichen Kolben der Fläche A ersetzt ist. Wir nehmen an, daß im Außenraum Vakuum herrscht, so daß von oben kein Gasdruck auf den Kolben wirkt. Soll der Kolben in Ruhe bleiben, so muß die im Schwerefeld von dem Gewicht m nach unten ausgeübte Kraft mg (g=9,81 m/s^2) die vom Gas- oder Flüssigkeitsdruck nach oben auf den Kolben wirkende Kraft Ap kompensieren.

Abbildung 4.2 zeigt uns auch, wie der Druck eines Gases oder einer Flüssigkeit gemessen werden kann. Wenn der Kolben in Ruhe ist, gilt

$$p = \frac{mg}{A} \ . \tag{4.5}$$

Statt eines Gewichtssatzes verwendet man in der Praxis eine Flüssigkeitssäule (z.B. Quecksilbersäule), wie im rechten Teil der Abb.4.3 dargestellt. Ist ρ die Dichte der Flüssigkeit und A der Säulenquerschnitt, so wirkt im Schwerefeld auf das Gas die Gewichtskraft $\rho A h g$. Wenn die Flüssigkeitssäule sich nicht bewegt, muß diese Gewichtskraft durch die vom Gasdruck p ausgeübte Kraft Ap kompensiert sein, also ist $p = \rho h g$. Die besprochene Anordnung heißt geschlossenes Manometer. Ein offenes Manometer mißt hingegen die Druckdifferenz $p-p_A$ zwischen Gas im Kolben und Außenluft (Abb.4.3, linker Teil).

Während bei diesen Manometern unmittelbarer Kontakt mit dem zu messenden Gas oder der Flüssigkeit hergestellt werden muß, bevorzugt man bei der Blutdruckmessung ein "unblutiges" Verfahren (Abb.4.4). Es wird mittels eines aufpumpbaren Luftkissens auf eine Arterie ein Druck ausgeübt, der gerade in der Lage ist, den Pulsschlag zu unterdrücken. Dies muß der maximale Druck sein, der im Gefäß durch die Arbeit des Herzmuskels erzeugt wird, also der Druck in der systolischen Phase — Systole nennt der Mediziner die Zusammenziehung des Herzmuskels. Dieser maximale Druck im Blutgefäß setzt sich zusammen aus dem vom Herzen erzeugten Druck und dem Druck der über der Meßstelle befindlichen Blutsäule infolge der Schwerkraft und schwankt deshalb stark zwischen

Kopf und Füßen. Solche durch Schwerkraft und andere Kräfte (z.B. Zentrifugalkräfte) erzeugte örtliche Druckunterschiede in Gasen und Flüssigkeiten werden wir in den folgenden Abschnitten besprechen.

Zuvor soll jedoch noch der *Zusammenhang zwischen Druck und Dichte für ruhende Gase* behandelt werden. Während viele Flüssigkeiten in guter Näherung inkompressibel sind, hängt die Dichte der Gase stark vom Druck ab, und zwar bei verschiedenen Gasen in im allgemeinen unterschiedlicher Weise. Das spezielle Gesetz $\rho(p)$, das für ein bestimmtes Gas gilt, heißt *thermische Zustandsgleichung* des betreffenden Gases (thermisch deswegen, weil auch die Temperatur in das Gesetz eingeht). Für genügend hohe Temperaturen (hoch gegenüber dem Siedepunkt der betreffenden Substanz) nehmen aber glücklicherweise alle diese Zustandsgleichungen die gleiche Form an, nämlich die der Zustandsgleichung des *idealen Gases*

$$\boxed{pV = nRT} \quad , \tag{4.6}$$

d.h. bei fester Temperatur und fester Stoffmenge ist der Druck p umgekehrt proportional zum Volumen V. Der Proportionalitätsfaktor nRT bringt die Abhängigkeit von Temperatur und Stoffmenge zum Ausdruck; T ist die *absolute Temperatur*, zu messen in K (Kelvin). Es gilt T = 273,16 + t, wo t die Temperatur in °C (Celsius) ist.

n ist die Stoffmenge (früher auch Molzahl genannt). Faßt man nämlich zwei gleiche Gase (mit gleichem p und T und gleichem Volumen V) z.B. durch Öffnen eines Verbindungsrohrs zwischen den Glaskolben der Gase zu einem größeren System zusammen, so verdoppelt sich auf der linken Seite von (4.6) das Volumen: also muß auch die rechte Seite der Gleichung doppelt so groß werden. Physikalisch ist es die Zahl der Moleküle, die sich verdoppelt, und dies bringt der Faktor n zum Ausdruck. Jedoch gibt dieser aus historischen Gründen und Gründen einer bequemen Maßeinheit nicht direkt die Molekülzahl an, sondern mißt die *Stoffmenge* in Einheiten von $6,02205 \cdot 10^{23}$ Molekülen. Man nennt diese Einheit 1 Mol (Einheitenzeichen mol). Die gesetzliche Definition des Mol, die zu diesem nicht sehr glatten Zahlenwert führt, können Sie im Anhang B.5 Nr.(10) nachlesen. Die Größe $N_A = 6,02205 \text{ mol}^{-1}$, welche die Zahl der Moleküle pro Mol angibt, heißt Avogadro- oder Loschmidt-Zahl. Durch eine solche Festlegung der Einheit für die physikalische Größe "Stoffmenge" ist dann auch der Zahlenwert der Proportionalitätskonstanten R des Gasgesetzes (4.6) fixiert

$$R = 8,3143 \frac{J}{\text{mol K}} \quad . \tag{4.7}$$

4.1 Ruhende Flüssigkeiten und Gase

Diese sogenannte Gaskonstante ist eine universelle Konstante, die für jedes beliebige Gas bei genügend hohen Temperaturen gemäß (4.6) das thermische Verhalten bestimmt. Wir erhalten nun die gesuchte Abhängigkeit $\rho(p,T)$, wenn wir in das Gasgesetz (4.6) die Dichte (4.2) einführen

$$\rho = \frac{M}{V} = \frac{n \cdot M_{mol}}{V} \quad . \tag{4.8}$$

$M_{mol} = M/n$ heißt molare Masse oder Molmasse und gibt die Masse pro Mol (d.h. pro $6{,}02205 \cdot 10^{23}$ Moleküle) des betrachteten Gases an. Einheiten für die Molmasse sind g/mol oder kg/mol. Beispielsweise ist die Molmasse von $H_2 \approx 2{,}0158$ g/mol, die von $O_2 \approx 31{,}9988$ g/mol und deshalb die Molmasse von $H_2O \approx 18{,}0152$ g/mol. Mit (4.8) wird aus dem Gasgesetz (4.6)

$$\boxed{\rho(p,T) = \frac{p \cdot M_{mol}}{RT}} \quad . \tag{4.9}$$

Rechnen Sie das bitte nach!

Gl.(4.9) besagt, daß die Dichte eines idealen Gases proportional zum Druck und umgekehrt proportional zur (absoluten) Temperatur ist. Je höher der Druck (bei konstanter Temperatur), desto höher die Dichte. Je höher die Temperatur (bei konstantem Druck), desto geringer die Dichte; Temperaturerhöhung bei konstantem Druck führt nach (4.6) zu Vergrößerung des Volumens — die Dichte wird nach (4.8) geringer, da molare Masse M_{mol} und Stoffmenge n gleich bleiben.

4.1.3 Barometrische Höhenformel

Ohne äußere Kraftfelder herrschen aufgrund der Diffusion in einem gasförmigen oder flüssigen System (auch einer Lösung oder einer Suspension fester Teilchen) überall die gleichen Verhältnisse: gleicher Druck, gleiche Dichte, auch gleiche Konzentration gelöster oder suspendierter Teilchen (das System ist physikalisch homogen). Dies kann sich unter dem Einfluß äußerer Kraftfelder ändern: es kommt zu einer *Konkurrenz von Kraftwirkung und Diffusion*: die Kraft möchte die materiellen Teilchen, auf die sie wirkt, in eine Richtung ziehen, die Diffusion will sie gleichmäßig zerstreuen.

Es ist eine Erfahrungstatsache, daß die Luft mit wachsendem Abstand h von der Erdoberfläche dünner wird, und zwar gilt für jede Gassorte in der Luft (N_2, O_2, etc.) folgende Gesetzmäßigkeit

$$\boxed{\rho(h) = \rho(0)\, e^{-M_{mol}gh/RT}} \quad . \tag{4.10}$$

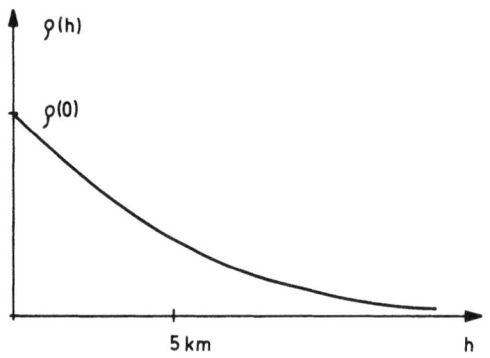
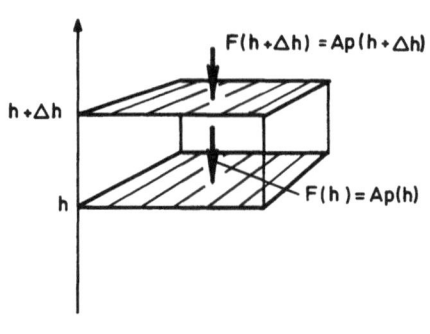

Abb. 4.5. Dichte eines Gases im Schwerefeld in Abhängigkeit von der Höhe h

Abb. 4.6. Druckabnahme zwischen den Höhen h und h+Δh

Die Funktion $e^{-x} = \exp(-x)$ ist die abfallende Exponentialfunktion (Abb.4.5, siehe auch Anhang A), R ist die Gaskonstante (4.7), T die absolute Temperatur, M_{mol} ist die molare Masse der Gassorte, $M_{mol} \cdot g$ die Schwerkraft pro Mol (g= 9,81 m/s²), $M_{mol} \cdot gh$ die potentielle Energie pro Mol im Schwerefeld in der Höhe h, siehe (3.44).

Da nach (4.9) Dichte und Druck proportional sind, ist mit dem Dichteabfall (4.10) ein Druckabfall verbunden:

$$\boxed{p(h) = p(0)\, e^{-M_{mol}gh/RT}} \quad . \tag{4.11}$$

Dieser Abfall von Dichte und Druck mit der Höhe ist eine Folge der *Konkurrenz zwischen Schwerkraft und Diffusion*: die Schwerkraft möchte alle Gasmoleküle zum Erdboden herunterholen, die Diffusion möchte in jeder Höhe gleich viele Gasmoleküle haben. Das Ergebnis dieser Konkurrenz ist ein Kompromiß, die exponentielle Abnahme (4.10) und (4.11).

Wir geben im Folgenden noch eine einfache Herleitung von (4.11) aus mechanischen Überlegungen, die Sie mitrechnen können: Wir betrachten ein quaderförmiges Luftvolumen zwischen den Höhen h und h+Δh (Abb.4.6), den Druck in den beiden Höhen bezeichnen wir mit p(h) und p(h+Δh). Auf die Fläche A in der Höhe h übt die darüber befindliche Luft eine Kraft A·p(h) nach unten aus, entsprechend übt die über der Fläche A in der Höhe h+Δh befindliche Luft einen Druck A·p(h+Δh) aus. Der Unterschied zwischen diesen Kräften kann nur zustande kommen durch die mit dem Gewicht ρA·Δh verbundene Schwerkraft ρA·Δhg, also F(h) = F(h+Δh) + ρAgΔh und nach Division durch die Fläche A

$$p(h) = p(h+\Delta h) + \rho g \Delta h \quad . \tag{4.12}$$

4.1 Ruhende Flüssigkeiten und Gase

Für ρ setzen wir das Gasgesetz (4.9) ein

$$\frac{p(h)-p(h+\Delta h)}{\Delta h} = p \frac{M_{mol} g}{RT} \quad . \tag{4.13}$$

Im Limes $\Delta h \to 0$ wird daraus die Differentialgleichung

$$\frac{dp(h)}{dh} = -p(h) \frac{M_{mol} g}{RT} \quad , \tag{4.14}$$

deren Lösung (4.11) ist, wie Sie durch Differenzieren von (4.11) verifizieren können. Die Gleichungen (4.10) und (4.11) gelten für ideale Gase!

Wie verhält sich der Druck bei einer Flüssigkeit im Schwerefeld? Auch für eine Flüssigkeit gilt die Überlegung, die zu (4.12) geführt hat, und damit gilt auch (4.12). Wenn wir die Flüssigkeit als inkompressibel annehmen, ist ihre Dichte nicht wie beim Gas nach (4.9) vom Druck abhängig, sondern eine Konstante: wir erhalten statt (4.13) und (4.14) aus (4.12)

$$\frac{dp(h)}{dh} = \lim_{\Delta h \to 0} \frac{p(h+\Delta h) - p(h)}{\Delta h} = -\rho g \tag{4.15}$$

mit der Lösung (Verifikation durch Differenzieren!)

$$\boxed{p(h) = p(0) - \rho g h} \quad . \tag{4.16}$$

In der Flüssigkeit nimmt der Druck linear mit der Höhe ab (bzw. im Hinblick auf Ozeane: linear mit der Tiefe zu). Abbildung 4.7 gibt den qualitativen Druckverlauf in Meeren und Atmosphäre wieder.

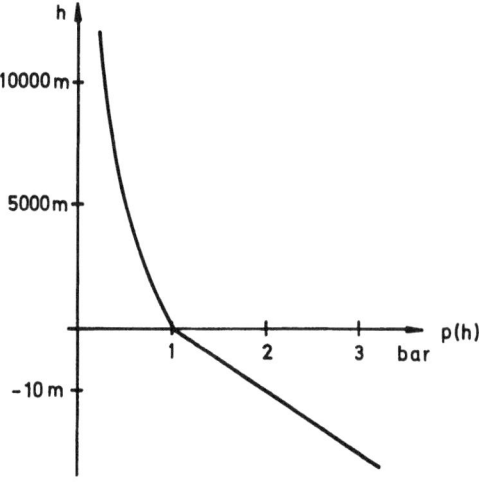

Abb. 4.7. Druckänderung in Luft und Wasser mit der Höhe bzw. Tiefe (schematisch). Anders als in Abb. 4.6 ist jetzt die Höhe nach oben, der Druck nach rechts aufgetragen. (Beachten Sie, daß für positive und negative h verschiedene Maßstäbe gewählt wurden, um den Druckabfall deutlich erkennbar darzustellen)

Als Ergebnis dieses Abschnittes fassen wir zusammen: *Fluide Stoffe in äußeren Kraftfeldern bleiben nicht physikalisch homogen. Es stellt sich ein Gleichgewicht ein, bei dem an verschiedenen Orten ein unterschiedlicher Druck herrscht.*

4.1.4 Auftrieb

Sie wissen, daß ein mit geeignetem Gas gefüllter Ballon nach oben steigt, entgegen der Schwerkraft. Dies ist ebenso wie das Schwimmen eines Balkens (oder einer Ente) im Wasser eine Folge des Auftriebes. Auftrieb ist eine der Schwerkraft entgegengerichtete Kraft auf einen Körper in einem Gas oder einer Flüssigkeit, die durch unterschiedlichen Druck des Gases oder der Flüssigkeit am unteren und oberen Ende des Körpers zustande kommt. Wir erläutern dies der Einfachheit halber für einen geometrisch einfachen Körper. Auf die untere Begrenzungsfläche des Quaders in Abb.4.8 (Querschnittsfläche A und Höhe Δh) wirkt durch den Druck eine Kraft von unten nach oben

$$F_{unten} = A \cdot p(h) \qquad (4.17)$$

ebenso auf die obere Begrenzungsfläche eine Kraft von oben nach unten (Minuszeichen!)

$$F_{oben} = -A \cdot p(h+\Delta h) \quad . \qquad (4.18)$$

Da $p(h) > p(h+\Delta h)$ geben die Kräfte (4.17) und (4.18) zusammen eine nach oben gerichtete Kraft, den Auftrieb F_{auf}

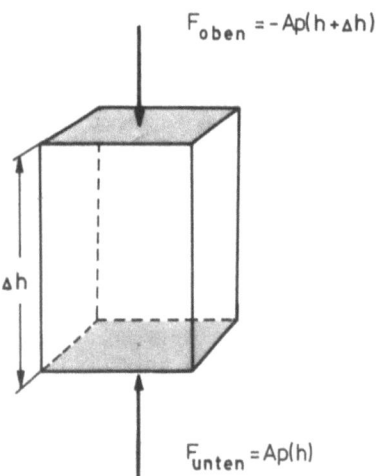

Abb. 4.8. Zur Erklärung des Auftriebs. Die aus F_{oben} und F_{unten} resultierende Kraft wird Auftrieb(-skraft) genannt

4.1 Ruhende Flüssigkeiten und Gase

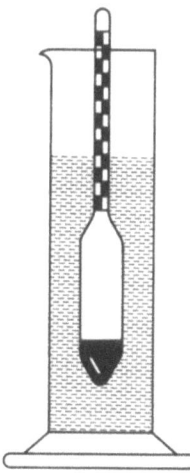

Abb. 4.9. Aräometer zur Bestimmung der Dichte von Flüssigkeiten. Je geringer die Dichte der Flüssigkeit, desto tiefer taucht das Aräometer ein; die Skala ist in Dichte-Einheiten geeicht (z.B. g/cm^3)

$$F_{auf} = F_{unten} + F_{oben} = A[p(h)-p(h+\Delta h)] = A\rho_0 g \Delta h \quad . \tag{4.19}$$

Das letzte Gleichheitszeichen gilt wegen (4.12). Die Dichte der Flüssigkeit oder des Gases haben wir jetzt mit ρ_0 bezeichnet. Es ist $\rho_0 A \Delta h = m_0$ die Masse, welche das Gas oder die Flüssigkeit im Volumen $A \cdot \Delta h$ haben würde, wenn nicht der Quader dort wäre. Der Auftrieb ist somit

$$\boxed{F_{auf} = m_0 g} \quad . \tag{4.20}$$

Dieser Auftrieb ist der Schwerkraft

$$F_S = -mg \tag{4.21}$$

auf den Körper entgegengerichtet; $m = \rho A \cdot \Delta h$ ist die Masse des Körpers, ρ seine Dichte. Gl.(4.20) und (4.21) zusammen ergeben die effektiv auf den Körper wirkende Kraft F_{eff}

$$F_{eff} = F_S + F_{auf} = (m_0-m)g = \left(\frac{m_0}{m} - 1\right)mg$$

$$\boxed{F_{eff} = mg\left(\frac{\rho_0}{\rho} - 1\right)} \quad . \tag{4.22}$$

Durch den Auftrieb wird die Schwerkraft auf den Körper im Gas oder in der Flüssigkeit verringert. Aus (4.22) folgt für einen Körper in einer Flüssigkeit mit Dichte ρ_0:

1) Der Körper sinkt, wenn $\rho > \rho_0$, $F_{eff} < 0$, d.h. nach unten gerichtet.

2) Der Körper schwebt, wenn $\rho = \rho_0$, $F_{eff} = 0$.

3) Wenn $\rho < \rho_0$, ist $F_{eff} > 0$, der Körper steigt bis zur Oberfläche und schwimmt. Dabei taucht er so weit in das Wasser ein, daß die dadurch verdrängte Wassermasse gerade gleich dem Gesamtgewicht des Körpers ist.

Der zuletzt genannte Effekt wird im Aräometer (Abb.4.9) zur Dichtemessung an Flüssigkeiten genutzt (auch der Öchslegrade beim Wein, da der Alkohol die Dichte des Weins verringert!). Eine im Bereich der Biologie wichtige Anwendung der angeführten Effekte ist die Steuerung der Auf- und Abwärtsbewegung von Fischen durch eine *Schwimmblase*. Durch Einfüllen von mehr oder weniger Luft in die Schwimmblase kann der Fisch seine mittlere Dichte ρ = Gesamtmasse/Gesamtvolumen so regulieren, daß sie je nach Bedarf größer, gleich oder kleiner der Dichte ρ_0 des Wassers ist.

Einen Auftrieb gemäß (4.22) erfährt ein Körper auch in Luft, wobei $\rho_0(h)$ die Dichte der Luft in der Höhe h ist, in der sich der Körper befindet. Solange für einen Körper $\rho < \rho_0(h)$, steigt er auf, sein Ort h wird höher, bis die Höhe h_{max} erreicht ist, für die $\rho = \rho_0(h_{max})$ (Ballonfliegen). Berücksichtigt werden muß dieser Auftrieb in Luft auch bei genauen Messungen mit der Analysenwaage, wenn das zu messende Objekt und die Gewichte verschiedene Dichte haben (d.h. verschiedenes Volumen haben, da beim Wiegen ja auf Gewichtsgleichheit eingestellt wird).

4.1.5 Sedimentationsgleichgewicht

Was wir über den Auftrieb gelernt haben, wenden wir nun an auf eine Suspension oder Lösung kleiner Teilchen (z.B. auch Makromoleküle) in einer Flüssigkeit (Lösungsmittel). Auf solche Teilchen wirkt die um den Auftrieb verminderte Schwerkraft (4.22), wo wir jetzt m als Masse des einzelnen Teilchens zu verstehen haben (ρ seine Dichte, ρ_0: Dichte der Flüssigkeit). Außerdem nehmen Makromoleküle oder andere kleine Teilchen (anders als makroskopische Körper wie Balken, Enten oder Ballons) an der ungeordneten thermischen Bewegung, der Diffusion aller Moleküle teil; man spricht auch von der Brownschen Molekularbewegung der Teilchen (nach ihrer Entdeckung durch R. Brown 1827). Wie wir es für die Gasmoleküle in Abschnitt 4.1.3 besprochen haben, kommt es zu einer Konkurrenz zwischen Schwerkraft (um den Auftrieb verringert) und Diffusion, mit dem Endergebnis (sogenanntes Gleichgewicht), daß die Teilchendichte N/V der suspendierten oder gelösten Teilchen analog zu (4.10) exponentiell mit der Höhe h abnimmt. Häufig gibt man nicht die Zahl N der Teilchen pro Volumen V an, sondern die Zahl $n = N/N_A$ der Mole pro Volumen V und nennt dies die

Stoffmengenkonzentration oder Molarität $c = n/V = N/(N_A \cdot V)$ (siehe Anhang B). Für diese Molarität der Suspension lautet die exponentielle Abnahme in Abhängigkeit von der Höhe h

$$c(h) = c(0) \exp\left[-\frac{1}{RT} M_{mol} gh\left(1 - \frac{\rho_0}{\rho}\right)\right] \tag{4.23}$$

in direkter Analogie zu (4.10) und (4.11). $M_{mol} = N_A \cdot m$ ist die molare Masse der gelösten oder suspendierten Teilchen, also die Masse von $6,022 \cdot 10^{13}$ dieser Teilchen. Durch Messung der Funktion c(h) und Vergleich mit (4.23) kann im Prinzip die molare Masse M_{mol} und die Teilchenmasse m der sedimentierenden Teilchen bestimmt werden. Eine zahlenmäßige Abschätzung des Exponenten von (4.23) zeigt Ihnen aber, daß sich eine feststellbare Abnahme von c mit der Höhe h in Gefäßen mit Labordimensionen erst bei molaren Massen M_{mol} über 10^6 g/mol ergibt. Da viele Teilchen (z.B. Moleküle), die man untersuchen will, geringere molare Massen haben, ersetzt man die Schwerkraft durch eine bis zu millionenfach stärkere Kraft, die Zentrifugalkraft in einer schnell drehenden Zentrifuge. Im übrigen arbeitet die Zentrifuge jedoch auch nach dem beschriebenen Prinzip der Sedimentation.

4.1.6 Zusammenfassung

Wir haben in diesem Abschnitt 4.1 gelernt, wie der Zustand eines fluiden Stoffes durch Dichte und Druck charakterisiert wird. Für einen Spezialfall haben wir als Zusammenhang zwischen Druck und Dichte die Zustandsgleichung des idealen Gases kennengelernt.

Am Beispiel der barometrischen Höhenformel haben wir gesehen, wie es in Gasen, die sich in äußeren Kraftfeldern befinden, durch Konkurrenz zwischen Kraftwirkung und Diffusion zu einer exponentiellen Dichte- und Druckverteilung kommt. Diese exponentielle Verteilung haben wir dann wiedergefunden beim Sedimentationsgleichgewicht suspendierter oder gelöster Teilchen unter der Wirkung der Schwerkraft. Durch Messung dieser exponentiellen Verteilung kann im Prinzip die Masse der sedimentierenden Teilchen bestimmt werden.

In die Formel für das Sedimentationsgleichgewicht geht auch der Auftrieb ein. Das Phänomen des Auftriebes haben wir allgemein besprochen und an einfachen Beispielen erläutert.

4.1.7 Aufgaben

1) Aus der Dichte $\rho = 1{,}205 \cdot 10^{-3}$ g/cm^3 der Luft bei 1013 mbar und T = 293 K berechne man mittels (4.9) die Dichte bei derselben Temperatur und 500 mbar.

2) Welche der folgenden Aussagen sind richtig?
   A. Auftrieb im Schwerefeld ist eine der Schwerkraft entgegengesetzte Kraft auf einen Körper in einem Gas oder einer Flüssigkeit; er kommt durch die Druckunterschiede im Gas bzw. in der Flüssigkeit zustande
   B. Der Auftrieb im Schwerefeld wirkt stets nach oben
   C. Auftrieb und Schwerkraft zusammen treiben einen Körper stets nach oben
   D. $F_{auf} = mg$, m = Masse des Körpers, der den Auftrieb erfährt
   E. $F_{auf} = m_0 g$, m_0 = Masse der vom Körper verdrängten Flüssigkeit (bzw. des verdrängten Gases).

4.2 Zentrifugation

Zur Untersuchung von Zellorganellen und Membranen müssen Sie die verschiedenen in einem Homogenat vorliegenden Zellbruchstücke voneinander trennen. Zu diesem Zweck verwenden Sie eine Zentrifuge. Sie sollten wissen, auf welchen physikalischen Gesetzmäßigkeiten die Funktion dieses Gerätes beruht.

4.2.1 Zentrifugalkraft

Ein Körper, der gleichförmig auf einer Kreisbahn um ein Drehzentrum kreist, erfährt eine Normalbeschleunigung, die wir in Kapitel 3 berechnet haben. Nach (3.12) beträgt sie

$$a_n = \frac{v^2}{r} = \omega^2 r \quad ; \tag{4.24}$$

r ist der Radius der Kreisbahn, v die Geschwindigkeit des Körpers, $\omega = v/r$ die Winkelgeschwindigkeit. Diese Beschleunigung muß nach dem Newtonschen Grundgesetz (3.14) durch eine zum Drehzentrum gerichtete Kraft verursacht sein (z.B. werden die Planeten — und alles was zu ihnen gehört — durch die Schwerkraft der Sonne so in Normalenrichtung beschleunigt, daß sie um die Sonne kreisen).

4.2 Zentrifugation

Wenn Sie sich auf einer gleichmäßig rotierenden Plattform befinden (Teufelsrad), so können Sie dementsprechend einen festen Standort auf der Plattform außerhalb der Drehachse nur beibehalten (und damit auf einer Kreisbahn um die Achse rotieren), wenn Sie sich "festhalten", d.h. eine starre Verbindung zum Drehzentrum herstellen, über welche Ihnen eine zum Drehzentrum gerichtete Kraft vermittelt wird. Diese verursacht die Normalbeschleunigung, welche Sie auf der Kreisbahn hält. Lassen Sie los, so wirkt diese Kraft nicht mehr und Sie fliegen gemäß dem Galileischen Trägheitsprinzip auf gerader Flugbahn (tangential zur ursprünglichen Kreisbahn) und mit konstanter Geschwindigkeit nach außen weg (von Reibung sei abgesehen ebenso wie vom Aufprall auf ein Hindernis). So jedenfalls sieht es ein Zuschauer außerhalb der rotierenden Plattform.

Ihnen auf der Plattform aber kommt das Wegfliegen nach außen, nachdem Sie den Halt losgelassen haben, wie eine Beschleunigung vor. Bezogen auf ein fest auf der Plattform verankertes Koordinatensystem verlassen Sie den festen Standort und bewegen sich mit zunehmender Geschwindigkeit, also beschleunigt von der Drehachse weg. Dieser scheinbaren Beschleunigung kann man gemäß dem Newtonschen Gesetz vom mitbewegten Koordinatensystem aus eine scheinbare Kraft zuordnen, die *Zentrifugalkraft*. Diese beträgt

$$\boxed{F_z = m \frac{v^2}{r} = m\omega^2 r} \quad ; \tag{4.25}$$

m ist die Masse des Objekts, welches die Zentrifugalkraft erfährt (z.B. der Leser auf dem Teufelsrad), ω die Winkelgeschwindigkeit des Umlaufs um die Drehachse, $v = \omega r$ die entsprechende Tangentialgeschwindigkeit auf einer Kreisbahn mit Radius r.

Halten wir fest: ein Objekt auf einer rotierenden Plattform erfährt — bezogen auf diese Plattform — eine nach außen gerichtete Kraft (4.25), gleichsam wie eine künstliche Schwerkraft. Es werden deshalb alle Erscheinungen auftreten, die wir von Körpern und Teilchen im Schwerefeld kennen.

In einer Zentrifuge (Abb.4.10) spielen ein mit einer Flüssigkeit gefülltes Gefäß die Rolle der Plattform und in der Flüssigkeit suspendierte Teilchen oder Makromoleküle die Rolle des Objekts (z.B. des Lesers auf dem Teufelsrad). Auf ein solches Teilchen im Abstand r von der Zentrifugenachse und mit Masse m wirkt die Zentrifugalkraft (4.25). Es wirkt jedoch auch eine Zentrifugalkraft auf die mit dem Gefäß umgeschleuderte Flüssigkeit; so kommt auf die in Abschnitt 4.1.4 dargestellte Weise eine Auftriebskraft auf das Teilchen zustande, die der Zentrifugalkraft entgegenwirkt

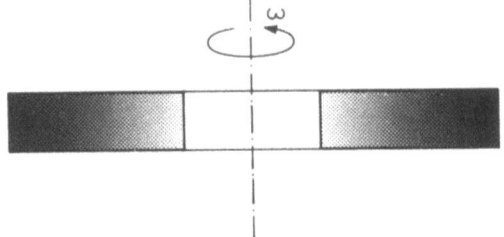

Abb. 4.10. Schema einer Zentrifuge. Die Abhängigkeit der Konzentration vom Radius wird durch das Raster angedeutet

$$F_{auf} = -m_0 \frac{v^2}{r} = -m_0 \omega^2 r \quad ; \tag{4.26}$$

$m_0 = \rho_0 V$ ist die Masse der vom Teilchen verdrängten Flüssigkeit. Zentrifugalkraft und Auftrieb ergeben zusammen eine effektive Kraft

$$\boxed{F_{eff}(r) = r\omega^2 m\left(1 - \frac{\rho_0}{\rho}\right)} \quad . \tag{4.27}$$

Vergleiche (4.22). In (4.27) ist F_{eff} positiv, das heißt nach außen gerichtet, wenn $\rho_0 < \rho$, d.h. die Massendichte des Teilchens größer als die der Flüssigkeit ist.

4.2.2 Sedimentationsgleichgewicht und Gradientenmethode

Wenn $\rho_0 < \rho$, versucht die Kraft (4.27) die Teilchen ganz nach außen zu treiben (wie die Schwerkraft versucht, alle Luftmoleküle auf den Erdboden zu ziehen), für $\rho_0 > \rho$ entsprechend, sie ganz nach innen zu treiben. In allen Fällen wirkt dem die Diffusion entgegen. Die Konkurrenz zwischen der um den Auftrieb verminderten Zentrifugalkraft, also der effektiven Kraft (4.27), und der Diffusion führt zu einem Kompromiß der Teilchenverteilung, der wie bei (4.10) oder (4.23) durch ein Exponentialgesetz gegeben ist. Dort erschien im Exponenten die potentielle Energie pro Mol im Schwerefeld, $M_{mol}gh$ bzw. $M_{mol}gh \cdot (1-\rho_0/\rho)$. Welche Energie haben wir bei der Zentrifuge einzusetzen?

Denken Sie bei den folgenden Überlegungen der Einfachheit halber an den Fall $\rho_0 < \rho$; man kann sich überlegen, daß das Ergebnis (4.31) auch richtig ist für $\rho_0 > \rho$. Gelöste Makromoleküle oder sonstige Teilchen tragen aufgrund der Umlaufbewegung die kinetische Energie pro Mol

$$T_{mol}(r) = \frac{M_{mol}}{2} v^2 = \frac{M_{mol}}{2} \omega^2 r^2 \quad . \tag{4.28}$$

Da das Lösungsmittel (Index 0) die kinetische Energie pro Mol trägt

4.2 Zentrifugation

$$T^0_{mol}(r) = \frac{M^0_{mol}}{2} \omega^2 r^2 \qquad (4.29)$$

ergibt sich für die gelösten Moleküle ein "Überschuß" an kinetischer Energie pro Mol

$$\Delta T_{mol}(r) = T_{mol}(r) - T^0_{mol}(r) = \frac{1}{2}(M_{mol} - M^0_{mol})\omega^2 r^2$$

$$= \frac{1}{2} M_{mol}\left(1 - \frac{M^0_{mol}}{M_{mol}}\right)\omega^2 r^2 = \frac{1}{2} M_{mol}\left(1 - \frac{\rho_0}{\rho}\right)\omega^2 r^2 \quad . \qquad (4.30)$$

Sei a der äußere Radius des umgeschleuderten Zentrifugengefäßes, so haben im Abstand r umlaufende Moleküle die Möglichkeit, auf Kosten der die Zentrifuge antreibenden Energiequelle pro Mol die Energie $\Delta T(a) - \Delta T(r)$ hinzuzugewinnen, sie haben also die potentielle Energie pro Mol

$$V_{mol}(r) = \frac{1}{2} M_{mol}\left(1 - \frac{\rho_0}{\rho}\right)\omega^2 (a^2 - r^2) \quad . \qquad (4.31)$$

Damit ergibt sich für das Gleichgewicht zwischen Zentrifugalwirkung und Diffusion in Analogie zu (4.23) eine radiusabhängige Stoffmengenkonzentration (Mole der betreffenden Teilchen pro Volumen) c(r):

$$\boxed{c(r) = c(a) \exp\left[-\frac{1}{RT}\frac{1}{2}M_{mol}\left(1 - \frac{\rho_0}{\rho}\right)\omega^2(a^2 - r^2)\right]} \quad . \qquad (4.32)$$

Dieses *Sedimentationsgleichgewicht in der Zentrifuge* ist graphisch angedeutet in Abb.4.11. Bestimmt man c(r) experimentell in der Zentrifuge, so erlaubt der Vergleich des Meßergebnisses mit (4.32) die Berechnung der molaren Masse M_{mol} und damit die Berechnung der Masse $m = M_{mol}/N_A$ der zentrifugierten Teilchen. Mit M_{mol} in der Einheit kg/mol bzw. g/mol ergibt sich die Masse m der Teilchen in kg bzw. g.

Da die so ermittelten Teilchenmassen stets sehr klein sind (im Bereich von 10^{-20} bis 10^{-26} kg), zieht man es oft vor, sie in einer anderen Einheit, der atomaren Masseneinheit

$$u = \frac{g}{6{,}02205 \cdot 10^{23}} = 1{,}66056 \cdot 10^{-27} \text{ kg} \qquad (4.33)$$

anzugeben, da sich dann Zahlenwerte im Bereich 10 bis 10^6 ergeben. Diese atomare Masseneinheit wird in Kapitel 6 (Kernphysik) noch einmal besprochen werden (siehe auch Anhang B). Da die Zahl im Nenner bei (4.33) die Avogadro-Zahl ist, gilt folgender einfacher Sachverhalt: der Zahlenwert der Teilchenmasse in der Einheit u ist gleich dem Zahlenwert der molaren Masse in der Einheit g/mol (der Zahlenwert selbst heißt auch relative Molekülmasse, in älteren Büchern "Molekulargewicht").

Die beschriebene Anwendung der Zentrifuge nennt man *analytisch*: es wird etwas analysiert, gemessen.

Eine präparative Anwendung ist die Zentrifugation im Dichtegradienten (*Gradientenmethode*). Es wird dabei ein "Lösungsmittel" mit von innen nach außen zunehmender Dichte $\rho(r)$ verwendet (z.B. 10-60% Sacharose in Wasser). Dann strebt ein Teilchen mit Dichte ρ aufgrund der Kraft (4.27)

$$F_{eff}(r) = r\omega^2 m\left(1 - \frac{\rho_0(r)}{\rho}\right) \tag{4.34}$$

dem Orte r zu, wo $\rho = \rho_0(r)$ ist. Ist es zunächst weiter innen, so ist dort $\rho > \rho_0$: das Teilchen wird nach außen getrieben. Ist es aber zunächst weiter außen, so ist dort $\rho < \rho_0$: F_{eff} ist negativ und das Teilchen wird nach innen getrieben, bis es den Ort r mit $\rho = \rho_0(r)$ erreicht hat. Dies ist völlig analog zu dem in Abschnitt 4.1.4 beschriebenen Verhalten eines Luftballons, der solange steigt, bis er eine Höhe h erreicht hat, in der die Dichte $\rho_0(h)$ der Luft mit der Dichte seiner Füllung übereinstimmt.

Die Teilchen in der Zentrifuge sind jedoch viel kleiner als Luftballone und werden deshalb auch noch durch die Diffusion chaotisch herumgetrieben. Deshalb halten sich Teilchen einer bestimmten Dichte nicht exakt beim idealen (durch $\rho=\rho_0(r)$ gegebenen) Radius r auf, sondern in einem Intervall um dieses r. Die Konkurrenz zwischen der Kraft (4.34) und der Diffusion verläuft jetzt so, daß jene die Teilchen zum Radius r treibt, die Diffusion sie aber immer wieder wegtreibt. Da man zu präparativen Zwecken die Teilchen bestimmter Dichte in jeweils einem bestimmten Bezirk sammeln möchte, ist die Wirkung der Diffusion (im Gegensatz zur analytischen Anwendung der Zentrifuge) äußerst unerwünscht. Durch möglichst hohe Umlaufgeschwindigkeiten wird man die Wirkung von (4.34) gegenüber der Diffusion stärken, also

$$\frac{1}{RT} \frac{1}{2} M_{mol}\left(1 - \frac{\rho_0}{\rho}\right)\omega^2 r^2 \gg 1 \quad . \tag{4.35}$$

Wir halten fest: Die Zentrifugation im Dichtegradienten erlaubt, eine Mischung von Molekülen oder Membranbruchstücken in Fraktionen unterschiedlicher Dichte ρ präparativ aufzutrennen.

4.2.3 Zeitlicher Ablauf der Sedimentation

Im vorigen Abschnitt haben wir behandelt, wie die endgültige (also die Gleichgewichts-) Verteilung von Partikeln nach genügend langer Zentrifugation aussieht. Häufig muß man mehrere Tage lang zentrifugieren, bis diese erreicht ist. Man kann eventuell schneller Ergebnisse erhalten, wenn man Kenntnisse über den Zeitablauf der Sedimentation zur Messung der interessierenden Größe ausnutzt. Dies nutzen die *dynamischen Methoden*.

Der Bewegungsablauf der Sedimentation folgt natürlich dem Newtonschen Grundgesetz (3.14). Als Kräfte auf ein suspendiertes oder gelöstes Teilchen wirken die Zentrifugalkraft und der Auftrieb [zusammengefaßt in (4.27) oder (4.34)] sowie eine Reibungskraft, die wir wie in Abschnitt 3.6.1 [siehe Gl. (3.68)] als $-f\vec{v}$ ansetzen können mit einem für die Zentrifugenflüssigkeit charakteristischen Reibungskoeffizienten f

$$m\vec{a} = \vec{F}_{eff} - f\vec{v} \quad . \tag{4.36}$$

Im stationären Zustand, d.h. wenn anfängliche Beschleunigungsvorgänge abgeklungen sind, also $\vec{a} = 0$ ist [siehe wiederum Abschn. 3.6.1 und Gl.(3.70)], ist demnach

$$f \cdot \vec{v} = \vec{F}_{eff}$$

$$\boxed{f \cdot v = r\omega^2 m \left(1 - \frac{\rho_0}{\rho}\right)} \quad . \tag{4.37}$$

Mißt man die sogenannte *Sedimentationskonstante*

$$S = \frac{v}{r\omega^2} \quad , \tag{4.38}$$

so kann man gemäß (4.37) die Masse der Partikel (bei Molekülen die Molekülmasse) berechnen

$$m = \frac{fS}{1-\rho_0/\rho} \quad . \tag{4.39}$$

S wird häufig in Svedberg = 10^{-13} s angegeben. Die Messung geschieht meist so, daß man zu Beginn des Experimentes die Partikel (Moleküle) auf die Oberfläche des Lösungsmittel bringt und durch Beobachtung des Wanderns dieser Schicht durch das Lösungsmittel die Geschwindigkeit v bestimmt.

Die dynamische Methode der Bestimmung der Teilchenmasse aus der Sedimentationsgeschwindigkeit v kann bei hinreichend schweren Teilchen anstatt in der

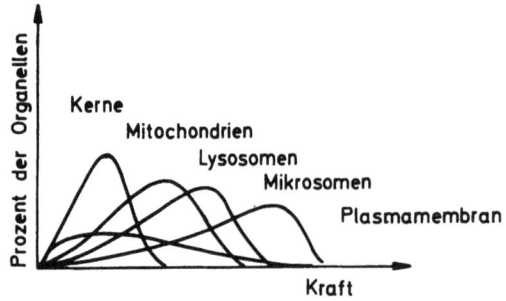

Abb. 4.11. Separation der Organellen durch differentielle Zentrifugation

Zentrifuge auch im Schwerefeld angewandt werden (z.B. Blutsenkung); denn im Schwerefeld tritt mg an die Stelle von $r\omega^2 m$ in (4.37): was bei leichteren Teilchen durch hohes ω in der Zentrifuge bewirkt wird, macht bei schweren Teilchen die Masse trotz Kleinheit von g.

Auch die *präparative Fraktionierung* von verschieden großen Zellbestandteilen kann alternativ zur Gradientenmethode (Abschn.4.2.2) dynamisch vorgenommen werden mit Hilfe der *Differentialzentrifugation*. Schreiben wir statt (4.37)

$$f \cdot v = r\omega^2(m-m_0) , \qquad (4.40)$$

wobei m_0 die Masse der verdrängten Flüssigkeit ist [vergleiche (4.22)], so sehen wir, daß die schwersten Massen mit der größten Geschwindigkeit laufen. Nimmt man an, daß die Dichte verschiedener Zellbruchstücke nicht sehr verschieden ist, so laufen die größten Bruchstücke am schnellsten, die kleinsten am langsamsten. Zellkerne als die größten der eukaryotischen Organellen kommen zuerst am Boden des Zentrifugengefäßes an und können abgetrennt werden. Dann wird (mit erhöhter Geschwindigkeit ω, somit erhöhter Zentrifugalkraft) weiter zentrifugiert, es kommen die Mitochondrien, Lysosomen, Mikrosomen (Abb.4.11).

4.2.4 Zusammenfassung

Wir haben zunächst den Begriff der Zentrifugalkraft kennengelernt, um dann mit dessen Hilfe die Sedimentationsformel für das Schwerefeld auf das Sedimentationsgleichgewicht in der Zentrifuge zu übertragen. Wir haben vier Methoden der Zentrifugation kennengelernt:

Gleichgewichtsmethoden

- im Lösungsmittel konstanter Dichte wird aus der Exponentialverteilung gelöster oder suspendierter Teilchen deren Masse (Molekulargewicht) bestimmt

- im Lösungsmittel mit Dichtegradienten werden präparativ Teilchen verschiedener Masse an verschiedenen Orten angesammelt.

Dynamische Methoden

- aus der Geschwindigkeit, mit der die Teilchen unter Wirkung der Zentrifugalkraft ihrem Gleichgewichtsort zustreben, wird deren Masse (Molekulargewicht) bestimmt
- Teilchen (Zellbruchstücke, Organellen), die wegen verschiedener Massen verschieden schnell laufen und deshalb zu verschiedenen Zeiten am äußeren Rand der Zentrifuge ankommen, können dort sukzessive als "Fraktionen" verschiedenen Gewichtes präparativ entnommen werden.

4.2.5 Aufgaben

1) Berechnen Sie für eine Masse m, die mit $\omega = 10^4$ Hz auf einer Bahn vom Radius r = 10 cm umläuft, die Zentrifugalkraft. Vergleichen Sie das Ergebnis mit der Schwerkraft, welche diese Masse auf der Erdoberfläche erfährt.

2) Kann man DNS aus einem Zellkern mit ρ = 1,700 kg/l und aus Mitochondrien mit ρ = 1,707 kg/l mittels eines Zuckergradienten in einer Zentrifuge trennen? ($\rho_{Zucker} \approx 1,6$ kg/l)

3) Bei einer Zentrifugation von Pferdehämoglobin werde $S = 4,441 \cdot 10^{-13}$ s gemessen. Unter Benutzung von ρ_0 = 0,9982 kg/l (Wasser bei 20°C) und ρ = 1,335 kg/l sowie $f = 0,64 \cdot 10^{-10}$ kg/s berechne man die Molekülmasse in kg und in der atomaren Masseneinheit u (Anhang B).

4.3 Strömung von Flüssigkeiten

Die physikalische Teildisziplin "Hydrodynamik" kann für den Biologen in verschiedener Hinsicht von Bedeutung sein, z.B. auf die Strömung von Flüssigkeiten durch Gefäße und in der Ökologie auf die Strömung von Gewässern sowie auf die Mechanik des Schwimmens und Fliegens. Wir wollen hier die Grundbegriffe zusammenstellen, die man zur Beschreibung der Strömung von Flüssigkeiten braucht, und diese dann anwenden auf die Strömung im Blutkreislauf. Eine wichtige Formel von Stokes für den Reibungswiderstand von Körpern wird uns nützlich sein für das Verständnis von Meßmethoden (Elektrophorese). Den Abschluß des Kapitels bilden einige Bemerkungen zur Turbulenz.

4.3.1 Geschwindigkeitsfeld. Stromdichte. Kontinuitätsgleichung

Wir können für die meisten praktischen Zwecke in guter Näherung annehmen, daß Flüssigkeiten inkompressibel sind, d.h. ihre Dichte ρ konstant ist und nicht vom Druck abhängt. Die Bewegung der Flüssigkeit wird an jedem Ort $\vec{r}$ durch eine Geschwindigkeit $\vec{v}(\vec{r})$ beschrieben, die angibt, wie schnell sich die Teilchen der Flüssigkeit dort bewegen. Das Vektorfeld $\vec{v}(\vec{r})$ heißt *Geschwindigkeitsfeld*. Multiplizieren wir die Teilchengeschwindigkeit $\vec{v}(\vec{r})$ mit der Teilchendichte N/V, so erhalten wir die *Stromdichte* $\vec{j}$

$$\vec{j}(\vec{r}) = \frac{N}{V} \vec{v}(\vec{r}) \tag{4.41}$$

zu messen beispielsweise in $m^{-2} s^{-1}$. $\vec{j}(\vec{r})$ ist wie $\vec{v}(\vec{r})$ ein Vektorfeld. Strömt eine Flüssigkeit mit überall gleicher Stromdichte j durch ein Rohr mit Querschnitt A, so ist der gesamte Teilchenstrom I

$$I = Aj \tag{4.42}$$

zu messen etwa in s^{-1}. I gibt die Anzahl der Teilchen, die pro Zeit durch die Querschnittsfläche A treten.

Wir betrachten nun ein Rohr mit veränderlichem Querschnitt, etwa wie in Abb.4.12. Da nirgends im Rohr Materie hinzukommen oder verschwinden kann

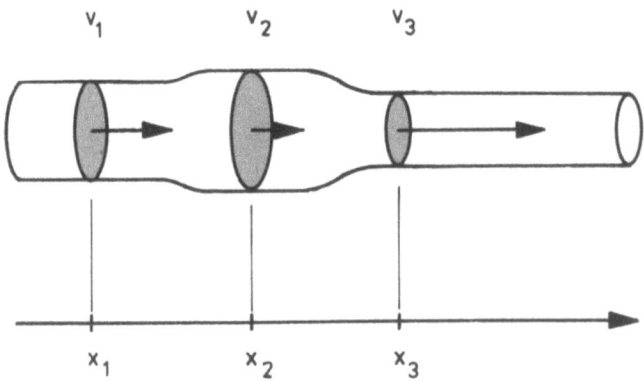

Abb. 4.12. Strömung in einem Rohr mit verschiedenen Durchmessern. Wo die Querschnittsfläche am größten ist, ist die Geschwindigkeit am kleinsten

4.3 Strömung von Flüssigkeiten

(Erhaltung der Materie), muß der Teilchenstrom I(x) überall entlang des Rohres derselbe sein, also die *Kontinuitätsgleichung* gelten

$$I(x) = \text{const.} \tag{4.43}$$

z.B. für drei herausgegriffene Orte x_1, x_2, x_3

$$I(x_1) = I(x_2) = I(x_3)$$
$$A_1 j(x_1) = A_2 j(x_2) = A_3 j(x_3) \quad . \tag{4.44}$$

Wegen (4.41) folgt für eine inkompressible Flüssigkeit mit konstanter Teilchendichte N/V = const., daß sie *an engen Stellen schnell, an weiten Stellen langsam* strömen muß:

$$\boxed{v_1 : v_2 : v_3 = \frac{1}{A_1} : \frac{1}{A_2} : \frac{1}{A_3}} \quad . \tag{4.45}$$

Beim Übergang z.B. vom weiten zum engen Querschnitt muß die Flüssigkeit beschleunigt werden, wozu nach dem Newtonschen Grundgesetz der Mechanik eine Kraft nötig ist. Wir vermuten deshalb, daß zwischen Stellen verschiedenen Querschnitts ein Druckunterschied vorhanden sein muß als Ursache der Beschleunigung (bzw. Verzögerung). Den quantitativen Zusammenhang zwischen Druck p(x) und Geschwindigkeit v(x) stellen wir im nächsten Abschnitt her.

Für den *Blutkreislauf* ergibt sich aus (4.45) folgende Aussage:

1) Da der Gesamtquerschnitt von der Aorta über die Arterien bis zu den Kapillaren infolge fortlaufender Verzweigung zunimmt, und dann über die Venen wieder abnimmt, ist gemäß (4.45) die Geschwindigkeit in der Aorta am größten (ca. 500 mm/s), in den Kapillaren am kleinsten (ca. 1 mm/s), siehe Kurve c in Abb.4.16.

Weitere Aussagen über den Blutkreislauf werden wir in Abschnitt 4.3.3 machen können.

4.3.2 Bernoullische Gleichung

Wir erinnern uns an die Definition der kinetischen Energie (3.38) und erkennen, daß mit der strömenden Flüssigkeit in einem Volumen V mit Masse M = ρV eine kinetische Energie T_V verbunden sein muß

$$T_V = \frac{\rho V}{2} v^2(x) \quad . \tag{4.46}$$

Die Zu- oder Abnahme der kinetischen Energie erfolgt durch Arbeit ΔW, die der Druck leistet. Wir betrachten speziell eine Flüssigkeitsmenge der Masse M = ρV, die von einem weiten Rohr in ein enges tritt (Abb.4.12 rechts) und schreiben für eine mögliche Druckdifferenz p_2-p_3. Sei das Volumen V ein Zylinder (oder Quader) mit Querschnitt a und Länge $V/a = v_2 \Delta t$, wo Δt genau die Zeit ist, welche der Quader bei Bewegung mit der Geschwindigkeit v_2 braucht, um vom weiten Rohr ins enge Rohr zu treten. Auf dem Wege $v_2 \Delta t = V/a$ wird von der Druckdifferenz nach (3.42) (Arbeit=Kraft mal Weg) die Arbeit geleistet

$$\Delta W = a(p_2-p_3)\frac{V}{a} = (p_2-p_3)V \quad . \tag{4.47}$$

Diese muß gleich der Zunahme der kinetischen Energie sein

$$(p_2-p_3)V = \frac{\rho V}{2} v_3^2 - \frac{\rho V}{2} v_2^2 \tag{4.48}$$

also

$$p_2 + \frac{\rho}{2} v_2^2 = p_3 + \frac{\rho}{2} v_3^2 \quad . \tag{4.49}$$

Da diese Überlegung überall in der gleichen Weise angewandt werden kann, folgt die *Bernoullische Gleichung*

$$\boxed{p(x) + \frac{\rho}{2} v^2(x) = \text{const.}} \quad , \tag{4.50}$$

d.h. die Summe ist unabhängig vom Orte x entlang des ganzen Rohres. Gl.(4.50) ist, wie die Ableitung zeigt, Ausdruck der Energieerhaltung und gibt den quantitativen Zusammenhang zwischen Druck und Geschwindigkeit in einer reibungsfreien (sogenannten idealen) Flüssigkeit an. Bei Anwesenheit von Reibung muß (4.50) um "Reibungsverluste" ergänzt werden, damit auch dann der Energieerhaltungssatz nicht verletzt ist.

Für den Blutkreislauf könnte man aus (4.50) folgern, daß mit zunehmender Verzweigung und damit abnehmender Geschwindigkeit von der Aorta zu den Kapillaren der Druck zunehmen müßte. Diese Druckzunahme wird aber von einer Druckabnahme infolge Reibung überlagert, die im nächsten Abschnitt besprochen werden soll.

4.3.3 Viskosität. Laminare Strömung

Bei vielen Strömungsvorgängen geht kinetische Energie durch Reibung "verloren", indem sie in innere Energie U der Flüssigkeit (Energie der sich ungeordnet

4.3 Strömung von Flüssigkeiten

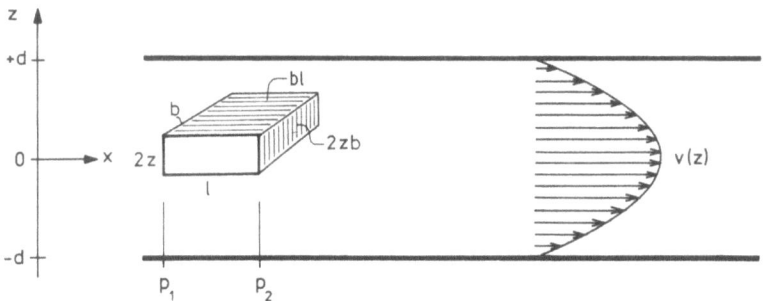

Abb. 4.13. Laminare Strömung einer Flüssigkeit zwischen planparallelen Platten

bewegenden molekularen Bausteine) umgewandelt wird, wobei die Flüssigkeit sich erwärmt ("Reibungswärme". Überlegen Sie sich die Analogie zur "Jouleschen Wärme"!). Man kann auch sagen, die kinetische Energie der makroskopischen Bewegung *dissipiert* in die Energie der unzähligen mikroskopischen Bewegungsabläufe.

Man unterscheidet zwischen Reibung an der Grenzfläche zwischen Flüssigkeit und festen Körpern (z.B. Rohrwänden) und der sogenannten *inneren Reibung* in der Flüssigkeit selbst. Letztere wird folgendermaßen quantitativ beschrieben. Wir betrachten eine Strömung in x-Richtung, deren Geschwindigkeit v eine Funktion der Koordinate z ist, also v = v(z). Ein spezielles Beispiel zeigt Abb.4.13. Dann wirkt in einer Ebene z = const eine *tangentiale* Reibungskraft F_x in x-Richtung. Für die Kraft F_x pro Fläche b·l schreiben wir P_x; für P_x gilt erfahrungsgemäß

$$P_x = -\eta \frac{dv(z)}{dz} \quad ; \tag{4.51}$$

dv/dz ist die Ableitung der Geschwindigkeit nach der Koordinate z, also die Änderung der Geschwindigkeit v mit der Höhe z. Die *Viskosität* (oder Zähigkeit) η ist eine Materialkonstante, welche die Stärke der inneren Reibung beschreibt. Beispielsweise ist für Wasser bei 20°C die Viskosität $\eta = 10^{-3}$ Ns/m^2 = 10^{-3} Pa·s (eine veraltete Einheit ist die Poise = 0,1 Pa·s). Mit steigender Temperatur nimmt die Zähigkeit ab.

Eine Strömung, in der die benachbarten Flüssigkeitsschichten zwar verschiedene Geschwindigkeiten haben können, aber ohne Verwirbelungen oder "Turbulenzen" nebeneinander hergleiten, heißt *laminare Strömung*. Nur für solche Strömungen gilt (4.51). Auf turbulente Strömungen kommen wir im Abschnitt 4.3.5 zu sprechen.

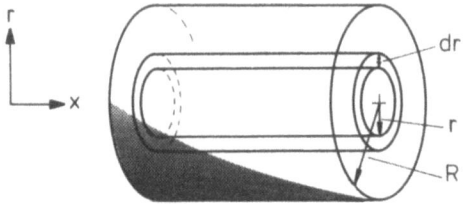

Abb. 4.14. Strömung durch ein Rohr mit kreisförmigem Querschnitt. Dem Quader in Abb.4.13 entspricht hier das Rohr mit dem Radius r und der Wandstärke dr

Als Beispiel einer laminaren Strömung und als Anwendung von (4.51) behandeln wir zunächst die Strömung einer viskosen Flüssigkeit zwischen zwei planparallelen Platten (Abb.4.13). Betrachten wir einen Quader mit Seitenlängen b, l, 2z, so erhalten wir gemäß (4.51) an der oberen und unteren Fläche die gleiche Reibungskraft $F_x = -bl\eta dv(z)/dz$, zusammen also $-2bl\eta dv(z)/dz$. Diese tangentiale Kraft F_x muß — soll keine Beschleunigung oder Verzögerung in x-Richtung erfolgen — gerade von der durch die Druckdifferenz p_2-p_1 verursachten, ebenfalls in x-Richtung wirkenden Kraft $2zb(p_2-p_1)$ kompensiert werden:

$$2zb(p_2-p_1) = -2bl\eta \frac{dv(z)}{dz} \quad , \tag{4.52}$$

d.h. die Geschwindigkeitsänderung dv/dz ist proportional zur Höhe z. Durch Integration (bei etwas fortgeschrittenen Mathematikkenntnissen können Sie diese selbst durchführen!) erhalten wir daraus v(z). Zur Festlegung der Integrationskonstanten machen wir eine Annahme über die Randbedingung, nämlich Haften der Randschicht an den Platten, $v(\pm d) = 0$. Dann ergibt sich folgendes parabelförmiges Geschwindigkeitsprofil

$$v(z) = \frac{p_1-p_2}{2\eta l} (d^2-z^2) \quad . \tag{4.53}$$

$(p_1-p_2)/l = dp(x)/dx$ ist das Druckgefälle, also

$$v(z) = \frac{1}{2\eta} \frac{dp}{dx} (d^2-z^2) \quad . \tag{4.54}$$

Strömung zwischen Platten ist nicht von biologischer Bedeutung. Wir haben sie nur besprochen zur Vorbereitung der Behandlung der Strömung in Rohren, die mathematisch leider ein klein wenig schwieriger ist.

Für viele Anwendungen (Pipelines, Blutgefäße, Atemwege) wichtig ist die Strömung in einem kreiszylindrischen Rohr (Abb.4.14). In diesem Falle wird an die Stelle der Variable z die Radialkoordinate r treten und statt (4.52) haben wir zu integrieren

4.3 Strömung von Flüssigkeiten

$$r^2\pi(p_2-p_1) = -2r\pi l\eta \frac{dv(r)}{dr} \quad . \tag{4.55}$$

Auch dies können Sie evtl. selber durchführen, und Sie erhalten unter der Bedingung des Haftens der Randschicht an der Rohrwand, $v_x(R) = 0$, das Ergebnis

$$v(r) = \frac{p_1-p_2}{4\eta l}(R^2-r^2) \quad . \tag{4.56}$$

Die durch das Rohr in der Zeit t strömende Flüssigkeitsmenge V ist

$$V = \int_0^R v(r)t 2r\pi dr = \frac{\pi R^4(p_1-p_2)t}{8\eta l} \quad . \tag{4.57}$$

Dies ist das *Hagen-Poiseuillesche Gesetz*. Es besagt, daß die durchströmende Flüssigkeitsmenge V

- umgekehrt proportional zur Viskosität η der Flüssigkeit ist,
- proportional zur Meßzeit t ist,
- proportional zur 4. Potenz des Rohrradius R ist,
- proportional zum Druckgefälle $(p_1-p_2)/l$ ist.

Strömung viskoser Flüssigkeiten kann also im Gegensatz zur Strömung idealer Flüssigkeiten (Abschn.4.3.2) nur stattfinden, wenn ein Druckgefälle vorhanden ist. Der Druckunterschied (p_1-p_2) bedeutet für den Rohrquerschnitt eine Kraft $R^2\pi(p_1-p_2)$, die bei stationärer Strömung (keine Beschleunigung) gerade durch den "Reibungswiderstand"

$$W = R^2\pi(p_1-p_2) = \frac{8\eta lV}{R^2 t} = 8\pi\eta l\bar{v} \tag{4.58}$$

kompensiert werden muß, wo $\bar{v} = (1/R^2\pi)V/t$ die mittlere Strömungsgeschwindigkeit ist. Reibungswiderstand bedeutet, wie schon weiter oben gesagt, daß kinetische Energie der Strömung als "Reibungswärme" in innere Energie U umgewandelt wird.

Wir behandeln noch zwei Anwendungen. Die erste ist das Viskosimeter und eine damit verbundene Methode der *Molekülmassenbestimmung*. Das Hagen-Poiseuillesche Gesetz kann zu einer Messung der Viskosität benutzt werden (Viskosimeter, Abb.4.15), indem man das Flüssigkeitsvolumen V mißt, das unter Wirkung einer Druckdifferenz p_1-p_2 in einer Zeit t durch ein Rohr bekannter Dimensionen (R,l) strömt. Die Viskosität einer Lösung ist abhängig von der Molekülmasse ("Molekulargewicht") der gelösten Moleküle. Wenngleich kein allgemeingültiges Gesetz für diese Abhängigkeit bekannt ist, gibt es doch eine Reihe von empirisch ermittelten Faustformeln, die in Handbüchern der Biochemie

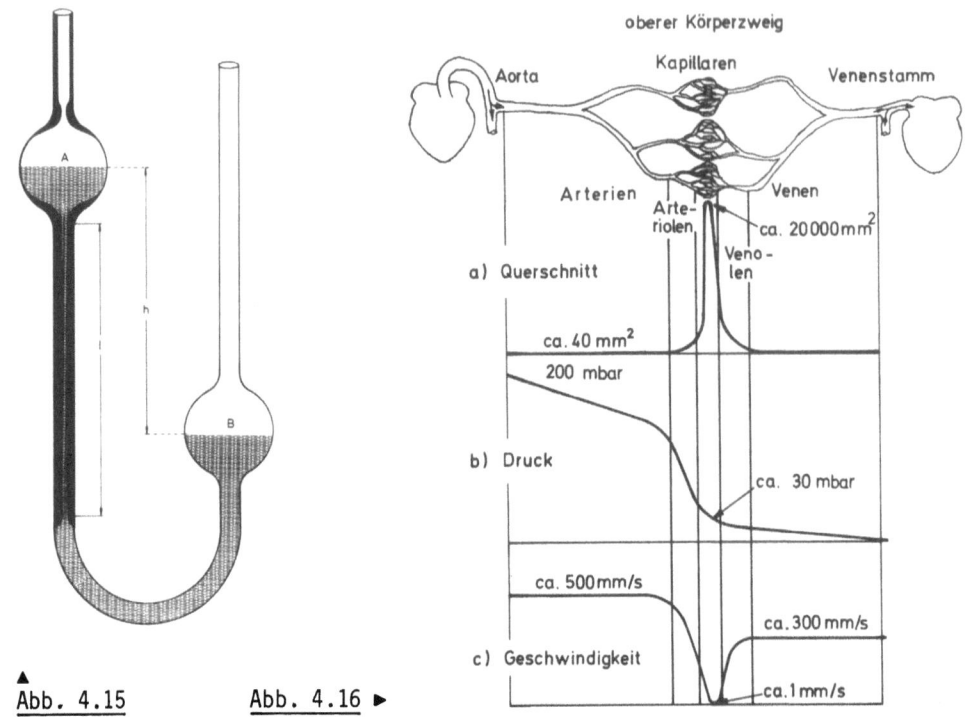

Abb. 4.15.   Abb. 4.16. ▶

Abb. 4.15. Viskosimeter. Gemessen wird die Zeit t, in der ein Flüssigkeitsvolumen V unter der Druckdifferenz ϱgh im Schwerefeld durch ein Rohr strömt (ϱ=Dichte der Flüssigkeit); l ist die Länge des engen Rohres, das wegen der Kleinheit von R gemäß (4.58) den ganz überwiegenden Beitrag zum Reibungswiderstand der ganzen Anordnung liefert

Abb. 4.16. Querschnitt, Druck und Geschwindigkeit im Blutkreislauf des Menschen (oberer Körperzweig)

zu finden sind, und die eine Bestimmung der Molekülmasse mit dem Viskosimeter ermöglichen.

Die Kenntnis der Viskosität von Flüssigkeiten kann auch in anderer Hinsicht wichtig sein. Beispielsweise erlaubt sie, mit Hilfe des Stokesschen Gesetzes (4.61), das wir im Abschnitt 4.3.4 kennenlernen werden, Reibungskoeffizienten f zu berechnen, die wiederum für die Auswertung von Sedimentationsmessungen bekannt sein müssen.

Die zweite Anwendung ist der *Blutkreislauf*. Zur Aussage 1) am Ende von Abschnitt 4.3.1 können wir jetzt noch eine Aussage hinzufügen:

2) Das Bernoullische Gesetz idealer Flüssigkeiten sagt zwar eine Druckzunahme von der Aorta zu den Kapillaren voraus. Diese wird jedoch durch den Druckabfall gemäß (4.58)

$$\frac{\Delta p}{l} = \frac{8\eta \bar{v}}{R^2} \tag{4.59}$$

kompensiert. Gl.(4.59) zeigt, daß der Druckabfall umso stärker ist, je kleiner der Radius R ist. Den kleinsten Radius haben die Kapillaren. Da jedoch in (4.59) auch die Strömungsgeschwindigkeit $\bar{v}$ eingeht, ergibt sich der stärkste Druckabfall tatsächlich in den Arteriolen (Kurve b von Abb. 4.16), da dort die Geschwindigkeit noch wesentlich höher als in den Kapillaren ist.

4.3.4 Reibungswiderstand von Körpern

Für das Phänomen der Reibung kommt es nur auf die Relativbewegung zwischen der strömenden Flüssigkeit und einem diese Strömung behindernden Körper an; bei (4.58) war dieser Körper die Rohrwand der Länge l. Ähnlich kann man den Reibungswiderstand anderer Körper berechnen, die entweder von einer laminaren Strömung umspült werden oder durch eine Flüssigkeit gezogen werden, die in größerem Abstand von diesem Körper ruht. Für die Strömung um eine Kugel (Radius: R) ergibt sich das Stromlinienbild der Abb.4.17a und ein Reibungswiderstand (*Stokessches Gesetz*)

$$W = 6\pi\eta Rv \,, \tag{4.60}$$

worin v die Strömungsgeschwindigkeit in größerem Abstand von der Kugel ist, wo die Stromlinien parallel verlaufen. Gl.(4.60) stellt auch die Kraft dar, die aufgewendet werden muß, um die Kugel mit der Geschwindigkeit v durch eine ruhende Flüssigkeit zu ziehen. Damit ist (4.60) auch die bremsende Kraft,

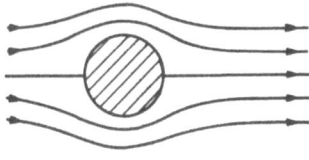

a

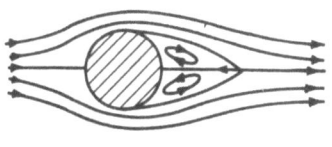

b

Abb. 4.17. a) Eine Kugel wird laminar von einer Flüssigkeit umströmt. b) Bei höheren Geschwindigkeiten bilden sich Wirbel, die den Strömungswiderstand erhöhen

die auf ein diffundierendes Makromolekül (kugelförmig angenommen) vom Lösungsmittel ausgeübt wird. In (3.68) und (4.36) haben wir f·v für den Reibungswiderstand W geschrieben. Durch Vergleich mit (4.60) sehen wir, daß für ein näherungsweise kugelförmiges Teilchen der Reibungskoeffizient f in folgender Weise mit der Zähigkeit zusammenhängt

$$f = 6\pi\eta R \quad . \tag{4.61}$$

Den Reibungskoeffizienten f muß man kennen, um Sedimentationsmessungen (z.B. Aufgabe 3 von Abschnitt 4.2.5) auswerten zu können. Er ist im allgemeinen nicht direkt meßbar, sondern kann beispielsweise mit Hilfe von (4.61) aus der Viskosität berechnet werden (eine andere Möglichkeit, ihn nämlich aus der Diffusionskonstante zu berechnen, werden wir im Kapitel 8 kennenlernen).

Eine andere wichtige Anwendung des Reibungswiderstandes ist die Identifizierung von Molekülen durch *Elektrophorese*. Die Bewegung von Molekülen durch Flüssigkeiten in einem externen Kraftfeld $\vec{F}_{ex}$ wird im stationären Zustand durch (3.70) bestimmt:

$$f\vec{v} = \vec{F}_{ex} \quad . \tag{4.62}$$

Wir haben diese Gleichung schon in Abschnitt 4.2.3 benutzt, wo als $\vec{F}_{ex}$ die Zentrifugalkraft oder die Schwerkraft auftrat. Handelt es sich um die Bewegung von Molekülionen (geladenen Molekülen) durch eine Flüssigkeit (elektrolytische Lösung) unter der Wirkung eines elektrischen Feldes $\vec{E}$, so ist für $\vec{F}_{ex}$ die Coulomb-Kraft zu setzen, $\vec{F}_{ex} = q\vec{E}$, wo q die Ladung des Molekülions ist. Betrachten wir die Bewegung nur in einer Richtung (etwa x-Richtung), so ergibt sich aus (4.61,62)

$$v = \frac{qE}{6\pi\eta R} \quad . \tag{4.63}$$

Mißt man die Geschwindigkeit v der Molekülionen, so sollte sie proportional zur Feldstärke E sein, und man gibt deshalb meist die *Beweglichkeit* u an

$$u = \frac{v}{E} = \frac{q}{6\pi\eta R} \quad ; \tag{4.64}$$

u wird gemessen beispielsweise in m^2/Vs. Da die Ladung q von Molekülionen (z.B. von Aminosäuren und anderen biologisch wichtigen Gruppen) eine Funktion des pH-Wertes ist, muß bei Messungen der Beweglichkeit unbedingt der pH-Wert angegeben werden. Beweglichkeiten von Biomolekülen sind in Abb.4.18 angegeben.

4.3 Strömung von Flüssigkeiten

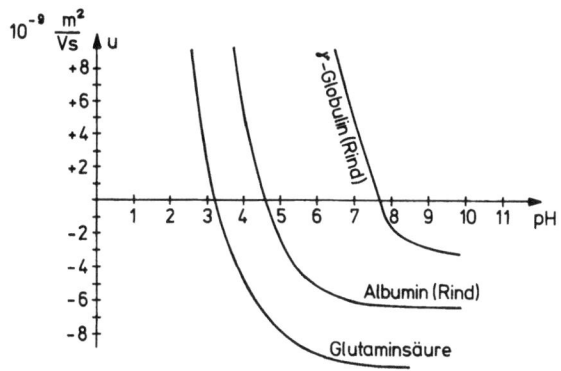

Abb. 4.18. Beweglichkeit einiger Biomoleküle bei verschiedenen pH-Werten (nach Laskowski und Pohlit)

Positive Beweglichkeit bedeutet positive Ladung, negative Beweglichkeit negative Ladung. Die Durchführung elektrophoretischer Messungen wird meist nicht in freier Lösung durchgeführt, sondern man läßt die Moleküle in einem mit Puffer getränkten Filterpapier wandern, an das eine Spannung angelegt ist. Wird das zu untersuchende Molekülgemisch an einem Ende aufgegeben, so wandern verschiedene Molekülfraktionen unterschiedlich schnell und können getrennt und identifiziert werden.

4.3.5 Ähnlichkeitsgesetze. Turbulenz

Da die Reibungswiderstände von komplizierter geformten Körpern (z.B. Flugzeugtragflächen, Vogel- oder Fischkörpern) nicht berechnet werden können, bleibt dafür nur die experimentelle Bestimmung. Hier kommt zu Hilfe, daß das Ergebnis von (mathematisch) ähnlichen Modellen gleich ist, wenn die *Reynolds-Zahl*

$$Re = \frac{\rho L v}{\eta} \qquad (4.65)$$

die gleiche ist, so daß man die Messung anstatt am Originalkörper auch an einem Modell ausführen kann (ρ: Dichte, η: Viskosität und v: Geschwindigkeit der Flüssigkeit gegenüber dem Körper, L: Lineardimension des Körpers, jeweils für das Originalsystem bzw. das Modellsystem).

Die Reynolds-Zahl ist darüber hinaus noch von Bedeutung für den Umschlag von laminarer in *turbulente Strömung*. Wird nämlich für eine Strömung in geraden Rohren (Radius R) die Reynolds-Zahl

$$Re = \frac{\rho R v}{\eta} > 1200 \quad , \qquad (4.66)$$

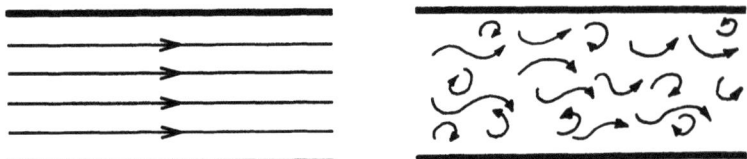

Abb. 4.19. Stromlinienbild einer laminaren (links) und einer turbulenten (rechts) Strömung in einem Rohr (schematisch)

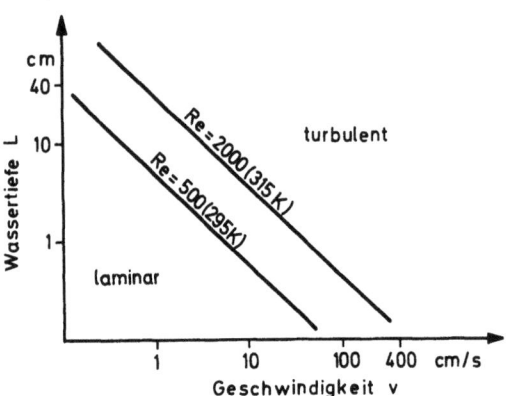

Abb. 4.20. Laminare und turbulente Strömung in Flüssigkeiten über ebenem Grund, z.B. in Flüssen. Unterhalb der Grenzgeraden Re = 500 ist bei ca. 20°C die Strömung laminar, darüber turbulent

so schlägt die laminare Strömungsform mit parallelen Stromlinien (Abb.4.19) um in eine Strömungsform mit vielen kleinen Wirbeln, wobei der Reibungswiderstand gegenüber (4.58) schlagartig zunimmt. Die lokale Strömungsgeschwindigkeit v schwankt bei turbulenter Strömung sehr stark nach Größe und Richtung, eine zeitlich gemittelte Geschwindigkeit ist annähernd konstant fast über den ganzen Rohrquerschnitt und fällt erst in unmittelbarer Nähe der Gefäßwand steil ab (im Gegensatz zum parabelförmigen Geschwindigkeitsprofil bei laminarer Strömung, Abb.4.13). 1200 ist die kritische Reynolds-Zahl für lange gerade Rohre. Für andere Formen der Strömungsgefäße (z.B. auch Verzweigungen) sind die kritischen Werte etwas anderes.

Da η im Nenner von (4.66) steht, wird die Strömung gerade von Flüssigkeiten mit kleiner Viskosität (wenig innere Reibung) schon bei kleinen Radien R turbulent. Für Strömungsvorgänge in Organismen (Atmung, Blutkreislauf) ist die laminare Strömung wegen des geringen Reibungswiderstandes von Vorteil. Bei operativen Erweiterungen der Luftwege, z.B. in der Nase, hat man darauf zu achten, daß man die Durchmesser nicht zu sehr vergrößert, da sonst Turbulenz einsetzt und man dadurch das Gegenteil dessen erreicht, was man erreichen will. Auch die Strömung des Blutes ist unter normalen Umständen laminar. Nur bei ungewöhnlich starken Einschnürungen kann es zu so hohen Strömungsgeschwindigkeiten kommen, daß die kritische Reynolds-Zahl überschritten wird und Tur-

4.3 Strömung von Flüssigkeiten

bulenz eintritt. Diese macht sich auch akustisch bemerkbar und kann mit dem Stethoskop festgestellt werden (Nonnensausen).

Bei der Strömung von Flüssigkeiten über ebenem Grund (z.B. natürliche Gewässer, Flüsse) erfolgt das Umschlagen in Turbulenz bei Reynolds-Zahlen >500 bei ca. 20°C (Temperaturabhängigkeit!). In Abhängigkeit von Geschwindigkeit und Wassertiefe liegt die Grenze zwischen laminarer und turbulenter Strömung wie in Abb.4.20 angegeben. Für den Transport von suspendiertem Material (z.B. Abfallstoffe in Flüssen) ist turbulente Strömungsform von Vorteil. Die Konzentration von suspendiertem Sediment im Wasser bleibt zeitlich konstant, wenn sich durch die Schwerkraft bedingtes Absinken und durch Turbulenz verursachter Transport nach oben die Waage halten.

4.3.6 Zusammenfassung

Wir haben gelernt, wie der Zustand eines strömenden Mediums durch Strömungsgeschwindigkeit, (Teilchen-)Stromdichte und Teilchenstrom charakterisiert werden kann. Als Gesetzmäßigkeiten des Strömungsvorgangs haben wir die Kontinuitätsgleichung (Erhaltung der Materie) und für reibungsfreie Strömung die Bernoullische Gleichung (Erhaltung der Energie) kennengelernt. Wir haben gesehen, wie bei laminarer Strömung die innere Reibung durch die Viskosität den Reibungswiderstand eines Körpers bestimmt (bei Kugeln: Stokessches Gesetz). Wir haben zum Abschluß einiges über Turbulenz erfahren.

Als Anwendungen der behandelten physikalischen Gesetzmäßigkeiten wurden besprochen

- Druck- und Geschwindigkeitsverteilung im Blutkreislauf;
- Viskositätsmessung mit Hilfe des Hagen-Poiseuilleschen Gesetzes. Aus der Viskosität von Lösungen kann
    - das Molekulargewicht gelöster Teilchen bestimmt werden,
    - mit Hilfe des Stokesschen Gesetzes der Reibungskoeffizient gelöster Teilchen bestimmt werden;
- Elektrophorese von Molekülionen zu analytischen und präparativen Zwecken;
- Transport bzw. Sedimentation suspendierten Materials in Gewässern.

4.3.7 Aufgaben

1) Welche der folgenden Aussagen sind richtig?
    A. Die Geschwindigkeit des Blutes nimmt von der Aorta zu den Kapillaren hin zu, da eine Kapillare geringeren Querschnitt hat als die Aorta.

B. Der Druck im Blutkreislauf nimmt von der Aorta zu den Kapillaren hin zu — wie es die Bernoullische Gleichung verlangt.

C. Der Druck auf der arteriellen Seite des Blutkreislaufs nimmt von der Aorta zu den Kapillaren hin ab — wegen des Reibungswiderstandes.

D. Nonnensausen kommt durch Turbulenzen im Blutkreislauf zustande.

E. Das Stokessche Gesetz besagt, daß die Reibungskraft umgekehrt proportional zur Viskosität ist.

F. Das Stokessche Gesetz besagt für den Reibungskoeffizienten $f = 6\pi\eta R$.

2) Wie groß ist bei pH = 4 und einer Feldstärke E = 10 kV/m die Geschwindigkeit von Rinder-Albumin bei der Elektrophorese? (Benütze Abb.4.18)

4.4 Deformation elastischer Materialien

Lebewesen und ihre Organe können unter dem Einfluß äußerer Einwirkungen ihre Form verändern. Diese Verformungen sind gewöhnlich elastischer Natur, d.h. daß sie beim Wegfall der äußeren Einwirkungen wieder verschwinden. Sie sollen hier die physikalischen Gesetze kennenlernen, die für solche Deformationen gelten. Als biologische Anwendung wird das Verhalten elastischer Gefäße behandelt.

4.4.1 Dehnungselastizität. Hookesches Gesetz

Ein Metalldraht erfährt bei Zug (z.B. durch Anbringen eines Gewichtes, siehe Abb.4.21) eine Längenänderung Δl, die, solange die Zugkraft nicht zu groß wird, proportional zur Zugkraft F ist. Man schreibt:

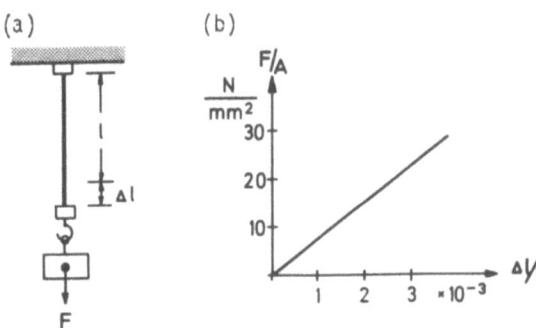

Abb. 4.21. Dehnungselastizität. (a) Versuchsanordnung. (b) Hookesches Gesetz: Die Längenänderung ist proportional zur Zugkraft

4.4 Deformation elastischer Materialien

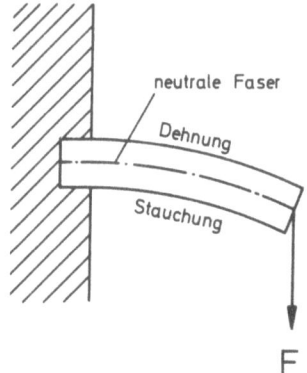

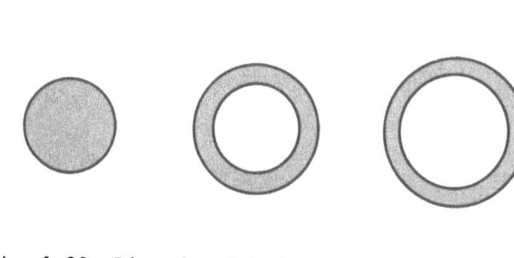

Abb. 4.22. Biegung eines Balkens

Abb. 4.23. Biegefestigkeit dreier Profile mit gleicher Querschnittsfläche. Von links nach rechts: einfache, dreifache und fünffache Biegefestigkeit

$$\frac{F}{A} = E \frac{\Delta l}{l} \tag{4.67}$$

(A: Querschnitt, l: Länge). Dies ist das Hookesche Gesetz. $\sigma = F/A$ heißt (Zug-) *Spannung* und wird wie ein Druck z.B. in N/m² = Pa gemessen. $\varepsilon = \Delta l/l$ heißt Verzerrung. Der *Elastizitätsmodul* E ist der Proportionalitätsfaktor zwischen Spannung und Verzerrung und ist für das untersuchte Material (z.B. Kupferdraht) charakteristisch (eine sogenannte Materialkonstante wie Viskosität, spezifischer Widerstand, Dielektrizitätskonstante, Brechzahl usw.).

Im Beispiel des Kupferdrahtes sind Spannung und relative Längenänderung an jeder Stelle dieselbe. Um auch Situationen beschreiben zu können, wo dies nicht mehr der Fall ist, führt man eine ortsabhängige Zug- oder Druckspannung (je nach Vorzeichen) $\sigma(\vec{r})$ und eine ortsabhängige Verzerrung $\varepsilon(\vec{r})$ ein, geht also zu einer Feldbeschreibung über, wobei das *Hookesche Gesetz* zu schreiben ist

$$\boxed{\sigma(\vec{r}) = E\varepsilon(\vec{r})} \quad . \tag{4.68}$$

Damit kann man beispielsweise die Biegung eines Balkens (Abb.4.22) durchrechnen, bei der man oberhalb einer "neutralen Faser" Dehnung und Zugspannung ($\sigma, \varepsilon > 0$) und unterhalb Stauchung und Druckspannung ($\sigma, \varepsilon < 0$) hat. Einzelheiten der Rechnung sollen hier nicht vorgeführt werden; nehmen Sie bei Bedarf ein Physikbuch zur Hand. Immerhin weisen wir darauf hin, daß das Problem von direkter biologischer Bedeutung sein kann im Hinblick auf das Biegeverhalten von Knochen, Baumstämmen, Grashalmen usw. Wir erwähnen, daß bei gleichem Materialaufwand Rohre sich weniger stark biegen als kompakte Stäbe (Abb.4.23).

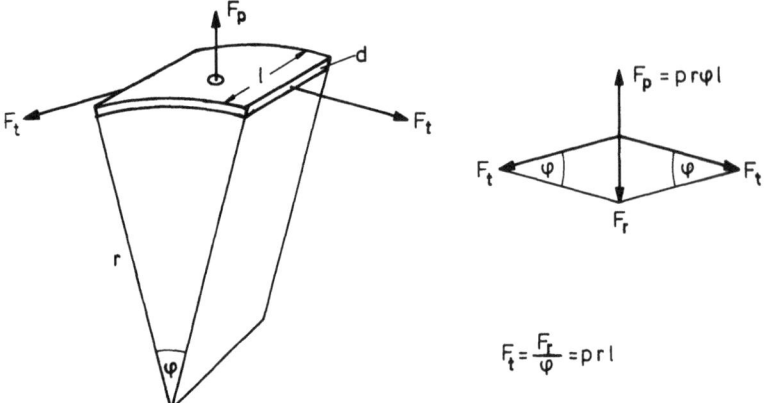

Abb. 4.24. Zur Ableitung des Gesetzes von Laplace. Links ein Ausschnitt des elastischen Gefäßes mit Druckkraft $\vec{F}_p$ und tangentialen Spannungskräften $\vec{F}_t$. Rechts das Kräfteparallelogramm zur Konstruktion der radialen Kraft $\vec{F}_r$, welche die Druckkraft $\vec{F}_p$ kompensiert

Wir wollen im Folgenden mit Hilfe des Hookeschen Gesetzes das Verhalten elastischer Gefäße (z.B. Blutgefäße) behandeln. In den Gefäßen befinde sich eine Flüssigkeit mit dem relativen Druck p gegenüber dem Außendruck (für Arterien $p \approx 1$ N/cm^2 = 10^4 Pa = 100 mbar). Soll das Gefäß diesem Druck standhalten, muß er durch eine radiale Spannung kompensiert werden. Betrachten wir einen Ausschnitt aus der Gefäßwand der Länge l und der Breite r·φ, wo r der Gefäßradius ist (Abb.4.24), so wirkt auf Grund des Druckes p eine Kraft $F_p = prl\varphi$ (Druck mal Fläche!) nach außen. Diese muß im Gleichgewicht durch eine gleich große radial nach innen wirkende Kraft F_r kompensiert werden

$$F_r = prl\varphi \quad . \tag{4.69}$$

Aufgrund der Konstruktionsvorschrift des Kräfteparallelogramms ergibt sich eine solche radial nach innen wirkende Kraft, wenn an beiden Längsseiten des betrachteten Ausschnitts eine tangentiale Kraft F_t zieht mit

$$F_t = \frac{F_r}{\varphi} = prl \quad . \tag{4.70}$$

Diese Kraft soll wieder auf eine Fläche bezogen werden: Ist d die Dicke der Gefäßwand, so wirkt F_t auf eine Fläche l·d. Wir nennen $F_t/l \cdot d$ die *tangentiale Spannung* σ in der Gefäßwand; sie ist nach (4.70)

$$\sigma = p \cdot \frac{r}{d} \quad . \tag{4.71}$$

4.4 Deformation elastischer Materialien

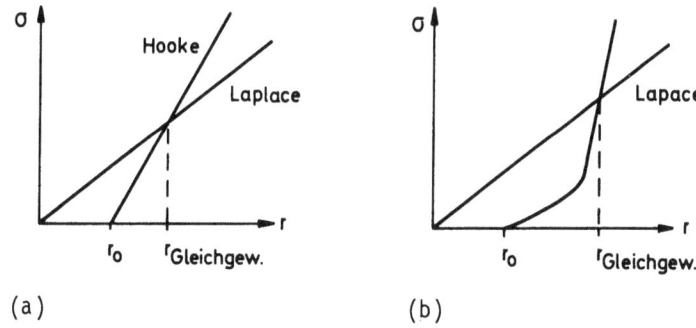

(a)   (b)

<u>Abb. 4.25.</u> Bestimmung des Gleichgewichtsradius in elastischen Gefäßen: (a) unter Annahme der Gültigkeit des Hookeschen Gesetzes und (b) unter der Annahme eines realistischen Spannungsgesetzes

Diese tangentiale Spannung ist also erforderlich, um dem Druck der Flüssigkeit im Gefäß standzuhalten (*Gesetz von Laplace*).

Wie kommt die tangentiale Spannung zustande? Wenn sie elastisch verursacht ist, kommt sie durch eine elastische Erweiterung des Gefäßumfanges von einem Ruheumfang $2\pi r_0$ auf $2\pi r$ zustande. Setzen wir das Hookesche Gesetz (4.68) voraus, so ist

$$\sigma = E \frac{2\pi(r-r_0)}{2\pi r_0} = E \frac{r-r_0}{r_0} \quad . \tag{4.72}$$

Durch Gleichsetzen von (4.71) und (4.72) können wir den Gleichgewichtsradius r_G des Gefäßes bestimmen, z.B. graphisch (Abb.4.25a). Tatsächlich ist für Blutgefäße die "Spannungs-Verzerrungs-Charakteristik" komplizierter als das einfache Gesetz (4.72): durch ein Zusammenwirken von zwei Fasern (Elastin: kleines E, Collagen: großes E) kommt das Verhalten gemäß Abb.4.25b zustande.

4.4.2 Anisotropes elastisches Verhalten

Wir haben am Anfang von Abschnitt 4.4.1 stillschweigend angenommen, daß ein Material einen einzigen Elastizitätsmodul besitzt, unabhängig von der Richtung, in der eine Verzerrung erfolgt. Indem wir nun versuchen, das Hookesche Gesetz (4.68) auf molekularer Grundlage zu verstehen, wird uns verständlich werden, daß dies nicht so sein muß.

Der Zusammenhalt eines festen Stoffes kommt durch chemische Bindungen zustande, welche die Atome (genauer Atomrümpfe oder Kerne) in bestimmten relativen Gleichgewichtspositionen halten. Will man etwa die Gleichgewichtsabstände verringern oder vergrößern oder Winkel zwischen den Verbindungslinien der Atome verändern, so setzen dem die bindenden Elektronenkonfigurationen

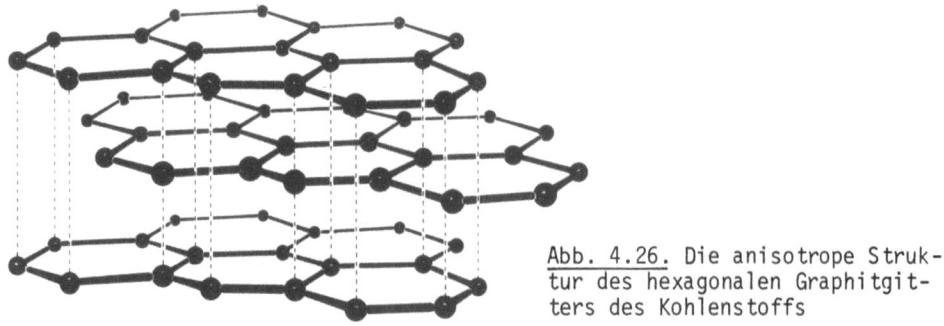

Abb. 4.26. Die anisotrope Struktur des hexagonalen Graphitgitters des Kohlenstoffs

Widerstand entgegen. Aufsummation all dieser Widerstandskräfte über den ganzen Körper führt zum Gesetz (4.68).

Bei einer räumlich anisotropen Struktur der Atomlagen (Abb.4.26) ist zu erwarten, daß der Widerstand gegen Verschiebungen in verschiedenen Richtungen unterschiedlich sein wird. Der Elastizitätsmodul E wird richtungsabhängig. Es ist aber keineswegs so, daß man für die unendlich vielen möglichen Richtungen unendlich viele unabhängige Werte bekommt; man hat vielmehr den linearen Zusammenhang zwischen Spannungen und Verzerrungen des Hookeschen Gesetzes durch einen Tensor 4. Stufe zu beschreiben, der im schlimmsten Falle (trikline Kristalle) 21 unabhängige Komponenten haben kann. Infolge Symmetrien des Materials kann die Zahl der unabhängigen Komponenten kleiner sein.

Ohne in diese Details der mathematischen Behandlung einzusteigen bemerken wir, daß Knochen stark anisotrop sind und in Längsrichtung einen viel größeren Elastizitätsmodul aufweisen als in Querrichtung, da sie aus langgestreckten Collagenfasern aufgebaut sind.

4.4.3 Plastische Verformung. Reißen

Das Hookesche Gesetz stellt einen linearen Zusammenhang zwischen Verzerrung und Spannung her, graphisch dargestellt durch eine gerade Linie. Durch Vergrößerung und Verkleinerung der Verzerrung kann man auf dieser Linie beliebig hin- und herlaufen, die Prozesse verlaufen reversibel.

Bei großen Verzerrungen wird jedoch der Bereich des linearen Gesetzes, der sogenannte elastische Bereich, verlassen (Abb.4.28), die Spannung steigt schwächer oder überhaupt nicht mehr an. Man spricht von plastischer Verformung; diese ist irreversibel in dem Sinne, daß bei Wegfall der verformenden äußeren Kräfte der Körper nicht mehr von selbst in den Ausgangszustand zurückkehrt, wie das im elastischen Bereich der Fall war.

Wird der Körper schließlich weiter verformt, so reißt er. Die Grenzspannung, bei der dies geschieht, heißt auch Zugfestigkeit. Wir haben in Ab-

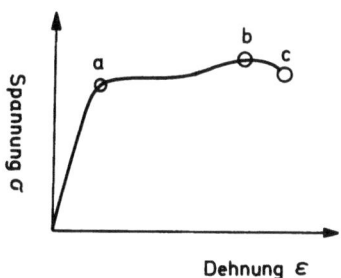

Abb. 4.27. Die Spannungs-Dehnungskurve des gesamten Dehnungsbereichs bis zum Reißen. a: Ende des elastischen Bereichs; a-b: plastischer Bereich; b: Spannung der Zugfestigkeit, jenseits b setzt der Reißvorgang ein: auch wenn die Spannung nicht weiter vergrößert wird, nimmt die Dehnung zu, bei c ist der Körper zerrissen

schnitt 4.4.1 darauf hingewiesen, wie eine Biegung sich aus Dehnung und Stauchung zusammensetzt. Werden dort Grenzspannungen überschritten, kommt es zum Knicken oder Brechen. Ist der plastische Bereich in der Charakteristik (Abb. 4.27) schmal, heiß das Material spröde, es kommt schnell zum Knicken oder Brechen (z.B. bei Knochen). Ist der plastische Bereich breit, heißt das Material duktil (z.B. Faserproteine).

4.4.4 Aufgabe

Welche der folgenden Aussagen sind richtig?

A. Der Elastizitätsmodul ist der Proportionalitätsfaktor zwischen Spannung und Verzerrung.

B. Verzerrung ist definiert als Kraft pro Fläche.

C. Die Spannung wird in denselben Einheiten wie der Druck gemessen.

D. Der Druck p einer Flüssigkeit auf die Wand eines Gefäßes wird durch eine tangentiale Spannung σ in der Wand kompensiert, wenn $\sigma = pr/d$.

E. In elastischen Gefäßen entsteht die tangentiale Spannung als Folge von Gefäßerweiterung aufgrund eines Spannungs-Verzerrungs-Gesetzes.

4.5 Akustik

Ein wichtiges Kommunikations- und Informationsmittel ist für viele Tiere die Erzeugung und Wahrnehmung von Schall. Dafür besitzen sie spezielle Organe. Um deren Funktionsprinzipien zu verstehen, müssen wir lernen, was Schall ist, wie er entsteht, sich verhält, wirkt. Damit beschäftigt sich die Akustik.

Wir werden in diesem Kapitel nach einer kurzen Darstellung mechanischer Schwingungen behandeln, wie sich diese in festen Körpern, Flüssigkeiten und Gasen als Schallwellen ausbreiten und einige Eigenschaften der Schallwellen kennenlernen. Dann werden wir uns mit der Schallwahrnehmung (Hören) beschäftigen.

4.5.1 Elastische Schwingungen. Schallquellen

Elastische Materialien können Schwingungen ausführen. Wir betrachten als einfachstes Beispiel ein Gewicht an einer Feder (Abb.4.21a, anstelle des Drahtes denken wir uns eine Schraubenfeder, siehe auch Abb.1.29). Die Ruhelage des Gewichts werde mit $z=0$ bezeichnet (in ihr ist die Feder bereits um Δl gedehnt und die rücktreibende Kraft $-k\Delta l$ wird gerade durch die Schwerkraft Mg kompensiert). Jede weitere Auslenkung führt zu einer (zusätzlichen und nicht kompensierten) rücktreibenden Kraft

$$F = -kz \quad , \tag{4.73}$$

wobei die "Federkonstante" k mit dem Elastizitätsmodul E des Metalls verknüpft ist [im Hinblick auf die lineare Abhängigkeit der Kraft F von der Auslenkung z vergleiche das Hookesche Gesetz (4.67)]. Nach dem Newtonschen Grundgesetz (3.14) ist die Kraft (4.73) Ursache einer Beschleunigung $a = d^2z/dt^2$ gemäß

$$M \frac{d^2z}{dt^2} = -kz \quad . \tag{4.74}$$

Dies nennt man die Differentialgleichung des *harmonischen Oszillators*, da ihre Lösung für die Auslenkung $z(t)$ von der Ruhelage in Abhängigkeit von der Zeit t die harmonische Schwingung ist

$$z(t) = z_{max} \sin\omega_0 t \quad . \tag{4.75}$$

Die Amplitude z_{max} der Schwingung ist durch die Differentialgleichung nicht festgelegt, sondern hängt von der Anfangsbedingung (dem Anstoßen) der Schwingung ab. Die Schwingungsfrequenz $\nu_0 = \omega_0/2\pi$ heißt die Eigenfrequenz des Schwingers (Oszillators) und ist durch seine Eigenschaften k und M festgelegt

$$2\pi\nu_0 = \omega_0 = \sqrt{\frac{k}{M}} \quad . \tag{4.76}$$

4.5 Akustik

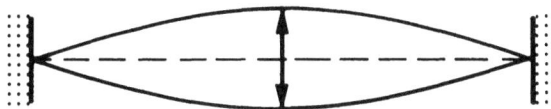

Abb. 4.28. Schwingende Saite (Grundschwingung)

Daß die Schwingung (4.75) unter Berücksichtigung von (4.76) eine Lösung der Differentialgleichung (4.74) ist, können Sie unter Anwendung der Differentiationsformeln für die harmonischen Funktionen sin und cos leicht selbst verifizieren (Anhang A).

In ähnlicher Weise wie die Feder ist der in Abb.4.22 dargestellte einseitig festgeklemmte Balken zu mechanischen Schwingungen fähig, bei denen sein freies Ende sich auf- und abbewegt. Die Eigenfrequenz ν_0 ist in diesem Fall eine Funktion von Dicke, Länge, Masse und Elastizitätsmodul des Balkens.

Mit solchen mechanischen Oszillatoren kann Schall erzeugt werden, z.B. wird in *Zungenpfeifen* der Ton nach dem Prinzip des eingespannten Balkens erzeugt (z.B. Tonzungen einer Harmonika). Die gewünschte Schallfrequenz erhält man durch geeignete Dimensionierung, d.h. durch geeignete Wahl von Länge und Querschnitt, von Elastizitätsmodul und Masse (d.h. Dichte des Zungenmaterials). Eine etwas kompliziertere Konstruktion, die aber nach dem gleichen Prinzip arbeitet, ist die Stimmgabel.

Eine andere mechanische Konstruktion zur Erzeugung von Schwingungen ist die an beiden Enden festgeklemmte, gespannte *Saite* (Abb.4.28). Durch Auslenkung wird nach dem Hookeschen Gesetz die Spannung vergrößert; wegen der Krümmung der Saite tritt ähnlich wie in Abb.4.24 eine Kraft auf, welche die Saite zur Ruhelage zurücktreibt, es kommt zu einer Schwingung, deren Frequenz von der Spannung der unausgelenkten Saite (nach (4.68) gleich Elastizitätsmodul mal Verzerrung der unausgelenkten Saite), Dichte des Materials und Länge der Saite abhängig ist. Da die Auslenkung quer zur Saite erfolgt, spricht man von einer Transversalschwingung.

Zu Transversalschwingungen fähig sind auch *Platten und Membranen*, die je nachdem, ob sie frei sind oder auf verschiedene Weisen festgeklemmt, verschiedene Schwingungsformen aufweisen (Beispiel Abb.4.29). Diese Schwinger sind die Prototypen von Lautsprechern.

Auch Tiere, die mit Hilfe von Schall kommunizieren, erzeugen ihn durch schwingende Organe (Stimmbänder, Insektenflügel). Wie der Schall, von solchen Quellen ausgehend, sich durch den Raum fortpflanzt, wollen wir im nächsten Abschnitt besprechen.

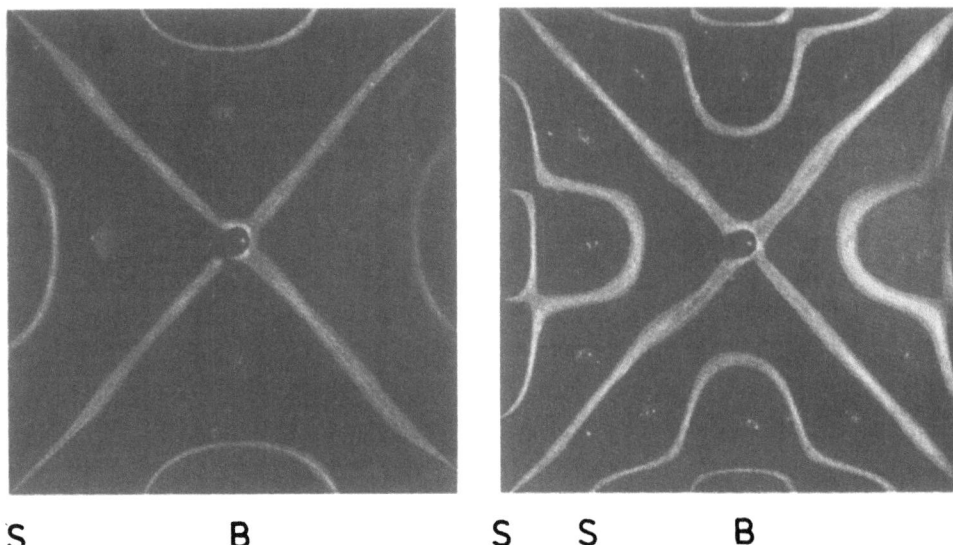

S   B   S   S   B

Abb. 4.29. Schwingende Platten. Die Platten werden in der Mitte und an den Stellen S festgehalten; an der Stelle B werden sie mit einem Bogen gestrichen. An den Schwingungsknoten sammelt sich aufgestreutes Salz, wodurch sie sichtbar werden (Chladni-Figuren)

4.5.2 Schallwellen

Bei geeigneter Anfangssituation (z.B. in expandierter Form festhalten, dann loslassen) bewegen sich alle Teile des schwingenden Körpers (Feder, Zunge, Saite, Platte usw.) in Phase. Ein sehr kurzer lokaler Anstoß, z.B. an einem Ende des Körpers, kann jedoch nicht momentan im ganzen Körper, z.B. am anderen Ende, eine Wirkung hervorrufen; die Wirkung muß sich erst durch den Körper ausbreiten. Dies geschieht in Form einer Welle. Durch das Anstoßen (oder "Anregen") wird zunächst nur lokal eine Schwingung erzeugt, die sich dann durch Zug- und Druckspannungen σ auf Nachbarbereiche ausdehnt und sich so fort und fort ausbreitet.

Wie dies mathematisch zu beschreiben ist, haben wir schon in Abschnitt 1.4.3 gelernt. Sei $u(\vec{r},t)$ die Verschiebung oder Auslenkung der Materie am Ort $\vec{r}$ zur Zeit t (aufgrund der am Ort $\vec{r}$ stattfindenden Schwingung), so führt das *Verschiebungsfeld* oder Auslenkungsfeld $u(\vec{r},t)$ (auch "Schallfeld") dann eine Wellenbewegung aus, wenn

$$u(\vec{r},t) = A \sin(kx-\omega t) \ . \tag{4.77}$$

Man beachte, daß im Gegensatz zur Schwingungsgleichung (4.75) die Gleichung (4.77) eine Welle beschreibt (wenn Ihnen der Unterschied zwischen Schwingung und Welle nicht mehr klar ist, lesen Sie bitte Abschnitt 1.4 nach!). In (4.77) ist angenommen, daß die (ebene) Welle sich in x-Richtung ausbreitet. Die Aus-

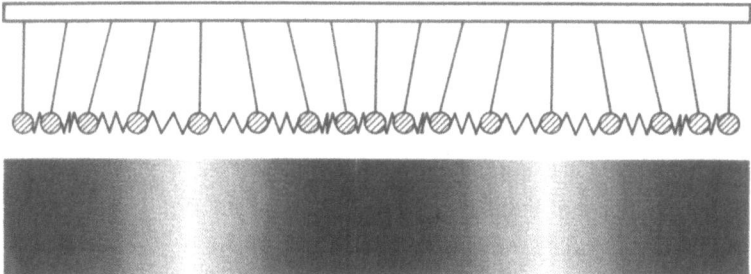

Abb. 4.30. Oben: Modell für eine longitudinale Schallwelle in einem elastischen Medium. Die Kugeln stellen die Atome dar, die Federn die Kräfte zwischen ihnen. Die Abbildung zeigt zwei Wellenlängen. Unten: Longitudinale Schallwelle in einem Gas (z.B. Luft). Bereiche mit höherer Dichte (Überdruck) wechseln mit Bereichen niederer Dichte (Unterdruck). Es sind ebenfalls zwei Wellenlängen dargestellt

lenkung u kann ebenfalls in x-Richtung erfolgen (longitudinale Welle, Abb. 4.30) oder quer dazu (transversale Welle). Am festen Ort $\vec{r}$ ist die Auslenkungsbewegung u(t) natürlich eine Schwingungsbewegung der dortigen Materie. Die Geschwindigkeit v(t) dieser lokalen Bewegung erhalten wir durch Differenzieren

$$v(\vec{r},t) = \frac{du(\vec{r},t)}{dt} = -\omega A \cos(kx-\omega t) = -v_{max} \cos(kx-\omega t) \qquad (4.78)$$

mit der *Geschwindigkeitsamplitude oder Schallschnelle* $v_{max} = \omega A$. Gl.(4.78) beschreibt das Geschwindigkeitsfeld der Schallwelle, indem sie für jeden Ort $\vec{r}$ und jede Zeit t die Geschwindigkeit der lokalen Auslenkungsbewegung angibt. Ist die Welle longitudinal (Auslenkung u in x-Richtung), so ist auch v eine Geschwindigkeit in x-Richtung, bei einer transversalen Welle hingegen ist die Geschwindigkeit wie die Auslenkung u senkrecht zur x-Richtung (Ausbreitungsrichtung der Welle).

Vom Geschwindigkeitsfeld begrifflich zu unterscheiden ist die *Schallgeschwindigkeit*. Diese ist die Phasengeschwindigkeit der Schallwelle [d.h. der Verschiebungswelle (4.77) ebenso wie der Geschwindigkeitswelle (4.78) und der Druckwelle (4.86)]

$$c = \frac{\omega}{k} = \nu \cdot \lambda \qquad (4.79)$$

(Frequenz: $\nu = \omega/2\pi$, Wellenlänge: $\lambda = 2\pi/k$). Mit c können wir auch schreiben

$$u(\vec{r},t) = A \sin[k(x-ct)] \,, \quad v(\vec{r},t) = -v_{max} \cos[k(x-ct)] \,. \qquad (4.80)$$

Wir halten fest: u(t) und v(t) beschreiben lokal die Hin- und Herbewegung der Materie (die, je nachdem ob die Welle longitudinal oder transversal ist, in x-Richtung oder quer dazu erfolgt). Im Mittel wird dabei keine Materie fortbewegt. All die Hin- und Herbewegungen an verschiedenen Orten ergeben zusammen das Bild einer Welle. Die Wellenerscheinung wandert mit der räumlich und zeitlich konstanten Geschwindigkeit c in positive x-Richtung. Damit ist jedoch kein kontinuierlicher Transport von Materie in x-Richtung verbunden.

Schallwellen in festen Körpern können als Transversal- und Longitudinalwellen laufen, in Flüssigkeiten und Gasen gibt es nur longitudinale Schallwellen. Eine genaue Rechnung, mit der wir Sie hier nicht behelligen wollen, ergibt für die longitudinale Schallwelle in einem stabförmigen Festkörper eine Schallgeschwindigkeit

$$c = \sqrt{\frac{E}{\rho}} \quad \text{(fester Stab)} \ . \tag{4.81}$$

In einer Flüssigkeit oder einem Gas breiten sich die Schwingungen aus mit der Schallgeschwindigkeit

$$c = \frac{1}{\sqrt{\kappa \rho}} \quad \text{(Flüssigkeit, Gas)} \ ; \tag{4.82}$$

die Materialkonstante

$$\kappa = -\frac{1}{V}\frac{\Delta V}{\Delta p} \tag{4.83}$$

heißt die Kompressibilität. Wir haben in diesem Kapitel schon mehrfach erwähnt, daß Flüssigkeiten viel weniger kompressibel als Gase sind; daraus folgt nach (4.82), daß sie eine höhere Schallgeschwindigkeit haben. So hat z.B. Luft bei Zimmertemperatur $c \approx 330$ m/s, Wasser hingegen $c \approx 1440$ m/s. Für feste Körper ergibt (4.81) Schallgeschwindigkeiten von mehreren tausend m/s.

Die longitudinalen Schwingungen führen in Gasen zu merklichen Veränderungen der Dichte (Abb.4.30), so daß auch für die orts- und zeitabhängige Dichte $\rho(\vec{r},t)$ eine Wellengleichung gilt

$$\rho(\vec{r},t) - \rho_0 = B \cos[k(x-ct)] \ . \tag{4.84}$$

Man kann zeigen, daß die Amplitude B der Dichteschwingung mit der Geschwindigkeitsamplitude v_{max} zusammenhängt gemäß $B = \rho_0 v_{max}/c$, also

$$\frac{\rho(\vec{r},t) - \rho_0}{\rho_0} = \frac{v_{max}}{c} \cos[k(x-ct)] \ . \tag{4.85}$$

4.5 Akustik

Schreiben wir für die linke Seite kurz $\Delta\rho/\rho$ und berücksichtigen wir, daß aufgrund der Definition der Dichte $\Delta\rho/\rho = -\Delta V/V$ (V: Volumen), so erhalten wir aus (4.85) unter Zuhilfenahme von (4.83) die Druckwelle

$$p(\vec{r},t) - p_0 = \frac{v_{max}}{\kappa c} \cos[k(x-ct)] = v_{max} c\rho \cos[k(x-ct)] \qquad (4.86)$$

mit der *Druckamplitude* $\Delta p_{max} = v_{max} \cdot c \cdot \rho$. Die rechte Seite von (4.86) folgt wegen (4.82).

Die am Orte x mit der Geschwindigkeit $\vec{v}$ gemäß (4.78) schwingende Materie besitzt wie jede bewegte Materie kinetische Energie T. Diese wird durch die fortlaufende Welle transportiert. Die mittlere Energiestromdichte, d.h. die Energie, die pro Zeit und Fläche in Ausbreitungsrichtung der Welle transportiert wird, heißt *Schallintensität* J und beträgt

$$J = \frac{1}{2} v_{max} \Delta p_{max} = \frac{1}{2} v_{max}^2 c\rho \quad . \qquad (4.87)$$

Die Einheit einer Energiestromdichte ist z.B. $J/(sm^2) = W/m^2 = kg/s^3$.

Das Verhältnis von Druckamplitude Δp_{max} und Geschwindigkeitsamplitude v_{max} heißt *Schallwiderstand*

$$R = c\rho \quad . \qquad (4.88)$$

Er ist wegen der unterschiedlichen Dichte ρ für Gase sehr viel kleiner als für Flüssigkeiten und Festkörper. Der Schallwiderstand ist maßgeblich für den Schallübergang von einem Medium in ein anderes. Der Übergang geschieht vollständig, wenn die Schallwiderstände gleich sind. An Grenzflächen Gas-Flüssigkeit hingegen wird fast die ganze Schallintensität reflektiert. Deshalb nimmt das flüssigkeitsgefüllte Innenohr keinen Schall direkt aus der Luft auf, sondern nur auf dem Umweg über die Knochen des Mittelohrs (Abschn. 4.5.4).

Die Reflexion ist, wie wir aus Kapitel 1 wissen, ein typisches Wellenphänomen. Auch andere typische Wellenphänomene wie Brechung, Interferenz und Beugung treten bei Schallwellen ebenso auf wie bei elektromagnetischen Wellen. Um nennenswerte Beugungsphänomene zu erhalten, muß (ebenso wie in der Optik) die Dimension der beugenden Objektstrukturen vergleichbar mit der Wellenlänge sein. Beugungsphänomene werden also umso stärker in Erscheinung treten, je kleiner die Wellenlänge ist, verglichen mit den Dimensionen des beugenden Objektes. Schall einer Frequenz von ca. 1000 Hz hat in Luft eine Wellenlänge von ca. 30 cm, in Wasser von ca. 1,5 m. Für diese Frequenz müssen beugende

Objekte in Luft bzw. Wasser mindestens von der Größenordnung jener Wellenlänge sein.

Das menschliche Ohr nimmt Schall mit Frequenzen zwischen 20 und ca. 20 000 Hz wahr. Die obere Hörgrenze senkt sich mit zunehmendem Alter. Wir werden auf den Hörvorgang in Abschnitt 4.5.4 genauer zu sprechen kommen. Für uns unhörbarer Schall jenseits 20 000 Hz heißt *Ultraschall*, die Wellenlängen in Luft sind kleiner als 1,5 cm. Ultraschall ist von Akustikern genau untersucht worden und hat eine Reihe interessanter Anwendungen, auch in der Medizin, gefunden:

1) Die Beugung von kurzwelligem Ultraschall an inneren Organstrukturen eines Lebewesens kann zur Rekonstruktion dieser Strukturen benutzt werden. Beispielsweise werden bei der Untersuchung eines Fötus Ultraschallaufnahmen bevorzugt, da sie nicht wie direkte Röntgenbilder zu Strahlenschäden am Organismus führen (Kap.6).

2) Schall wird bei seiner Ausbreitung durch Reibung um so stärker gedämpft, je höher die Frequenz ist, wobei durch einen dissipativen Prozeß Schallenergie in innere Energie des Mediums umgewandelt wird ("Schallwärme", analog zu "Joulescher Wärme" beim elektrischen Strom). Dies wird im Verfahren der Diathermie benutzt, um mittels Ultraschall bestimmte Organe eines Patienten gezielt zu erwärmen.

3) Die hohen Frequenzen des Ultraschalls bedeuten gemäß (4.78) sehr schnelle Geschwindigkeitsänderungen der schwingenden Teilchen des Mediums, d.h. große Beschleunigungen (10^6 g und mehr). Damit verbunden sind nach dem Newtonschen Grundgesetz entsprechend große Kräfte bzw. Spannungen: Strukturen im "beschallten" Material können zerschlagen werden. Dies wird beim Zellaufschluß und der Herstellung von Zellhomogenaten angewendet.

Wir weisen Sie zum Abschluß dieses Kapitels auf einen wesentlichen Unterschied zwischen Schallwellen und elektromagnetischen Wellen hin: Schallwellen sind eine Form der Bewegung von Materie; sie bedürfen daher stets eines Mediums als "Träger". In elektromagnetischen Wellen schwingen hingegen die elektrischen und magnetischen Feldstärken (Abschn.1.6); sie haben keinen materiellen Träger und breiten sich auch im Vakuum aus.

4.5.3 Resonanz. Schallempfänger

Einem schwingungsfähigen Körper (Oszillator) kann durch eine periodische Kraft $F = F_{max} \cos\omega t$ mit der "Erregerfrequenz" ω eine Schwingung derselben Frequenz aufgezwungen werden. Dabei wird die Amplitude x_{max} dieser "erzwungenen" Schwin-

4.5 Akustik

gung um so größer (der Oszillator schwingt um so stärker), je näher die Kreisfrequenz ω einer *Eigenfrequenz* $\omega_0 = 2\pi\nu_0$ des Oszillators ist. Das starke Mitschwingen des Oszillators mit der Kraft für $\omega \approx \omega_0$ nennt man *Resonanz*. Das Klirren einer Fensterscheibe als Folge eines Schallereignisses (z.B. Fluglärm) bedeutet beispielsweise, daß der Fluglärm Schallschwingungen enthält, die einer Eigenfrequenz der Fensterscheibe als schwingungsfähigem System entsprechen.

Für den einfachen Schwinger, den wir am Anfang von Abschnitt 4.5.1 behandelt haben, ist das Phänomen der Resonanz leicht durchzurechnen. Man hat in der Differentialgleichung (4.74) auf der rechten Seite als weitere Kraft $F(\omega)$ hinzuzufügen, zweckmäßigerweise auch einen Reibungsterm $-f \cdot v = -f dz/dt$, also

$$Ma = M \frac{d^2z}{dt^2} = -f \frac{dz}{dt} - kz + F_{max} \cos\omega t \quad . \tag{4.89}$$

Die Lösung dieser Differentialgleichung ist nicht schwer; sie ergibt

$$z(t) = z_{max} \cos(\omega t - \varphi) \quad . \tag{4.90}$$

Wie schon im Kapitel 1 abgehandelt, beschreibt (4.90) eine Schwingung mit Kreisfrequenz ω, Amplitude z_{max} und einer Phasenverschiebung φ, die für die weitere Diskussion aber nicht wichtig ist. Die Kreisfrequenz ω der Schwingung ist dieselbe wie diejenige der periodisch auf den Oszillator wirkenden Kraft. Für die Amplitude ergibt die Rechnung eine *Abhängigkeit von der Kreisfrequenz ω der erregenden Kraft*, $z_{max} = z_{max}(\omega)$, die in Abb.4.31 dargestellt ist. Dort ist die Frequenz ν anstelle der Kreisfrequenz $\omega = 2\pi\nu$ aufgetragen. Wir sehen

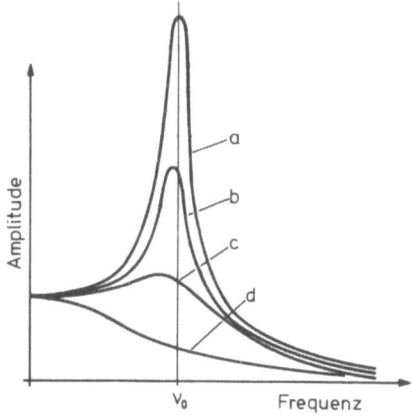

Abb. 4.31. Resonanzkurven bei verschiedener Reibung (Dämpfung) eines Schwingers: Schwingungsamplitude in Abhängigkeit von der Frequenz. ν_0 ist die Resonanzfrequenz (Eigenfrequenz) des Schwingers. a: geringe Reibung; b: mittlere Reibung; c: starke Reibung; hier hängt die Amplitude in einem breiten Frequenzbereich nur wenig von der Frequenz ab; d: sehr starke Reibung

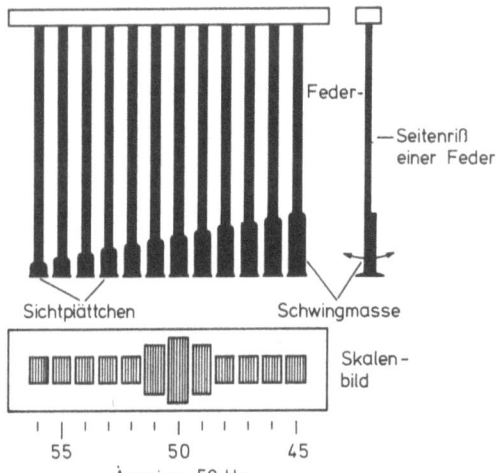

Abb. 4.32. Prinzipieller Aufbau eines Zungenfrequenzmessers (oben) und das Bild der schwingenden Zungen, wenn er mit einer Frequenz von 50 Hz angeregt wird (unten)

maximale Schwingungsamplitude für $\omega \approx \omega_0$, wobei die Eigenfrequenz ω_0 des Oszillators durch (4.76) gegeben ist. Das Maximum ist umso schärfer und höher, je kleiner der Reibungskoeffizient ist (ohne Reibung würde die Spitze bei ω_0 sogar unendlich hoch werden, Resonanzkatastrophe!).

Trifft eine Schallwelle auf einen schwingungsfähigen Körper, so übt sie in der besprochenen Weise eine periodische Kraft aus. Je nach Frequenzabstand beginnt der schwingungsfähige Körper mitzuschwingen (deshalb auch "Resonator"). Beim Zungenfrequenzmesser (Abb.4.32) wird dies zum Messen von Schallfrequenzen ausgenutzt.

Auch alle Schallempfänger (Ohr, Mikrophone) sind Resonatoren. Während für die Frequenzmessung eine möglichst scharfe Resonanzkurve nötig ist (Kurve a in Abb.4.31), wünscht man sich für die meisten anderen Zwecke des Schallempfangs eine möglichst gleiche Empfindlichkeit in einem breiten Frequenzband (Kurve c in Abb.4.31), so daß eine aus verschiedenen Frequenzanteilen zusammengesetzte Schallwelle möglichst unverzerrt aufgenommen wird. Damit haben sich insbesondere Leute zu befassen, die Mikrophone bauen.

4.5.4 Das Ohr. Subjektive Schallempfindung

Wir wollen hier nur das menschliche Ohr besprechen und solche tierische Schallsensoren, die wesentlich anders gebaut sind, außer Betracht lassen. Der Aufbau des menschlichen Ohres ist in Abb.4.33 schematisch skizziert. Die Luftsäule des äußeren Ohres hat die Eigenschaften eines Resonators mit einer Resonanzfrequenz ν_0 von ca. 3500 Hz. Deshalb hören wir in diesem Frequenzbereich am besten (vgl. dazu auch Abb.4.35). Zwischen äußerem Ohr und Mittel-

4.5 Akustik

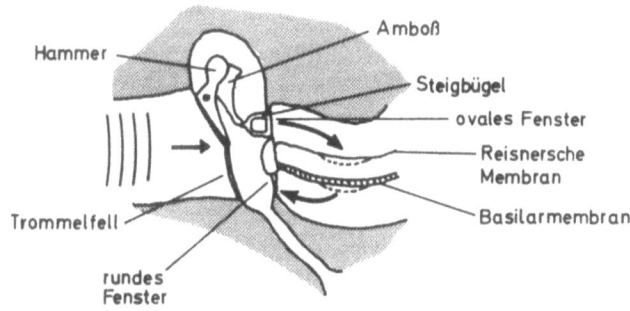

Abb. 4.33. Aufbau des menschlichen Ohres

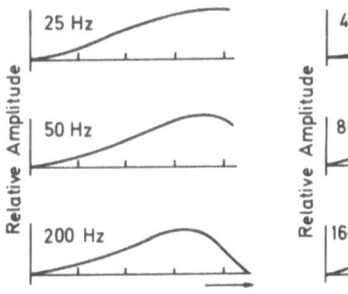 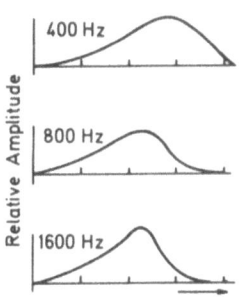

Abb. 4.34. Resonanzstellen auf der Basilarmembran für verschieden hohe Töne. Die Abszisse gibt die Entfernung vom ovalen Fenster an

ohr befindet sich das Trommelfell, das die Schwingungen des äußeren Ohres aufnimmt und an den Mechanismus der drei Knochen Hammer, Amboß und Steigbügel weitergibt. Diese übertragen als ein System von Hebeln die elastischen Kräfte vom Trommelfell zum "ovalen Fenster" des Innenohrs und verstärken sie dabei um circa den Faktor Zwei. Da außerdem das ovale Fenster ca. 20 mal kleiner als das Trommelfell ist, erfolgt eine Verstärkung des Druckes auf etwa das 60-fache! Dadurch wird der Schallwiderstand an denjenigen der Flüssigkeit des Innenohres angepaßt. Der für das Hören wichtige Teil des Innenohres ist die schneckenförmig aufgerollte Cochlea, die durch ein Membransystem in einen oberen Schneckengang, an dessen Eingang sich das ovale Fenster befindet, und einen unteren Schneckengang getrennt ist; beide sind an ihrem Ende miteinander verbunden. Die untere Schicht des Membransystems ist die Basilarmembran, die mit wachsender Entfernung vom Mittelohr breiter und dichter wird. Schallbewegungen laufen als Welle die Basilarmembran entlang und führen nach einer Theorie von G. von Békésy in Abhängigkeit von der Frequenz an unterschiedlichen Stellen zu maximalen Membranschwingungen (Abb.4.34). Diese Theorie ist freilich noch umstritten, ebenso wie die Erzeugung der Nervenimpulse in den Haarzellen des Cortischen Organs, das auf der Basilarmembran liegt, und die Verarbeitung der Nervenimpulse im Zentralnervensystem noch ziemlich im Dunkeln liegt.

Es ist Ihnen sicher bekannt, daß die subjektive Empfindung der *Tonhöhe* eng mit der Frequenz der Schallwelle verknüpft ist. Dabei empfinden wir zwei Töne, deren Frequenz im Verhältnis 1:2 steht, als eine Oktave. Diese Zuordnung stimmt nicht mehr ganz bei hohen Frequenzen.

Die *Klangfarbe* einer Schallempfindung ist verknüpft mit dem Frequenzspektrum der Schallwelle. Die meisten Musikinstrumente beispielsweise erzeugen keine reinen Sinusschwingungen. Neben einer Grundschwingung mit der zur betreffenden Tonhöhe gehörenden Frequenz treten sogenannte Oberschwingungen mit anderen Frequenzen auf. Die Superposition dieser Schwingungen führt zu einer komplizierten Schwingungsform, wie es beispielsweise in Abb.1.35 dargestellt wurde. Umgekehrt kann eine solche Schwingungsform mathematisch durch Fourier-Analyse oder experimentell z.B. mit dem Zungenfrequenzmesser in ihre Sinus-Bestandteile zerlegt werden. Subjektiv empfinden wir die Beimischung verschiedener Oberschwingungen als unterschiedliche Klangfarben. Wie die Verarbeitung eines Klanges im Ohr und im Zentralnervensystem erfolgt, ist noch umstritten.

Ein weiteres subjektives Merkmal des Schalls ist die *Lautstärke*. Sie hat mit der physikalischen Größe Schallintensität (4.87) zu tun. Schallintensitäten werden häufig in einer logarithmischen Skala angegeben, die auf eine Bezugsintensität J_0 geeicht ist, man spricht vom *Intensitätspegel*

$$P = 10 \log_{10}\left(\frac{J}{J_0}\right) \tag{4.91}$$

der in dezibel (dB) relativ zu J_0 gemessen wird. Meist wird $J_0 = 10^{-12}$ W/m^2 gewählt. Diese Definition gilt gleichermaßen für alle Frequenzen, auch z.B. für Ultraschall, den wir nicht hören.

Welchen Intensitätspegel wir subjektiv als laut oder leise empfinden, ist verschieden für verschiedene Schallfrequenzen ν. Abbildung 4.35 gibt Kurven gleicher subjektiv empfundener Lautstärke. Beispielsweise empfinden wir Schall mit P = 70 dB bei 80 Hz ebenso laut wie Schall mit P = 60 dB und 1000 Hz (prüfen Sie das in der Abbildung nach!). Einen Schall dieser subjektiven Lautstärke hat man einen Schall von 60 Phon genannt, und entsprechend hat man allen anderen Kurven in Abb.4.35 einen Phonwert zugeordnet, der gleich ist dem Intensitätspegel P der betreffenden Kurve bei 1000 Hz.

Der durch Abb.4.35 dargestellte Zusammenhang zwischen Intensitätspegel und Lautstärke war den Leuten, die technischen Lärm zu messen haben, zu kompliziert, außerdem gibt es individuelle Unterschiede. Deshalb werden Lärmangaben heute nicht mehr in Phon gemacht, sondern in dB(A), wobei die "Lärmstärke" in dB(A) über die Unebenheiten der Kurven in Abb.4.35 mittelt und jeweils glatte nach unten konvexe Kurven annimmt.

4.5 Akustik

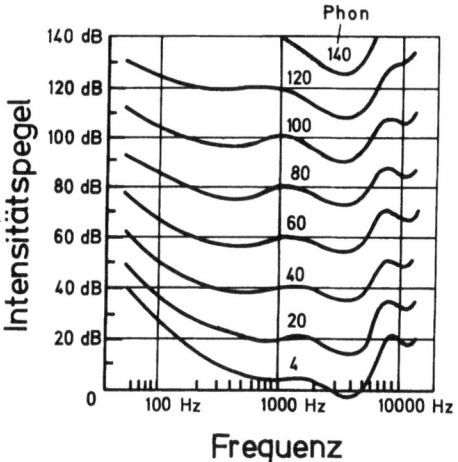

Abb. 4.35. Kurven gleicher subjektiver Lautstärke in Abhängigkeit von der Frequenz. Die Abbildung zeigt, daß das Ohr kein idealer Schallempfänger ist: tiefe und sehr hohe Frequenzen werden vom Ohr nur schwach empfangen

4.5.5 Zusammenfassung

Wir haben in diesem Abschnitt die den Schall-Phänomenen zugrundeliegenden Schwingungs- und Wellenvorgänge sowohl qualitativ als auch in mathematischer Formulierung quantitativ kennengelernt. Schallquellen und Schallempfänger sind mechanische Oszillatoren, d.h. Anordnungen, die aufgrund des Newtonschen Grundgesetzes der Mechanik zu Schwingungen mit einer oder mehreren Eigenfrequenzen fähig sind. Sie übertragen bzw. übernehmen die Schwingungen in das bzw. aus dem umgebenden Medium. In diesem Medium (Gas, Flüssigkeit, fester Stoff) breitet sich Schall als Welle aus. Die Schallwelle ist zu beschreiben durch Wellenfelder: Verschiebungsfeld, Geschwindigkeitsfeld, Dichtefeld und Druckfeld. Alle diese miteinander verknüpften Wellenfelder haben die gleiche Phasengeschwindigkeit, die Schallgeschwindigkeit. Diese ist verschieden in verschiedenen Medien.

Als Anwendungen der physikalischen Akustik haben wir verschiedene Ultraschallmethoden aufgezählt. Zum Abschluß des Kapitels haben wir in knapper Form das menschliche Ohr als Schallempfänger besprochen und kurz angesprochen, wie die subjektiven Empfindungen von Tonhöhe, Klangfarbe und Lautstärke mit physikalischen Eigenschaften des Schalls verknüpft sind.

4.5.6 Aufgaben

1) Welche der folgenden Aussagen sind richtig?

   A. Elastisch schwingende Körper sind Schallquellen. Sie erzeugen Schall ihrer Eigenfrequenz.

B. Die Eigenfrequenz einer Schallquelle ist abhängig von ihrer geometrischen Dimensionierung sowie von Dichte und elastischen Konstanten des Materials.

C. Transversalwellen breiten sich nicht aus, da die Materie nur quer schwingt.

D. Bei Longitudinalwellen erfolgt ein ständiger Massentransport in die positive Ausbreitungsrichtung.

E. Bei Longitudinalwellen ist die Teilchengeschwindigkeit der schwingenden Materie gleich der Schallgeschwindigkeit.

F. In Luft gibt es nur Transversalschwingungen.

2) Welche der folgenden Definitionen sind in Übereinstimmung mit unserer Darstellung von Schallausbreitung?

A. Schallgeschwindigkeit ist die Phasengeschwindigkeit der Schallwelle.

B. Geschwindigkeitsamplitude ist die maximale Geschwindigkeit der schwingenden Materie.

C. Druckamplitude ist die maximale lokale Abweichung des Druckes vom mittleren Druck.

D. Schallwiderstand ist das Verhältnis von Druckamplitude zu Geschwindigkeitsamplitude.

E. Schallintensität ist die Energie, die pro Zeit und Querschnittsfläche von einer Schallwelle in Ausbreitungsrichtung transportiert wird.

3) Ordnen Sie den subjektiven Merkmalen von Schall

A. Tonhöhe, B. Klangfarbe, C. Lautstärke

je einen physikalischen Begriff aus folgender Liste zu

a. Schallwiderstand
b. Intensitätspegel
c. Resonanz
d. Frequenzspektrum
e. Frequenz
f. Schallgeschwindigkeit

4) 10^6 Mücken verursachen einen Lärm von 60 dB. Wieviel Lärm verursacht 1 Mücke?

4.6 Oberflächen und Membranen

Da die Welt des Lebendigen auf allen Organisationsniveaus von der Biosphäre über die Organismen bis zur Zelle in vielfältiger Weise kompartimentiert ist, spielen Phasen-Grenzflächen und die an ihnen ablaufenden Vorgänge eine große Rolle in der Biologie. Die vielfältigen spezifischen Erscheinungen können wir hier nicht besprechen, sondern wir können lediglich einige einfache physikalische Begriffe und Gesetzmäßigkeiten behandeln, die ein elementares Verständnis von Grenzflächenphänomenen ermöglichen. Dazu gehört die Kohäsion und die Oberflächenspannung, die Adhäsion und die Kapillarwirkung. Dazwischen einstreuen wollen wir einige wenige Anwendungen wie z.B. Oberflächenspannung in der Lunge. Als Abschluß besprechen wir einige Eigenschaften von Lipidschichten.

4.6.1 Grenzflächen von Flüssigkeiten. Kohäsion und Adhäsion

Ein gasförmiger Körper ist nicht nur bei festgehaltenem Volumen beliebig verformbar, sondern paßt sich auch jedem vorgegebenen Volumen an, er füllt es aus. Dies kann er deshalb, weil keine Kräfte vorhanden sind, welche die Gasmoleküle zusammenhalten. Anders eine Flüssigkeit: sie läßt sich nur sehr schwer komprimieren [geringe Kompressibilität κ, vgl. (4.83)] und setzt ebenso einem Auseinanderreißen Widerstand entgegen (Zerreißfestigkeit). Sie läßt sich zwar wie ein Gas bei festgehaltenem Volumen beliebig verformen, das von der Flüssigkeit eingenommene Volumen ist aber nur in engen Grenzen veränderbar. Diese Eigenschaften sind durch molekulare Kräfte (Abb.4.36) zu erklären, welche die Flüssigkeit zusammenhalten. Den inneren Zusammenhalt der Flüssigkeit nennt man Kohäsion.

Die Kohäsion wirkt nur im Inneren einer Flüssigkeit gleichmäßig in alle Richtungen, in der Nähe der Oberfläche treten resultierende Kräfte auf, welche nach innen gerichtet sind (Abb.4.36). Sie suchen die Oberfläche möglichst klein zu halten, was z.B. bei frei schwebenden Tröpfchen zur Kugelform (Nebel-

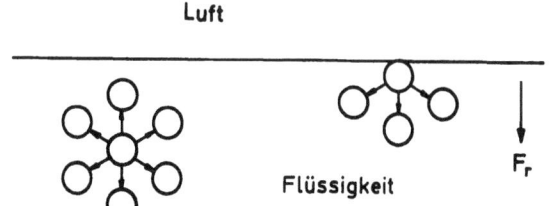

Abb. 4.36. Zur Entstehung der Oberflächenspannung. Das Molekül an der Oberfläche erfährt eine resultierende Kraft $\vec{F}_r$ senkrecht zur Oberfläche

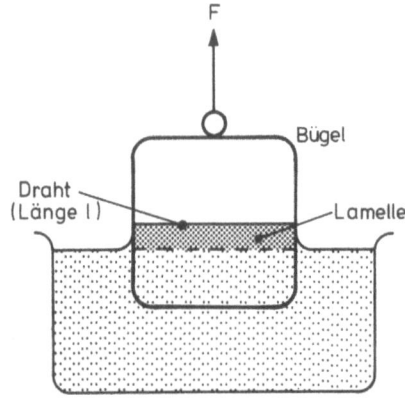

Abb. 4.37. Bügelmethode zur Messung der Oberflächenspannung von Flüssigkeiten. Es wird die Kraft gemessen, die notwendig ist, um den Draht aus der Flüssigkeitsoberfläche auszutauchen

tröpfchen), bei Flüssigkeit in einem Gefäß zu ebener Oberfläche führt. Ziehen wir mit einem Meßdraht an einem Bügel eine Flüssigkeitslamelle aus einer Flüssigkeit (Abb.4.37), so benötigen wir eine äußere Kraft F, welche die Kohäsionskräfte kompensiert. Als *Oberflächenspannung* definieren wir die Kraft pro Länge der Oberflächengrenze, in unserem Fall

$$\alpha = \frac{F}{2l} \qquad (4.92)$$

(da die Lamelle zwei Oberflächen hat). Die Oberflächenspannung ist also anders definiert als die Spannung (Abschn.4.4.1) und wird nicht in N/m^2 gemessen, sondern in N/m! Einige Werte der Oberflächenspannung von Flüssigkeiten in Kontakt mit Luft bei Zimmertemperatur:

Gallensalzlösung	$\alpha =$	$20 \cdot 10^{-3}$ N/m
Seifenlösung		$25 \cdot 10^{-3}$
Benzol		$29 \cdot 10^{-3}$
Wasser		$72 \cdot 10^{-3}$
Quecksilber		$465 \cdot 10^{-3}$

Die Oberflächenspannung einer Flüssigkeit ist nicht nur eine Eigenschaft der Flüssigkeit, sondern hängt davon ab, mit welcher Substanz die Berührung stattfindet. Die oben angegebenen Werte gelten bei Berührung mit Luft.

Insbesondere bei Berührung zweier Flüssigkeiten spricht man deshalb besser von *Grenzflächenspannung*, um die Gleichberechtigung beider Flüssigkeiten zum Ausdruck zu bringen. Ursache für die Abhängigkeit der Grenzflächenspannung von beiden Flüssigkeiten ist, daß es neben den Kohäsionskräften, welche die Teile der Flüssigkeit zusammenhalten, auch Kräfte zwischen den angrenzenden Substanzen gibt. Man spricht von Adhäsion.

4.6 Oberflächen und Membranen

Kann man Grenzflächenspannungen an der Grenzfläche zweier Flüssigkeiten berechnen, wenn man die Oberflächenspannung beider Flüssigkeiten gegen Luft kennt? Das ist möglich aufgrund folgender Energieüberlegung. Bei der Vergrösserung einer Oberfläche oder Grenzfläche (denken Sie an die Bügelmethode, Abb.4.37) um ein Stück $l \cdot \Delta z = A$ muß gegen die Spannung α eine Arbeit (Kraft mal Weg) $F \cdot \Delta z = \alpha \cdot l \cdot \Delta z = \alpha \cdot A$ geleistet werden. Dem entnehmen wir, daß das Flächenstück A eine potentielle Energie enthält der Größe $\alpha \cdot A$. Wir erkennen also

> Grenzflächenspannung α = Grenzflächenenergie pro Fläche .

Aus dem Erhaltungssatz der Energie kann man nun schließen, daß die Grenzflächenspannung zweier Flüssigkeiten gleich der Differenz ihrer Oberflächenspannungen gegen Luft ist (Regel von Antonoff).

Betrachten wir die Werte von Gallensalzlösung und Wasser in obiger Tabelle, so sehen wir, daß gelöste Stoffe die Oberflächenspannung verändern können. Nach der Regel von Antonoff gilt das entsprechend für Grenzflächenspannungen. So hilft Gallensalz bei der Verdauung von Fetten, indem es die Oberflächenspannung an der Grenzfläche Fett-Wasser verringert und damit eine Vergrößerung der wirksamen Oberfläche ermöglicht. Entsprechend wirken Detergenzien in Waschmitteln. Darauf kommen wir gleich noch einmal zurück.

Zum Ende dieses Abschnitts formulieren wir das Gesetz von Laplace, das wir in Abschnitt 4.4.1 schon kennengelernt haben, für Grenzflächenspannungen um. Damit diskutieren wir dann das Verhalten der Lungenbläschen. Wir betrachten eine zylindrisch gekrümmte Oberfläche (Abb.4.38). Eine Druckdifferenz Δp zwischen innen und außen ($p_{innen} > p_{außen}$) bedeutet auf ein Oberflächenstück $rl\varphi$ eine Kraft $F_p = \Delta p r l \varphi$, die durch eine gleich große radial nach innen ge-

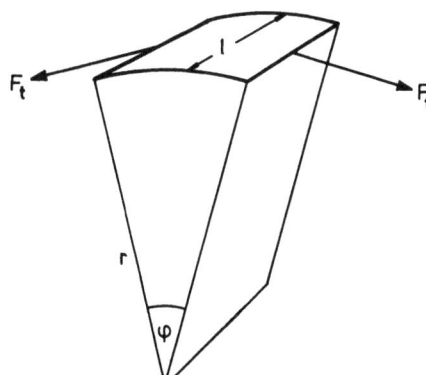

Abb. 4.38. Oberflächenspannung einer zylindrisch gekrümmten Fläche

richtete Kraft F_r kompensiert werden muß, vgl. (4.69). Diese wird durch eine tangentiale Kraft $F_t = \Delta p r l$ erzeugt, vgl. (4.70). Diese wirkt auf eine Länge l, und $F_t/l = \alpha$ ist gerade die Grenzflächenspannung. Wir erhalten also analog zu (4.71) das Gesetz von Laplace in der Form

$$\alpha = \Delta p \cdot r \quad , \quad \Delta p = \frac{\alpha}{r} \quad . \tag{4.93}$$

Eine etwas kompliziertere aber ähnliche Überlegung führt bei kugelförmigen Oberflächen auf

$$\Delta p = \frac{2\alpha}{r} \quad . \tag{4.94}$$

(Man hat gewissermaßen zwei aufeinander senkrechte gleich große Krümmungen mit Krümmungsradius r.) Die Gleichungen (4.93,94) sagen aus, daß die Druckdifferenz umso größer sein muß, je kleiner das Tröpfchen ist. Seifenblasen haben zwei Oberflächen und deshalb gilt

$$\Delta p = \frac{4\alpha}{r} \quad . \tag{4.95}$$

Überlegen Sie sich nun, was mit zwei durch ein Röhrchen verbundenen Seifenblasen geschieht.

Wegen der größeren Oberflächenspannung zieht die kleinere sich zusammen und verschwindet. Daraus ergibt sich ein Problem für die Lunge, da beim Einatmen die Luft gleichmäßig in die vielen kleinen Alveolen verteilt werden soll. Hier helfen gelöste Stoffe mit Detergenzwirkung, die sich vorwiegend an der Oberfläche aufhalten (Phospholipide) und deren Konzentration sich deshalb bei Vergrößerung der Oberfläche verringert, α *nimmt zu mit zunehmendem Radius* r. Auf diese Weise kann eine Stabilisierung der Druckdifferenz unabhängig vom Radius erreicht werden.

Auf die Wechselwirkung zwischen Phospholipiden und Wasser kommen wir noch weiter zu sprechen.

4.6.2 Adhäsion zwischen Flüssigkeit und festem Stoff

So wie es an der Grenzschicht zweier Flüssigkeiten Adhäsion gibt, so gibt es auch Adhäsion bei der Berührung von Flüssigkeit und festem Stoff (z.B. Gefäßwand). Wo eine Flüssigkeit mit einem festen Körper in Berührung kommt, stellt sich die Flüssigkeitsoberfläche senkrecht zur resultierenden Kraft ein. Dies führt zu unterschiedlichen "Kontaktwinkeln" θ zwischen Flüssigkeitsoberfläche und Oberfläche des festen Körpers

4.6 Oberflächen und Membranen

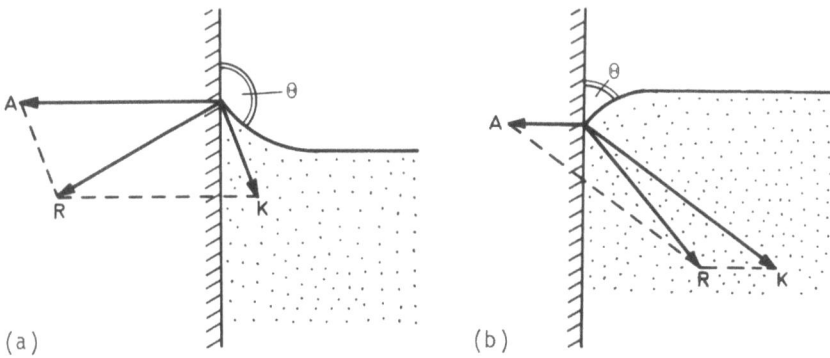

Abb. 4.39. Flüssigkeitsmenisken an der Gefäßwand. (a) Die Adhäsion ($\vec{A}$) überwiegt die Kohäsion ($\vec{K}$); die Resultierende ($\vec{R}$) ist auf die Wand gerichtet; die Flüssigkeit "netzt" die Wand (z.B. Wasser-Glas). (b) Die Adhäsion ist schwächer als die Kohäsion; die Resultierende ist von der Wand weggerichtet; die Flüssigkeit "netzt nicht" (z.B. Quecksilber-Glas). Die Zeichnungen sind so zu konstruieren, daß $\vec{R}$ senkrecht auf der Flüssigkeitsoberfläche und $\vec{K}$ in der Richtung der Winkelhalbierenden zwischen Flüssigkeitsoberfläche und Gefäßwand steht

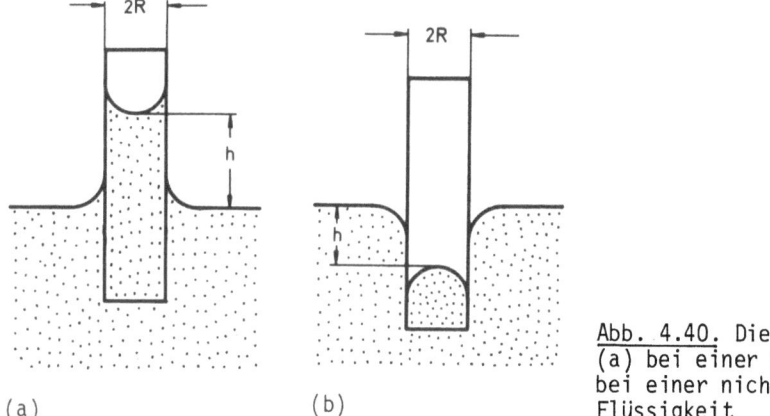

Abb. 4.40. Die Kapillarwirkung (a) bei einer netzenden, (b) bei einer nicht netzenden Flüssigkeit

a) wenn die Adhäsion größer ist als die Kohäsion, weist die resultierende Kraft auf die feste Oberfläche (Abb.4.39a). Der Kontaktwinkel θ ist größer als 90°; man sagt, die Flüssigkeit "benetzt" die feste Oberfläche. Ist der Kontaktwinkel θ = 180°, so spricht man von "vollständiger Benetzung", z.B. bei Wasser an Glas.

b) Im umgekehrten Fall weist die resultierende Kraft in die Flüssigkeit, es ergibt sich das Verhalten von Abb.4.39b, wie z.B. Wasser an Paraffin. Der Kontaktwinkel θ ist kleiner als 90°.

Da die Kohäsion durch gelöste Stoffe beeinflußt werden kann, kann man dadurch auch den Grenzwinkel verändern. Verringert man z.B. durch Detergenzien die Kohäsion in Wasser, so kann es Paraffin benetzen.

Die Adhäsionskräfte sind auch die Ursache der *Kapillarwirkung*. In dünnen Röhrchen gibt es je nach Verhältnis von Adhäsion zu Kohäsion (obige Fälle a und b) eine Kapillaranhebung oder Kapillardepression (Abb.4.40). Die Höhe h läßt sich mittels (4.94) aus der Krümmung des Flüssigkeitsmeniskus berechnen. Wir behandeln zunächst die Kapillaranhebung ($\theta > 90°$). Da der Krümmungsradius r bei unvollständiger Benetzung ($\theta < 180°$) größer als der halbe Durchmesser R der Kapillare sein muß, gilt

$$\Delta p = \frac{2\alpha}{r} < \frac{2\alpha}{R} \ . \tag{4.96}$$

Die Druckkraft Δp muß gerade (im Falle a) die Gewichtskraft der angehobenen Flüssigkeitsmenge (bzw. im Falle b den Auftrieb des die Flüssigkeit verdrängenden Luftvolumens) kompensieren, $R^2\pi \cdot \Delta p = R^2\pi \cdot h\rho g$ (Querschnittsfläche mal Höhe mal Dichte mal Erdbeschleunigung = Masse mal Erdbeschleunigung) also

$$h\rho g < \frac{2\alpha}{R}$$

$$\boxed{h < \frac{2\alpha}{R\rho g}} \ . \tag{4.97}$$

Bei vollständiger Benetzung ($\theta=180°$) gilt r = R und deshalb in (4.97) das Gleichheitszeichen anstellen von <.

Die Kapillardepression ($\theta < 90°$) läßt sich ganz genau so berechnen, und es ergibt sich für das entsprechend definierte h (Abb.4.40b) ebenfalls (4.97).

4.6.3 Lipidschichten

Phospholipide bilden die Grundsubstanz aller biologischen Membranen. Sie bestehen aus länglichen Molekülen mit einem Carboxyl-Kopf und einem Kohlenwasserstoff-Schwanz. Der polare Carboxyl-Kopf kann leicht Wasserstoffbrückenbindungen eingehen und sich deshalb leicht mit Wassermolekülen verbinden (er ist hydrophil = wasserfreundlich). Ginge es nur nach dem Kopf, dann wären Phospholipide gut in Wasser löslich. Die apolaren Schwänze haben jedoch nicht die Möglichkeit, mit Wassermolekülen Bindungen einzugehen. Phospholipide in Wasser haben deshalb die Tendenz, solche Konfigurationen zu bilden, bei denen die polaren Köpfe mit Wasser in Berührung sind, die Kohlenwasserstoffketten jedoch nicht mit Wasser, sondern nur untereinander Kontakt haben. Sie bilden z.B. kleine Kugeln (sogenannte Mizellen) mit den polaren Köpfen an der Ober-

4.6 Oberflächen und Membranen

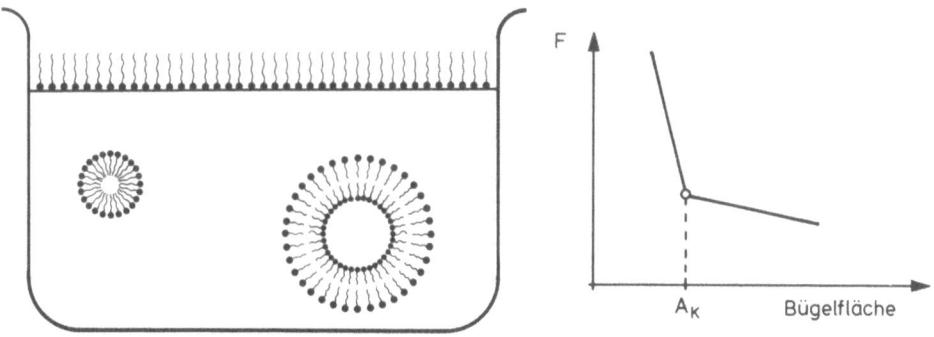

Abb. 4.41   Abb. 4.42

Abb. 4.41. Konfigurationen von Phospholipiden in Wasser: Mizelle, Vesikel mit Doppelschicht, Oberflächenschicht

Abb. 4.42. Tangentiale Kraft auf einen Bügel, der die monomolekular auf einer Wasserfläche liegende Lipidschicht zusammenzieht

fläche und radial nach innen weisenden Schwänzen, oder Doppelschichten mit den polaren Köpfen an beiden Außenflächen, oder eine monomolekulare Schicht an der Oberfläche mit den polaren Köpfen auf der Seite des Wassers (Abb.4.41). Die Wechselwirkung zwischen polarer Seite und Wasser bedeutet starke Adhäsion und somit geringe Grenzflächenspannung.

Man kann die monomolekular auf der Oberfläche liegenden Schichten mit einem Drahtbügel zusammenziehen, und man hat dabei mit Verkleinerung der vom Bügel umspannten Oberfläche eine Kraft auszuüben, deren Größe in Abb.4.42 dargestellt ist. Der rechte Bereich mit dem flachen Anstieg der Kraft ist dadurch gekennzeichnet, daß die Oberfläche noch nicht gleichmäßig mit Lipid bedeckt ist. Am Knick wird gerade die gleichmäßige Bedeckung der vom Bügel umspannten Oberfläche mit einer monomolekularen Schicht erreicht. Von da ab setzt die Schicht dem weiteren Zusammendrücken starken Widerstand entgegen. Aus der Fläche A_K am Knickpunkt und bekannter Anzahl der Lipidmoleküle ergibt sich die von einem Molekül eingenommene Fläche.

Die monomolekulare Schicht verhält sich wie ein zweidimensionales Gas. Es gilt insbesondere näherungsweise das Gasgesetz (4.6) mit der Modifikation, daß anstelle des Volumens V die Fläche A und anstelle des Druckes p der "Spreitungsdruck" Π = Kraft F pro Umfang l der vom Bügel umspannten Fläche tritt

$$\Pi A = nRT \qquad (4.98)$$

mit der Gaskonstanten R aus (4.7). Diese Zustandsgleichung beschreibt das Ansteigen von Π und $F = \Pi \cdot l$ links vom Knick in Abb.4.42.

Hat man bei dem in Abb.4.42 beschriebenen Experiment die Lipide von N Zellen mit Radius R, also Oberfläche $4\pi R^2$ aufgebracht, so findet man, daß der Knick ungefähr bei $A_K = 2N \cdot 4\pi R^2$ auftritt. Was schließen Sie daraus?

Der Knick tritt schon beim Zweifachen der gesamten Oberfläche der Zellen auf. Daraus folgt, daß wenn die Lipide auf der Wasseroberfläche in einer monomolekularen Schicht liegen, sie in der Zellmembran in einer bimolekularen Schicht angeordnet sein müssen. Dieses Modell der biologischen Membran ist inzwischen durch vielfältige Beobachtungen so gut bestätigt, daß es als gesichert angenommen werden kann.

Auch solche *Doppelschichten* (Bilayers) können künstlich hergestellt werden, beispielsweise indem man eine Glasplatte senkrecht durch eine monomolekulare Schicht auf einer Wasseroberfläche hindurch aus dem Wasser zieht (die Oberflächenschicht geht von der Wasseroberfläche auf die Platte, mit den polaren Köpfen auf der Seite der Platte), und dann wieder durch die Oberflächenschicht des Wassers hindurch ins Wasser taucht (eine zweite Schicht kommt auf die erste, nun mit anderer Orientierung). Solche künstlichen Doppelschichten dienen als Modellsystem biologischer Membranen. An ihnen können mit verschiedenartigen physikalischen Methoden Eigenschaften von Membranen studiert werden. Auch der Einbau von Proteinen in solche künstlichen Membranen ist möglich.

Durch wiederholtes Aufbringen von Schichten können auch Packungen vieler Schichten künstlich erzeugt werden. Doppelschichten wie Vielfachschichten haben in bestimmten Temperaturbereichen die Eigenschaften eines "flüssigen Kristalls". Mit dem Wort "flüssig" ist dabei gemeint, daß die Moleküle in der Schicht ziemlich frei beweglich sind und die Orte der Moleküle innerhalb der Schicht nicht wie in einem echten Kristall ein regelmäßiges Gitter bilden. Das Wort "Kristall" soll aber darauf hinweisen, daß einerseits die Schichten regelmäßig aufeinander folgen (wie die Gitterebenen eines Kristalls), andererseits darüber hinaus die Längsachsen der Lipidmoleküle senkrecht zur Schichtebene orientiert sind. Unterhalb einer Umwandlungstemperatur können auch die Orte in der Schicht eine regelmäßige Anordnung bekommen (Umwandlung in einen echt kristallinen oder "festen" Zustand); auf der anderen Seite kann oberhalb einer anderen Umwandlungstemperatur die Orientierung der Lipidachsen mehr oder weniger verlorengehen (man spricht dann oft schon vom "flüssigen" Zustand, obwohl die Schichtung noch vorhanden ist). Ein Beispiel einer solchen "Phasenumwandlung" werden wir im Kapitel 7 kennenlernen.

4.6.4 Zusammenfassung

Wir haben verschiedene Vorgänge an Oberflächen- und Grenzflächen besprochen. Als wichtige Größe zur Charakterisierung des Zustandes einer Oberfläche bzw.

4.6 Oberflächen und Membranen

Grenzfläche haben wir die Oberflächen- bzw. Grenzflächenspannung kennengelernt. Für gekrümmte Oberflächen haben wir das Gesetz von Laplace formuliert, das einen Zusammenhang zwischen Oberflächenspannung und Druck auf die Oberfläche herstellt. Anhand dieses Gesetzes kann beispielsweise das Verhalten der Lungenalveolen verstanden werden. Eine andere Konsequenz des Gesetzes von Laplace sind die Gleichungen, die wir für die Kapillarwirkung ableiten konnten.

Zum Abschluß haben wir in knapper Form einige physikalische Eigenschaften von Lipidschichten besprochen.

4.6.5 Aufgaben

1) Welche der folgenden Aussagen sind richtig?

   A. Mit Kohäsion bezeichnet man den inneren Zusammenhalt einer Flüssigkeit.

   B. Durch geeignet bemessene Kohäsion kann man Oberflächenspannung verhindern.

   C. Oberflächenspannung ist die Oberflächenenergie pro Fläche.

   D. Eine Grenzflächenspannung kann durch Subtraktion zweier Oberflächenspannungen berechnet werden.

   E. Gelöste Stoffe können Oberflächen- und Grenzflächenspannung verändern.

2) Berechne die Grenzflächenspannung in einer Wasser-Benzol-Grenzschicht.

3) Eine Kapillare habe einen Durchmesser $2R = 50$ μm. Wie hoch kann Wasser ($\rho \approx 1$ kg/l) aufgrund von Kapillarwirkung höchstens steigen?

4) Welche Größen der Zustandsgleichung des idealen Gases sind in welcher Weise zu verändern, um eine Zustandsgleichung für monomolekulare Lipidschichten zu erhalten?

5. Atom- und Molekülphysik, Spektrometrie

Moleküle und Atome sind so klein, daß sie völlig außerhalb des Bereichs unserer natürlichen Erfahrungen liegen. Es muß deshalb von vornherein als zweifelhaft angesehen werden, ob die im "makroskopischen" Bereich unserer Erfahrungen entwickelten klassischen Begriffssysteme (der Mechanik, Wärmelehre, Elektrizitätslehre) für die Mikrowelt der Moleküle und Atome angemessen sind. Tatsächlich zeigt die Physik dieses Jahrhunderts, daß dies nicht der Fall ist. Das moderne Begriffssystem, die Quantentheorie, kann hier wegen des erforderlichen mathematischen Aufwandes nicht behandelt werden. Wir wollen aber phänomenologisch die mit der theoretischen Entwicklung verbundenen Modellvorstellungen behandeln, und dabei an Hand eines kurzen historischen Abrisses der Vorstellungen vom Atom die Bedeutung von Modellvorstellungen überhaupt diskutieren.

5.1 Entwicklung und Bedeutung von Modellvorstellungen im atomaren Bereich

Die Vorstellung, daß Materie aus einer großen Anzahl von Einzelteilchen besteht, die in sich nicht weiter teilbar sind, entstammt der frühen griechischen Wissenschaft. Die atomistische Vorstellung von den diskreten Materieeinheiten schließt die Vorstellung von der Existenz des leeren Zwischenraums, des Vakuums, ein. Diese Vorstellung verbreitete Schrecken (horror vacui). Sie wurde von allen angesehenen Philosophen verabscheut, und dieser Horror wurde auch der Natur zugeschrieben. Demokrit (5. Jhdt. v. Chr.) ist als der philosophische Begründer der Atomtheorie anzusehen. Er entstammt der Schule des Pythagoras und übertrug die Diskretheit Zahl auf die Diskretheit Materie. Die Autorität von Plato und Aristoteles war jedoch groß genug, um eine allgemeine Anerkennung der Atomistik zu verhindern. Dennoch hielt sie sich die ganze klassische und mittelalterliche Geschichte hindurch als hartnäckige Ketzerei.

Es wäre jedoch falsch, die griechische Atomistik ihrem Wesen nach als wissenschaftlich-physikalische Theorie anzusehen. Es wurden aus ihr keinerlei Schlußfolgerungen gezogen, die in der Praxis hätten bestätigt werden können.

5.1 Entwicklung und Bedeutung von Modellvorstellungen

Trotzdem ist sie die direkte und anerkannte Vorläuferin aller modernen Atomtheorien. Gassendi (17. Jhdt.), der erste moderne Atomistiker, entlehnte seine Auffassungen unmittelbar bei Demokrit. Er ist der Begründer der Korpuskularphilosophie und stand in seiner Auffassung gegen Descartes und die sogenannten Plenisten, die von einem vollständig und kontinuierlich mit Materie durchdrungenen Raum ausgingen. Newton hat 50 Jahre später Gassendis Definition des Atoms fast Wort für Wort übernommen, und durch die Arbeiten Newtons kam schließlich John Dalton 1808 zur Begründung der atomistischen Theorie der Chemie.

Grundlage seiner Hypothese, daß die Substanz der Stoffe kein Kontinuum sein könne, wie es makroskopisch scheint, sondern daß sie aus kleinen Teilchen endlicher Größe und Masse zusammengesetzt sei, waren die folgenden drei Postulate:

a) Alle Stoffe bestehen aus kleinsten Teilchen, die man weder physikalisch noch chemisch teilen kann, den sogenannten Atomen.

b) Die Atome eines Elementes sind einander in Qualität, Größe und Masse gleich, unterscheiden sich aber in ihren Eigenschaften von den Atomen anderer Elemente.

c) Wenn chemische Elemente eine Verbindung eingehen, so vereinigen sich die beteiligten Elemente immer so miteinander, daß ihre Mengen in einem ganzzahligen Verhältnis zueinander stehen.

Die Atome haben sich zwar nicht als physikalisch unteilbar erwiesen, führen doch die Erkenntnisse der Kernphysik auf neue Elementarteilchen, deren wichtigste die Elektronen, Protonen und Neutronen sind. Im übrigen stellen diese Postulate nach wie vor gültige Erfahrungssätze dar.

Nachdem durch Dalton die atomistische Theorie der Materie erhärtet worden war, wurde das erste Modell über die Beschaffenheit des Atoms selbst 1904 von J.J. Thomson aufgestellt. Es war das sogenannte Rosinenpudding-Modell des Atoms: Das Atom wurde als ein Klumpen von positiver Ladung angenommen, in welchen kleine negativ geladene Korpuskeln (Elektronen) lose eingebettet sind wie Rosinen in einen Pudding. Unter gewissen Bedingungen verlassen die Elektronen den Klumpen und können separat beobachtet werden (Erzeugung freier Elektronen). Das Thomson-Modell konnte aber weder chemisch noch spektroskopisch gesichert werden, so daß nach wie vor nicht klar war, ob das Atom eine homogene Masse sei oder nicht.

Es war dann Rutherford, der das "Kernmodell" des Atoms aufstellte, demzufolge das Atom ähnlich dem Planetensystem aufgebaut ist: ein kleiner positiv geladener Kern vom Radius etwa 10^{-15} m, in welchem fast die gesamte Masse des Atoms konzentriert ist, und die negativ geladenen Elektronen, die aufgrund der klassischen Mechanik im elektrostatischen Coulomb-Feld des positiv geladenen Kerns auf geschlossenen Bahnen mit Durchmessern von etwa 10^{-10} m um den Kern kreisen. Rutherford konnte nämlich beweisen, daß das Atomvolumen fast vollständig leer ist, indem er zeigte, daß aus einem Strahl von α-Teilchen (= Heliumkerne) fast alle eine dünne Folie durchdringen konnten und nur etwa jedes achttausendste erheblich aus der Bahn abgelenkt wurde und also einen Kern getroffen hatte.

Der Mangel des Rutherford-Modells bestand darin, daß man damit keine Spektrallinien erklären konnte. Es war auch sofort ersichtlich, daß das Modell so nicht vollständig richtig sein konnte, weil nicht erklärbar war, warum das um den positiven Kern kreisende Elektron nicht unter Energieabstrahlung in den Kern hineinstürzt.

Bohr versuchte mit diesen Schwierigkeiten durch Einschränkungen der klassichen Physik fertig zu werden, indem er die Umlaufbahnen der Elektronen bestimmten Quantenbedingungen unterwarf. Der große Erfolg dieses Modells bestand darin, daß es das Spektrum des einfachsten Atoms, des Wasserstoffatoms, vollständig und das Spektrum des (nächst einfachen) Heliumatoms teilweise erklären konnte. Aber die Bohrsche Theorie erwies sich als unzureichend zur Erklärung der Vielzahl an Spektrallinien schwerer Atome. Außerdem waren die eingeführten Quantenbedingungen für Elektronenbahnen willkürlich und theoretisch nicht begründet.

Auch der Versuch von de Broglie, Elektronen als reine Wellenfelder aufzufassen, erwies sich als unzureichend, da er die offensichtlich vorhandenen Teilcheneigenschaften nicht erklären konnte.

Die Widersprüche, in die man gerät, wenn man sich Elektronen einmal als Teilchen, dann wieder als Wellen vorstellt, wurden überwunden durch die Quantenmechanik, die 1925/26 vor allem von Schrödinger, Heisenberg, Born und Dirac entwickelt wurde. Diese Quantenmechanik ist eine logisch widerspruchsfreie Theorie atomarer Objekte und ihrer Wechselwirkungen, aber sie ist unanschaulich. Das darf uns nicht wundern, da sich unsere Anschauung im Laufe der biologischen Evolution im Umgang mit unserer makroskopischen Umwelt gebildet hat.

Sie brauchen als Biologen die Quantenmechanik nicht zu beherrschen, sollten jedoch einige typische Grundzüge dieser Theorie kennen. Wir werden hier von der Quantenmechanik nicht mehr als diese Grundzüge benutzen. Darüber hinaus werden wir dort, wo es einem ersten Verständnis hilfreich ist, auch auf die Bohrschen Vorstellungen der Bewegung der Elektronen auf Kugelschalen um den Atomkern zurückgreifen.

5.2 Elektronen machen sich bemerkbar

Noch niemand hat ein Elektron gesehen. Dennoch wird es heute von jedem Naturwissenschaftler als existent betrachtet. Wie real oder wie fiktiv der "Gegenstand Elektron" ist, spielt dabei keine Rolle. Das Phänomen Elektron wird einzig und allein durch eine (kleine) Summe von Eigenschaften umschrieben, die man immer wieder findet. Zwei Eigenschaften des Elektrons kennen Sie bereits:

1) Das Elektron trägt die kleinste vorfindbare Elektrizitätsmenge (Elementarladung), sie beträgt $1,6 \cdot 10^{-19}$ Coulomb.

2) Das Elektron ist ein Teilchen von unvorstellbar kleiner Masse (ca. 10^{-28} g).

In diesem Kapitel werden Sie eine dritte elementare Eigenschaft des Elektrons kennenlernen, nämlich sein eigentümliches Drehverhalten (Spin).

Allein solche Eigenschaften des Elektrons sind es, durch welche es sich bemerkbar und von anderen Elementarteilchen unterscheidbar macht.

5.2.1 Gebundene und freie Elektronen

Die Elektronen sind in aller Regel entweder an Atome oder an Moleküle oder an größere Bereiche gebunden. Diese können sie jeweils nur unter besonderen Bedingungen und nur "auf Zeit" verlassen. Elektronen verhalten sich zu Atomen, Molekülen oder Festkörpern in ähnlicher Weise wie Flugzeuge zur Erde. Ohne beträchtlichen Energieaufwand heben sie nicht ab, ohne fortdauernden Energienachschub bleiben sie nicht abgehoben, sie kommen in jedem Falle wieder herunter (egal wie).

Unter "freien Elektronen" versteht man Elektronen, die sich gerade im "abgehobenen" Zustand befinden. Das sind solche Elektronen, die sich vorübergehend — etwa Bruchteile von Sekunden — mal fernab eines Moleküls aufhalten. Freie Elektronen dieser Art werden in der Fotozelle, im Sekundärelektronenvervielfacher, im Kathodenstrahloszillographen, in der Fernsehröhre und im Elektronenmikroskop erzeugt und mit Hilfe elektrischer oder magnetischer Felder manipuliert. Man bezeichnet diese Technologie als Vakuumelektronik. Die drei wichtigsten Methoden zur Herstellung freier Elektronen sind:

a) die Feldemission
b) die thermische Emission
c) die Fotoemission

a) *Die Feldemission von Elektronen:*

Wenn an der Oberfläche eines Metalles ein sehr starkes elektrisches Feld herrscht, z.B. einige Millionen V cm^{-1}, so verlassen einige der innerhalb des Metalls leicht beweglichen Elektronen die Metalloberfläche und entfernen sich unter der Wirkung der Coulomb-Kraft von ihr. Diese Feldstärke wird an einer Metallspitze schon erreicht, wenn man sie als Kathode im cm-Abstand gegenüber einer plattenförmigen Anode aufstellt und wenige kV Spannung anlegt. Als Elektronenquelle spielt die Feldemission heute kaum noch eine Rolle. Sie ist mehr von rein physikalischem Interesse. Historisch war sie bedeutend. Röntgen benutzte sie für seine Röhren als Elektronenquelle. Inzwischen wird durchweg die thermische Emission von Elektronen zur Erzeugung von freien Elektronen eingesetzt.

b) *Die thermische Emission von Elektronen:*

In den Metallen sind nicht alle Elektronen fest an bestimmte Atome gebunden. Einige können im Metall wandern. Man sagt: sie sind "quasi frei". Wegen der Coulomb-Anziehung durch die positiven Metallionen besteht an der Metalloberfläche ein steiler Potentialanstieg. Elektronen können deshalb nur unter beträchtlicher Abnahme ihrer kinetischen Energie das Metall verlassen.

Im Metall bewegen sich die Elektronen mit unterschiedlicher kinetischer Energie. Je höher die Temperatur ist, desto höher ist auch die durchschnittliche kinetische Energie der Elektronen. (Die Gesetzmäßigkeiten der hier nur grob umschriebenen "thermischen Bewegung" werden im Kapitel 7 ausführlicher behandelt.) Die meisten Elektronen haben nicht genügend kinetische Energie, um die Potentialbarriere an der Oberfläche zu überwinden. Je höher jedoch die Temperatur ist, desto häufiger erreichen einzelne Elektronen eine hinreichend hohe kinetische Energie zur Überwindung der Barriere.

Die meisten ausgetretenen (emittierten) Elektronen fallen wieder zurück in das Metall hinein, weil sie von der hinterlassenen positiven Ladung noch angezogen werden. Legt man das erhitzte Metallstück aber in einen Stromkreis, so daß das emittierte Elektron einerseits von einer Anode "abgesaugt" wird, und andererseits die positive Ladung im heißen Metallstück wieder durch ein nachfließendes Elektron neutralisiert wird, so läßt sich ein ständiger Strom von freien Elektronen aufrechterhalten (Abb.5.1). Im Elektronenmikroskop, im Kathodenstrahloszillographen und in der Fernsehröhre werden die zur Abbildung verwendeten Elektronen auf diese Weise erzeugt.

5.2 Elektronen machen sich bemerkbar

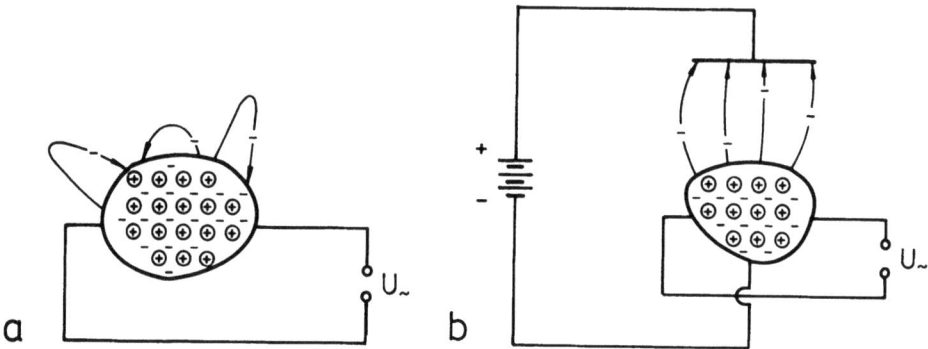

Abb. 5.1. Zur thermischen Emission von Elektronen. a) Ein glühendes Stück Metall (z.B. der Heizdraht eines elektrischen Ofens) emittiert an seiner Oberfläche Elektronen, dadurch lädt sich das Metall positiv auf und zieht die Elektronen durch die ausgeübte Coulomb-Kraft wieder zurück. b) Die thermisch emittierten Elektronen werden von einer positiv geladenen Platte (Anode) "abgesaugt"; eine Batterie hält die Spannung zwischen dem jetzt als Kathode wirkenden Metallstück und der Anode aufrecht. $U_\sim$ ist die zur Aufheizung über das Metallstück anliegende "Heizspannung"

c) *Die Fotoemission von Elektronen:*

Den in der Nähe der Oberfläche eines Metallstückes befindlichen Elektronen kann Energie, die sie zum Austritt aus der Oberfläche befähigt, auch noch anders als thermisch zugeführt werden, nämlich durch Licht. Licht kann man, ähnlich wie wir es in Abschnitt 3.4.1 für Elektronen getan haben, entweder als Welle oder als Teilchen betrachten (Welle-Teilchen-Dualismus). Licht der Wellenlänge λ kann man ansehen als eine Ansammlung von Lichtquanten oder *Photonen*, deren jedes die

$$\boxed{\text{Quantenenergie} \quad E_{Quant} = h\nu} \qquad (5.1)$$

hat, wobei $\nu = c/\lambda$ die Frequenz der Lichtwelle, c die Lichtgeschwindigkeit und $h = 6{,}6262 \cdot 10^{-34}$ Js, das Plancksche Wirkungsquantum ist.

Die gesamte Energie E, die in einem solchen Photonenstrom enthalten ist, ist proportional zur Anzahl N der in ihm enthaltenen Photonen:

$$\boxed{\text{Strahlenenergie} \quad E = Nh\nu} \quad . \qquad (5.2)$$

Auch die Anzahl M der von einer Fotokathode emittierten Elektronen ist der Anzahl N der auftreffenden Photonen proportional.

Das Verhältnis

$$q = \frac{\text{Anzahl M der aus der Fotokathode austretenden Elektronen}}{\text{Anzahl N der auf die Fotokathode auftreffenden Photonen}}$$

heißt *Quantenausbeute* der Fotokathode. Sie ist meist kleiner als 1. Die Quantenausbeute q hängt sowohl von der Quantenenergie nach (5.1) als auch vom Metall ab, aus dem die Fotokathode besteht.

Abbildung 5.2 zeigt schematisch die Abhängigkeit der Quantenausbeute als Funktion der Quantenenergie eines Photons. Die Quantenenergie von infrarotem Licht ist im allgemeinen schon zu klein zur Erzeugung einer Fotoemission.

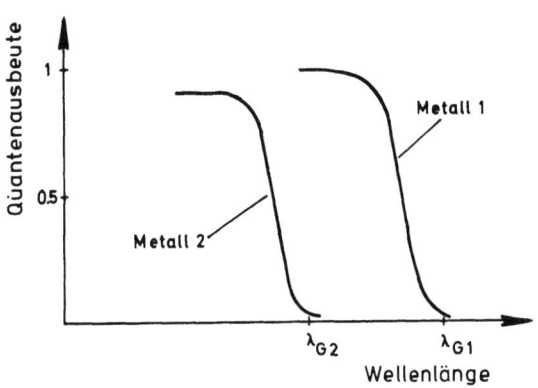

Abb. 5.2. Quantenausbeute von Fotokathoden als Funktion der Wellenlänge des auftreffenden Lichts (schematisch). λ_G = Grenzwellenlänge

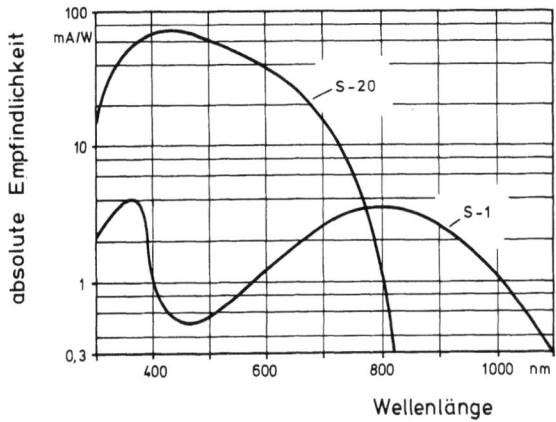

Abb. 5.3. Spektrale Empfindlichkeit von kommerziellen Fotokathoden. Die beiden am häufigsten verwendeten Kathoden sind die "S-20"-Fotokathode für den sichtbaren und nahen UV-Spektralbereich und die "S1"-Fotokathode für den nahen IR-Bereich. Charakteristisch ist jeweils der spektrale Verlauf. Die Angaben über die absolute Empfindlichkeit beziehen sich auf eine kommerzielle Ausführung, angegeben ist dabei: mA Fotostrom pro Watt auf die Fotokathode auftreffende Lichtleistung

Die technisch in großem Umfang verwendeten Fotokathoden enthalten eine Mischung von vielen Metallen und Metalloxyden. Abb.5.3 zeigt die spektrale Empfindlichkeit solcher in Wissenschaft und Technik gebräuchlichen Fotokathoden.

5.2.2 Atomelektronen und Molekülelektronen

Wir haben im vorigen Abschnitt über freie Elektronen gesprochen. Ihre Anwendung ist die Vakuumelektronik. Wir verlassen diesen Bereich jetzt und beschäftigen uns im folgenden fast nur noch mit Atomen und Molekülen, deren Eigenschaften weitgehend von den an sie gebundenen Elektronen bestimmt sind.

Wenn man von "Atomphysik" spricht, meint man im wesentlichen die mit der Elektronen*hülle* des Atoms verbundenen Eigenschaften. Die mit dem Atom*kern* verknüpften Eigenschaften werden von der *Kernphysik* behandelt; damit wird sich das nächste Kapitel befassen.

Der Zustand jedes Elektrons in der Atomhülle ist durch eine Reihe von Zahlen, den sogenannten *Quantenzahlen*, beschreibbar. Die üblicherweise mit n bezeichnete Zahl zählt im alten Schalenmodell (Bohr) vom Atomkern aus nach außen die Kugelflächen auf, auf denen sich die Elektronen nur befinden können.

Die ausgebaute Quantenmechanik kennt weitere Quantenzahlen, und n wird jetzt als *Hauptquantenzahl* bezeichnet. Bei der quantenmechanischen Berechnung des Verhaltens von Elektronen in Atomen ergeben sich zusätzlich die *Bahndrehimpulsquantenzahl* (auch Nebenquantenzahl oder azimutale Bahnquantenzahl genannt), die *magnetische Bahnquantenzahl* und die *Spinquantenzahl*.

Die Bahndrehimpulsquantenzahl l ist eine ganze Zahl, die mindestens um 1 kleiner sein muß als die Hauptquantenzahl n, also l = 0, 1, 2, ..., n-1. Die Begründungen hierzu kommen aus der hier nicht zu behandelnden Quantenmechanik. Es ist in der Spektroskopie üblich, statt mit l = 0, 1, 2, 3, ... die entsprechenden Energieterme mit s, p, d, f, g, ... zu bezeichnen. Ein Energieterm mit den Quantenzahlen n = 3 und l = 2 heißt also 3 d.

Die dritte Quantenzahl, nämlich die magnetische Bahnquantenzahl m, macht eine Aussage über das Verhalten des an das Atom gebundenen Elektrons in einem äußeren Magnetfeld. Sie beschreibt die Richtungseinstellung der Drehachse des um den Kern kreisenden Elektrons. Es kommen nur diskrete Achseneinstellungen vor. Diese "räumliche Quantelung" oder "Richtungsquantelung" findet nicht statt, wenn kein Magnetfeld vorhanden ist, das die Bezugsrichtung bestimmt. Nach Einschalten des Magnetfeldes eröffnen sich dem kreisenden Elektron nur noch diskrete Einstellungsmöglichkeiten, und zwar um so mehr, je größer l ist; genau sind es 2 l + 1 Möglichkeiten. Da die dazugehörigen Energieterme

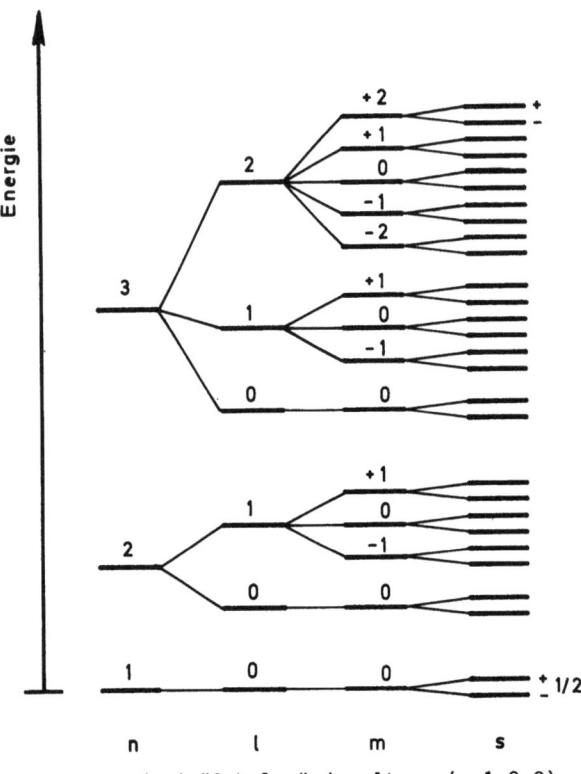

Abb. 5.4. Schematische Darstellung (nicht maßstäblich!) der Energiewerte von Atomelektronen in den von innen her ersten drei "Schalen" des Atoms (n=1,2,3). Die Aufspaltungen ergeben sich aus dem Bahndrehimpuls ("l"), der Orientierung zu einem Magnetfeld ("m"; keine m-Aufspaltung, wenn kein Magnetfeld vorhanden ist) und dem Eigendrehimpuls des Elektrons ("s")

symmetrisch um den zugehörigen l-Wert liegen, werden die magnetischen Quantenzahlen von -l bis +l gezählt, also m = -l, -l+1, ..., -1, 0, 1, ..., l-1, l.

Schließlich gibt es noch die vierte Quantenzahl für das Elektron, die Spinquantenzahl s. Die Notwendigkeit zur Einführung dieser Quantenzahl besteht in der Beobachtung, daß Elektronen nicht einfache Punktstruktur haben, sondern daß sie oder ihre Ladung sich ständig in einer Eigenrotation (Spin) befinden. In einem Magnetfeld kann sich die Drehachse dieser Eigenrotation nur so einstellen, daß der Spin (Eigendrehimpuls) eine Komponente in Richtung des Magnetfeldes hat von der Größe $s \cdot h/(2\pi)$, wobei s nur die Werte $+\frac{1}{2}$ oder $-\frac{1}{2}$ haben kann. (Herleitung wiederum nur quantenmechanisch möglich.) Diesen beiden Spineinstellungen kommen wiederum verschiedene Energiewerte zu.

Der Unterschied zwischen m und s besteht darin, daß m die Richtungsquantelung der Elektronenbahn um das Atom beschreibt, während s den Eigendrehsinn des Elektrons angibt.

5.2 Elektronen machen sich bemerkbar

Abbildung 5.4 faßt grob schematisch das hier Dargestellte für die Hauptquantenzahlen von n = 1 bis 3 zusammen. In Wirklichkeit sind die Termabstände keineswegs äquidistant und von Atom zu Atom auch sehr unterschiedlich. Die Atomelektronen können Übergänge zwischen vielen dieser Energieterme machen und zu jedem Übergang gehört eine *Spektrallinie* (deren jede eine andere Wellenlänge hat, da die Termabstände *nicht* äquidistant sind). Da sich die Zahl der Terme für n größer als 3 ja noch erheblich vervielfacht, können Sie verstehen, daß Vielelektronensysteme (mittelschwere und schwere Atome) eine unübersehbare Vielfalt von Spektrallinien aussenden oder absorbieren können.

Wir haben in diesem Abschnitt nur über Atomelektronen gesprochen. Das wesentliche daran war zu sehen, daß die Elektronen nicht irgendwie um den Atomkern herumtaumeln, sondern an eine genau definierte Vielfalt von Bahnen, d.h. Energiezuständen, gebunden sind. Dasselbe gilt auch für *Molekülelektronen*. Moleküle entstehen durch Verbindung von Atomen: mehrere Kerne besitzen dann eine gemeinsame Elektronenhülle. Das Verhalten der Molekülelektronen kann, ähnlich wie das der Atomelektronen, durch vier Quantenzahlen beschrieben werden. Die Bedeutung der Quantenzahlen n und l ist unverändert. Der magnetischen Bahnquantenzahl m entspricht hier die Komponente von l in Richtung der Verbindungslinie der beiden Atomkerne eines zweiatomigen Moleküls, sie wird meist mit λ bezeichnet. So wie man statt l = 1, 2, 3, 4, ... die Buchstaben s, p, d, f, g (und weiter im Alphabet) benutzt, ist es üblich statt λ = 1, 2, 3, 4, ... die griechischen Kleinbuchstaben σ, π, δ, φ, ... zu benutzen.

Wir müssen uns hier auf diese wenigen Begriffe der theoretischen Atom- und Molekülphysik beschränken und wollen uns stattdessen einigen praktischen Folgerungen daraus zuwenden.

Moleküle werden zusammengehalten von den Elektronen der Atome, aus denen sie aufgebaut sind. Diese Elektronen, jedenfalls die äußeren Elektronen dieser Atome, befinden sich im Molekül auf anderen Bahnen, d.h. in anderen Energiezuständen, als im ungebundenen Atom. Prinzipiell hat sich aber nichts daran geändert, daß diese Elektronen in andere zuvor unbesetzte Zustände übergehen können und ebenso wie die "ungestörten" Atomelektronen zur Absorption und Emission von Photonen Anlaß geben. Die so entstehenden Spektren sind für Moleküle ebenso charakteristisch wie für Atome. Sie können zur Identifikation von Molekülen herangezogen werden.

Als Spektrum eines Moleküls oder Atoms bezeichnet man die Gesamtheit der mit der Absorption oder Emission von elektromagnetischer Strahlung verbundenen Übergänge zwischen seinen verschiedenen Energiezuständen.

Für alle Übergänge gilt, daß die Quantenenergie des Photons — siehe (5.1) — gleich der Energiedifferenz der am Übergang beteiligten Energiezustände des Elektrons ist ("Bohrsche Frequenzbedingung"):

$$h\nu = E_2 - E_1 \, . \tag{5.3}$$

Dies ist ein Ausdruck der Energieerhaltung: die Quantenenergie des absorbierten Photons bringt das Elektron in einen Zustand höherer Energie. Fällt hingegen das Elektron in einen Zustand niedrigerer Energie, so tritt sein Energieverlust als Quantenenergie des emittierten Photons wieder in Erscheinung.

Das Spektrum des Wasserstoffatoms ist das einfachste beobachtbare Spektrum. Nur *ein* Elektron ist beteiligt, und es gibt eine genau vorhersagbare Vielfalt von Linien. In dem Maße, in dem wir zu komplexeren Gebilden übergehen, werden auch die Spektren komplexer. Die Komplexität nimmt zu bei

a) Atomen mit mehr als einem Elektron
b) Betrachtung von Molekülen anstatt Atomen
c) Atomen oder Molekülen, die sich nicht in einem gasförmigen, sondern in einem flüssigen oder gar festen Zustand befinden.

5.2.3 Spektrometrie

Licht ist ein winziger Ausschnitt aus dem riesigen Bereich der elektromagnetischen Strahlung. Das Spektrum der elektromagnetischen Strahlung erstreckt sich von den längsten Radiowellen, welche von fernen Sternen zu uns dringen, bis zu der kürzestwelligen kosmischen Strahlung aus dem Weltraum. Tabelle 5.1 stellt den gesamten Bereich dar (siehe auch Abb.1.46). Außer der kosmischen Strahlung können alle elektromagnetischen Strahlen auch technisch realisiert werden.

Es wird Ihnen auffallen, daß die Bezeichnungen am langwelligen Ende auf "Wellen" lauten und am kurzwelligen Ende auf "Strahlen" und dazwischen auf "Licht". Das hat seinen Grund darin, daß der Dualismus Welle-Teilchen in der Weise in Erscheinung tritt, daß am langwelligen Ende des Spektrums fast ausschließlich die Wellennatur und am kurzwelligen Ende fast ausschließlich die Teilchennatur (Korpuskeln) bemerkbar ist. In dem Bereich dazwischen findet ein kontinuierlicher Übergang statt, in dem wie beim Licht beide Eigenschaften deutlich nebeneinander hervortreten. Die Teilcheneigenschaft tritt zu kurzen Wellen hin deswegen so stark in den Vordergrund, weil es dort keine beugenden Objekte gibt.

Nun ist gerade der Ausschnitt aus dem elektromagnetischen Spektrum, der das sichtbare Licht einschließlich der ultravioletten und infraroten Nach-

5.2 Elektronen machen sich bemerkbar

Tabelle 5.1. Das elektromagnetische Spektrum. Es handelt sich um eine kontinuierliche Aneinanderreihung von elektromagnetischen Wellen, aus der typische Bereiche, angeordnet von kurzen zu langen Wellen, mit ihren Quellen angegeben sind

Art der Strahlung	Herkunft (Erzeugung)	Wellenlänge [m]	Frequenz [Hz]	Quantenenergie [J]
kosmische Strahlung	Weltraum	$<10^{-14}$	$>3 \cdot 10^{22}$	$>2 \cdot 10^{-11}$
γ-Strahlung	Kernreaktionen	10^{-13}	$3 \cdot 10^{21}$	$2 \cdot 10^{-12}$
Röntgenstrahlen	Röntgenröhre	10^{-10}	$3 \cdot 10^{18}$	$2 \cdot 10^{-15}$
UV-Licht	Gasentladung Höhensonne	10^{-8}	$3 \cdot 10^{16}$	$2 \cdot 10^{-17}$
sichtbares Licht	Sonne	$0{,}6 \cdot 10^{-6}$	$5 \cdot 10^{14}$	$3 \cdot 10^{-19}$
infrarotes Licht	Ofen	10^{-4}	$3 \cdot 10^{12}$	$2 \cdot 10^{-21}$
Mikrowellen	Klystron	10^{-3}	$3 \cdot 10^{11}$	$2 \cdot 10^{-22}$
cm-Wellen	Radar	10^{-2}	$3 \cdot 10^{10}$	$2 \cdot 10^{-22}$
Radiowellen	UHF, VHF	10^{-1}	$3 \cdot 10^{9}$	$2 \cdot 10^{-23}$
	UKW, MW, LW	>1	$<3 \cdot 10^{8}$	$<2 \cdot 10^{-24}$

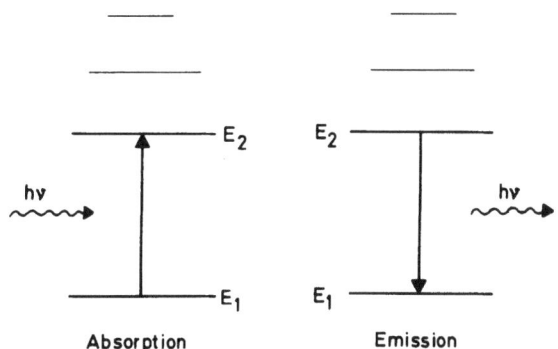

Abb. 5.5. Grundschema zur Spektrometrie. Links: Als Absorption wird der Übergang des Systems (d.i. ein Molekül oder Atom oder Atomkern) in einen höheren Energiezustand bezeichnet, wobei von außen Strahlungsenergie aufgenommen wird. Rechts: Als Emission wird der Übergang des Systems in einen niedrigeren Energiezustand bezeichnet unter Aussendung von Strahlungsenergie

barbereiche umfaßt, derjenige Spektralbereich, in dem die wichtigsten spektrometrischen Methoden arbeiten. Abb.5.5 zeigt das Prinzip der Spektrometrie. Ein System kann durch Absorption oder Emission von Energie in verschiedene diskrete Energiezustände gebracht werden. Die spektrometrischen Methoden dienen zwei Hauptzwecken:

a) Aus der Quantenenergie der absorbierten oder emittierten Strahlung können Schlüsse auf die Zusammensetzung und Struktur von Molekülen gezogen werden (*Strukturaufklärung*). Das ist das Hauptanwendungsgebiet der Infrarot- und Ramanspektrometrie (Abschn.5.4.3) und der Elektronen- und Kernspinresonanzspektrometrie (Abschn.5.3.5).

b) Moleküle lassen sich an Hand ihres Spektrums identifizieren. Aus der Intensität einer Strahlungsabsorption oder -emission kann man auf die Menge an Substanz schließen, welche die Strahlung absorbiert bzw. emittiert (diese Anwendung der Spektrometrie zur *quantitativen Analyse* wird in veralteter Nomenklatur als Spektralfotometrie bezeichnet). Wir wollen uns in den folgenden Abschnitten dieses Kapitels mit den Grundlagen solcher spektrometrischen Routinemethoden zur quantitativen Analyse befassen. Die spektrochemische Analyse von Festkörpern wird hier außer Betracht gelassen.

5.2.4 Zusammenfassung

In diesem Abschnitt standen die Elektronen im Mittelpunkt. Wir haben unterschieden zwischen freien und gebundenen Elektronen. Die freien Elektronen brauchen Sie als Biologen an sich wenig zu interessieren, aber als technisches Hilfsmittel im Elektronenmikroskop, Oszillographen u.ä. sind die freien, manipulierbaren Elektronen von größter Bedeutung.

Die gebundenen Elektronen führen unmittelbar zum zentralen Gegenstand dieses Kapitels, nämlich zu den Atomen und Molekülen. Die chemischen und optischen Eigenschaften von Atomen und Molekülen werden hauptsächlich von den an sie gebundenen Elektronen bestimmt. Wir haben die Quantenzustände, in denen Atome und Moleküle vorkommen können, phänomenologisch beschrieben. Dieser Teil konnte Ihnen keine Quantentheorie vermitteln, er sollte Ihnen aber die Gründe für die Diskretheit und Vielfalt von Atom- und Molekülspektren eröffnen.

Schließlich haben wir eine Übersicht über das elektromagnetische Spektrum gegeben mit dem Ziel, eine Einordnung der in den beiden folgenden Kapiteln näher behandelten Spektrometrie im sichtbaren und ultravioletten Spektralbereich zu ermöglichen. Die biologische Bedeutung im Sinne eines Gefährdungspotentials nimmt nach den kurzen Wellen hin zu. Davon wird noch im Kapitel 6 die Rede sein.

5.2.5 Aufgaben

1) Welche der folgenden Aussagen ist richtig?

   A. Freie Elektronen können durch elektrische Felder beschleunigt werden.

   B. Freie Elektronen können nur unter Aufwand von Energie erzeugt werden.

5.2 Elektronen machen sich bemerkbar

C. Alle Elektronen in Atomen und Molekülen
sind gebundene Elektronen.

D. Die Technik des Umgangs mit freien Elektronen
wird als Vakuumelektronik bezeichnet.

E. Fotoelektronen, auch Photonen genannt,
sind gebundene Elektronen.

F. Gebundene Elektronen befinden sich in
diskreten Energiezuständen.

G. Unter Fotoemission versteht man die
Erzeugung von Wärme.

H. Als thermische Emission bezeichnet man
die Erzeugung von Wärme.

I. Die Quantenzahlen bezeichnen die diskreten
Energiezustände von Atom- bzw. Molekülelektronen.

2) Das menschliche Auge hat seine größte Lichtempfindlichkeit im grünen Spektralbereich. Es kann im dunkel adaptierten Zustand einzelne Lichtquanten wahrnehmen. Wie groß ist die Quantenenergie eines Photons aus diesem Bereich?

3) Bitte ordnen Sie die folgenden Begriffe und Erklärungen einander zu, jeweils eine Ziffer zu einem Buchstaben

A. Elektromagnetisches Spektrum	1. Gesamtheit der von einem Atom oder Molekül aufgenommenen elektromagnetischen Strahlung
B. Absorptionsspektrum	2. Erkennung eines Molekülaufbaues
C. Emissionsspektrum	3. In Emission oder Absorption auftretende monochromatische elektromagnetische Strahlung
D. Spektrallinie	4. Summarisches Anordnungsschema zur Übersicht über alle vorkommenden elektromagnetischen Wellen
E. Strukturaufklärung	5. Messung einer Substanzmenge
F. Quantitative Analyse	6. Gesamtheit der von einem Atom oder Molekül abgegebenen elektromagnetischen Strahlung.

5.3 Atome und Moleküle lassen sich "sehen"

Atome und Moleküle kann man ebenso wie Elektronen nicht als Gegenstände sehen. Das Auflösungsvermögen selbst des besten Elektronenmikroskops reicht dazu nicht aus. Das Anführungszeichen in der Überschrift bezieht sich darauf, daß man Wechselwirkungen von Atomen und Molekülen mit elektromagnetischer Strahlung als Absorption oder Emission von Licht sehen kann. Es handelt sich dabei also nur um eine sichtbare Eigenschaft, und auch diese ist für das bloße Auge nicht am einzelnen Atom oder Molekül sichtbar, sondern in einer Ansammlung, sei sie gasförmig, flüssig oder fest. Diese Eigenschaft macht die Spektrometrie zu einem wichtigen Handwerkszeug auch der Biologen.

Mit den am weitesten verbreiteten optisch-spektrometrischen Methoden in der Biologie wollen wir uns in diesem Abschnitt befassen. Es sind dies in der Gasphase die Atomemissions- und Atomabsorptionsspektrometrie, in Lösung die Absorptionsspektrometrie und die Lichtstreuung. Ebenfalls auf den Eigenschaften gebundener Elektronen beruht die Elektronspinresonanzspektrometrie, die im letzten Unterabschnitt zusammen mit der ihr formal ähnlichen kernmagnetischen Resonanzspektrometrie einführend behandelt wird.

5.3.1 Spektrometrie mit sichtbarem und ultraviolettem Licht

Alle Vorgänge der Absorption, Emission oder Lumineszenz beziehen sich bei der Spektroskopie mit sichtbarem Licht auf Elektronenanregung in den Molekülen und nicht auf Molekülschwingungen oder -rotationen. Notwendig als erster Schritt ist immer eine Elektronenanregung. Diese kann wie in Abb.5.6 durch die Absorption eines Photons mit der Quantenenergie $h\nu_1$ geschehen oder durch Zuführung von Energie in anderer Form, z.B. thermisch. Wenn ein Molekül in einen höheren Quantenzustand versetzt worden ist, so kann es nach einer Verweilzeit von ca. 10^{-8} s unter Aussendung des absorbierten Lichtquants wieder in seinen Grundzustand zurückkehren. Dieser Fall, die Resonanzabsorption, stellt aber unter den vielen möglichen quantenhaften Absorptionen und Emissionen die Ausnahme dar.

Der Regelfall bei flüssigen und festen Stoffen ist der, daß das angeregte Molekül einen Teil seiner "überschüssigen" Energie durch Zusammenstöße an benachbarte Moleküle überträgt und dadurch in einen niedriger angeregten Zustand übergeht. Die vollständige Rückkehr in den Grundzustand erfolgt dann durch Emission eines Lichtquants von geringerer Energie, also Strahlung größerer Wellenlänge, als die des ursprünglich anregenden Quants. Abbildung 5.6 zeigt in ihrem linken Drittel diesen Vorgang schematisch. Man nennt die Strahlung $h\nu_2$ *Fluoreszenzstrahlung*.

5.3 Atome und Moleküle lassen sich "sehen"

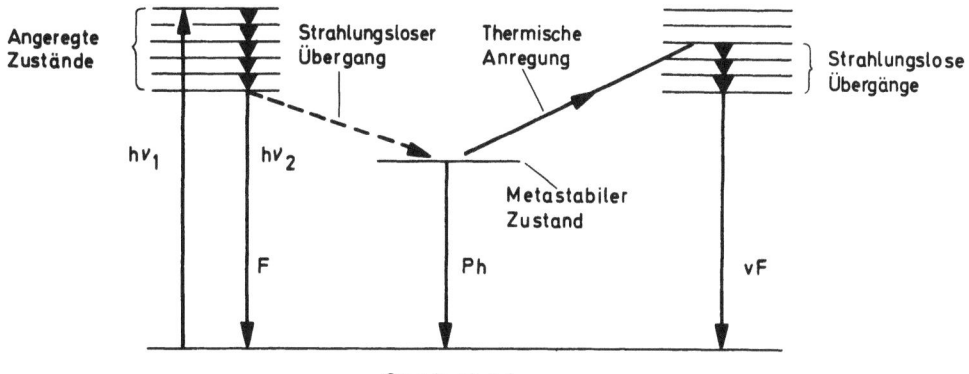

Abb. 5.6. Termschema eines Moleküls. Pfeile nach oben bedeuten Energieaufnahme, Pfeile nach unten Energieabgabe des Moleküls. hν: elektromagnetische Energie, F: Fluoreszenzemission, vF: verzögerte Fluoreszenz (Thermolumineszenz), Ph: Phosphoreszenz, d.h. Emission aus einem metastabilen Zustand

Das mittlere Drittel in Abb.5.6 zeigt den Fall, in dem das Molekülelektron in einen sogenannten metastabilen Zustand abgeregt wird. Dort hält sich das Elektron erheblich länger als 10^{-8} s auf (z.B. 1 ms), und erst dann kehrt es unter Aussendung eines Lichtquants in den Grundzustand zurück. Man nennt diese Strahlung *Phosphoreszenzstrahlung*. Ihr Merkmal ist, daß sie noch sekunden- oder minutenlang nach Ausschalten der anregenden Strahlung anhält. Ein Beispiel dafür ist Zinksulfid, das als Belag für nachleuchtende Schalter oder Zifferblätter von Uhren verwendet wird. Der Oberbegriff für Fluoreszenz und Phosphoreszenz heißt *Lumineszenz*.

Diejenigen Molekülelektronen, die in ein metastabiles Niveau gelangt sind, können, anstatt zur Phosphoreszenz zu führen, auch durch thermische Anregung wieder auf ein energetisch höher liegendes Niveau angehoben werden, von dem aus sie dann wieder spontan in den Grundzustand zurückkehren können. Dieser Vorgang (siehe rechtes Drittel der Abb.5.6) wird als verzögerte Fluoreszenz oder *Thermolumineszenz* bezeichnet.

Thermolumineszenzfähige Kristalle, z.B. Calciumfluorid, werden als Kernstrahlungsdosimeter eingesetzt. Die Kernstrahlung regt Molekülelektronen solcher Kristalle in metastabile Zustände an, die sie bei Raumtemperatur nicht verlassen können. Erst bei Erwärmen findet unter Lichtemission der Übergang in den Grundzustand statt.

5.3.2 Spektrometrie in der Gasphase

Im gasförmigen Aggregatzustand sind die Spektren von Atomen und Molekülen, sei es in Absorption, in Emission oder in Fluoreszenz, nahezu ungestört von

Wechselwirkungen mit den Atomen und Molekülen ihrer Umgebung zu beobachten.
Bei zahlreichen spektrochemischen Analysen werden deshalb auch flüssige und
feste Proben zunächst in den gasförmigen Zustand überführt. Bei festen Proben
geschieht dies durch Absprühen von Atomen aus der festen Probe durch elektrischen Funkenschlag (z.B. bei der Untersuchung der Zusammensetzung von
Stahl) oder durch Auflösen in Säuren oder Laugen ("chemisches Veraschen"),
z.B. in der Lebensmittelanalytik und zur Lösung von Luftfilterproben.

Von großer Bedeutung für die analytische und klinische Biochemie ist die
Messung von Stoffkonzentrationen in Flüssigkeiten, z.B. Gewässerschutz und
Analyse von Körperflüssigkeiten (Blut, Urin, Punktate).

Organische Komponenten in flüssigen und festen Substanzen überstehen in
der Regel nicht die Überführung in die Gasphase. Sie müssen deshalb mit rein
chemischen Methoden analysiert werden oder durch Spektrometrie an Lösungen
(siehe nächsten Abschnitt). Daher:

> Die Spektrometrie in der Gasphase ist besonders geeignet
> zur Analytik anorganischer Bestandteile, insbesondere von
> Metallspuren.

Die beiden wichtigsten Methoden sind die Atomemissions- und die Atomabsorptionsspektrometrie. Die Atomisierung der flüssigen Probe (ggf. nach
chemischer Veraschung fester Substanz) wird dadurch erreicht, daß die Flüssigkeit durch eine feinverteilende Düse in eine brennende Flamme hineingesprüht wird, in der die organischen Bestandteile verbrennen und die anorganischen Moleküle in ihre atomaren Bestandteile dissoziieren.

Atomemissionsspektrometrie (AES):

Damit Atome Strahlung emittieren können, müssen sie zunächst angeregt werden.
Dies geschieht bei der Methode der Atomemissionspektrometrie in derselben
Flamme, in der die Probe atomisiert wird. Zur thermischen Anregung der Atome
wird eine Flammentemperatur von etwa 3000 °C benötigt, zur Atomisierung genügt eine Temperatur von 2000 °C (Angaben nur größenordnungsmäßig, bei einzelnen Verbindungen unterschiedlich).

Abbildung 5.7 ohne Lampe stellt schematisch den Aufbau eines Atomemissionsspektrometers dar. Die Flamme ist Lichtquelle und Meßobjekt zugleich. Der
Monochromator zerlegt das Licht der Flamme und der angeregten Atome, die ihre
Linien emittieren. Er wird so eingestellt, daß er die für das jeweils zu
messende Element charakteristische Emissionslinie durchläßt. Die Intensität

5.3 Atome und Moleküle lassen sich "sehen"

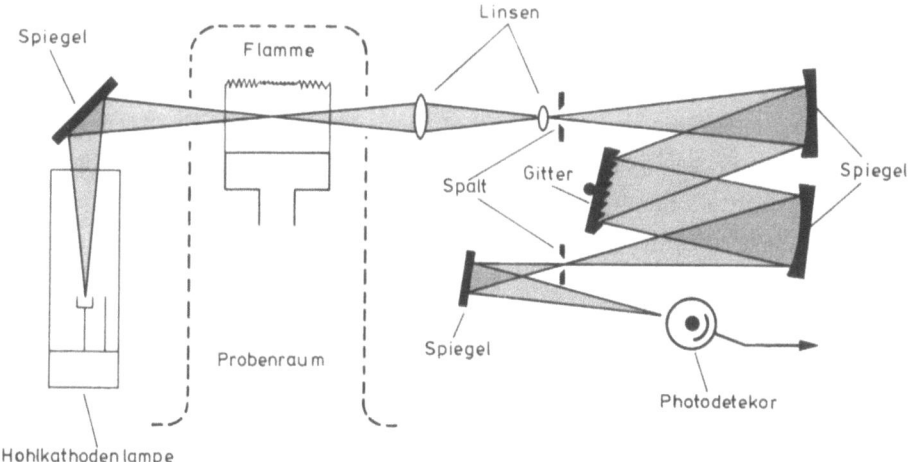

Abb. 5.7. Schema eines Atomabsorptionsspektrometers. Die von der Hohlkathodenlampe emittierte Spektrallinie wird im Probenraum entsprechend der Anzahl der absorbierenden Atome abgeschwächt, über ein optisches Abbildungssystem durch einen Gittermonochromator geführt (zur Ausblendung des Flammenlichtes und anderer Hintergrundstrahlung) und von einem Fotodetektor registriert. Die gleiche Anordnung ohne Hohlkathodenlampe stellt ein Atomemissionsspektrometer dar. Die Flamme wird dann auf höhere Temperatur eingestellt, damit die Atome thermisch zur Emission angeregt werden

dieser Linie wird durch einen Sekundärelektronenvervielfacher in einen intensitätsproportionalen Strom gewandelt, der registriert wird.

Im klinisch-chemischen Labor wird die Atomemissionsspektrometrie (in dieser Form auch Flammenfotometrie genannt) zum routinemäßigen quantitativen Nachweis von Natrium, Kalium und Calcium eingesetzt.

Atomabsorptionsspektrometrie (AAS):

Die Atomabsorptionsspektrometrie (AAS) ist zur wichtigsten analytischen Methode des Spurennachweises von Schwermetallen geworden. Die Methodik ist ganz ähnlich wie bei der Atomemissionsspektrometrie (Abb.5.7). Die Flamme hat hier nur noch die Aufgabe der Atomisierung, sie darf nicht so heiß sein, daß sie auch noch die Atome anregt. Die Flamme wird bei der AAS in einen Lichtstrahl gebracht, und die dissoziierten Atome in der Flamme absorbieren aus dem Lichtstrahl, so daß sie vom Grundzustand in einen angeregten Zustand übergehen (Abb.5.6). Am stärksten werden solche Spektrallinien absorbiert, die das Atom aus dem Grundzustand in einen angeregten Zustand bringen, aus dem es ohne Zwischenzustände *direkt* wieder in den Grundzustand zurückfällt unter Emission der gleichen Spektrallinie. Solche Spektrallinien nennt man *Resonanzlinien*.

Eine häufig benutzte Variante in der AAS-Meßtechnik besteht darin, die Atomisierung der Probe nicht in einer Flamme vorzunehmen, sondern in einem heißen Röhrchen. In eine solche "Graphitrohrküvette" (Graphit läßt sich elektrisch leicht aufheizen und macht keine chemischen Reaktionen mit der Meßprobe) wird die Probenlösung eingetropft. Durch schrittweises Aufheizen des Rohres wird zunächst der Wasseranteil der Probe verdampft, dann werden die organischen Bestandteile der Probe verascht, die Moleküle dissoziiert, und die verdampften Atome können "ihre Spektrallinien" aus dem längs durch das Rohr verlaufenden Lichtstrahl absorbieren. Die dadurch eintretende Abschwächung des Lichtstrahles ist das Maß für die Anzahl der absorbierenden Atome. Die Graphitrohrtechnik eignet sich besonders gut für kleine Probenmengen (ca. 10 µl).

5.3.3 Spektrometrie an Lösungen

Lösungen, insbesondere wässerige Lösungen, sind das Medium, in dem die wichtigsten biologisch-chemischen Reaktionen ablaufen. Dichte und Transportierbarkeit von Materie stehen hier in einem für Reaktionen günstigeren Verhältnis als im gasförmigen oder im festen Zustand der Materie. Wenn eine Lösung elektromagnetischer Strahlung ausgesetzt wird, so können zahlreiche Vorgänge ablaufen:

1) Die Strahlung kann reflektiert werden.

2) Die Strahlung kann gebrochen werden.

3) Die Strahlung kann gestreut werden, ohne daß sich die Wellenlänge der Strahlung ändert (Rayleigh-Streuung).

4) Die Strahlung kann gestreut werden, wobei sich die Wellenlänge des gestreuten Lichts um kleine Beträge in Richtung kürzerer und längerer Wellen verschoben hat, entsprechend der Abregung bzw. Anregung von Molekülschwingungsenergie (Raman-Streuung).

5) Die Strahlung kann absorbiert werden, und die aufgenommene Energie kann in Form von Wärme wieder abgegeben werden.

6) Die Strahlung kann absorbiert und wieder ausgestrahlt werden, und zwar entweder bei der gleichen Wellenlänge (Resonanzabsorption) oder bei einer längeren Wellenlänge (Fluoreszenz).

7) Die Strahlung kann absorbiert werden und eine fotochemische Reaktion auslösen.

Nach Ablauf eines oder mehrerer dieser Vorgänge wird jede Strahlung schließlich in Wärme umgewandelt sein.

5.3 Atome und Moleküle lassen sich "sehen"   245

Vorgang (1) ist, wenn er allein auftritt, ohne spektrometrische Information. Die Vorgänge (1) bis (3) sind Prozesse, die nicht quantenhafter Natur sind. Die Reflexion und Brechung von Strahlen (1 und 2) wurde im Kapitel 1 behandelt. Die Lichtstreuung (3) wird diesen Abschnitt abschließen.

Die Vorgänge (4-7) sind Prozesse, die über die Quantennatur des Lichtes und die diskreten Energiezustände von Molekülen miteinander verknüpft sind. Vorgang (4), die Raman-Spektroskopie, wird in Abschnitt 5.4.3b behandelt werden. Die Absorptionsspektrometrie, Vorgang (5), und die Fluoreszenzspektrometrie, Vorgang (6), werden im folgenden behandelt und fotochemische Wirkungen, Vorgang (7), in Abschnitt 5.5.1.

Absorptionsspektrometrie in Lösungen:

Viele biologisch wichtige Moleküle absorbieren sichtbares und ultraviolettes Licht. Es handelt sich dabei um Elektronenanregungsspektren. Alle diese Moleküle absorbieren auch im infraroten Spektralbereich. Dort werden die Rotations- und Schwingungsspektren angeregt, welche Auskunft geben können über das Vorhandensein bestimmter Atomgruppen. Charakteristische Absorptionen sichtbaren und/oder ultravioletten Lichtes macht insbesondere die folgenden biologischen Moleküle identifizierbar: Rhodopsin ("Sehpurpur"), Hämoglobin, Myoglobin, Cytochrome, Phytochrome, Chlorophyll, die Pyridinnucleotide, die aromatischen Aminosäuren, Nucleinsäuren, die Pyrimidine und Purine.

Das Absorptionsspektrometer, auch Spektralfotometer genannt, besteht im wesentlichen aus einer Lichtquelle, von der aus zwei identische Lichtbündel entnommen werden, von denen das eine durch die Meßprobe und das andere durch die Referenzprobe (z.B. das Lösungsmittel der Meßprobe) geführt wird. Die beiden Teilstrahlen werden dann abwechselnd von einem rotierenden Sektorspiegel (Abb.5.9) durch den Monochromator zum Detektor gelenkt, so daß der Detektor ein Wechselsignal erhält. Wechselsignale lassen sich verstärken (Abschn.2.6.3) und dann registrieren.

Da die Absorptionsspektrometrie zur häufigst angewandten Methode in der Biochemie geworden ist, müssen wir uns noch mit einer wichtigen Voraussetzung für ihre Anwendbarkeit befassen. Wenn Sie eine Sonnenbrille aufsetzen, so schützt diese (sie sollte es jedenfalls tun) Ihre Augen vor dem ultravioletten und teilweise dem kurzwelligen sichtbaren Licht. Der Schutz wird gewährleistet durch die Absorption dieser Strahlung im Filterglas der Brille. Ist Ihnen die Brille "zu hell", so werden Sie ein stärker eingefärbtes Brillenglas verwenden. In welchem Verhältnis steht die Anzahl der absorbierenden Moleküle im Brillenglas zur Transmissionsabnahme (das ist die Abnahme der Lichtdurchlässigkeit) der Brille?

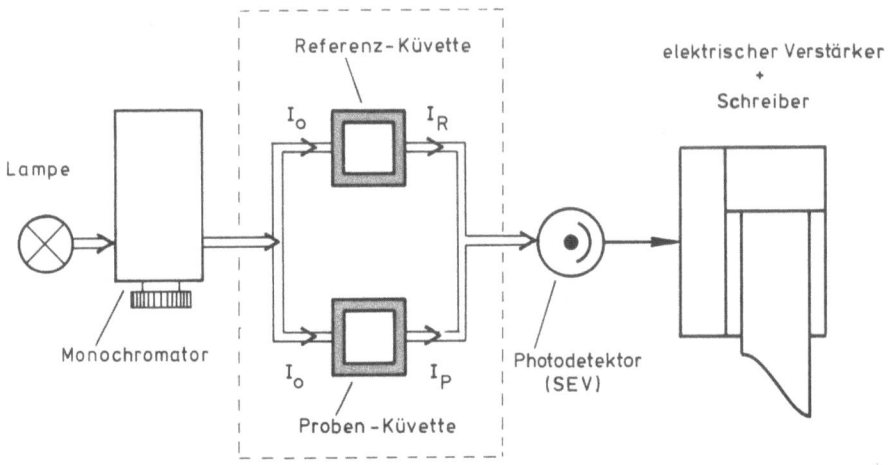

Abb. 5.8. Schema eines Zweistrahl-Spektrometers. Der Lichtstrahl wird abwechselnd zur Referenz und zur Probe gelenkt und anschließend jeweils auf den Fotodetektor. Ein Differenzverstärker liefert ein elektrisches Signal proportional zu der Differenz I_R-I_P. Der durch ein gestricheltes Rechteck umrahmte Teil wird in Abb.5.9 detailliert dargestellt

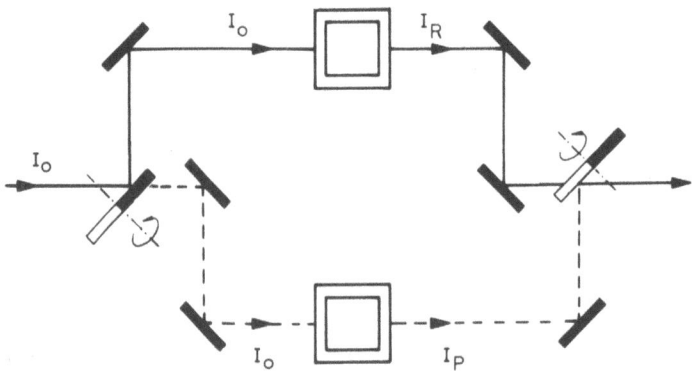

Abb. 5.9. Aufspaltung des Strahlenganges im Spektrometer in einen Referenz- und in einen Probenstrahlengang. Der linke rotierende Sektorspiegel lenkt das eintreffende Licht I_0 abwechselnd auf die Referenzsubstanz (oben) z.B. Lösungsmittel und auf die Meßprobe (unten) z.B. Lösung. Der zweite, synchron mit dem ersten rotierende Sektorspiegel bringt das abwechselnd von Probe und Referenz eintreffende Licht weiter zum Fotodetektor. Der entsprechend der Absorption von Probe und Referenz wechselnde Fotostrom wird in einem Differenzverstärker proportional zu der Differenz I_R-I_P verstärkt

Ein Experiment im Absorptionsspetrometer zeigt, daß eine Verdoppelung der Anzahl der absorbierenden Moleküle keine Halbierung der Lichttransmission hervorruft. Abbildung 5.10 zeigt das an einem Beispiel.

Da mit dem Absorptionsspektrometer unbekannte Stoffmengenkonzentrationen gemessen werden sollen, muß ein eindeutiger Zusammenhang zwischen dem trans-

5.3 Atome und Moleküle lassen sich "sehen"

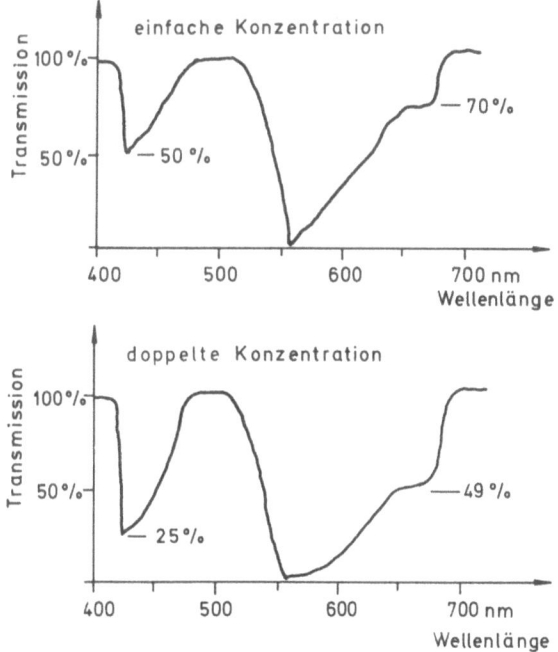

Abb. 5.10. Spektrale Transmission einer Lösung bei einfacher Konzentration des absorbierenden Stoffes (oben) und bei doppelter Konzentration des absorbierenden Stoffes (unten). Der Zusammenhang von Transmission und Konzentration ist offenbar nicht linear. Die Konzentrationsverdoppelung macht aus der 50%-Transmission bei 420 nm eine (50% von 50%)-Transmission, d.h. 25%-Transmission und aus der 70%-Transmission um 660 nm eine (70% von 70%)-Transmission, d.h. 49%-Transmission

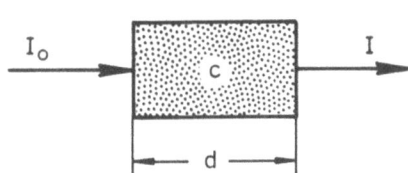

Abb. 5.11. Zur absorptionsspektrometrischen Nomenklatur. I_0 bezeichnet die in die absorbierende Lösung eintretende Lichtintensität, I die Intensität des austretenden Lichtes ($I < I_0$). Die Schwächung $I_0 - I$ hängt von der durchlaufenen Schichtdicke d und von der Konzentration c der Lösung ab

mittierten Licht, das gemessen wird, und der Probenkonzentration angegeben werden. Wie lautet dieser Zusammenhang?

Dazu folgende Überlegungen: Wenn ein monochromatischer Lichtstrahl der Intensität I_0 in ein optisch durchlässiges Medium der Dicke d eintritt, welches einen Teil des Lichtes absorbiert, so wird der Strahl nach Austritt aus dem Medium eine kleinere Intensität I haben (Abb.5.11). Der gesamte Betrag des absorbierten Lichts läßt sich angeben als der Quotient I/I_0, er wird bezeichnet als die Transmission T des Stoffes:

$$T = \frac{I}{I_0} = \frac{\text{austretende Lichtintensität}}{\text{eintretende Lichtintensität}} \;.$$

Der Begriff Transmission ist zwar anschaulich, aber es besteht keine lineare Beziehung der Transmission zur Schichtdicke und zur Stoffmengenkonzentration (Molarität) der Lösung (Abb.5.12,13). Die Erfahrung lehrt, daß hintereinander

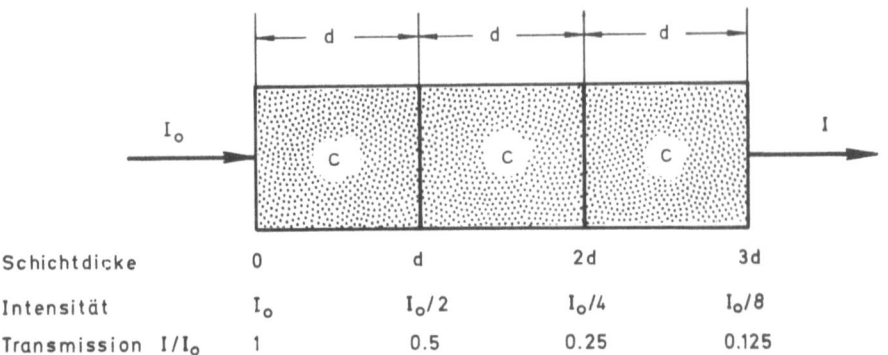

Schichtdicke	0	d	2d	3d
Intensität	I_0	$I_0/2$	$I_0/4$	$I_0/8$
Transmission I/I_0	1	0.5	0.25	0.125

<u>Abb. 5.12.</u> Zur Abhängigkeit der Transmission von der Schichtdicke. Im dargestellten Zahlenbeispiel wird angenommen, daß je Schichtdicke d 50% der Strahlung absorbiert wird. Die Transmission ist keine lineare Funktion der Schichtdicke. Eine analoge Überlegung gilt für die Konzentration bei konstanter Schichtdicke (siehe dazu auch Abb.5.10)

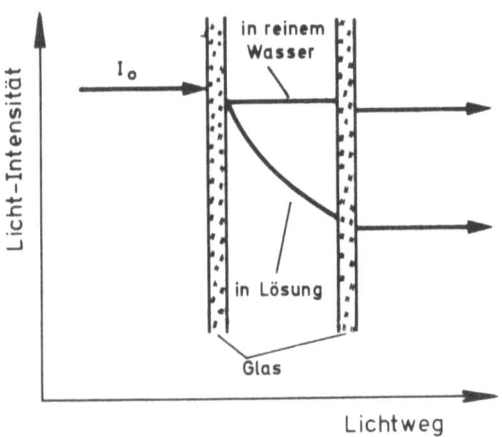

<u>Abb. 5.13.</u> Schema des Lichtdurchtritts durch eine Küvette. Durch Lichtreflexion an den Wänden der Küvette ergeben sich die eingezeichneten Sprünge in der Lichtintensität. In der Küvette nimmt die Intensität exponentiell mit der Schichtdicke ab

liegende, optisch homogene und gleich dicke Schichten immer einen proportionalen Anteil des einfallenden Lichtes absorbieren. Sie lehrt außerdem, daß dieser Proportionalitätsfaktor in weiten Grenzen linear abhängt von der Zahl der in dieser Schicht befindlichen absorbierenden Moleküle, also der Konzentration. Die mathematische Formulierung dieses Sachverhalts lautet

$$dI = a\, c\, dx \,, \tag{5.4}$$

wobei dI die in einer dünnen Teilschichtdicke dx absorbierte Lichtintensität darstellt, c ist die Stoffmengenkonzentration des absorbierenden Mediums und a ist der sogenannte Absorptionskoeffizient (er ist eine Materialkonstante

5.3 Atome und Moleküle lassen sich "sehen"

und resultiert aus physikalischen Daten der betreffenden Atome oder Moleküle). Die Integration über die gesamte Schichtdicke x ergibt als durchgelassene Intensität

$$I = I_0 \, e^{-acx} \quad , \tag{5.5}$$

wobei I_0 wiederum die in die Schichtdicke x eintretende Intensität ist. Durch Differenzieren können Sie verifizieren, daß (5.5) eine Lösung von (5.4) ist. Den dekadischen Logarithmus des Quotienten aus auftreffender zu durchgelassener Intensität, also $\log(I_0/I)$, bezeichnet man als Extinktion E

$$\log \frac{I_0}{I} = \log \frac{1}{T} = E = acx \log e \quad . \tag{5.6}$$

Üblicherweise wird der Faktor a log e als *Extinktionskoeffizient* ε bezeichnet: ε = a log e = 0,435·a. Der Extinktionskoeffizient ε und der Absorptionskoeffizient a unterscheiden sich also nur um den Faktor 0,435. Aus (5.6) ergibt sich so

$$\boxed{E = \varepsilon c x} \quad . \tag{5.7}$$

Diese Gleichung, das *Lambert-Beer-Gesetz* besagt, daß die Extinktion sowohl proportional zur Stoffmengenkonzentration als auch zur Schichtdicke einer Lösung ist. Damit ist ein eindeutiger Zusammenhang von Stoffmengenkonzentration und Schichtdicke mit dem Meßergebnis hergestellt. Gl.(5.7) und ihre Bedeutung müssen Sie sich merken!

Die Extinktion $E = \log(1/T)$ ist eine reine Zahl (ohne Einheit). Sie erhält in der Literatur häufig den Zusatz O.D. (= Optische Dichte; optical density). Der Extinktionskoeffizient ε hingegen hat die Dimension 1/(Stoffmengenkonzentration·Länge). Die Verwendung von Einheiten wird dabei unterschiedlich gehandhabt. Oft wird $mol^{-1} \cdot l \cdot cm^{-1}$ benutzt. Den SI-Normen würde besser entsprechen $mol^{-1} \cdot m^2$.

Abbildung 5.14 zeigt zwei typische absorptionsspektrometrische Messungen. Proteine haben gewöhnlich eine starke Absorption im Spektralbereich um 280 nm. Diese Absorption ist zurückzuführen auf die aromatischen Aminosäuren Tryptophan, Tyrosin und Phenylalanin. Wenn einmal der Extinktionskoeffizient eines Proteins bei 280 nm bestimmt worden ist, so läßt sich dann leicht die Konzentration eines Proteins in Lösung berechnen.

Auch Nukleinsäuren werden absorptionsspektrometrisch bestimmt. Die Purin- und Pyrimidinbasen haben intensive und charakteristische Absorptionsspektren

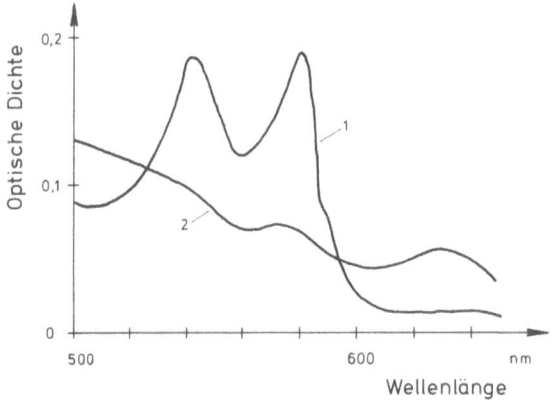

Abb. 5.14. Absorptionsspektren von Oxyhämoglobin (1) und Methämoglobin (2) vom Rind im Bereich von 500 nm bis 650 nm. Die Lösungen sind 0,025%-ig (d.h. 0,025 g Substanz auf 100 g Lösung); pH 6,32; Ionenstärke 0,05 mol/l

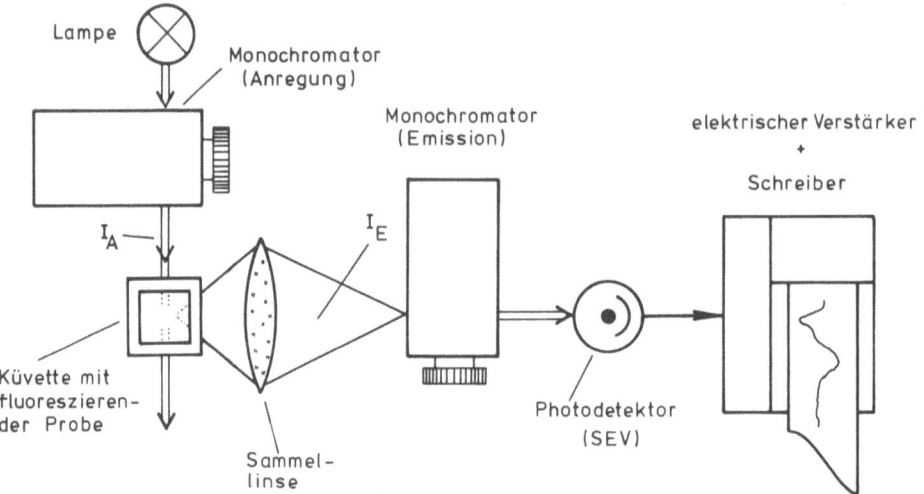

Abb. 5.15. Schema eines Fluoreszenzspektrometers. Die mit dem anregenden monochromatischen Licht I_A bestrahlte fluoreszierende Probe emittiert das Licht I_E (wobei die Wellenlänge von I_E größer ist als die von I_A) zum zweiten Monochromator. Dieser blendet den an der Probe gestreuten Anteil von I_A aus und lenkt I_E auf den Fotodetektor. Der verstärkte Fotostrom wird von einem Schreiber registriert

im Bereich von 240 bis 290 nm mit Maxima um 260 nm. Ihre Extinktionskoeffizienten sind in diesem Bereich rund 50 mal größer als die der Gewebeproteine.

Fluoreszenzspektrometrie:

Die Fluoreszenzspektrometrie ist eine empfindliche Methode zum Nachweis aromatischer Verbindungen. Das Meßprinzip ist einfach (Abb.5.15). Bemerkenswert ist dabei, daß das Fluoreszenzlicht senkrecht zur Einstrahlungsrichtung des anregenden Lichtes gemessen wird. Das geschieht, um den anregenden Lichtanteil, der in der Probe nicht absorbiert wird und geradeaus hindurchgeht, auszuschalten.

Fluoreszierende Moleküle werden häufig als "label" (= Ortsmarkierung) oder "tracer" (= Verlaufsmarkierung) eingesetzt. Z.B. werden fluoreszierende Antikörper als tracer eingesetzt um die entsprechenden Antigene in Geweben oder Zellen zu finden. Proteine oder Phospholipide können auf chemischem Wege ein Fluoreszenzlabel "angeheftet" bekommen, das es gestattet, ihre Beteiligung an Reaktionen zu studieren.

Die Fluoreszenzspektrometrie (Fluorometrie) ist eine hochempfindliche Meßmethode, doch ist zu beachten, daß die Fluoreszenz eines Moleküls sowohl nach Intensität als auch nach der Wellenlänge der Emission stark von der jeweiligen Umgebung abhängig ist (pH-Wert, Lösungsmittel, Liganden, Konzentration).

5.3.4 Lichtstreuung

Die spektroskopischen Methoden, die auf der quantenhaften Absorption und Emission von Strahlung beruhen, sind physikalisch von solchen Methoden zu unterscheiden, welche auf klassischen Wechselwirkungen von Licht und Materie beruhen. Die klassischen Phänomene kennen keine Änderungen der Quantenenergien bei der Wechselwirkung. Dazu gehören Phänomene wie Reflexion, Brechung, Beugung, Polarisationen und Rayleigh-Streuung. Das gesamte Kapitel 1 befaßt sich mit solchen Phänomenen.

Wir wollen in diesem Abschnitt noch wegen ihrer praktischen Bedeutung zur Teilchengrößenbestimmung die elastische Lichtstreuung, die sogenannte Rayleigh-Streuung, behandeln. Die Bezeichnung "elastische" Streuung bezeichnet in der Quantenvorstellung das Phänomen, daß die Photonen ohne Änderung ihrer Quantenenergie $h\nu$ (d.h. ohne Energiegewinn oder Energieverlust) gestreut werden. Wir bezeichnen das Phänomen im folgenden, wie allgemein üblich, einfach als Lichtstreuung.

In klassischer Vorstellung werden die Atom- und Molekülelektronen als lineare elektrische Oszillatoren betrachtet, die durch elektromagnetische Wellen (Licht) zu Schwingungen angeregt werden. Atome und Moleküle werden so gewissermaßen zu kleinen Sendern, welche die empfangene Energie ohne Änderung der Frequenz wieder ausstrahlen. Dies entspricht dem Fall einer erzwungenen harmonischen Schwingung. Abbildung 5.16 zeigt eine schematische Darstellung einer Lichtquelle, die ein Elektron zu einer erzwungenen Schwingung anregt mit einer Streuung, z.B. in Z-Richtung. Die Streustrahlung hat eine kleinere Amplitude. Ein oszillierendes Elektron strahlt Energie nur senkrecht zu seiner Bewegungsrichtung aus. Daher kann das oszillierende Elektron in Abb.5.16 nicht in Y-Richtung strahlen, denn es vibriert in ±Y-Richtung. Es muß aber nicht,

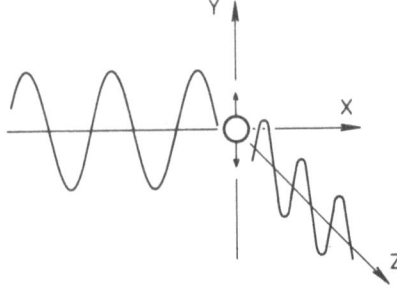

Abb. 5.16. Zum Mechanismus der Lichtstreuung. Ein Elektron wird durch eine Lichtwelle zu erzwungenen Schwingungen angeregt; das schwingende Elektron strahlt Licht derselben Frequenz in einer Richtung senkrecht zur Schwingungsrichtung ab (Streulicht in X-Z-Ebene)

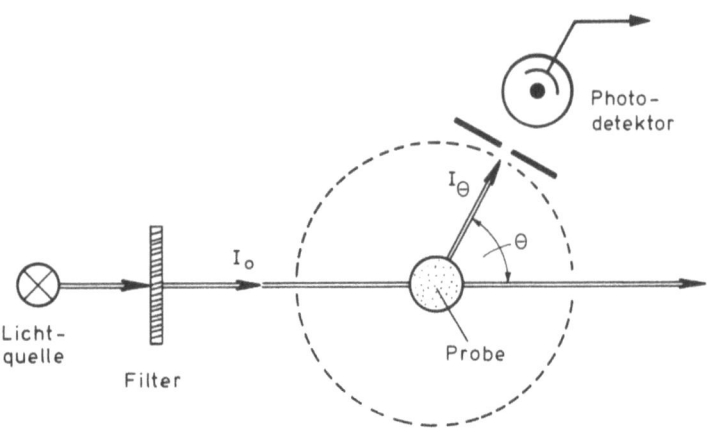

Abb. 5.17. Schema einer Apparatur zur Messung des Streulichtes an einer Lösung. Es wird die Streulichtintensität I_θ in Abhängigkeit vom Winkel θ gemessen

wie in Abb.5.16 eingezeichnet, unbedingt in Z-Richtung strahlen, sondern es kann in jede Richtung der X-Z-Ebene strahlen.

Die Stärke der Lichtstreuung ist proportional zur Molekülmasse (Molekulargewicht) der streuenden Moleküle. Die Methode ist besonders geeignet zur Molekulargewichtsbestimmung von globulären Proteinen, da sie eine größere Lichtstreuung verursachen als kleine Moleküle.

Die Messung der Lichtstreuung, insbesondere von kleinen Molekülen, ist meßtechnisch aufwendig. Abbildung 5.17 zeigt das Schema einer Meßapparatur. Der Fotodetektor fährt im Kreis um die lichtstreuende Probe herum und mißt als Funktion des Winkels θ die Intensität I_θ der jeweiligen Streustrahlung. In Abb.5.18 ist das Ergebnis einer solchen Streulichtmessung aufgetragen. Der Abstand der Kurve vom Nullpunkt des Achsenkreuzes gibt die Streulichtintensität an, I_θ ist aufgetragen als Funktion von θ. Je nach Größe der streuenden Teilchen erhält man eine ganz unterschiedliche "Streucharakteristik".

5.3 Atome und Moleküle lassen sich "sehen"   253

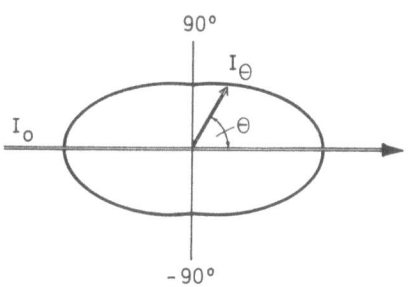

Abb. 5.18. Ergebnisdarstellung einer Streulichtmessung. Das Streulicht wird als Vektor vom Nullpunkt des Achsenkreuzes aus aufgetragen, wobei die Richtung des Vektors die Richtung θ des Streulichtes ist und die Länge des Vektors proportional zur zugehörigen Streulichtintensität I_0. Die Verbindungslinie aller Vektorspitzen ergibt die "Streucharakteristik". Im dargestellten Falle handelt es sich um die Streucharakteristik von Teilchen, die klein gegen die Wellenlänge des Streulichtes sind. Typisch daran ist die Symmetrie der Streucharakteristik

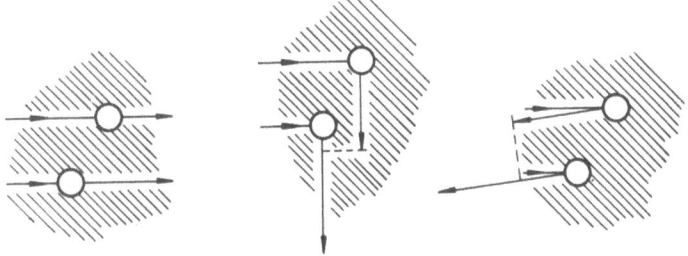

Abb. 5.19. Zum Entstehungsmechanismus unsymmetrischer Streucharakteristiken. Streulicht von zwei benachbarten Streuzentren eines Moleküls unterscheidet sich durch die optische Weglänge, die es jeweils bis zum Detektor zurücklegen muß. Bei der Vorwärtsstreuung entsteht keine Wegdifferenz; bei der 90°-Streuung (Mitte) und der Rückwärtsstreuung (rechts) entsteht eine streuwinkelabhängige Differenz des optischen Weges

Abbildung 5.18 zeigt die Streucharakteristik bei der Rayleigh-Streuung, das ist die Streuung an Molekülen, deren Durchmesser klein ist gegen die Wellenlänge des Streulichtes. Wenn die gelösten Moleküle eine Abmessung haben, die von der Größenordnung der Lichtwellenlänge ist, so kann Licht, welches von benachbarten Zentren des Teilchens gestreut wird, miteinander interferieren. Abbildung 5.19 verdeutlicht dies schematisch. Dadurch wird der in Abb.5.17 dargestellte Streukegel unsymmetrisch. Das vorwärts gestreute Licht (θ=0) ist keiner Interferenz ausgesetzt, aber die Phasendifferenz des gestreuten Lichtes wächst mit dem Streuwinkel θ, das heißt es kommt zur Seite und nach hinten zu Mehrfach-Interferenzen, welche die Streulichtintensität mindern. Das Resultat ist ein Streukegel von der Art wie in Abb.5.20 dargestellt.

Eine exakte Behandlung muß das Verhältnis des Abstandes der innermolekularen Streuzentren (Atome) zur Lichtwellenlänge berücksichtigen und die Form (Kugel, Zylinder, aufgewickelte Fäden) der streuenden Zentren.

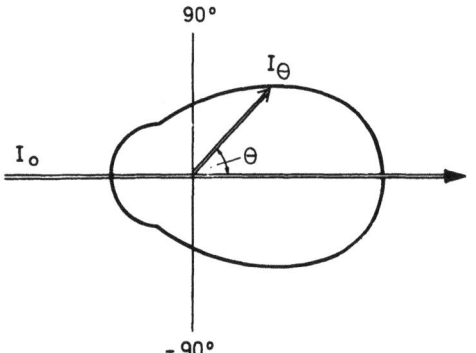

Abb. 5.20. Lichtstreuungscharakteristik von Teilchen, deren Größe vergleichbar mit der Wellenlänge des Streulichts ist. Typisch daran ist die Unsymmetrie bezüglich des Nullpunktes und der große Anteil an Vorwärtsstreuung

5.3.5 Elektronenspinresonanz (ESR) und Kernspinresonanz (NMR)

Die Elektronenspinresonanz (englisch: electron spin resonance oder electron paramagnetic resonance) ist zur Grundlage einer wichtigen physikalischen Methode in der Biochemie geworden. Das Phänomen Elektronenspinresonanz besteht darin, daß ein Atomelektron von seinem Spinzustand $s = -\frac{1}{2}$ in den Spinzustand $s = +\frac{1}{2}$ bei unveränderten Quantenzahlen n, l und m übergehen kann oder umgekehrt, wenn nicht der andere Zustand schon durch ein Elektron besetzt ist. Das bedeutet, daß alle Atome, Moleküle oder Ionen, die ein "unpaariges" Elektron besitzen (z.B. alle Elemente in der 1. und 7. Gruppe des Periodischen Systems) dieses Phänomen zeigen. Man nennt solche Teilchen *paramagnetisch*. Substanzen mit gepaarten Elektronen, d.h. solche, bei denen die Atom-, Molekül- oder Ion-Elektronen mit jeweils entgegengesetztem Spin sich zu Zweierpaaren mit gleicher m-Quantenzahl zusammenlagern, heißen *diamagnetisch*.

Strahlt man in ein System von paramagnetischen Atomen, Ionen oder Molekülen, die sich in einem Magnetfeld befinden, elektromagnetische Strahlung mit einer Photonenenergie ein, welche der Unterschiedsenergie des Elektrons zwischen antiparalleler und paralleler Orientierung seines Spins im Magnetfeld entspricht, so findet eine Absorption des Photons statt, bei gleichzeitiger Umkehr des Spins aus dem antiparallelen in den parallelen Spinzustand. In der "Relaxionszeit" (Bruchteil von Sekunden) kehrt das Elektron wieder in seinen antiparallelen Spinzustand zurück und kann erneut absorbieren.

Abbildung 5.21 veranschaulicht (was hier formelmäßig nicht dargestellt werden soll), daß die Energiedifferenz zwischen dem antiparallelen und dem parallelen Spinzustand linear mit der Stärke des Magnetfeldes wächst. Zu jedem Magnetfeld gibt es also eine passende Photonenenergie, welche den Elektronenspin zum Umklappen bringt, oder andersherum gesagt: zu jeder eingestrahlten Photonenenergie gibt es *eine* bestimmte Magnetfeldstärke, bei welcher der Elektronenspin umklappt.

5.3 Atome und Moleküle lassen sich "sehen"

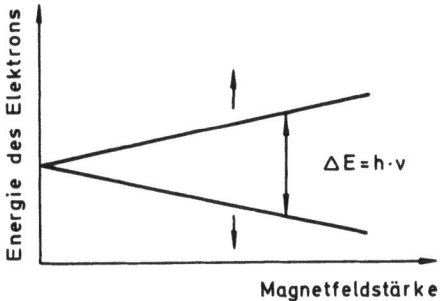

Abb. 5.21. Aufspaltung der Spinterme eines Atoms unter dem Einfluß eines Magnetfeldes. ↑ Spin parallel zum Magnetfeld, ↓ Spin antiparallel zum Magnetfeld. ΔE ist die von der Magnetfeldstärke abhängige Übergangsenergie

Wichtige Beispiele für das Auftreten von ESR-Absorptionen sind biologische Metallkomplexe wie Hämoglobin, Myoglobin, Cytochrome, außerdem bei Strahlenschäden an Enzymen, Nukleinsäuren sowie in Krebsgewebe.

Zur Messung der ESR geht man folgendermaßen vor (Abb.5.22): Man bringt die zu untersuchende paramagnetische Substanz in das Strahlungsfeld eines Mikrowellengenerators (Klystron) mit feststehender Wellenlänge. Quer dazu wird ein in seiner Stärke variables Magnetfeld angelegt. Bei einer bestimmten Magnetfeldstärke ist der Energieunterschied zwischen dem antiparallelen und dem parallelen Spinterm des Elektrons in Resonanz mit der Mikrowellenenergie (Abb.5.21), und ein Teil der Mikrowellenenergie wird absorbiert. Diese Absorption wird gemessen. Die Größe der Absorption ist proportional zur Anzahl der paramagnetischen Zentren in der Probe. Die Kenntnis der genauen Feldstärke des Magnetfeldes, bei der die Absorption der Mikrowellenenergie stattfindet, erlaubt es dem Fachmann, an Hand einer hier nicht darzustellenden eingehenderen Theorie der ESR, wichtige Schlüsse auf die Natur der paramagnetischen Zentren zu ziehen.

Die *Kernspinresonanzspektrometrie* (englisch: nuclear magnetic resonance, NMR) ist eine für die Chemie und Biochemie wichtige physikalische Methode, welche der Elektronenspinresonanzspektrometrie ganz ähnlich ist. Wir behandeln sie hier deshalb im Anschluß an diese, obwohl sie nichts mit Elektronen sondern mit Atomkernen zu tun hat und deswegen eigentlich in das nächste Kapitel gehört. Auch Atomkerne können nämlich einen Eigendrehimpuls (Spin) haben und entsprechend ein magnetisches Moment besitzen, und zwar solche Atomkerne, die eine ungerade Massenzahl (Abschn.6.1.1) oder eine ungerade Anzahl von Protonen besitzen. Zur Messung werden insbesondere folgende Atomkerne verwendet: H, F, P, N, ^{17}O und ^{13}C.

Die Kernspinresonanzspektrometrie dient der Ermittlung der räumlichen Struktur von Molekülen, der Untersuchung von Wasserstoffbrückenbindungen und der Bestimmung von Gleichgewichten bzw. Geschwindigkeitskonstanten bei che-

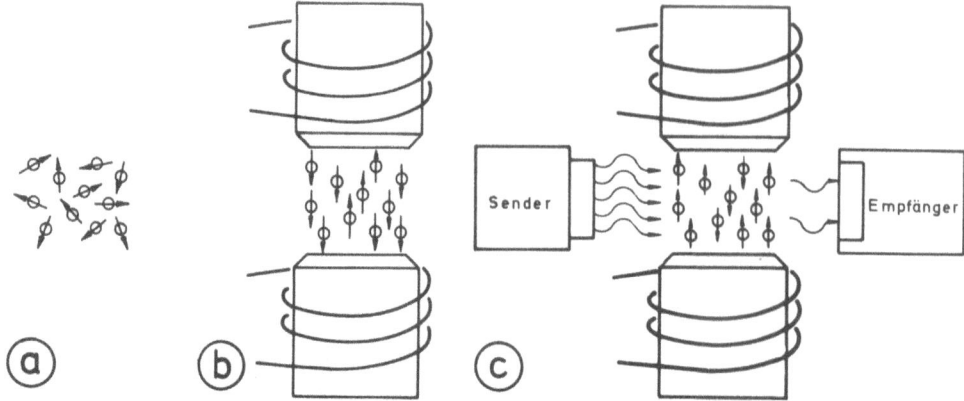

Abb. 5.22. Zum Prinzip der magnetischen Resonanzspektrometrie. a) Ohne Magnetfeld verteilen sich die Elektronenspins (bzw. Kernspins) über alle Raumrichtungen. b) In einem Magnetfeld stellen sich die Elektronenspins (bzw. Kernspins) parallel und antiparallel zur Feldrichtung. c) Elektromagnetische Wellen passender Energie regen die Spins zum Umklappen an und werden dabei absorbiert: "Elektronenspinresonanz" (bzw. "Kernspinresonanz")

mischen Reaktionen. Die Grundlage der Methode besteht analog zur ESR darin, daß auch ein Proton in einem Magnetfeld zwei verschiedene Orientierungen relativ zu diesem einnehmen kann. Der energetisch niedrigere Zustand ist hier derjenige, bei dem das kernmagnetische Moment parallel zum äußeren Magnetfeld steht, und der energetisch höhere Zustand ist der, bei dem es antiparallel dazu steht (man beachte das umgekehrte Verhältnis beim Elektronenspin wegen der entgegengesetzten Ladung). Abb.5.22 verdeutlicht das Prinzip der Meßanordnung sowohl für ESR als auch für NMR.

5.3.6 Zusammenfassung

Wir haben in diesem Abschnitt davon gesprochen, wie und warum Atome und Moleküle mit sichtbarem und ultraviolettem Licht in Wechselwirkung stehen. Wir haben gesehen, daß bei diesen Wechselwirkungen immer Elektronen des Atoms bzw. Moleküls Übergänge zwischen verschiedenen Energieniveaus machen und dabei Licht emittieren bzw. absorbieren. Man nennt deshalb die so entstehenden Spektren Elektronenanregungsspektren. Die Lumineszenzerscheinungen Fluoreszenz und Phosphoreszenz wurden erklärt.

Die Absorptionsspektrometrie an Gasen (AAS) wie auch an Lösungen dient der quantitativen und qualitativen Identifizierung von Substanzen in biologischen Proben, ebenso die Emissionsspektrometrie. Sie wird betrieben an thermisch angeregten Atomen (AES) sowie an fluoreszierenden Molekülen in Lösung (Fluorometrie).

5.3 Atome und Moleküle lassen sich "sehen"

Für die Absorptionsspektrometrie in Lösungen (Spektralfotometrie) ist das Lambert-Beersche Gesetz von besonderer Bedeutung. Es besagt, daß die Extinktion (nicht die Transmission) einer Probe proportional ist zu ihrer Stoffkonzentration und zu ihrer Schichtdicke.

Nicht der Erkennung sondern lediglich der Größenbestimmung von großen Molekülen dient die Lichtstreuung. Bei ihr findet keine Absorption und keine Emission von Strahlung durch die Moleküle statt, sondern die Lichtstrahlen werden an den Molekülen gestreut.

Schließlich haben wir noch eine dritte wieder ganz andere Art von Spektrometrie behandelt, die darauf beruht, daß in einem Magnetfeld ausgerichtete Elektronenspins (ESR) bzw. Kernspins (NMR) durch Umklappen elektromagnetische Energie (Mikrowellen bzw. Radiowellen) absorbieren.

5.3.7 Aufgaben

1) In einem Absorptionsspektrometer mit Küvetten für eine Probenschichtdicke von 1 cm wird die optische Dichte einer Proteinlösung zu 0,45 gemessen bei der Wellenlänge von 205 nm. Der Extinktionskoeffizient ε der Peptide beträgt bei dieser Wellenlänge 250 m^2 mol^{-1}. Wie groß ist die Proteinkonzentration angegeben in Mol Peptid pro m^3?

2) Bitte ordnen Sie die im folgenden angegebenen spektrometrischen Methoden den zugrunde liegenden physikalischen Phänomenen zu

   A) Elektronenspinresonanzspektrometrie
   B) Atomabsorptionsspektrometrie
   C) Fluoreszenzspektrometrie (Fluorometrie)
   D) Kernspinresonanzspektrometrie
   E) Absorptionsspektrometrie in Lösungen
   F) Atomemissionsspektrometrie
   G) Streulichtmessungen

   1) Es gibt zahlreiche Moleküle, in denen die Rückkehr eines angeregten Elektrons in mehreren Stufen erfolgt, erst strahlungslos und dann unter Aussendung einer Strahlung
   2) Atomkerne mit ungerader Massenzahl stellen einen winzigen Magneten dar
   3) Thermisch angeregte Atomelektronen kehren unter Aussendung von Strahlung in ihren Grundzustand zurück

4) die Rayleigh-Streuung

5) Atome absorbieren ihre Resonanzlinien

6) Ungepaarte Elektronen in der Hülle eines Atoms oder Moleküls können in einem Magnetfeld unter Energieaufnahme ihre Spinrichtung umkehren

7) Moleküle in Lösungen absorbieren Licht je nach Konzentration und Lösungsmittel

3) Ein einfaches Absorptionsspektrometer (geläufig unter dem Namen "Kolorimeter") zeigt "Prozent Durchlässigkeit" an. Die Messung einer Lösung ergibt einen Ausschlag von 36,5 Skalenteilen, während die Messung des reinen Lösungsmittel 96 Skalenteile ergibt. Wie groß ist die Transmission T der Lösung und ihre Extinktion E? *Zusatzfrage:* Die Küvette wird nunmehr mit einer verdünnten Lösung gefüllt, und dann wird ein Ausschlag von 59,2 Skalenteilen erreicht. Wie groß ist das Verdünnungsverhältnis?

5.4 Moleküle lassen sich erkennen

Wir haben bisher mehr von Elektronen als von Atomen und Molekülen gesprochen und zwar zunächst über die Eigenschaften freier Elektronen (Vakuumelektronik) und dann über die Eigenschaften der an Atome und Moleküle gebundenen Elektronen (Elektronenanregungsspektren und ESR). Die Atomphysik hat genau die Eigenschaften der Atome zum Arbeitsgegenstand, die durch deren Elektronenhülle bestimmt werden. Dazu gehören insbesondere die im vorigen Abschnitt behandelten spektralen Eigenschaften und andererseits das Verständnis der chemischen Eigenschaften der Atome, da auch das Verbinden von Atomen zu Molekülen durch die Wechselwirkung der Atomelektronen bedingt ist.

Moleküle besitzen noch ganz andere Eigenschaften, welche Atome nicht haben. Die atomaren Bestandteile eines Moleküls können nämlich periodische Bewegungen gegeneinander ausführen. Diese Bewegungen sind, insbesondere bei vielatomigen Molekülen, sehr kompliziert. Grundsätzlich lassen sich aber alle diese Bewegungen zusammensetzen aus den beiden Bewegungstypen Schwingung (Oszillation) und Drehung (Rotation).

5.4.1 Moleküle schwingen

Wir wollen zunächst den einfachsten Fall, nämlich das zweiatomige Molekül, betrachten. Die beiden Atome werden durch die sie gemeinsam umkreisenden Valenzelektronen zusammengehalten. Wird durch äußere Einwirkung, z.B. durch

5.4 Moleküle lassen sich erkennen

Stöße mit Nachbarmolekülen, der Atomkernabstand momentan verringert, so werden Abstoßungskräfte erzeugt, und die Atome des Moleküls beginnen gegeneinander zu schwingen. Modellmäßig können wir uns das am besten vorstellen als zwei Kugeln, die über eine stauch- und dehnbare Spiralfeder miteinander verbunden sind (Abb.5.23).

Diese Schwingung ähnelt sehr dem in Abschnitt 4.5.1 behandelten harmonischen Oszillator mit einer einzelnen an einer Feder schwingenden Masse M. Gl.(4.76) gibt dafür die Eigenfrequenz. Im Falle der Abb.5.23 ergibt sich als Eigenfrequenz

$$\nu_0 = \frac{1}{2\pi}\sqrt{\frac{k(m_1+m_2)}{m_1 \cdot m_2}} \tag{5.8}$$

wobei m_1 und m_2 die Masse der beiden schwingenden Teilchen bezeichnen und k eine Kraftkonstante ist, deren Größe von der Art der Bindung (im Modell: von der Stärke der Feder) abhängt. Für eine Einfachbindung (z.B. H-H) ist $k \approx 0,5 \cdot 10^3$ Nm^{-1}, für eine Zweifachbindung (z.B. C=O) ist $k \approx 10^3$ Nm^{-1} und für eine Dreifachbindung (z.B. H-C≡C-H) ist $k \approx 1,5 \cdot 10^3$ Nm^{-1}.

Die Schwingungsfrequenz hängt alleine von der Größe der beteiligten Massen und von der Federkonstanten k ab. Die Schwingungsfrequenz ist gemäß (5.8) um so größer, je kleiner die schwingenden Massen sind und je größer die Federkonstante ist. Während nach der klassischen Physik kontinuierlich alle Energiewerte realisiert sein können, ergibt die quantenmechanische Rechnung für den linearen harmonischen Oszillator als mögliche Energiewerte nur die diskreten Energien

$$E_{Schwing} = h\nu_0(i + \frac{1}{2}) \tag{5.9}$$

wobei i = 0, 1, 2, 3, ... die Energiewerte von kleinen zu großen Werten abzählt. Gl.(5.9) nennt man eine *Quantenbedingung*.

Abbildung 5.24 zeigt schematisch die quantenmechanisch erlaubten Energiezustände. Dieses Schema gilt für Schwingungen, die dem linearen Kraftgesetz

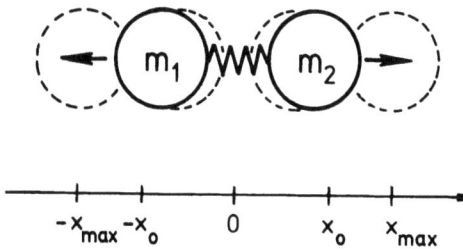

Abb. 5.23. Zur Schwingungsbewegung eines zweiatomigen Moleküls. m_1 und m_2 sind die Massen der beiden Einzelatome, x_{max} ist die Schwingungsamplitude. Die Feder symbolisiert die chemische Bindung der beiden Atome

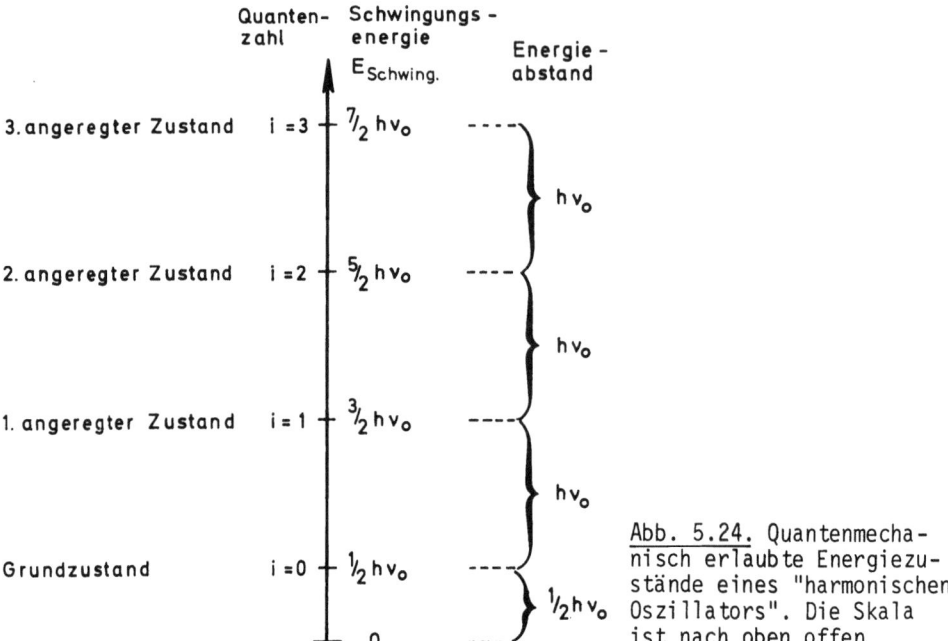

Abb. 5.24. Quantenmechanisch erlaubte Energiezustände eines "harmonischen Oszillators". Die Skala ist nach oben offen

$F = -kz$ gehorchen, d.h. Schwingungen, bei denen die Rückstellkraft F proportional zur Auslenkung z ist ("harmonische Schwingungen"). Die Federkonstante k ist klein für schwache Kopplungen (weiche Federn) und groß für starke Kopplungen (harte Federn). Offensichtlich ist der Abstand der erlaubten Energieniveaus allein von der Schwingungsfrequenz ν_0 abhängig, denn h ist eine *Naturkonstante*.

Die Schwingungen eines vielatomigen Moleküls sind sehr viel komplizierter zusammengesetzt. Man muß dabei zunächst die Anzahl der möglichen Schwingungen ("Schwingungsfreiheitsgrade") abzählen und dann in ähnlicher Weise wie oben rechnen.

5.4.2 Moleküle rotieren

Moleküle besitzen neben den Schwingungsmöglichkeiten noch eine zweite, schon angedeutete charakteristische Bewegungsmöglichkeit: sie können Drehbewegungen um alle durch ihren Massenschwerpunkt hindurch gehenden Drehachsen ausführen.

Wir beschränken uns wieder auf die qualitative Behandlung des zweiatomigen Moleküls wie in Abb.5.23. Da uns jetzt nur die Drehungen interessieren, lassen wir die Kräfte zwischen den Atomen außer acht und nehmen an, daß der Abstand 2r der Atome fest sei. Außerdem sollen die Atome die gleiche Masse m haben. Wir betrachten eine Drehung um eine durch den Schwerpunkt gehende Achse,

5.4 Moleküle lassen sich erkennen

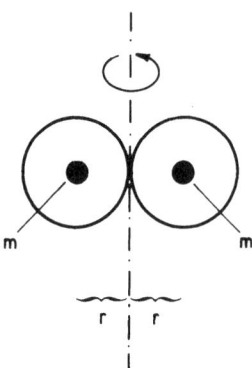

Abb. 5.25. Zur Rotationsbewegung eines zweiatomigen Moleküls: Das "Hantelmodell", bei dem sich zwei Atome mit der Masse m im festen Abstand 2r befinden (starrer Rotator)

deren Richtung senkrecht auf der Verbindungsachse der beiden Atome steht. Man bezeichnet dieses Modell als das "Hantelmodell" oder als "starrer Rotator" (Abb.5.25). Potentielle Energie besitzt dieses Modell nicht, die gesamte Energie ist kinetische Energie. Die quantenmechanische Rechnung ergibt als diskrete Zustände der Rotationsenergie

$$E_{Rot} = \frac{h^2}{8\pi^2 \theta} j(j+1) \quad , \tag{5.10}$$

wobei $\theta = 2mr^2$ das *Trägheitsmoment* des Moleküls ist und $j = 0, 1, 2, 3, \ldots$ die Energiewerte von kleinen zu großen Werten abzählt.

Das Trägheitsmoment kennzeichnet das Verhalten von Massen bei Rotation um eine Drehachse. Die kinetische Energie einer Masse m, deren Schwerpunkt den Abstand r von der Drehachse hat (z.B. eine der beiden Kugeln in Abb.5.25) besitzt beim Umlauf mit der Winkelgeschwindigkeit ω die kinetische Energie — siehe (3.38) und (3.8) —

$$T = \frac{1}{2} mv^2 = \frac{1}{2} mr^2 \omega^2 = \frac{1}{2} \theta \omega^2 \quad . \tag{5.11}$$

$\theta = mr^2$ wird als Trägheitsmoment bezeichnet und charakterisiert den Widerstand für das Ingangsetzen einer Drehbewegung wie auch das Bestreben zur Fortsetzung einer Drehbewegung. Schwungräder besitzen ein großes Trägheitsmoment. Das Molekülmodell nach Abb.5.25 besitzt zwei gleich große Massen·m im Abstand r zur Drehachse senkrecht zu ihrer Verbindungslinie. Sein Trägheitsmoment θ beträgt deshalb $2mr^2$, wie bei (5.10) angegeben.

Abbildung 5.26 zeigt schematisch die quantenmechanisch erlaubten Energiezustände eines starren Rotators. Im Vergleich zu den Energiezuständen des harmonischen Oszillators in Abb.5.24 fällt auf, daß die Energieabstände zwi-

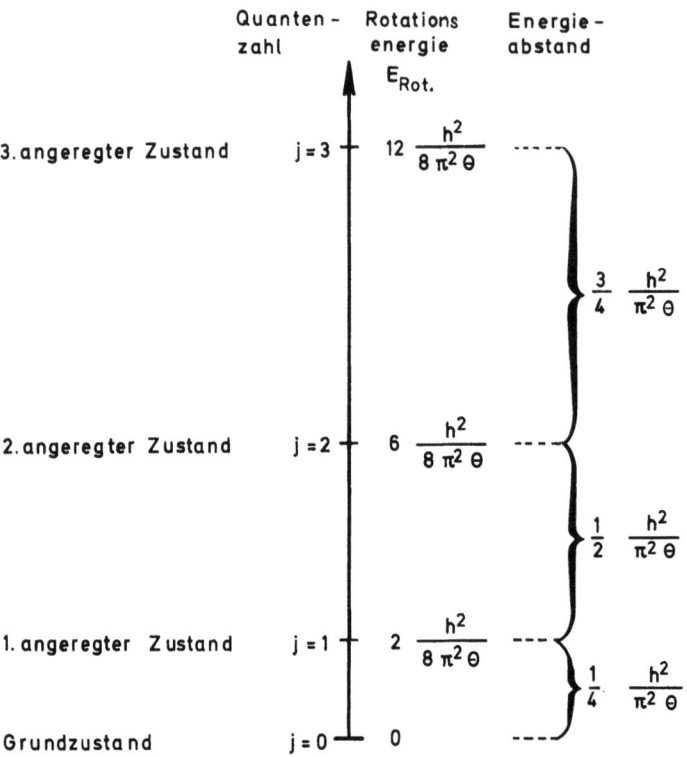

Abb. 5.26. Quantenmechanisch erlaubte Energiezustände eines starren Rotators. Die Darstellung ist nach oben analog fortzusetzen

schen den Energieniveaus mit wachsender Quantenzahl größer werden und nicht gleich bleiben.

In Abb.5.25 sind außer der eingezeichneten Drehachse noch beliebig viele andere Drehachsen denkbar. Alle Drehbewegungen lassen sich aber angeben unter Bezug auf drei zueinander senkrechte Drehachsen (analog zur Angabe eines Raumpunktes unter Bezug auf ein dreidimensionales kartesisches, d.h. rechtwinkliges, Koordinatensystem). Wir betrachten in Abb.5.25 daher noch die beiden auf der eingezeichneten Drehachse senkrechten Achsen. Die eine davon geht senkrecht zur Papierebene durch den Punkt 0. Offenbar ergibt sich für diese Achse die gleiche Rotationsbewegung wie für die eingezeichnete Achse und damit auch die gleichen möglichen Rotationsenergien wie in (5.10).

Die dritte Rotationsachse ist genau die Verbindungslinie der beiden Massen m. Für diese Drehung ist aber das Trägheitsmoment $\Theta = 2mr^2$ sehr klein (praktisch Null), da hier $r \approx 0$ ist (die Masse ist im Schwerpunkt konzentriert). Die möglichen Rotationsenergien sind deshalb bei einer solchen Rotation (Abb.5.27) unendlich groß im Vergleich zu einer Rotation wie in Abb.5.25,

5.4 Moleküle lassen sich erkennen

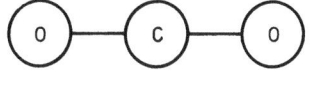

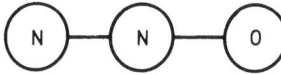

Abb. 5.27. Das zweiatomige Molekül rotiert *nicht* um seine Verbindungsachse, da es kein merkliches Trägheitsmoment bezüglich dieser Achse hat

Abb. 5.28. Beispiele für gestreckte mehratomige Moleküle: Kohlendioxid (CO_2), Lachgas (N_2O), Acetylen (C_2H_2)

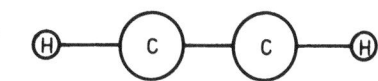

denn in (5.10) steht θ im Nenner, so daß eine Rotation wie in Abb.5.27 nicht vorkommt.

Ähnlich einfach zu behandeln wie das Modell des zweiatomigen Moleküls sind einfache gestreckte mehratomige Moleküle wie CO_2, N_2O und C_2H_2 (Abb.5.28). Auch hier ist das Trägheitsmoment um die Molekülachse praktisch Null, und die beiden anderen Trägheitsmomente sind gleich groß.

Vielatomige räumliche Moleküle besitzen große Trägheitsmomente um alle Achsen und entsprechend dicht liegende Rotationsenergieniveaus.

5.4.3 Moleküle absorbieren und emittieren in charakteristischer Weise Infrarotstrahlung

Wir haben in den beiden vorigen Abschnitten dargestellt, daß durch die Schwingungen in den Molekülen und durch die Rotationen der Moleküle diesen besondere Energieniveaus zukommen, welche durch die beiden Quantenbedingungen (5.9) und (5.10)

$$E_{Schwing} = h\nu_0(i + \frac{1}{2}) \quad , \quad E_{Rot} = \frac{h^2}{8\pi^2\theta} j(j+1)$$

angegeben werden. In den Abb.5.24,26 sind die jeweils möglichen Energiezustände dieser Systeme graphisch aufgetragen. Jedes Molekül befindet sich in einem bestimmten Schwingungszustand und zugleich in einem bestimmten Rotationszustand. Jeder einzelne Übergang in einen anderen Zustand ist aufgrund der Frequenzbedingung $h\nu = \Delta E$ mit der Absorption (= Erreichen eines energetisch höheren Zustandes) von elektromagnetischer Energie im Wellenlängenbereich der Infrarotstrahlung verknüpft. Die IR-Strahlung liegt im elektromagnetischen Spektrum (Tab.5.1) zwischen dem Bereich des sichtbaren Lichtes und dem Mikrowellenbereich. Sie reicht von etwa 0,8 bis 1000 µm Wellenlänge. Nur ein vergleichsweise kleiner Ausschnitt aus diesem Spektrum, der Wellenlängenbereich von 2,5 bis 15 µm, wird routinemäßig zum quantitativen und qualitativen Nachweis von Substanzen benutzt, da hier die meisten aller meßbaren Übergangsenergien zu finden sind. Der experimentelle Nachweis der Übergangsenergien wird durch zwei verschiedenartige spektrometrische Methoden ermöglicht, nämlich

a) die Infrarotspektrometrie und
b) die Raman-Spektrometrie.

a) *Infrarotspektrometrie:*

Elektromagnetische Strahlung tritt mit Molekülen nur dann in Wechselwirkung, wenn die Absorption bzw. Emission eines Quants (Photon) mit einer *Änderung* des Dipolmomentes des Moleküls verknüpft ist. Was ist ein Dipolmoment? Seine Definition lautet:

> Das Dipolmoment M eines Moleküls ist das Produkt aus dem Abstand l des positiven Ladungsschwerpunktes q^+ vom negativen Ladungsschwerpunkt q^- mal dem Betrag der Ladung q, d.h.
> $M = l \cdot q$. (5.12)

Abbildung 5.29 zeigt einige Beispiele. Moleküle, die kein Dipolmoment besitzen, wie die symmetrischen Moleküle H_2, O_2, N_2 besitzen zwar auch ein Rotationsschwingungssystem, dieses ist aber nicht infrarot-absorbierend. Das Rotationsschwingungsspektrum dieser Moleküle kann mit der unten kurz darzustellenden Raman-Spektrometrie ermittelt werden. Alle übrigen Moleküle, gerade

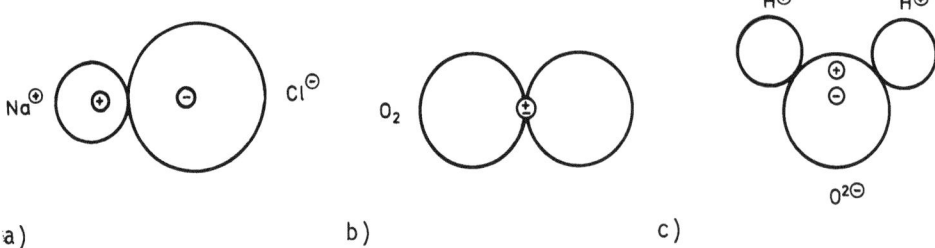

Abb. 5.29. Dipolmomente von Molekülen. a) Natriumchlorid (NaCl) ist ein Ionenkristall; die Ladungen sind vollständig getrennt (großes Dipolmoment). b) Sauerstoff (O_2) hat kein Dipolmoment; die Ladungsschwerpunkte fallen zusammen. c) Wasser (H_2O) hat ein mittelgroßes Dipolmoment: die Wasserstoffatome geben je ein Elektron in Richtung des Sauerstoffatoms ab

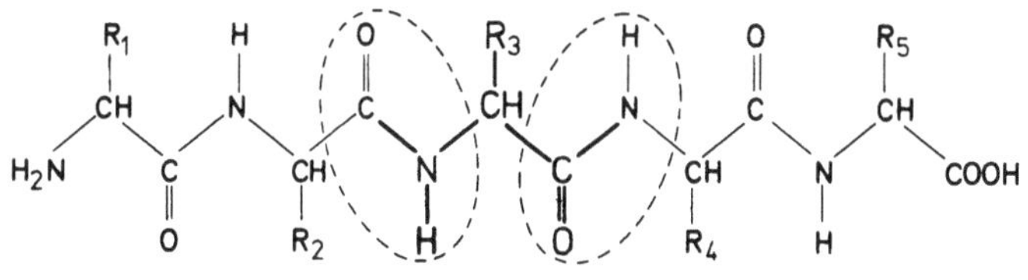

5.4 Moleküle lassen sich erkennen

Abb. 5.30. Peptidkette aus fünf Aminosäuren. In Bildmitte ist eine Aminosäure (Fettdruck) hervorgehoben. Die an der Peptidbindung der Aminosäuren beteiligten funktionellen Gruppen sind mit der gestrichelten Linie umrandet

auch die biologisch wichtigen Moleküle wie Hormone und Peptide, besitzen jedoch charakteristische Infrarotabsorptionen, mit deren Hilfe ihre Struktur aufgeklärt wurde, und durch welche sie identifiziert werden.

Identifizierbar ist dabei nicht das Molekül als Ganzes, sondern nur eine Reihe von Einzelschwingungen zwischen Molekülteilen. So ist z.B. im Zusammenhang mit der Identifizierung von Polypeptidbindungen (Abb.5.30) charakteristisch, daß die N-H-Deformationsschwingung (= Bindungswinkel verändernde Schwingung) um 1550 cm^{-1} und die C=O-Streckschwingung bei 1640 cm^{-1} liegen. Im Bereich von 3000-3500 cm^{-1} liegen die Streckschwingungsfrequenzen von C-H, N-H und O-H-Bindungen. Wir haben hier, wie es in der Infrarotspektrometrie allgemein üblich ist, die Spektrallinien nicht durch ihre Frequenz ν oder Wellenlänge λ, sondern durch die Wellenzahl $1/\lambda$ charakterisiert (vgl. Abschn. 1.4.3), die gewöhnlich in der Einheit cm^{-1} angegeben wird.

Die *Infrarotspektrometrie* mißt die Absorption von infrarotem Licht durch Moleküle nach der gleichen Methode wie die Spektroskopie im sichtbaren Spektralbereich Absorption von Licht durch Atom- oder Molekülelektronen mißt. Um ein Absorptionsspektrum einer Substanz zu erhalten, wird sie in einen Lichtstrahl gebracht (Abb.5.9). Licht, dessen Quantenenergie den Energiedifferenzen der Atom- bzw. Molekülelektronen oder den Molekülschwingungen bzw. -rotationen entspricht, wird absorbiert und regt die entsprechenden Übergänge an. Wenn nun das durchgelassene Licht analysiert wird, findet man bei diesen Wellenlängen eine sehr viel geringere Intensität als bei den benachbarten Wellenlängen. Natürlich wird ein Teil der angeregten Zustände spontan wieder in den alten Zustand zurückkehren unter Aussenden eben derselben Wellenlänge. Das könnte, soweit das emittierte Licht von gleich großer Intensität ist wie das absorbierte Licht, bedeuten, daß keine Absorption meßbar ist. Entscheidend ist aber, daß das emittierte Licht in *alle* Richtungen ausgestrahlt wird, während der Lichtstrahl, aus dem absorbiert wurde, nur in *eine* Richtung strahlt. Deshalb ist auch bei spontaner Rückemission (die sowieso nicht bei

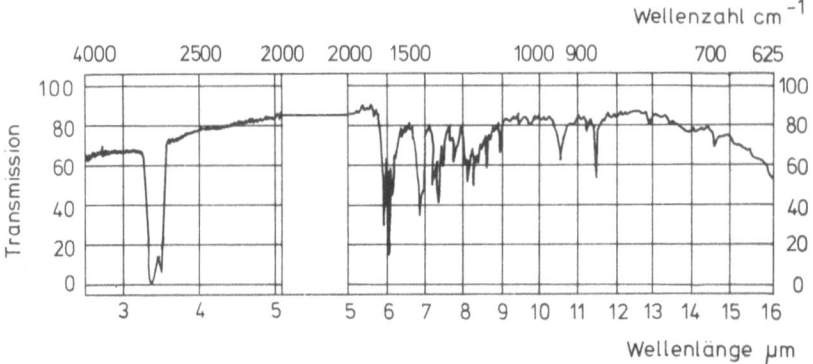

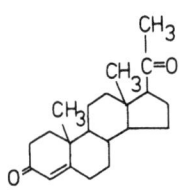

Abb. 5.31. Infrarotspektrum des Sexualhormons Progesteron (aus der Gruppe der Steroide). Man erkennt im Bereich um 3000 cm^{-1} (3,4 µm) die durch die CH-Streckschwingungen verursachte Transmissionsabnahme, sowie im Bereich um 6 µm die im Ring stattfindende C=C-Streckschwingung. Deutlich zu erkennen ist auch die C=O-Streckschwingung bei 1640 cm^{-1}. In der Ordinate der Abbildung ist die Transmission in linearer Skala aufgetragen. In der Abszisse sind oben die reziproken Wellenlängen in cm^{-1} und unten die Wellenlängen in µm aufgetragen

allen Übergängen vorkommt) der durchgelassene Lichtstrahl bei der Absorptionswellenlänge der Substanz stark geschwächt.

Das im letzten Absatz Gesagte gilt ebenso für Elektronenanregungsspektren. Abbildung 5.31 zeigt als Beispiel eines IR-Spektrums das Steroid Progesteron (Sexualhormon).

b) *Raman-Spektrometrie:*

Infrarot-Absorptionsspektralfotometer befinden sich als Routinegeräte in jedem chemischen Labor. Die dazu komplementäre Methode hingegen, die *Raman-Spektrometrie*, kann wegen ihrer größeren Kompliziertheit nur von Spezialisten ausgeübt werden. Sie soll aber wegen ihrer grundsätzlichen Bedeutung hier noch im Prinzip behandelt werden. Bestrahlt man einen durchsichtigen Stoff mit monochromatischem Licht der Frequenz ν_0, so tritt der größte Teil der Lichtquanten hinter der Probe mit der Einstrahlungsfrequenz ν_0 wieder aus. Es hat keinerlei Wechselwirkung stattgefunden.

Nur ein sehr kleiner Anteil der eingestrahlten Photonen, ungefähr 0,01%, wird in alle Raumrichtungen mit der ursprünglichen Frequenz ν_0 gestreut. Den Streuanteil kann man sich durch elastische Stöße der ν_0-Lichtquanten mit den Molekülen der Probe entstanden denken. Diese Streustrahlung ist die Ihnen aus Abschnitt 5.3.4 schon bekannte Rayleigh-Strahlung.

5.4 Moleküle lassen sich erkennen

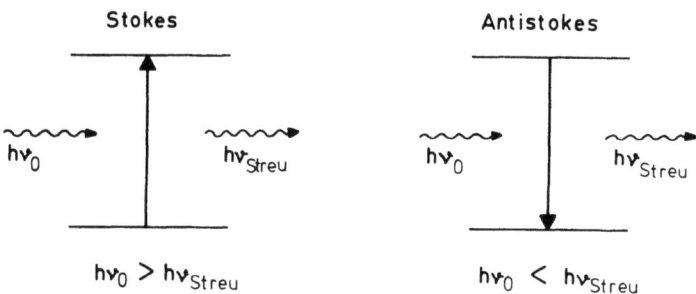

Abb. 5.32. Schema zum Raman-Effekt. Links: Stokesscher Fall, das eingestrahlte Quant $h\nu_0$ gibt einen kleinen Teil seiner Energie für die Anregung einer Molekülschwingung ab. Rechts: Antistokesscher Fall, das eingestrahlte Quant $h\nu_0$, übernimmt einen kleinen, durch Schwingungsabregung des Moleküls freiwerdenden, Energiebetrag

Zusammen mit der Rayleigh-Strahlung tritt eine noch viel schwächere Streustrahlung auf, die nur noch 10^{-8} der eingestrahlten Photonen umfaßt. Zerlegt man diesen Anteil der gestreuten Strahlung mit Hilfe eines Monochromators in seine spektralen Bestandteile, so findet man eine Reihe von Linien, deren Frequenz ν_{Streu} teils größer, teils kleiner als ν_0 ist. Bildet man daraus die Differenz der Quantenenergie zwischen eingestrahltem und gestreutem Lichtquant gemäß

$$\Delta E = h(\nu_0 - \nu_{Streu}) \; , \tag{5.13}$$

so findet man, daß ΔE genau der Energiedifferenz zwischen den Schwingungsniveaus des angeregten Moleküls entspricht. Man nennt diesen Vorgang *Raman-Streuung*. Zwei Fälle sind möglich.

Der Regelfall: Das gestreute Quant ist energieärmer. Das bedeutet, daß dieses Quant die Energiedifferenz ΔE an das Molekül abgegeben hat, indem es dessen Schwingung anregte. Man nennt diese Streulinien nach ihrem Entdecker *Stokessche Linien*.

Der seltenere Fall: Wenn das eingestrahlte Quant auf ein Molekül trifft, das sich in einem Anregungszustand befindet, dann kann dieses seine Schwingungsenergie auf das einfallende Quant übertragen. Es tritt dann ein energiereicheres Quant aus der Probe aus. Man nennt diese Streulinien *Antistokessche Linien* (Abb.5.32).

Seit Laser als Lichtquellen für die Raman-Spektrometrie eingesetzt werden, gewinnt sie an praktischer Bedeutung. Sie wird bevorzugt eingesetzt zur Ermittlung von Molekülparametern an solchen Molekülen, die infrarot-inaktiv sind (keine Änderung des Dipolmomentes!).

Wasser ist ein ungeeignetes Lösungsmittel für die IR-Spektrometrie. Dagegen hat Wasser ein linienarmes und wenig intensives Raman-Spektrum. Darum können wässerige Lösungen, auch biologische Proben, mit der Raman-Spektrometrie untersucht werden.

5.4.4 Zusammenfassung

Wir haben in diesem Kapitel über die spezifischen Eigenschaften von Molekülen gesprochen. Sie bestehen darin, daß die Molekülteile Schwingungs- und Drehbewegungen gegeneinander ausführen. Die Bewegungen von atomaren Massen erfolgen nach den Aussagen der Quantenmechanik nur in diskreten Energiezuständen. Wenn der Übergang eines Moleküls zwischen zwei solchen Energiezuständen mit einer Änderung seines Dipolmomentes verbunden ist, so ist dieser Übergang "infrarotaktiv". Darauf basiert die Infrarotspektrometrie. Demgegenüber beruht die Ramanspektrometrie auf der elastischen Streuung von Photonen an schwingenden Molekülen, wobei Schwingungsenergie an das Photon abgegeben werden kann (Antistokesscher Fall) oder das Photon an Quantenenergie verliert durch Anregung einer Molekülschwingung (Stokesscher Fall).

5.4.5 Aufgaben

1) Zwei Kugeln mit den Massen 2 kg und 3 kg sind über eine Feder mit der ihr eigenen Kraftkonstante (Federkonstante) $k = 20$ kg s^{-2} miteinander verbunden. Berechnen Sie die Energiedifferenz zwischen benachbarten quantenmechanisch möglichen Energiezuständen dieses Systems.

2) Welche Energiedifferenz $h\nu_0$ der Schwingungszustände treten beim CO-Molekül auf? Die Masse des C-Atoms beträgt $2{,}0 \cdot 10^{-26}$ kg und die des O-Atoms $2{,}7 \cdot 10^{-26}$ kg, $k = 10$ kg s^{-2}.

3) Welche der folgenden Behauptungen ist richtig?

   A. Molekülschwingungen werden durch elektromagnetische Strahlung nur angeregt, wenn die Schwingung mit einer Dipolmomentänderung verbunden ist.

   B. Unter einer IR-inaktiven Schwingung versteht man eine solche, die nicht mit einer Dipolmomentänderung verbunden ist und deshalb durch die IR-Strahlung nicht anregbar ist.

   C. Frequenz ν und Energie E einer elektromagnetischen Strahlung sind durch folgende Beziehung miteinander verbunden

5.5 Weitere Wechselwirkungen von Licht und Materie

$$E = \lambda \nu ,$$

wobei λ die Wellenlänge der Strahlung ist.

D. Den Vorgang der Aufnahme und der Abgabe von Strahlungsenergie durch eine Substanz bezeichnet man als Absorption bzw. Emission.

4) Welche der folgenden Wechselwirkungen von elektromagnetischer Strahlung und Materie lassen sich nur quantentheoretisch verstehen (Quantenbedingungen!):

A. Lichtbrechung in einer Linse
B. Lichtdispersion in einem Prisma
C. Fluoreszenz einer Coumarin-Lösung
D. Drehung der Polarisationsebene in einer Zuckerlösung
E. Lichtreflexion an einem Spiegel
F. Natriumlicht aus einer heißen atomisierten Blutprobe
G. Die rote Farbe von Blut und die grüne Farbe von Chlorophyll
H. Die Herstellung von polarisiertem Licht
I. Anregung von Rotationen und Schwingungen von Atomen oder Atomgruppen in einem Molekül
J. Raman-Streuung
K. Rayleigh-Streuung
L. Elektronenspinresonanz
M. Kernspinresonanz
N. Interferenz-Mikroskopie

5.5 Weitere Wechselwirkungen von Licht und Materie

Wir wollen zum Abschluß noch zwei Beispiele der angewandten Atom- und Molekülphysik herausgreifen. Ein Beispiel der von Natur aus gegebenen Wechselwirkung von Licht und Materie ist die Fotosynthese (Sonderfall einer fotochemischen Wirkung). Das andere Beispiel ist für den Biologen von experimentell-technischer Bedeutung als intensive monochromatische Lichtquelle: der Laser.

5.5.1 Fotochemische Wirkungen

Die quantenhafte Absorption von sichtbarem oder ultraviolettem Licht durch Moleküle führt, wie wir gesehen haben, zur Anregung von Molekülelektronen in höhere vorher nicht besetzte Energieniveaus. Dies kann dazu führen, daß von verschiedenen Atomen des Moleküls 'stammende' Elektronen ihre bindende Orbi-

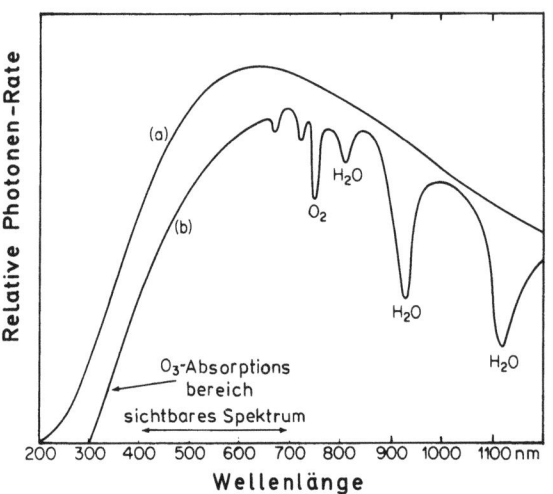

Abb. 5.33. Absorption der Sonnenstrahlung durch die Bestandteile der Atmosphäre. a) Spektrum des Sonnenlichtes, wie es auf die äußere Lufthülle trifft. b) Spektrum auf Meereshöhe bei geringer Feuchtigkeit und guter Sicht. Nach H.H. Seliger und W.D. Mc Elroy

tale verlassen zugunsten von nicht bindenden Orbitalen. Anschaulich gesprochen: Die Elektronendichte zwischen den beiden gebundenen Atomen wird dann kleiner, weil sich die Elektronendichte weiter nach außen verlagert. Man spricht dann von einer "*Fotodissoziation*". Die Fotodissoziation hat also eine andere Ursache als die *thermisch bedingte Dissoziation*. Letztere tritt auf, wenn die zugeführte Wärme so groß wird, daß die Molekülschwingungen und -rotationen "bis zum Zerreißen" des Moleküls angeregt werden. Bei der thermischen Energie sind die Energiequanten von der Größe der Photonenenergie des infraroten Lichtes, was den Quantenabständen der Molekülschwingungen und -rotationen entspricht. Während also bei der thermischen Dissoziation viele kleine Energiequanten vom Molekül aufgenommen werden müssen, genügt bei der Fotodissoziation die Absorption eines energiereichen Lichtquants.

Die Photonenwirkung muß nicht in einer Dissoziation bestehen, es kann auch eine chemische Reaktion ausgelöst werden. In jedem Falle wird die Wirkung des Lichts durch die Angabe der Wellenlänge des Lichtes und der Quantenausbeute der spezifischen Wirkung beschrieben. Die Quantenausbeute ist definiert als der Quotient aus Anzahl der dissoziierten bzw. umgesetzten Moleküle eines Stoffes und der dazu benötigten Lichtquanten. Werden Proteine ultraviolettem Licht ausgesetzt, so führt die fotochemische Reaktion zu einer Denaturierung, bei Enzymen entsprechend zu einer Inaktivierung. Gewebeschädigungen und Genmutationen kommen vor. Die kurzwellige UV-Strahlung und erst recht Röntgenstrahlung haben eine höhere Quantenausbeute als langwelliges UV und sichtbares Licht. In dem schmalen Bereich von nahem UV und sichtbarem Licht ist die Quantenausbeute niedrig genug, um einerseits das Leben nicht wesentlich zu schädigen und andererseits so viele Mutationen zu erzeugen, daß eine Selektionsbasis zur biologischen Evolution gegeben ist.

Abbildung 5.33 zeigt das "spektrale Fenster", hinter dem sich das irdische Leben vollzieht. Ozon, Sauerstoff und Stickstoff in der Erdatmosphäre schneiden die harte ultraviolette Sonnenstrahlung ab, indem sie diese Strahlung absorbieren. Das Ozon in der oberen Atmosphäre absorbiert nahezu vollständig die gefährliche Strahlung unterhalb 300 nm. Es ist auffallend, daß das Absorptionsmaximum von Ozon so dicht bei der Absorptionswellenlänge der Nukleinsäuren von 260 nm liegt. Man kann annehmen, daß sich die genetische Entwicklung des Lebens unter diesem Schutz vollzogen hat. Eine Zerstörung der Ozonschicht, etwa durch irdisch in großen Mengen abgelassene Fluorkohlenwasserstoffe, könnte tödliche Folgen haben.

5.5.2 Fotosynthese

Das bedeutendste Zusammenspiel von Licht und Materie stellt die Fotosynthese dar, mit der die Pflanzen aus Wasser und Kohlendioxid unter Einwirkung des Lichtes Hexose und freien Sauerstoff produzieren. Die pauschal formulierte chemische Bruttoformel lautet:

$$6H_2O + 6CO_2 \xrightarrow{ca.\ 54\ h\nu} C_6H_{12}O_6 + 6O_2 \quad .$$

Die chemischen Einzelvorgänge bei der Fotosynthese sind zahlreich und kompliziert und noch nicht vollständig aufgeklärt. Die entscheidende Rolle bei der Umsetzung der Sonnenenergie in die Folgereaktionen hat das Chlorophyllmolekül (der grüne Blattfarbstoff). Das Chlorophyllmolekül besitzt wie das Hämoglobinmolekül und viele Cytochrome als aktives Zentrum einen Porphyrinring. Zentrales Metallatom ist beim Chlorophyll ein Magnesiumatom, beim Hämoglobin und den Cytochromen ein Eisenatom. Abb.5.34 zeigt das aktive Zentrum, das in ein großes Proteinmolekül eingebettet ist. Das typische Absorptionsspektrum eines Hämproteins war in Abb.5.14 dargestellt. Das Chlorophyllmolekül besitzt zwei starke Absorptionsbanden, eine bei 420 nm (blau) und eine bei 670 nm (rot). Dies erklärt auch die grüne Farbe der Chloroplasten, da das grüne Licht nicht absorbiert, sondern reflektiert und transmittiert wird. Die natürliche fotosynthetische Aktivität ist hauptsächlich auf die Absorption um 670 nm zurückzuführen. Auch in diesem Zusammenhang ist unter evolutionsbiologischem Gesichtspunkt bemerkenswert, daß die Sonnenstrahlung, welche auf Meereshöhe anlangt, in eben diesem Wellenlängenbereich ihren größten Quantenfluß hat: d.h. die Anzahl der Lichtquanten, die pro Sekunde in einem Quadratmeter auftreffen, haben in diesem Wellenlängenbereich ihr Maximum.

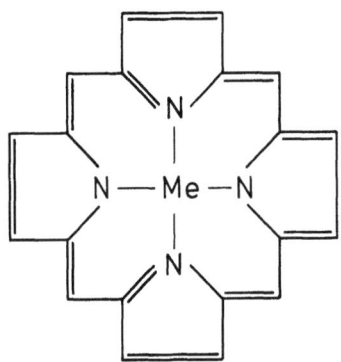

Abb. 5.34. Verallgemeinerte chemische Struktur eines Porphyrins. An den unbezeichneten Ecken befinden sich Kohlenstoffatome. Me ist bei den Hämproteinen (Myoglobin, Hämoglobin, Cytochrome) ein Eisenatom, bei den Chlorophyllen ein Magnesiumatom. N = Stickstoffatome

Immerhin werden von der grünen Pflanze pro Bruttoreaktion, d.h. also für die Erzeugung eines Hexosemoleküls, etwa vierundfünfzig Photonen benötigt.

5.5.3 Der Laser

Eine besonders intensive Wechselwirkung von Licht und Materie findet statt im Laser. Das Wort LASER ist eine Abkürzung aus den Anfangsbuchstaben der Kurzbeschreibung seines Mechanismus: Light Amplification by Stimulated Emission of Radiation. Zur Beschreibung dieses Phänomens greifen wir zurück auf Abb.5.6. Dort ist im Termschema eines Moleküls ein metastabiles Niveau angegeben (mittleres Drittel der Abb.5.6), in welchem sich ein Elektron etwa für Millisekunden aufhält, bevor es spontan in den Grundzustand zurückkehrt. Die spontane Emission eines Lichtquants infolge Rückkehr des Elektrons aus einem anderen Niveau erfolgt dagegen bereits nach ca. 10^{-8} s. Wenn nun Elektronen aus dem Grundzustand durch ständige Absorption von $h\nu_1$ (siehe linkes Drittel der Abb.5.6) in ein angeregtes Niveau gepumpt werden, von dem aus sie vorzugsweise in ein metastabiles Niveau fallen und nicht zurück in den Grundzustand, so werden sich schließlich mehr Moleküle im metastabilen Niveau befinden als im Grundzustand, da der Übergang vom metastabilen Niveau in den Grundzustand der langsamste Schritt in dem Kreislauf ist, der in Abb.5.35 noch einmal gesondert dargestellt wird.

Den Zustand, bei dem in einer Ansammlung von Molekülen sich mehr Moleküle in metastabilen Niveaus als im Grundniveau befinden, nennt man eine "Besetzungsinversion". Liegt eine Besetzungsinversion vor, so ist die Anzahl der Moleküle im Grundzustand stark vermindert und damit auch die Möglichkeit einer Photonenabsorption. In einem solchen Falle wird entsprechend der größeren Besetzungsdichte des metastabilen Niveaus ein auf das Molekül treffendes Photon mit größerer Wahrscheinlichkeit auf ein metastabiles Niveau treffen und es zur Rückkehr in den Grundzustand stimulieren, indem es noch ein Photon

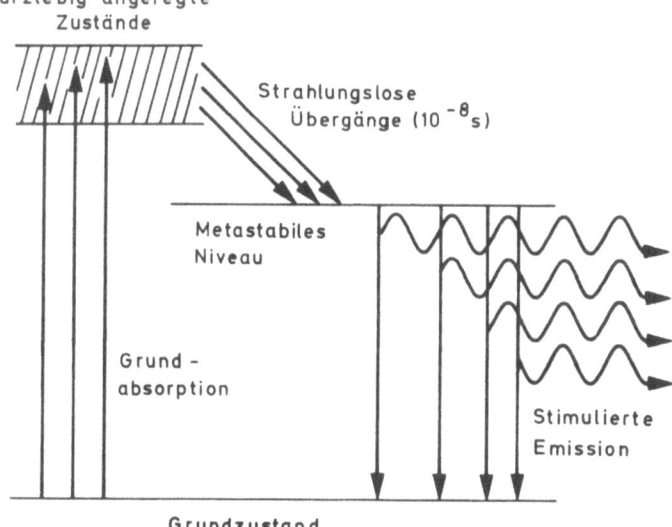

Abb. 5.35. Energiezustände und Elektronenübergänge in einem Laser. Die Energie zur Grundabsorption wird von außen zugeführt. Sie muß so stark sein, daß sich mehr Elektronen des Lasermaterials im metastabilen Niveau befinden als im Grundzustand (Besetzungsinversion)

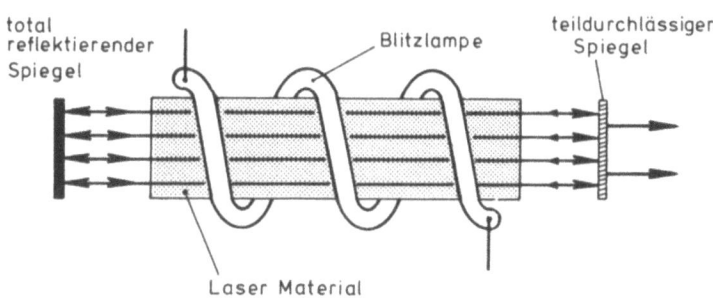

Abb. 5.36. Schematischer Aufbau eines Lasers. Als Laser-Material können Festkörper (z.B. Chrom-Atome enthaltender Rubinkristall), Flüssigkeiten (z.B. Coumarine, Rhodamine oder andere Farbstoffe) oder Gase (z.B. ein Gemisch aus Helium und Neon) dienen. An Stelle der Blitzlampe kann bei Gasen auch durch eine hochfrequente elektrische Entladung angeregt werden. Der teildurchlässige Spiegel läßt nur etwa 1% der Lichtintensität aus dem Laser austreten. Wäre die Durchlässigkeit wesentlich höher, würde der Laser nicht mehr arbeiten, da dann nicht mehr genügend Emissionen stimuliert würden

der gleichen Energie freisetzt. Die Folge dieser "stimulierten Emission" ist eine Art Kettenreaktion: ein spontan emittiertes Photon induziert die Emission eines anderen Photons, die beiden Photonen stimulieren ihrerseits die Emission von zwei weiteren Photonen, diese vier stimulieren weitere vier usw..

Praktisch wird diese Kettenreaktion dadurch ermöglicht, daß Licht und Moleküle zwischen zwei reflektierende Spiegel eingeschlossen werden, und von außen her die Grundabsorptionsenergie ständig "eingepumpt" wird in Form einer intensiven Lichtstrahlung, die natürlich energiereicher (kurzwelliger) als die Laserstrahlung sein muß. Abbildung 5.36 zeigt schematisch den Aufbau eines Lasers. Einer der beiden Spiegel besitzt eine geringe Durchlässigkeit von ca. 1%. Diese genügt, um das Laserlicht herauszuführen. Der austretende Laserstrahl besitzt drei hervorstechende Eigenschaften, die den Laser als Lichtquelle nützlich machen:

1. Die Strahlung ist scharf monochromatisch und viel intensiver als andere Lichtquellen von annähernder Monochromasie.
2. Die Strahlung ist vollständig kohärent im Vergleich zu anderen Lichtquellen, d.h. die Welle kann kilometerweit einer Sinuswelle gleich sein, während die von einer thermischen Lichtquelle (Glühlampen) ausgehenden Lichtwellen eine Ansammlung von bestenfalls meterlangen Sinuswellen sind.
3. Der Laserstrahl ist in sich praktisch parallel, er hat seinen Durchmesser auch nach Kilometern noch kaum verändert.

Diese Eigenschaften bedingen die wachsende Anwendung des Lasers in Technologie und Biologie. Einige biologische Anwendungsbeispiele seien genannt.

Durch Fokussieren des parallelen Laserstrahls erhält man eine kleine Fläche von höchster Energiedichte. Dadurch wird es möglich, eine Art Mikrochirurgie in Zellen zu betreiben. Man kann einzelne Zellorganellen oder verschiedene Teile des genetischen Materials damit zerstören und beobachten, welche speziellen biologischen Funktionen damit ausfallen.

In der Ophthalmologie werden Netzhautablösungen durch "Punktschweißen" geheilt. Dabei wird an mehreren Punkten die Retina mit dem Choroid verschmolzen. Die Dauer des Laserblitzes beträgt etwa 1 ms. Der Patient spürt nichts. Mit einem Laser-Skalpell ist es möglich, chirurgische Eingriffe vorzunehmen unter vergleichsweise geringen Blutungen, da durch die Energie des Laserstrahls die Proteine koagulieren und die Blutgefäße weitgehend verschließen.

Die in den Abschnitten 5.3.4 und 5.4.3 besprochenen physikalischen Methoden Lichtstreuung bzw. Raman-Spektrometrie sind durch die Verwendung von Laserlichtquellen von Bedeutung für die Biologie geworden.

5.5.4 Aufgaben

1) Ordnen Sie die folgenden Begriffe richtig zueinander, jeweils einen Buchstaben zu einer Zahl. Zu A und D können zwei Ziffern zugeordnet werden.

A. Fotosynthese	1. Schwingungsanregung führt zur Dissoziation
B. Fotodissoziation	2. UV-Absorption durch Ozon
C. Thermische Dissoziation	3. Gewinnung von chemischer Energie aus Lichtenergie
D. Chlorophyllmolekül	4. Elektronenanregung im Porphyrinring mit zentralem Magnesiumatom
E. Spektrales Fenster der Erdatmosphäre	5. Dissoziation eines Moleküls durch Elektronenanregung

2) Welche der folgenden Behauptungen sind richtig?

A. Als Lasermaterialien eignen sich nur Substanzen, in denen eine Besetzungsinversion hergestellt werden kann.

B. Ein Laser wandelt Wärmeenergie in elektrische Energie um.

C. Ein Laser benötigt eine hohe Photonendichte in seinem Innern zur Stimulation der Lichtemission durch Entleeren metastabiler Elektronenanregungsniveaus.

D. Monochromasie und Kohärenz des Laserlichtes werden von keiner anderen Lichtquelle erreicht.

5.6 Ausblick

Wir haben uns in diesem Kapitel auf der Basis der Atom- und Molekülphysik mit einer Reihe von spektrometrischen Methoden befaßt und dabei einige für den Biologen relevante Wechselwirkungen von Licht und Materie behandelt. Dies geschah weitgehend unter Beschränkung auf Vorgänge in Lösungen und in Gasen.

Die meisten biologischen Systeme hängen von Flüssigkeiten ab. Lebende Zellen enthalten viel Wasser, und sie werden versorgt mit Lösungen und Gasen. Feste Strukturen wie Knochen, Haare, Nägel und auch Gefäß- und Zellwände besitzen einen geringeren Stoffwechsel als das Cytoplasma und die Zellorganellen. Dennoch besitzen natürlich die festen Strukturen unverzichtbare Lebensfunktionen. Dies gilt auch für "weichere" Strukturen wie die Zellmembranen, innere wie äußere. Ihre strukturelle und funktionelle Erforschung bereitet erhebliche Schwierigkeiten, da sie einen Grenzzustand fest/flüssig darstellen, der methodisch schwer zu erfassen ist.

Wir haben viele Eigenschaften von Lösungen, insbesondere optische Eigenschaften, zurückgeführt auf atomare und molekulare Prozesse. Dies läßt sich auch für Festkörper tun. Es kommen dort noch weitere Eigenschaften hinzu, die auf die Regelmäßigkeiten des Festkörperaufbaues zurückgehen oder auch gerade auf die Verletzung von Regelmäßigkeiten. Eng damit verknüpft sind elektrische Phänomene. Auf dieser Basis hat sich in den letzten Jahrzehnten die gesamte Halbleiter- und Computer-Technologie entwickelt. Aber auch die mechanischen Eigenschaften von festen Körpern wie Härte, Elastizität, Schalleitfähigkeit, spezifisches Gewicht, spezifische Wärme sowie Phasenumwandlungswärmen und viele andere Größen lassen sich mittelbar ebenfalls auf die Eigenschaften der sie bildenden Atome und Moleküle zurückführen.

6. Kernphysik

Wir wollen in diesem Kapitel zunächst fortfahren mit der Beschreibung des Aufbaus der Materie und uns der Phänomenologie des Atomskerns zuwenden. Die Kernphysik besitzt im Gegensatz zur Atom- und Molekülphysik noch keine geschlossene Theorie über ihren Arbeitsgegenstand. Das liegt daran, daß man zu wenig weiß über die Kräfte, welche den Atomkern zusammenhalten. Obwohl wesentliche Züge des Aufbaues der Atomkerne sich wie die der Atomhülle durchaus anschaulich verstehen lassen, können nur von einer exakten Theorie sichere quantitative Aussagen über Kernzustände erwartet werden. Im Bereich der *Elektronenhülle* ist die Quantentheorie, jedenfalls im Prinzip, in der Lage, alle Vorgänge exakt zu beschreiben.

Nun ist für Sie als Biologe die Geschlossenheit einer physikalischen Theorie weniger von Belang als eine systematische Darstellung von Phänomenen, die es erlaubt, Gesetzmäßigkeiten zu erkennen, wiederzufinden und anzuwenden. Auch die Quantentheorie haben wir nicht behandelt, sondern an einzelnen Stellen wurden lediglich Resultate dieser Theorie mitgeteilt.

Die Kernphysik selbst und erst recht die Physik der Kernbausteine, die Elementarteilchenphysik, sind für den Biologen von geringem Interesse. Hingegen ist die untrennbar mit kernphysikalischen Prozessen verbundene natürliche und künstliche Radioaktivität von großer Bedeutung, da sie mutagen (Erbgut verändernd), cancerogen (krebserzeugend) oder letal (tödlich) sein kann. Andererseits können radioaktive Materialien als tracer (radioaktive Markierung) oder kontrastreiche Darstellungsmittel ein wichtiges Forschungsinstrument oder diagnostisches oder therapeutisches Hilfsmittel sein. Daher gilt es, die wichtigsten Methoden und Techniken zur Messung von Kernstrahlungen zu behandeln. Biochemische und biologische Forschungsarbeit sowie medizinische Routine wird zu einem erheblichen Teil im Isotopenlabor geleistet.

6.1 Der Atomkern

Die Streuversuche Rutherfords zu Beginn dieses Jahrhunderts hatten gezeigt, daß die Atome aus einem extrem kleinen Kern bestehen, dessen Durchmesser von der Größenordnung 10^{-15} m ist, während der Durchmesser des Gesamtatoms, also einschließlich seiner Elektronenhülle, etwa 10^{-10} m beträgt, und daß fast die gesamte Atommasse in diesem winzigen Kern steckt.

Wir wollen uns nun mit der Zusammensetzung und Veränderbarkeit von Atomkernen befassen. Es lag in der Tradition der atomistischen Vorstellung anzunehmen, daß die Atomkerne der verschiedenen Elemente sich nur um Teilchen unterscheiden könnten, aus denen die Kerne aufgebaut sind, den sogenannten Elementarteilchen, die man sich als die dann wirklich nicht weiter teilbaren kleinsten Einheiten vorstellen wollte.

6.1.1 Die Nukleonen

Die Bausteine des Kerns heißen *Nukleonen*. Es gibt davon zwei verschiedene Arten: die Protonen und die Neutronen. Die Massen von Proton und Neutron sind fast gleich groß

Masse des Protons: $m_p = 1{,}67264 \cdot 10^{-27}$ kg
Masse des Neutrons: $m_n = 1{,}67495 \cdot 10^{-27}$ kg .

Das Proton trägt eine positive Elementarladung, das Neutron trägt keine Ladung.

> Wegen der Elektroneutralität des Gesamtatoms muß die Anzahl der Protonen im Kern genau so groß sein wie die Anzahl der Hüllenelektronen. Diese Anzahl heißt *Kernladungszahl* Z.

$Z = 1$ ist immer ein Wasserstoffatom,
$Z = 2$ ein Heliumatom,
$Z = 3$ ein Lithiumatom u.s.w.

Im periodischen System der Elemente sind diese genau nach der jeweils um eine Einheit wachsenden Kernladungszahl angeordnet. Z hat deshalb auch den Namen *Ordnungszahl*.

Die Gesamtmasse eines Atoms hängt jedoch auch von der Anzahl der Neutronen im Kern ab. Wenn wir die Anzahl der Nukleonen in einem Kern zusammenzählen, so erhalten wir die sog. *Massenzahl* A, also

6.1 Der Atomkern

$$A = Z + N \, , \qquad (6.1)$$

wobei N die Anzahl der Neutronen in einem Kern ist.

Nehmen wir als Beispiel ein Atom, dessen Kern 3 Protonen und 4 Neutronen enthält, so haben wir Z = 3, N = 4, A = 7. Wegen der Ordnungszahl 3 handelt es sich also um ein Lithiumatom. In Kurzschreibweise wird das üblicherweise so dargestellt: $^{7}_{3}$Li. Dem chemischen Symbol Li wird die Ordnungszahl als Index und die Massenzahl als Hochzahl vorangestellt. Da Index und chemisches Symbol identische Aussagen beinhalten, wird der Index oft weggelassen, also einfach geschrieben: ^{7}Li.

Ein Lithiumatom enthält immer drei Protonen im Kern und drei Elektronen in der Hülle, sofern das Atom nicht ionisiert ist. Hingegen muß das Lithiumatom nicht zwangsläufig 4 Neutronen im Kern haben. Auch ein Atom mit 3 Protonen und 3 Neutronen ist ein Lithiumatom $^{6}_{3}$Li oder einfach ^{6}Li.

Wir verwenden im folgenden allgemein die Nomenklatur:

Massenzahl Elementname Kernladungszahl	oder einfach	Massenzahl Elementname.

Ein Kern mit einer bestimmten Kernladungszahl Z und einer bestimmten Massenzahl A heißt *Nuklid*. Zwei Nuklide mit derselben Kernladungszahl Z, aber verschiedener Neutronenzahl N und damit auch verschiedener Massenzahl A heißen *Isotope*. Isotope eines Elementes sind wegen der gleichen Elektronenzahl einander chemisch sehr ähnlich. Manche Elemente besitzen nur ein einziges natürlich vorkommendes Isotop, aber die meisten Elemente kommen in der Natur in zwei oder mehr Isotopen vor, und zwar immer zusammen, und auch ihre anteilmäßige Zusammensetzung ist überall dieselbe. Im Falle des Beispiels Lithium kommen die beiden erwähnten Isotope natürlich vor, und zwar immer in der Zusammensetzung 92,6% ^{7}Li und 7,4% ^{6}Li. Von besonderem Interesse sind die beiden natürlich vorkommenden Isotope des Wasserstoffs: ^{1}H und ^{2}H. Letzteres ist bedeutend genug, um einen eigenen Namen zu tragen: "Deuterium" und manchmal auch die Abkürzung D. Von rund 6000 Wasserstoffatomen ist eines ein Deuteriumatom. Es gibt noch ein drittes Wasserstoffisotop ^{3}H, auch als "Tritium" bezeichnet (Abb.6.1), das aber in der Natur nicht vorkommt, sondern künstlich erzeugt wird.

Die Nukleonen sind sehr stark aneinander gebunden. Die Bindungskräfte können nicht elektrostatischer Natur sein, da es im Kern nur positive Ladungen gibt, die sich abstoßen würden, und die Bindung von Neutronen auch nicht erklärbar wäre. Die "Kernkraft" hat eine Reichweite von etwa 10^{-15} m und ist

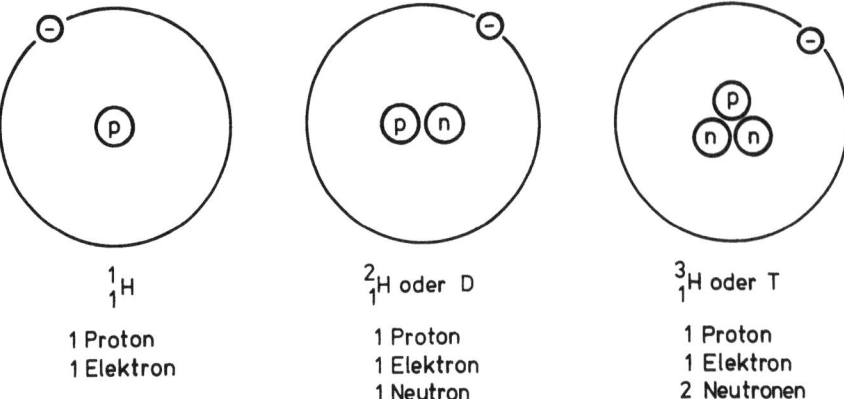

Abb. 6.1. Die Isotope des Elementes Wasserstoff: Wasserstoff, Deuterium, Tritium (v.l.n.r.)

damit nur am Ort des Kerns wirksam. Sie ist sehr viel stärker als die elektrostatische Abstoßung zwischen den Protonen, und sie ist ladungsunabhängig, so daß die gegenseitige Anziehung von zwei Protonen, zwei Neutronen oder von einem Proton und einem Neutron gleich groß sind.

Einen Hinweis auf die Größe der Kernkräfte erhält man über eine Bilanz der Atommassen, die wir gleich am Beispiel des Heliumatoms aufmachen wollen. Dazu zunächst einen Einschub über die Einheiten, in denen Atommassen angegeben werden:

Die Massen von Nukleonen und Nukliden werden meistens nicht absolut angegeben, sondern bezogen auf das Kohlenstoff-Isotop mit der Massenzahl 12. Die atomare Masseneinheit u ist definiert als ein Zwölftel der Masse des ^{12}C-Atoms, das heißt:

$$\boxed{1 \text{ atomare Masseneinheit} = 1 \text{ u} = \frac{1}{12} \text{ der Masse eines } ^{12}\text{C-Atoms} = 1{,}66 \cdot 10^{-27} \text{ kg}}$$

Das Proton hat auf dieser Skala 1,00728 u, das Neutron 1,008665 u und das Elektron 0,00055 u.

Wir wollen nun die Massenbilanz des ^{4}He-Atoms aufstellen. ^{4}He enthält zwei Protonen, zwei Neutronen und zwei Elektronen. Die Gesamtmasse seiner Bestandteile beträgt also

$$\begin{aligned}
2\,m_p &= 2{,}01456 \text{ u} \\
2\,m_n &= 2{,}01733 \text{ u} \\
2\,m_e &= 0{,}00110 \text{ u} \\
\hline
\text{Summe} &= 4{,}03299 \text{ u} \quad .
\end{aligned}$$

6.1 Der Atomkern

Die tatsächlich meßbare Masse des ^{4}He-Atoms beträgt aber nur $m_a = 4{,}0026$ u. Der Unterschied von 0,0304 u wird als *Massendefekt* des ^{4}He-Atoms bezeichnet.

Bei allen Atomen ist die Summe der Bestandteilmassen größer als die Masse des Atoms. Für die Größe des Massendefektes Δm eines Atoms mit der Massenzahl A, der Ordnungszahl Z und der Atommasse m_a gilt immer

$$\Delta m = Z m_p + (A-Z) m_n + Z m_e - m_a \quad . \tag{6.2}$$

Um die Bedeutung dieses Massendefektes zu verstehen, muß man Einsteins berühmte Gleichung über die Äquivalenz von Masse m und Energie E berücksichtigen

$$E = mc^2 \quad , \tag{6.3}$$

wobei c die Lichtgeschwindigkeit ist.

Setzt man in (6.3) für m den Massendefekt Δm gemäß (6.2), so erhält man mit

$$\Delta E = \Delta m \, c^2 \tag{6.4}$$

die "Bindungsenergie" des Atoms. Wenn es möglich wäre, das Atom in Protonen, Neutronen und Elektronen zu zerlegen, so wäre dies die Energie, die man dazu benötigt. Wenn, umgekehrt, das Atom aus seinen es konstituierenden Teilchen aufgebaut werden könnte, so würde derselbe Energiebetrag dabei frei werden. Tatsächlich sind die riesenhaften Bindungsenergien, welche bei der Produktion von ^{4}He durch die Kombination von jeweils vier ^{1}H-Atomen frei werden, die Quelle der von der Sonne ausgestrahlten Energie (siehe Abschn. 6.2.3).

Im wesentlichen ist der Massendefekt die Bindungsenergie des Kerns. Der Beitrag der Elektronen ist offensichtlich zu vernachlässigen (siehe das Beispiel Helium). Dies ist auch der Grund dafür, warum Kernreaktionen ungeheuer viel mehr Energie freisetzen als Verbrennungsprozesse, welche wie alle chemischen Prozesse nur die Elektronenhüllen betreffen.

Wenn man verschiedene Kerne miteinander vergleicht, ist es zweckmäßig, nicht die gesamte im Kern steckende Bindungsenergie zu betrachten, sondern die Bindungsenergie pro Nukleon, d.h.

$$\frac{\text{Bindungsenergie}}{\text{Massenzahl}} \quad .$$

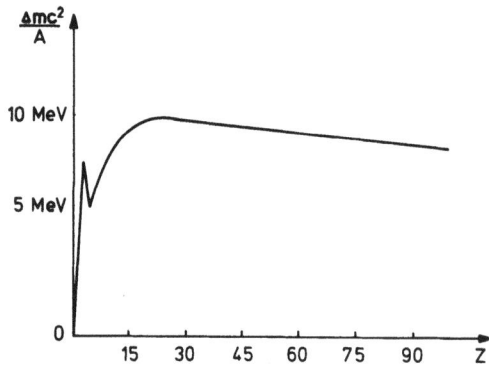

Abb. 6.2. Die Bindungsenergie Δmc^2 pro Nukleon der Massenzahl A ist aufgetragen als Funktion der Kernladungszahl Z. Zur Energieeinheit MeV siehe Anhang B)

Abbildung 6.2 zeigt eine Auftragung der Bindungsenergie pro Nukleon gegen die Ordnungszahl. Auf dieser Kurve liegen die stabilen Nuklide. Die Spitze bei Z = 2 wird durch den besonders stabilen Edelgaskern ^{4}He gebildet. Bemerkenswert ist, daß die Kurve ein breites Maximum um die Ordnungszahl Z = 28 (Massenzahl 60) besitzt.

Aus Abb. 6.2 läßt sich ableiten, daß ein Nukleon an Bindungsenergie gewinnt, wenn

a) es Bestandteil eines Kerns hoher Massenzahl ist und dieser Kern in zwei Fragmente von je ungefähr der Massenzahl 60 spaltet oder

b) es Bestandteil eines Kerns kleiner Massenzahl ist und dieser Kern mit einem anderen leichten Kern fusioniert zu einem einzigen Kern von rund der Massenzahl 60.

Diese beiden Prozesse, auf die wir in Abschnitt 6.2 noch einmal zurückkommen, werden als Kernspaltung bzw. Kernverschmelzung bezeichnet. In beiden Fällen wird ein hoher Energiebetrag freigesetzt.

6.1.2 Natürliche Radioaktivität

Die Entwicklung der Kernphysik begann 1896 mit der zufälligen Entdeckung Becquerels, daß eine in schwarzes, lichtundurchlässiges Papier eingewickelte Fotoplatte geschwärzt wurde, wenn sie in der Nähe eines Uransalzes lag. Eine nähere Untersuchung ergab, daß dies bei allen Uransalzen, die er untersuchte, der Fall war, hingegen nicht bei anderen Metallsalzen. Es war deshalb klar, daß das Uran für den Schwärzungsprozeß der Fotoplatte verantwortlich war.

Rutherford zeigte dann, daß zwei Arten von Strahlung vom Urankern ausgehen. Man bezeichnete sie in der Reihenfolge des griechischen Alphabets als *Alpha* (α)- und *Beta* (β)-*Strahlen*. Die α-Strahlung ist weniger weitreichend als die β-Strahlung, sie ionisiert aber auf ihrem Strahlungsweg mehr Moleküle des durchstrahlten Mediums (z.B. Luft). Später fand man dann noch eine dritte

6.1 Der Atomkern

Strahlung, die konsequenterweise als *Gamma (γ)-Strahlung* bezeichnet wurde. Sie war noch stärker durchdringend als die β-Strahlung. Schickte man die unbekannten Teilchen durch elektrische und magnetische Felder (ähnlich wie dies mit Elektronen und Ionen im Elektronenmikroskop bzw. im Massenspektrometer geschieht), so zeigte sich, daß die β-Strahlen nichts anderes als ein Strom von schnell fliegenden Elektronen und daß die α-Strahlen ein Strom von Heliumkernen waren. Vom ^{4}He-Kern wissen wir ja schon, daß er besonders stabil ist.

Die γ-Strahlung dagegen ist kein Teilchenstrom, sondern ein Photonenstrom von hoher Quantenenergie. Im elektromagnetischen Spektrum schließt sich die γ-Strahlung an das kurzwellige Ende der UV-Strahlung an (siehe Tabelle 5.1).

Diese drei Strahlungen werden vom Atomkern ausgesandt, deswegen muß sich im Atomkern etwas ändern. Die Emission eines α-Teilchens (Massenzahl A=4 und Ordnungszahl Z=2) vermindert die Massenzahl des Atoms, aus dem es emittiert wird, um 4 und seine Ordnungszahl um 2, so daß es sich dann um das Atom eines anderen Elements handelt. Wir nehmen als Beispiel das häufigst vorkommende Uranisotop $^{238}_{92}$U. Es zerfällt spontan unter α-Emission zu einem Atom mit A = 234 und Z = 90, ein Isotop des Elements Thorium. Man schreibt das:

$$^{238}_{92}U \rightarrow {}^{4}_{2}He + {}^{234}_{90}Th \;.$$

In jeder Uranprobe läuft dieser Zerfallsprozeß dauernd ab. Uranatome zerfallen, α-Strahlung wird emittiert und Thoriumatome entstehen. Früher oder später wird jedes einzelne Uranatom auf die Weise zerfallen, bis schließlich keines mehr da ist. Das Wort "schließlich" ist hier sehr großzügig gebraucht, denn der Prozeß braucht eine sehr lange Zeit bis zur Vollendung: Die Hälfte des heute vorhandenen $^{238}_{92}$U wird erst in $4,5 \cdot 10^9$ Jahren zerfallen sein, und die Hälfte des Restes in weiteren $4,5 \cdot 10^9$ Jahren und so fort.

Auch das entstandene ^{234}Th-Atom ist radioaktiv. Sein Zerfall erfolgt über eine β-Emission. Da das β-Teilchen (Elektron) die Massenzahl 0 hat und die negative Einheitsladung trägt (dementsprechend ist die Kernladungszahl Z=-1), hat eine β-Emission keine Änderung der Massenzahl zur Folge, wohl aber eine Zunahme der Kernladungszahl Z um 1. Beim Zerfall des $^{234}_{90}$Th-Atoms behält das entstehende Atom die Massenzahl A = 234, aber Z wird zu 91:

$$^{234}_{90}Th \rightarrow {}^{0}_{-1}e + {}^{234}_{91}Pa \;.$$

Wiederum ist das entstandene Atom, ^{234}Pa, radioaktiv, ebenso ist es dessen Zerfallsprodukt und so weiter, bis die Zerfallsreihe schließlich beim stabilen Bleiisotop $^{206}_{82}$Pb endet. Abbildung 6.3 zeigt die Zerfallsreihe des ^{238}U. Zählen

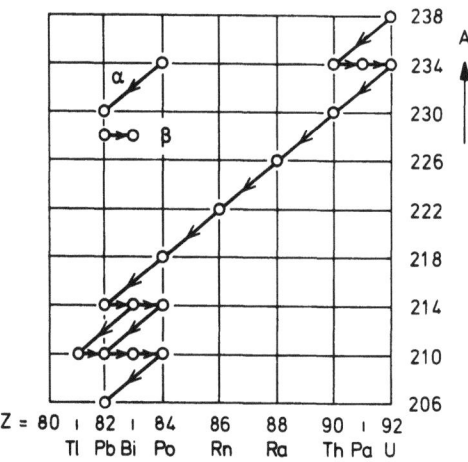

Abb. 6.3. Die Zerfallsreihe des natürlich radioaktiven Uran-Isotops $^{238}_{92}U$ zum stabilen Bleiisotop $^{206}_{82}Pb$. Auf der Ordinate ist die Massenzahl A und auf der Abszisse die Kernladungszahl Z mit den Elementbezeichnungen aufgetragen. Oben links im Diagramm ist die Zerfallsrichtung dargestellt für die Emission eines α-Teilchens bzw. eines β-Teilchens

Sie ab, wieviele α-Teilchen und β-Teilchen bis hin zum ^{206}Pb emittiert worden sind. Bei vielen radioaktiven Zerfällen wird α- oder β-Emission von γ-Strahlung begleitet.

6.1.3 Halbwertszeit

Wir haben bei der Darstellung des radioaktiven Zerfalls von ^{238}U pauschale Aussagen über den Zeitverlauf gemacht. Für ein einzelnes Atom können wir nicht angeben, wann es zerfallen wird. Aber es lassen sich sichere statistische Aussagen über das Verhalten einer riesigen Anzahl von Atomen machen, auch wenn das Stück Material von mikroskopischen Abmessungen ist.

> Die Anzahl dN der Atome, die in einem Zeitintervall dt zerfallen, ist proportional zur Anzahl der Atome, die zerfallen können:
>
> $$\frac{dN}{dt} = -\lambda N \quad .\tag{6.5}$$

λ heißt *Zerfallskonstante*. Sie ist für verschiedene radioaktive Nuklide verschieden. Ist λ groß, so handelt es sich um ein schnell zerfallendes Nuklid.

Betrachten wir den Zerfallsprozeß zu einem Zeitpunkt t = 0, zu dem N_0 radioaktive Kerne vorhanden sind, so finden wir die Anzahl N(t) der Kerne, die nach der Zeit t noch nicht zerfallen sind, als Lösung der Differentialgleichung (6.5) zu

$$N(t) = N_0 \, e^{-\lambda t} \quad .\tag{6.6}$$

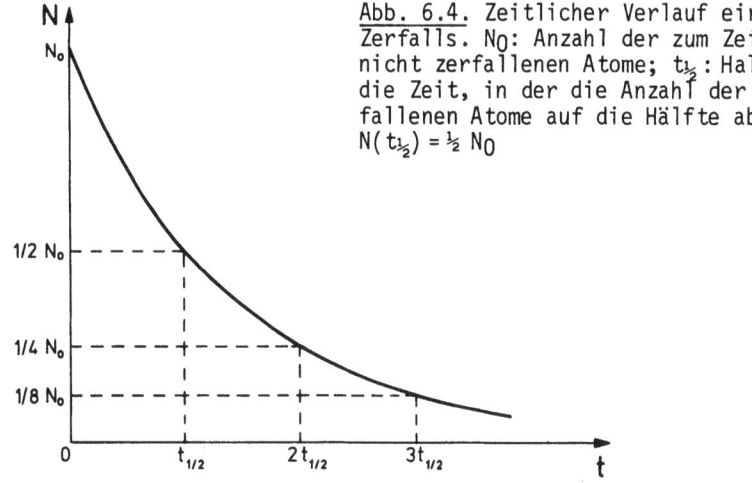

Abb. 6.4. Zeitlicher Verlauf eines radioaktiven Zerfalls. N_0: Anzahl der zum Zeitpunkt $t = 0$ noch nicht zerfallenen Atome; $t_{1/2}$: Halbwertszeit, d.i. die Zeit, in der die Anzahl der noch nicht zerfallenen Atome auf die Hälfte abgenommen hat: $N(t_{1/2}) = \frac{1}{2} N_0$

Das bedeutet, daß jedes radioaktive Material mit einer Exponentialfunktion abnimmt. Abbildung 6.4 zeigt eine generalisierte Zerfallskurve. Es ist üblich, den Zerfall des radioaktiven Materials durch die Angabe der *Halbwertszeit* anstatt der Zerfallskonstante zu charakterisieren. Die Halbwertszeit $t_{1/2}$ ist diejenige Zeitspanne, die vergeht bis die Hälfte eines Materials zerfallen ist. Wir erhalten die Halbwertszeit $t_{1/2}$ indem wir in (6.6) $N(t_{1/2}) = 0,5 \, N_0$ setzen:

$$t_{1/2} = \frac{-\ln 0,5}{\lambda} = 0,693 \, \lambda^{-1} \quad . \tag{6.7}$$

Die Halbwertszeiten verschiedener Nuklide sind sehr unterschiedlich. In der in Abb.6.3 dargestellten Zerfallsreihe des Urans hat das Ausgangsnuklid ^{238}U die extrem lange Halbwertszeit von $4,5 \cdot 10^9$ Jahren, das andere Extrem darin ist das $^{210}_{84}Po$ mit der Halbwertszeit von nur $1,6 \cdot 10^{-4}$ s.

6.1.4 Die Maßeinheit der Radioaktivität

In den radioaktiven Zerfallsreihen, deren Folgeprodukte mit der Muttersubstanz im Gleichgewicht stehen, hat jedes Nuklid dieselbe *Zerfallsrate*. Man sagt auch: sie haben die gleiche *Aktivität*. Die Begriffe Zerfallsrate und Aktivität werden also synonym gebraucht.

Die international vorgeschriebene Einheit der Radioaktivität ist das Becquerel (Bq).

$$\boxed{1 \text{ Becquerel} = 1 \text{ Bq} = 1 \text{ Zerfall s}^{-1}} \quad .$$

Anstatt der Einheit Becquerel wurde früher noch die Einheit Curie (Ci) verwendet. Diese Einheit ist identisch mit der Zerfallsrate von 1 g Radium, nämlich $3{,}7 \cdot 10^{10}$ Zerfälle pro Sekunde

$$1 \text{ Curie} = 1 \text{ Ci} = 3{,}7 \cdot 10^{10} \text{ Zerfälle s}^{-1} = 3{,}7 \cdot 10^{10} \text{ Bq} \; .$$

6.1.5 Aufgaben

1) Wie groß ist die Energie, die entsprechend der Energie-Masse-Relation in 1 kg Materie steckt?

2) Wie groß ist die Bindungsenergie, die ein Heliumatom zusammenhält?

3) Die atomare Masse von ^{4}He ist 4,0026. Ist es im Prinzip möglich, daß 3 α-Teilchen miteinander fusionieren zu einem ^{12}C-Kern?

4) In einem Laboratorium wird eine Aktivität von $3{,}7 \cdot 10^8$ Bq radioaktiven ^{24}Na benötigt. Die Halbwertszeit von ^{24}Na beträgt 15 Stunden. Der Transport vom Kernreaktor, in dem das Nuklid erzeugt wird, zum Labor dauert 60 Stunden. Welche Aktivität muß die beim Kernreaktor bestellte Materialmenge haben?

5) Welche der folgenden Behauptungen sind richtig?

   A. Deuterium ist ein Isotop des Wasserstoffs, bestehend aus 1 Proton und einem Neutron.

   B. Lithium ist ein Isotop des Wasserstoffs, bestehend aus 1 Proton und zwei Neutronen.

   C. Tritium ist ein Element, bestehend aus 3 Protonen, das in den Massenzahlen 3 oder 4 natürlich vorkommt.

   D. α-Strahlung besteht aus Protonen.

   E. β-Strahlung besteht aus Elektronen.

   F. γ-Strahlung besteht aus Heliumkernen.

   G. Zerfallskonstante und Halbwertszeit sind verschiedene Bezeichnungen für dieselbe physikalische Größe.

   H. Zerfallsrate und Aktivität sind verschiedene Bezeichnungen für dieselbe physikalische Größe.

6.2 Künstliche Radioaktivität

Kernreaktionen können auch von Menschen herbeigeführt werden. Man spricht dann von "künstlicher Radioaktivität" zur Unterscheidung von der natürlichen Radioaktivität, die ohne menschliches Zutun abläuft. Seitdem 1919 durch Rutherford die erste Kernreaktion durchgeführt wurde, ist heute eine 4-stellige Anzahl verschiedener experimentell herbeigeführter Kernreaktionen bekannt. Sie bilden die Grundlage für die Kernspaltung und die Kernfusion. Doch zunächst soll auf eine Besonderheit der künstlichen Radioaktivität eingegangen werden: die Emission von Positronen.

6.2.1 Das Positron

Wird Aluminium mit α-Teilchen bombardiert, erhält man eine (α,n)-Reaktion (Ehepaar Joliot-Curie, 1921). Aber außer den Neutronen wird noch eine Strahlung abgegeben, die auch nach Beendigung der Bestrahlung mit α-Teilchen anhält. Diese Strahlung ist eine Positronenstrahlung. "Positron" ist eine sprachliche Zusammenziehung von "positives Elektron". Es bezeichnet ein Teilchen von der Masse eines Elektrons, aber mit einer positiven Ladung.

Bei der Kernreaktion $_{13}^{27}Al(\alpha,n)_{15}^{30}P$ entsteht nämlich das radioaktive $_{15}^{30}$Phosphor-Isotop, welches unter Positronenemission zu $_{14}^{30}Si$ zerfällt.

Radioaktiver Zerfall unter Positronenstrahlung, e^+-Emission, tritt nicht bei der natürlichen Radioaktivität auf, sondern bei sehr vielen künstlich erzeugten Radioaktivitäten. Bei solchen Zerfällen bleibt ebenso wie bei der e^--Emission die Massenzahl A des Kerns unverändert, die Ordnungszahl Z wird um 1 vermindert (bei der e^--Emission um 1 erhöht). Die emittierten Positronen haben eine kurze Lebensdauer. Die Wahrscheinlichkeit des Zusammentreffens mit einem Elektron ist groß, und dann vernichten beide einander. Die Teilchen e^+ und e^- verschwinden völlig, und es entstehen dabei zwei Photonen, deren Energie sich nach der bereits mitgeteilten Einsteinschen Äquivalenzbeziehung (6.3) von Energie und Masse errechnen läßt aus der Masse der verschwindenden Teilchen. Sie können diese Energie ausrechnen, ähnlich wie bei den Aufgaben 1) und 2) in Abschnitt 6.1.5.

Heutzutage können eines oder mehrere Isotope von jedem Element des Periodischen Systems der Elemente künstlich erzeugt werden, außerdem *Transurane* bis zu Ordnungszahlen von etwa Z = 105. Die meisten von ihnen werden durch Neutronenbestrahlung erzeugt.

6.2.2 Die Kernspaltung

Bis zur Entdeckung des Neutrons im Jahre 1932 (durch Chadwick) waren alle Kernreaktionen durch positiv geladene Teilchen, nämlich α-Teilchen und Protonen, ausgelöst worden. Die Neutronenstrahlung bot von da an eine effektivere Bombardierungsmethode für die Auslösung von Kernreaktionen, da Neutronen als ungeladene Teilchen nicht der elektrostatischen Abstoßung der positiv geladenen Kerne unterliegen.

Während zunächst ausschließlich Kernreaktionen bekannt waren, bei denen sich die Ordnungszahl Z des Elements nur um 2 verändert, gelang Hahn und Straßmann 1938 die erste Spaltung von Uran-Kernen in je zwei etwa gleich große Bruchstücke. Seitdem hat sich die Kernspaltungstechnologie zu außerordentlicher Bedeutung entwickelt.

Wenn Kerne eines schweren Elementes mit Neutronen beschossen werden, so absorbieren sie eines von ihnen und werden instabil. Der instabile Kern zerfällt in zwei Kerne von vergleichbarer Masse unter Freiwerdung eines großen Energiebetrages (Bindungsenergie). Bei der Spaltung von manchen Isotopen (z.B. Uran) werden neben der Energie noch Neutronen freigesetzt. Jedes dieser Neutronen ist für sich wiederum in der Lage, eine weitere Spaltung herbeizuführen usw., so daß eine *Kettenreaktion* entsteht. Die Spaltung des ^{235}U verläuft nach folgender Bruttoformel

$$^{1}_{0}n + ^{235}U \rightarrow ^{141}Ba + ^{92}Kr + 3\, ^{1}_{0}n + Q \quad ;$$

$^{1}_{0}n$ bezeichnet das Neutron, und Q ist die *freiwerdende* Energie. Sie ist äquivalent zur Massendifferenz der Teilchen im Anfangs- und im Endzustand. Q beträgt bei der Spaltung eines einzelnen Kerns etwa 3 nJ (Nanojoule). Diese Energie ist einige Millionen mal größer als die chemische Bindungsenergie von Molekülen.

Um zu klären, ob eine Kettenreaktion stattfinden kann, müssen wir feststellen, was mit den Neutronen geschehen kann, die bei einem Spaltprozeß frei werden. Das Neutron kann entweder

a) eine Spaltung in einem Uran-Kern verursachen oder

b) es macht einen (n,γ)-Prozeß in einem Uran-Kern, das ist ein Absorptionsverlust des Neutrons, oder

c) es verläßt das Uran-Material ohne Reaktion (Verlustrate).

In einem Materialstück aus natürlichem Uran, welches zu 99,3% ^{238}U-Atome enthält, lösen so viele Neutronen einen (n,γ)-Prozeß aus, daß im Durchschnitt weniger als ein Neutron übrigbleibt zur Spaltung eines ^{235}U-Kerns.

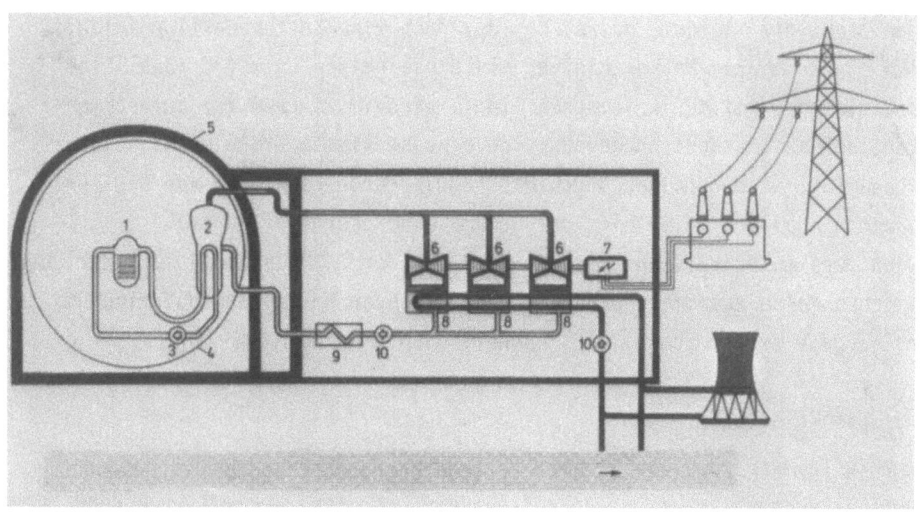

Abb. 6.5. Schema eines Kernkraftwerkes (Biblis). Im Kernreaktor (1) wird ein Kühlmittel erhitzt und über einen Dampferzeuger (2) wieder zum Reaktor gepumpt (3). Der Dampf treibt die Turbinen (6), ein Generator (7) liefert den Strom. Der Dampf wird kondensiert (8) und als "Speisewasser" zum Dampferzeuger zurückgeführt. Das Kühlwasser für die Kondensatoren wird einem Fluß entnommen (10) und — erwärmt — wieder in den Fluß geleitet; eine andere Möglichkeit besteht darin, die "Abfall"-Wärme über einen Kühlturm an die Luft abzugeben. 1: Reaktor; 2: Dampferzeuger; 3: Kühlmittelpumpe; 4: Sicherheitshülle; 5: Stahlbetonhülle; 6: Turbine; 7: Generator; 8: Kondensator; 9: Speisewasserpumpe; 10: Kühlkreislaufpumpe

Zur Erzielung einer Kettenreaktion ist es also notwendig, ^{235}U angereichertes Material zu haben oder aber das ^{238}U zuvor mit Hilfe einer (n,γ)-Reaktion (unter Emission von zwei Elektronen) in $^{239}_{94}Pu$ (Plutonium) zu überführen, welches in derselben Weise wie ^{235}U spaltbar ist.

Des weiteren ist die Größe des Materialstücks entscheidend, denn dadurch ist die auftretende Verlustrate bestimmt. Betrachten wir dazu kugelförmige Proben von ^{235}U mit dem Radius r, so können wir sagen, daß die Produktionsrate von Neutronen proportional zur Anzahl der Uranatome ist und diese ist vorgegeben durch das (Kugel)volumen $V = (4/3)\pi r^3$ der Probe. Die Verlustrate an Neutronen durch Austreten aus der Oberfläche F der Probe ist vorgegeben durch die Größe der (Kugel-)Oberfläche $F = 4\pi r^2$. Das heißt, daß sich die Produktionsrate von spaltenden Neutronen zur Verlustrate der austretenden Neutronen verhält wie

$$\frac{V}{F} = \frac{(4/3)\pi r^3}{4\pi r^2} = \frac{1}{3} r \quad . \tag{6.8}$$

Das bedeutet, daß mit wachsendem Durchmesser der Uranprobe die Spaltprozesse linear stärker zunehmen als die Verluste, so daß ab einer bestimmten Größe die Kettenreaktion ablaufen muß.

Man nennt die kleinste Masse, bei der noch eine Kettenreaktion abläuft, die *kritische Masse*. Massen kleiner als diese heißen *unterkritisch*. Eine Masse, die nahe bei der kritischen liegt, wird im *Kernreaktor* aufrechterhalten, so daß die Neutronenproduktion eine bestimmte Größe erreicht. Das Gleichgewicht wird gehalten durch das regulierende Einführen von Neutronenabsorbern. Abbildung 6.5 zeigt das Schema eines Kernkraftwerkes.

Wenn zwei unterkritische Massen von ^{235}U oder ^{239}Pu schnell zu einer überkritischen Masse zusammengebracht werden, wachsen Neutronenpopulation und Energieabgabe extrem schnell. Es handelt sich um eine Atombombe.

6.2.3 Die Kernfusion

Der Grund für die Freisetzung der riesigen Energiebeträge bei der Kernspaltung liegt darin, daß die Bindungsenergie pro Nukleon des Ausgangsatomes beträchtlich kleiner ist als in den Spaltprodukten (Abb.6.2). Ein größerer Energiegewinn wird nach Abb.6.2 erreicht, wenn es gelingt, leichte Kerne miteinander zu verschmelzen. Insbesondere wird wegen der außergewöhnlich hohen Bindungsenergie pro Nukleon beim ^{4}He-Kern die Kombination von Wasserstoffkernen zu Heliumkernen eine große Energiefreisetzung zur Folge haben. Die Kernfusion, die in den heißen Sternen, z.B. der Sonne, abläuft, verschmilzt über einige Zwischenprozesse schließlich vier Protonen zu einem Heliumkern, unter Emission von zwei Positronen.

Der Mensch war noch nicht in der Lage, aus vier Protonen einen Heliumkern zu machen. Es ist überhaupt noch nicht richtig gelungen, eine kontrollierte Fusion durchzuführen. Hingegen ist die unkontrollierte Fusion mit der "Wasserstoffbombe" realisiert worden. Der wichtigste dabei ablaufende Prozeß ist die Verschmelzung eines Deuterium-Kerns mit einem Tritium-Kern unter Emission eines Neutrons:

$$^2_1H + ^3_1H \rightarrow ^4_2He + n \quad .$$

Da sich der Deuterium- und Tritium-Kern sehr hart treffen müssen, damit die Kernfusion ablaufen kann, sind hierzu Temperaturen im Bereich von 60 Millionen Grad notwendig. Erst bei so hohen Temperaturen haben die Nuklide genügend thermische Energie, um ihre elektrostatische Abstoßung voneinander zu überwinden. Temperaturen dieser Größenordnung können einstweilen effektiv durch eine Kernspaltungsreaktion erreicht werden.

Bemerkenswert ist, daß bei der beschriebenen Kernfusionsreaktion im Gegensatz zu den Kernspaltungsreaktionen keine radioaktiven Endprodukte entstehen, und daß Wasserstoff und auch seine Isotope reichlich zur Verfügung stehen im

Gegensatz zu Uran. Allerdings ist das radioaktive Tritium ein sehr kleines Molekül, das leicht durch Wände diffundiert und so in die Umgebung entweichen kann.

6.2.4 Aufgaben

1) Welche der folgenden Aussagen sind richtig?

   A. Das Positron ist von gleicher Masse wie das Elektron

   B. Das Positron ist von gleicher Masse wie das Proton

   C. Das Positron ist von gleicher Ladung wie das Proton

   D. Ein Atomkern, der ein Positron abstrahlt, vermindert seine Massenzahl um 1

2) Welche der folgenden Reaktionen symbolisieren eine Kettenreaktion?

   A. $A + B \rightarrow C + D$

   B. $X \rightarrow 2Y + Z$

   C. $\varepsilon + \alpha \rightarrow B + 2\alpha$

   D. $(1) + (2) + (3) \rightarrow (4) + (5)$

   E.   Männer + Frauen $\rightarrow$ Kinder

6.3 Röntgenstrahlung. Gammastrahlung

Röntgenstrahlen können beschrieben werden als elektromagnetische Strahlung sehr kurzer Wellenlänge oder alternativ als Photonen sehr hoher Energie. Die Unterscheidung zwischen Röntgenstrahlen (im englischen Sprachgebrauch: x-rays) und γ-Strahlung ist nicht klar definiert, und es gibt keinen grundsätzlichen Unterschied zwischen beiden. Der unterschiedliche Name wird in der Regel dem unterschiedlichen Zustandekommen der Strahlung zugeordnet. Wird die Strahlung in einer Röntgenröhre oder ähnlichen Anordnungen erzeugt, so bezeichnet man sie als Röntgenstrahlen; entstammt sie dagegen einem radioaktiven Prozeß, so bezeichnet man sie als γ-Strahlung. In ähnlicher Weise gibt es auch keine klare Abgrenzung zwischen langwelligen Röntgenstrahlen und kurzwelliger Ultraviolettstrahlung. Hier wird gewöhnlich, wenn auch etwas willkürlich, 10 nm als "Grenze" gesetzt (Tabelle 5.1).

6.3.1 Erzeugung von Röntgenstrahlung

Röntgenstrahlen werden immer dort erzeugt, wo energiereiche (d.h. schnell fliegende) Elektronen auf Materie treffen. Röntgen hat 1895 die nach ihm benannten Strahlen im Würzburger Physikalischen Institut entdeckt, als er mit einer Kathodenstrahlröhre arbeitete. Die Quelle der Röntgenstrahlen war eine Röhrenwand, welche von beschleunigten Elektronen (Kathodenstrahl) getroffen wurde. Da auch Fernsehröhren im Prinzip nichts anderes sind als Kathodenstrahlröhren, treten auch vom Fernsehbildschirm Röntgenstrahlen aus, die zwar energiearm sind ("weiche Röntgenstrahlung") und deshalb in einer Entfernung von 1 m schon fast vollständig von der Luft absorbiert worden sind, aber immerhin ist die unmittelbare Nähe des Fernsehapparates kein geeigneter Aufenthaltsort für Menschen und (andere) Zimmerpflanzen.

Moderne Röntgenröhren sind im Prinzip Dioden. In einer hochevakuierten Glasröhre befinden sich einander gegenüber eine Glühkathode und als Anode die Zielscheibe (englisch: target) für die Elektronen (Abb.6.6). Die vom Heizfaden emittierten Elektronen werden durch eine Hochspannung von rund 100 kV zur Anode beschleunigt. Die Anode besteht meist aus Wolfram oder Molybdän, welches in einem massiven Kupferblock eingelassen ist zur Abführung der entstehenden Wärmeenergie.

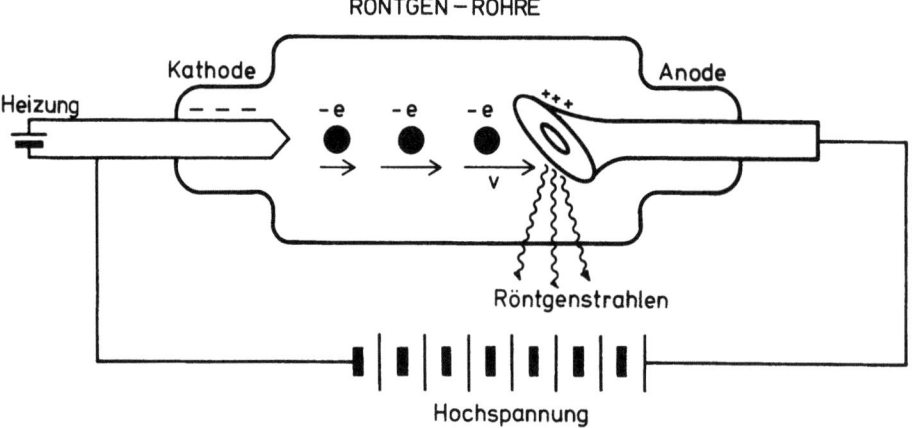

<u>Abb. 6.6.</u> Schema einer Röntgenröhre. Die Elektronen werden zur Anode hin beschleunigt und treffen dort auf, dabei entsteht die Röntgenstrahlung

6.3 Röntgenstrahlung, γ-Strahlung

Wie kann da nun an der Anode Röntgenstrahlung entstehen? Und von welcher Art ist die Röntgenstrahlung, hat sie ein kontinuierliches Spektrum wie eine Glühlampe im Sichtbaren oder hat sie ein Linienspektrum wie atomarer Dampf? Beides kommt zusammen vor, wobei jedes nach einem anderen inneratomaren Mechanismus zustande kommt. Wegen der besonderen biologischen Bedeutung der Röntgenstrahlung wollen wir das erläutern.

Nach den Gesetzen der Elektrodynamik emittiert ein beschleunigt bewegtes elektrisch geladenes Teilchen elektromagnetische Strahlung. Daher emittiert auch ein Elektron, das so dicht an einen Kern herankommt, daß dieser eine beträchtliche Kraft auf das Elektron ausübt, ein Photon. Dabei wird ein Teil der ursprünglichen kinetischen Energie des Elektrons zur Energie des Photons.

Das Photon kann bei diesem Vorgang keinesfalls mehr Energie bekommen als das Elektron mitgebracht hat, im allgemeinen wird es weniger sein. Da die Quantenenergie E_{Quant} eines Photons proportional ist zur Frequenz ν der zuzuordnenden Welle gemäß

$$E_{Quant} = h\nu \quad , \tag{6.9}$$

wobei h wieder das Plancksche Wirkungsquantum ist (siehe auch (5.1)), gibt es eine maximale Frequenz ν_{max} bzw. eine minimale Wellenlänge λ_{min} gemäß (1.37)

$$\nu_{max} = \frac{c}{\lambda_{min}} \quad , \tag{6.10}$$

welche von einer Röntgenröhre emittiert werden kann entsprechend dem Grenzfall, daß das Photon die gesamte kinetische Energie des Elektrons übernommen hat.

Ein Elektron kann aber auch einen Energiebetrag an das Photon abgeben, der kleiner ist als seine Gesamtenergie, und deshalb kann das ausgestrahlte Photon irgendeine Frequenz kleiner als ν_{max} bzw. eine Wellenlänge größer als λ_{min} haben. Das bedeutet, daß die Strahlung einer Röntgenröhre nicht monochromatisch ist, sondern über einen Wellenlängenbereich oberhalb λ_{min} verteilt ist, ähnlich wie das kontinuierliche optische Spektrum von weißem Licht. Abbildung 6.7 zeigt schematisch die Verteilung dieser kontinuierlichen Strahlung, die bei λ_{min} beginnt. Man nennt diese Strahlung entsprechend dem Mechanismus, nach dem sie zustande kommt, *Bremsstrahlung*.

Der Erzeugung der kontinuierlichen Röntgenbremsstrahlung durch Wechselwirkung von energiereichen Elektronen mit Atomkernen überlagert sich ein zweiter Mechanismus, der ebenfalls Röntgenstrahlung erzeugt. Er besteht in der Wirkung von freien beschleunigten Elektronen auf gebundene Elektronen

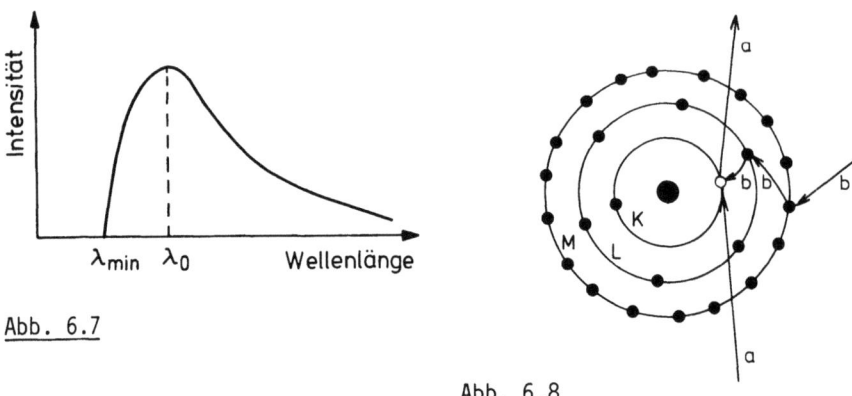

Abb. 6.7

Abb. 6.8

Abb. 6.7. Schema des spektralen Verlaufs der kontinuierlichen Bremsstrahlung einer Röntgenröhre. λ_{min} ist die Grenzwellenlänge, welche bei voller Übertragung der Elektronenenergie auf das emittierte Photon erreicht wird; λ_0 = Maximum der Strahlungsintensität ($\lambda_0 \approx 1,6 \; \lambda_{min}$)

Abb. 6.8. Zur Entstehung der diskreten Röntgenstrahlung: Ein von außen kommendes energiereiches Elektron schlägt ein Elektron aus der K-Schale heraus (a); die entstandene Lücke wird von einem Elektron einer äußeren Schale aufgefüllt, die dadurch entstehende Lücke wiederum von einem Elektron von weiter außen u.s.w. (b)

der Atomhülle (dieser Mechanismus gehört streng genommen zur Atomphysik). Das beschleunigte Elektron kann nämlich ein Atomelektron aus der innersten Schale (K-Schale) oder der zweitinnersten Schale (L-Schale) eines Atomes in der Anode herausschlagen. Das fehlende Elektron auf der inneren Schale wird dann durch ein Elektron aus einer äußeren Schale ersetzt. Dieser Prozeß kann in mehreren Stufen ablaufen (Abb.6.8), dabei werden Spektrallinien emittiert. Dieser Vorgang ist ähnlich dem Entstehen optischer Spektren. Der Unterschied besteht darin, daß wir es bei den Röntgenspektren mit Elektronenübergängen in innere Energieniveaus (K-, L-Schale) des Atoms zu tun haben, während die optischen Spektrallinien von Übergängen zwischen den äußeren, im Grundzustand unbesetzten Niveaus herrühren. Die diskrete Röntgenstrahlung ist ebenso wie die optischen Linienspektren spezifisch für jedes Element. Sie wird deshalb auch als *charakteristische Strahlung* bezeichnet.

Die einzelnen Linien erhalten die Bezeichnung K_α für den Übergang von der Schale L zur Schale K, K_β für den Übergang von M nach K usw. L_α entspricht dem Übergang von M nach L, L_β dem Übergang von N nach L usw. Abb.6.9 faßt die Nomenklatur zusammen. Die Überlagerung der beiden Arten von Röntgenstrahlung — nämlich der Bremsstrahlung (kontinuierlich) und der charakteristischen Strahlung (diskret) führt zu den beobachtbaren Röntgenspektren der Art, wie sie in Abb.6.10 dargestellt sind.

6.3 Röntgenstrahlung, γ-Strahlung

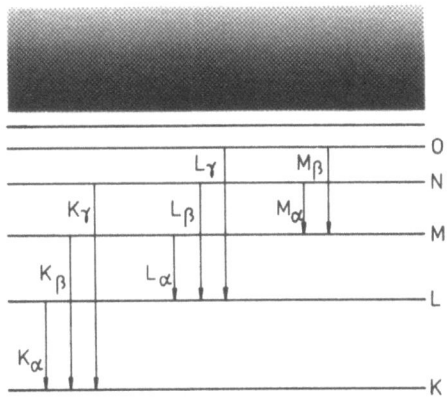

Abb. 6.9

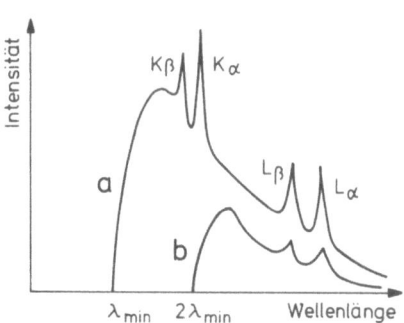

Abb. 6.10

Abb. 6.9. Die zur Emission der charakteristischen Röntgenstrahlung führenden Elektronenübergänge eines Atoms und ihre Nomenklatur

Abb. 6.10. Der Bremsstrahlung einer Röntgenröhre überlagert sich ihre charakteristische Strahlung. Bei b ist die Beschleunigungsspannung der Elektronen nur halb so groß wie bei a; die Elektronenenergie reicht nicht aus, Elektronen aus der K-Schale herauszuschlagen — daher fehlen die K-Linien im Spektrum

6.3.2 Absorption von Röntgenstrahlung

Beim Durchgang von Röntgenstrahlen durch Materie wird immer ein mehr oder minder großer Teil der Strahlung absorbiert. Die Größe der Absorption hängt ab von der Art des Materials und von der Wellenlänge der Röntgenstrahlung. Strahlung kurzer Wellenlänge (also energiereiche Photonen) wird weniger stark absorbiert als Strahlung längerer Wellenlänge. Außerdem ist die Absorption in Material von hohem Atomgewicht größer als in leichtem Material. Daher ist Blei sehr gut geeignet zur Abschirmung von Röntgenstrahlung (und auch von Korpuskularstrahlung). Als Faustregel für Absorption der Röntgen- und γ-Strahlung kann gelten, daß sie in etwa proportional ist zu $Z^4 \cdot \lambda^3$ (Z: Ordnungszahl des Elements, λ: Wellenlänge der Strahlung).

Die Anwendung der Röntgenstrahlen zum "Fotografieren" des menschlichen Körperinnern beruht auf der Gegebenheit, daß die den Körper durchdringenden Röntgenstrahlen von verschiedenen Teilen des Körpers verschieden stark absorbiert werden. Insbesondere sind Knochen und Zähne wegen ihres hohen Calciumgehaltes (Z=20) sehr viel weniger transparent als das stark wasserhaltige Zellgewebe. Zur Darstellung innerer Organe durch Röntgenstrahlen müssen zuvor schwermetallhaltige Kontrastherstellungsmittel eingeführt werden.

6.3.3 Röntgendiffraktrometrie

Die Röntgendiffraktrometrie ist die wirksamste Methode zur Strukturaufklärung von vielatomigen Molekülen. Mit ihr ist die detaillierte Struktur der Desoxyribonukleinsäure und zahlreicher Proteine aufgeklärt worden. Wir wollen das methodische Prinzip im folgenden darstellen:

Sie wissen, daß monochromatisches Licht beim Durchgang durch ein Beugungsgitter oder bei der Reflexion an einem solchen in mehrere Ordnungen gebeugt wird, wenn die Strichabstände des Gitters von der Größenordnung der Lichtwellenlänge sind (Abschn.1.5.2). Im Jahre 1912 schlug Max von Laue vor, Kristalle mit ihrer regelmäßigen Anordnung von Atomen und Molekülen als Beugungsgitter für Röntgenstrahlen zu verwenden. Obwohl solche Gitter im Gegensatz zu den in der Optik benutzten dreidimensional aufgebaut sind, sollte eine Beugung des Röntgenlichts zu erwarten sein.

Die Ausführung des Experimentes (durch Friedrich und Knipping) ist in Abb.6.11 dargestellt. Ein eng begrenzter Röntgenstrahl tritt durch einen Zinksulfidkristall und trifft auf eine Fotoplatte. Nach dem Entwickeln der Fotoplatte findet man eine regelmäßige Anordnung von Schwärzungspunkten. Die Röntgenstrahlung ist in eine Anzahl von Raumrichtungen hinein gebeugt worden.

Bragg interpretierte das Beugungsbild ("Laue-Diagramm") in einfacher Weise: Ein weitgehend monochromatischer Röntgenstrahl trifft auf den geordneten Kristall (Abb.6.12). Die Röntgenstrahlen werden von den Fixpunkten des Kristallgitters (Atome oder Moleküle) gestreut, und die verschiedenen Streustrahlen verlassen den Kristall mit unterschiedlichen Phasen.

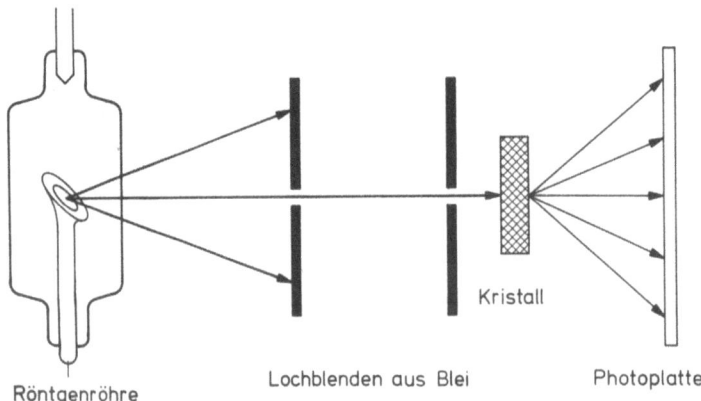

Abb. 6.11. Schema eines Röntgendiffraktometers

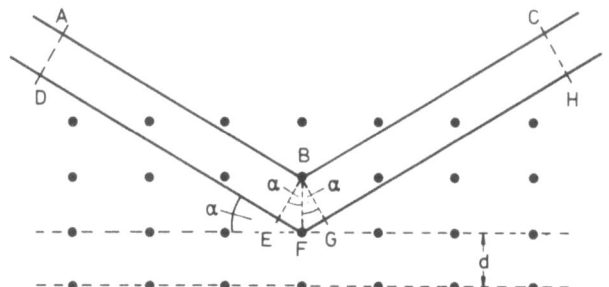

Abb. 6.12. Zur Herleitung der Bragg'schen Reflexionsbedingung 2d sinα = nλ

Welcher quantitative Zusammenhang besteht zwischen der Wellenlänge der monochromatischen Röntgenstrahlung und den Atomabständen im Kristall? Und warum lassen sich überhaupt nur Kristalle und nicht auch Körper mit unregelmäßiger Atomanordnung vermessen?

Zur Beantwortung dieser Fragen betrachten wir ein in Abb.6.12 dargestelltes ebenes Kristallgitter: Wenn wir die beiden Strahlen ABC und DFH miteinander vergleichen, so stellen wir fest, daß die Weglänge des Strahls DFH genau um die Strecke EFG länger ist als die Weglänge des Strahls ABC. Beträgt die Weglängendifferenz EFG genau eine halbe Wellenlänge des Strahls oder ein ungeradzahliges Vielfaches davon, so tritt ein Beugungsminimum auf. Beträgt EFG aber eine ganze Wellenlänge oder ein Vielfaches davon, so tritt ein Beugungsmaximum auf. Die Bedingung für das Auftreten eines Beugungsmaximums lautet also

EFG = nλ   (n ganzzahlig) . (6.11)

Wenn wir wie in Abb.6.12 den Abstand zwischen zwei Netzebenen mit d bezeichnen und den Winkel zwischen der Netzebene und dem Röntgenstrahl mit α, so gilt für die jeweils halbe Weglängendifferenz EF und FG

EF = FG = d · sinα (6.12)

und für die gesamte Weglängendifferenz EFG = EF + FG

EFG = 2d sinα . (6.13)

Kombiniert man (6.13) mit der Bedingungsgleichung (6.11) für das Auftreten eines Beugungsmaximums, so erhält man die *Braggsche Bedingung* für das Auftreten von Diffraktionsmaxima:

2d sinα = nλ . (6.14)

Damit haben wir den quantitativen Zusammenhang zwischen den Atomabständen d im Kristall und der Wellenlänge der gebeugten Röntgenstrahlung.

Ist eine Kristallstruktur bekannt (man kennt also d), so kann man durch experimentelles Aufsuchen des Winkels α, bei dem die Beugung am intensivsten eintritt, die Wellenlänge der Röntgenstrahlung bestimmen. Umgekehrt läßt sich bei bekannter Wellenlänge der Röntgenstrahlung der Gitterabstand des Kristalls bestimmen. Gl.(6.14) läßt auch erkennen, daß nur Körper mit einer regelmäßigen Atomanordnung Beugungsmuster erzeugen können, denn uneinheitliche Atomabstände d_1, d_2, d_3, ... führen zu unterschiedlichen Beugungswinkel α_1, α_2, α_3, ... so daß sich die einzelnen Beugungsminima und -maxima überlagern und ein unstrukturiertes "Grau in Grau" herauskommt.

Die konsequente Anwendung dieses einfachen Prinzips, welches wir hier zweidimensional dargestellt haben, auf die reale dreidimensionale Kristallstruktur mit unterschiedlichen Netzebenenabständen ist ein sehr kompliziertes Problem und erfordert einen großen experimentellen und Computeraufwand. Es ist die einzige Methode, mit der Strukturauflösungen bis herab zu wenigen Zehntel Nanometer erreicht werden.

6.3.4 Kosmische Strahlung

Wenn man ein aufgeladenes Elektroskop (Abb.2.1), das bestens isoliert ist, längere Zeit stehen läßt, wird es sich allmählich entladen. Die Erklärung liegt darin, daß die Luft kein perfekter Isolator ist, sondern ständig zu einem geringen Grad ionisiert wird von irgendeiner Strahlung, die ständig vorhanden ist. Ausgiebige Untersuchungen über und unter der Erdoberfläche, in Ballons und Raketen bzw. Bergwerksstollen, haben ergeben, daß es sich um eine außerordentlich durchschlagende Strahlung handelt, die von außerhalb der Erde kommt. Da die Strahlung bei Tag und Nacht mit gleicher Intensität auftritt, kann sie nicht von der Sonne kommen. Man nennt sie deshalb kosmische Strahlung.

Der Hauptanteil der auf der Erdoberfläche meßbaren kosmischen Strahlung sind höchst energiereiche Photonen. Es handelt sich dabei aber nur um eine Sekundärstrahlung. Die Primärstrahlung besteht aus vollkommen ionisierten Atomen, das sind Atome ohne jegliches Hüllelektron ("stripped atoms"), also einfach Atomkerne. Und die Photonen, die bis auf die Erdoberfläche gelangen, sind in der Erdatmosphäre entstanden durch Wechselwirkungen zwischen der primären kosmischen Strahlung und den Atomen der Lufthülle.

Die primären Teilchen bestehen zu rund 89% aus ionisierten Wasserstoffatomen (Protonen), 10% aus doppelt ionisierten Heliumatomen (α-Teilchen) und 1% vollständig ionisierten schwereren Atomen. Die Teilchen der primären kos-

6.3 Röntgenstrahlung, γ-Strahlung

mischen Strahlung haben Energien von bis zu 10^6 GeV, manchmal bis zu 10^9 GeV. Vergleichsweise schaffen die größten z.Zt. betriebenen Teilchenbeschleuniger mehrere 100 GeV. (Zur Energieeinheit eV siehe Aufgabe 5 in Abschnitt 3.3.7 und Anhang B.) Die kosmische Strahlung nimmt zu in Zeiten von Sonnenfleckenaktivitäten. Die Strahlung erreicht dann in Höhen um 20 000 m bereits gefährliche Ausmaße. Die für solche Flughöhen geplanten Überschallflugzeuge werden mit Strahlungsdetektoren auszurüsten sein, um feststellen zu können, wann sie in tieferen Schichten fliegen müssen.

Ein Resultat der Bombardierung der Atmosphäre mit kosmischer Strahlung ist die Entstehung des radioaktiven Kohlenstoffisotops ^{14}C, welches als Basis für eine häufig angewandte Methode der Altersbestimmung von organischem Material dient (wird in Abschn.6.4.1 behandelt werden).

6.3.5 Aufgaben

1) Ordnen Sie bitte die Begriffe einander zu, jeweils zwei Ziffern zu einem Buchstaben:

   A. Charakteristische Röntgenstrahlung

   B. Bremsstrahlung

   C. Kosmische Strahlung

   D. γ-Strahlung

   E. Röntgendiffraktrometrie

   1. überlappt spektral mit Röntgenstrahlung
   2. Kontinuumspektrum
   3. Laue-Diagramm
   4. radioaktive Quelle
   5. K_α, K_β, L_α, ...

   6. Innere Schale der Atomhülle
   7. Braggsche Reflexionsbedingung
   8. Sekundärstrahlung
   9. Wechselwirkung Elektron-Atomkern
   10. höchste, nicht künstlich herstellbare Quantenenergie

2) Die Atomabstände im Steinsalz-Kristall betragen 0,286 nm. Ein monochromatischer Röntgenstrahl wird von der parallel zur Gitterebene spaltenden Kristalloberfläche gebeugt reflektiert, wenn der Winkel zwischen dem einfallenden Strahl und der Kristalloberfläche 5° beträgt. Geben Sie die Wellenlänge der Röntgenstrahlung an, welche gebeugt wird.

6.4 Nutzanwendungen radioaktiven Materials

Wir wollen in diesem Abschnitt einige Typen von Nutzanwendungen radioaktiven Materials charakterisieren und an Beispielen erläutern. Insoweit diese Nutzanwendungen von medizinischer Bedeutung sind oder in einer anderen Weise unmittelbar auf Menschen einwirken, ist die Beurteilung, ob dabei letzten Endes der Nutzen oder ein Strahlenschaden überwiegt, nicht immer eindeutig möglich. Das liegt daran, daß eine Risikoabwägung vorgenommen werden muß (z.B. kann eine lebensbedrohende Krankheit nur durch Röntgenstrahlung in einem noch heilbaren Stadium diagnostiziert werden, andererseits kann gehäufte Röntgenbestrahlung eine lebensbedrohende Leukämie auslösen). Darüber hinaus sind keineswegs alle Strahlenschäden sicher erforscht.

6.4.1 Altersbestimmungen

Die bekannteste Methode zur Altersbestimmung fossilen Materials ist die *^{14}C-Methode*. Die kosmische Strahlung erzeugt dieses Isotop in der oberen Atmosphäre durch folgende Reaktion:

$$^{1}_{0}n + ^{14}_{7}N \rightarrow ^{14}_{6}C + ^{1}_{1}H$$

Der ^{14}C-Kern zerfällt unter β-Emission wieder in den $^{14}_{7}N$-Kern mit der Halbwertszeit von 5770 Jahren.

Die Zirkulationsdauer von Kohlenstoff durch die Atmosphäre und durch die lebende Materie — Tiere und Pflanzen — ist viel kürzer als 5770 Jahre. Deshalb enthalten lebende Organismen alle denselben Bruchteil ^{14}C (10^{-8} %) an Kohlenstoffatomen wie er in der Atmosphäre vorliegt. Im übrigen besteht der Kohlenstoffgehalt der Luft zu 98,9% aus ^{12}C und zu 1,1% aus ^{13}C. Nach dem Absterben des Organismus wird kein Kohlenstoff mehr aufgenommen und der inkorporierte ^{14}C-Kohlenstoff zerfällt. So kann durch Messung der β-Strahlung des noch vorhandenen ^{14}C entsprechend der radioaktiven Zerfallskurve die Zeit seit dem Absterben bestimmt werden.

Von erdgeschichtlichem Interesse ist die Uran-Datierung. In allen Uran-Lagerstätten findet sich Blei. Wenn man annimmt, daß dieses Blei das Endprodukt der natürlichen Zerfallsreihen der Uranisotope ist, und ursprünglich (bei der Erdentstehung?) also Uran gewesen ist, so läßt sich durch Messen des Mengenverhältnisses von Blei und Uran bestimmen, welche Zeit vergangen sein muß seit dem Beginn des Uran-Zerfalls. Die Berechnung im einzelnen muß berücksichtigen, daß die Uranisotope ^{235}U und ^{238}U verschiedene Zerfallszeiten haben.

Eine andere Abschätzung des Erdalters basiert auf der Messung des Heliumgehaltes in abgeschlossenen Uran-Lagerstätten, da jedes ^{238}U-Atom auf seiner Zerfallsreihe zum Blei 8 α-Teilchen emittiert (Abb.6.3). Solche Untersuchungen wurden in vielen Uran-Lagerstätten in aller Welt gemacht und ergaben übereinstimmend Werte um $4{,}5 \cdot 10^9$ Jahre.

6.4.2 Tracer-Methoden

Lebewesen nehmen zahlreiche Stoffe auf, deren Wirkung und Stoffwechselweg aufzuklären ist. Dasselbe gilt für Stoffausbreitungen und -verwertungen in Ökosystemen. Man braucht Methoden, mit denen man biologische Abläufe verfolgen kann, ohne sie zu stören. In zahlreichen Fällen gelingt dies durch die Verwendung radioaktiver Isotope.

Radioaktive Isotope können in biologischen Experimenten an Stelle oder zusammen mit stabilen Isotopen eingesetzt werden. Die Zellen und biochemischen Reaktionen können nicht zwischen den Isotopen eines Elementes unterscheiden, da deren elektronische Struktur der Atomhülle und damit ihr chemisches Reaktionsvermögen gleich sind. So wird von den Zellen ^{14}C in genau der Relation zum ^{12}C aufgenommen, wie es in der Atmosphäre vorliegt.

Da der Verbleib von radioaktiver Substanz mit geeigneten Meßinstrumenten (diese werden in Abschn.6.6 behandelt) leicht gemessen werden kann, ist es zweckmäßig, gezielt die eine oder andere Substanz, die im Stoffwechsel umgesetzt wird, durch einen Zusatz radioaktiver Isotope (label) zu markieren. Es ist so häufig möglich, den Weg eines Stoffes (tracer) durch Zelle, Organismus oder Ökosystem zu verfolgen.

Der Einsatz von Tracern läßt sich in drei Kategorien einteilen: Ermittlung der Raumverteilung eines Stoffes, Ermittlung des Zeitverlaufes eines Vorganges und Ermittlung der Abfolge von Vorgängen. Wir wollen diese Typen exemplarisch behandeln:

a) Ermittlung der Raumverteilung eines Stoffes: Möchte man wissen, in welchen Körperteilen sich eine bestimmte Substanz ansammelt, so muß man die Raumverteilung des Tracers, evtl. zu verschiedenen Zeitpunkten, ausmessen. Dies kann geschehen mit der Methode der *Autoradiographie*. Hierbei wird eine fotoempfindliche Schicht über den Meßort gelegt. Die radioaktive Strahlung schwärzt die Schicht dort am stärksten, wo sie einem strahlenden Zentrum am nächsten ist. Will man nicht nur die flächenhafte Projektion einer raumverteilten Strahlenquelle kennen, sondern die Raumverteilung selbst, so muß eine autoradiographische Aufnahme in mehreren Ebenen gemacht werden. Die beste Auflösung für Autoradiographien erhält man bei der Untersuchung dünner Schnitte, die un-

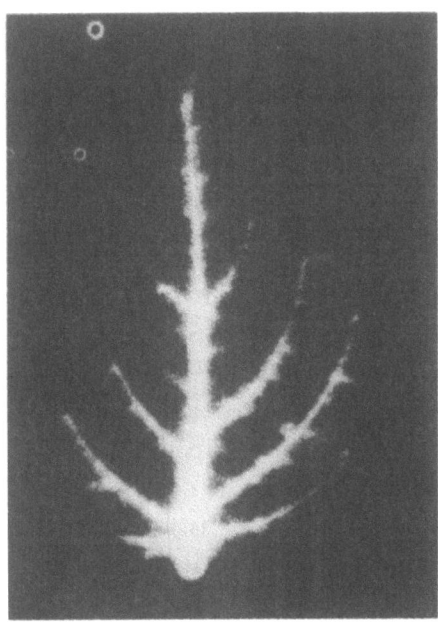

Abb. 6.13. Autoradiographie eines Blattes, welches in eine Atmosphäre mit radioaktivem Kohlendioxid gebracht worden ist. Es stellen sich dar die radioaktiv gewordenen Kohlenwasserstoffe. (Brookhaven National Laboratory)

mittelbar auf die Fotoplatte gebracht werden. Abbildung 6.13 zeigt eine Autoradiographie.

Kennt man andererseits die Verteilung von bestimmten Isotopen in Körpern oder Organen, so stellt die interindividuelle Reproduzierbarkeit solcher Verteilungen ein wichtiges diagnostisches Hilfsmittel dar. Zwei Beispiele seien dargestellt: Das Element Jod sammelt sich ausschließlich, und dort sehr konzentriert, in der Schilddrüse an. Zur Prüfung der Schilddrüsenfunktion schluckt der Patient 25 μ Ci radioaktiven Jods in Form von Natriumjodid. Je nach Funktionsfähigkeit (Oberfunktion, Unterfunktion) der Schilddrüse konzentriert sie das Jod mehr oder minder stark. Das radioaktive ^{131}J emittiert γ-Strahlung, welche das Gewebe durchdringt und von außen gemessen werden kann. Gehirntumore können lokalisiert werden, indem der Patient eine Injektion von 1 m Ci ^{32}P in Form von Natriumphosphat erhält. Die Erniedrigung der Blut-Hirn-Schranke im Bereich des Tumors, verbunden mit dem erhöhten Stoffwechsel infolge vermehrten Zellwachstums bedingen eine starke Differenzierung der ^{32}P-Aufnahme zwischen Tumorzellen und normalem Hirngewebe. ^{32}P zerfällt unter β-Emission mit einer Halbwertszeit von 14,2 Tagen.

b) Ermittlung des Zeitverlaufs eines Vorganges: Ausmaß und zeitlicher Verlauf der Beteiligung einer Substanz an einem Prozeß (Ausscheidung, Umsetzung) können verfolgt werden, indem ein Reaktionspartner in der Weise radioaktiv markiert wird, daß ein abtrennbares Reaktionsprodukt radioaktiv markiert ist. So kann der Verlauf eines Stofftransportes durch eine Membran bestimmt werden. Häufig wird ^{14}C zur Markierung benutzt, da es leicht aufgenommen wird.

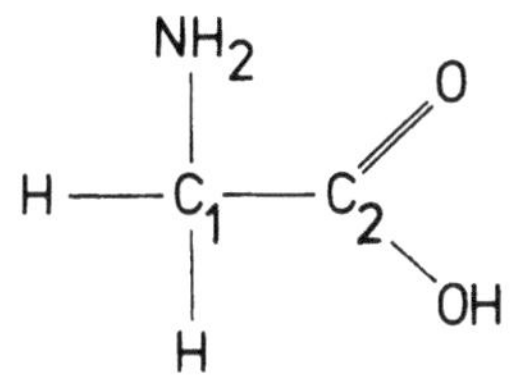

Abb. 6.14. Strukturformel von Glycin. Das mit C_1 bezeichnete Kohlenstoffatom wird zur biologischen Hämsynthese genutzt, C_2 dagegen nicht

Die Aufnahme einer Aminosäure durch rote Blutzellen soll bestimmt werden. Dazu können die roten Blutzellen in ein Medium gegeben werden, das die ^{14}C-markierte Aminosäure enthält. Nach fraktionsweise unterschiedlichen Zeiten werden die Blutzellen durch Zentrifugieren und Waschen entnommen, und die Radioaktivität in den Blutzellen kann gemessen werden.

c) Ermittlung der Abfolge von Vorgängen: Die Abfolge oder Verzweigung von Vorgängen (Reaktionen) kann festgestellt werden, indem die markierten Reaktanden auf verschiedenen Reaktionswegen verfolgt werden. Z.B. wird im Verlauf der biologischen Hämsynthese Glycin benötigt zur Bildung des Protoporphyrins. Die Strukturformel von Glycin ist in Abb.6.14 dargestellt. Glycin wird gebildet unabhängig davon, ob das mit Index 1 oder 2 bezeichnete C-Atom oder beide oder keines von beiden ein ^{14}C-Atom ist. Wenn nur C_1 radioaktiv ist, findet man die Radioaktivität im Porphyrin wieder. Das ist nicht der Fall, wenn nur C_2 radioaktiv ist. Dies beweist, daß Glycin zur Biosynthese von Protoporphyrin benutzt wird, und daß bei der Reaktion der Carboxylkohlenstoff C_2 entfernt wird.

6.4.3 Abschwächungs- und Verdünnungsmethoden

In der Technik hat die Anwendung radioaktiver Strahlung Verbreitung gefunden zur kontrollierenden Messung von Schichtdicken bei routinemäßig ablaufenden Produktionsprozessen, z.B. bei der Herstellung von Plastikfolien. Die Abschwächung der Strahlung ist korreliert mit der Dicke des Kontrollobjektes. Feine Materialfehler in Metallen (Haarrisse) lassen sich nachweisen. Die Strahlungsschwächung ist dort vermindert.

Von biologischem Interesse ist die Kenntnis der Ausbreitung eines punktuell entstehenden oder eingegebenen Stoffes. Je größer der Raum ist, in den hinein sich der Stoff ausbreitet, in um so geringerer Konzentration wird man ihn wiederfinden. Aus dem Verdünnungsfaktor läßt sich so das betroffene Ausbreitungsvolumen bestimmen unter der Voraussetzung, daß eine Gleichverteilung erfolgt.

Als Beispiel einer solchen Verteilungsstudie sei eine Ganzkörper-Wasserbestimmung dargestellt. Bei einem solchen Experiment werden einem Menschen

5 ml "überschweres" Wasser, das ist Wasser bei dem das $_1^1$H-Isotop durch das $_1^3$H-Isotop (Tritium) ersetzt ist, injiziert. 1 ml überschweres Wasser enthält eine Tritium-Aktivität von 30.200 Bq (Tritium ist ein β-Strahler mit einer Halbwertszeit von 12,3 Jahren). Nach 1/2, 1, 2 und 3 Stunden werden Blutproben von jeweils 5 ml genommen und deren Aktivität gemessen. Sie betrug 3,0, 3,5, 3,3 und 3,4 Bq. Offensichtlich hat sich die Gleichgewichtsverteilung schon vor Ablauf einer Stunde eingestellt. Diese beträgt im Mittel 3,4 Bq. Der Verdünnungsfaktor beträgt also 3,4:30.200, und das Gesamtvolumen, welches schließlich vom markierten Wasser eingenommen wird, ist

$$5 \text{ ml } \frac{30200}{3,4} = 44 \text{ l} \ .$$

Dies entspricht dem Körpervolumen. Natürlich lassen sich solche Tracer-Studien auch mit nicht-radioaktivem Material, etwa Farbstoffen, durchführen.

6.4.4 Ionisationseffekte

Der Effekt, daß jegliches Material, welches einer Kernstrahlung ausgesetzt ist, ionisiert wird, und daß lebendes Gewebe durch Ionisation zerstört werden kann, wird ausgenutzt zur Sterilisation von Material und zur radiotherapeutischen Behandlung von Tumoren und anderen Erkrankungen.

Die Kernstrahlung, Teilchenstrahlung wie γ-Strahlung, hat hauptsächlich zwei Effekte auf Zellen. Sie kann einem Molekül soviel Energie zuführen, daß ein oder mehrere Elektronen aus der Atomhülle "herausgeschlagen" werden. Da die äußeren Elektronen (Valenzelektronen) am wenigsten stark gebunden sind, werden sie am häufigsten betroffen. Da diese Elektronen gerade die chemischen Bindungen machen, kann der Verlust von einem oder mehreren Elektronen leicht zum Aufbrechen der Bindung führen und das Molekül zerstören. Dies kann zur Vernichtung von Zellen führen.

Der andere Effekt beruht darauf, daß jegliches biologisches Material Wasser enthält, und die Bestrahlung von Wasser führt zu Reaktionsprodukten, die ihrerseits mit dem biologischen Material reagieren. Es entstehen nämlich bei Bestrahlung nicht nur H^+- und OH^--Ionen, die ohnehin in den Zellen schon vorliegen, sondern ebenfalls die sog. *freien Radikale* H und OH. Diese Gruppen sind zwar elektrisch neutral, sind aber infolge eines spinungepaarten Elektrons chemisch äußerst reaktiv. OH ist ein starkes Oxydationsmittel. Es zieht sehr stark Elektronen an, um in ein stabiles OH^--Ion überzugehen. Dadurch werden wiederum chemische Bindungen aufgebrochen und biologische Effekte ausgelöst.

6.4.5 Aufgaben

1) Ein Fossil von 10 g Masse besteht zu 90% aus Kohlenstoff und zeigt eine Radioaktivität von 36 Zerfällen s^{-1}. Wie alt ist das Fossil (unter der Annahme, daß zu Lebzeiten des Fossils derselbe atmosphärische Gehalt an ^{14}C existierte wie heute)?

2) Die zur Entwicklung und Aufrechterhaltung von Leben unentbehrlichen Aminosäuren, aus denen die Proteine aufgebaut sind, wurden selbst in alten Gesteinen gefunden. Das Alter dieser Gesteine kann manchmal aus ihrem Gehalt an radioaktivem $^{87}_{37}Rb$ (Rubidium) bestimmt werden. Die Halbwertszeit von $^{87}_{37}Rb$ beträgt $4,7 \cdot 10^{10}$ Jahre. Stabiles Zerfallsprodukt ist das $^{87}_{38}Sr$ (Strontium).

   a) Welche Emission erfolgt beim Zerfall eines $^{87}_{37}Rb$-Nuklids?

   b) In einem solchen Gestein wird ein Mengenverhältnis $^{87}_{38}Sr$ zu $^{87}_{37}Rb$ von 0,009 gefunden. Wie alt ist das Fossil unter der Annahme, daß bei der Bildung des Gesteins und dem Einschluß des Fossils kein $^{87}_{38}Sr$ vorhanden war?

3) Welche der folgenden Behauptungen sind richtig?

   A. Als Tracer eignen sich besonders gut radioaktive Isotope von Elementen, die an dem zu untersuchenden Prozeß teilnehmen.

   B. Tracer sind freie Radikale.

   C. Bei einem Raumerfüllungstest mit einem radioaktiven Nuklid ist das Erreichen eines stationären Verteilungszustandes abhängig von der Aktivität des verwendeten Nuklids.

   D. Als Tracer für voluminöse Objekte (Körper) eignen sich γ-Strahlen emittierende Nuklide am besten und α-Strahlen emittierende Nuklide am schlechtesten wegen ihrer unterschiedlichen Reichweite.

6.5 Strahlenschäden und Strahlenschutz

Im vorigen Abschnitt sollte schon deutlich geworden sein, daß Nutzen und Schäden der Kernstrahlung sehr dicht beieinander liegen. Unter Kernstrahlung werden die hochenergetischen Partikel als auch die elektromagnetische Strahlung mit Wellenlängen kürzer als ultraviolettes Licht verstanden, die bei

Kernzerfällen entstehen. Die Wirkung von UV-Licht ist beschränkt auf Effekte in der Haut, da sie diese kaum durchdringt. Jeweils besteht die Gefahr der Schädigung von Zellen.

Das Leben auf der Erde ist schon immer verschiedenen Strahlenquellen ausgesetzt gewesen: kosmischer Strahlung, Strahlung von radioaktiver Materie in der Erde und der Strahlung inkorporierten radioaktiven Materials. Sicherlich ist diese natürliche Strahlenbelastung auch die wichtigste Ursache von Mutationen als Selektionsgrundlage für die biologische Evolution. Aber in diesem Jahrhundert hat die Menge an Strahlung, der Menschen ausgesetzt sind, beträchtlich zugenommen. Wissenschaftler und Techniker stehen in häufigem Kontakt mit Strahlenquellen wie Röntgenapparaten, Radioisotopen für Forschung, Diagnostik und Therapie, Teilchenbeschleunigern und Kernreaktoren. Die gesamte Bevölkerung ist der zunehmenden Anwendung von Strahlen, insbesondere Röntgenstrahlen, in der medizinischen und zahnmedizinischen Diagnostik ausgesetzt.

6.5.1 Strahlendosimetrie

Zur Quantifizierung von Strahleneffekten bedarf es eines geeigneten Maßsystems. Wir haben im Abschnitt 6.1.4 die Maßeinheit der Radioaktivität definiert, das Becquerel. In dieser Einheit werden die Zerfälle einer Substanz pro Zeiteinheit angegeben. Diese Angabe besagt aber noch nicht viel über einen möglichen Effekt der emittierten Strahlung, da es ganz verschiedene Arten von Strahlung gibt. Ob biologische Strahleneffekte vorkommen, hängt von der Fähigkeit der biologischen Materie zur Absorption der Strahlenenergie ab. Die von einer Masse m aufgenommene Energie W dividiert durch die Masse m wird als *Energiedosis* bezeichnet und entsprechend in der Einheit Joule/Kilogramm (= $J\ kg^{-1}$) gemessen. Diese Einheit der Energiedosis hat den eigenen Namen Gray mit der Abkürzung Gy erhalten. Also

$$\text{Energiedosis} = \frac{\text{von der Masse m absorbierte Energie}}{\text{Masse m}}$$

$$1\ \text{Gray} = 1\ \text{Gy} = 1\ J\ kg^{-1}\ .$$

Die Einheit Gray ist erst im Jahre 1978 international verbindlich eingeführt worden. Sie werden statt dieser Einheit in der Literatur noch lange die bisher benutzte Einheit "rad" finden, die wir deshalb noch erwähnen müssen

$$1\ \text{rad} = 0{,}01\ \text{Gy}\ ;$$

rad ist die Abkürzung für *r*adiation *a*bsorbed *d*ose.

6.5 Strahlenschäden und Strahlenschutz

Die Definition der Energiedosis bezieht sich auf das absorbierende Material und nicht etwa auf die Strahlenart.

Die Wirkung verschiedener Strahlenarten ist, obwohl sie den gleichen Energiebetrag an ein biologisches Material abgeben, unterschiedlich. 10 mGy an α-Strahlung von 1 MeV ist biologisch viel wirksamer als 10 mGy an γ-Strahlung von 1 MeV. Um der unterschiedlichen Effektivität der jeweiligen Strahlenart Rechnung zu tragen, wird jeder Strahlenart ein Faktor der *relativen biologischen Wirksamkeit* (RBW) zugeordnet. Diese Faktoren sind experimentell bestimmt worden aus der Wirkung der jeweiligen Strahlenart auf verschiedene biologische Präparationen. Die biologische Wirkung von γ-Strahlung und β-Teilchen ist gleich groß und wird als Bezug genommen, also RBW = 1. Demgegenüber haben schnelle Neutronen einen RBW-Faktor von 10. Im einzelnen hängt der RBW-Faktor davon ab, welches spezielle Kriterium man zur Wirkungsbeurteilung heranzieht. Z.B. ist der RBW-Faktor für schnelle Neutronen bezogen auf die Letaldosis für Säugetiere etwa 1, bezogen auf den Effekt der Linsentrübung im Säugetierauge hingegen etwa 20. Der RBW-Faktor für α-Teilchen ist je nach ihrer Energie 10 bis 25, bezogen auf die Augenlinsentrübung 30.

Unter Berücksichtigung der RBW-Faktoren definiert man die biologisch wirksame Dosis oder *Äquivalentdosis*

$$\boxed{\text{Äquivalentdosis} = \text{Energiedosis} \times \text{RBW}}$$

Die Äquivalentdosis wird ebenfalls in J/kg gemessen, wofür in diesem Fall auch die Bezeichnung Sievert (abgekürzt Sv) verwendet wird:

$$\boxed{1 \text{ Sievert} = 1 \text{ Sv} = 1 \text{ J kg}^{-1}}$$

Auch für die Äquivalentdosis wurde früher eine andere Einheit verwendet, das "rem" (= *r*ad *e*quivalent *m*en). Es gilt

$$1 \text{ rem} = 0{,}01 \text{ Sv} \quad .$$

6.5.2 Strahlenbiologie. Dosiswirkungsbeziehungen

Die Strahlenbiologie hat das Ziel, quantitativ die Wirkungen ionisierender Strahlen zu beschreiben, die in lebender Materie absorbiert werden, und die Wirkungsmechanismen auf physikalische Prozesse wie Erwärmung, Ionisierung, Anregung und Dissoziation von Biomolekülen, die der Strahlenabsorption folgen, zurückzuführen. Zwar gibt es eine unübersehbare Fülle von empirischen Befunden und reproduzierbaren Zusammenhängen, aber es gibt noch kein volles Verständnis der komplexen Zusammenhänge von Dosen und Wirkungen.

Werden Lebewesen von Strahlung getroffen, so zeigen sich Veränderungen und Schädigungen nicht sofort, auch wenn die Dosis sehr hoch ist. Strahlungsfolgen zeigen sich erst nach einer Latenzperiode, die bei niedrigen Lebewesen Minuten oder Stunden beträgt und beim Menschen viele Jahre betragen kann (Spätfolgen, z.B. Krebsentstehung). Die unmittelbar gesetzten Strahleneffekte sind Eingriffe in Nukleinsäuren, Enzyme, Aminosäuren u.a. Sie können als Einzeleffekte nicht festgestellt werden. Das was später als Strahlenwirkung sichtbar wird, ist das Ende einer während der Latenzzeit durchlaufenen Kette von metabolischen Fehlreaktionen.

Experimente an Tieren und Pflanzen haben gezeigt, daß die Zellkerne sehr viel strahlenempfindlicher sind als die übrigen Zellorganellen und das Cytoplasma. Im Zellkern wiederum sind die Chromosomen am strahlenempfindlichsten, so daß sich ein Strahlenschaden häufig erst in der nächsten Generation zeigt. Als strahlenbiologische Faustregel gilt:

> Je primitiver Zellen sind (d.h. je weniger spezialisiert oder je weniger differenziert), und je schneller sich Zellen teilen, um so eher können sie einen Strahlenschaden erleiden.

Mangels Vorhersagbarkeit von Strahlenschäden für das Individuum sind Aussagen über die Wirkung von Strahlungen statistischer Natur. Aber auch zur Herleitung statistischer Aussagen gibt es angesichts der komplexen Situation keine allgemein gültige Theorie. Aus diesem Grund sind alle Angaben über den Zusammenhang von Dosen und Wirkungen empirisch gewonnene Daten, deren Aussagefähigkeit auf die experimentell vorgegebenen Randbedingungen beschränkt ist.

Doch haben Messungen der Strahlenwirkung als Funktion der applizierten Strahlendosis oft ähnlichen Verlauf. Wir wollen in diesem Abschnitt drei für Säugetiere typische Dosiswirkungsbeziehungen wiedergeben.

In Abb.6.15 ist der Prozentsatz von Tieren (z.B. Ratten) aufgetragen, der die auf der Abszisse eingetragene Strahlendosis um 30 Tage überlebt, nachdem sie einer solchen Einzeldosis ausgesetzt waren. Bemerkenswert ist der bei kleinen Dosen geringfügige Effekt, der steile Abfall der Überlebensrate oberhalb 4 Gy und die Null-Überlebenschance oberhalb 9 Gy. Es muß betont werden, daß diese Darstellung keine Spätfolgen berücksichtigt. Daher kann eine solche Kurve nicht als Argumentation für die Ungefährlichkeit niedriger Dosen verwandt werden.

Betrachtet man nicht, wie in Abb.6.15, die 30-Tage-Überlebensrate, sondern die mittlere Überlebensdauer der Individuen als Funktion der Dosis, so findet

6.5 Strahlenschäden und Strahlenschutz   309

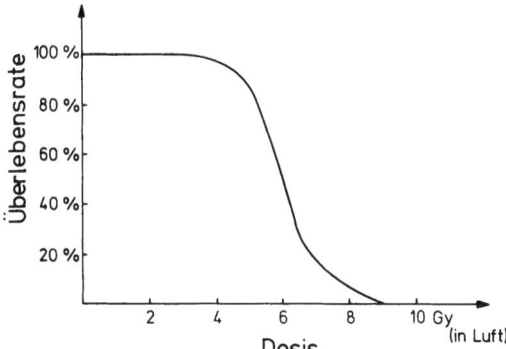

Abb. 6.15. 30-Tage-Überlebensdauer von Ratten nach einer einmaligen Ganzkörperbestrahlung in Abhängigkeit von der Dosis (Gy bezogen auf Luft)

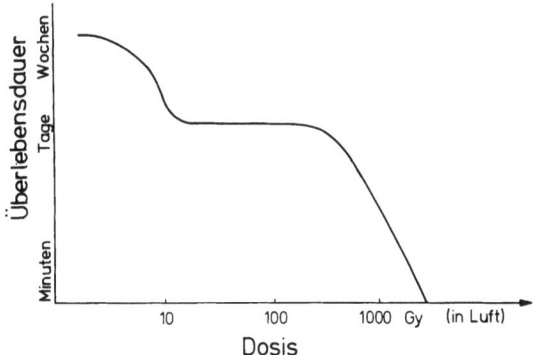

Abb. 6.16. Mittlere Überlebensdauer von Säugetieren nach einer einmaligen Ganzkörperbestrahlung in Abhängigkeit von der eingestrahlten Dosis

man einen Verlauf wie in Abb.6.16. Im Dosisbereich von 2 bis 10 Gy fällt die mittlere Überlebensdauer von mehreren Wochen bis zu wenigen Tagen ab. Im Bereich von 10 bis 100 Gy ist die mittlere Überlebensdauer unabhängig von der Dosis bei 3-4 Tagen. Oberhalb 100 Gy fällt die Überlebensdauer bis auf wenige Minuten ab. Der zweiphasige Kurvenverlauf in Abb.6.16 läßt auf zwei verschiedenartige Wirkungsmechanismen schließen, von denen der eine bei niedrigen Dosen bereits voll wirksam wird (z.B. metabolische Schädigungen) und der andere erst bei hohen Dosen einsetzt (z.B. Verbrennungen).

Bei den in den Abb.6.15 und 16 dargestellten Wirkungen von Ganzkörperbestrahlungen erhält man als Resultate Mittelwerte über die verschiedenen Körpergewebe. Wegen ihrer sehr unterschiedlichen molekularen Zusammensetzung

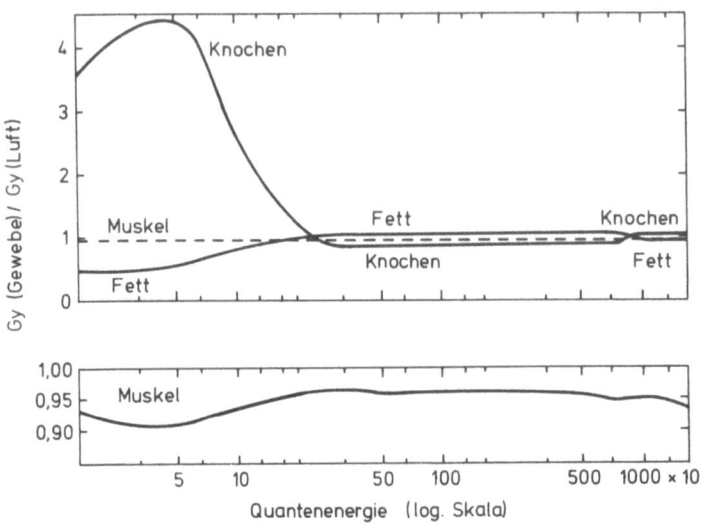

Abb. 6.17. Das Verhältnis von absorbierter Dosis zur eingestrahlten Dosis für einige biologische Materialien aufgetragen als Funktion der Quantenenergie der Strahlung

absorbieren die Gewebearten aber sehr unterschiedlich, und das gerade bei niederenergetischer Strahlung. Abbildung 6.17 zeigt das Verhältnis von im Gewebe absorbierter Strahlung zu von Luft absorbierter Strahlung als Funktion der Quantenenergie der Strahlung. Es wird deutlich, daß Knochen im niederenergetischen Bereich, also im Bereich der Röntgenstrahlenenergie, stärker absorbieren als Muskel- und Fettgewebe. Darauf beruht einerseits die Darstellbarkeit von Knochen in Röntgenaufnahmen (Abschn.6.3.2), aber andererseits möglicherweise auch das Entstehen der häufigsten Strahlenkrankheit Leukämie durch die Schädigung des blutbildenden Systems im Knochenmark.

6.5.3 Strahlenschutz

Jedes einer ionisierenden Strahlung ausgesetzte Lebewesen ist gefährdet. Es läßt sich keine Strahlendosis angeben, unterhalb derer eine Gefährdung ausgeschlossen werden kann. Es gilt deshalb, vermeidbare Strahlenbelastungen auszuschalten. Die Frage, welchen Preis Menschen für die Vermeidung oder Nichtvermeidung von Strahlenbelastung zahlen bzw. erhalten können, erfordert aber mehr als biologische und physikalische Antworten.

Jedenfalls unvermeidbar ist die Exposition gegenüber der natürlichen Strahlenbelastung. Dieser nicht reduzierbare Strahlenpegel wird verursacht durch

6.5 Strahlenschäden und Strahlenschutz

die kosmische Strahlung mit einer Personendosis von etwa 0,5 mSv pro Jahr, durch natürlich radioaktives Material in Böden und Gestein zu ebenfalls etwa 0,5 mSv/Jahr und durch Radioisotope im Körper (hauptsächlich ^{40}K, außerdem ^{14}C und ^{226}Ra) zu etwa 0,25 mSv pro Jahr. So beträgt die natürliche Strahlendosis für einen Menschen etwa 1,25 mSv/Jahr, je nach Ort etwas verschieden. Das entspricht einer Belastung von 90 mSv für ein durchschnittlich langes Menschenleben. Als Letaldosis, bei der 50% der kurzzeitig bestrahlten Individuen sterben, werden je nach Untersuchung 2 bis 4 Sv angegeben.

Nur unter Inkaufnahme anderer Gesundheitsrisiken vermeidbar sind die Strahlenbelastungen durch die medizinische Diagnostik. Mit einer gut ausgestatteten und sorgfältig gehandhabten Röntgenkamera läßt sich die Strahlenbelastung pro Aufnahme auf ca. 10^{-5} mSv reduzieren; es kann aber auch sehr viel mehr sein.

Die "International Commission on Radiological Protection" (ICRP) hat Grenzwerte festgelegt. Sie betragen für Personen, die einer beruflich bedingten Strahlenbelastung exponiert sind, 50(N-18) mSv als gesamte bis zum Lebensalter von N Jahren erhaltene Strahlendosis, wobei innerhalb von 13 Wochen nicht mehr als 30 mSv auftreten dürfen. Für alle anderen Personen soll die Strahlenbelastung 5 mSv pro Jahr nicht überschreiten.

Zum Schutz vor nuklearer Strahlung müssen radioaktive Materialien in Bleibehältern aufbewahrt werden, welche die Teilchenstrahlung und den größten Teil der γ-Strahlung nicht durchlassen. Beim Umgang mit hochradioaktiven Stoffen darf nur mit Automaten gearbeitet werden und in einer sicheren Entfernung. Der Strahlenpegel nimmt umgekehrt proportional mit dem Quadrat des Abstandes von der Strahlenquelle ab, da die Energieabstrahlung in alle Raumrichtungen gleichmäßig erfolgt.

Zum Schutz der besonders strahlenempfindlichen Gonaden ist das Tragen von Bleischürzen notwendig. Zum rechtzeitigen Erkennen überhöhter Strahlendosen ist beim Arbeiten in Isotopenlabors ein persönliches Strahlendosimeter zu tragen.

Als einfach zu handhabendes und zuverlässiges Dosimeter wird meist eine ansteckbare Filmplakette verwendet. Das ist ein Stück eines Fotofilms von der Größe etwa eines Diapositivs. Der Film ist lichtdicht abgeschlossen und zum Teil mit einer Metallfolie (Blei) abgedeckt (Abb.6.18). Nach der (regelmäßig zu erfolgenden) Entwicklung des Films ist der Schwärzungsgrad ein Maß für die stattgefundene Strahlenexposition. Durchdringende (energiereiche) Strahlung hat eine Schwärzung unter der Metallabschirmung hervorgerufen, während weichere Strahlung nur den nicht abgeschirmten Teil der Plakette schwärzt.

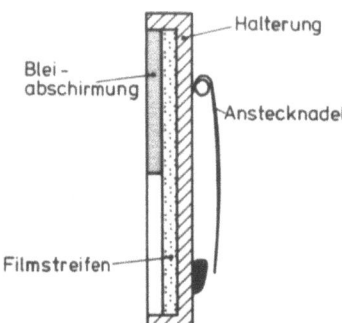

Abb. 6.18. Schema eines "Filmdosimeters" zur personengebundenen Strahlenüberwachung

Es gibt noch zahlreiche auf anderen Meßprinzipien basierende persönliche Strahlendosimeter (z.B. Ionisationskammern in Taschenformat, thermolumineszierende Kristalle).

6.5.4 Aufgaben

1) Bitte ordnen Sie folgende Begriffe einander zu, jeweils eine Ziffer zu einem Buchstaben:

A. Sv
B. Gy
C. RBW
D. Dosiswirkungskurve
E. Strahlenschutz

1. Äquivalentdosis
2. statistische Aussagen
3. maximal 5 mSv pro Jahr pro Person
4. α-Strahlen sind 10-25 mal wirksamer als β- und γ-Strahlen
5. Energiedosis 1 J kg^{-1}

2) Das wievielfache der natürlichen Strahlenbelastung ist laut ICRP-Empfehlung zugelassen für einen 30-jährigen Mann, der

a) beruflich strahlenexponiert ist?
b) nicht beruflich strahlenexponiert ist?

6.6 Kernstrahlungsmeßtechnik

Wir haben uns bisher mit der Kernphysik und ihren potentiell nützlichen und gefährlichen Aspekten befaßt, ohne auf die kernphysikalischen Meßmethoden einzugehen, mit Ausnahme der Autoradiographie und der Filmplakette als persönlichem Strahlendosimeter. Die Technik zur Messung von Kernstrahlen macht sich diejenigen Eigenschaften von Kernstrahlen zunutze, die wir bereits im Zusammenhang mit ihren biologischen Wirkungen studiert haben, nämlich die Fähigkeit der α-, β- und γ-Strahlung zur Ionisierung von Materie. Ungeladene Teilchen (Neutronen) verursachen nur wenig Ionisation. Sie können nur indirekt dadurch nachgewiesen werden, daß man sie Reaktionen erzeugen läßt, bei denen ionisierende Teilchen entstehen.

Die Behandlung der kernphysikalischen Meßmethoden bedeutet noch einmal einen kurzen Gang quer durch die Physik, da die einzelnen Methoden auf ganz unterschiedlichen Grundlagen beruhen. Für biologische Anwendungen werden meist Geiger-Müller-Zähler (Gasentladungsphysik), Szintillationsdetektor (Molekülphysik), Halbleiterdetektor (Halbleiterphysik) oder fotoempfindliche Schichten (Atomphysik) benutzt. Darüber hinaus sind die auf thermodynamischen Grundlagen beruhenden Nebel- und Blasenkammern von besonderer wissenschaftlicher Bedeutung.

6.6.1 Der Geiger-Müller-Zähler

Der älteste, einfachste und für Routinezwecke meist eingesetzte Kernstrahlungsdetektor ist der Geiger-Müller-Zähler. Dieses Instrument besteht im wesentlichen aus einer geschlossenen zylinderförmigen Kathode und der darin drahtförmig ausgespannten Anode (Abb.6.19). Der Zylinder enthält ein Edelgas (z.B. Argon) mit einem Druck von etwa 1/10 Atmosphärendruck und ist an einem Ende mit einer dünnen Folie (z.B. Aluminium) abgeschlossen. Über einen hochohmigen Widerstand R wird eine hohe Gleichspannung von der Größenordnung kV an die Elektroden gelegt, wobei sich der Zylinder aus Sicherheitsgründen immer auf Erdpotential befinden muß. Die Spannung zwischen den Elektroden wird so ein-

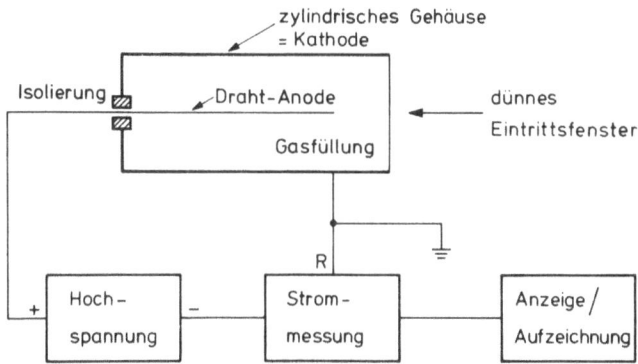

Abb. 6.19. Schema eines Geiger-Müller-Zählrohrs. R bezeichnet den Innenwiderstand des Strommeßgerätes

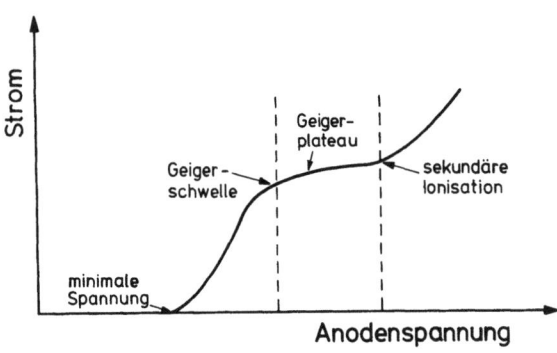

Abb. 6.20. Qualitative Strom-Spannungs-Charakteristik eines Geiger-Müller-Zählrohres. Unterhalb der Geiger-Schwelle rekombinieren viele der erzeugten Ionenpaare. Im Plateau-Bereich gelangen alle primär erzeugten Ionen an die Elektroden. Bei höheren Spannungen werden die primären Ionen so stark beschleunigt, daß sie ihrerseits weitere Atome ionisieren (sekundäre Ionen, Ionisationslawine). Der Plateau-Bereich liegt im allgemeinen zwischen 500 und 1000 V Anodenspannung

gestellt, daß sie knapp unterhalb der Spannung liegt, bei der das Gas ionisiert wird. Abbildung 6.20 zeigt die Stromspannungscharakteristik einer solchen Ionisationskammer.

Wenn ein ionisierendes Teilchen in den Zylinder eintritt, erzeugt es dort ein Ionenpaar und ein kurzer Strom fließt. Dieser Stromstoß wird verstärkt und über einen Lautsprecher hörbar gemacht oder einfach als Strom registriert. Wenn in Abb.6.19 ein Strom I durch die Röhre fließt, fällt über den Widerstand R die Spannung $U = RI$ ab. Um diesen Betrag vermindert sich aber nach dem 2. Kirchhoff'schen Gesetz (Abschn.2.5.1) genau die zwischen den Elektroden ohne Stromfluß bestandene Spannung. Dadurch "erlischt" die Gasentladung, die geladenen Teilchen rekombinieren, der Strom hört auf zu fließen, und die volle Spannung über die Elektroden stellt sich wieder her, womit der Zähler für ein neues ionisierendes Teilchen registrierbereit ist.

Das Geiger-Müller-Zählrohr kann nicht zwischen den einzelnen ionisierenden Teilchen unterscheiden. Im allgemeinen wird der Zähler eingesetzt zum Nachweis von β- oder γ-Strahlung, da der Nachweis von α-Strahlung nur mit extrem dünnem Kammerfenster möglich ist.

6.6.2 Der Szintillationsdetektor

Der Szintillationsdetektor (Abb.6.21) ist eine Kombination aus einem Kristall und einem Sekundärelektronenvervielfacher (SEV). Der Kristall, der sich in unmittelbarem Kontakt zur Fotokathode des SEV befindet, besteht aus einem lumineszierenden Material, meist ein mit Thalliumatomen dotierter Natriumjodid-

6.6 Kernstrahlungsmeßtechnik

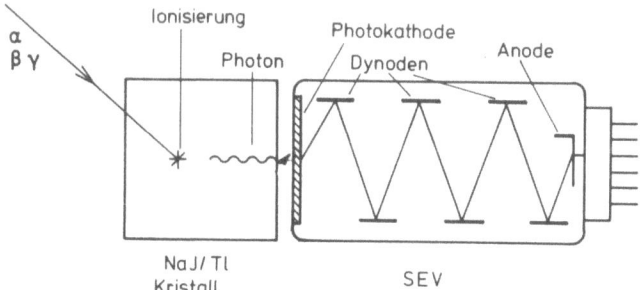

Abb. 6.21. Schema eines Szintillationsdetektors. Lumineszenzfähiger Kristall und Sekundärelektronenvervielfacher befinden sich in unmittelbarer Nachbarschaft. Die Kernstrahlung regt im Kristall Lumineszenz an, der SEV registriert diese

Kristall. Wird ein solcher Kristall von Kernstrahlung getroffen, so werden Kristallatome ionisiert. Die ionisierten Atome fangen wieder ein Elektron ein und dabei wird ein Photon abgegeben, dessen Energie von dem Elektronenniveau abhängt, aus dem das Elektron durch die ionisierende Strahlung herausgeschlagen wurde. Die entsprechende Photonenenergie liegt beim NaJ/Tl-Kristall und bei vielen anderen Kristallen im sichtbaren Spektralbereich. Der SEV verstärkt unmittelbar den auftretenden Lichtblitz.

Je energiereicher das in den lumineszenzfähigen Kristall eindringende Quant ist, umso mehr Ionisationsprozesse kann es auslösen und umso stärker ist der erzeugte Lichtblitz. Somit ist der Szintillationsdetektor in der Lage, unterschiedliche Quantenenergien, die in einer Kernstrahlung enthalten sind, z.B. von ^{3}H und ^{14}C zu unterscheiden.

Im Vergleich zum Geiger-Müller-Zählrohr besitzt der Szintillationsdetektor ein größeres Absorptionsvermögen für γ-Strahlung. β-Strahlung niedriger Energie kann in beide Detektoren schlecht eindringen. α-Teilchen haben ein noch geringeres Eindringungsvermögen. Daher kann man zur Registrierung von α-Teilchen als Szintillationsmaterial vor der Fotokathode dünne Zinksulfidschichten verwenden, die eine hohe Lichtausbeute haben (etwa 25% der einfallenden Strahlungsenergie werden in Lichtenergie umgesetzt). Leider ist ZnS so lichtundurchlässig, daß es als voluminöser Szintillator ungeeignet ist.

Die für biologische Untersuchungen besonders wichtigen Nuklide ^{3}H und ^{14}C emittieren niederenergetische β-Strahlung. Die Schwierigkeit ihres Nachweises wird bei biochemischen Untersuchungen durch den flüssigen Szintillationsdetektor (*liquid scintillation counter*) gelöst. Hierbei wird die flüssige radioaktive Probe zusammen mit dem Szintillator, der in Tuluol o.ä. gelöst ist, in ein Fläschchen gefüllt und vor die Fotokathode gebracht. Bei dieser Methode sind Strahlenquelle und Szintillationsmaterial in engst möglichem Kontakt, so daß die Nachweiseffizienz für die niederenergetische β-Strahlung erheblich verbessert wird.

6.6.3 Der Halbleiterdetektor

Der Halbleiterdetektor besteht, wie sein Name besagt, aus einem halbleitenden Material (z.B. Germanium oder Silizium, auf dessen einer Seite Lithiumatome eindiffundiert sind). Es handelt sich also um einen Festkörper wie beim Szintillationsdetektor, aber seine Funktionsweise ähnelt mehr der des Geiger-Müller-Zählers.

Abbildung 6.22 zeigt das Schema eines solchen Detektors. Der Halbleiter zeichnet sich dadurch aus, daß er in seiner einen Hälfte mehr bewegliche negative Ladungen besitzt und in der anderen Hälfte mehr bewegliche positive Ladungen. In der Sprache der Festkörperphysik werden diese beiden Halbleitertypen als n-leitend bzw. als p-leitend bezeichnet. Wird von außen eine Spannung so an den aus einem n-leitenden und einem p-leitenden Teil bestehenden Kristall angelegt, daß die negativen und die positiven Ladungen auseinandergezogen werden, so entsteht im Übergangsbereich zwischen beiden Schichten ein Bereich, der arm ist an Ladungsträgern und somit keinen Strom leitet. Es ist ein isolierender Bereich. Trifft nun in diesen Bereich Kernstrahlung, welche dort neutrale Atome ionisiert, so stehen wieder Ladungsträger zur Verfügung und es kann ein Strom fließen. Hier wird also, wie beim Geiger-Müller-Zählrohr, das Eindringen radioaktiver Strahlung als Stromimpuls registriert.

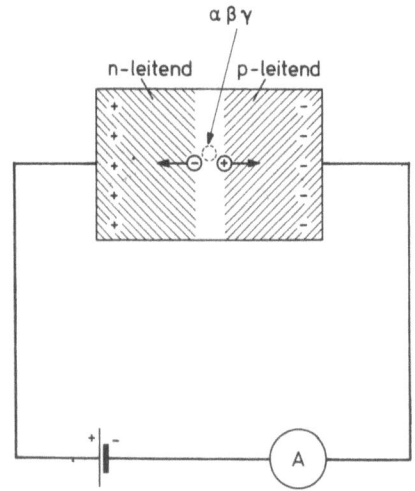

Abb. 6.22. Schema eines Halbleiterdetektors. Die Kernstrahlung erzeugt im ladungsträgerarmen Bereich des Halbleiterkristalls Ladungen durch Ionisierung neutraler Moleküle, es ist dann ein Stromimpuls meßbar

Der Vorteil des Halbleiterdetektors liegt vor allem darin, daß er auch niederenergetische Strahlung registrieren kann. Die Erzeugung eines Ladungsträgerpaares im Festkörper erfordert nur etwa ein Zehntel der Energie, die zur Erzeugung eines gasförmigen Ionenpaares wie im Geiger-Müller-Zähler benötigt wird. Außerdem lassen sich Halbleiterdetektoren in sehr kleinen Abmessungen herstellen. Deshalb werden sie häufig für biologische und medizinische in vivo-Messungen eingesetzt. Dies wird noch erleichtert dadurch, daß die Halbleiterdetektoren Spannungen von nur 10 bis 50 Volt benötigen.

6.6.4 Die Fotoschicht-Schwärzung

Wir haben die Verwendung von Fotoemulsionen zum Kernstrahlungsnachweis bereits bei der Autoradiographie und als persönliches Strahlendosimeter für Strahlenschutzzwecke kennengelernt. Die verwendeten Fotoemulsionen sind dicker als gewöhnliche fotografische Emulsionen, und sie enthalten eine höhere Dichte an feinkörnigen Silberbromidpartikeln in der Gelschicht. Dadurch werden mehr radioaktive Teilchen in der Fotoschicht abgestoppt. Der Aktivierungsprozeß des Silberbromids und die Entwicklung des Films erfolgt wie bei der fotografischen Belichtung.

Die Fotoemulsion ist ein einfacher Detektor. Sein größter Vorteil liegt darin, daß in ihm räumliche Spuren von energiereichen Teilchen sichtbar gemacht werden können. Wegen seiner Einfachheit und Kompaktheit wird dieser Detektortyp erfolgreich zur Erforschung der kosmischen Strahlung eingesetzt, da er durch Ballons und Raumfahrzeuge leicht in die obere Atmosphäre und darüber hinaus gebracht werden kann. Abbildung 6.23 zeigt eine so entstandene Aufnahme eines kosmischen α-Teilchens und der von ihm ausgelösten Kernreaktion.

6.6.5 Nebel- und Blasenkammer

Die beiden in diesem Abschnitt zu behandelnden Detektoren sind Instrumente der forschenden Kernphysik. Wegen ihres lehrreichen physikalischen Prinzips und ihrer großen wissenschaftlichen Bedeutung sollen sie kurz behandelt werden.

Beide Kammern (Abb.6.24) besitzen an einer Seite einen luftdicht abschliessenden beweglichen Kolben. Die sogenannte Nebelkammer enthält mit Wasserdampf gesättigte Luft. Wird der Kolben nach außen bewegt, so expandiert die Luft, wird dadurch abgekühlt und an Wasserdampf übersättigt. Es sollte also Nebel entstehen. Dies geschieht aber so lange nicht, als keine Kondensationskeime vorhanden sind, an denen sich der Nebel bilden kann. Wenn die Expansion des Kammervolumens jedoch gerade in dem Augenblick erfolgt, in dem ein ionisie-

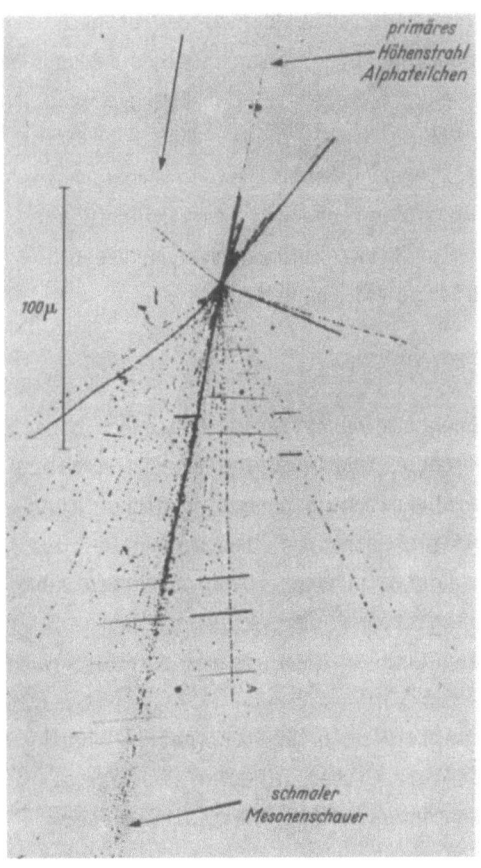

Abb. 6.23. Mikrofotografie der Explosion eines Ag- oder Br-Kerns einer fotografischen Emulsion in großer Höhe der Atmosphäre, bewirkt durch ein primäres Höhenstrahl-α-Teilchen von rund 10^{13} eV Energie. Mindestens 18 schwere und 53 leichte Teilchen (Mesonen und Elektronen) sind in der nächsten Umgebung des Sterns nachweisbar. (Aufnahme von Kaplan, Peters und Bradt)

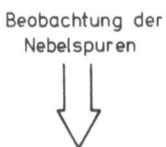

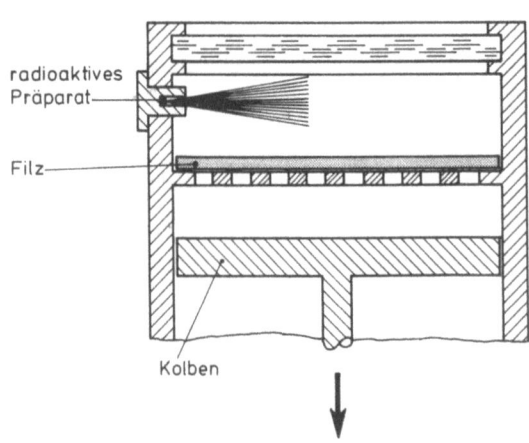

Abb. 6.24. Schema einer Nebelkammer. Ein mit Flüssigkeit getränkter Filz sorgt für die Dampfsättigung im darüber befindlichen Kammervolumen. Die Nebelspuren werden seitlich angestrahlt (nicht eingezeichnet) und von oben durch die Glasscheibe beobachtet

rendes Teilchen durch die Kammer fliegt, so bilden die ionisierten Teilchen die Kondensationskeime, an denen sich der Nebel bilden kann. Der Weg des ionisierenden Teilchens wird dadurch für das Auge oder die Kamera sichtbar als dünne Nebelspur in einer ansonsten klaren Kammer.

Es ist ein seltenes Ereignis, daß eine Kernreaktion gerade im Gasvolumen einer Nebelkammer stattfindet, da die ionisierbare Materie zu dünn ist. Kernreaktionen finden häufiger in festen Körpern oder in Flüssigkeiten statt, da dort die Moleküle viel dichter gepackt sind. Dies hat zur Entwicklung der sogenannten Blasenkammer geführt; denn ebensogut wie entlang des Wegs eines ionisierenden Teilchens eine Kondensation im unterkühlten Dampf stattfindet, kann auch das Kochen einer überhitzten Flüssigkeit stattfinden. In der Blasenkammer wird eine Flüssigkeitsmenge auf einer Temperatur über ihrem eigentlichen Siedepunkt, aber unter erhöhtem Druck gehalten, so daß kein Sieden stattfindet. Bei Verminderung des Druckes findet dann das Sieden statt. Dies geschieht aber zuerst entlang des Weges eines ionisierenden Teilchens, da die gebildeten Ionen den Siedeverzug aufheben.

6.6.6 Fehlerquellen bei Kernstrahlungsmessungen

Alle Kernstrahlungsmeßmethoden sind indirekte Methoden. Sie müssen für absolute Messungen daher kalibriert werden. Aber auch relative Messungen sind nur möglich, wenn die jeweiligen Meßbedingungen genau reproduziert werden. Dazu gehören vor allem die geometrische Anordnung der Detektoren, das Einhalten von Detektorspannungen und die Mittelung über ausreichend lange Meßzeiten, da die Emission von Kernstrahlung ein statistischer Prozeß ist. Unerläßlich zu beachten ist das ständige Vorhandensein einer Untergrundstrahlung, bestehend aus kosmischer und anderer Umgebungsstrahlung. Diese Nullrate muß für sich alleine am jeweiligen Meßort bestimmt werden und von der Zählrate der Meßprobe subtrahiert werden.

Der Geiger-Müller-Zähler, der Szintillations- und der Halbleiterdetektor sind keine linearen Detektoren. Gleichzeitig eintreffende Teilchen (*Koinzidenzen*) werden in der Regel nicht in vollem Umfange registriert. Das liegt daran, daß diese Geräte eine "Totzeit" (ca. 1 µs) haben, in der sie nach Registrierung eines Teilchens noch nicht wieder meßbereit sind.

Bei voluminösen radioaktiven Proben kann ein Meßwert dadurch zu niedrig ausfallen, daß die Probe selbst einen Teil ihrer Strahlung absorbiert oder zerstreut. Die meßbare Aktivität einer solchen Probe läßt sich durch Massenvermehrung nicht mehr wesentlich steigern, sondern nur durch Konzentrationserhöhung des radioaktiven Materials.

6.6.7 Aufgaben

1) Welche der folgenden Behauptungen sind richtig?

   A. Das Geiger-Müller-Zählrohr ist ein Apparat zur Unterscheidung von Strahlenarten.

   B. Das Geiger-Müller-Zählrohr hält eine Gasentladung aufrecht wie eine Gasentladungslampe.

   C. Der Szintillationsdetektor stellt eine Kombination aus lumineszenzfähigem Kristall und Sekundärelektronenvervielfacher dar.

   D. Der Liquid-Scintillation-Counter ist ein Apparat zur Strömungsmessung einer radioaktiven Flüssigkeit.

   E. Der Halbleiterdetektor ist der geeignetste Kernstrahlungsdetektor für in vivo-Messungen.

   F. Die Blasenkammer-Methode beruht auf der Aufhebung eines Siederverzuges durch ein ionisierendes Teilchen.

2) Ordnen Sie folgende Begriffe bzw. Aussagen einander zu, jeweils eine Ziffer zu einem Buchstaben:

   A. Nebelkammer | 1. kann Quantenenergien differenzieren
   B. Blasenkammer | 2. Autoradiographie
   C. Fotoschicht-Schwärzung| 3. Kondensationsvorgang
   D. Szintillationsdetektor| 4. überhitzte Flüssigkeit
   E. Halbleiterdetektor | 5. Erzeugung eines Ladungsträgerpaares

6.7 Ausblick

Die Kernphysik hat im Gegensatz zu den übrigen Teilgebieten der Physik keinen unmittelbaren Bezug zu biologischen Strukturen und Funktionen. Als Grundlage zum Verständnis des Aufbaus der Materie dient sie aber allen Naturwissenschaften in gleicher Weise. Die besondere Relevanz der Kernphysik für die Biologie liegt vielmehr in ihrer unvermeidlichen Begleiterscheinung, nämlich der Kernstrahlung. Die Kernstrahlung hat, soweit sie nicht risikobewußt und abgewogen für diagnostische und therapeutische Zwecke eingesetzt wird, durch-

6.7 Ausblick

weg einen lebensbedrohenden Charakter. Der Einsatz von radioaktiven Isotopen für Forschungszwecke hat einen außerordentlichen Methodenfortschritt gebracht. Die Anwendung von radioaktiven Tracern ist in ihrer Fülle und Vielfalt unübersehbar geworden, und ist auch in ihrer künftigen wissenschaftlichen Bedeutung sehr hoch einzuschätzen.

Die rein physikalischen und technologischen Aspekte der Kernphysik sind in diesem Kapitel nur am Rande behandelt worden. Deshalb soll an dieser Stelle noch darauf hingewiesen werden, daß sich in den letzten Jahrzehnten aus der Kernphysik der Zweig der Hochenergiephysik entwickelt hat. Diese befaßt sich vornehmlich mit Kernprozessen, die durch künstlich hochbeschleunigte Teilchen erzeugt werden. Diese Forschungen sowie auch theoretische Überlegungen haben gezeigt, daß der Begriff der Nukleonen relativiert werden muß. Es gibt keineswegs nur Protonen, Neutronen und Elektronen, sondern diese sind in viele andere Teilchen umwandelbar, die je nach den experimentellen Bedingungen ganz unterschiedlich auftreten. Man kann von einem "Elementarteilchen-Zoo" sprechen, von dem niemand weiß, wie groß er wirklich ist. Eine Zurückführung dieser Elementarteilchenvielfalt (Größenordnung 100) auf einige wenige nun "wirklich elementare" Teilchen oder Quanten ist das erklärte Ziel der Hochenergiephysik. Kern- und Hochenergiephysik befinden sich z.Zt. in einem relativen Entwicklungszustand, der vermutlich dem der Atomphysik um die Jahrhundertwende entspricht. Es gibt eine Fülle von reproduzierbaren Phänomenen und mannigfache regelhafte Zusammenhänge. Die Quantenmechanik brachte für die Atomphysik die prinzipiell alle Phänomene (z.B. die Linienvielfalt der Atom- und Molekülspektren) beschreibende, umfassende Verständnisgrundlage. Die praktische Anwendung der Quantenmechanik auf die Atom- und Molekülphysik ist jedoch eng begrenzt durch den leistbaren mathematischen Aufwand. Eine entsprechende Theorie für die Kernphysik steht noch aus.

7. Thermodynamik

Darstellung und Verständnis vieler biologischer Prozesse setzen Kenntnisse thermodynamischer Begriffe und Gesetze voraus.

Was ist Thermodynamik? Die Thermodynamik macht Aussagen über makroskopische Systeme, d.h. über Systeme, die aus sehr vielen atomaren und molekularen Bausteinen bestehen. Wie Sie im einzelnen noch sehen werden, handelt es sich bei der Thermodynamik im engeren Sinne um qualitative und quantitative Aussagen über Gleichgewichte sowie um nur qualitative Aussagen über Prozesse, nämlich über Richtungstendenzen der Prozesse. Nicht mehr zur Thermodynamik im engeren Sinne gehören quantitative Aussagen über Prozesse (Kap.8).

Im Vordergrund der Thermodynamik stehen also Gleichgewichte. Wir werden den Begriff des Gleichgewichtes in Abschnitt 7.1 genauer definieren. Jedoch können Sie auf der Grundlage eines vorläufigen Verständnisses vermutlich schon erkennen, daß biologische Systeme sich nicht im thermodynamischen Gleichgewicht befinden. Dennoch müssen Sie sich soweit mit dem Gleichgewicht befassen, daß Sie einerseits den Unterschied zwischen Gleichgewicht und Nichtgleichgewicht präzise fassen und andererseits die qualitativen Aussagen der Thermodynamik über Prozesse formulieren können. Das bedeutet für Sie, daß Sie beim Studium dieses Kapitels gewisse Durststrecken überwinden müssen, da nicht immer gleich erkennbar ist, welche Bedeutung die erarbeiteten Ergebnisse für Biologen und Biochemiker haben. Diese Durststrecken ergeben sich auch noch aus einem weiteren Grunde. Die Thermodynamik ist nämlich eine sehr abstrakte und auch mathematisch nicht ganz einfache Wissenschaft. Relativ einfach und anschaulich wird sie nur für Gase. Deshalb werden wir uns auch mit Gasen beschäftigen, obwohl biologische Systeme weit davon entfernt sind, Gase zu sein. Außer wegen des didaktischen Grundes ist dies auch deshalb für Sie nützlich, weil tatsächlich die Begriffe und Vorstellungen, die eigentlich nur Gasen angemessen sind, häufig auch für kondensierte Materie, insbesondere auch biologische Materie, benutzt werden — meist in Ermangelung eines Besseren. Es ist gut, sich über Nützlichkeit wie über Gefahren eines solchen Vorgehens klar zu werden.

7.1 Das thermodynamische Gleichgewicht

Um Ihre Erwartungen an dieses Kapitel weiter zurechtzurücken, sei schließlich noch darauf hingewiesen, daß es nicht in demselben Umfang wie die vorigen Kapitel auf die Erklärung (biologisch wichtiger) physikalischer Meßverfahren zielt, sondern stärker auf das Verständnis von Eigenschaften und Verhaltensweisen lebloser und lebender Materie — auf Gemeinsamkeiten und Unterschiede.

7.1 Das thermodynamische Gleichgewicht

An einem Gas oder einer Flüssigkeit in einem Glaskolben oder an einem Kristall nehmen Sie keine Veränderungen wahr. Für die Augen des makroskopischen Beobachters hat sich ein Zustand eingestellt, in dem sich nichts mehr verändert, nichts mehr bewegt, ein Zustand thermodynamischen Gleichgewichts. Wir wollen solche Gleichgewichtszustände genauer untersuchen.

7.1.1 Der Begriff des Gleichgewichtes

Ein Körper oder eine Anordnung von Körpern (Maschine) befindet sich mechanisch im Gleichgewicht, wenn keine räumlichen Veränderungen stattfinden, die Körper ihre Lage und gegenseitige Anordnung nicht ändern (Abb.7.1). Nichtmechanische Prozesse können aber ablaufen, z.B. Absorption von Licht, Wärmeleitung, chemische Reaktionen.

Das thermodynamische Gleichgewicht setzt das mechanische Gleichgewicht voraus und schließt neben den mechanischen auch alle anderen makroskopischen Prozesse aus: Ein System befindet sich in einem Zustand thermodynamischen Gleichgewichts, wenn makroskopisch keine Bewegung von Teilsystemen erkennbar ist, wenn keine Materieströme vorhanden sind, keine elektrischen Ströme, keine Energieströme ("Wärmeströme"), und wenn keine chemischen Reaktionen ablaufen.

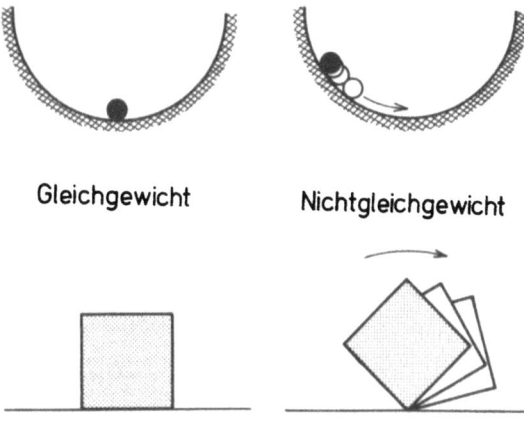

Abb. 7.1. Mechanisches Gleichgewicht und Nichtgleichgewicht: Im Gleichgewicht bleibt das System in einem Zustand der Ruhe, im Nichtgleichgewicht durchläuft das System eine Folge von Zuständen

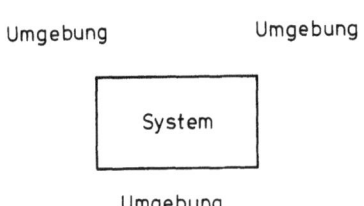

Abb. 7.2. Im Gleichgewicht des Systems mit der Umgebung fließen keine resultierenden Energie-oder Materieströme in das System oder aus dem dem Systems heraus — obwohl natürlich auf mikroskopischer Ebene ein Austausch von Teilchen und Energie zwischen System und Umgebung stattfinden kann, aber eben so, daß sich die einzelnen mikroskopischen Prozesse gegenseitig kompensieren

Wichtig ist bei dieser Definition das Wörtchen "makroskopisch". Im Bereich der Atome und Moleküle, den der Physiker den "mikroskopischen" Bereich nennt (obwohl er nicht mit dem Mikroskop sichtbar gemacht werden kann), findet stets eine rege und ungeordnete Bewegung statt, die wir Diffusion genannt haben (Abschn.4.1.1). Im Zustand des thermodynamischen Gleichgewichts mitteln die Bewegungsprozesse der vielen mikroskopischen Teilchen sich gegenseitig aus. Es gibt keine "resultierende Bewegung", keine "Nettoströme". Es laufen von einer bestimmten Molekülsorte stets genauso viele Teilchen in eine bestimmte Richtung wie in die entgegengesetzte, so daß dadurch an keiner Stelle eine Zunahme oder Abnahme der Konzentration der betreffenden Teilchen stattfinden kann. Das gilt insbesondere auch für chaotisch herumdiffundierende Ladungsträger (auch Elektronen), so daß kein elektrischer Nettostrom zustande kommt. Herumfliegende Teilchen transportieren auch Energie, insbesondere tragen sie ihre eigene kinetische Energie mit von einem Ort zum anderen. Im Gleichgewicht kompensieren sich aber diese mikroskopischen Transportvorgänge, es gibt keinen resultierenden Energiestrom (Wärmestrom), so daß dadurch an keiner Stelle eine Zunahme oder Abnahme der Temperatur stattfinden kann. Enthält das System verschiedene chemische Bestandteile (Komponenten), die miteinander reagieren können, so finden auf mikroskopischer Ebene stets Reaktionsprozesse zwischen Molekülen statt. Es laufen jedoch im thermodynamischen Gleichgewicht stets ebensoviele molekulare Reaktionsvorgänge in die eine wie in die andere Reaktionsrichtung, so daß kein resultierender Reaktionsstrom zustande kommt und die Konzentrationen der reagierenden Komponenten an jeder Stelle des Systems konstant bleiben.

Damit haben wir einen Zustand thermodynamischen Gleichgewichts (kurz: *Gleichgewichtszustand*) hinreichend charakterisiert. Von einem System, das sich in einem Gleichgewichtszustand befindet, sagt man auch, es befinde sich im inneren Gleichgewicht. Daneben spricht man vom thermodynamischen Gleichgewicht eines Systems mit seiner Umgebung (Abb.7.2), wenn das System — makroskopisch gesehen — weder Materie noch Energie aus der Umgebung aufnimmt oder in sie abgibt. Ein System im Zustand thermodynamischen Gleichgewichtes muß

7.1 Das thermodynamische Gleichgewicht

sich streng genommen stets auch im Gleichgewicht mit der Umgebung befinden, da Materie- oder Energieströme an der Oberfläche stets auch Materie- bzw. Energieströme im Innern des Systems zur Folge haben.

Aus der oben gegebenen Darstellung des thermodynamischen Gleichgewichtes ergeben sich die folgenden Konsequenzen, die Sie sich einprägen sollen:

- in einem Zustand thermodynamischen Gleichgewichtes sind alle makroskopischen Systemeigenschaften wie Temperatur T des Systems, Drucke $p(\vec{r})$ an den verschiedenen Stellen des Systems [bei nichtfluiden Körpern auch die elastischen Spannungen $\sigma(\vec{r})$], Ladungsdichten $\rho_{el}(\vec{r})$ an den verschiedenen Stellen des Systems und Stoffmengenkonzentrationen $c_i(\vec{r})$ der Komponenten an den verschiedenen Stellen des Systems *zeitlich konstant*;
- im gesamten System herrscht an jeder Stelle die gleiche Temperatur T: Die Temperatur ist auch *räumlich konstant*.

Die Werte der genannten Systemeigenschaften können wir daher zur Kennzeichnung eines bestimmten Gleichgewichtszustandes heranziehen. Wir nennen diese Systemeigenschaften *Zustandsgrößen* oder Zustandsvariable.

Ein Gleichgewichtszustand kann inhomogen sein in dem Sinne, daß eine oder mehrere Zustandsgrößen (jedoch niemals die Temperatur!) ortsabhängig sind. Ein einfaches Beispiel ist eine Flüssigkeit und ihr Gas, die sich zusammen in einem Glaskolben befinden; in diesem Falle herrscht am Orte der Flüssigkeit eine andere Dichte ρ und damit eine andere Stoffmengenkonzentration c als am Ort des Gases. Man spricht von einem Phasengleichgewicht. Wir werden einige solcher inhomogener Systeme später noch genauer besprechen (z.B. Phasengleichgewicht, osmotisches Gleichgewicht, elektrochemisches Gleichgewicht).

Ein Gleichgewichtszustand heißt *homogen*, wenn nicht nur die Temperatur, sondern alle Zustandsgrößen an jeder Stelle des Systems den gleichen Wert haben, also nicht vom Orte $\vec{r}$ abhängen.

Als Zustandsgrößen homogener Systeme werden wir insbesondere betrachten:

Temperatur	T
Druck	p
Partialdrucke	p_i
Stoffmengenkonzentrationen	c_i
innere Energie	U
Entropie	S
Enthalpie	H
freie Enthalpie	G
chemische Potentiale	μ_i
elektrochemische Potentiale	n_i.

Der Index i nummeriert die verschiedenen chemischen Komponenten des Systems. Diejenigen der genannten Zustandsgrößen, die Ihnen noch nicht bekannt sind, werden in diesem Kapitel definiert und erläutert werden.

7.1.2 Zustandsgleichungen

Man kann fragen, welches ein minimaler Satz von Zustandsgrößen ist, die einen Gleichgewichtszustand eindeutig kennzeichnen. Die Zustandsgrößen eines solchen minimalen Satzes nennen wir unabhängige Zustandsgrößen. Sie spannen den *Zustandsraum* auf, so daß jeder Punkt dieses Raumes einen Gleichgewichtszustand repräsentiert: Die Koordinaten des Punktes im Zustandsraum sind die Werte der unabhängigen Zustandsgrößen im betreffenden Gleichgewichtszustand.

Wir machen dies zunächst am einfachsten Beispiel klar, einem *Gas mit nur einer Komponente*, d.h. Molekülen nur einer Sorte. Ist das Gas keinen äußeren Feldern ausgesetzt, so hat es nur homogene Gleichgewichtszustände, die eindeutig durch die Angabe der Temperatur T und der Molarität oder Stoffmengenkonzentration c (= Mole pro Volumen) bestimmt sind. Wir können also T und c als unabhängige Zustandsgrößen wählen: Jeder Punkt des (T,c)-Raumes repräsentiert einen Gleichgewichtszustand des Gases (Abb.7.3).

Ist der Zustand durch die Angabe der Werte der Zustandsgrößen T und c festgelegt, so haben alle anderen Zustandsgrößen, z.B. der Druck, einen von T und c abhängigen Wert

$$p = p(T,c) \ . \tag{7.1}$$

Da die Werte dieser übrigen Zustandsgrößen von den Werten der unabhängigen Zustandsgrößen T und c abhängen, heißen sie abhängige Zustandsgrößen. Gl.(7.1), welche die Abhängigkeit des Drucks von Temperatur und Konzentration ausdrückt, ist eine *Zustandsgleichung*. Plastischer wird dies für Sie, wenn wir anstatt der allgemein formulierten Abhängigkeit (7.1) die Funktion p(c,T) genau angeben. Dies können wir zum Beispiel für das ideale Gas, wenn wir uns an die "thermische Zustandsgleichung des idealen Gases" erinnern (siehe (4.6), c=n/V)

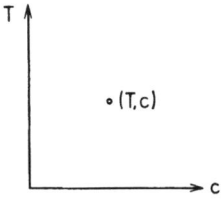

Abb. 7.3. Zustandsraum eines Gases. Jeder Punkt (T,c) repräsentiert einen Gleichgewichtszustand des Gases

7.1 Das thermodynamische Gleichgewicht

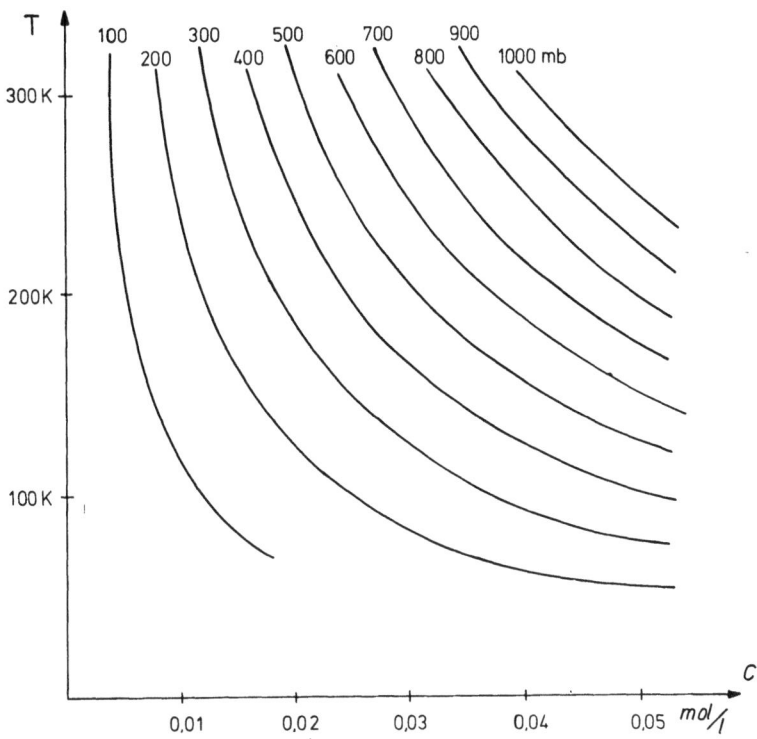

Abb. 7.4. Graphische Darstellung der thermischen Zustandsgleichung des idealen Gases. Realisiert ist diese Zustandsgleichung auch bis zu sehr tiefen Temperaturen bei He. Andere Gase wie N_2, O_2 (mit höherem Siedepunkt als He) weichen bei tieferen Temperaturen stark vom Verhalten des idealen Gases ab

$$p(T,c) = cRT \qquad (7.2)$$

[Gaskonstante: R=8,3143 J/(mol·K)]. Die Wahl von T und c als unabhängige und von p als abhängige Zustandsgrößen ist willkürlich. Wir könnten auch p und T als unabhängige Zustandsgrößen wählen, wobei dann c = p/(RT) abhängige Zustandsgröße würde. Oder wir könnten p und c als unabhängige Zustandsgrößen wählen, wodurch T = p/(Rc) abhängige Zustandsgröße würde.

Eine graphische Darstellung der Zustandsgleichung (7.2) gibt die Abb.7.4. Dort werden für die Zustände (T,c) des Zustandsraumes (Abb.7.3) die Werte p(T,c) in der Weise angegeben, daß alle Zustände mit gleichem Funktionswert, d.h. gleichem Druck, durch Kurven verbunden werden, an die der zugehörige Druckwert angeschrieben ist.

Wir halten fest, daß (7.2) nur für ideale Gase gilt. Für andere Stoffe gilt die Zustandsgleichung (7.1) zwischen Druck, Temperatur und Stoffmengenkonzentration mit anderen Funktionen p(T,c).

Mehrkomponentensysteme: Mit Systemen, die nur aus einer einzigen chemischen Komponente (Moleküle nur einer Sorte) bestehen, hat man es in der Praxis selten zu tun. Besteht ein System aus verschiedenen chemischen Komponenten, so brauchen wir zur Kennzeichnung eines Gleichgewichtszustandes im homogenen Fall außer der Temperatur T die Stoffmengenkonzentrationen c_i der verschiedenen Komponenten. Als Beispiel einer abhängigen Zustandsgröße ist dann der Druck p eine Funktion von T und allen c_i

$$p = p(T, c_1, c_2, \ldots) \quad . \tag{7.3}$$

Für ein ideales Gasgemisch wird die Funktion (7.3) wieder besonders einfach

$$p = (c_1 + c_2 + \ldots)RT \quad . \tag{7.4}$$

Die Größen

$$p_i = c_i RT \tag{7.5}$$

bezeichnet man als die Partialdrucke der Komponenten. Der Gesamtdruck p im Gas ist die Summe der Partialdrucke

$$p = p_1 + p_2 + \ldots = \sum_{i=1,2,\ldots} p_i \quad . \tag{7.6}$$

Wir halten fest, daß die Gesamtzahl der unabhängigen Zustandsgrößen (=Dimension des Zustandsraumes) für ein Gas aus n Komponenten gleich n+1 ist. Dies gilt jedoch nur, wenn keine chemischen Reaktionen zwischen den Komponenten ablaufen können.

Massenwirkungsgesetz: Für jede Reaktion, die in einem Gasgemisch ablaufen kann, verringert sich die Anzahl der unabhängigen Zustandsgrößen um Eins, da im thermodynamischen Gleichgewicht die Konzentrationen nicht mehr unabhängig voneinander beliebige Werte annehmen können. Für jede Reaktion, die in dem Mehrkomponentensystem ablaufen kann, gibt es eine Gleichgewichtsbedingung der an der Reaktion beteiligten Komponenten, die in vielen Fällen in der bekannten Form des Massenwirkungsgesetzes geschrieben werden kann, z.B. für eine bimolekulare Reaktion $A+B \rightleftarrows C+D$

$$\frac{c_C \cdot c_D}{c_A \cdot c_B} = K(p,T) \quad . \tag{7.7}$$

7.1 Das thermodynamische Gleichgewicht

Die sogenannte Gleichgewichtskonstante K(p,T) ist eine Funktion von Druck und Temperatur, die für die betreffende Reaktion charakteristisch ist und experimentell bestimmt werden kann. Das Massenwirkungsgesetz (7.7) ist eine Zustandsgleichung. Es erlaubt beispielsweise c_A als abhängige Zustandsgröße aus den Zustandsgrößen p, T, c_B, c_C und c_D zu berechnen. Durch Subtraktion von K(p,T) auf beiden Seiten von (7.7) können wir die Form erhalten

$$f(p,T,c_A,c_B,c_C,c_D) = \frac{c_C \cdot c_D}{c_A \cdot c_B} - K(p,T) = 0 \quad , \tag{7.8}$$

wobei die Funktion f durch den Ausdruck in der Mitte der Gleichung gegeben ist.

Daß die Gleichgewichtsbedingung einer chemischen Reaktion überhaupt die Form des Massenwirkungsgesetzes [Gl.(7.7) für eine bimolekulare Reaktion] hat, kann man für Gase und verdünnte Lösungen theoretisch begründen (Abschn. 7.2.5 und 7.4.2). Im allgemeinen Fall kann die Gleichgewichtsbedingung (Zustandsgleichung) komplizierter sein, man hat eine Relation

$$f(p,T,c_A,c_B,\ldots) = 0 \tag{7.9}$$

für jede im Mehrkomponentensystem mögliche Reaktion, wobei die Funktionen f nicht die in (7.8) angegebene einfache Form zu haben brauchen. Im Abschnitt 7.4.3 werden wir in Gestalt der Gleichung (7.84) noch etwas Genaueres über die Funktionen f aussagen können.

Jedes System hat seine eigenen Zustandsgleichungen. In diesem Sinne sind Zustandsgleichungen etwas Spezielles (die universelle Gültigkeit des idealen Gasgesetzes für alle Gase bei genügend hohen Temperaturen ist eine besondere Ausnahme). Was die Thermodynamik an allgemeingültigen Aussagen zu bieten hat, sind die sog. Hauptsätze. Bevor wir diese im Abschnitt 7.3 besprechen, wollen wir versuchen, am einfachen Beispiel von Gasen den Zusammenhang zwischen mikroskopischem und makroskopischem Systemverhalten besser zu verstehen. d.h. das makroskopische Verhalten der Zustandsgrößen mit dem mikroskopischen Geschehen auf der Ebene der Moleküle zu verbinden.

7.1.3 Zusammenfassung

Sie haben zu Beginn dieses Abschnitts die Bedeutung des Begriffes "thermodynamisches Gleichgewicht" erfahren und Eigenschaften der Gleichgewichtszustände kennengelernt.

Jeder Gleichgewichtszustand kann durch Angabe der Werte eines Satzes unabhängiger Zustandsgrößen eindeutig charakterisiert werden. In einem geometrischen Bilde ist deshalb ein Gleichgewichtszustand ein Punkt in einem Zustandsraum, der von den unabhängigen Zustandsgrößen aufgespannt wird. Die Koordinaten des Punktes sind die Werte der unabhängigen Zustandsgrößen im betreffenden Zustand.

Da in einem Gleichgewichtszustand alle Zustandsgrößen einen bestimmten, vom betreffenden Zustand abhängigen, Wert haben, müssen alle Zustandsgrößen, die nicht in den Satz der unabhängigen Zustandsgrößen aufgenommen sind, Werte besitzen, die von den Werten der unabhängigen Zustandsgrößen abhängen; deshalb heißen sie abhängige Zustandsgrößen. Gleichungen, die solche Abhängigkeiten zwischen Zustandsgrößen ausdrücken, heißen Zustandsgleichungen. Als wichtige Beispiele von Zustandsgleichungen haben Sie kennengelernt

- die "thermische Zustandsgleichung" (7.2) für ein ideales Gas mit einer Komponente,

- die "thermischen Zustandsgleichungen" (7.4) und (7.5) für ein ideales Gas mit mehreren Komponenten,

- Gleichgewichtsbedingungen (7.9) für Reaktionsgleichgewichte, die häufig die Form (7.8) des Massenwirkungsgesetzes haben.

7.1.4 Aufgaben

1) Welche der folgenden Aussagen sind richtig?

   A. Im thermodynamischen Gleichgewicht ist die mikroskopische Bewegung zu völliger Ruhe gekommen.

   B. Im thermodynamischen Gleichgewicht ist jede makroskopische Veränderung zur Ruhe gekommen.

   C. Ist ein System im thermodynamischen Gleichgewicht, so fließen in ihm keine Materieströme, keine elektrischen Ströme, keine Energieströme und es finden keine Konzentrationsänderungen durch chemische Reaktionen statt.

   D. Thermodynamisches Gleichgewicht kann sich nur in Systemen einstellen, die keine Moleküle enthalten, die miteinander chemisch reagieren.

   E. Im thermodynamischen Gleichgewicht sind alle Zustandsgrößen zeitlich konstant.

2) Berechnen Sie den Druck in einem idealen Gas mit $c = 0,041$ mol/l für $T = 298$ K.

3) In Luft verhalten sich die Konzentrationen c(N_2) und c(O_2) etwa wie 8:2. Wie groß sind die Partialdrucke p(N_2) und p(O_2), wenn der gesamte Druck p = 1000 mbar ist?

7.2 Kinetik der Gase

Wissen Sie noch, wieviele Moleküle ein Mol geben? Eine unvorstellbare Zahl! Kann man erwarten, daß das Verhalten eines derart komplizierten Systems durch eine kleine Zahl von Zustandsgrößen charakterisiert werden kann? Wir wollen in diesem Kapitel für ein System in der Gasphase und für verwandte Systeme zeigen, wie durch die Zustandsgrößen beschriebene makroskopische Eigenschaften und Verhaltensweisen mit dem mikroskopischen Geschehen auf der Ebene der Moleküle verbunden sind.

7.2.1 Wahrscheinlichkeitsverteilung der Geschwindigkeit

Gase zeichnen sich vor kondensierter Materie (Flüssigkeiten, Festkörper, Biomaterie) dadurch aus, daß man sich ein einfaches Bild des mikroskopischen Geschehens machen kann. Ein Gas besteht aus Molekülen, die geradlinig gleichförmig durch den Raum fliegen — abgesehen von gelegentlicher kurzzeitiger Wechselwirkung (sogenannten Stößen), bei denen sie ihre Geschwindigkeit und kinetische Energie ändern, eventuell auch chemisch miteinander reagieren.

Wenngleich auch in einem Gas vieles einfacher ist, so kann und will doch niemand die Bewegung jedes einzelnen der etwa 10^{23} Moleküle experimentell oder auch nur beschreibend verfolgen. Bei der Beschreibung gibt man sich damit zufrieden, anzugeben, welcher Anteil der Moleküle bestimmte Geschwindigkeiten hat. Ist die Gesamtzahl der Moleküle N und ist n(v) der Anteil der Moleküle mit Geschwindigkeit v, so nennt man

$$w(v) = \frac{n(v)}{N} \qquad (7.10)$$

die relative Häufigkeit oder Wahrscheinlichkeit der Geschwindigkeit v. Die Funktion w(v) heißt Wahrscheinlichkeitsdichte oder *Wahrscheinlichkeitsverteilung* der Geschwindigkeiten des betrachteten Gases.

Da die Geschwindigkeit v eine kontinuierliche Größe ist, erhält man die Anzahl der Moleküle mit Geschwindigkeiten zwischen v_1 und v_2 als

$$\int_{v_1}^{v_2} n(v) dv$$

und die Gesamtzahl N der Moleküle als

$$N = \int_0^\infty n(v)dv \ . \tag{7.11}$$

Daraus folgt für die Wahrscheinlichkeitsverteilung

$$\int_0^\infty w(v)dv = 1 \ . \tag{7.12}$$

Da 1 und N Zahlen ohne Maßeinheit sind und dv eine Geschwindigkeit ist, folgt aus (7.10) und (7.11), daß n(v) und w(v) die Dimension einer reziproken Geschwindigkeit haben und beispielsweise in s/m oder s/cm anzugeben sind. Die Wahrscheinlichkeit dafür, daß ein Molekül, das willkürlich aus den N Molekülen des Gases ausgewählt wurde, eine Geschwindigkeit zwischen v_1 und v_2 hat, beträgt

$$\int_{v_1}^{v_2} w(v)dv \ .$$

Für $v_1 = 0$ und $v_2 = \infty$ wird die Wahrscheinlichkeit zur Sicherheit und wir kommen wieder zu (7.12).

Wir hoffen, daß Ihnen diese Erläuterungen zum Verständnis der Wahrscheinlichkeitsverteilung w(v) ausreichen. Zum Zwecke einer vertieften Erörterung müßten wir Sie mit mehr Formeln und Begriffen der mathematischen Statistik konfrontieren, was uns für die Zwecke dieses Kapitels nicht notwendig erscheint. Vermutlich müssen Sie dies aber später in Ihrem Biologen-Leben noch nachholen.

7.2.2 Maxwellsche Geschwindigkeitsverteilung

Man kann die mikroskopische Bewegung der Moleküle auf der Grundlage der Newtonschen Mechanik (Kap.3) genauer studieren und kommt dabei nach längeren und mühevollen Überlegungen zu dem Ergebnis, daß *in Zuständen thermodynamischen Gleichgewichts* (bei denen makroskopisch keine Prozesse mehr ablaufen dürfen) die Geschwindigkeitsverteilung w(v) folgendermaßen aussehen muß

$$\boxed{w(v) = \underbrace{\frac{4}{\sqrt{\pi}} \left(\frac{m}{2kT}\right)^{3/2}}_{M} \cdot v^2 \exp\left(-\frac{1}{kT}\frac{mv^2}{2}\right)} \ . \tag{7.13}$$

Der "Vorfaktor" M dient dazu, die Bedingung (7.12) zu erfüllen; ihn brauchen Sie sich nicht zu merken. Wichtiger sind die beiden Faktoren rechts von M, welche die wesentliche Abhängigkeit der Wahrscheinlichkeit w(v) von der Geschwindigkeit v wiedergeben (Abb.7.5). Es ist m die Molekülmasse, T ist die absolute Temperatur (in Kelvin) und k eine universelle Konstante (Boltzmann-Konstante)

$$k \approx 1{,}38 \cdot 10^{-23} \cdot J/K \qquad (7.14)$$

(J/K=Joule pro Kelvin), die mit der universellen Gaskonstanten R folgendermaßen zusammenhängt (N_A=Avogadro-Zahl)

$$R = N_A \cdot k \:. \qquad (7.15)$$

Gleichung (7.13) heißt Maxwellsche Geschwindigkeitsverteilung. Sie ist experimentell bestens bestätigt. Eine graphische Darstellung gibt Abb.7.5. Es ist $w(0) = 0$, d.h. wir finden kein Molekül in völliger Ruhe. Für den Anstieg der Wahrscheinlichkeit bei kleinen Geschwindigkeiten ist der Faktor v^2 in (7.13) verantwortlich, für den Abfall bei großen v der Exponentialfaktor.

Wir sehen also, daß jeweils nur sehr wenige Moleküle im Gas sehr hohe oder sehr niedrige Geschwindigkeiten haben. Es gibt eine wahrscheinlichste oder häufigste Geschwindigkeit v_{max}, bei der die Geschwindigkeitsverteilung (7.13) ihr Maximum hat: Diese Geschwindigkeit haben besonders viele Moleküle, sie tritt im Gas am häufigsten auf. Rechnerisch erhalten wir diese häufigste Geschwindigkeit v_{max} der Gasmoleküle, wenn wir mit der Methode der Differentialrechnung das Maximum der Funktion (7.13) aufsuchen

$$v_{max} = \sqrt{\frac{2kT}{m}} \:. \qquad (7.16)$$

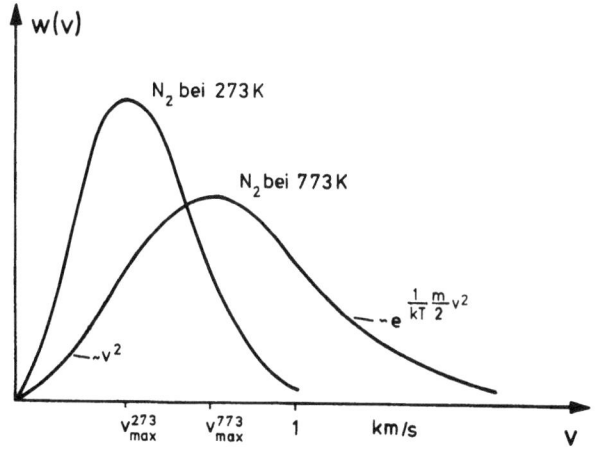

Abb. 7.5. Maxwellsche Geschwindigkeitsverteilung für Stickstoff bei zwei verschiedenen Temperaturen

Das bedeutet, daß diese häufigste Geschwindigkeit zunimmt mit steigender Temperatur T. Sie sehen dies auch an Abb.7.5: Bei höheren Temperaturen fliegen die Gasmoleküle schneller. Andererseits ist bei einer bestimmten Temperatur T die häufigste Geschwindigkeit v_{max} bei leichten Molekülen größer als bei schweren.

Boltzmann-Faktor: Wir wollen Sie noch darauf hinweisen, daß der Exponentialfaktor in (7.13) eine Bedeutung hat, die nicht nur auf Gase beschränkt ist. Sie haben vielleicht schon bemerkt, daß $mv^2/2$ im Exponenten von (7.13) die kinetische Energie eines Moleküls mit Geschwindigkeit v ist. Führen wir die molare Masse $M_{mol} = N_A \, m$ ein, so wird der gesamte Exponentialanteil

$$\exp\left(-\frac{1}{RT} \frac{M_{mol} v^2}{2}\right) . \tag{7.17}$$

Ein Vergleich mit der barometrischen Höhenformel (4.10) und (4.11) und den Gleichungen für Sedimentationsgleichgewichte (4.23) und (4.32) zeigt, daß es sich in allen Fällen um Exponentialfunktionen gleicher Struktur handelt: Im Exponenten steht jeweils eine auf Mol bezogene Energie dividiert durch RT (bzw. eine auf Teilchen bezogene Energie dividiert durch kT). Bei den Fällen des Kapitels 4 handelt es sich um potentielle Energien, in (7.13) bzw. (7.17) ist es eine kinetische Energie. Allgemein heißt eine Energiefunktion der Form

$$\exp\left(-\frac{E}{kT}\right) = \exp\left(-\frac{N_A E}{RT}\right) \tag{7.18}$$

Boltzmann-Faktor. Diese Faktoren sind in der Thermodynamik der Gleichgewichte von grundlegender Bedeutung. Sie geben an, mit welcher Wahrscheinlichkeit bei einer Temperatur T ein System einen Zustand der Energie E einnimmt.

Halten Sie als Ergebnis dieses Abschnitts auf jeden Fall fest: Mit der Maxwellschen Geschwindigkeitsverteilung (7.13) wissen wir, mit welcher relativen Häufigkeit im thermodynamischen Gleichgewicht die Moleküle eines Gases bestimmte Geschwindigkeiten haben.

Da ein Molekül mit der Geschwindigkeit v eine kinetische Energie $E_{kin} = (m/2)v^2$ hat, wissen wir durch die Maxwellsche Geschwindigkeitsverteilung auch, mit welcher relativen Häufigkeit im thermodynamischen Gleichgewicht die Moleküle eines Gases bestimmte kinetische Energien haben. Das erlaubt uns, die gesamte im Gas enthaltene Energie zu berechnen.

7.2.3 Zustandsgleichungen

Die makroskopischen Eigenschaften eines Gases erhält man durch Aufsummation der entsprechenden Eigenschaften der Moleküle. Wir zeigen dies hier am Beispiel der Energie.

7.2 Kinetik der Gase

Die gesamte in einem makroskopischen System enthaltene Energie heißt *innere Energie* U. Als U_{trans} bezeichnen wir den Anteil der inneren Energie, der sich aus der Summe der kinetischen Energie der "translatorischen" Bewegung, d.h. der geradlinigen Flugbewegung der Moleküle ergibt — vgl. (4.1) —

$$U_{trans} = \sum_{\text{alle Moleküle}} E_{kin} \text{ des einzelnen Moleküls}$$

$$U_{trans} = \sum_{\text{alle Moleküle}} \frac{m}{2} v^2 \quad . \tag{7.19}$$

Da w(v) die relative Häufigkeit und nach (7.10) n(v) = N·w(v) die Anzahl der Moleküle mit Geschwindigkeit v angibt, können wir die Summe über alle Moleküle ausrechnen als

$$U_{trans} = \sum_{\text{alle Geschwindigkeiten } v} n(v) \frac{m}{2} v^2 = N \sum_{\text{alle } v} w(v) \frac{m}{2} v^2 \quad . \tag{7.20}$$

Da die Geschwindigkeit v eine kontinuierliche Variable ist, ist die Summation über alle Geschwindigkeiten in mathematischer Strenge ein Integral (Anhang A.5)

$$U_{trans} = N \int_0^\infty w(v) \frac{mv^2}{2} dv \quad . \tag{7.21}$$

Das Integral

$$\overline{v^2} = \int_0^\infty w(v) v^2 dv \tag{7.22}$$

nennt man auch Mittelwert des Geschwindigkeitsquadrates. Wir können anstelle von (7.21) deshalb auch schreiben

$$U_{trans} = N \frac{m}{2} \overline{v^2} \quad . \tag{7.23}$$

Setzt man in die Integrale (7.21) oder (7.22) den Ausdruck (7.13) der Maxwellschen Geschwindigkeitsverteilung ein, so ist die Integration nach den Standardmethoden der Integralrechnung ausführbar und man erhält $\overline{v^2}$ = 3kT/m und

$$\boxed{U_{trans} = \frac{3}{2} NkT = \frac{3}{2} nRT} \tag{7.24}$$

wegen $N = nN_A$, n = Stoffmenge. Pro Volumen V ergibt sich

$$\frac{U_{trans}}{V} = \frac{3}{2} cRT \qquad (7.25)$$

mit der Stoffmengenkonzentration c = n/V.

Für ein sogenanntes *einatomiges* Gas, dessen "Moleküle" tatsächlich Atome sind, ist (7.24) bzw. (7.25) bereits die gesamte innere Energie, es ist $U = U_{trans}$. Gl.(7.24) bzw. (7.25), welche die Abhängigkeit der Zustandsgröße U von Temperatur T und Stoffmenge n bzw. Stoffmengenkonzentration c angibt, heißt *kalorische Zustandsgleichung* des idealen Gases. Diese kalorische Zustandsgleichung bedeutet, daß ein einatomiges ideales Gas um so mehr innere Energie besitzt, je höher die Temperatur T und je größer die Teilchenzahl N bzw. die Stoffmenge $n = N/N_A$ bzw. die Stoffmengenkonzentration c = n/V ist.

Sind die Moleküle zwei- oder mehratomig, so können sie auch rotieren (Abschn.5.4.2) und die Atome des Moleküls können gegeneinander schwingen (Abschn.5.4.1). Ohne weitere Begründung seien hier die Beiträge dieser Bewegungsform zur inneren Energie eines idealen Gases angegeben

$$U_{Rot} = \begin{cases} nRT & \text{(zweiatomig)} \\ \frac{3}{2} nRT & \text{(mehratomig)} \end{cases} \qquad (7.26)$$

und

$$U_{Schwing} = \begin{cases} nRT & \text{(zweiatomig)} \\ (3\nu-6)nRT & (\nu\text{-atomig}, \nu > 2) \end{cases} \qquad (7.27)$$

Die gesamte innere Energie U ist

$$U = U_{trans} + U_{Rot} + U_{Schwing}, \qquad (7.28)$$

wobei der Gasart entsprechend die Terme (7.24), (7.26) und (7.27) einzusetzen sind. Da alle Terme proportional nT sind, bleibt auch für das zwei- und mehratomige Gas gültig, daß die innere Energie U(T,n) um so größer ist, je höher die Temperatur T und je größer die Stoffmenge n (bzw. die Stoffmengenkonzentration c=n/V) ist.

Auch die uns schon bekannte *thermische Zustandsgleichung* des idealen Gases folgt aus der Maxwell-Verteilung (7.13). In Abschnitt 4.1.1 haben Sie schon gelernt, daß der Druck p auf die Gefäßwand durch Reflexion der Gasmoleküle an der Gefäßwand zustande kommt: Er ist gleich dem pro Wandfläche durch die Reflexion auf die Gefäßwand übertragenen Impuls. Nach einer kürzeren Rechnung (die Sie nicht nachvollziehen müssen) ergibt sich daraus

$$p = \frac{1}{3} \frac{N}{V} m \overline{v^2} . \qquad (7.29)$$

Setzen Sie hier den unmittelbar vor der Gleichung (7.24) angegebenen Ausdruck für $\overline{v^2}$ ein, so werden Sie (7.2) erhalten

$$p = \frac{N}{V} kT = \frac{n}{V} RT = cRT \quad .$$

Wir halten als Ergebnis dieses Abschnitts fest, daß wir an zwei Beispielen (kalorische und thermische Zustandsgleichung des idealen Gases) gesehen haben, daß die im Gleichgewichtszustand eines makroskopischen Systems gültigen Zustandsgleichungen eine Folge der Verteilung der Moleküle des Systems auf die verschiedenen möglichen Mikrozustände sind. Im Falle des idealen Gases waren diese die (durch die Geschwindigkeit v beschriebenen) translatorischen Bewegungszustände sowie die Zustände der Rotation und Schwingung der Moleküle. Bei Systemen, die nicht ideale Gase sind, hat man auch Wechselwirkungen zwischen den Molekülen zu berücksichtigen. Jedoch gilt auch dann, daß makroskopische Zustandsgleichungen eine Folge der durch Boltzmann-Faktoren (7.18) beschriebenen Verteilung "molekularer Bausteine" auf die verschiedenen Mikrozustände sind.

7.2.4 Entropie

Der Begriff der Entropie ist zweifellos der am schwierigsten zu verstehende Begriff der Thermodynamik. Im Rahmen einer statistischen Beschreibung des mikroskopischen Geschehens, wie sie in diesem Kapitel gegeben wird, kann die Entropie in Zusammenhang gebracht werden mit der (sehr großen) Anzahl der verschiedenen mikroskopischen Bewegungszustände eines Systems (z.B. eines Gases), die alle denselben durch bestimmte Werte der unabhängigen Zustandsgrößen fixierten makroskopischen Systemzustand darstellen. Wir wollen das in diesem Abschnitt genauer erläutern.

Wir haben im letzten Abschnitt gelernt, daß zu einem durch die Werte der unabhängigen Zustandsvariablen charakterisierten makroskopischen Gleichgewichtszustand eine bestimmte Verteilung der Moleküle gehört, bezüglich der Geschwindigkeiten der Moleküle eben die Maxwellsche Geschwindigkeitsverteilung. Durch letztere ist zwar der Anteil von Molekülen mit einer bestimmten Geschwindigkeit festgelegt, jedoch nicht, welche Geschwindigkeit jedes einzelne Molekül tatsächlich hat. Einen Zustand, in dem Geschwindigkeit und sonstige Eigenschaften jedes einzelnen Moleküls genau festgelegt sind, nennen wir einen Mikrozustand des Gases. Es gibt offensichtlich viele verschiedene Mikrozustände, die alle dieselbe Geschwindigkeitsverteilung der Moleküle besitzen und deshalb alle denselben makroskopischen Gleichgewichtszustand (Makrozustand) realisieren.

Daneben gibt es aber auch noch makroskopische Nichtgleichgewichtszustände, in denen die unabhängigen Zustandsvariablen dieselben Werte haben wie in einem Gleichgewichtszustand, in denen aber noch nicht alle Prozesse zum Ende gekommen sind. Deshalb gehört zu einem solchen Nichtgleichgewichtszustand eine Geschwindigkeitsverteilung w(v), die verschieden ist von der Maxwellschen Geschwindigkeitsverteilung des Gleichgewichtszustandes. Auch eine solche Nichtgleichgewichtsverteilung w(v) kann ebenfalls durch viele verschiedene Mikrozustände realisiert sein. *Wir werden die Entropie definieren als ein Maß der Information, die in der Beschreibung durch Wahrscheinlichkeitsverteilungen fehlt im Hinblick auf die Festlegung des exakten Mikrozustandes, den das System tatsächlich hat.* Das gilt für Gleichgewichts- wie für Nichtgleichgewichtszustände; es werden sich aber gerade mit Hilfe der Entropie die Gleichgewichtszustände gegenüber den Nichtgleichgewichtszuständen besonders auszeichnen lassen.

In einem beliebigen Zustand des Gases beschreibt die Größe w(v) [die in Abschnitt 7.2.1 eingeführt wurde und die für Gleichgewichtszustände die spezielle Form (7.13) annimmt] die Wahrscheinlichkeit, daß ein beliebig herausgegriffenes Molekül die Geschwindigkeit v hat. Wir wollen jedoch auch die Richtung der Geschwindigkeit $\vec{v}$ berücksichtigen und bei zwei- oder mehratomigen Molekülen den Rotations- und den Schwingungszustand, in dem sich das Molekül befindet. Wir schreiben deshalb für den Zustand des Moleküls ein Symbol α, das Translations-, Rotations- und Schwingungszustand des Moleküls zusammenfassend charakterisieren soll. w(α) ist die Wahrscheinlichkeit, daß ein beliebig herausgegriffenes Molekül sich im Zustand α befindet. Das Gas besteht aus N ($\approx 10^{23}$) Molekülen. Durch Angabe der Zustände α_i (i=1,...,N) aller Moleküle wird ein (mikroskopisch exakt festgelegter) Zustand ($\alpha_1,...,\alpha_N$) des ganzen Gases festgelegt, der Mikrozustand des Gases. Seine Wahrscheinlichkeit ergibt sich nach einer elementaren Regel der Wahrscheinlichkeitsrechnung durch *Multiplikation* der Wahrscheinlichkeiten der Molekülzustände

$$W(\alpha_1,...,\alpha_N) = w(\alpha_1) \cdot w(\alpha_2) \ldots w(\alpha_N) \quad . \tag{7.30}$$

Aufgabe I:
Sie können diese Multiplikationsregel der Wahrscheinlichkeiten an folgendem einfachen Beispiel anwenden. Betrachtet seien nur zwei "Moleküle", von denen jedes sich nur in einem von zwei "Molekülzuständen" ↑ und ↓ befinden kann (denken Sie an zwei Geschwindigkeitsrichtungen oder an zwei Rotationsmöglichkeiten, rechts herum oder links herum). Berechnen Sie $W(\alpha_1,\alpha_2) = w(\alpha_1) \cdot w(\alpha_2)$

7.2 Kinetik der Gase

für die vier möglichen Gesamtzustände $(\alpha_1,\alpha_2) = (\uparrow\uparrow)$, $(\uparrow\downarrow)$, $(\downarrow\uparrow)$ und $(\downarrow\downarrow)$, wenn $w(\uparrow)$ und $w(\downarrow)$ die links vorgegebenen Werte haben

$w(\uparrow)$	$w(\downarrow)$	$W(\uparrow\uparrow)$	$W(\uparrow\downarrow)$	$W(\downarrow\uparrow)$	$W(\downarrow\downarrow)$
$\frac{1}{2}$	$\frac{1}{2}$				
$\frac{2}{3}$	$\frac{1}{3}$				
$\frac{3}{4}$	$\frac{1}{4}$				
1	0				

Die richtigen Ergebnisse finden Sie im Anhang E.

Gibt man den verschiedenen Systemzuständen Wahrscheinlichkeiten, so heißt das: Es ist nicht festgelegt, welcher Zustand im Einzelfall vorliegt, die verschiedenen Zustände sind eben mehr oder weniger wahrscheinlich oder unwahrscheinlich. Die Informationstheorie liefert uns für solche Situationen *ein Maß, das angibt, wieviel Information einer Wahrscheinlichkeitsbeschreibung fehlt, um exakt festzulegen, welcher Zustand vorliegt.* Dieses Maß ist die Entropie

$$S = -k \sum_{\text{alle Zustände } (\alpha_1,\alpha_2,\ldots)} W(\alpha_1,\alpha_2,\ldots) \ln W(\alpha_1,\alpha_2,\ldots) \quad . \quad (7.31)$$

Während in der Informationstheorie der Faktor k beliebig sein kann, wählt man in der Physik k als die Boltzmann-Konstante (7.14), um den Anschluß an historische Konventionen herzustellen, die schon älter sind als der informationstheoretische Zugang zum Entropiebegriff. Mit k als Boltzmann-Konstante ergibt sich für die Entropie als Maßeinheit J/K (Joule/Kelvin). Um für die Definition (7.31) ein Gefühl zu bekommen, rechnen Sie bitte die

Aufgabe II:
Gehen Sie von den in der Aufgabe I errechneten Wahrscheinlichkeiten aus und berechnen Sie für jede der 4 vorgegebenen Wahrscheinlichkeitsverteilungen (d.h. für jede Zeile der Tabelle) die Entropie gemäß (7.31), d.h. gemäß
$S/k = -W(\uparrow\uparrow) \ln W(\uparrow\uparrow) - W(\uparrow\downarrow) \ln W(\uparrow\downarrow) - W(\downarrow\uparrow) \ln W(\downarrow\uparrow) - W(\downarrow\downarrow) \ln W(\downarrow\downarrow)$. Auch hier finden Sie das richtige Ergebnis im Anhang E.

Das Ergebnis der Aufgabe II bedeutet, daß die Entropie (=fehlende Information) um so kleiner ist, je mehr die Wahrscheinlichkeiten $W(\alpha_1,\alpha_2)$ der vier möglichen Mikrozustände (α_1,α_2) voneinander abweichen, d.h. je mehr bestimmte Mikrozustände mit besonders hoher Wahrscheinlichkeit vorliegen. Im Grenzfall der letzten Zeile liegt mit Sicherheit der Mikrozustand (↑↑) vor, also ist die fehlende Information Null.

In einem makroskopischen System haben wir nicht nur 2, sondern größenordnungsmäßig 10^{23} Moleküle (von denen jedes auch wesentlich mehr als nur 2 mögliche Molekülzustände besitzt). Dennoch ändert sich nichts an der Brauchbarkeit der Definition (7.31) als Maß für die Information, die der wahrscheinlichkeitstheoretischen Systembeschreibung fehlt, um den Mikrozustand exakt festzulegen.

Wir können noch eine etwas andere Betrachtungsweise wählen. Sehen wir noch einmal die Tabelle der Aufgabe II an, so erkennen wir, daß die Entropie um so größer ist, je mehr mikroskopische Möglichkeiten mit einem Makrozustand verträglich sind. Qualitativ zeigt dies die unterste Zeile, bei der W(↑↓) = W(↓↑) = W(↓↓) Null sind, also die Mikrozustände (↑↓), (↓↑) und (↓↓) ausgeschlossen sind. In den Zeilen darüber sind sie zugelassen, aber zunächst noch mit unterschiedlicher Wahrscheinlichkeit. Erst in der obersten Zeile sind alle vier Mikrozustände gleich wahrscheinlich, die mikroskopischen Möglichkeiten sind maximal. Auch diese Betrachtungsweise bleibt gültig, wenn die Zahl der möglichen Konstellationen so gewaltig zunimmt, wie es für makroskopischen Systeme aus ca. 10^{23} Teilchen der Fall ist. Gelegentlich nennt man ein System in einem Makrozustand mit viel mikroskopischen Möglichkeiten ungeordnet, hingegen ein System in einem Makrozustand mit wenig mikroskopischen Möglichkeiten geordnet. Insofern ist die Entropie ein Maß für die Unordnung.

Gesetz der Entropiezunahme in einem isolierten System:
Bei einem Nichtgleichgewichtsprozeß verläuft die makroskopische Entwicklung eines isolierten Systems so, daß Makrozustände immer größerer Entropie eingenommen werden. Sie durchläuft eine Folge von Makrozuständen, in denen die in den Zustandsgrößen enthaltene Information über den exakten Mikrozustand des Systems immer geringer wird, oder in anderen Worten: In denen die mit dem Makrozustand verträglichen mikroskopischen Möglichkeiten immer größer werden. Dies ist folgendermaßen zu erklären: Nimmt man an, daß ein physikalisches System alle seine mikroskopischen Möglichkeiten im Laufe der Zeit ausschöpft, so wird es Makrozustände um so häufiger und um so länger einnehmen, je mehr Mikrozustände zu diesem Makrozustand gehören. Befindet es sich zunächst in einem Makrozustand mit wenig mikroskopischen Möglichkeiten, wird es mit großer Wahrscheinlichkeit in einen Makrozustand übergehen, der viele mikroskopische Möglichkeiten zuläßt. Vergleichen Sie dies mit einem leidenschaftlichen Spieler: Sie finden ihn mit größter Wahrscheinlichkeit in einem Spielsalon; treffen Sie ihn aber einmal außerhalb, so befindet er sich mit großer Wahrscheinlichkeit auf dem Wege in den nächsten Spielsalon.

7.2 Kinetik der Gase

In einem makroskopischen System aus ca. 10^{23} Teilchen sind die Unterschiede zwischen den mikroskopischen Möglichkeiten der Nichtgleichgewichtszustände und denen der Gleichgewichtszustände so ungeheuerlich groß, daß die Wahrscheinlichkeit, daß das System einem Gleichgewichtszustand zustrebt, praktisch zur Sicherheit wird.

Es ist ein durch alle Erfahrung bestätigtes Naturgesetz, daß ein System, das von außen nicht beeinflußt wird (d.h. insbesondere feste Energie E, festes Volumen V), einem Zustand maximaler Entropie zustrebt. Die dabei ablaufenden makroskopischen Prozesse, die man *irreversible Prozesse* nennt, laufen so ab, daß die Entropie zunimmt

$$S(t_2) \geq S(t_1) \quad \text{für} \quad t_2 > t_1 \tag{7.32}$$

bis die maximale Entropie erreicht ist. In anderen Worten heißt dies, daß die Änderung der Entropie, ausgedrückt durch den Differentialquotienten nach der Zeit, niemals negativ wird

$$\frac{dS}{dt} \geq 0 \quad . \tag{7.33}$$

Man kann zeigen, daß die Wahrscheinlichkeitsverteilung maximaler Entropie S für ein Gas (unter Absehen der Rotations- und Schwingungsbewegung) gerade die Maxwell-Verteilung (7.13) ist. Die Maxwell-Verteilung beschreibt also ein Gas im thermodynamischen Gleichgewicht.

Nimmt man für ein Gas Rotations- und Schwingungsbewegung mit, oder betrachtet man sogar ein beliebiges nichtgasförmiges System, so bleibt wahr, daß die Entropie maximal wird und sich das System im thermodynamischen Gleichgewicht befindet, wenn die Mikrozustände des Gesamtsystems Wahrscheinlichkeiten haben, die gemäß ihrer Energie durch die Boltzmann-Faktoren (7.18) gegeben sind. Wir halten fest:

> Jedes System, das von außen nicht beeinflußt wird (isoliertes System) verändert sich so, daß seine Entropie zunimmt, bis ein Zustand maximaler Entropie erreicht ist, das thermodynamische Gleichgewicht.

Irreversible Entropieerzeugung in einem nicht isolierten System:
Ist ein System nicht isoliert, so kann es Entropie aus der Umgebung aufnehmen oder an die Umgebung abgeben. Auf diese Weise wird es insbesondere möglich, daß während des Ablaufs eines Prozesses die Entropie S des Systems

abnimmt, (7.33) also nicht gilt. Beispiele aus der Biologie sind anabole Prozesse (Wachstum, Proteinsynthese). Dennoch sind auch solche Prozesse stets mit einer *irreversiblen Entropieerzeugung* σ verknüpft, die lediglich durch starke Entropieabgabe an die Umgebung des Systems kompensiert wird. Denn jeder wirkliche Prozeß ist irreversibel (reversible Prozesse sind gedankliche Idealisierungen).

Die gesamte Änderung dS/dt der Entropie S des Systems setzt sich zusammen aus der irreversiblen Entropieerzeugung σ im System und dem Austausch $(dS/dt)_{ext}$ von Entropie mit der Umgebung

$$\frac{dS}{dt} = \sigma + \left(\frac{dS}{dt}\right)_{ext} . \qquad (7.34)$$

$(dS/dt)_{ext}$ kann positiv, negativ oder Null sein:

$\left(\frac{dS}{dt}\right)_{ext} > 0$ bedeutet Entropiezufuhr von der Umgebung zum System,

und

$\left(\frac{dS}{dt}\right)_{ext} < 0$ bedeutet Entropieabgabe vom System an die Umgebung .

Für σ aber gibt es nur das eine Vorzeichen:

> Die irreversible Entropieerzeugung ist bei jedem makroskopischen Prozeß positiv
>
> $\sigma \geq 0$. (7.35)

Die Physik kennt viele Beispiele für die Gültigkeit der Aussagen (7.33) und (7.35), etwa aus dem Gebiet der Wärmekraftmaschinen. Auch die Spekulation mit dem "Wärmetod" des Universums bezieht sich auf das Gesetz (7.33). Die für die Biologie wichtigen Beispiele liegen jedoch vorwiegend auf dem Felde von Stofftransport und Stoffumwandlungen durch chemische Reaktionen. Wir werden solche Beispiele im nächsten Abschnitt und in den Abschnitten 7.3.3, 7.3.4, 7.4 sowie in Kapitel 8 geben.

7.2.5 Chemische Reaktionen in Gasen

Wir betrachten nun ein ideales Gas aus mehreren Komponenten, zwischen denen eine chemische Reaktion ablaufen kann. Erfüllen die Werte der Stoffmengenkonzentrationen der Komponenten nicht das Massenwirkungsgesetz [(7.7) für eine

7.2 Kinetik der Gase

bimolekulare Reaktion], so ist das Gas noch nicht im Gleichgewicht. Es läuft eine chemische Reaktion als thermodynamisch irreversibler Prozeß solange bis das Gleichgewicht erreicht ist. Die einzelnen Komponenten des idealen Gases können dabei erfahrungsgemäß so beschrieben werden, als ob sie für sich im Gleichgewicht wären, nur das Gleichgewicht zwischen den Komponenten ist eben noch nicht hergestellt.

Diese Tatsache, die in Strenge nur für ideale Gase gilt, erlaubt alle uns bekannten Aussagen über Gleichgewichtseigenschaften von Gasen auf jede einzelne Komponente des Gasgemisches zu beziehen, z.B. Maxwellsche Geschwindigkeitsverteilung, thermische und kalorische Zustandsgleichung. Für jede Komponente i gilt die thermische Zustandsgleichung (7.5) mit einem Partialdruck p_i und einer Stoffmengenkonzentration c_i. Die innere Energie U_i jeder Komponente hängt gemäß (7.24) bis (7.28) von der Temperatur T ab. Die gesamte innere Energie U des Gasgemisches ist die Summe der Teilenergien U_i der Komponenten

$$U = \sum_{\text{alle Komponenten i}} U_i \quad . \tag{7.36}$$

Auch die Entropie S des Gasgemisches wird angesetzt als Summe der Gleichgewichtsentropien der Komponenten

$$S = \sum_{\text{alle Komponenten i}} S_i \quad . \tag{7.37}$$

Auf diese Weise können wir die Entropie des Gesamtsystems, das *nicht* im thermodynamischen Gleichgewicht ist, berechnen, wenn wir die Zustandsfunktion Entropie für die einzelnen Komponenten im Gleichgewicht kennen. Damit läßt sich auch die irreversible Entropieerzeugung bei Ablauf der Reaktion berechnen. Dies soll im Folgenden durchgeführt werden.

Wir brauchen zunächst Aussagen über die Entropie eines Gases im thermodynamischen Gleichgewicht. Molekularstatistische Überlegungen, die auf dem Boltzmann-Faktor (7.18) aufbauen und hier nicht im einzelnen vorgeführt werden sollen, ergeben dazu das Folgende: Ändert man bei festgehaltener innerer Energie U und festgehaltenem Volumen die Stoffmenge n um dn, so bedeutet das eine Entropieänderung

$$dS = -\frac{\mu}{T} dn \tag{7.38}$$

mit einer Zustandsgröße μ, die *chemisches Potential* heißt. Die Differenzgrößen dS und dn der Entropie und Stoffmenge sind in mathematischer Strenge Differentiale. Das bedeutet, daß (7.38) nur für kleine Differenzen gültig ist.

Das chemische Potential ist eine Zustandsgröße und ist deshalb als Funktion μ(T,c) beispielsweise der unabhängigen Zustandsgrößen T und c anzusehen.

Beispiel zu (7.38):
Bei Atmosphärendruck und 298 K hat ein Gas die Stoffmengenkonzentration c = 0,041 mol/l; das molare Volumen ist demnach 24,4 l/mol. Das chemische Potential des Wasserstoffgases H_2 bei dieser Stoffmengenkonzentration und 298 K ist μ = -38900 J/mol. Füllt man in dasselbe Volumen nun 1,1 mol, so bedeutet das Δn = 0,1 mol. Wenn in beiden Fällen die innere Energie gleich groß ist, ergibt (7.38) einen Entropieunterschied

$$\Delta S = \frac{38900}{298} \cdot 0{,}1 \ \frac{J}{K} = 13 \ \frac{J}{K} \quad .$$

Die Herleitung von (7.38) aus der Molekülstatistik ergibt nun gleichzeitig, daß das chemische Potential eines idealen Gases folgende Abhängigkeit von c und T besitzt

$$\boxed{\mu(T,c) = \mu^0(T) + RT \ln \frac{c}{c_0}} \qquad (7.39)$$

mit einer willkürlichen Bezugskonzentration c_0, die allgemein als c_0 = 1 mol/l gewählt wird. Die Abhängigkeit von der Stoffmengenkonzentration c steckt allein im zweiten Term von (7.39). Der erste Term $\mu^0(T)$ ist das chemische Potential für die (Standard-)Stoffmengenkonzentration c = 1 mol/l und hängt nur von der Temperatur T ab.

Beispiel zu (7.39):
Bei 298 K und c = 0,041 mol/l haben H_2, Cl_2 und HCl die chemischen Potentiale -38900 J/mol, -66500 J/mol und -147800 J/mol. Aus (7.39) erhält man

$$\mu(T,c') = \mu(T,c) + RT \ln \frac{c'}{c} \quad . \qquad (7.40)$$

Daraus erhält man die chemischen Potentiale der drei Gase bei 298 K und c' = c/3 = 0,0137 mol/l zu -41600 J/mol, -69200 J/mol und -150500 J/mol, da

$$RT \ln \frac{1}{3} = -2723 \ \frac{J}{mol} \quad .$$

Nun zurück zum Gasgemisch. Entsprechend dem am Anfang dieses Abschnitts Gesagten setzen wir nun (7.38) für jede Komponente des Gasgemisches an und erhalten gemäß der Additionsvorschrift (7.37) als Entropieänderung des Gesamtsystems, wenn sich die Stoffmengen n_k der einzelnen Komponenten durch chemische Reaktionen verändern

7.2 Kinetik der Gase

$$dS = -\frac{1}{T} \sum_{\substack{\text{alle} \\ \text{Komponenten i}}} \mu_i dn_i \quad . \tag{7.41}$$

Teilen wir dies durch ein Zeitintervall dt, so erhalten wir die mit dem Reaktionsprozeß verbundene irreversible Entropieerzeugung, die nach (7.35) stets positiv sein muß

$$\boxed{\sigma_{\text{Reaktion}} = \left.\frac{dS}{dt}\right|_{\text{Reaktion}} = -\frac{1}{T} \sum_i \mu_i \frac{dn_i}{dt} \geq 0} \quad . \tag{7.42}$$

Die Reaktion läuft gerade so lange, als der mit (7.42) angegebene Ausdruck der irreversiblen Entropieerzeugung positiv ist. Das Gleichgewicht ist dadurch charakterisiert, daß keine mit den stöchiometrischen Relationen der Reaktionen verträglichen Stoffmengenänderungen mehr möglich sind, die zu positivem σ führen.

Beispiel zu (7.42):

Wir betrachten ein Gas bei Atmosphärendruck und 298 K, das zu gleichen Teilen aus H_2, Cl_2 und HCl besteht. Die Stoffmengenkonzentration jeder Komponente ist 0,0137 mol/l, die gesamte Stoffmengenkonzentration 0,041 mol/l. Die Komponenten können die Reaktionen ausführen

$$H_2 + Cl_2 \rightleftarrows 2HCl \quad .$$

Die Reaktionsgleichung besagt, daß aus 1 Mol H_2 und 1 Mol Cl_2 stets 2 Mole HCl entstehen und umgekehrt, entsprechend bei geringeren oder größeren Umsätzen. Demgemäß sind die dn_i in (7.42) nicht voneinander unabhängig und es ist zweckmäßig, diese Abhängigkeit durch eine gemeinsame Reaktionslaufzahl ξ auszudrücken

$$\begin{aligned} dn_{H_2} = dn_{Cl_2} &= -d\xi \\ dn_{HCl} &= 2d\xi \end{aligned} \quad . \tag{7.43}$$

Wir sehen, daß durch diese Definition von ξ eine positive und eine negative Richtung der Reaktion festgelegt wird: Zunahme ($d\xi > 0$) der Reaktionslaufzahl ξ bedeutet, daß die Reaktion von links nach rechts, Abnahme ($d\xi < 0$), daß sie von rechts nach links läuft. Unter Verwendung dieser Reaktionslaufzahl lautet (7.42)

$$\sigma_{\text{Reaktion}} = -\frac{1}{T} \frac{d\xi}{dt} \left(-\mu_{H_2} - \mu_{Cl_2} + 2\mu_{HCl} \right) \quad . \tag{7.44}$$

Setzen wir hier für die chemischen Potentiale die Werte ein, die für c = 0,0137 mol/l im Beispiel zu (7.39) errechnet wurden, so erhalten wir

$\sigma_{Reaktion} = (1/T)(d\xi/dt) \cdot 190200$ J/mol.

Wir sehen nun, daß die Bedingung $\sigma_{Reaktion} > 0$ erfordert: $d\xi/dt > 0$! Das bedeutet, daß ausgehend von den vorgegebenen Stoffmengen die Reaktion spontan von links nach rechts laufen muß, d.h. in die Richtung, daß H_2 und Cl_2 in 2HCl umgewandelt wird.

Dies ist ein irreversibler Prozeß: Ausgehend von den vorgegebenen Stoffmengen läuft die Reaktion nur in dieser Richtung, niemals in die andere Richtung!

Massenwirkungsgesetz:

Wir zeigen noch, wie aus (7.39) und (7.42) die Gültigkeit des Massenwirkungsgesetzes (7.7) folgt. Wem diese Rechnung zu schwierig ist, der kann direkt zu Abschnitt 7.2.6 springen. Wie schon oben formuliert, ist das Gleichgewicht dadurch ausgezeichnet, daß keine Stoffmengenänderungen durch die Reaktion mehr möglich sind derart, daß $\sigma > 0$. Also ist die Gleichgewichtsbedingung $\sigma = 0$, d.h.

$$\sum_i \mu_i dn_i = 0 \qquad (7.45)$$

mit allen Kombinationen dn_i, die mit der Stöchiometrie der Reaktionsgleichung verträglich sind. Damit die Schreibweise nicht zu kompliziert wird, betrachten wir nur eine bimolekulare Reaktion

$$A + B \rightleftarrows C + D \quad . \qquad (7.46)$$

(Die im Beispiel betrachtete Chlorknallgasreaktion erfüllt dieses Schema, wenn man rechts 2HCl=HCl+HCl schreibt.) Wir verwenden die oben eingeführte Reaktionslaufzahl ξ — vgl. (7.43) —

$$dn_A = dn_B = -d\xi$$
$$dn_C = dn_D = d\xi \qquad (7.47)$$

und erhalten aus (7.45)

$$\mu_A + \mu_B - \mu_C - \mu_D = 0 \quad . \qquad (7.48)$$

Man erhält daraus das Massenwirkungsgesetz, wenn man (7.39) für das chemische Potential jeder der 4 Komponenten i ansetzt

$$\mu_i(T,c_i) = \mu_i^0(T) + RT \ln \frac{c_i}{c_0} \quad . \tag{7.49}$$

Wenn Sie mit den Rechenregeln des Logarithmus vertraut sind, setzen Sie bitte selber (7.49) in (7.48) ein, fassen alle Stoffmengenkonzentrationen als Quotient unter einem Logarithmus zusammen und delogarithmieren. Sie erhalten

$$\frac{c_C \cdot c_D}{c_A \cdot c_B} = \exp\left(\frac{\mu_A^0 + \mu_B^0 - \mu_C^0 - \mu_D^0}{RT}\right) \quad . \tag{7.50}$$

Der Exponentialausdruck der rechten Seite ist nur eine Funktion der Temperatur und wird als "Gleichgewichtskonstante" K(T) bezeichnet. Da (7.39) und (7.49) nur für ideale Gase gelten, gilt unsere Herleitung des Massenwirkungsgesetzes aus der Gleichgewichtsbedingung (7.45) nur für Reaktionen, bei denen alle Reaktionspartner ideale Gase sind. Für die Chlorknallgasreaktion bei 298 K ist die rechte Seite von (7.50) aufgrund der oben angegebenen Werte der chemischen Potentiale von der Größenordnung $e^{77} \approx 10^{33}$, d.h. im Gleichgewicht ist praktisch nur noch HCl vorhanden.

7.2.6 Zusammenfassung

Dieser Abschnitt 7.2 sollte Ihnen am Beispiel gasförmiger Systeme verständlich machen, wie makroskopische Eigenschaften und Verhaltensweisen thermodynamischer Systeme mit dem komplexen Geschehen auf mikroskopischer, molekularer Ebene zusammenhängen.

Sie haben zunächst gelernt, mit welcher Häufigkeit im thermodynamischen Gleichgewicht eines Gases die Moleküle bestimmte Geschwindigkeiten besitzen. Aus dieser Maxwellschen Geschwindigkeitsverteilung folgen durch Mittelwertbildung über alle Moleküle die bekannten Zustandsgleichungen des idealen Gases (kalorische und thermische).

Der nächste Unterabschnitt hat Sie mit dem Begriff der Entropie vertraut gemacht. Die Zustandsgröße Entropie gibt an, wieviel Information der (sehr groben) Makrobeschreibung eines Systems durch wenige makroskopische Zustandsgrößen fehlt im Hinblick auf die Festlegung des exakten mikroskopischen Zustandes des Systems. Die wichtigste Eigenschaft der Entropie ist, daß sie bei allen Prozessen in *isolierten* Systemem stets zunimmt. Diese Prozesse sind stets irreversibel und führen ins thermodynamische Gleichgewicht.

Auch in nichtisolierten Systemen, die Energie und Materie mit der Umgebung austauschen können, gibt es nur irreversible Prozesse, die mit einer *irre-*

versiblen Entropieerzeugung verbunden sind, die niemals negativ werden kann. Jedoch kann ein nichtisoliertes System dem thermodynamischen Gleichgewicht fernbleiben, seine Entropie kann gleichbleiben oder sogar abnehmen, wenn die irreversible Entropieerzeugung im System durch starke Entropieabgabe an die Umgebung kompensiert wird.

Im letzten Unterabschnitt wurden diese Erkenntnisse auf chemische Reaktionen in idealen Gasen angewendet. Chemische Reaktionen verändern die Stoffmengen, und die damit verbundene irreversible Entropieerzeugung kann mit Hilfe der chemischen Potentiale der Reaktionspartner berechnet werden. Jede Reaktion läuft in die Richtung, bei der die irreversible Entropieerzeugung positiv ist, im isolierten System bis zu einem Reaktionsgleichgewicht. Im Gleichgewicht laufen makroskopisch keine Reaktionsprozesse mehr ab, die irreversible Entropieerzeugung ist Null und daraus resultiert die Gleichgewichtsbedingung (7.45). Diese läßt sich für ideale Gase umformen zum Massenwirkungsgesetz (7.50).

7.2.7 Aufgaben

1) Welche der folgenden Aussagen sind richtig?

   A. Die Maxwellsche Geschwindigkeitsverteilung gilt für ein Gas im thermodynamischen Gleichgewicht bei der Temperatur T.

   B. Die von den Gasmolekülen am häufigsten eingenommene Geschwindigkeit v_{max} ist um so höher, je geringer die Temperatur T des Gases ist.

   C. Die Verteilung der Moleküle auf die Bewegungszustände der Rotationen und Schwingungen im Gleichgewicht bei der Temperatur T wird durch den Boltzmann-Faktor gegeben.

   D. Aus den Verteilungen der Moleküle auf die verschiedenen Geschwindigkeitszustände sowie die verschiedenen Rotations- und Schwingungszustände folgen die makroskopischen Zustandsgleichungen.

2) Berechnen Sie v_{max} für N_2 und O_2 bei Zimmertemperatur nach (7.16). Es ist $m(N_2) = 28$ u, $m(O_2) = 32$ u, atomare Masseneinheit $u = 1,66 \cdot 10^{-27}$ kg.

3) Berechnen Sie die Zunahme ΔU der inneren Energie eines Mols eines zweiatomigen idealen Gases (z.B. O_2) nach (7.28) zusammen mit (7.24), (7.26) und (7.27), wenn das Gas von 298 K auf 299 K erwärmt wird.

4) Die möglichen mikroskopischen Bewegungszustände eines thermodynamischen Systems (z.B. eines Gases aus 10^{23} Molekülen) seien durch einen Index i = 1, 2, 3, ... durchnumeriert. Ein makroskopischer Zustand des Systems sei durch Wahrscheinlichkeiten w(i) für die einzelnen Mikrozustände i = 1, 2, 3, ... charakterisiert. Wie lautet die Formel für die Entropie dieses makroskopischen Zustandes.

5) Wie lautet die Formel für die irreversible Entropieerzeugung bei Ablaufen einer chemischen Reaktion?

7.3 Die Hauptsätze der Thermodynamik

Die Beschäftigung mit Gasen hat den Vorteil, daß sie wegen der Anschaulichkeit der Molekülkinetik den Zugang zur Thermodynamik erleichtert, aber den Nachteil, daß es sich um ziemlich uninteressante Systeme handelt, schon für den Physiker, erst recht für den Biologen. Deshalb wollen wir uns jetzt von den Gasen abwenden und uns den Aussagen der Thermodynamik zuwenden, die universell gültig sind, also auch für kondensierte Systeme, nämlich den Hauptsätzen.

7.3.1 Der erste Hauptsatz

Der erste Hauptsatz der Thermodynamik fordert die universelle Gültigkeit der *Erhaltung der Energie bei beliebigen Prozessen*, vgl. (3.45). Dies wird in der Thermodynamik in folgender Weise formuliert. Wir bezeichnen mit ΔU die Zunahme (wenn negativ: Abnahme) der inneren Energie bei Ablauf eines Prozesses. Weiterhin bezeichnen wir mit ΔW die *Arbeit* (engl.: work), die während des Prozeßablaufs von außen in makroskopisch kontrollierter Weise am System geleistet wird. Dieser thermodynamische Arbeitsbegriff ist eine Einschränkung des Be-

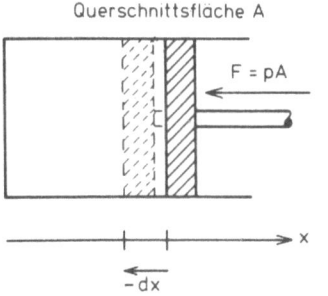

Abb. 7.6. Volumarbeit
dW = -Fdx
  = -pAdx = -pdV

griffs Arbeit, wie wir ihn im Kapitel 3 kennengelernt haben. Das wichtigste Beispiel ist die Volumarbeit $\Delta W = -p\Delta V$ (Abb.7.6). Alle Energie, die das System in anderer Form als der Form von thermodynamischer Arbeit ΔW zugeführt bekommt, bezeichnen wir als *Wärme* ΔQ. Dann lautet der Satz der Energieerhaltung

$$\boxed{\Delta U = \Delta W + \Delta Q} \quad . \tag{7.51}$$

Wärme ist also in der Thermodynamik eine besondere Form der Energiezufuhr in ein (oder -abgabe von einem) System. Sie ist nicht der Energieinhalt des Systems (dieser heißt "innere Energie U") und schon gar nicht das, "was warm ist".

Beachten Sie beim Lesen von Literatur, daß dort manchmal andere Vorzeichenkonventionen getroffen sind. Bei unserer Definition von ΔW und ΔQ gilt:

ΔW positiv, wenn Arbeit zugeführt (z.B. durch $\Delta V < 0$) ,
ΔQ positiv, wenn Wärme zugeführt wird .
ΔW negativ, wenn Arbeit abgeführt (z.B. $\Delta V > 0$) ,
ΔQ negativ, wenn Wärme abgeführt wird .

Insbesondere im Hinblick auf chemische Reaktionen finden Sie in der älteren Literatur den Begriff Wärmetönung: Dies ist die während des Ablaufs der Reaktion vom System an die Umgebung abgegebene Wärme, also Wärmetönung = $-\Delta Q$.

Wir bemerken am Rande, daß "Reibungswärme" und "Joulesche Wärme" (Kap.2 und 3) keine Wärme im Sinne der Thermodynamik sind; denn dabei nimmt die innere Energie U zu durch zugeführte Arbeit $\vec{F}\Delta\vec{x}$ bzw. $qE\Delta l = qU$.

7.3.2 Isobare Prozesse. Enthalpie

Chemische Reaktionen und insbesondere biochemische Reaktionen läßt man häufig bei konstantem Druck (d.h. *isobar*) ablaufen; auch ein lebendes biologisches System steht unter konstantem Atmosphärendruck oder Wasserdruck. Ändert sich bei einem Prozeß unter isobaren Bedingungen das Volumen des Systems, $\Delta V \neq 0$, so ergeben gemäß (7.51) erst ΔQ und ΔW zusammen die Änderung ΔU der Zustandsgröße innere Energie. Man kann jedoch eine andere Zustandsgröße H definieren

$$H = U + pV \quad , \tag{7.52}$$

deren Änderung bei isobaren Prozessen (und nur bei diesen!) gleich der zugeführten Wärme ΔQ allein ist: Wir werden dies gleich zeigen. Die Zustandsgröße

7.3 Die Hauptsätze der Thermodynamik

H, die mittels (7.52) definiert und im übrigen ziemlich unanschaulich ist, heißt *Enthalpie* des Systems. Aus (7.52) folgt als Änderung ΔH der Enthalpie bei kleinen Änderungen ΔU, ΔV und Δp von innerer Energie, Volumen und Druck nach der Produktregel der Differentialrechnung

$$\Delta H = \Delta U + p\Delta V + V\Delta p \quad . \tag{7.53}$$

Setzt man für ΔU Gl.(7.51) mit $\Delta W = -p\Delta V$ ein (d.h. zieht man für ΔW nur Volumenarbeit in Betracht), so ergibt sich

$$\Delta H = V\Delta p + \Delta Q \tag{7.54}$$

also unter isobaren Bedingungen ($\Delta p=0$):

$$\Delta H = \Delta Q \quad (\Delta p=0) \tag{7.55}$$

wie oben behauptet wurde. Wenn man in Gedanken kleine Reaktionsschritte aneinanderfügt, so sind links und rechts von (7.55) die Beiträge ΔH und ΔQ aufzusummieren: (7.55) gilt also nicht nur für kleine Änderungen, sondern auch für eine ganze Reaktion von Anfang (A) bis Ende (E).

Obwohl — wie schon festgestellt — die Definition der Enthalpie ziemlich unanschaulich ist, bringt sie uns den Vorteil, daß wir die "Wärmetönung" einer isobaren Reaktion als Differenz der Zustandsgröße Enthalpie der Reaktionspartner am Anfang und Ende der Reaktion berechnen können: $\Delta Q_{AE} = H_E - H_A$. Enthalpien von chemischen Substanzen finden Sie in den Handbüchern, die zu den Abschnitten 7.3 und 7.4 im Anhang F zitiert sind. Beispiele sind gerechnet z.B. in den im Anhang F angegebenen Büchern von Morris und Morowitz. Wärmetönungen, d.h. Änderungen der Enthalpie (englisch auch "energy" genannt, aber nicht mit der inneren Energie zu verwechseln) sind für die Biologie im allgemeinen nicht von besonders großer Bedeutung. Wir wollen deshalb an dieser Stelle die Details der Berechnung von Wärmetönungen nicht vertiefen.

Ein Reaktionsablauf unter isobaren Bedingungen mit

$\Delta Q = \Delta H > 0 \quad$ heißt endotherm ,
$\Delta Q = \Delta H < 0 \quad$ heißt exotherm .

Es gibt exotherme und endotherme Reaktionen.

7.3.3 Der zweite Hauptsatz

Der zweite Hauptsatz fordert die universelle Gültigkeit des Gesetzes (7.35) für die "irreversible Entropieerzeugung"

$$\boxed{\sigma \geq 0} \quad . \tag{7.56}$$

Das Gleichheitszeichen gilt nur im thermodynamischen Gleichgewicht, bei dem keine Prozesse mehr laufen. *Alle realen makroskopischen Prozesse sind irreversibel, d.h. sie sind mit Entropieerzeugung verbunden.* (Reversible Prozesse, für die während des Prozeßablaufs das Gleichheitszeichen gelten soll, werden manchmal als gedankliche Idealisierung bei Argumentationen verwendet.) Was ist der Nutzen der Aussage (7.56)?

- Es ist erstens eine *qualitative Aussage über den Ablauf von Prozessen:* Prozesse mit Entropieerzeugung sind möglich, Prozesse mit Entropievernichtung sind nicht möglich, sie kommen in der Natur nicht vor.

- Es ist zweitens eine qualitative Aussage über das thermodynamische Gleichgewicht: Zustände, von denen keine Prozesse mit positiver Entropieerzeugung wegführen, müssen Gleichgewichtszustände sein. Man kann mit Stetigkeitsargumenten zeigen, daß bei Prozessen, die zum Gleichgewicht hinführen, die Entropieerzeugung schon in der Nachbarschaft des Gleichgewichtszustandes immer kleiner wird. Daraus folgt als *Gleichgewichtsbedingung:* Alle gedachten Prozesse in unmittelbarer Umgebung des Gleichgewichts haben $\sigma = 0$.

Der praktische Nutzen dieser beiden Aussagen wird an den Beispielen in Abschnitt 7.4 deutlicher werden. Für die irreversible Entropieerzeugung bei chemischen Reaktionen und anderen stofflichen Umwandlungen schreibt man nicht nur bei idealen Gasen [vgl. (7.42)], sondern ganz allgemein

$$\boxed{\sigma_{\text{Reaktion}} = - \frac{1}{T} \sum_i \mu_i \frac{dn_i}{dt} \geq 0} \quad , \tag{7.57}$$

wobei die Stoffmengenänderungen dn_i in dieser Gleichung die chemischen Reaktionen und stofflichen Umwandlungen *im* System beschreiben (Stofftransport von der Umgebung ins System und umgekehrt trägt nicht zur irreversiblen Entropieerzeugung im System bei).

Gleichung (7.57) ist die für den Biologen wichtigste Aussage des zweiten Hauptsatzes der Thermodynamik. Die praktische Anwendbarkeit wird allerdings dadurch erschwert, daß die chemischen Potentiale μ_i der einzelnen Komponenten Zustandsgrößen $\mu_i(T, c_1, c_2, \ldots)$ sind, die von allen Konzentrationen abhängen können und im allgemeinen Fall nicht die besondere Form (7.49) haben; dies

7.3 Die Hauptsätze der Thermodynamik

ist insbesondere bei Reaktionen in vivo zu erwarten. Anwendungen auf Reaktionen in vitro (Biochemie) werden wir in Abschnitt 7.4 besprechen.

Das Gleichheitszeichen in (7.57) gilt nur im thermodynamischen Gleichgewicht. Für stoffliche Umwandlungsprozesse (insbesondere auch chemische Reaktionen) folgt daraus die Gleichgewichtsbedingung

$$\sum_i \mu_i dn_i = 0 \; . \tag{7.58}$$

Anwendungen dieser Bedingung werden wir ebenfalls im Abschnitt 7.4 kennenlernen.

7.3.4 Isobar-isotherme Prozesse. Freie Enthalpie

Chemische und biochemische Reaktionen laufen meist nicht nur isobar, sondern zusätzlich auch bei konstanter Temperatur (d.h. *isotherm*) ab. Unter diesen Umständen kann man (7.57) als Bedingung an die Veränderung einer Zustandsgröße G formulieren, die folgendermaßen definiert ist

$$G = H - TS \tag{7.59}$$

mit der Enthalpie H und der Entropie S. Diese ziemlich unanschauliche Größe, die wie eine Energie in Joule gemessen wird, heißt *Freie Enthalpie*, insbesondere in der angelsächsischen Literatur auch Gibbssche Freie Energie oder (z.B. im Biochemie-Buch von Lehninger) nur Freie Energie. Angesichts dieser unschuldigen Bezeichnung müssen wir Sie ausdrücklich vor dem Fehler warnen, die Freie Enthalpie G mit der inneren Energie U zu verwechseln. Insbesondere ist die Freie Enthalpie G ebenso wie die Entropie S keine Erhaltungsgröße: Es gilt für beide Größen *nicht* der erste Hauptsatz der Thermodynamik.

Aus (7.59) folgt als Änderung ΔG der Freien Enthalpie bei kleinen Änderungen ΔH, ΔS und ΔT von Enthalpie, Entropie und Temperatur nach der Produktregel der Differentialrechnung

$$\Delta G = \Delta H - T\Delta S - S\Delta T \; . \tag{7.60}$$

Zieht man nur Volumarbeit in Betracht, so ist unter der Bedingung konstanten Druckes — siehe (7.55) — und konstanter Temperatur (ΔT=0)

$$\Delta G = \Delta Q - T\Delta S \; . \tag{7.61}$$

Macht man ΔG, ΔQ und ΔS infinitesimal, $\Delta S \to dS$ etc., und dividiert man durch ein infinitesimales Zeitintervall dt, so erhält man

$$\frac{dG}{dt} = \frac{dQ}{dt} - T\frac{dS}{dt} \quad . \tag{7.62}$$

Setzt man hier die thermodynamische Beziehung für die Zustandsgröße S ein

$$T\frac{dS}{dt} = \frac{dQ}{dt} - \sum_i \mu_i \frac{dn_i}{dt} \quad , \tag{7.63}$$

so erhält man

$$\frac{dG}{dt} = \sum_i \mu_i \frac{dn_i}{dt} = -T\sigma_{\text{Reaktion}} \quad . \tag{7.64}$$

Das heißt: Für Stoffumwandlungsvorgänge und insbesondere chemische Reaktionen unter den Bedingungen $\Delta p = 0$ und $\Delta T = 0$ ist der zweite Hauptsatz (7.57) gleichbedeutend mit

$$\boxed{\frac{dG}{dt} = \sum_i \mu_i \frac{dn_i}{dt} \leq 0} \quad . \tag{7.65}$$

Bei irreversiblen Prozessen unter isobar-isothermen Bedingungen muß die Freie Enthalpie abnehmen. Das Gleichgewicht ist erreicht und der Prozeß kommt zum Stillstand, wenn die Freie Enthalpie ein Minimum erreicht hat

$$\frac{dG}{dt} = \sum_i \mu_i \frac{dn_i}{dt} = 0 \quad . \tag{7.66}$$

Dies ist nichts anderes als die Gleichgewichtsbedingung (7.58), die allgemein für stoffliche Umwandlungsprozesse gilt.

Da für die Freie Enthalpie (wie für die Entropie, die in (7.59) eingeht) kein Erhaltungssatz gilt, geschieht die Abnahme (7.65) von G während eines irreversiblen Prozesses *nicht zugunsten* irgendeiner Zunahme an anderer Stelle (ebenso wie die Entropieerzeugung σ nicht auf Kosten irgendeiner Entropieabnahme an anderer Stelle erfolgt). Der zweite Hauptsatz (7.57) oder in der für isobar-isotherme Prozesse damit äquivalenten Form (7.65) beschreibt die Einsinnigkeit irreversibler Prozesse: Es wird Entropie irreversibel erzeugt und damit ist wegen (7.59) verbunden, daß bei isobar-isothermen Prozessen die Freie Enthalpie abnimmt. Da die Freie Enthalpie nicht mit der inneren Energie verwechselt werden darf, wäre es auch völlig falsch zu sagen, beim irreversiblen Prozeß würde Energie vernichtet. Die Freie Enthalpie G ist nicht die innere Energie, für die der erste Hauptsatz gilt, und auch sonst keine Substanz, die irgendwie erhalten bleibt.

7.3.5 Zusammenfassung

Sie haben in diesem Abschnitt die beiden Hauptsätze der Thermodynamik kennengelernt, wobei ihre Bedeutung für Stoffumwandlungen und -gleichgewichte im Vordergrund stand.

Der erste Hauptsatz besagt, daß die Änderung der inneren Energie eines Systems gleich der Summe aus zugeführter Arbeit und zugeführter Wärme ist (Energieerhaltung!).

Der zweite Hauptsatz sagt, daß alle realen makroskopischen Prozesse mit Entropieerzeugung verbunden und deshalb irreversibel sind. Daraus folgt, daß bestimmte Prozeßabläufe möglich, andere unmöglich sind.

Speziell für stoffliche Umwandlungen (z.B. chemische Reaktionen) können wir den mit (7.57) gegebenen Ausdruck benutzen, um mögliche und unmögliche Prozeßabläufe zu unterscheiden. Außerdem folgt daraus die Gleichgewichtsbedingung (7.58).

Sie haben dann die Freie Enthalpie kennengelernt, die als Zustandsgröße für jeden durch unabhängige Zustandsgrößen $(T, c_1, c_2, c_3, \ldots)$ festgelegten Zustand einen Wert $G(T, c_1, c_2, c_3, \ldots)$ hat. Die Freie Enthalpie ist vor allem aus folgendem Grunde nützlich. Für isotherm-isobare Prozesse kann das Entropiekriterium (7.57), das zwischen möglichen und unmöglichen Abläufen zu unterscheiden erlaubt, so formuliert werden: Bei isotherm-isobaren Prozessen nimmt die Freie Enthalpie stets ab (7.65). Im Gleichgewicht nimmt die Freie Enthalpie einen minimalen Wert an.

7.3.6 Aufgaben

1) Schreiben Sie den zweiten Hauptsatz der Thermodynamik als Ungleichung für die irreversible Entropieerzeugung.

2) Schreiben Sie eine Formel nieder, die bei chemischen Reaktionen und anderen stofflichen Umwandlungen die irreversible Entropieerzeugung angibt.

3) Welche Gleichgewichtsbedingung für chemische Reaktionen und andere stoffliche Umwandlungen folgt aus dem zweiten Hauptsatz?

4) Wie lautet die Definition der Freien Enthalpie?

7.4 Anwendungen des zweiten Hauptsatzes

Entropie, chemische Potentiale, Freie Enthalpie — diese sehr allgemeinen Begriffe verlieren für den Studierenden ihre Blässe, wenn er im Umgang mit verschiedenen speziellen Phänomenen ihre Bedeutung sieht. Hier werden Phasengleichgewichte, das osmotische Gleichgewicht, die sogenannte "Energetik" chemischer Reaktionen und das für die Biologie der Membranen wichtige elektrochemische Gleichgewicht behandelt.

7.4.1 Phasen

Materie kann in verschiedenen makroskopischen Erscheinungsformen auftreten. Jedermann bekannt sind die sogenannten Aggregatzustände: fest, flüssig und gasförmig. Ein Stoff im festen oder flüssigen Zustand kann aber auch noch in unterschiedlichen Modifikationen auftreten, z.B. fester Schwefel als monokliner oder als rhombischer Kristall. Jede solche Erscheinungsform nennt man eine *Phase*. Verschiedene Phasen können im thermodynamischen Gleichgewicht miteinander koexistieren: Jede Phase ist in sich homogen, an den Phasengrenzen jedoch verändern sich physikalische Eigenschaften sprunghaft. Z.B. ändern sich an der Grenzfläche zwischen einem festen Körper oder einer Flüssigkeit und einem Gas die Brechzahl n (denken Sie an die Besprechung von Linsen im Kap.1), die Dielektrizitätskonstante ε, die Schallgeschwindigkeit v_s, die Wärmeleitfähigkeit κ, die elektrische Leitfähigkeit σ, etc. Sind verschiedene Phasen miteinander im Gleichgewicht, so können darunter zwar mehrere feste und mehrere flüssige, aber nur eine gasförmige sein, da verschiedene Gase sich vollständig miteinander vermischen. Betrachten wir einen einzigen (chemisch einheitlichen) Stoff, z.B. Wasser, so können wir in einem Phasendiagramm (Abb.7.7) angeben, bei welchen Werten von Druck p und Temperatur T im thermodynamischen Gleichgewicht die einzelnen Aggregatzustände auftreten. Es enthält Koexistenzkurven, die solche Wertepaare (p,T) charakterisieren, für die zwei Phasen koexistieren können, und einen Tripelpunkt, in dem sogar alle drei Aggregatzustände koexistieren können.

Die Umwandlung eines Stoffs von einer Phase in eine andere ist ein Prozeß, der dem zweiten Hauptsatz (7.57) [oder unter isobar-isothermen Bedingungen (7.65)] genügen muß. Insbesondere sind die Gleichgewichte (z.B. alle in Abb. 7.7 eingetragenen Einphasenzustände und Koexistenzzustände) durch $\sigma = 0$ charakterisiert, woraus für die Koexistenzgleichgewichte (7.58) folgt, z.B. für das Gleichgewicht zweier Phasen 1 und 2

$$\mu_1 dn_1 + \mu_2 dn_2 = 0 \quad . \tag{7.67}$$

7.4 Anwendungen des zweiten Hauptsatzes

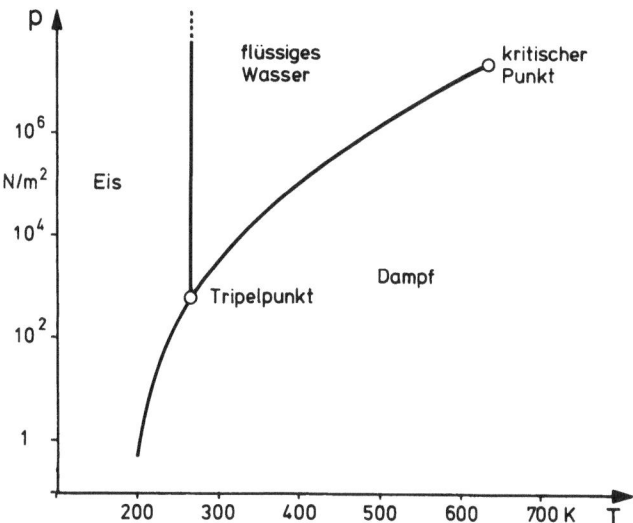

Abb. 7.7. Phasendiagramm von Wasser. Die "Koexistenzkurven" grenzen Gebiete des Zustandsraums voneinander ab, in denen der Zustand von Wasser fest, flüssig oder gasförmig ist

Wegen $dn_1 = -dn_2$ folgt daraus die Koexistenzbedingung

$$\boxed{\mu_1 = \mu_2} \quad . \tag{7.68}$$

Da Druck und Temperatur für beide koexistierenden Phasen gleich sind, können wir auch schreiben

$$\mu_1(p,T) = \mu_2(p,T) \quad . \tag{7.69}$$

Das bedeutet das Folgende: μ_1 und μ_2 sind zwei (im allgemeinen materialspezifische) Zustandsfunktionen, die für beide Phasen verschieden sind [z.B. gilt (7.39) für ein Gas, worin c noch gemäß (7.2) durch p und T ausgedrückt werden kann; für Flüssigkeiten sehen die Funktionen anders aus, und zwar von Flüssigkeit zu Flüssigkeit verschieden]. Gl.(7.69) besagt, daß in einem Koexistenzzustand beide Funktionen *denselben Wert* annehmen müssen. Gl.(7.69) ist die mathematische Gleichung der Koexistenzkurve der beiden Phasen.

Beiderseits der Koexistenzkurve kann jeweils nur die eine oder die andere Phase thermodynamisch existieren. Durch äußere Veränderung des Drucks p und/oder der Temperatur T kann der Stoff von einer in eine andere Phase überführt werden. Diese stoffliche Umwandlung nennt man einen Phasenübergang. Wie Sie vom Beispiel des Verdampfens (Siedens) und Kondensierens wissen, erfolgen

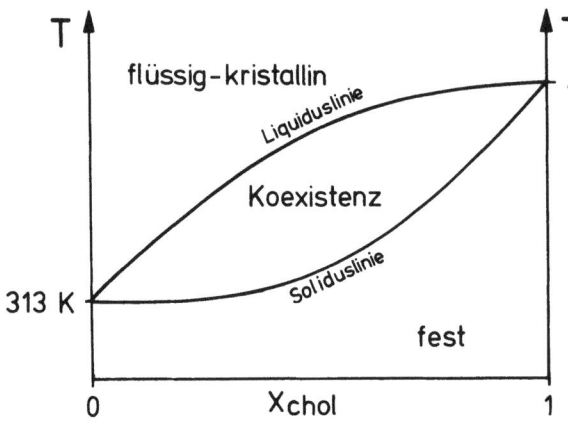

Abb. 7.8. Phasendiagramm eines Lipidgemisches. Im Gebiet zwischen Liquiduslinie und Soliduslinie können flüssig-kristalline und feste Phase miteinander koexistieren. x_{Chol} = Molenbruch des Cholesterins

Phasenübergänge oft unter Zufuhr bzw. Abgabe von Wärme (Phasenumwandlungswärme).

Zum Abschluß dieses nur kurz abgehandelten Themas geben wir ein Beispiel von biologischer Bedeutung: Man kann künstliche Lipid-Doppelschichten (Abschn.4.6.3) als Modellsysteme biologischer Membranen betrachten. Mischt man die Lipide Cholesterin und DPLecithin in verschiedenen Mischungsverhältnissen [Molenbruch $x_{Chol} = c_{Chol}/(c_{Lec}+c_{Chol})$] und untersucht Doppelschichten, so findet man zwei Phasen: Eine flüssig-kristalline, in der die Lipidmoleküle zwar ausgerichtet sind, aber unregelmäßige gegenseitige Abstände haben und eine kristalline Phase mit regelmäßiger Anordnung. Es gibt ein Koexistenzgebiet zwischen der Liquiduslinie und der Soliduslinie, unterhalb der (und d.h. im physiologisch relevanten Temperaturbereich) nur die kristalline Phase thermodynamisch existieren kann (Abb.7.8).

7.4.2 Verdünnte Lösungen

Von besonderer Bedeutung für Chemie und Biochemie sind flüssige Phasen, in denen verschiedene Stoffe homogen vermischt sind. Befindet sich dabei ein Stoff im Überschuß, so spricht man von einer Lösung, der Stoff im Überschuß heißt Lösungsmittel (LM). Alle thermodynamischen Zustandsgrößen sind in diesem Falle im Gleichgewicht (Abschn.7.1.2) Funktionen aller Konzentrationen c_{LM}, c_1, c_2, ..., z.B. das chemische Potential des i-ten gelösten Stoffs

$$\mu_i = \mu_i(T, c_{LM}, c_1, c_2, \ldots) \quad . \tag{7.70}$$

Eine komplizierte Geschichte! Einfacher wird's, wenn die Lösung "verdünnt" ist, d.h. $c_i \ll c_{LM}$ für alle gelösten Stoffe i. Denn dann hängt μ_i nur mehr

7.4 Anwendungen des zweiten Hauptsatzes

von der Konzentration c_i des Stoffes i, aber *nicht mehr von den Konzentrationen* c_j, $j \neq i$, *aller anderen gelösten Stoffe ab*. Eine nicht allzu schwere Rechnung, die aber dennoch hier nicht vorgeführt werden soll, ergibt nämlich *für verdünnte Lösungen*

$$\mu_i = G_i^0(p,T) + RT \ln \frac{c_i}{c_0} \tag{7.71}$$

mit einer willkürlichen Bezugskonzentration c_0, die allgemein als $c_0 = 1\,\text{mol/l}$ gewählt wird. Dann ist der erste Summand $G_i^0(p,T)$ das chemische Potential $\mu_i(p,T,c_i=1\,\text{mol/l})$ für die "Standardkonzentration" $c_i = 1$ mol/l, das noch in einer von gelöstem Stoff und Lösungsmittel abhängigen Art eine Funktion von Druck und Temperatur ist. Man kann zeigen, daß $G_i^0(p,T)$ gerade auch die molare Freie Enthalpie (=Freie Enthalpie pro Mol) für die Stoffmengenkonzentration $c_i = 1$ mol/l ist. Für p = Atmosphärendruck und T = 298 K nennt man dies die Freie Standardenthalpie (Abschn.7.4.3).

Der Ausdruck (7.71) für verdünnte Lösungen ähnelt sehr dem Ausdruck (7.39) oder (7.49) für ideale Gase mit dem Unterschied, daß jetzt der erste Term auch eine Funktion des Druckes p ist. Eine unmittelbare Konsequenz daraus ist, daß für das Gleichgewicht von Reaktionen verdünnt gelöster Stoffe das *Massenwirkungsgesetz* gilt, z.B. in der Form (7.50) für eine bimolekulare Reaktion (7.46), jedoch mit einer Gleichgewichtskonstanten K(p,T), die eine Funktion von Druck und Temperatur ist. Mehr über chemische Reaktionen im Abschnitt 7.4.3.

Wir behandeln zunächst noch zwei Anwendungen des zweiten Hauptsatzes, die sich aus der Form (7.71) des chemischen Potentials für verdünnte Lösungen ergeben: Das osmotische Gleichgewicht und die Siedepunktserhöhung.

Beim *osmotischen Gleichgewicht* handelt es sich um die Koexistenz zwischen zwei flüssigen Phasen, von denen die eine (1) aus einem gelösten Stoff der Stoffmengenkonzentration c_1 in einem Lösungsmittel, die andere (0) aus dem reinen Lösungsmittel besteht; beide Phasen seien dabei durch eine *semipermeable Membran* getrennt, die nur Lösungsmittel, jedoch nicht den gelösten Stoff durchtreten läßt (Abb.7.9). Die Gleichgewichtsbedingung (7.68) für das Lösungsmittel in den beiden Phasen

$$\mu_{LM}(\text{Phase } 0) = \mu_{LM}(\text{Phase } 1) \tag{7.72}$$

ist jetzt nur erfüllbar, wenn die Drucke p_0 und $p_1 = p_0 + \Delta p$ in den beiden Phasen verschieden sind

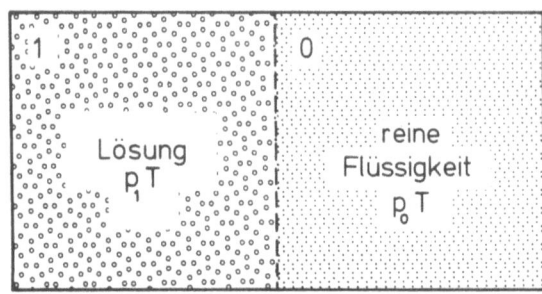

Abb. 7.9. Osmotisches Gleichgewicht. Die Trennwand ist nur für die Flüssigkeit, nicht für den gelösten Stoff permeabel

$$\mu_{LM}(p_0,T,c_1=0) = \mu_{LM}(p_0+\Delta p,T,c_1) \quad . \tag{7.73}$$

Die mathematische Auswertung dieser Bedingung unter der Annahme, daß die Lösung in der Phase 1 "verdünnt" ist, ergibt

$$\Delta p = RTc_1 \quad . \tag{7.74}$$

Das bedeutet: Im Gleichgewicht stellt sich auf Seiten der Lösung ein um Δp höherer Druck ein als auf Seiten des reinen Lösungsmittels. Diese Druckdifferenz Δp heißt *osmotischer Druck*; er ist nach (7.74) gerade so groß, als wenn der gelöste Stoff als ideales Gas vorliegen würde, dessen Partialdruck nach (7.5) auf der Seite 1 zum Druck des Lösungsmittels zu addieren ist.

Beispiel zu (7.74):
In einer wäßrigen Rohrzuckerlösung herrscht bei T = 293 K ein osmotischer Druck $\Delta p = 2{,}44 \cdot 10^5$ Pa. Daraus folgt nach (7.74) eine Stoffmengenkonzentration (Molarität) des Rohrzuckers

$$c_1 = \frac{2{,}44 \cdot 10^5}{293 \cdot 8{,}32} \frac{\text{Pa}\cdot\text{mol}}{\text{J}} \approx 10^2 \frac{\text{mol}}{\text{m}^3} = 0{,}1 \frac{\text{mol}}{\text{l}} \quad .$$

Man kann auf (7.74) ein Verfahren zur *Bestimmung von Molekülmassen* ("Molekulargewichten") begründen. Kennt man nämlich die Gesamtmasse M des gelösten Stoffs, so ist M/V die Masse des gelösten Stoffs pro Volumen. Teilt man diese durch die (aus dem osmotischen Druck ermittelte) Stoffmengenkonzentration $c_1 = n/V$, so erhält man die molare Masse

$$M_{mol} = \frac{M}{n} = \frac{M/V}{c_1} \tag{7.75}$$

und nach Division durch N_A die Molekülmasse $m = M_{mol}/N_A$. Mit M_{mol} in der Einheit kg/mol bzw. g/mol ergibt sich die Masse m der gelösten Moleküle in kg bzw. g. Mittels der Definition der atomaren Masseneinheit u kann man daraus

7.4 Anwendungen des zweiten Hauptsatzes

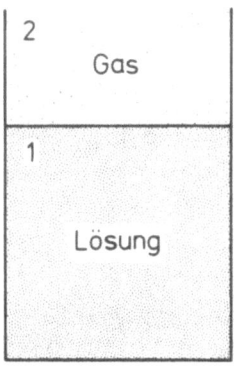

Abb. 7.10. Zur Siedepunktserhöhung. Das Bild zeigt eine Lösung in Koexistenz mit dem Gas des Lösungsmittels (z.B. Wasser und Wasserdampf)

die Molekülmasse in der Einheit u berechnen. Dies geht aber schneller, wenn man weiß (Anhang B), daß der Zahlenwert der Molmasse in g/mol gleich dem Zahlenwert der Molekülmasse in u ist; dieser Zahlenwert heißt auch relative Molekülmasse.

Die andere Anwendung des zweiten Hauptsatzes in Verbindung mit (7.71) betrifft die Siedepunktserhöhung. Wir betrachten wieder das Gleichgewicht zwischen zwei Phasen, von denen die eine (1) aus einem gelösten Stoff der Stoffmengenkonzentration c_1 in einer Flüssigkeit (Lösungsmittel) besteht, die andere (0) eine Gasphase desselben Stoffs wie die Flüssigkeit ist (Abb.7.10). Im Gleichgewicht muß für diesen Stoff wieder die Koexistenzbedingung (7.68) erfüllt sein

$$\mu_{Gas}(p,T) = \mu_{LM}(p,T,c_1) \quad . \tag{7.76}$$

Daraus ist bei vorgegebenem Druck der Siedepunkt T, d.h. die Koexistenztemperatur (Abb.7.7) in Abhängigkeit von der Stoffmengenkonzentration c_1 des in der Flüssigkeit gelösten Stoffes zu berechnen. Die mathematische Auswertung der Bedingung (7.76) unter der Annahme, daß die Lösung "verdünnt" ist, ergibt eine Erhöhung des Siedepunkts gegenüber demjenigen der reinen Flüssigkeit um

$$\Delta T = \frac{RT^2}{\Delta h} \frac{c_1}{c_{LM}} \quad . \tag{7.77}$$

Die Erhöhung ΔT des Siedepunkts wird umso größer, je höher die Molarität c_1 der Lösung ist. In die Formel geht außerdem die molare Verdampfungswärme (Phasenumwandlungswärme) Δh der Flüssigkeit ein: Der Effekt der Siedepunktserhöhung wird umso größer, je kleiner die molare Verdampfungswärme Δh ist. In ähnlicher Weise kann man auch eine Gefrierpunktserniedrigung ausrechnen (Streusalz!).

7.4.3 Chemische Reaktionen. Bioenergetik

Bei chemischen Reaktionen unter isobar-isothermen Bedingungen muß (7.65) in jedem Augenblick des Reaktionsvorganges erfüllt sein; diese Gleichung bestimmt in welche Richtung die Reaktion läuft. Wir betrachten eine Reaktion der allgemeinen Form

$$\nu_A A + \nu_B B + \ldots \rightleftarrows \nu_C C + \nu_D D + \ldots \quad . \tag{7.78}$$

Die sogenannten stöchiometrischen Koeffizienten ν_A, ν_B, ν_C, ν_D, ... legen fest, in welchen Stoffmengenverhältnissen die Reaktionspartner zusammentreten; häufig (vor allem auch in der Biochemie) sind sie alle gleich Eins (im Beispiel der Chlorknallgasreaktion von Abschnitt 7.2.5 kommt ein Koeffizient 2 vor). Die durch diese Koeffizienten festgelegten Stoffmengenverhältnisse bedeuten, daß die Stoffmengenänderungen dn_A, dn_B, dn_C, dn_D, ... beim Ablauf der Reaktion nicht unabhängig voneinander ändern, sondern in Relationen

$$-\frac{dn_A}{\nu_A} = -\frac{dn_B}{\nu_B} = \ldots = \frac{dn_C}{\nu_C} = \frac{dn_D}{\nu_D} = \ldots \quad . \tag{7.79}$$

Es ist deshalb sinnvoll, den Ablauf der Reaktion nicht durch die Stoffmengenänderungen dn_i zu beschreiben, sondern durch eine gemeinsame Reaktionslaufzahl ξ (Abschn. 7.2.5) mit

$$\begin{aligned} dn_A &= -\nu_A d\xi \\ dn_B &= -\nu_B d\xi \\ &\vdots \\ dn_C &= \nu_C d\xi \\ dn_D &= \nu_D d\xi \quad . \\ &\vdots \end{aligned} \tag{7.80}$$

Zunahme von ξ ($d\xi > 0$) bedeutet also, daß die Reaktion von links nach rechts läuft, Abnahme ($d\xi < 0$) das Umgekehrte. Die nach (7.80) noch freie Wahl des Nullpunkts von ξ wollen wir für die folgende Diskussion (siehe auch Abb. 7.11) so wahrnehmen, daß $\xi = 0$ bedeutet, daß nur die Stoffe der linken Seite der Reaktionsgleichung (7.78) vorhanden sind, also $n_C = n_D = \ldots = 0$.

Benutzen wir diese Reaktionslaufzahl, so lautet die Bedingung (7.65) (aufgrund der Kettenregel der Differentiation)

$$\frac{dG}{dt} = \frac{dG}{d\xi} \frac{d\xi}{dt} \leq 0 \quad . \tag{7.81}$$

7.4 Anwendungen des zweiten Hauptsatzes

Die zeitliche Änderung $d\xi/dt$ der Reaktionslaufzahl heißt Reaktionsgeschwindigkeit. Das Gleichheitszeichen gilt nur im Gleichgewicht, wo die Reaktionsgeschwindigkeit $d\xi/dt = 0$ ist. Aus (7.81) lesen wir ab

$$\frac{dG}{d\xi} < 0 \Rightarrow \frac{d\xi}{dt} > 0 \quad \text{Reaktion läuft in Richtung wachsender Werte von } \xi\text{, d.h. von links nach rechts}$$

und

$$\frac{dG}{d\xi} > 0 \Rightarrow \frac{d\xi}{dt} < 0 \quad \text{Reaktion läuft in Richtung abnehmender Werte von } \xi\text{, d.h. von rechts nach links.}$$

Das Beispiel zu (7.42) in Abschnitt 7.2.5 kann dies noch einmal beleuchten: Es muß für die Chlorknallgasreaktion gelten (außerhalb des Gleichgewichts)

$$\frac{dG}{dt} = \left(-\mu_{H_2} - \mu_{Cl_2} + 2\mu_{HCl}\right)\frac{d\xi}{dt} < 0 \quad . \tag{7.82}$$

Setzt man die Werte der chemischen Potentiale für die in Abschnitt 7.2.5 vorausgesetzten Stoffmengenkonzentrationen ein, so folgt, daß $d\xi/dt > 0$ sein muß. Das bedeutet, daß die Reaktion ausgehend von den gegebenen Stoffmengenkonzentrationen HCl produziert.

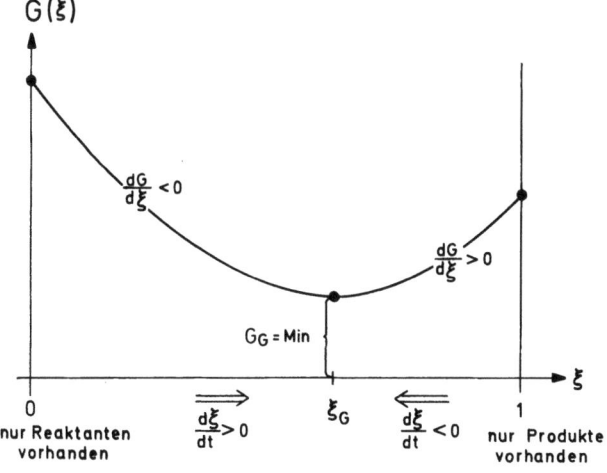

Abb. 7.11. Freie Enthalpie G für die verschiedenen Zustände eines reagierenden Systems (7.78). Die Zustände sind durch die Werte einer Reaktionslaufzahl ξ charakterisiert: Am linken Ende der Skala sind nur die "Reaktanten" A, B, ..., am rechten Ende nur die "Produkte" C, D, ... vorhanden. Im Gleichgewicht hat $G(\xi)$ das Minimum G_G. Reaktionsabläufe sind stets exergonisch, sie laufen auf den Gleichgewichtszustand zu (d.h. bezüglich des Graphen $G(\xi)$ immer "bergab")

Das Gleichgewicht unter isobar-isothermen Bedingungen ist durch ein Minimum der Freien Enthalpie charakterisiert, $dG = 0$ (siehe auch Abb.7.11). Allgemein gilt als Gleichgewichtsbedingung für chemische Reaktionen die Bedingung (7.58)

$$\sum_i \mu_i dn_i = 0 \quad . \tag{7.83}$$

Dies liefert, wenn wir die Definition (7.80) der Reaktionslaufzahl einsetzen

$$-\mu_A \nu_A - \mu_B \nu_B - \ldots + \mu_C \nu_C + \mu_D \nu_D + \ldots = 0$$

oder

$$\boxed{\mu_A \nu_A + \mu_B \nu_B + \ldots = \mu_C \nu_C + \mu_D \nu_D + \ldots} \quad . \tag{7.84}$$

Die chemischen Potentiale $\mu_i(T, c_A, c_B, c_C, c_D, \ldots)$ sind hier als Funktionen aller Konzentrationen einzusetzen. Die Gleichgewichtsbedingung (7.84) ist dann eine Zustandsgleichung der Form (7.9), welche die möglichen Werte der Stoffmengenkonzentrationen c_i im Gleichgewicht bei einer Temperatur T einschränkt. Gl.(7.84) ist die allgemeine Form der Gleichgewichtsbedingung für chemische Reaktionen. Nur unter speziellen Bedingungen (z.B. ideales Gas, siehe Abschn.7.2.5, verdünnte Lösungen, siehe Abschn.7.4.2) nimmt (7.84) die Form des Massenwirkungsgesetzes an.

Freie Standardenthalpien:
Um die Bedingungen (7.65), (7.81), (7.83) oder (7.84) für eine konkrete Reaktion praktisch anwenden zu können, müssen die Freie Enthalpie G bzw. die chemischen Potentiale μ_i der reagierenden Stoffe als Funktionen der Konzentrationen aller reagierenden Stoffe bekannt sein. Für spezielle Bedingungen, die sogenannten *Standardbedingungen*, finden Sie diese tabelliert, z.B. in den Handbüchern, die zu den Abschnitten 7.3 und 7.4 im Anhang F zitiert sind. Angegeben ist für den reinen Stoff oder die reine Lösung die molare Freie Enthalpie, die gleich dem chemischen Potential ist, für T = 298 K und Atmosphärendruck und zusätzlich bei Lösungen einer Standard-Stoffmengenkonzentration von 1 mol/l (bezüglich der Wasserstoffionenkonzentration wird in der Biochemie pH=7 als Standardwert gewählt). Diese werden als Freie Standardenthalpien G^0 bezeichnet. Unter der Voraussetzung idealen Gases oder verdünnter Lösung kann daraus gemäß (7.49) bzw. (7.71) das chemische Potential (=molare Freie Enthalpie) für andere Werte der Stoffmengenkonzentration berechnet werden und es können beim Vorhandensein mehrerer gelöster Stoffe die Freien Enthalpien der einzelnen Stoffe additiv zur gesamten Freien Enthalpie

7.4 Anwendungen des zweiten Hauptsatzes

zusammengesetzt werden. Wir geben im folgenden zwei Anwendungsbeispiele (weitere Beispiele finden Sie gerechnet in den zu Kap.7 und seinen Abschnitten im Anhang F angegebenen Büchern):

1) Chlorknallgasreaktion bei Partialdrücken von jeweils 1013 mbar und T = 298 K. Die Tabellen geben die Freien Standardenthalpien $G^0 = \mu(1013\ mbar, 298\ K)$

$G^0(H_2)$ = - 38900 J/mol
$G^0(Cl_2)$ = - 66500 J/mol
$G^0(HCl)$ = -147800 J/mol .

Daraus folgt bei einem Umsatz von 1 mol H_2 und 1 mol Cl_2 zu 2 mol HCl ein $\Delta G^0 = -2 \cdot 147800 - (-38900-66500)J = -190200\ J$. Dies ist negativ und das bedeutet: Unter der Standardbedingung der Anwesenheit von gleichen Teilen der Gase H_2, Cl_2 und HCl mit Partialdrücken von jeweils 1013 mbar (also einem Gesamtdruck von 3039 mbar) läuft die Reaktion in Richtung der Bildung von HCl.

2) Alkoholische Gärung bei Atmosphärendruck in reiner CO_2-Atmosphäre, T = 298 K und Glukose und Äthanol in 1-molarer wäßriger Lösung. Die Reaktionsformel lautet

Glukose $\rightleftarrows$ 2 Äthanol + 2CO_2 .

Die Tabellen geben als Freie Standardenthalpien

G^0(Glukose) = μ_{Gl}(1013 mbar, 298 K, 1 mol/l) = - 917 kJ
G^0(Äthanol) = μ_A (1013 mbar, 298 K, 1 mol/l) = - 181,6 kJ
$G^0(CO_2)$ = μ_{CO_2}(1013 mbar, 298 K) = - 394,5 kJ .

Bei einem Umsatz von 1 mol Glukose zu 2 mol Äthanol und 2 mol CO_2 folgt nach dem linken Teil von (7.64) oder (7.65)

$$\Delta G^0 = \sum_i G_i^0 \Delta n_i = -235,2\ kJ \quad .$$

Auch diese Reaktion läuft unter den angegebenen Bedingungen nach rechts, auf die Bildung von Äthanol hin.

Bei der Durchführung solcher Rechnungen ist folgendes unbedingt zu beachten:

- in der in den Beispielen vorgeführten Form gelten sie für Standardbedingungen. Im Falle verdünnter Lösungen ist eine Umrechnung auf andere Konzentrationen nach (7.71) möglich.

  Eine Reaktion, die unter Standardbedingungen in die eine Richtung läuft, kann unter anderen (z.B. physiologischen) Bedingungen durchaus in die andere Richtung laufen (z.B. die von der Aldolase katalysierte Reaktion der Glykolyse-Kette),

- unter physiologischen Bedingungen hat man es eventuell mit Zuständen zu tun, die keineswegs verdünnten Lösungen ähnlich sind. Dann muß damit gerechnet werden, daß die chemischen Potentiale der Reaktionspartner auch noch von den Konzentrationen anderer mitanwesender Stoffe abhängig sind. Aus der Kenntnis der Freien Standardenthalpien der Reaktionspartner kann dann überhaupt nicht auf die Reaktionsrichtung in vivo geschlossen werden.

Die Untersuchung von Freien Enthalpieänderungen ΔG beim Ablauf von Stoffwechselreaktionen heißt *Bioenergetik* [da die Freie Enthalpie in Joule gemessen und manchmal auch Freie Energie genannt wird. Tatsächlich ist sie eine eher entropieartige Größe, aufgrund der Definition (7.59) wie auch wegen des engen Zusammenhangs (7.64) mit der irreversiblen Entropieerzeugung bei isobar-isothermen Prozessen]. In gewisser Analogie zum Begriff exotherm (Abschn. 7.3.2) nennt man einen Reaktionsablauf exergonisch, wenn er unter isobar-isothermen Bedingungen mit $\Delta G < 0$ abläuft, d.h. die Bedingung (7.65) bzw. (7.81) erfüllt. *Es gibt nach dem zweiten Hauptsatz der Thermodynamik nur exergonische Reaktionsabläufe.*

Bei komplexeren Reaktionsabläufen, z.B. im Rahmen biochemischer Katalyse kann es allerdings sogenannte endergonische *Teil*-Reaktionen geben, für die ΔG bzw. $dG/dt > 0$ ist. Ein Beispiel ist die Biosynthese des Glutamins

$$\text{Glutamat} + NH_4 \rightarrow \text{Glutamin} ,$$

für welche $\Delta G^0 = 15{,}6$ kJ/mol. Sie kann deshalb bei Stoffmengenkonzentrationen, die nahe an Standardbedingungen liegen, in dieser Richtung nicht ablaufen. Tatsächlich läuft diese Reaktion jedoch in der Zelle als Teil-Reaktion einer komplexeren Reaktion

$$\text{Glutamat} + NH_4 + ATP \rightarrow \text{Glutamin} + ADP + P$$

die exergonisch ist mit $\Delta G^0 = -15{,}4$ kJ/mol. Der mit der Amidierung von Glutamat verbundene Zuwachs an Freier Enthalpie wird überlagert durch eine stärkere Abnahme (-31 kJ/mol) der Freien Enthalpie bei der Dephosphorylierung von ATP. Da die Dephosphorylierung von ATP sehr häufig in dieser Weise hilft, verschiedenartigste Stoffwechselreaktionen exergonisch zu machen und damit zu ermöglichen, heißt ATP eine "energiereiche" Verbindung.

7.4.4 Elektrochemie

Enthält ein Mehrkomponentensystem einzelne Komponenten, die elektrisch geladen sind (z.B. elektrolytische Lösung, Zellflüssigkeit, bestimmte Membranen) und befindet sich das System in einem elektrischen Felde $\vec{E}$, so ist ein besonderer Anteil der Energie des Systems die potentielle Energie der geladenen Moleküle im elektrischen Potential φ des elektrischen Feldes (Abschn.3.3.4). Wir betrachten eine Komponente k mit z_k-fach geladenen Molekülionen, d.h. die Ladung q eines einzelnen Moleküls sei das z_k-fache der Elementarladung e = 1,60219 · 10^{-19} C. Die Ladung eines Mols ist dann

$$z_k N_L e = z_k F \quad . \tag{7.85}$$

$F = N_A e = 9,6484 \cdot 10^4$ C/mol wird als *Faraday-Konstante* bezeichnet. Hat das System n_k Mole der Komponente k, so beträgt die gesamte elektrische Energie dieser Komponente im Coulomb-Feld

$$n_k z_k F \cdot \varphi \quad . \tag{7.86}$$

Dieser Beitrag geht über die Energie aufgrund der Definitionen (7.52) und (7.59) auch in die Enthalpie und die Freie Enthalpie ein. Für die Freie Enthalpie insbesondere ergibt sich, daß sie bei Änderung der Stoffmenge dn_k sich nicht nur mit Koeffizienten μ_k (wie in (7.65) angegeben), sondern zusätzlich mit Koeffizienten $z_k F \varphi$ ändert

$$\frac{dG}{dt} = \sum_k (\mu_k + z_k F \varphi) \frac{dn_k}{dt} \leq 0$$

$$= \sum_k \eta_k \frac{dn_k}{dt} \leq 0 \quad . \tag{7.87}$$

Die Größen

$$\eta_k = \mu_k + z_k F \varphi \tag{7.88}$$

heißen die *elektrochemischen Potentiale* der einzelnen Komponenten. Die Gleichgewichtsbedingung lautet nun anstelle von (7.58)

$$\boxed{\sum_k \eta_k dn_k = 0}\,. \qquad (7.89)$$

Beispiel, Membranpotentiale:

Eine Membran besitze an ihren beiden Seiten elektrische Potentiale φ_1 und φ_2 (also herrscht im Inneren ein Feld $|E|=|\varphi_1-\varphi_2|/d=|U|/d$, wo d die Dicke der Membran ist). Ein z-fach geladener Stoff befinde sich auf beiden Seiten in Lösung; er kann durch die Membran von einer Seite zur anderen treten, dabei ist $dn_1 = -dn_2$. Wie groß ist die Konzentration c_1 bzw. c_2 auf beiden Seiten der Membran im thermodynamischen Gleichgewicht? Wir verwenden für das chemische Potential den Ausdruck (7.71) für verdünnte Lösungen. Die Temperatur T muß im Gleichgewicht auf beiden Seiten dieselbe sein, auch der Druck p sei auf beiden Seiten gleich, ebenso die Konzentration c_{LM} des Lösungsmittels. Dann folgt aus der Gleichgewichtsbedingung (7.89) zusammen mit (7.88) und (7.71)

$$RT \ln c_1 + zF\varphi_1 = RT \ln c_2 + zF\varphi_2 \qquad (7.90)$$

und daraus nach den Rechenregeln des Logarithmus die *Nernstsche Gleichung* für die Potentialdifferenz oder Spannung an der Membran

$$U = \varphi_1 - \varphi_2 = \frac{RT}{zF} \ln \frac{c_2}{c_1}\,. \qquad (7.91)$$

Beispiel:

Eine Membran trennt zwei wäßrige K^+-Lösungen mit Kaliumkonzentrationen von 10^{-2} und 0,4 mol/l. Nach (7.91) liegt dann bei T = 293 K an der Membran eine Spannung

$$U = \frac{8{,}32 \cdot 293}{9{,}65 \cdot 10^4} \ln(0{,}4 \cdot 10^2)\,\frac{J}{C} = 93\text{ mV}\,.$$

7.4.5 Zusammenfassung

Wir haben in diesem Abschnitt den Begriff der Phase eingeführt und aus dem zweiten Hauptsatz die Koexistenzbedingung (7.68) für Phasengleichgewichte gewonnen. Diese wurde auf das osmotische Gleichgewicht und ein System Gas-Lösung angewendet, woraus sich unter der Annahme "verdünnter" Lösungen einfache Formeln für den osmotischen Druck und die Siedepunktserhöhung ergaben.

7.4 Anwendungen des zweiten Hauptsatzes

Wir haben,allgemein gesehen, daß Stoffe in verdünnter Lösung sich in mancher Hinsicht wie ideale Gase verhalten, insbesondere gilt mit (7.71) eine ähnliche Abhängigkeit des chemischen Potentials von der Stoffmengenkonzentration. Daraus folgt für verdünnte Lösungen das Massenwirkungsgesetz.

Wir haben dann besprochen, welche Folgen sich aus dem zweiten Hauptsatz allgemein (d.h. nicht nur für verdünnte Lösungen) für den Ablauf und das Gleichgewicht chemischer Reaktionen ergeben. Wir haben gesehen, daß es nützlich ist, für solche Diskussionen die Zustandsgröße Freie Enthalpie zu verwenden. Einfache Beispiele dafür wurden vorgeführt.

Zum Abschluß des Abschnitts haben wir noch erfahren, wie die Thermodynamik zu modifizieren ist, wenn Systeme mit elektrisch geladenen Komponenten behandelt werden sollen. Dies ist für Sie wichtig wegen der Bedeutung ionisierter Moleküle für bestimmte biologische Prozesse.

7.4.6 Aufgaben
---

1) Nennen Sie zwei Typen von Systemen, für die das chemische Potential einer Komponente nur von der Konzentration dieser Komponente sowie von der Temperatur und eventuell dem Druck abhängt.

2) In welcher Weise schreibt die Änderung $dG/d\xi$ der Freien Enthalpie mit der Reaktionslaufzahl die Richtung eines Reaktionsablaufs (Vorzeichen der Reaktionsgeschwindigkeit $d\xi/dt$) vor?

3) Um welchen Term unterscheidet sich das elektrochemische Potential vom chemischen Potential?

8. Dissipative Prozesse

Der zweite Hauptsatz der Thermodynamik hat uns gelehrt, daß alle realen makroskopischen Prozesse mit irreversibler Entropieerzeugung verbunden sind. Diese qualitative Aussage über Prozeßabläufe kann als Kriterium verwendet werden, das alle denkbaren Prozesse in zwei Gruppen teilt: Solche, die real nicht möglich sind, da sie mit einer Entropievernichtung verbunden wären, und solche, die nach dem Kriterium positiver Entropieerzeugung möglich erscheinen.

Will man wissen, welche Prozesse aus der zweiten Gruppe bei gegebenen Bedingungen real ablaufen, hilft der zweite Hauptsatz nicht mehr weiter. Man braucht spezielle Bewegungsgesetze. Solche sollen in diesem Kapitel diskutiert werden.

Nach der Interpretation der Entropie, die in Kapitel 7 gegeben wurde, bedeutet die Zunahme der Entropie im isolierten System, daß ein Prozeß eine Folge von Makrozuständen durchläuft, die eine rapide anwachsende Anzahl von Mikrozuständen umfassen. Der weitaus überwiegende Teil dieser Mikrozustände wiederum ist von solcher Art, daß die Energie gleichmäßig über das ganze System und seine Bausteine verteilt ist. Der irreversible Prozeß ist also auch dadurch zu charakterisieren, daß sich die Energie gleichmäßig über das ganze System verteilt, im System "dissipiert".

Ist das System nicht isoliert, so kann durch Wärmeabgabe ein Entropietransport aus dem System erfolgen. Auch dies ist, vom Standpunkt eines grösseren Systems aus betrachtet, eine "Dissipation" von Energie.

Obwohl jeder reale makroskopische Prozeß irreversibel und damit mit einer Energiedissipation verbunden ist, kann man doch unterscheiden zwischen solchen Prozessen, bei denen die dissipativen Effekte als (unter Umständen störende) Randerscheinungen betrachtet werden können, und solchen, bei denen die Dissipation das Wesentliche des Prozesses ist. Zu der ersteren Gruppe gehören mechanische Vorgänge unter dem Einfluß von Reibung, wie wir sie allgemein in Abschnitt 3.6.1 und speziell für die Sedimentation in der Zentrifuge und für die Strömung viskoser Flüssigkeiten in den Abschnitten 4.2.3 und 4.3.3 besprochen haben. Diese Erscheinungen werden hier nicht noch einmal behandelt.

8.1 Energietransport und Wärmeleitung

Auch die Energiedissipation bei der Bewegung von Ladungsträgern in Leitern unter dem Einfluß eines elektrischen Feldes, welche die Ursache des elektrischen Widerstandes ist (Abschnitt 3.6.2) wird nicht noch einmal besprochen.

Dieses Kapitel 8 behandelt in der Hauptsache zwei Arten von Prozessen, die wesentlich dissipativer Natur sind: Wärmeleitung und Stofftransport durch Diffusion (sowohl in homogener Lösung als auch durch Membranen). Wie wir sehen werden, spielen diese Prozesse in lebenden Systemen eine wichtige Rolle.

Biologische Systeme sind keine isolierten Systeme. Deshalb ist es möglich und tatsächlich auch der Fall, daß die bei den biologischen Prozessen (Stoffwechsel usw.) irreversibel erzeugte Entropie nicht zu einem Anwachsen der Entropie im System selbst führt, sondern nach außen abtransportiert wird. Das System bleibt dabei ständig in einem Zustand des thermodynamischen Nicht-Gleichgewichts.

8.1 Energietransport und Wärmeleitung

Die Biosphäre nimmt ständig Energie aus der Sonnenstrahlung auf, diese Energie wird in mannigfaltiger Weise durch die Biosphäre transportiert, dabei von einer Form in eine andere umgewandelt, am Ende wird sie als Wärmestrahlung der Erde wieder in den Weltraum abgegeben. In diesem Abschnitt wollen wir uns mit den verschiedenen Formen des Energietransports beschäftigen, die als Ausgleich unterschiedlicher Temperaturen vonstatten gehen: Temperaturstrahlung, Wärmeleitung und — soweit in diesen Rahmen gehörig — Konvektion.

8.1.1 Wärmeleitung

Hat ein System nicht an allen seinen Stellen dieselbe Temperatur, so befindet es sich nicht im thermodynamischen Gleichgewicht (Abschn.7.1.1), die Energie ist noch nicht gleichmäßig über das ganze System dissipiert. Es findet innerhalb des Systems ein Energietransport von Orten hoher zu Orten niedriger Temperatur statt, der die Temperaturen aneinander anzugleichen und damit das System ins thermodynamische Gleichgewicht zu bringen sucht. Ist das in Rede stehende System ein zusammenhängendes Stück Materie, so erfolgt der Energietransport durch Wärmeleitung. Ist das System außerdem fluide (Gas oder Flüssigkeit), so kommt zur Wärmeleitung ein Energietransport durch Strömung (Konvektion) hinzu. Zwischen Körpern, die nicht in gegenseitigem Kontakt sind (also nicht zusammenhängen), erfolgt der Energietransport durch Wärmestrahlung.

Zunächst beschränken wir uns auf die Wärmeleitung. Wir wollen ein Gesetz kennenlernen, das den räumlichen und zeitlichen Ablauf des Wärmeleitungspro-

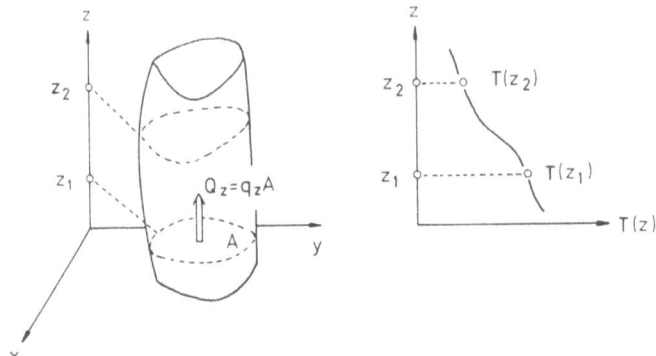

Abb. 8.1. Wärmeleitung in einem Körper, wenn die Temperatur nur in der z-Richtung variiert, T = T(z,t). Auch der Wärmestrom und die Wärmestromdichte haben dann nur eine z-Komponente, die von Null verschieden ist

zesses regiert. Um es formulieren zu können, brauchen wir geeignete Begriffe, die den Vorgang erfassen. Dies ist zum einen das Temperaturfeld $T(\vec{r},t)$, das die Temperatur an jeder Stelle $\vec{r}$ und zu jeder Zeit t angibt (ein skalares Feld). Zum anderen beschreiben wir den Energietransport durch das Vektorfeld der *Wärmestromdichte* $\vec{q}(\vec{r},t)$; an jeder Stelle $\vec{r}$ und zu jeder Zeit t existiert ein Vektor $\vec{q}(\vec{r},t)$, der angibt, in welche Richtung die Wärmeenergie fließt und wie stark sie strömt, d.h. wieviel Energie pro Zeit und pro Fläche durch eine Fläche senkrecht zur "Strömungsrichtung" (Transportrichtung) tritt. Mit anderen Worten: Ist Q = dE/dt die Energie, die pro Zeit durch eine Fläche A senkrecht hindurchtritt, so ist der Betrag der Wärmestromdichte am Ort dieser Fläche q = Q/A = (1/A)dE/dt. Daraus folgt, daß die Wärmestromdichte beispielsweise in $J/(m^2 s)$ gemessen wird.

Um die Dinge etwas einfacher zu machen, nehmen wir an (Abb.8.1), daß die Temperatur nur in einer Koordinatenrichtung variiert, die wir zur z-Richtung machen, T = T(z,t). Es ist eine Erfahrungstatsache, daß der Wärmestrom, dann nur in (positive oder negative) z-Richtung fließt, vom Vektor $\vec{q}$ ist nur die z-Komponente q_z von Null verschieden. $q_z(z,t)$ gibt an, wieviel Energie pro Zeit und Fläche durch ein Flächenstück senkrecht zur z-Achse an der Stelle z zur Zeit t in positive z-Richtung fließt.

Empirisch ist nicht nur erwiesen, daß unter der gemachten Annahme der Wärmestrom nur in z-Richtung fließt, sondern es ist darüber hinaus eine Erfahrungstatsache, daß q_z proportional zur örtlichen Temperaturänderung, zum sogenannten Temperaturgradienten dT(z)/dz ist. Man schreibt

$$\boxed{q_z(z,t) = -\kappa \frac{dT(z,t)}{dz}} \quad . \tag{8.1}$$

8.1 Energietransport und Wärmeleitung

Dies ist das (manchmal nach Fourier benannte) *Wärmeleitungsgesetz*. Es besagt nichts anderes, als daß die Wärmestromdichte umso größer ist, je stärker die örtlichen Temperaturunterschiede sind. (Sind diese insbesondere Null, so haben wir Gleichgewicht und es fließt kein Wärmestrom.)

Die Wärmestromdichte ist allerdings nicht nur vom Temperaturgradienten, sondern auch von der Beschaffenheit des Materials abhängig. Der Proportionalitätsfaktor κ in (8.1), die sogenannte *Wärmeleitfähigkeit*, ist eine Materialkonstante wie z.B. auch die elektrische Leitfähigkeit. Einige Beispiele für $T = 293$ K:

Luft	$\kappa = 0,024$	$\dfrac{J}{K \cdot s \cdot m}$
Glaswolle	0,04	
Dralonfaden	0,04	
Petroleum	0,13	
60% Zuckerlösung	0,42	
Wasser	0,59	
Glas	1,1	
Aluminium	240	

Die Werte für Luft und die Flüssigkeiten beziehen sich auf den unbewegten Zustand (d.h. keine Konvektion, siehe unten). Die niedrige Wärmeleitfähigkeit von Glaswolle verglichen mit Glas, beruht darauf, daß erstere hauptsächlich aus Luft besteht.

Haben wir eine Schicht (oder Membran) der Dicke d, die an ihren beiden Oberflächen (zeitlich konstant) auf Temperaturen T_1 und T_2 gehalten wird (Abb.8.2), so stellt sich in der Schicht ein linearer Temperaturabfall ein. Aus (8.1) folgt jetzt für die Wärmestromdichte

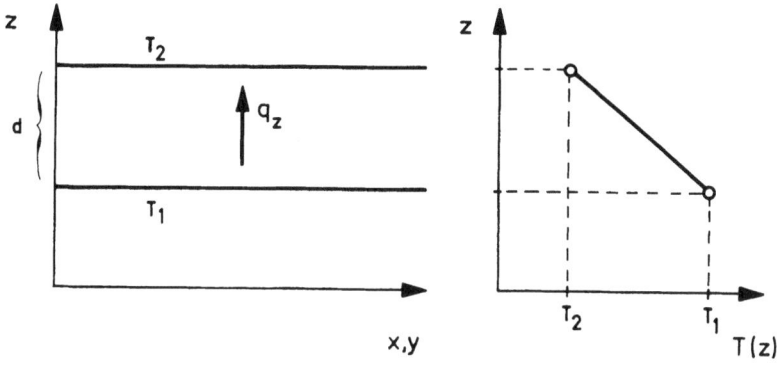

Abb. 8.2. Wärmeleitung durch eine Schicht der Dicke d (links dargestellt); an den Grenzen werden die Temperaturen T_1 und T_2 konstant gehalten. Rechts ist der lineare Temperaturverlauf in der Schicht aufgetragen: $T(z)$ nach rechts über der Ordinate z

$$q_z = -\kappa \, \frac{T_2 - T_1}{d} = \frac{\kappa}{d}(T_1 - T_2) \quad . \tag{8.2}$$

Durch eine Fläche A der Schicht fließt der Wärmestrom

$$Q_z = A q_z = A \frac{\kappa}{d}(T_1 - T_2) \quad ; \tag{8.3}$$

κ/d heißt *Wärmeübergangszahl* der Schicht. Für die Wärmestromdichte durch die Grenzfläche zweier Medien (z.B. Grenzfläche Wasser-Luft oder Oberfläche eines Organismus) kann man in Analogie zu (8.2) ein Gesetz annehmen

$$q = a(T_1 - T_2) \tag{8.4}$$

mit einer für die betreffende Grenzfläche oder Oberfläche charakteristischen Wärmeübergangszahl a. Werte der Wärmeübergangszahl für eine spezielle Oberfläche gibt Abb.8.4. Solche Zahlenwerte von "Materialkonstanten" brauchen Sie aber nicht auswendig zu lernen. Begreifen sollen Sie als physikalischen Kern von (8.1) bis (8.4): Pro Zeit strömt umso mehr Wärmeenergie, je größer der Temperaturunterschied ist.

8.1.2 Konvektion

Natürlich wird auch durch den Transport eines ganzen Körpers, z.B. eines heißen Steins, eines Sacks voll Kohle oder einer Flüssigkeit in einem Gefäßsystem, die innere Energie des betreffenden Körpers mittransportiert. Bei diesen Beispielen wird aber der Transport des Körpers durch äußere Einflüsse herbeigeführt. Bei Flüssigkeiten und Gasen mit Temperaturgradienten und damit verbundenen Dichtegradienten erzeugen diese selbst (nämlich durch Auftrieb, siehe Kap.4) eine Strömungsbewegung in der Flüssigkeit oder dem Gas, die Konvektion genannt wird. Bei der Konvektionsbewegung der Materie wird ihre innere Energie mittransportiert. Die Konvektion ist ein i.a. sehr komplizierter Strömungsvorgang, der unter anderem stark von der Gefäßform abhängt, in der sich die Flüssigkeiten oder das Gas befinden. In Luft, die sich in einem Raum ungehindert bewegen kann, ist der Energietransport durch Konvektion um vieles stärker als die sehr geringe Wärmeleitung. Ist die Luft jedoch an der Bewegung gehindert wie in Glaswolle oder anderen porösen "Isoliermaterialien", so kann nur der schwache Energietransport durch Wärmeleitung ablaufen.

8.1.3 Temperaturstrahlung

Körper, die nicht in gegenseitigem Kontakt sind, können — selbst wenn sich zwischen ihnen Vakuum befindet — Energie in Form von elektromagnetischer Strahlung austauschen. Denn jeder Körper strahlt ständig elektromagnetische Wellen aus, wenn er sich nicht auf der Temperatur des absoluten Nullpunktes befindet: Diese Strahlung heißt "Temperaturstrahlung" oder "Wärmestrahlung". Der Anteil der verschiedenen Frequenzen (oder Wellenlängen) des elektromagnetischen Spektrums (Abb.1.46) in der "Temperaturstrahlung" hängt von der Temperatur des Körpers ab. Bei Zimmertemperatur (und auch noch bei Temperaturen eines Kachelofens) dominiert der infrarote Anteil, erst oberhalb von etwa 1000 K wird die Temperaturstrahlung sichtbar (ein eiserner Ofen beginnt zu glühen — oder denken Sie an die Erzeugung von Licht durch den heißen Faden in der Glühlampe).

Zur quantitativen Erfassung der Temperaturstrahlung haben die Physiker den idealen "schwarzen Körper" definiert. Er absorbiert bei gegebener Temperatur elektromagnetische Strahlung am stärksten verglichen mit anderen, "helleren" Körpern — und muß im thermodynamischen Gleichgewicht deshalb auch am stärksten strahlen. (Wir erläutern dies unten noch etwas genauer.) Für diesen schwarzen Körper gilt das *Plancksche Strahlungsgesetz*, das Planck im Jahre 1900 aufgestellt hat und das den Ausgangspunkt zur Entwicklung der Quantentheorie geliefert hat. Es gibt für die Wahrscheinlichkeit einer Frequenz ν im Spektrum der Temperaturstrahlung bei einer Temperatur T an

$$W_{SK}(\nu,T) = \frac{8\pi}{c^2} \frac{h\nu}{\exp(h\nu/kT) - 1} \quad . \tag{8.5}$$

$W_{SK}(\nu,T)$ nennen wir auch das Emissionsvermögen des schwarzen Körpers. Es ist c die Lichtgeschwindigkeit, h das Plancksche Wirkungsquantum, k die Boltzmann-Konstante. Da (8.5) dem mathematisch ungeübten Auge nicht viel sagt, haben wir in Abb.8.3 die Funktion (8.5) in Abhängigkeit von der Wellenlänge $\lambda = c/\nu$ für drei Temperaturen aufgetragen. Es gibt jeweils ein Strahlungsmaximum bei einer bestimmten Wellenlänge; dies wandert mit steigender Temperatur in Richtung kürzerer Wellenlängen (wie oben bereits qualitativ geschildert). Man sieht, daß bei der Temperatur der Sonnenoberfläche (ca. 6000 K) das Strahlungsmaximum gerade im Wellenlängenbereich des sichtbaren Lichtes liegt (Evolution unseres Sehvermögens).

Wir haben oben gesagt, daß der "schwarze Körper" Strahlung sowohl stärker emittiert wie auch absorbiert als ein hellerer Körper, und damit einen Zusammenhang zwischen dem Emissionsvermögen $W(\nu,T)$ und dem Absorptionsvermögen eines Körpers behauptet. Das Absorptionsvermögen ist folgendermaßen definiert

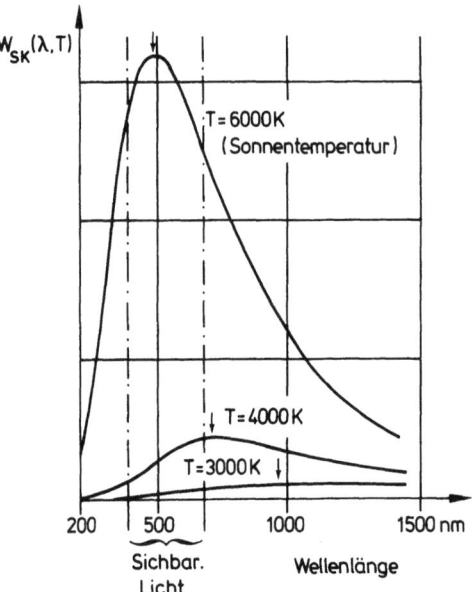

Abb. 8.3. Emissionswahrscheinlichkeit oder Emissionsvermögen W_{SK} eines schwarzen Körpers für Licht verschiedener Wellenlänge und für 3 verschiedene Temperaturen. Das Strahlungsmaximum der Sonne (6000 K) liegt im Bereich des sichtbaren Lichtes

$$\alpha(\nu,T) = \frac{\text{absorbierte Leistung}}{\text{einfallende Leistung}} \quad . \tag{8.6}$$

Zusammen mit der Definition des Reflexionsvermögens

$$\rho(\nu,T) = \frac{\text{reflektierte Leistung}}{\text{einfallende Leistung}} \tag{8.7}$$

ergibt sich

$$\alpha + \rho = 1 \quad . \tag{8.8}$$

Die Frequenz- und Temperatur-Funktionen $\alpha(\nu,T)$ und $\rho(\nu,T)$ des Absorptionsvermögens und Reflexionsvermögens sind für verschiedene Oberflächen verschieden. Während eine Oberfläche überwiegend Blau absorbiert und Rot reflektiert, ist es bei einer anderen Oberfläche umgekehrt: Die Welt erscheint uns bunt! Bei den gedachten Idealen des ideal schwarzen und des ideal weißen Körpers freilich sind α und ρ von der Frequenz ν unabhängig, nämlich

$\alpha = 1$, $\rho = 0$ beim ideal schwarzen Körper,
$\alpha = 0$, $\rho = 1$ beim ideal weißen Körper .

Stehen sich ein schwarzer und ein heller Körper gegenüber, und haben beide gleiche Temperatur T, so befinden sie sich thermisch im Gleichgewicht. Von dem durch $W_{SK}(\nu,T)$ gegebenen Strahlungsspektrum des schwarzen Körpers absorbiert der hellere Körper $\alpha(\nu,T)W_{SK}(\nu,T)$; das Gleichgewicht bleibt nur erhalten, wenn er auch $\alpha(\nu,T)W_{SK}(\nu,T)$ emittiert, also ist sein Emissionsvermögen

$$W(\nu,T) = \alpha(\nu,T)W_{SK}(\nu,T) \quad . \tag{8.9}$$

Das Absorptionsvermögen $\alpha(\nu,T)$ ist also gleichzeitig das *relative* Emissionsvermögen, das angibt, um wieviel schwächer ein Körper der Temperatur T emittiert als ein schwarzer Körper derselben Temperatur. Dies ist die präzise Fassung des oben behaupteten Zusammenhangs zwischen Emissionsvermögen und Absorptionsvermögen.

Hat hingegen einer der beiden Körper höhere Temperatur als der andere, so gibt er mehr Energie durch Temperaturstrahlung an den anderen ab, als er von diesem erhält. Integration des Planckschen Strahlungsgesetzes über alle Frequenzen ν ergibt, daß die gesamte Energie der Temperaturstrahlung bei der Temperatur T proportional zu T^4 ist, so daß für den resultierenden Energiestrom q infolge Temperaturstrahlung zwischen zwei Körpern der Temperatur T_1 und T_2 folgt

$$q \propto \left(T_1^4 - T_2^4\right) \quad . \tag{8.10}$$

Im Gegensatz zu (8.2) und (8.4) ist also dieser Energiestrom durch Temperaturstrahlung proportional zur Differenz der 4. Potenzen der Temperaturen: Er steigt mit wachsendem Temperaturunterschied stärker als linear an.

8.1.4 Regulation der Temperatur bei Warmblütern

Warmblüter sind in der Lage, eine konstante Körpertemperatur (von ca. 37°C) gegenüber einer wärmeren oder kälteren Umgebung aufrechtzuerhalten. Wir betrachten zunächst die Situation in einer *kälteren Umgebung*. In diesem Falle verliert der Organismus an seiner Oberfläche fortlaufend Energie — worauf wir im einzelnen unten noch zu sprechen kommen — und muß deshalb durch interne Prozesse dafür sorgen, daß die Temperatur nicht sinkt. Dies geschieht durch exotherme chemische Reaktionen (Kap.7). Ein Teil der Stoffwechselreaktionen, die der Organismus bei Ausübung seiner Funktionen ablaufen läßt, sind ohnehin von dieser Art, z.B. werden vom arbeitenden Muskel nur 20% der umgesetzten Energie wirklich als Arbeit nach außen gegeben, während 80% bei konstant gehaltener Temperatur als Wärme abgeführt werden müssen. Reicht diese "Wärmeproduktion" jedoch zur Verhinderung von Abkühlung nicht aus, können vom Zentralnervensystem, das über besondere Nerven die Einhaltung der Körpertemperatur kontrolliert, besondere Stoffwechselreaktionen eigens zur Verhinderung der Unterkühlung in Gang gesetzt werden ("Frösteln").

Der Transport von Wärme vom Inneren des Körpers zur Oberfläche erfolgt einerseits durch Wärmeleitung nach dem Gesetz (8.1). Die Wärmeleitfähigkeit κ von Gewebe liegt in der Größenordnung von 0,2 J/(Kms). Daneben sorgt das im Gefäßsystem zirkulierende Blut für einen Transport von Energie. Durch die Oberfläche der Haut wird die Energie vom Organismus an die Umgebung abgeführt. Dies geschieht durch Wärmeleitungsvorgänge in Federkleid und Fell (bzw. Kleidung beim Menschen) sowie durch Wärmeübergang von der Oberfläche des Fells, des Federkleides oder der nackten Haut an die umgebende Luft. Federkleid, Fell und Kleidung wirken durch die eingeschlossene Luft (mit sehr geringer Wärmeleitfähigkeit) isolierend wie Glaswolle und schützen auf diese Weise den Organismus vor zu hohem Energieverlust, also vor Unterkühlung.

Der Wärmeübergang von der Oberfläche wird einerseits durch Konvektion in den hautnahen Schichten der Luft herbeigeführt. Dies wird durch eine Wärmeübergangszahl a von 5-10 J/(Km^{2}s) beschrieben, siehe (8.4). Dieser Wert gilt für ruhige Luft; er steigt erheblich an, wenn die Konvektion durch Luftströmung (Zug, Wind) verstärkt wird (Abb.8.4). Andererseits kann auch Energie nach dem Gesetz (8.10) durch Temperaturstrahlung abgegeben werden. Dies wird für den Menschen fühlbar, wenn keine Sonne scheint und die Temperatur der Umgebung unter 30°C liegt. (Denken Sie auch an das Frieren in einem Badezimmer

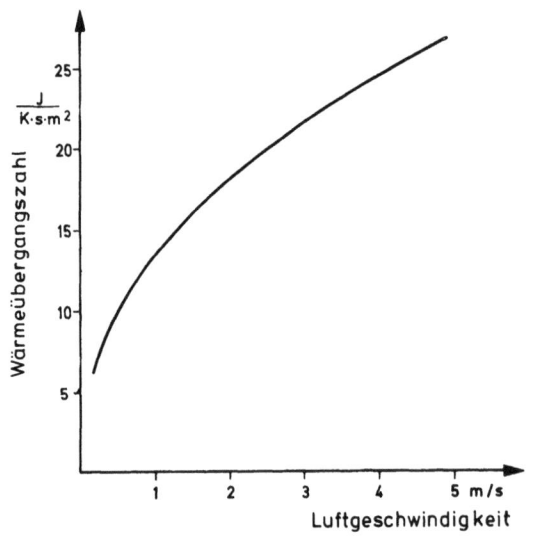

Abb. 8.4. Wärmeübergangszahl von einem Körper an bewegte Luft in Abhängigkeit von der Geschwindigkeit der Luft

8.1 Energietransport und Wärmeleitung

mit warmer Luft und kalten Wänden. Wie ist es zu erklären?) Bei starker Sonneneinstrahlung (oder am warmen Ofen) ist der Effekt der Temperaturstrahlung umgekehrt: Der Organismus nimmt Energie auf, indem er mehr Strahlung absorbiert als emittiert. Dabei kann gleichzeitig (an einem kalten Wintertag) Energieabgabe durch Konvektion erfolgen.

Wie aber schützt sich nun der Organismus vor einer Überhitzung, z.B. in einer *wärmeren Umgebung* oder bei starker Sonneneinstrahlung? Die exothermen Stoffwechselreaktionen können ja nicht abgeschaltet werden. Im Inneren des Organismus wird der Energietransport zur Oberfläche sichergestellt, indem durch eine Erweiterung der Gefäße, insbesondere der Kapillaren an der Körperoberfläche das zirkulierende Blut stärker zum Energietransport beiträgt. Wenn an der Oberfläche des Körpers durch Konvektion und Temperaturstrahlung nicht mehr genügend Energie abgegeben werden kann, erfolgt die Abkühlung durch Verdampfen von Flüssigkeit (Schweiß). Zur Verdampfung eines Liter Wassers müssen nämlich rund 2,4 kJ aufgewendet werden. Diese sogenannte Verdampfungswärme ist ein Fall von Phasenumwandlungswärme, was wir im Abschnitt 7.4.1 besprochen haben.

8.1.5 Der Energiehaushalt der Erde

Die Leistung der auf die Erdatmosphäre auftreffenden Sonnenstrahlung beträgt ca. $1,7 \cdot 10^{17}$ W, das ist eine einfallende Energie pro Zeit und Fläche von $1,4 \cdot 10^3$ W/m^2. Ca. 35% werden von der Atmosphäre reflektiert, rund 20% werden in der Atmosphäre absorbiert, der Rest gelangt auf die Erdoberfläche (Festland und Ozeane) und wird dort absorbiert. Unterschiedliche Absorption in der Atmosphäre ist Ursache für den Wind (d.h. ein sehr kleiner Anteil von ca. 2‰ der Energie erscheint vorübergehend als Windenergie), die Absorption in den Ozeanen führt zur Verdampfung von Wasser, das auf dem Weg über Regen und Flüsse (und Wasserkraftwerke) wieder ins Meer zurückkehrt. Letzten Endes wird aber alle absorbierte Energie wieder als Wärmestrahlung von der Erde in den Weltraum abgestrahlt. Dabei findet jedoch eine Verschiebung zu längeren Wellenlängen statt: Während die Wellenlängenverteilung des ankommenden Sonnenlichtes einem schwarzen Strahler von 6000 K entspricht (vgl. Abschn. 8.1.3, insbesondere Abb.8.3), ist die Verteilung der abgestrahlten Energie die eines schwarzen Körpers von 255 K.

Die Beispiele von Wind und Regen haben uns schon gezeigt, daß die Erde sich während dieses Prozesses der Absorption und Wiederabstrahlung von elektromagnetischer Energie weder in einem örtlich homogenen noch in einem zeitlich unveränderten Zustand, einem sogenannten stationären Zustand (Fließgleichgewicht) befindet, vielmehr gibt es örtliche Unterschiede und zeitliche Veränderungen, ein *raum-zeitlich strukturiertes Geschehen*. Dazu trägt auch der Prozeß der Fotosynthese bei, der unter Absorption von Sonnenlicht energiereiche Moleküle aufbaut. Man schätzt, daß die gesamte Pflanzenwelt auf der Erde eine Leistung von ca. $5 \cdot 10^{13}$ W im Fotosyntheseprozeß umsetzt. Immerhin 1% davon, d.h. ca. $5 \cdot 10^{11}$ W sind nötig, um den Nahrungsmittelbedarf der heutigen Menschheit zu decken.

Der gesamte "Energiekonsum" der heutigen Menschheit ist viel größer, nämlich ca. 10^{13} W, der Energiekonsum in Form von Nahrungsmitteln ist nur etwa ein Zwanzigstel davon. Diese 10^{13} W werden überwiegend aus fossilen Energiequellen (Kohle, Öl) gewonnen: Wir verbrauchen damit rapide ein "Kapital", das die Natur mit Hilfe des Fotosynthese-Prozesses in langen erdgeschichtlichen Perioden angespart hat. Das Ende dieser Reserven ist absehbar.

Von alternativen Energiequellen ist viel die Rede. Kernenergie (Kap.6) braucht Rohstoffe, die — sieht man von der Idee der Fusion mit Deuterium ab, die technisch in weiter Ferne zu liegen scheint — ebenfalls nur beschränkte Zeit reichen. Und Kernenergie ist wegen der radioaktiven Gefahren umstritten.

Die Menschheit muß deshalb nach Möglichkeiten suchen, die Sonnenenergie nicht nur für den Nahrungsbedarf zu nutzen. Forschung im Bereich der Bioenergetik kann uns vielleicht helfen, den von der Natur entwickelten Fotosynthese-Mechanismus in technischem Maßstab nachzubauen und die Energieprobleme der Menschheit zu lösen.

8.1.6 Zusammenfassung

Wir haben in diesem Abschnitt zunächst das Wärmeleitungsgesetz kennengelernt, das angibt, welche Wärmeströme durch Temperaturdifferenzen hervorgerufen werden. Wir haben dann gesehen, daß der Temperaturausgleich zwischen Körpern außer durch Wärmeleitung auch durch Konvektion und Temperaturstrahlung erfolgen kann.

Wir haben kurz besprochen, welche Rolle diese Phänomene zusammen mit anderen physikalisch-chemischen Prozessen im Wärmehaushalt von warmblütigen Organismen spielen. Als weitere Anwendung wurde auf die Probleme des Energiehaushalts der Erde hingewiesen.

8.1.7 Aufgaben

1) Welche der folgenden Aussagen sind richtig?

    A. Die Wärmestromdichte ist umso kleiner, je größer örtliche Temperaturunterschiede sind.

B. Der Wärmestrom fließt in Richtung des Temperaturgefälles.

C. Wärmeleitung in einem Körper ist ein Temperaturausgleich durch unmittelbare Wechselwirkung zwischen den molekularen Bausteinen des Körpers.

D. Wärmetransport durch Konvektion bedeutet, daß bewegte Materie ihre innere Energie mit sich trägt.

E. Wärmetransport durch Temperaturstrahlung ist nur möglich zwischen Körpern, die sich berühren.

2) Geben Sie durch ein oder mehrere Stichworte an, in welcher Weise folgende Bereiche des Organismus am Wärmehaushalt mitwirken (z.B. durch Konvektion, Energieerzeugung, Absorption von Temperaturstrahlung usw.):

Stoffwechselreaktionen:
Gewebe zwischen Körperinnerem und Haut:
Blut:
Fell oder Federkleid:
äußere Oberfläche von Fell, Federkleid oder Haut:

3) Berechnen Sie die Menge Wasser, die durch Schwitzen pro Stunde verdampft werden muß, um eine Wärmezufuhr durch Sonnenbestrahlung von 1500 J/h zu kompensieren (Angaben dazu in Abschn. 8.1.4).

8.2 Stofftransport in Lösungen

Stoffwechselreaktionen finden an bestimmten Stellen statt: Bei komplexeren Organismen in bestimmten Organen, und innerhalb der Zelle bei Einzellern wie Vielzellern im allgemeinen in bestimmten Organellen oder an bestimmten Membranen, welche die katalysierenden Enzyme tragen. Zwischen diesen Reaktionsorten müssen die Substrate und Metaboliten transportiert werden. Dies erfolgt abgesehen von der in Abschnitt 4.3 behandelten Strömung (Blutkreislauf) in der Hauptsache durch Diffusion. Dabei unterscheiden wir eine dreidimensionale Diffusion im fluiden Lösungsmittel, eine zweidimensionale, sog. laterale Diffusion in der Membran, und die eindimensionale Diffusion durch Membranen. Letztere wird in Abschnitt 8.3 behandelt werden, während in diesem Abschnitt das Thema die dreidimensionale Diffusion in einer homogenen Flüssigkeit ist (sei es ein Lösungsmittel in vitro, sei es Zellflüssigkeit, die wir als näherungsweise homogen betrachten); die laterale Diffusion ist dazu weitgehend analog und soll deshalb nicht gesondert besprochen werden.

8.2.1 Das 1. Ficksche Gesetz

Im Kapitel 7 und schon früher haben wir besprochen, daß ohne Einwirkung äusserer Kraftfelder (mit Kraftfeldern kommt es zur Sedimentation, siehe Kap.4) im thermodynamischen Gleichgewicht gelöste Moleküle in einem Lösungsmittel gleichmäßig verteilt sind: Die Stoffmengenkonzentration oder Molarität $c = n/V$ (Stoffmenge pro Volumen) ist in jedem Teilvolumen gleich groß. Diese gleichmäßige Verteilung der Moleküle kommt durch ungeordnete Bewegung zustande, durch die sogenannte *Diffusion*.

Ist eine Lösung in einem Nichtgleichgewichtszustand, bei dem die Stoffmengenkonzentration in verschiedenen Teilvolumina ungleich ist, so wandern bei der Diffusionsbewegung mehr Moleküle von Volumina höherer in solche niedrigerer Konzentration als umgekehrt. Es resultiert daraus ein "Diffusionsstrom" von Orten hoher Konzentration hin zu Orten niedriger Konzentration, also mit der Tendenz, die Konzentrationsunterschiede auszugleichen. In anderen Worten heißt dies, daß der Diffusionsstrom der Richtung des steilsten Anstiegs (des Gradientien) der Konzentration entgegengesetzt ist, oder in anderen Worten: Er fließt in Richtung der stärksten Abnahme (des stärksten Abfalls) der Konzentration und ist in seiner Stärke diesem Abfall proportional. Dies geschieht an jedem Ort $\vec{r}$ in der Lösung. In Analogie zur Wärmestromdichte $\vec{q}(\vec{r},t)$ (und zur Stromdichte $\vec{j}(\vec{r},t)$ der Hydrodynamik, siehe Abschn. 4.3.1) haben wir es mit einer *Diffusionsstromdichte* $\vec{J}(\vec{r},t)$ zu tun, die ein Vektorfeld ist. $\vec{J}(\vec{r},t)$ gibt am Ort $\vec{r}$ zur Zeit t an, welche Stoffmenge des gelösten Stoffes pro Zeit und pro Fläche durch eine Fläche senkrecht zur Stromrichtung wandert. Mit anderen Worten: Ist der Diffusionsstrom $I = dn/dt$ die Stoffmenge, die pro Zeit durch eine Fläche A senkrecht hindurchtritt, so ist der Betrag der Diffusionsstromdichte am Ort dieser Fläche $J = I/A = (1/A)dn/dt$. Dabei handelt es sich — wie schon oben gesagt — stets um Nettoströme und Nettostromdichten, die sich aus der Zusammenfassung aller chaotisch herumwandernden Moleküle ergeben.

Aus der gegebenen Definition folgen auch die möglichen Maßeinheiten: Der Diffusionsstrom I kann beispielsweise in mol/s gemessen werden, die Diffusionsstromdichte in mol/(m^{2}s).

Um die Dinge ähnlich wie bei der Wärmeleitung (Abschn.8.1.1) etwas einfacher zu gestalten, nehmen wir an, daß die Konzentration nur in einer Koordinatenrichtung variiert, die wir zur z-Richtung machen, $c = c(z,t)$, siehe Abb.8.5. Dann läßt sich die oben angegebene Erfahrungstatsache, daß der Diffusionsstrom in Richtung des steilsten Abfalls der Konzentration und proportional zur Stärke dieses Abfalls fließt, mathematisch in der Gestalt des *1. Fickschen Gesetzes* formulieren

8.2 Stofftransport in Lösungen

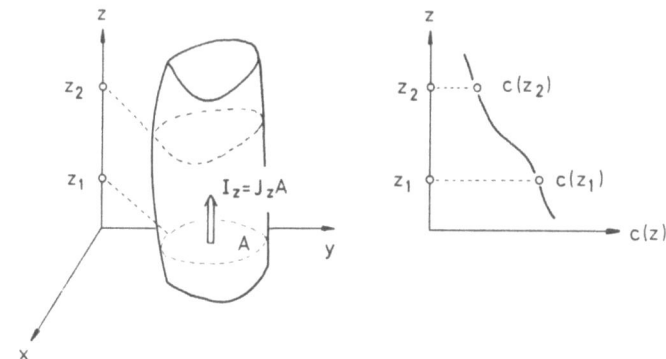

Abb. 8.5. Diffusion in einem Material, wenn die Konzentration der diffundierenden Moleküle nur in der z-Richtung variiert, $c = c(z,t)$. Auch der Diffusionsstrom und die Diffusionsstromdichte haben dann nur eine z-Komponente, die von Null verschieden ist

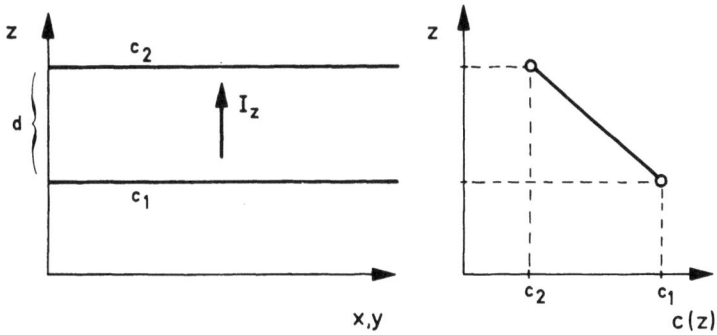

Abb. 8.6. Diffusion durch eine Schicht der Dicke d (links dargestellt); an den Grenzen werden die Konzentrationen c_1 und c_2 konstant gehalten. Rechts ist der lineare Konzentrationsverlauf in der Schicht aufgetragen, wie er sich aus dem 2. Fickschen Gesetz ergibt (Abschn.8.2.2): $c(z)$ nach rechts über der Ordinate z

$$J_z(z,t) = -D \frac{dc(z,t)}{dz} \quad . \tag{8.11}$$

Die Diffusionsstromdichte ist umso größer, je stärker die örtlichen Konzentrationsunterschiede sind. (Sind diese insbesondere Null, so haben wir Gleichgewicht und es fließt kein Diffusionsstrom.)

Man beachte die Ähnlichkeit des 1. Fickschen Gesetzes (8.11) mit der Wärmeleitungsgleichung (8.1). Anstelle der Wärmeleitfähigkeit κ tritt in der Diffusionsgleichung (8.11) als Materialkonstante die *Diffusionskonstante* D auf. Einige Werte von D werden weiter unten (Ende von Abschn.8.2.3) angegeben.

Haben wir eine Schicht der Dicke d, die an ihren beiden Oberflächen zeitlich konstant auf Stoffmengenkonzentrationen c_1 und c_2 gehalten wird (Abb.8.6), so stellt sich in der Schicht ein linearer Konzentrationsabfall ein. Aus (8.11) folgt jetzt für die Diffusionsstromdichte

$$J_z = -D \frac{c_2-c_1}{d} = \frac{D}{d}(c_1-c_2) \quad . \tag{8.12}$$

Die Größe $P = D/d$ heißt Permeabilitätskoeffizient der Schicht. Durch eine Fläche A fließt der Diffusionsstrom

$$I_z = AJ_z = A \frac{D}{d}(c_1-c_2) \quad . \tag{8.13}$$

Beachte die Analogie zu (8.3) für den Wärmestrom durch eine Schicht. Der Permeabilitätskoeffizient entspricht der Wärmeübergangszahl.

8.2.2 Das 2. Ficksche Gesetz. Anwendungen auf einfache Diffusionsvorgänge

Ohne chemische Reaktionen können Moleküle einer bestimmten Sorte weder entstehen noch vergehen. Dies kann man in der Form einer "Kontinuitätsgleichung" mathematisch formulieren. Wir haben eine solche bereits in der Hydrodynamik angegeben (Abschn.4.3.1) dort aber Inkompressibilität, d.h. konstante Dichte ρ bzw. Stoffmengenkonzentration c angenommen. Da in dem jetzt zur Diskussion stehenden Fall gerade die Diffusionsströme eine Zeitabhängigkeit der Konzentration bewirken, dürfen wir diese Annahme nicht machen. Der Einfachheit halber betrachten wir aber nur den Fall, bei dem die Konzentration nur eine Funktion *einer* Ortskoordinate z ist und die Diffusionsströme nur in (positive oder negative) z-Richtung fließen. Nehmen wir ein quaderförmiges Volumen $V = A\Delta z$ der Grundfläche A und Höhe Δz (Abb.8.7), so tritt in dieses Volumen von unten in der Zeit Δt eine Stoffmenge

$$AJ_z(z)\Delta t$$

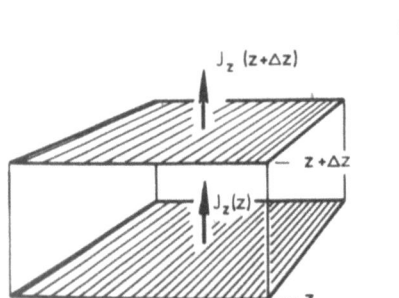

Abb. 8.7. Diffusionsströme in ein Volumen $A \cdot \Delta z$ von unten bzw. aus dem Volumen nach oben

8.2 Stofftransport in Lösungen

während oben eine Stoffmenge

$$AJ_z(z+\Delta z)\Delta t$$

das Volumen verläßt. Die Zunahme $V \cdot \Delta c$ der Stoffmenge im Volumen V ist also

$$V\Delta c = \left[J_z(z) - J_z(z+\Delta z)\right] A\Delta t \quad , \tag{8.14}$$

woraus wegen $V = A \cdot \Delta z$ folgt

$$\frac{\Delta c}{\Delta t} = - \frac{J_z(z+\Delta z) - J_z(z)}{\Delta z} \quad . \tag{8.15}$$

Wir gehen nun zum Limes kleiner Δz, Δc und Δt über. Sie wissen (siehe Anhang A), daß der rechte Ausdruck im Limes $\Delta z \to 0$ gerade den Differentialquotienten dJ_z/dz ergibt. Wir erhalten somit die *Kontinuitätsgleichung* (Gleichung der Stoffbilanz)

$$\boxed{\frac{dc(z,t)}{dt} = - \frac{dJ_z(z,t)}{dz}} \quad . \tag{8.16}$$

Sie bringt zum Ausdruck, daß sich ein Zuwachs (bzw. eine Abnahme) der Konzentration nur durch Zuströmen (bzw. Abströmen) von Molekülen durch Diffusion ergeben kann. Setzt man in die Kontinuitätsgleichung (8.16) auf der rechten Seite für dJ_z/dz das 1. Ficksche Gesetz (8.11) ein, so erhält man das *2. Ficksche Gesetz*

$$\boxed{\frac{dc(z,t)}{dt} = D \frac{d^2 c(z,t)}{dz^2}} \quad . \tag{8.17}$$

Der Ausdruck auf der rechten Seite ist die zweite Ableitung der Stoffmengenkonzentration c nach der Ortskoordinate z. Stofftransport durch Diffusion mathematisch zu behandeln, heißt Konzentrationsfelder c(z,t) aufsuchen, die Lösungen der "partiellen Differentialgleichung" (8.17) sind. Man kann dabei zwischen zwei verschiedenen Problemstellungen unterscheiden, Randwertproblemen und Anfangswertproblemen.

Randwertprobleme:
Bei Randwertproblemen werden an den Grenzflächen des untersuchten Volumens durch externe (menschliche oder natürliche) Mechanismen die Konzentrationen konstant gehalten; man interessiert sich dafür, welche Konzentrationsverteilung im Innern des Volumens aus diesen Randbedingungen resultiert, und zwar insbesondere welche zeitunabhängige Konzentrationsverteilung sich asymp-

totisch nach hinreichend langer Einstellzeit ergibt. Man sucht also ein Fließgleichgewicht oder einen "steady state".

Als Beispiel betrachten wir die bereits oben (Abb.8.5) beschriebene Diffusion durch eine Schicht der Dicke d, wenn an den beiden Grenzflächen $z = z_1$ und $z = z_2 = z_1 + d$ durch äußere Einwirkungen konstante Konzentrationen c_1 und $c_2 < c_1$ aufrecht erhalten werden. Dazu muß an der Grenzfläche $z = z_1$ (z.B. durch Rühren im angrenzenden Medium) für einen schnellen Ersatz des in die Schicht hineindiffundierenden Stoffes gesorgt werden, ebenso an der Grenzfläche $z = z_2$ für einen schnellen Abtransport.

Im stationären Zustand ist c zeitunabhängig, also ist dc/dt auf der linken Seite des 2. Fickschen Gesetzes (8.17) gleich Null. Als Lösung von

$$\frac{d^2 c(z)}{dz^2} = 0 \qquad (8.18)$$

finden wir sofort

$$c(z) = A + Bz \quad . \qquad (8.19)$$

Die "Integrationskonstanten" A und B können durch die Randbedingungen $c(z_1) = c_1$ und $c(z_2) = c_2$ ausgedrückt werden (was Ihnen als Rechenübung überlassen sei). Wir halten als Ergebnis fest, daß die Konzentration in der Schicht linear abfällt, wie in Abb.8.6 rechts bereits gezeichnet. Die Diffusionsstromdichte J_z, die in positive z-Richtung strömt, ist durch das 1. Ficksche Gesetz (8.11) oder (8.12) gegeben.

Wir betrachten als biologisches Beispiel einen Fisch, der am Boden eines 1 m tiefen Teiches mit einer Fläche $A = 10^5$ m^2 lebt. Er verbraucht 10 mol O_2 pro Sekunde, und wir fragen, ob der Fisch am Boden überleben kann. Wenn der Fisch dort allen Sauerstoff verbraucht, herrscht dort die O_2-Konzentration Null. Für die Oberfläche ist eine realistische Annahme ein O_2-Gehalt von 8 ml/l, d.h. eine Stoffmengenkonzentration von 0,35 mol/m^3. Nach (8.19) haben wir eine O_2-Verteilung in Abhängigkeit von der Höhe über dem Boden anzunehmen

$$c(z) = 0{,}35 \, \frac{\text{mol}}{\text{m}^3} \cdot z \quad .$$

Das bedeutet $dc/dz = 0{,}35$ mol/m^2. Mit einer Diffusionskonstanten $D = 6 \cdot 10^{-10}$ m^2/s erhalten wir aus dem 1. Fickschen Gesetz (8.11) oder (8.12) eine Diffusionsstromdichte (nach unten: negatives Vorzeichen)

$$J_z = -6 \cdot 10^{-10} \cdot 0{,}35 \, \frac{\text{mol}}{\text{m}^2 \text{s}} = -2{,}1 \cdot 10^{-10} \, \frac{\text{mol}}{\text{m}^2 \text{s}} \quad .$$

8.2 Stofftransport in Lösungen

Multipliziert mit der Fläche ergibt sich ein Diffusionsstrom von O_2

$$I_z = |J_z|A = 2{,}1 \cdot 10^{-5} \text{ mol/s} \quad .$$

Das bedeutet, daß der Fisch am Boden nicht überleben kann.

Anfangswertprobleme:

Bei Anfangswertproblemen wird zu einer Anfangszeit $t=0$ das Konzentrationsfeld $c(z,t=0)$ im ganzen Raum vorgegeben. Man sucht das Konzentrationsfeld $c(z,t)$ für $t>0$, das sich aufgrund des 2. Fickschen Gesetzes (8.17) ergibt. Wir behandeln 3 verschiedene Probleme, die verschiedenen Diffusions-Geometrien entsprechen.

Problem 1: Man schichtet zur Anfangszeit in einem Gefäß eine Lösung ($z<0$) neben das reine Lösungsmittel ($z>0$), siehe Abb.8.8 oben, und beobachtet die Diffusion der gelösten Moleküle in den Raum $z>0$. Die zeitabhängige Konzentration $c(z,t)$ als Lösung des 2. Fickschen Gesetzes (8.17) kann für diesen Fall leicht gefunden werden und ist qualitativ in Abb.8.8 skizziert.

Da die Diffusion in den Raum $z>0$ um so schneller erfolgt, je größer die Diffusionskonstante D ist, kann man Anordnungen dieser Art zur Messung von Diffusionskonstanten verwenden. Dabei wird die Konzentrationsverteilung $c(z,t)$ durch schlierenoptische Methoden festgestellt, auf die hier nicht im Detail eingegangen werden kann. Die am Ende von Abschnitt 8.2.3 angegebenen Diffusionskonstanten wurden größtenteils auf diese Weise gemessen.

Problem 2: Man bringt zu einem Anfangszeitpunkt eine Lösung als dünne Schicht (in der Ebene $z=0$) zwischen reines Lösungsmittel, und beobachtet die Diffusion der gelösten Moleküle nach beiden Seiten in das Lösungsmittel. Auch für diesen Fall kann die zeitabhängige Konzentration $c(z,t)$ als Lösung des Gesetzes (8.17) leicht gefunden werden

$$c(z,t) = \text{const} \frac{1}{\sqrt{t}} \exp(-z^2/4Dt) \quad . \tag{8.20}$$

Der qualitative Verlauf ist in Abb.8.9 skizziert. Aus (8.20) kann man ablesen, wie weit sich die diffundierenden Moleküle im Mittel in der Zeit t vom Anfangsort $z=0$ entfernen. Das macht man folgendermaßen:

$$n = \int_{-\infty}^{+\infty} c(z,t)dz \tag{8.21}$$

ist die Zahl der gelösten Mole, oder mit der Avogadro-Zahl N_A multipliziert die Zahl der gelösten Moleküle. Der Mittelwert der z-Werte aller Moleküle

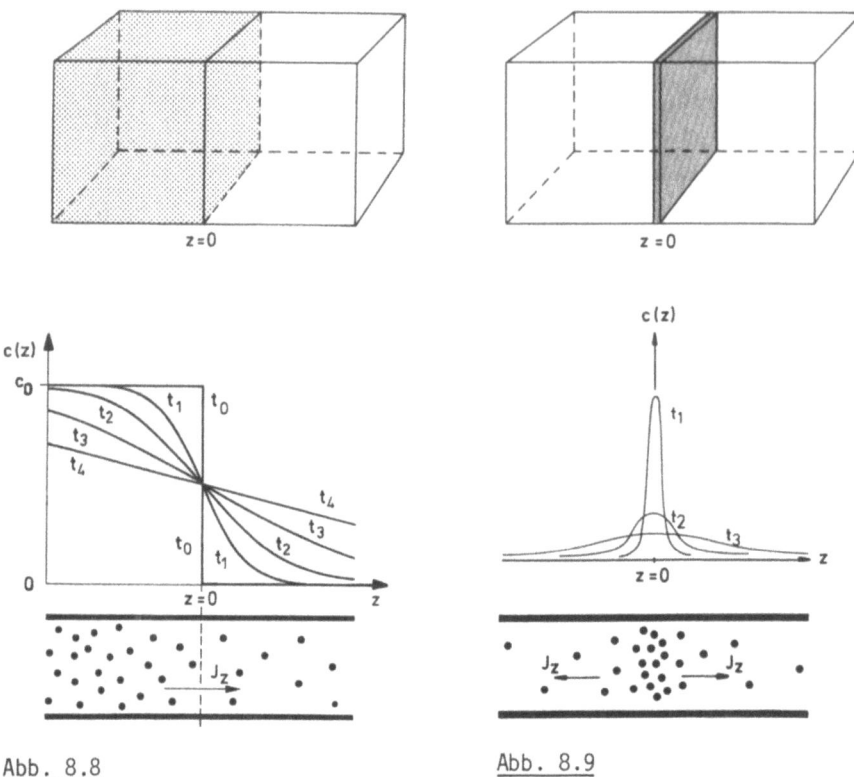

Abb. 8.8.

Abb. 8.9.

Abb. 8.8. Diffusion aus einer Lösung (z<0) in das reine Lösungsmittel (z>0): Anfangsbedingung ist $c(t_0) = c_0$ links und $c(t_0) = 0$ rechts. Das Diagramm in der Mitte gibt den Konzentrationsverlauf zu späteren Zeiten $t_4 > t_3 > t_2 > t_1 > t_0$. Unten wird der Vorgang im Molekülbild veranschaulicht

Abb. 8.9. Diffusion aus einer Schicht in das reine Lösungsmittel zu beiden Seiten der Schicht. Das Diagramm in der Mitte gibt den Konzentrationsverlauf zu verschiedenen Zeiten $t_3 > t_2 > t_1$. Unten wird der Vorgang im Molekülbild veranschaulicht

$$\overline{z} = \frac{1}{n} \int_{-\infty}^{+\infty} z c(z,t) dz = 0 \tag{8.22}$$

ist natürlich Null, da genauso viele Moleküle nach links (z negativ) wie nach rechts (z positiv) laufen. Für den Mittelwert der z^2-Werte aller Moleküle

$$\overline{z^2} = \frac{1}{n} \int_{-\infty}^{+\infty} z^2 c(z,t) dz \tag{8.23}$$

ist dies hingegen anders, da z^2 stets positiv ist, und man erhält

$$\overline{z^2} = 2Dt \quad . \tag{8.24}$$

Diese *Diffusionsgleichung* macht eine auch für biologische Anwendungen sehr wichtige Aussage: Nehmen wir $\sqrt{\overline{z^2}}$ als Maß dafür, wie weit die Moleküle sich in Mittel vom Anfangsort z = 0 entfernt haben, so sehen wir, daß diese mittlere Entfernung nicht proportional t, sondern nur *proportional $\sqrt{t}$ anwächst*.

Gleichung (8.24) zeigt, daß Diffusion in makroskopischen Dimensionen ein "sehr langsamer" Prozeß ist. Größere Moleküle mit $D \approx 0{,}5 \cdot 10^{-10}$ m^2/s brauchen 10^{-2} s um 1 μm und 1 s um 10 μm zurückzulegen. Man sieht, daß auch Stoffwechselvorgänge in der Zelle, an denen Diffusion beteiligt ist, nicht sehr schnell ablaufen können.

Problem 3: Während wir im ganzen bisherigen Kapitel nur Diffusionsprozesse in einer Richtung (z-Richtung) besprochen haben, geben wir zum Abschluß ein Beispiel einer Diffusion in alle Raumrichtungen. Für den Fall eines beliebig ortsabhängigen Konzentrationsfeldes c(x,y,z,t) ist das 2. Ficksche Gesetz etwas allgemeiner als (8.17) zu schreiben

$$\frac{dc}{dt} = D\left(\frac{d^2c}{dx^2} + \frac{d^2c}{dy^2} + \frac{d^2c}{dz^2}\right) \quad . \tag{8.25}$$

Wir betrachten hier nur den Fall, daß zu einem Anfangszeitpunkt ein Tropfen konzentrierter Lösung (z.B. im Ursprung des Koordinatensystems) in reines Lösungsmittel eingebracht wird; wir fragen, wie die Moleküle in das Lösungsmittel diffundieren. Die diesem Anfangswertproblem entsprechende Lösung des 2. Fickschen Gesetzes (8.25) ist qualitativ in Abb.8.10 skizziert. Wie in Beispiel 2 kann man berechnen, wie weit sich die Moleküle im Mittel in der Zeit t vom Anfangsort entfernen. Man erhält als Mittel der r^2-Werte aller Moleküle (r: Abstand vom Ursprung)

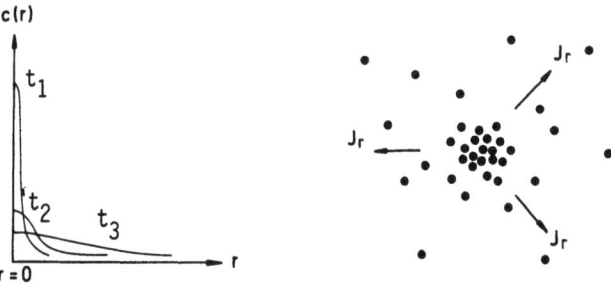

Abb. 8.10. Diffusion von einem Zentrum in das umgebende Lösungsmittel. Das Diagramm gibt für verschiedene Zeiten $t_3 > t_2 > t_1$ den Konzentrationsverlauf in Abhängigkeit der Radialkoordinaten. Rechts wird der Vorgang im Molekülbild veranschaulicht

$$\overline{r^2} = 6Dt \qquad (8.26)$$

ein Ergebnis, das sich in der Größenordnung nicht von (8.24) unterscheidet..

Ihnen mag dieser Abschnitt vor allem wegen der verwendeten Mathematik schwierig erschienen sein. Es lohnt sich aber für Sie, sich mit der Diffusion zu beschäftigen wegen ihrer Bedeutung für den biologischen Stofftransport. Wir weisen Sie darüber hinaus darauf hin, daß ähnliche Vorstellungen, wie sie der Diffusion von Molekülen angemessen sind, auch auf ökologische und populationsdynamische Prozesse zu übertragen sind, wo es um Wanderung und Ausbreitung von Arten geht.

8.2.3 Abhängigkeit der Diffusionskonstanten von der Molekülgröße

Wir wollen in diesem Abschnitt noch einen qualitativen Zusammenhang zwischen Molekülgröße und Diffusionskonstante kennenlernen, der für biologische Anwendungen wichtig ist. Dazu gehen wir von der *Einstein-Relation* aus, die einen engen Zusammenhang zwischen Reibungskoeffizient f und Diffusionskonstante D herstellt

$$\boxed{f = \frac{kT}{D}} \quad , \qquad (8.27)$$

T ist die absolute Temperatur und k die Boltzmann-Konstante ($k = 1{,}38 \cdot 10^{-23}$ J/K). Gl.(8.27) wird unter anderem in Zusammenhang mit dynamischen Zentrifugationsmethoden (Abschn.4.2.3) benutzt, um den Reibungskoeffizienten f zu berechnen.

Nehmen wir an, daß die diffundierenden Moleküle annähernd kugelförmig sind (Radius R), so gilt das Stokessche Gesetz (4.61), das den Reibungskoeffizienten f auf die Viskosität η des Lösungsmittels zurückführt

$$f = 6\pi\eta R \quad . \qquad (8.28)$$

Wir erhalten durch Gleichsetzen von (8.27) und (8.28) einen Zusammenhang zwischen Diffusionskonstante D und Viskosität

$$D = \frac{kT}{6\pi\eta R} \quad . \qquad (8.29)$$

Dies besagt, daß D umgekehrt proportional zum Molekülradius R ist, und daraus folgt unter der Annahme näherungsweise gleicher Dichte von biologischen Makromolekülen als Abhängigkeit von der Molekülmasse M

8.2 Stofftransport in Lösungen

$$D \propto \frac{1}{\sqrt[3]{M}} \quad . \tag{8.30}$$

Daß dies eine sehr gute Faustregel ist, verifizieren wir mit folgender Tabelle, die für verschiedene Moleküle M in atomaren Masseneinheiten $u = 1{,}66 \cdot 10^{-24}$ g und die Diffusionskonstanten in Wasser bei 293 K angibt

	M [u]	D [cm²/s]
H_2	2	$5 \cdot 10^{-5}$
N_2	28	$2 \cdot 10^{-5}$
Methanol	32	$1{,}3 \cdot 10^{-5}$
Harnstoff	60	$1{,}1 \cdot 10^{-5}$
Glukose	180	$5{,}7 \cdot 10^{-6}$
ATP	507	$3{,}0 \cdot 10^{-6}$
Myoglobin	17100	$1{,}2 \cdot 10^{-6}$
β-Lactoglobulin	37100	$7{,}5 \cdot 10^{-7}$
Hämoglobin	64000	$6{,}3 \cdot 10^{-7}$
Katalase	248000	$4{,}1 \cdot 10^{-7}$
Erythrokruorin	3100000	$1{,}9 \cdot 10^{-7}$
Tabakmosaikvirus	40590000	$4{,}6 \cdot 10^{-8}$

Tragen wir dies in einer doppelt-logarithmischen Darstellung mit log M als Abszisse und log D als Ordinate auf, so ergeben sich die Punkte der Abb.8.11. Die eingezeichnete Gerade mit log D = const. - (1/3) log M entspricht der Er-

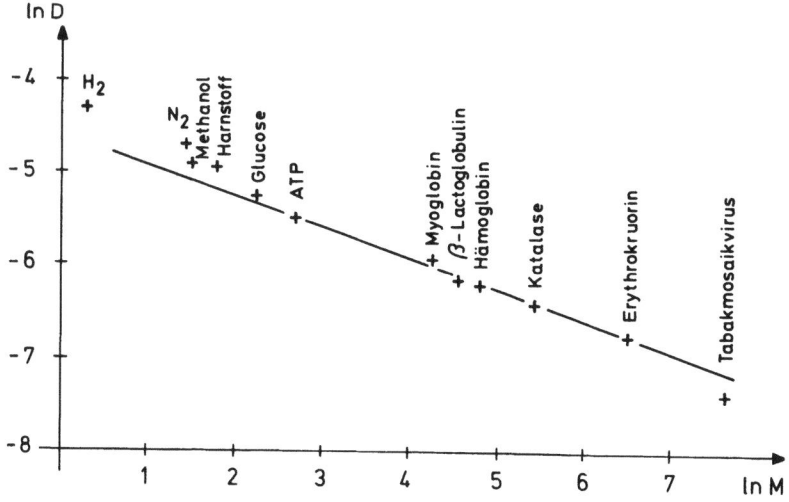

__Abb. 8.11.__ Diffusionskonstanten in Abhängigkeit von der Molekülmasse in doppelt-logarithmischer Darstellung

wartung gemäß (8.30). Man erkennt, daß (8.30) zur näherungsweisen Bestimmung unbekannter Molekülmassen ("Molekulargewichten") aus der Diffusionskonstanten D benutzt werden kann.

8.2.4 Zusammenfassung

Wir haben in diesem Abschnitt 8.2 gelernt, nach welchen Gesetzen Stofftransport durch Diffusion abläuft.

Das 1. Ficksche Gesetz gibt an, welche Diffusionsstromdichten durch Konzentrationsgradienten hervorgerufen werden. Die durch die Diffusionsstromdichten beschriebenen Diffusionsströme spielen eine Rolle beim Ablauf biochemischer Prozesse in vitro ebenso wie beim Stofftransport in der lebenden Zelle. Auch der Transport von Nährstoffen und Abfallprodukten in der abiotischen Umwelt von Organismen ist häufig von Diffusion abhängig.

Durch Kombination des 1. Fickschen Gesetzes mit der Kontinuitätsgleichung (Stoffbilanz) erhält man das 2. Ficksche Gesetz, das erlaubt für gegebene Anfangs- und Randbedingungen die vollständige raum- und zeitabhängige Konzentrationsverteilung $c(\vec{r},t)$ eines Stoffes in Lösung zu errechnen.

Im letzten Unterabschnitt haben wir einen qualitativen Zusammenhang zwischen Molekülgröße und Diffusionskonstante kennengelernt, der erlaubt

- entweder bei bekannter Molekülmasse den Wert der Diffusionskonstanten abzuschätzen
- oder aus der gemessenen Diffusionskonstanten eines Moleküls seine Molekülmasse abzuschätzen.

8.2.5 Aufgaben

1) Welche der folgenden Aussagen sind richtig?

   A. Die Diffusionsstromdichte ist umso kleiner, je größer örtliche Konzentrationsunterschiede sind.

   B. Der Diffusionsstrom fließt in Richtung des Konzentrationsgefälles.

   C. Für die Strecke, die ein diffundierendes Teilchen in der Zeit t in z-Richtung im Mittel zurücklegt, gilt $\overline{z^2} = 2Dt$.

   D. Die Einstein-Relation stellt einen Zusammenhang zwischen Reibungskoeffizient und Wärmeleitfähigkeit her.

   E. Stofftransport durch Diffusion ist eine wichtige Einflußgröße auf die Geschwindigkeit von Stoffwechselreaktionen.

2) Berechne die Diffusionskonstante von O_2 in Wasser bei 300 K mit Hilfe von (8.29) (R=0,2 nm und $\mu = 1,8 \cdot 10^{-3}$ Pa·s).

3) Wie weit diffundiert O_2 gemäß (8.24) in Wasser in einer Minute, wie weit in einer Stunde?

8.3 Stofftransport durch Membranen

Biologische Materie ist durch Membranen in Kompartimente aufgeteilt. Eines der wichtigsten ist die Zelle, die von der Zellmembran umgeben ist; diese und andere einfache Membranen bestehen aus einer Lipid-Protein-Doppelschicht. Stoffe, die in einem Kompartiment wie einer Zelle oder Zellorganelle benötigt, aber dort nicht selbst produziert werden, sowie Produkte des Kompartiments, die außerhalb weiterverarbeitet werden oder als "Abfallstoffe" weggeschafft werden sollen, müssen durch die Membran transportiert werden. Dieser Stofftransport durch Membranen geschieht durch einfache Diffusion, durch erleichterte Diffusion (katalysierter Transport) oder durch aktiven Transport. Wir werden physikalische Grundlagen dieser Vorgänge in diesem Kapitel besprechen.

8.3.1 Transport ungeladener Moleküle durch einfache Diffusion

Wir betrachten die in Abb.8.12 dargestellte Situation einer Membran, die einen "Innenraum" i von einem "Außenraum" a trennt. Uns interessiert der Transport eines Stoffes durch die Membran, der im Innen- und Außenraum mit

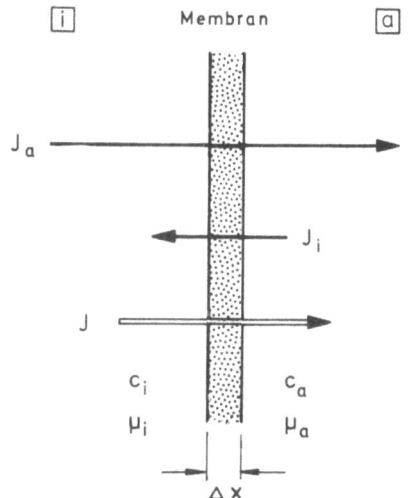

Abb. 8.12. Definition der Diffusionsströme

Stoffmengenkonzentrationen (Molaritäten) c_i bzw. c_a vorhanden ist. Ähnlich wie in Abschnitt 8.2 beschreiben wir den Stofftransport durch eine Diffusionsstromdichte J, die angibt, welche Stoffmenge pro Zeit und Fläche durch die Membran von innen nach außen tritt. J ist also anzugeben z.B. in mol/(cm$^2\cdot$s). Ist die Differenz (c_i-c_a) der Stoffmengenkonzentrationen nicht zu groß, so findet man empirisch folgenden Zusammenhang zwischen Diffusionsstromdichte und Differenz der Stoffmengenkonzentrationen

$$\boxed{J = -P(c_a-c_i)} \qquad (8.31)$$

mit einem Permeabilitätskoeffizienten P. Dieser ist eine Materialkonstante, die abhängt von Aufbau und Zusammensetzung der Membran sowie von der Art der transportierten Moleküle. Gl.(8.31) besagt, daß Moleküle von innen nach außen transportiert werden, wenn die Innenkonzentration größer ist als die Außenkonzentration. Wie wir auch schon in Abschnitt 8.2 gesehen haben, erfolgt der Transport in Richtung des Konzentrationsgefälles mit der Tendenz, die Konzentrationen aneinander anzugleichen.

Die Anwendbarkeit von (8.31) liegt in der Erfahrung begründet, wir können dies Gesetz aber auch durch theoretische Überlegungen verständlich machen. Wir geben dazu 3 Interpretationen.

Interpretation 1: In Analogie zu den in der chemischen Kinetik üblichen Differentialgleichungen zur Berechnung von Reaktionsgeschwindigkeiten kann man erwarten: Es gibt einen Diffusionsstrom J_a von innen nach außen, der proportional zur Stoffmengenkonzentration c_i im Innenraum ist

$$J_a = Pc_i \qquad (8.32)$$

sowie einen Diffusionsstrom von außen nach innen, der proportional zur Stoffmengenkonzentration im Außenraum ist

$$J_i = Pc_a \quad . \qquad (8.33)$$

Die Differenz $J = J_a - J_i$ ist der nach außen fließende Nettostrom (8.31).

Interpretation 2: Gl.(7.38) oder (7.57) gibt uns die Entropieänderung dS_a im Außenraum, wenn dn Mole im Außenraum hinzukommen

$$dS_a = -\frac{\mu_a}{T} dn \quad . \qquad (8.34)$$

8.3 Stofftransport durch Membranen

μ_a ist das chemische Potential der gelösten Moleküle im Außenraum. Ist A die Fläche der Membran, so gilt nach Definition von J: dn = AJdt, also

$$\frac{dS_a}{dt} = -\frac{\mu_a}{T} AJ \quad . \tag{8.35}$$

Entsprechend gilt für die Entropieänderung im Innenraum

$$\frac{dS_i}{dt} = +\frac{\mu_i}{T} AJ \quad . \tag{8.36}$$

Gegenüber (8.35) haben wir ein zusätzliches Minuszeichen, da J die Stoffmengenkonzentration im Innenraum verringert (positives J heißt positives dn außen, aber negatives dn innen). Die Gl.(8.35) und (8.36) zusammen ergeben als irreversible Entropieerzeugung bei der Membrandiffusion

$$\frac{dS}{dt} = \sigma = \frac{A}{T} (\mu_i - \mu_a) J \quad . \tag{8.37}$$

Besteht eine irreversible Entropieerzeugung aus einem Produkt einer Stromgröße, eines sogenannten "Fluxes" (hier Stromdichte J), und einer örtlichen Änderung thermodynamischer Zustandsgrößen, einer sogenannten "Kraft" (hier $\mu_i - \mu_a$), so erweist es sich meist als richtig, den "Flux" als proportional zur "Kraft" anzusetzen. In unserem Fall lautet ein solcher Ansatz

$$\boxed{J = C(\mu_i - \mu_a)} \tag{8.38}$$

mit einer positiven Proportionalitätskonstante C, die als Materialkonstante anzusehen ist. Diese Art von Ansätzen sind die Grundlage einer eigenen Theorie, der "Thermodynamik irreversibler Prozesse" (Abschn.8.4). Der Ansatz (8.38) ergibt ein vernünftiges Ergebnis, wenn wir ihn in die irreversible Entropieerzeugung (8.37) einsetzen

$$\frac{dS}{dt} = \sigma = \frac{AC}{T} (\mu_i - \mu_a)^2 \quad . \tag{8.39}$$

Da Quadrate immer positiv sind, ist — wie es sein muß — $\sigma \geq 0$, wenn C positiv ist.

Nun haben wir scheinbar zwei verschiedenen Gesetze des Stofftransports durch Membranen, (8.31) und (8.38). Diese sind jedoch nicht im Widerspruch. Macht man nämlich für $\mu(c)$ eine Taylor-Entwicklung bis zur 1. Ordnung, so erhält man

$$\mu_i - \mu_a \approx \frac{d\mu}{dc}(c_i - c_a) \tag{8.40}$$

und (8.38) geht in (8.31) über. Benutzen wir für $\mu(c)$ insbesondere (7.71)

$$\mu(c) = G^0(p,T) + RT \ln \frac{c}{c_0} \quad , \tag{8.41}$$

so erhalten wir durch Differenzieren $d\mu/dc = RT/c$ und deshalb aus (8.40)

$$\mu_i - \mu_a \approx \frac{RT}{c}(c_i - c_a) \tag{8.42}$$

und schließlich aus (8.38)

$$J = \frac{CRT}{c}(c_i - c_a) \quad . \tag{8.43}$$

c im Nenner ist eine gemittelte Stoffmengenkonzentration zwischen der Innenkonzentration c_i und der Außenkonzentration c_a. (8.43) ist identisch mit (8.31), wenn P und C in folgender Weise zusammenhängen

$$P = \frac{CRT}{c} \quad . \tag{8.44}$$

Interpretation 3 knüpft direkt an das 1. Ficksche Gesetz (8.11) und (8.12) an. Betrachten wir beispielsweise den Transport einer lipidlöslichen Substanz durch eine Lipidmembran, so ist die Wanderung der "gelösten" Substanz in der Membran als ein Prozeß anzusehen, wie er den Betrachtungen von Abschnitt 8.2 zugrunde lag. Wir übernehmen deshalb (8.12)

$$J = -\frac{D}{d}(c_a - c_i) \tag{8.45}$$

und sehen durch Vergleich mit (8.31)

$$P = \frac{D}{d} \quad , \tag{8.46}$$

daß in diesem Falle der Permeabilitätskoeffizient P eng mit der Diffusionskonstanten D der "gelösten" Substanz in der Lipidschicht verknüpft ist.

Wir halten fest, daß die Interpretationen 1 und 2 des Transportgesetzes (8.31) allgemeiner gültig sind als Interpretation 3, da sie nicht an die Vorstellung einer Lösung der transportierten Substanz in der Membran gebunden sind. In der folgenden Anwendung beispielsweise ist die Lösungsvorstellung nicht angemessen, da Wasser nicht lipidlöslich ist.

8.3 Stofftransport durch Membranen

Anwendung: Mit dem durch das Gesetz (8.31) oder (8.38) beschriebenen einfachen Transport werden vor allem verschiedene kleine Moleküle durch Membranen transportiert. Ein wichtiges Beispiel ist der *Wassertransport (Osmose)*. Hier haben wir neben dem Wasser, das durch die Membran diffundiert, einen weiteren Stoff (z.B. Zuckermoleküle) zu berücksichtigen, der nur im Innenraum vorhanden ist und die Membran nicht (oder nur viel langsamer als Wasser) permeieren kann. Wir bezeichnen das chemische Potential des Wassers mit μ_{LM} und die Stoffmengenkonzentrationen von Wasser und Zucker mit c_{LM} bzw. c_Z. Das chemische Potential μ_{LM} des Wassers haben wir als Funktion $\mu_{LM}(T,c_{LM},c_Z)$ anzusehen oder nach Übergang zu anderen unabhängigen Zustandsgrößen als $\mu_{LM}(p,T,c_Z)$. Zwischen den Seiten 0 und 1 der Membran (Abb.7.9) haben wir eine Druckdifferenz Δp und einen Konzentrationsunterschied c_Z des Zuckers. In linearer Näherung (erste Glieder einer Taylor-Entwicklung) gilt deshalb

$$\mu_{LM,1} - \mu_{LM,0} = \frac{d\mu_{LM}}{dp}\Delta p + \frac{d\mu_{LM}}{dc_Z}c_Z \quad . \tag{8.47}$$

Dies setzen wir (mit 1=i, 0=a) in das 1. Ficksche Gesetz der Form (8.33) ein und erhalten eine Diffusionsstromdichte von Wasser durch die Membran

$$J = C\left(\frac{d\mu_{LM}}{dp}\Delta p + \frac{d\mu_{LM}}{dc_Z}c_Z\right) \quad . \tag{8.48}$$

Aus der Thermodynamik verdünnter Lösungen ist bekannt, daß $d\mu_{LM}/dc_Z = -RTc_Z/c_{LM}$, so daß

$$J = C\left(\frac{d\mu_{LM}}{dp}\Delta p - RT\frac{c_Z}{c_{LM}}\right) \tag{8.49}$$

die Diffusionsstromdichte des in Richtung $i \to a$ transportierten Wassers durch Osmose gibt.

Ist beispielsweise am Anfang des osmotischen Prozesses die Druckdifferenz $\Delta p = 0$, so ergibt (8.49) ein negatives

$$J_{Anfang} = -CRT\frac{c_Z}{c_{LM}} \quad . \tag{8.50}$$

Es wird Wasser von außen nach innen transportiert, wodurch sich der Innendruck erhöht. Δp nimmt solange zu, bis die rechte Seite von (8.49) Null wird und damit der Wassertransport zum Erliegen kommt. Die Bedingung

$$\frac{d\mu_{LM}}{dp}\Delta p = RT\frac{c_Z}{c_{LM}} \tag{8.51}$$

für den Gleichgewichtsdruck ("osmotischen Druck") stimmt mit der früher schon angegebenen Beziehung (7.74) überein, wenn man $d\mu_{LM}/dp = 1/c_{LM}$ berücksichtigt. Die Beziehung (7.74) konnte allein mit Hilfe des zweiten Hauptsatzes hergeleitet werden. Jetzt haben wir aber zusätzlich zur Gleichgewichtsbedingung ein Gesetz in Form von (8.49), das den gesamten Prozeß beschreibt, der zum osmotischen Gleichgewicht führt.

8.3.2 Transport von Ionen durch einfache Diffusion

Viele Atome und einfache Moleküle liegen gelöst in Wasser als Ionen, d.h. geladen vor. Die Ladung gibt man mit Hilfe der Wertigkeit z in Einheiten der Elementarladung e an. Sehen Sie dazu im Abschnitt 7.4.4 nach. Es wurde dort erläutert, daß wir für geladene Stoffe das chemische Potential μ durch das elektrochemische Potential η zu ersetzen haben

$$\eta = \mu + zF\varphi \quad . \tag{8.52}$$

Es ist F die Faraday-Konstante und φ das Potential eines eventuell vorhandenen elektrischen Feldes $\vec{E}$. Die Größe $zF\varphi$ ist nichts anderes als die potentielle Energie (Coulomb-Energie) eines Mols der z-fach geladenen Ionen im Felde $\vec{E}$.

Ersetzen wir im Transportgesetz (8.38) das chemische Potential μ durch das elektrochemische Potential η, so erhalten wir für die Diffusionsstromdichte der Ionen durch die Membran

$$J = C\left[(\mu_i - \mu_a) + zF(\varphi_i - \varphi_a)\right] \quad . \tag{8.53}$$

$\Delta\varphi = \varphi_i - \varphi_a$ ist die Potentialdifferenz zwischen innerer und äußerer Membranoberfläche. Machen wir wie in Abschnitt 8.3.1 — (8.40) bis (8.43) — eine Linearisierung zwischen $\mu_i - \mu_a$ und $c_i - c_a$, und gehen von der Transportkonstanten C zum Permeabilitätskoeffizienten $P = CRT/c$ über, so ergibt sich aus (8.53) die *Nernst-Planck-Gleichung* für den Stofftransport durch Membranen

$$\boxed{J = P\left[c_i - c_a + \frac{czF}{RT}(\varphi_i - \varphi_a)\right]} \quad . \tag{8.54}$$

(c: gemittelte Stoffmengenkonzentration zwischen innen und außen.)

Anwendung: Ionengleichgewicht. Wie im Falle der Osmose so lange Wasser in die Zelle strömt, bis die rechte Seite von (8.49) Null wird und das thermodynamische Gleichgewicht erreicht ist, fließt auch im Falle von (8.54) der Ionenstrom J so lange, bis die rechte Seite Null wird. Im thermodynamischen

8.3 Stofftransport durch Membranen

Gleichgewicht besteht deshalb folgender Zusammenhang zwischen Konzentrationsdifferenz $c_i - c_a$ und elektrischer Potentialdifferenz $\varphi_i - \varphi_a$

$$\varphi_i - \varphi_a = -\frac{RT}{zF}\frac{c_i - c_a}{c} \quad . \tag{8.55}$$

Meist wird diese Gleichung in einer anderen Form verwendet. Geht man nämlich von (8.53) aus, so lautet die Gleichgewichtsbedingung

$$\varphi_i - \varphi_a = -\frac{1}{zF}(\mu_i - \mu_a) \quad , \tag{8.56}$$

woraus mit (8.41) die Nernstsche Gleichung folgt, die wir schon im Abschnitt 7.4.4 kennengelernt haben

$$\boxed{\varphi_i - \varphi_a = -\frac{RT}{zF}\ln\frac{c_i}{c_a}} \quad . \tag{8.57}$$

Diese *Nernstsche Gleichung* (8.57) stimmt für genügend kleine Konzentrationsunterschiede, $c_i - c_a \ll c$, mit der Gleichgewichtsbedingung (8.55) überein, wie man mit Hilfe einer Taylor-Entwicklung des Logarithmus in (8.57) bis zur 1. Ordnung sehen kann. Diese Taylor-Entwicklung (Linearisierung) wurde ja auch beim Übergang von (8.53) zu (8.54) gemacht.

Die Nernst-Planck-Gleichung (8.54) und die Nernstsche Gleichung (8.57) spielen eine Rolle beim Verständnis der Wirkung von *Muskelzellen* und der *Nervenleitung*. Experimentell findet man dort Potentialdifferenzen $\Delta\varphi$ von 60 bis 100 mV. Da die Zellmembran für K-Ionen permeabel ist, muß sich im Gleichgewicht ein Konzentrationsunterschied zwischen außen und innen gemäß (8.57) einstellen: $\Delta\varphi \approx 100$ mV ist beispielsweise für Muskelzellen in Übereinstimmung mit den gemessenen K-Konzentrationen von 124 mmol/l innen und 2,3 mmol/l außen.

Schreiben wir die Nernstsche Gleichung (8.57) für Wertigkeit $z = 1$ in der Form

$$\varphi_i - \varphi_a = \text{const.} + \frac{RT}{F}\ln c_a \quad , \tag{8.58}$$

so sehen wir, daß $-\Delta\varphi$ linear von $\ln c_a$ abhängen soll. Experimentelle Ergebnisse dazu zeigt Abb. 8.13.

Sind mehrere Ionensorten vorhanden, welche die Membran permeieren können, so muß die Nernstsche Gleichung (8.57) im Gleichgewicht für jede Sorte einzeln gelten. Für K^+-Ionen ($z=+1$) und Cl^--Ionen ($z=-1$) bei der Nervenleitung folgt das *Gibbs-Donnan-Gleichgewicht*

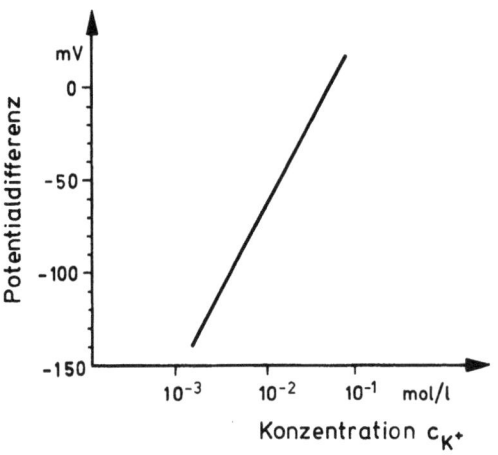

Abb. 8.13. Abhängigkeit der Potentialdifferenz $\varphi_i - \varphi_a$ an der Membran von der externen K^+-Konzentration beim Froschmuskel

$$\frac{c_a(K)}{c_i(K)} = \frac{c_i(Cl)}{c_a(Cl)} \quad . \tag{8.59}$$

Verursacht wird die Potentialdifferenz $\Delta\varphi$, welche die Konzentrationsverhältnisse (8.59) gemäß (8.57) erzeugt, wesentlich durch ungleiche Na^+-Konzentrationen innen und außen. Da die Membran aber, wenngleich schwach, auch für Na^+-Ionen permeabel ist, müßten $\Delta\varphi$ und die ungleichen Ionen-Konzentrationen im Laufe der Zeit verschwinden. Dieses Endgleichgewicht wird verhindert, indem die "Natriumpumpe" ständig Na^+-Ionen aus der Zelle herauspumpt und in geringerem Umfang K^+-Ionen in die Zelle hineinpumpt. Dieser Vorgang des "aktiven Transports" wird in Abschnitt 8.3.4 behandelt werden. Wir halten hier nur fest, daß das System sich auf diese Weise ständig außerhalb des thermodynamischen Gleichgewichts befindet. Die Gleichgewichtsrelationen (8.57) und (8.59) sind für die K- und Cl-Ionen bei Nerven- und Muskelzellen deshalb auch nur näherungsweise erfüllt.

8.3.3 Erleichterter Transport

Im Anschluß an die Interpretation 3 des Abschnittes 8.3.1 haben wir schon darauf hingewiesen, daß die Diffusion lipidlöslicher Substanzen in der Lipidmembran nur einer der verschiedenen Mechanismen ist, durch den in Lebewesen Membrantransport bewerkstelligt wird. Wir besprechen hier einen anderen Mechanismus, bei dem der transportierte Stoff sich in der Membran an chemischen Reaktionen beteiligt. Dieser sogenannte erleichterte Transport oder auch Carrier-Transport ist von biologischer Bedeutung vor allem, weil er zu viel höheren Stromdichten J führen kann als sie durch reine Diffusion zustande kämen. Die verschiedenen Carrier-Systeme (engl. carrier = Überträger, Trans-

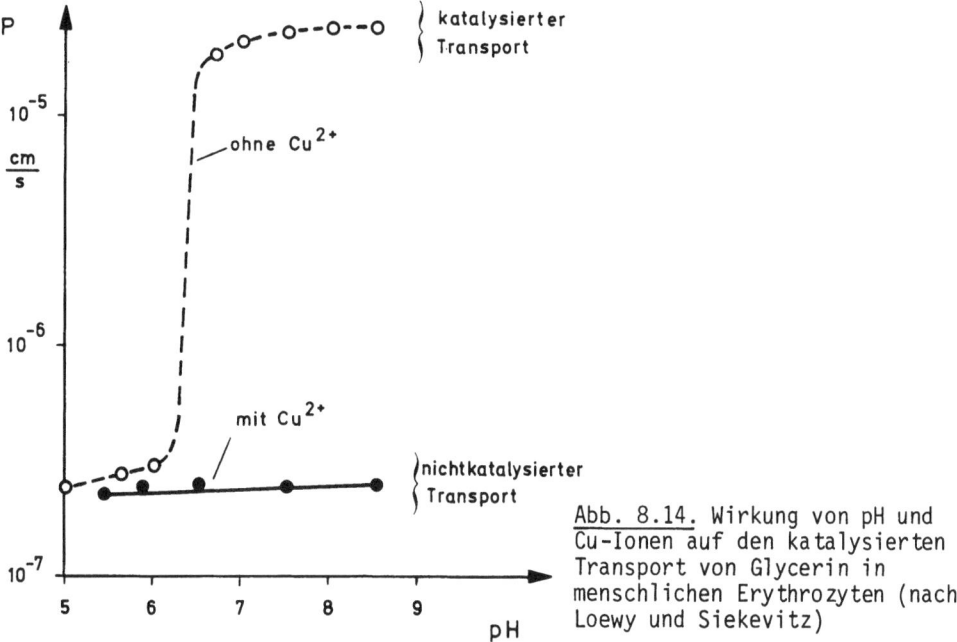

Abb. 8.14. Wirkung von pH und Cu-Ionen auf den katalysierten Transport von Glycerin in menschlichen Erythrozyten (nach Loewy und Siekevitz)

porteur) sind in ihrer Wirkungsweise noch nicht alle vollständig aufgeklärt. Meist ist ein membrangebundenes Enzym beteiligt, an welches der zu transportierende Stoff vorübergehend gebunden wird. Weil solche Enzyme den Durchtritt eines Stoffes durch die Membran bewerkstelligen, heißen sie oft Permeasen.

Als Beispiel (Abb.8.14) führen wir an den Transport von Glycerin durch die Membran eines roten Blutkörperchens (Erythrozyten). Bei pH < 6 erfolgt einfache Diffusion mit einer Permeabilität $P \approx 2 \cdot 10^{-7}$ cm/s. Bei pH-Werten > 6,5 ist die Permeabilität circa 100 mal größer, weil durch Zwischenreaktion mit einer Permease der Durchtritt erleichtert wird. Cu-Ionen wirken als Hemmstoff auf die Permease, so daß in ihrer Gegenwart nur die einfache Diffusion stattfindet.

So wie Katalyse generell keine Gleichgewichtsverhältnisse verschiebt, sondern nur durch Erhöhung der Reaktionsgeschwindigkeit den Ablauf einer Reaktion beschleunigt, so ist auch der erleichterte Transport durch Permeasen nur eine Beschleunigung des einfachen Transports; die Gleichgewichtssituation, die herbeigeführt wird, ist in beiden Fällen dieselbe: Es fließt z.B. im Falle ungeladener Teilchen der Diffusionsstrom zur Seite niedrigerer Konzentration. Im Falle der einfachen Diffusion wird dies durch (8.31) beschrieben. Diese gilt bei kleinen Konzentrationen auch für den erleichterten Transport; bei höheren Konzentrationen treten wie üblich bei der Katalyse (vgl. die Michaelis-Menten-Kinetik) Abweichungen vom linearen Verhalten auf (Sättigung). Es wird jedoch der zweite Hauptsatz der Thermodynamik nicht verletzt: Der Stofftransport erfolgt in Richtung des Konzentrationsgefälles mit der Tendenz, die Konzentrationsunterschiede auszugleichen.

8.3.4 Aktiver Transport

Bei biologischen Prozessen findet man auch Stofftransport entgegen der Richtung des Konzentrationsgefälles (sozusagen "bergauf"); genauer: Moleküle werden von der Seite niedrigen zur Seite hohen chemischen bzw. elektrochemischen Potentials transportiert. Man nennt dies aktiven Transport oder Bergauf-Transport.

Nehmen Sie an, Sie würden den aktiven Transport als Diffusionsprozeß durch (8.31) oder (8.38) beschreiben. Welche Eigenschaft müßten die Permeabilität P und die Transportkonstante C haben? Was würde für die irreversible Entropieerzeugung (8.37) folgen?

Antwort: P und C müßten negativ sein und deshalb ergäbe sich aus (8.39), daß die irreversible Entropieerzeugung σ negativ wäre. Der 2. Hauptsatz der Thermodynamik wäre verletzt.

Tatsächlich ergibt eine genauere Untersuchung (hier wie auch sonst überall in der Biologie) *keinen Hinweis, daß der 2. Hauptsatz der Thermodynamik verletzt wird*. Denn der aktive Transport ist kein purer Diffusionsprozeß, weder ein einfacher noch ein katalytisch beschleunigter. Der aktive Transportprozeß, der allein ablaufend Entropievernichtung bedeuten würde und also in dieser Form nicht stattfinden kann, ist mit einem anderen Prozeß verkoppelt, dessen Entropieerzeugung die Entropievernichtung kompensiert, so daß die *resultierende irreversible Entropieerzeugung positiv* ist. Die Situation ist ähnlich wie bei endergonischen Stoffwechselreaktionen (Abschn.7.4.3), die allein ablaufend den 2. Hauptsatz verletzen würden; sie sind als Teilreaktionen einer komplexen Gesamtreaktion möglich, die insgesamt exergonisch ist. Häufig wird der exergonische Charakter der Gesamtreaktion gewährleistet durch Beteiligung einer Teil-Reaktion mit stark negativem ΔG wie z.B.

$$ATP + H_2O \rightarrow ADP + P \quad . \tag{8.60}$$

Tatsächlich spielt diese Reaktion auch beim aktiven Transport eine Rolle (Beispiel 2 unten). Wir behandeln zunächst aber ein anderes Beispiel, bei dem der Bergauftransport nicht an eine stark exergonische Reaktion, sondern an einen anderen Transportprozeß gekoppelt ist (der "bergab" verläuft und dabei für genügend viel irreversible Entropieerzeugung sorgt).

8.3 Stofftransport durch Membranen

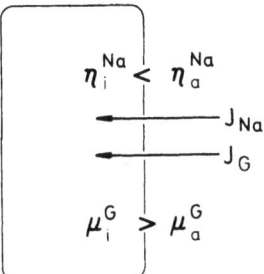

Abb. 8.15. Cotransport von Glukose und Na$^+$ in eine Zelle des Dünndarmepithels

Beispiel 1: Cotransport von Glukose und Na$^+$ in Zellen des Dünndarmepithels

In Epithelzellen des Dünndarms wird Glukose angesammelt, indem die Zellmembran entgegen der Richtung des Konzentrationsgefälles Glukose in die Zelle transportiert. Dieser aktive Transport ist ohne Verletzung des 2. Hauptsatzes möglich, weil er gekoppelt ist mit einem anderen Transport, nämlich von Na$^+$-Ionen ins Zellinnere (Abb.8.15). Da es sich um Ionen handelt, würde dafür ohne die Verkopplung mit dem Glukosetransport (8.53) gelten, die wir mit dem elektrochemischen Potential η (8.52) in Kurzform schreiben

$$J_{Na} = C_{Na}\left(\eta_i^{Na} - \eta_a^{Na}\right) \quad \begin{array}{l}(i = innen) \\ (a = außen)\end{array} \tag{8.61}$$

mit $C_{Na} > 0$. Ist $\eta_a^{Na} > \eta_i^{Na}$, so ist J_{Na} negativ, d.h. Na$^+$-Ionen werden in die Zelle transportiert.

Glukose ist ungeladen und deshalb ist der einfache (passive oder Bergab-) Glukosetransport nach Abschnitt 8.3.1 durch (8.38) zu beschreiben

$$J_G = C_G\left(\mu_i^G - \mu_a^G\right) \tag{8.62}$$

mit $C_G > 0$. Ist im Zellinnern die Glukosekonzentration höher als außen und deshalb $\mu_i^G > \mu_a^G$, so strömt durch diesen Prozeß Glukose nach außen ("bergab").

Die Möglichkeit des Bergauftransports von Glukose kommt nun durch eine Kopplung von Glukose- und Na$^+$-Transport zustande, indem vermutlich beide Moleküle gemeinsam an einen Carrier gebunden werden. Schon ohne genaue Kenntnis dieses Carrier-Mechanismus kann man die Kopplung phänomenologisch durch ein Kopplungsglied in den Transportgleichungen beschreiben

$$J_G = C_G\left(\mu_i^G - \mu_a^G\right) + L\left(\eta_i^{Na} - \eta_a^{Na}\right) \tag{8.63}$$

$$J_{Na} = L\left(\mu_i^G - \mu_a^G\right) + C_{Na}\left(\eta_i^{Na} - \eta_a^{Na}\right) \tag{8.64}$$

mit einer für die Kopplung typischen Materialkonstanten L > 0 (solche verkoppelnden Materialkonstanten heißen in der Thermodynamik irreversibler Prozesse Onsager-Koeffizienten). Ist $\mu_i^G > \mu_a^G$, so verursacht der erste Term in (8.63) nach wie vor einen Bergabtransport von Glukose von innen nach außen. Ist aber $\eta_a^{Na} > \eta_i^{Na}$, so verursacht der zweite Term einen Transport von Glukose von außen nach innen. Ist nun η_a^{Na} genügend größer als η_i^{Na}, so kann der zweite Term den ersten überkompensieren und der resultierende Glukosetransport läuft in die Zelle, also bergauf! Wie sieht es nun mit dem 2. Hauptsatz der Thermodynamik aus? Entsprechend (8.37) ist die irreversible Entropieerzeugung beim gekoppelten Prozeß

$$\frac{T}{A}\frac{dS}{dt} = \frac{T}{A}\sigma = \left(\mu_i^G - \mu_a^G\right)J_G + \left(\eta_i^{Na} - \eta_a^{Na}\right)J_{Na} \quad . \tag{8.65}$$

Dies muß nach dem 2. Hauptsatz positiv sein, $\sigma \geq 0$. Nimmt man an, daß das die Bergabdiffusion charakterisierende C_G so klein ist, daß in (8.63) der erste Term gegen den zweiten vernachlässigt werden kann, und daß der gekoppelte Transport so verläuft, daß jeweils ein Glukose- und ein Na^+-Ion gemeinsam transportiert werden, so ist $J_G = J_{Na}$. Dann folgt aus (8.65) als Bedingung des 2. Hauptsatzes an den aktiven Transport

$$\eta_a^{Na} - \eta_i^{Na} \geq \mu_i^G - \mu_a^G \tag{8.66}$$

oder kurz $|\Delta\eta^{Na}| \geq |\Delta\mu^G|$. Daraus läßt sich bei gegebenem $|\Delta\eta^{Na}|$ das maximal mögliche $|\Delta\mu^G|$ und damit unter Verwendung von (8.41) das maximale Glukoseverhältnis c_i^G/c_a^G berechnen

$$RT\left[\ln\frac{c_i^G}{c_a^G}\right]_{max} = |\Delta\eta^{Na}| \quad . \tag{8.67}$$

Die Rechnung liefert, daß z.B. für eine Membranspannung $\Delta\varphi = 60$ mV sich ein Anreicherungsverhältnis $c_i^G/c_a^G \approx 100$ ergeben kann. Experimentelle Ergebnisse sind in Übereinstimmung mit dieser Aussage.

Da der gekoppelte Transport zusammen mit der Glukose auch Na^+ ins Zellinnere schafft, würde wegen der Anhäufung positiver Ladung im Innern das Membranpotential $\Delta\varphi$ und damit die Differenz $\eta_a^{Na} - \eta_i^{Na}$ abgebaut — und der ganze Transport käme zum Erliegen, wenn nicht durch einen anderen Prozeß Na^+-Ionen wieder nach außen geschafft würden. Da dies entgegen der Richtung des Gefälles von η^{Na} erfolgen muß, muß dieser Prozeß ebenfalls ein aktiver Transport sein. Dieser erfolgt durch die bereits am Ende von Abschnitt 8.3.2 erwähnte "Natriumpumpe", die wir jetzt als Beispiel 2 besprechen.

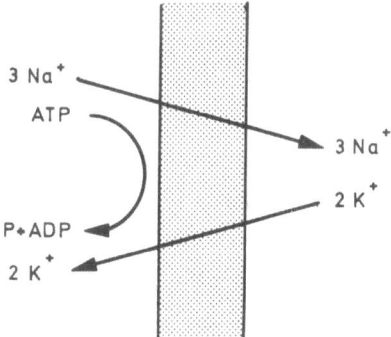

Abb. 8.16. Natriumpumpe

Beispiel 2: Natriumpumpe

Tierische Zellen der verschiedensten Arten halten in ihrem Inneren eine höhere K^+- und eine niedrigere Na^+-Konzentration aufrecht als sie im Außenraum herrscht. Da passiver Transport gemäß (8.53) oder (8.54) stets stattfindet, würden die Konzentrationsunterschiede verschwinden, wenn nicht durch den aktiven Transport der "Natriumpumpe" in der Zellmembran für Aufrechterhaltung der Konzentrationsunterschiede gesorgt würde. Die Natriumpumpe verkoppelt diesen aktiven Transport mit der Dephosphorylierungsreaktion (8.60) von ATP (Abb.8.16), was wieder durch Gleichungen von ähnlicher Art wie (8.63) und (8.64) beschrieben werden kann. Die gesamte irreversible Entropieerzeugung setzt sich zusammen [analog zu (8.65)] aus den Beiträgen des Na^+ und K^+-Transportes und dem Beitrag $\sigma_{Reaktion}$ der Reaktion (8.60), für den wir nach (7.57) oder (7.65) schreiben können

$$\sigma_{Reaktion} = -\frac{1}{T}\frac{dG}{dt} = -\frac{1}{T}\sum_k \mu_k \frac{dn_k}{dt} \quad . \tag{8.68}$$

Der Index k läuft über alle an der Reaktion (8.60) beteiligten Reaktionspartner, μ_k sind deren chemische Potentiale, dn_k/dt die zeitlichen Veränderungen der Stoffmengen n_k durch die Reaktion. Die Dephosphorylierung von ATP ist stark exergonisch, hat also großes positives σ und großes negatives dG/dt. Bei vollständiger Dephosphorylierung eines Mols ATP nimmt die Freie Enthalpie um 31 kJ ab (Abschn.7.4.3). Reaktion und Transport zusammen ergeben also ein σ

$$\sigma = \sigma_{Reaktion} + \frac{A}{T}\left(n_i^{Na} - n_a^{Na}\right)J_{Na} + \frac{A}{T}\left(n_i^K - n_a^K\right)J_K \tag{8.69}$$

(A: wirksame Fläche der Zellmembran), das nach dem 2. Hauptsatz der Thermodynamik insgesamt positiv sein muß. Die Beiträge des aktiven Transports sind negativ, da $J_{Na} > 0$, $n_i^{Na} - n_a^{Na} < 0$ und $J_K < 0$, $n_i^K - n_a^K > 0$, die Ströme J_{Na} und J_K

fließen ja dem Gefälle von η^{Na} bzw. η^K entgegen. Diese beiden negativen Beiträge in (8.69) müssen durch das große positive $\sigma_{Reaktion}$ kompensiert werden. Nähere Einzelheiten der Natriumpumpe werden Sie in Ihrem Biologiestudium noch kennenlernen.

Da ATP in der Natriumpumpe und bei anderen an die ATP-Dephosphorylierung gekoppelten (endergonischen Teil-)Reaktionen ständig verbraucht wird, muß ein Organismus auch ständig für Herstellung neuer ATP sorgen. Dieser Prozeß der Phosphorylierung von ADP zu ATP [Umkehrreaktion von (8.60)] ist ebenfalls ein Membranprozeß und erfolgt überwiegend in Mitochondrien und Chloroplasten. Da die Phosphorylierung endergonisch ist, muß sie an andere stark entropieerzeugende, d.h. stark exergonische Prozesse gekoppelt sein. Nach der sogenannten chemiosmotischen Hypothese, für die Mitchell 1978 den Nobelpreis erhielt, ist die Phosphorylierung an einen Transport von H^+-Ionen durch Membranen gekoppelt (Protonenpumpe). Auch darüber werden Sie in Ihrem Biologie-Studium noch mehr erfahren.

8.3.5 Zusammenfassung

Wir haben in diesem Abschnitt die Transportgleichungen kennengelernt, nach denen Stofftransport durch Membranen verläuft. Dabei haben wir uns zunächst mit dem Transport ungeladener und geladener Ionen durch einfache Diffusion beschäftigt (8.31), (8.38), (8.53) und (8.54) und als Beispiele Osmose und Ionentransport durch polarisierte Zellmembranen besprochen. Die Teilchenströme bei diesem Transport laufen nach dem zweiten Hauptsatz der Thermodynamik stets vom Ort hohen chemischen bzw. elektrochemischen Potentials zum Ort niedrigen Potentials, haben also die Tendenz, Potentialunterschiede auszugleichen. Das gilt auch für den erleichterten oder Carrier-Transport, bei dem der Transport katalytisch beschleunigt abläuft. Aktiver Transport ist ein Transport in entgegengesetzte Richtung, also vom Ort niedrigen chemischen bzw. elektrochemischen Potentials zum Ort hohen Potentials, also mit der Tendenz Potentialunterschiede zu vergrößern. Dies ist nach dem zweiten Hauptsatz der Thermodynamik nur möglich, wenn der aktive Transport derart an andere Prozesse gekoppelt ist, daß insgesamt die irreversible Entropieerzeugung positiv ist. Als Beispiele haben wir den Transport von Glukose ins Dünndarmepithel und die Natriumpumpe kennengelernt.

8.3.6 Aufgaben

1) Geben Sie die beiden Transportgleichungen für einfachen Transport ungeladener und geladener Moleküle durch eine Membran an und benennen Sie die in den Gleichungen auftretenden Größen.

2) Benennen Sie für beide Gleichungen einen Gleichgewichtszustand, der sich durch die von den Gleichungen beschriebenen Prozesse einstellt.

3) Welche der folgenden Aussagen sind richtig?
   A. Erleichterter Transport erfolgt entgegen der Richtung des Konzentrationsgefälles.
   B. Erleichterter Transport ist eine enzymatische Beschleunigung des einfachen Transports.
   C. Aktiver Transport erfolgt vom Ort niedrigen zum Ort hohen chemischen bzw. elektrochemischen Potentials.
   D. Aktiver Transport hat die Tendenz, Unterschiede des chemischen bzw. elektrochemischen Potentials zu vergrößern.
   E. Aktiver Transport ist nur möglich durch Kopplung des Stofftransports mit anderen Prozessen (z.B. chemischen Reaktionen) derart, daß die resultierende irreversible Entropieerzeugung positiv ist.

8.4 Nichtlineare Phänomene

In den bisherigen Abschnitten dieses Kapitels wurden vorwiegend solche irreversiblen Prozesse (Wärmeleitung, Diffusion, Transport durch Membranen) behandelt, die *linearen Gesetzen* zwischen Stromgrößen oder "Fluxen" einerseits und "Kräften" andererseits gehorchen, die örtliche Unterschiede von Zustandsvariablen sind: Temperaturgradienten oder Temperaturdifferenzen, Konzentrationsgradienten oder Konzentrationsdifferenzen, Differenzen im chemischen oder elektrochemischen Potential. Solche linearen Gesetze waren das Wärmeleitungsgesetz in der Form (8.1) oder (8.2), das 1. Ficksche Gesetz der Diffusion in der Form (8.11) oder (8.12), die Transportgesetze (8.31), (8.38), (8.53) und (8.54) für Membrantransport durch einfache Diffusion sowie die Gesetze (8.63) und (8.64) für den aktiven Transport.

Aber die linearen Gesetze reichen für biologische Probleme bei weitem nicht aus. Schon einfache chemische Reaktionen müssen durch nichtlineare Differentialgleichungen beschrieben werden. Beispielsweise ist schon die einfachste reaktionskinetische Gleichung für enzymatische Katalyse, die Michaelis-Menten-Gleichung, nichtlinear in der Substratkonzentration. Schon deshalb, weil Stoffwechselprozesse eine wichtige Grundlage aller Lebensvorgänge sind, wird man in fast allen Bereichen der Biologie mit nichtlinearen Gesetzen der zeitlichen Veränderung zu rechnen haben.

Die genaue mathematische Analyse der linearen Gesetze zeigt, daß sie stets zu stationären Zuständen (Fließgleichgewichten) führen, in denen sich zeitlich nichts mehr ändert; z.B. lassen die linearen Gesetze keine zeitlich periodischen Vorgänge zu.

Örtliche Unterschiede der Zustandsvariablen (z.B. Temperatur oder Stoffmengenkonzentrationen) lassen die linearen Gesetze unter geeigneten Randbedingungen zwar zu, siehe das Beispiel der Wärmeleitung unter konstanten Randtemperaturen, Abb.8.2 oder das Beispiel des Stofftransports unter konstanten Randkonzentrationen, Abb.8.6. Jedoch sind diese Ortsabhängigkeiten stets so, daß sie monoton zwischen den aufgezwungenen Randbedingungen an der Systemoberfläche interpolieren. Die linearen Gesetze beschreiben nicht die Bildung komplexer räumlicher Strukturen, wie wir sie in biologischer Materie finden, noch geben sie eine Erklärung der Selbstorganisation eines biologischen Systems, die unter anderem darin besteht, daß das System gleichsam seine Randbedingungen selbst erzeugt.

Zusammengefaßt bedeutet dies, daß das Geschehen in funktionierenden biologischen Systemen (Zelle, Organ, Organismus, Ökosystem) mit seiner räumlich komplexen (kompartimentierten) und zeitlich variablen Struktur als Ganzes sicher keine Lösung der linearen Gesetze ist.

Wie weit kommt man mit nichtlinearen Bewegungsgesetzen? Diese Frage ist noch nicht abschließend beantwortet. Sie ist Gegenstand intensiver wissenschaftlicher Untersuchungen und wird es auch noch lange bleiben.

Die mathematische Analyse nichtlinearer Bewegungsgesetze hat ergeben, daß in offenen Systemen (in denen durch Kontakt mit der Umwelt Materie und Energie zu- und abtransportiert wird) nicht nur die für lineare Gesetze typischen Verhaltensweisen als Lösungen auftreten (monotone Interpolation der Systemvariablen zwischen den Randwerten, keine Oszillationen). Es gibt Lösungen mit viel komplexer raum-zeitlicher Strukturierung.

Die Differentialgleichungen ergeben solche komplexeren Verhaltensweisen, wenn ein bestimmtes Ausmaß an Nichtlinearität überschritten wird, was zum Beispiel durch Veränderung eines Umgebungsparameters (z.B. Veränderung der Umweltbedingungen) erfolgen kann (Abb.8.17). Steigt etwa die Konzentration eines von der Umwelt des jeweiligen Systems bereitgestellten Stoffes über

8.4 Nichtlineare Phänomene

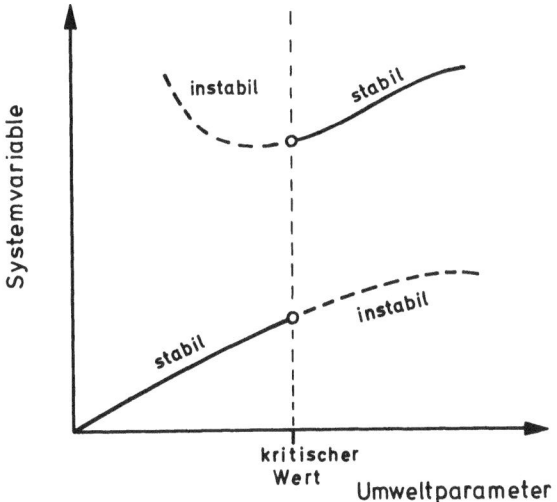

Abb. 8.17. Für einen kritischen Wert eines externen Parameters wird eine Verhaltensweise des Systems instabil und springt in eine andere, stabile Verhaltensweise um

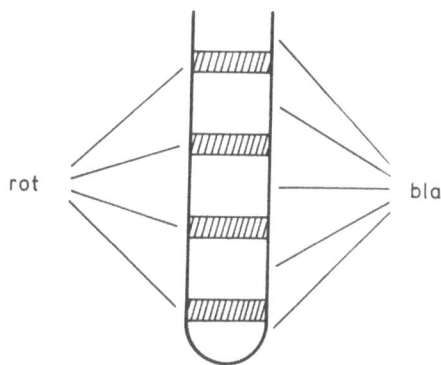

Abb. 8.18. Periodische Struktur bei der Zhabotinsky-Reaktion. Im Reagenzglas (nicht-offenes System) ist die periodische Struktur nicht stabil, sondern verschwindet nach kurzer Zeit wieder

einen kritischen Wert, wird eine vorher stabile Verhaltensweise des Systems instabil; das System nimmt sprunghaft eine andere, neue Verhaltensweise an. Man kann einen solchen Sprung einen verallgemeinerten Phasenübergang nennen, die Mathematik spricht von einer Bifurkation oder Katastrophe.

Während im Bereich der linearen Gesetze die Systemvariablen stets monoton zwischen den Randbedingungen interpolieren, können nichtlineare Systeme jenseits der Stabilitätsgrenze jener für eine lineare Näherung typischen Verhaltensweise räumliche Strukturierungen aufweisen, die sogenannten *dissipativen Strukturen*. Experimentell konnten solche Strukturen bisher u.a. mit der Zhabotinsky-Reaktion (Oxydation der Malonsäure in Gegenwart von $Ce(NH_4)_2(NO_3)_5$ und $NaBrO_3$) realisiert werden (Abb.8.18).

Neben räumlich periodischen Strukturen treten bei nichtlinearen Systemen jenseits gewisser Stabilitätsgrenzen auch zeitlich periodische (oszillato-

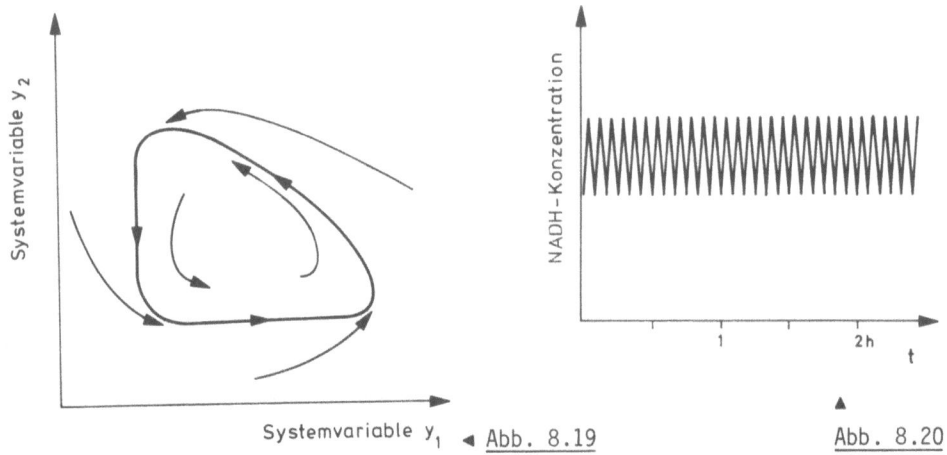

Abb. 8.19. Ein stabiler Grenzzyklus in einem (y_1, y_2)-Zustandsraum. Die Pfeile markieren den zeitlichen Ablauf

Abb. 8.20. Oszillationen von NADH in einem Hefeextrakt

rische) Verhaltensweisen auf, bei denen Systemvariable (Konzentrationen von Systemkomponenten, elektrische Spannungen usw.) zeitlich periodisch zu- und abnehmen. Der Mathematiker nennt ein solches Verhalten einen *Grenzzyklus* (engl.: limit cycle). In einem Zustandsraum, der von den an der Oszillation beteiligten Systemvariablen aufgespannt wird, läuft der den Systemzustand repräsentierende Punkt mit ablaufender Zeit auf einer geschlossenen Kurve um (Abb.8.19). Man nennt den Grenzzyklus stabil, wenn auch Zustände in der Umgebung des Grenzzyklus diesem im Laufe der Zeit zustreben.

Realisieren läßt sich solch oszillatorsiches Verhalten z.B. wieder mit der Zhabotinsky-Reaktion. Interessanter für den Biologen sind jedoch die verschiedenen "biologische Uhren", mit denen sich die *Rhythmik* beschäftigt. Besonders gut untersucht und in ihrem Mechanismus aufgeklärt sind beispielsweise die Oszillationen bei der Glykolyse (Abb.8.20). Das einfachste Modell sieht die Ursache dieser Oszillationen in einem nichtlinearen Mechanismus des Enzyms Phosphofruktokinase, das ziemlich am Anfang der Glykolysekette die Phosphorylierung von Fruktose-6-Phosphat zu Fruktose-1,6-Phosphat katalysiert (Abb.8.21). Bei diesem Prozeß wird simultan ATP zu ADP abgebaut. Die Konzentrationen α und γ von ATP bzw. ADP genügen folgenden nichtlinearen Gleichungen

$$\left. \begin{array}{l} \dfrac{d\alpha}{dt} = \sigma_1 - \sigma_M \Phi \\[6pt] \dfrac{d\gamma}{dt} = \sigma_M \Phi - k_S \gamma \end{array} \right\} \qquad (8.70)$$

8.4 Nichtlineare Phänomene

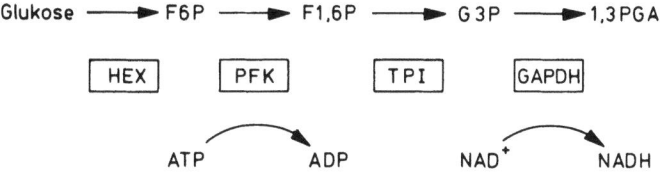

Abb. 8.21. Ausschnitt aus der Glykolysekette

σ_1 ist die Erzeugungsrate von Fruktose-6-Phosphat, σ_M die maximale Umsatzrate der Phosphofruktokinase. Die nichtlineare Funktion $\Phi(\alpha,\gamma)$ besorgt die Steuerung des Prozesses durch die jeweilige Konzentration von ATP und ADP. Die numerische Integration von (8.70) ergibt die beobachteten Oszillationen.

Es gibt viele andere nichtlineare Modelle für biologische Prozesse auf den verschiedensten Komplexitätsebenen biologischer Organisation, von der Molekularbiologie bis zur Ökologie. Wir erwähnen hier nur noch, daß der Biophysiker und Nobelpreisträger M. Eigen versucht, die Entstehung des Lebens aus Makromolekülen und die Evolution durch nichtlineare populationsdynamische Modelle verständlich zu machen. Das mit dem Stichwort Hyperzyklus charakterisierte stark nichtlineare Modell soll beispielsweise erklären, warum in einer frühen Phase der Entstehung des Lebens eine bestimmte Struktur alle Konkurrenten aus dem Felde drängen konnte und so zur Ausprägung universeller Eigenschaften allen Lebens auf der Erde, wie z.B. des universellen genetischen Codes, führen mußte. Die von Eigen vertretene Konzeption der Evolution läßt diese als eine unendliche Kette von Instabilitäten erscheinen, durch die hindurch sich das Leben von einem Gebiet stabiler Verhaltensweise zur jeweils nächsten fortentwickeln konnte.

Anhang A: Mathematische Formeln

Die Physik behandelt die von ihr untersuchten Phänomene stets in quantitativer Weise: Sie erfaßt quantitative Zusammenhänge, formuliert sie mit Hilfe der Mathematik als "Gesetze" und leitet aus diesen wiederum quantitative Prognosen ab. Deshalb kann die Physik nicht ohne Grundkenntnisse aus der Mathematik getrieben werden.

Diese benötigt somit auch der Biologe, wenn er Physik benutzt, sei es im Bereich der Molekularbiologie und Biophysik, sei es beim Einsatz physikalischer Geräte in anderen Gebieten der Biologie. Auch die biologische Wissenschaft selbst erlebt heute einen Prozeß fortschreitender Mathematisierung.

Die folgende Formelsammlung kann Ihnen einiges in Erinnerung rufen, was Sie schon früher gelernt haben. Sie kann einen Mathematik-Kurs nicht ersetzen. Diesbezüglich verweisen wir Sie auf die im Anhang F genannten Lehrbücher einer biologieorientierten Mathematik.

A.1 Geometrie

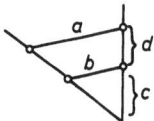

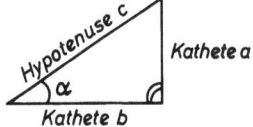

Zweiter Strahlensatz $\frac{b}{a} = \frac{c}{c+d}$

Satz des Pythagoras für rechtwinklige Dreiecke $a^2 + b^2 = c^2$

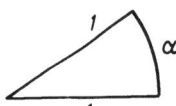

Kreisumfang $U = 2\pi r$; Einheitskreis mit $r = 1$: $U = 2\pi$, $\pi = 3{,}14159\ldots$

Winkelangabe im Bogenmaß = Länge α des Abschnitts auf Einheitskreis

A.2 Vektoren

Zusammenhang mit Winkel in Grad:

   Winkel in Bogenmaß = $(\pi/180°)$ · Winkel in Grad
   d.h. insbesondere rechter Winkel $(90°) = \pi/2$
                    voller Winkel $(360°) = 2\pi$

(Im Internationalen Einheitensystem ist für den Winkel im Bogenmaß die Bezeichnung rad vorgesehen; diese wird jedoch in der Mathematik nicht benutzt.)

Winkelfunktionen:

$$\sin\alpha = \frac{\text{Gegenkathete}}{\text{Hypotenuse}} = \frac{a}{c}$$

$$\cos\alpha = \frac{\text{Ankathete}}{\text{Hypotenuse}} = \frac{b}{c}$$

$$\text{tg}\alpha = \frac{\sin\alpha}{\cos\alpha} = \frac{\text{Gegenkathete}}{\text{Ankathete}} = \frac{a}{b}$$

$$\text{ctg}\alpha = \frac{\cos\alpha}{\sin\alpha} = \frac{\text{Ankathete}}{\text{Gegenkathete}} = \frac{b}{a}$$

Aus dem Satz des Pythagoras folgt $\sin^2\alpha + \cos^2\alpha = 1$.

Kreisfläche A   = πr^2
Kugeloberfläche A = $4\pi r^2$
Kugelvolumen V   = $(4\pi/3)r^3$

A.2 Vektoren

Wir beschränken uns im folgenden auf Vektorräume der Dimension 3. Vektoren $\vec{a}$ haben einen Betrag $a = |\vec{a}|$ (="Länge") und eine Richtung. Sie können deshalb durch Pfeile in einem 3-dimensionalen Raum dargestellt werden.

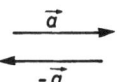

Multiplikation eines Vektors mit einer positiven reellen Zahl μ ändert nicht die Richtung, sondern nur den Betrag: $|\mu\vec{a}| = \mu|\vec{a}|$

Multiplikation mit -1 kehrt die Richtung um

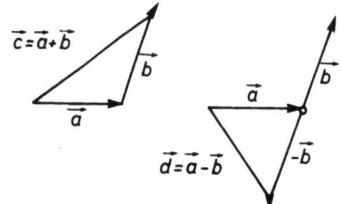

Addition und Subtraktion von Vektoren erfolgt nach der Konstruktion des "Kräfteparallelogramms"

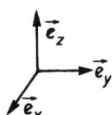

Orthogonale Einheitsvektoren (Basisvektoren)

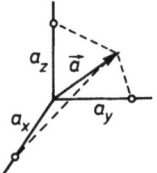

Zerlegung eines Vektors $\vec{a}$ in Komponenten

Rechnen mit Komponenten:

$$\vec{a} = \begin{pmatrix} a_x \\ a_y \\ a_z \end{pmatrix} \quad \vec{b} = \begin{pmatrix} b_x \\ b_y \\ b_z \end{pmatrix} \quad \lambda\vec{a} = \begin{pmatrix} \lambda a_x \\ \lambda a_y \\ \lambda a_z \end{pmatrix} \quad -\vec{a} = \begin{pmatrix} -a_x \\ -a_y \\ -a_z \end{pmatrix} \quad (\lambda \text{ reell, beliebig})$$

$$\vec{c} = \vec{a} + \vec{b} = \begin{pmatrix} a_x + b_x \\ a_y + b_y \\ a_z + b_z \end{pmatrix} \qquad \vec{d} = \vec{a} - \vec{b} = \begin{pmatrix} a_x - b_x \\ a_y - b_y \\ y_z - b_z \end{pmatrix}$$

Jede Vektorgleichung $\vec{a} = \vec{b}$ ist äquivalent zu drei Komponentengleichungen:

$$\begin{cases} a_x = b_x \\ a_y = b_y \\ a_z = b_z \end{cases}$$

Dabei können $\vec{a}$ und $\vec{b}$ für komplizierte Ausdrücke stehen, die beliebige Linearkombinationen (Summen, Differenzen) und auch Vektorprodukte (siehe unten) enthalten.

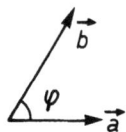

Skalarprodukt $\vec{a}\vec{b} = a_x b_x + a_y b_y + a_z b_z = a \cdot b \cdot \cos\varphi$ (das Ergebnis ist eine reelle Zahl, kein Vektor).

Es folgt für den Betrag $|\vec{a}| = a = \sqrt{a_x^2 + a_y^2 + a_z^2} = \sqrt{\vec{a}\vec{a}}$

A.3 Funktionen

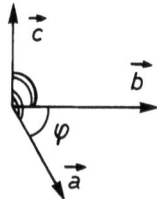

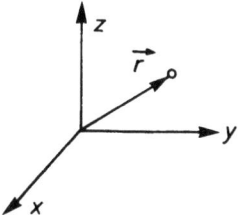

Vektorprodukt $\vec{c} = \vec{a} \times \vec{b}$ ist ein Vektor, der senkrecht auf der $(\vec{a},\vec{b})$-Ebene steht und den Betrag $c = a \cdot b \cdot \sin\varphi$ hat (dies ist die Fläche des von $\vec{a}$ und $\vec{b}$ aufgespannten Parallelogramms)

Ein für die Physik wichtiges Beispiel von Vektoren sind die Ortsvektoren $\vec{r}$, welche die Punkte des Ortsraumes kennzeichnen, bezogen auf einen willkürlich gewählten Koordinatennullpunkt (sogenannter "Ursprung")

A.3 Funktionen

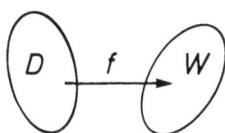

Eine Funktion ist eine Abbildung $f: D \to W$ eines Definitionsbereichs D in einen Wertebereich W, so daß jedem x aus D ein y aus W zugeordnet ist:
$x \overset{f}{\mapsto} y$ oder $y = f(x)$

Im weiteren besprechen wir zunächst nur Funktionen, für welche Definitionsbereich und Wertebereich die reellen Zahlen $\mathbb{R}$ sind.

Darstellung der Abbildung f durch einen Graphen:

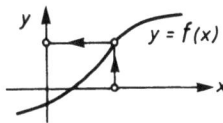

Spezielle Funktionen:

Potenzfunktion $y = f(x) = cx^a$ mit c, a reell

Rechenregeln: $\quad x^a x^b = x^{a+b} \quad , \quad x^0 = 1 \quad , \quad x^1 = x$

$\qquad x^{-a} = \dfrac{1}{x^a} \quad , \quad x^{1/a} = \sqrt[a]{x} \quad , \quad (x^a)^b = x^{a \cdot b}$

Aus $y = x^a$ folgt $x = \sqrt[a]{y}$ und $a = {}^x\!\log y$

Spezielle Potenzgesetze:

$y = c = $ const.

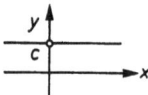

$y = cx$

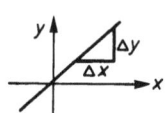

Steigung $c = \dfrac{\Delta y}{\Delta x} = \dfrac{y}{x}$

$y = cx + a$

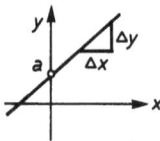

Steigung $c = \dfrac{\Delta y}{\Delta x}$

$y = x^2$

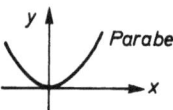 Parabel

$y = x^3$

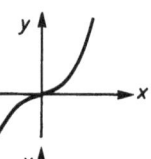

$y = +\sqrt{x}$

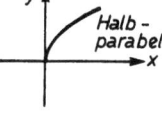 Halbparabel

$y = -\sqrt{x}$

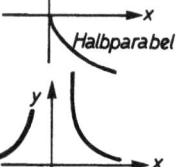 Halbparabel

$y = \dfrac{1}{x}$

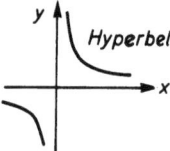 Hyperbel

$y = \dfrac{1}{x^2}$

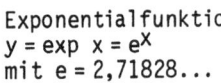

Exponentialfunktion
$y = \exp x = e^x$
mit $e = 2{,}71828\ldots$

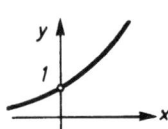

$y = e^{-x}$

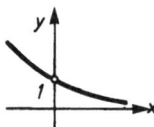

Eigenschaft: $e^{x_1 + x_2} = e^{x_1} \cdot e^{x_2}$

Logarithmus $x = \ln y$ (Umkehrfunktion der Exponentialfunktion, $\ln = {}^e\log$)

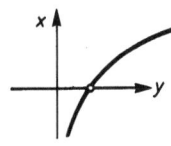

$y = 1 - e^{-x}$

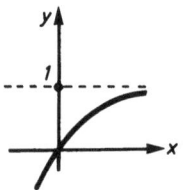

Eigenschaften des Logarithmus:

$\ln(x_1 \, x_2) = \ln x_1 + \ln x_2$ daraus folgt $\ln x^a = a \ln x$

$\ln(x_1 / x_2) = \ln x_1 - \ln x_2$

A.3 Funktionen

Logarithmische Darstellung von Exponentialfunktionen

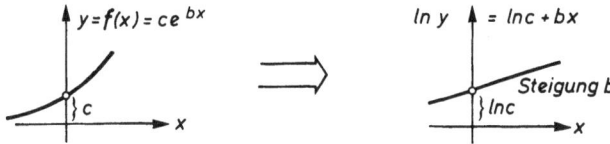

Doppelt logarithmische Darstellung von Potenzfunktionen

Winkelfunktionen (anstelle von x verwenden wir jetzt die Winkelvariable α):

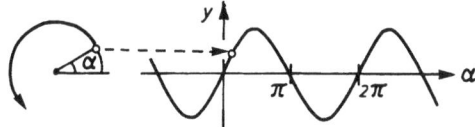

$y = f(\alpha) = \sin\alpha$ $\qquad\qquad y = \cos\alpha = \sin\left(\alpha + \dfrac{\pi}{2}\right)$

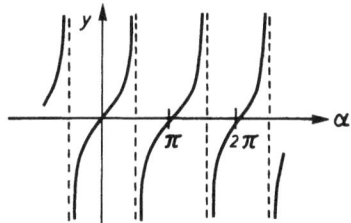

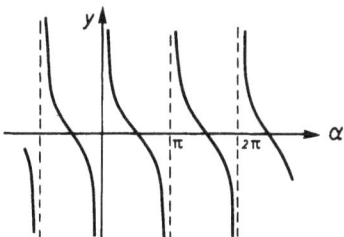

$y = \text{tg}\,\alpha = \dfrac{\sin\alpha}{\cos\alpha}$ $\qquad\qquad y = \text{ctg}\,\alpha = \dfrac{1}{\text{tg}\,\alpha}$

Einige weitere Eigenschaften:

$\cos\alpha = \cos(-\alpha)$ (gerade Funktion)
$\sin\alpha = -\sin(-\alpha)$ (ungerade Funktionen)
$\text{tg}\,\alpha = -\text{tg}(-\alpha)$
$\text{ctg}\,\alpha = -\text{ctg}(-\alpha)$

Periodizität:

$\sin\alpha = \sin(\alpha-2\pi)$ $\sin\alpha = -\sin(\alpha-\pi)$
$\cos\alpha = \cos(\alpha-2\pi)$ $\cos\alpha = -\cos(\alpha-\pi)$
$\operatorname{tg}\alpha = \operatorname{tg}(\alpha-2\pi)$
$\operatorname{ctg}\alpha = \operatorname{ctg}(\alpha-2\pi)$

Vektorfunktionen (bei denen D oder W oder beides Vekторräume sind):
Trajektorie (W ist Vektorraum)
   z.B. Ortsvektor $\vec{r}$ als Funktion der Zeit t (Kap.3)

$$\vec{r}(t) = \begin{pmatrix} x(t) \\ y(t) \\ z(t) \end{pmatrix}$$

oder Geschwindigkeit $\vec{v}(t)$, Beschleunigung $\vec{a}(t)$.

Skalares Feld (D ist Vektorraum)
   z.B. ortsabhängige Temperatur (Temperaturfeld, Kap.8) $T(\vec{r}) = T(x,y,z)$,
   oder elektrisches Potential $\varphi(\vec{r})$ (Kap.3), Dichtefeld $\rho(\vec{r})$ (Kap.4),
   Feld der Stoffmengenkonzentration $c(\vec{r})$ (Kap.4 und 8).

Vektorfeld (D und W sind Vektorräume)
   z.B. elektrisches Feld (Kap.1 und 3)

$$\vec{E}(\vec{r}) = \begin{matrix} E_x(x,y,z) \\ E_y(x,y,z) \\ E_z(x,y,z) \end{matrix}$$

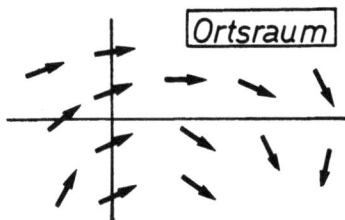

Ortsraum

oder magnetisches Feld $\vec{H}(\vec{r})$ (Kap.1 und 3), Kraftfeld $\vec{F}(\vec{r})$ (Kap.3),
Geschwindigkeitsfeld $\vec{v}(\vec{r})$ (Kap.4), Stromdichten $\vec{j}(\vec{r})$ und $\vec{J}(\vec{r})$ (Kap.4 und 8).

A.4 Differentiation

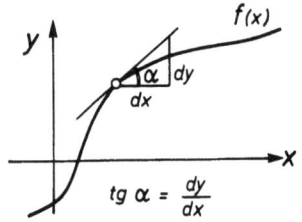

Sei $y = f(x)$. Dann ist der Differentialquotient oder die Ableitung
$$\frac{dy}{dx} = \lim_{\Delta x \to 0} \frac{f(x+\Delta x)-f(x)}{\Delta x}$$
andere Bezeichnung $y' = f'(x) = \dfrac{dy}{dx}$

A.4 Differentiation

Die Ableitung gibt die Steigung tg α an der Stelle x. Folge: Maxima und Minima einer Funktion erfüllen $dy/dx = f'(x) = 0$.

Eigenschaften der Ableitung:

Linearität: $y = f(x) + h(x) \Rightarrow y' = f'(x) + h'(x)$

Produktregel: $y = g(x) \cdot f(x) \Rightarrow y' = g'f + gf'$

Folge: $y = c \cdot f(x) \Rightarrow y' = cf'$ (c reelle Konstante)

Kettenregel: $y = f[g(x)] \Rightarrow y' = \frac{df}{dg} \cdot \frac{dg}{dx}$

Beispiele:

Konstante Funktion $y = c = $ const. $\Rightarrow y' = 0$

Potenzfunktion $y = x^a \Rightarrow y' = ax^{a-1}$

z.B. $y = x \Rightarrow y' = 1$

$y = x^2 \Rightarrow y' = 2x$

$y = \frac{1}{x} \Rightarrow y' = -\frac{1}{x^2}$

$y = \sqrt{x} \Rightarrow y' = \frac{1}{2}\frac{1}{\sqrt{x}}$

Exponentialfkt. $y = e^x \Rightarrow y' = e^x$

Die Steigung der Funktion ist gleich dem Funktionswert (→ Anwendung auf exponentielles Wachstum und exponentiellen Zerfall). Mit der Kettenregel folgt

$y = e^{\lambda x} \Rightarrow y' = \lambda e^{\lambda x}$ (λ: reelle Konstante)

Logarithmus $y = \ln x \Rightarrow y' = \frac{1}{x}$

Winkelfunktionen $y = \sin\alpha \Rightarrow \frac{dy}{d\alpha} = \cos\alpha$

$y = \cos\alpha \Rightarrow \frac{dy}{d\alpha} = -\sin\alpha$

Mit der Kettenregel folgt

$y = A_0 \sin(\omega t) \Rightarrow \frac{dy}{dt} = \omega A_0 \cos(\omega t)$

$y = A_0 \cos(\omega t) \Rightarrow \frac{dy}{dt} = -\omega A_0 \sin(\omega t)$

Höhere Ableitungen: Sei $y = f(x)$ und $dy/dx = y' = f'(x) = g(x)$. Dann heißt 2. Ableitung:

$y'' = \frac{d^2y}{dx^2} = \frac{dy'}{dx} = g'(x)$

z.B. $y = \sin\alpha \Rightarrow \frac{d^2y}{d\alpha^2} = -\sin\alpha$

Differentiation von Vektoren = Differentiation der Komponenten

$$\vec{r}(t) = \begin{pmatrix} x(t) \\ y(t) \\ z(t) \end{pmatrix} \Rightarrow \vec{v}(t) = \frac{d\vec{r}}{dt} = \begin{pmatrix} \frac{dx}{dt} \\ \frac{dy}{dt} \\ \frac{dz}{dt} \end{pmatrix}$$

z.B.

$$\vec{r}(t) = \vec{r}(t_0) + (t-t_0)\cdot\vec{v}_0 \Rightarrow \frac{d\vec{r}}{dt} = \vec{v}_0 \qquad (\vec{r}(t_0) \text{ und } \vec{v}_0 \text{ konstante Vektoren})$$

A.5 Integration

Summensymbol $\sum$: $x_1 + x_2 + \ldots + x_n = \sum_{i=1}^{n} x_i$

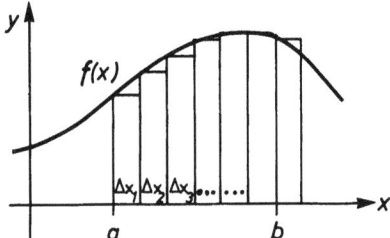

Von einer Summe der Form

$$\sum_{x_i=a}^{x_i=b} f(x_i)\cdot\Delta x_i$$

nennt man den Grenzwert $\Delta x_i \to 0$ bei gleichzeitigem Übergang der Anzahl der Summanden $\to \infty$ das (bestimmte) Integral zwischen den Grenzen a und b

$$\int_a^b f(x)dx = \lim_{\Delta x_i \to 0} \sum_{x_i=a}^{x_i=b} f(x_i)\Delta x_i$$

Linearität:

$$\int_a^b \{f(x)+g(x)\}dx = \int_a^b f(x)dx + \int_a^b g(x)dx$$

$$\int_a^b cf(x)dx = c\int_a^b f(x)dx \qquad (c \text{ reelle Konstante})$$

A.5 Integration

Beispiele:

$$\int_0^L x^n dx = \frac{1}{n+1} L^{n+1} \quad (n \neq -1)$$

$$\int_{x_0}^{x_1} \frac{1}{x} dx = \ln \frac{x_1}{x_0}$$

$$\int_0^a e^x dx = e^a - 1$$

$$\int_0^\infty e^{-x^2} dx = \frac{\sqrt{\pi}}{2}$$

Mittelwert einer Funktion $y = f(x)$ im Intervall $[a,b]$

$$\overline{y} = \overline{f} = \frac{1}{b-a} \int_a^b f(x) dx$$

z.B.

$$\overline{\sin\alpha} = \int_0^{2\pi} \sin\alpha \, d\alpha = \int_0^{2\pi/k} \sin(kx) dx = 0$$

$$\overline{\cos\alpha} = \int_0^{2\pi} \cos\alpha \, d\alpha = \int_0^{2\pi/k} \cos(kx) dx = 0 \quad (kx=\alpha)$$

Anhang B: Physikalische Größen und Maßeinheiten

Im folgenden sind einige elementare Regeln über das Messen und den Umgang mit Einheiten zusammengestellt, die jeder Naturwissenschaftler beherrschen muß.

B.1 Physikalische Größen

Die Physik spricht in quantitativer Weise über ihre Gegenstände. Sie benutzt dazu physikalische Größen (engl. physical quantities) wie Länge, Fläche, Volumen, Zeit, Masse, Stromstärke, Spannung, Temperatur, Kraft, Energie, Leistung usw. Zur Messung einer solchen physikalischen Größe an einem System muß ein quantitativer Vergleich mit einer Maßeinheit durchgeführt werden, z.B. wird bei der Messung einer Länge festgestellt, wie oft eine Meßlatte von der Länge 1 Meter in der zu messenden Länge enthalten ist. Dementsprechend gilt:

> Jede physikalische Größe ist das Produkt einer Maßzahl (oder Zahlenwert) und einer Einheit.

Z.B. messen wir als Länge einer Schlange $l_s = 4,3$ m (Meter).

B.2 Gegenseitiger Zusammenhang physikalischer Größen

Verschiedene physikalische Größen können dergestalt zusammenhängen, daß sie durch Bildung von Produkten und Quotienten auseinander hervorgehen. Einfachste Beispiele sind

Fläche = Länge · Länge   z.B. $2 m^2 = 0,5$ m · 4 m
Volumen = Länge · Länge · Länge $6 m^3 = 1$ m · 2 m · 3 m .

Bei der Produktbildung werden sowohl die Maßzahlen multipliziert (1·2·3=6) als auch die Einheiten (m·m=m², Quadratmeter; m·m·m=m³, Kubikmeter); entsprechendes gilt für die Bildung von Quotienten. Beispiele für Größen, die als Quotienten oder Produkte anderer Größen dargestellt werden können: Wir messen als Geschwindigkeit eines Läufers v_L = 10 m/s (Meter pro Sekunde), als Pumpleistung eines Herzens W_H = 70 cm³/s (Kubikzentimeter pro Sekunde), als Leistung einer elektrischen Maschine P = 1000 VA (Volt mal Ampere).

B.3 Das Internationale Einheitensystem

Man kann alle physikalischen Größen durch eine Darstellung mit Hilfe von Produkten und Quotienten auf eine kleine Zahl von Basisgrößen zurückführen. Im Internationalen Einheitensystem (Système International d'Unités = SI), das in der Bundesrepublik seit 1970 gesetzliche Gültigkeit hat, sind als *Basisgrößen* und zugehörige *Basiseinheiten* gewählt

Größe	Einheit	
Länge	m	(Meter)
Masse	kg	(Kilogramm)
Zeit	s	(Sekunde)
Stromstärke	A	(Ampere)
Temperatur	K	(Kelvin)
Stoffmenge	mol	(Mol)
Lichtstärke	cd	(Candela)

Alle anderen physikalischen Größen können durch Bildung von Produkten und Quotienten auf diese 7 Basisgrößen zurückgeführt werden. Entsprechend können alle anderen Einheiten auf die Basiseinheiten zurückgeführt werden, z.B.

$$
\begin{aligned}
&\text{N (Newton)} &&= \text{m·kg/s}^2 \\
&\text{Pa (Pascal)} &&= \text{N/m}^2 &&= \text{kg/(s}^2\text{·m)} \\
&\text{J (Joule)} &&= \text{N·m} &&= \text{m}^2\text{·kg/s}^2 \\
&\text{W (Watt)} &&= \text{J/s} &&= \text{m}^2\text{·kg/s}^3 \\
&\text{C (Coulomb)} &&= \text{A·s} \\
&\text{V (Volt)} &&= \text{J/C} &&= \text{m}^2\text{·kg/(A·s}^3\text{)} \\
&\Omega \text{ (Ohm)} &&= \text{V/A} &&= \text{m}^2\text{·kg (A}^2\text{·s}^3\text{)} \\
&\text{F (Farad)} &&= \text{C/V} &&= \text{A}^2\text{·s}^4\text{/(m}^2\text{·kg)} \\
&\text{H (Henry)} &&= \text{V·s/A} &&= \text{m}^2\text{·kg/(A}^2\text{·s}^2\text{)}
\end{aligned}
$$

Die Basiseinheiten sind definitorisch durch Angabe von *Standards* festgelegt. So war beispielsweise Standard für das Meter lange Zeit ein in Paris aufbewahrtes "Urmeter", heute ist als Meter festgelegt 1650763,73 Wellenlängen einer bestimmten Spektrallinie des Edelgases ^{86}Kr. Da die Definitionen der Standards für Sie nicht wichtig sind, werden wir uns damit hier nicht weiter beschäftigen.

B.4 Dezimalfaktoren

Da es oft unbequem ist, sehr große oder sehr kleine Werte mit vielen Nullen vor bzw. hinter dem Komma anzuschreiben, kürzt man folgendermaßen ab

$$93000 \text{ m} = 93 \cdot 10^3 \text{ m} = 93 \text{ km (Kilometer)}$$
$$0,000093 \text{ m} = 93 \cdot 10^{-6} \text{ m} = 93 \text{ }\mu\text{m (Mikrometer)}.$$

Allgemein gelten folgende Abkürzungen für Dezimalfaktoren

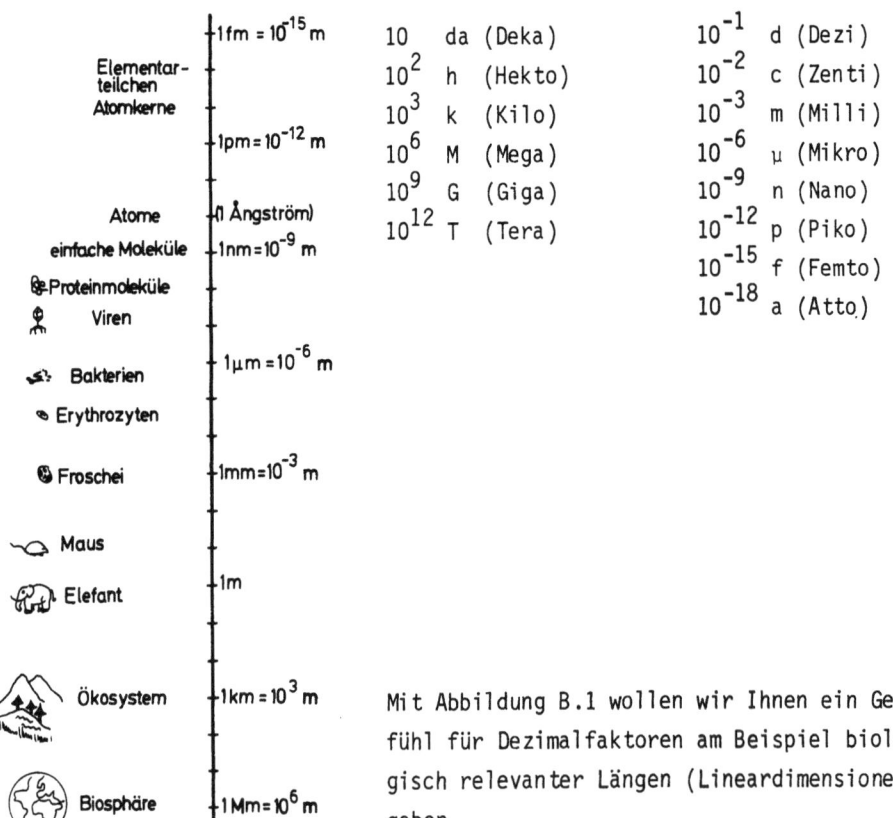

Mit Abbildung B.1 wollen wir Ihnen ein Gefühl für Dezimalfaktoren am Beispiel biologisch relevanter Längen (Lineardimensionen) geben.

B.5 Einige spezielle Größen und Einheiten

1) *Länge:* In älteren Büchern, insbesondere der Atomphysik, finden Sie noch die Abkürzung Å (Ångström) = 10^{-10} m.

2) *Brechkraft:* Ausschließlich zur Angabe der Brechkraft wird verwendet die Einheit dpt (Dioptrie) = m^{-1}.

3) *Volumen:* Von SI zugelassen ist die Einheit l (Liter) = dm^3 = 10^3 cm^3.

4) *Zeit:* Im Gegensatz zu fast allen anderen Größen, wo vom SI nur verschiedene Einheiten erlaubt sind, die sich um Dezimalfaktoren unterscheiden (Anhang B.4), sind für die Zeit als Einheiten außer der Sekunde noch zugelassen:

   min (Minute) = 60 s
   h   (Stunde) = 60 min = 3600 s
   d   (Tag)   = 24 h   = 86400 s
   a   (Jahr)   = 31 556 926 s .

Ausschließlich zur Angabe von Sedimentationskonstanten finden Sie in der Literatur die Einheit Svedberg = 10^{-13} s.

5) *Frequenz und Aktivität:* Ausschließlich zur Angabe der Frequenz wird im SI die Einheit Hz (Hertz) = s^{-1} und ausschließlich zur Angabe der Aktivität radioaktiver Körper die Einheit Bq (Becquerel) = s^{-1} vorgesehen.

6) *Masse:* Basiseinheit der Masse ist zwar das kg (Kilogramm) und nicht das g (Gramm), dieses ist aber wie die anderen mit den Vorsilben des Abschnitts B.4 gebildeten Einheiten (z.B. mg, µg) zur Angabe von Massen vom SI zugelassen. Erlaubt ist ferner die in der Kernphysik, Atomphysik und Chemie häufig verwendete atomare Masseneinheit (Einheitszeichen u), die definiert ist als 1/12 der Masse eines ^{12}C-Atoms

$$u = \frac{g}{6,02205 \cdot 10^{23}} = 1,66056 \cdot 10^{-27} \text{ kg} .$$

In älteren Büchern finden Sie noch die Einheit Dalton, die bezogen auf ^{16}O definiert war und sich von u für die Zwecke eines Biologen praktisch nicht unterscheidet (Dalton = $1,6601 \cdot 10^{-27}$ kg).

7) *Energie:* Gesetzliche Einheit der Energie ist J = Ws (sprich "dschul"). Nicht mehr verwendet werden dürfen die Kalorie (cal = 4,1868 J) und das erg (= 10^{-7} J). Zugelassen ist jedoch, insbesondere für den Bereich der

Atom- und Kernphysik, die Energieeinheit eV (Elektronvolt) und dessen mit
den Vorsilben von Anhang B.4 gebildete dezimale Vielfache (z.B. MeV, GeV)

$$eV = 1{,}60219 \cdot 10^{-19} \text{ J} \; .$$

8) *Leistung:* Nicht mehr verwendet werden darf die Pferdestärke (PS = 0,7355 kW).

9) *Energiedosis und Äquivalentdosis:* Ausschließlich zur Angabe der Energiedosis wird verwendet die Einheit Gy (Gray) = J/kg = m^2/s^2 und ausschließlich zur Angabe der Äquivalentdosis die Einheit Sv (Sievert) = J/kg = m^2/s^2.

10) *Stoffmenge:* Die Stoffmenge n ist eine physikalische Größe, die sich jeweils bezieht auf eine bestimmte Sorte von Teilchen (bestimmte Atome, Ionen, Moleküle), die spezifiziert sein muß. Einheit ist das Mol (Einheitenzeichen mol), das folgendermaßen definiert ist

> Ein Mol ist die Stoffmenge, die aus ebensoviel Teilchen besteht,
> wie Atome in 12 g des Kohlenstoffnuklids ^{12}C enthalten sind.

Die durch diese Definition festgelegte Zahl von Teilchen eines Mols heißt Avogadro- oder Loschmidt-Zahl N_A. Sie kann experimentell bestimmt werden mit dem derzeitigen Ergebnis $N_A = (6{,}02205 \pm 0{,}00003) \cdot 10^{23}$ mol^{-1}.
Es ist zweckmäßig, wenn Sie sich für den Alltagsgebrauch das Mol in folgender Formel merken

> 1 Mol ist diejenige Stoffmenge, die
> $N_A \cdot \text{mol} \approx 6{,}022 \cdot 10^{23}$ Teilchen enthält.

Es hilft vielleicht dem Verständnis des Begriffs der Stoffmenge, wenn man sich folgendes vor Augen hält: Es ist zwar nicht üblich, wäre aber prinzipiell möglich, die Stoffmenge n in der Einheit "Teilchen" anzugeben.
1 mol = $6{,}02205 \cdot 10^{23}$ "Teilchen" ist dann ein nicht-dezimaler Zusammenhang zwischen Einheiten vergleichbar dem zwischen min und s oder zwischen J und eV.
In älteren Büchern finden Sie für das Mol auch die Bezeichnungen Grammatom bzw. Grammolekül (je nachdem ob die spezifizierten Teilchen Atome oder Moleküle sind).

11) *Molmasse oder molare Masse:* Diese physikalische Größe ist definiert als Masse/Stoffmenge (nicht zu verwechseln mit der Dichte = Masse/Volumen) und bezieht sich deshalb wie die Stoffmenge jeweils auf eine bestimmte Sorte von Teilchen, die spezifiziert sein muß. Einheiten dafür sind kg/mol oder

B.5 Einige spezielle Größen und Einheiten

g/mol. Wenn Sie die Definitionen von atomarer Masseneinheit und Mol vergleichen, erkennen Sie z.B.

Masse eines Atoms ^{12}C = 12 u
molare Masse von ^{12}C = 12 g/mol .

Es gilt für beliebige Teilchensorten:

> Der Zahlenwert der molaren Masse in der Einheit g/mol ist gleich dem Zahlenwert der Teilchenmasse in der Einheit u.

Der Zahlenwert selbst heißt auch relative Atommasse bzw. relative Molekülmasse (in älteren Büchern "Molekulargewicht").

12) *Stoffmengenkonzentration oder Molarität:* Diese physikalische Größe ist definiert als Stoffmenge/Volumen (ebenfalls nicht zu verwechseln mit der Dichte = Masse/Volumen) und bezieht sich ebenfalls jeweils auf eine bestimmte Sorte von Teilchen. Einheiten sind mol/m^3 oder mol/l.
Es besteht offensichtlich folgender Zusammenhang zwischen Stoffmengenkonzentration c und Teilchendichte (oder Teilchenkonzentration) N/V

$$c = \frac{n}{V} = \frac{1}{N_A} \frac{N}{V} .$$

Anhang C: Naturkonstanten

Elementarladung	e	$= 1{,}60219 \cdot 10^{-19}$ C
Masse des Elektrons	m_e	$= 9{,}1095 \cdot 10^{-31}$ kg
		$= 5{,}4858 \cdot 10^{-4}$ u
Masse des Protons	m_p	$= 1{,}67264 \cdot 10^{-27}$ kg
		$= 1{,}00728$ u
Plancksches Wirkungsquantum	h	$= 6{,}6262 \cdot 10^{-34}$ Js
Avogadro-Zahl	N_A	$= 6{,}02205 \cdot 10^{23}$ mol^{-1}
Boltzmann-Konstante	k	$= 1{,}38065 \cdot 10^{-23}$ J/K
Gaskonstante	R	$= kN_A = 8{,}3143$ J/(K mol)
Faraday-Konstante	F	$= eN_A = 9{,}6484 \cdot 10^4$ C/mol

Anhang D: Griechisches Alphabet

Name	Kleinbuchstabe	Großbuchstabe
Alpha	α	A
Beta	β	B
Gamma	γ	Γ
Delta	δ	Δ
Epsilon	ε	E
Zeta	ζ	Z
Eta	η	H
Theta	ϑ	Θ
Iota	ι	I
Kappa	κ	K
Lambda	λ	Λ
My	μ	M
Ny	ν	N
Xi	ξ	Ξ
Omikron	o	O
Pi	π	Π
Rho	ρ	P
Sigma	σ	Σ
Tau	τ	T
Ypsilon	υ	Y
Phi	φ	Φ
Chi	χ	X
Psi	ψ	Ψ
Omega	ω	Ω

Anhang E: Lösungen der Aufgaben

Abschnitt 1.1.7

1) B und D und E

2) $f = 1/D = 1/2$ m

3) $a = 12,5$ cm: $\quad a' = \dfrac{1}{\frac{1}{f} - \frac{1}{a}} = \dfrac{1}{\frac{1}{10}\,\text{cm}^{-1} - \frac{1}{12,5}\,\text{cm}^{-1}} = 50$ cm

$\quad a = 2f: \qquad a' = \dfrac{1}{\frac{1}{f} - \frac{1}{2f}} = \dfrac{1}{\frac{1}{f}\left(1 - \frac{1}{2}\right)} = 2f = a$

$\quad a = f: \qquad a' = \dfrac{1}{0} = \infty$

4) $1/a' = 1/f - 1/a$, d.h. $a' = 1/4$ m. $y'/y = a'/a = 1/4$. $y' = y/4$.

5) 2 dpt

Abschnitt 1.2.4

1) a - B, b - D, c - C, d - A.

2) Für $a = \infty$ ist $f = a' = 10$ cm. Nach dem Verschieben des Bildfensters ist $a' = 10,5$ cm und

$$a = \dfrac{1}{\frac{1}{f} - \frac{1}{a'}} = \dfrac{1}{\frac{1}{10}\,\text{cm}^{-1} - \frac{1}{10,5}\,\text{cm}^{-1}} = 2,1\ \text{m}$$

3) B und C. E ist falsch; allerdings braucht man technische Hilfsmittel, wenn man die Grenze der Akkommodationsfähigkeit überwinden will.

4) $\alpha = 1\,\text{mm}/3\,\text{m} = 3,3 \cdot 10^{-4} = 0,02° \mathrel{\hat{=}} 1,2'$.

Abschnitt 1.3.4

1) $f = 25$ cm$/5 = 5$ cm; bei Akkommodation auf $a' = 25$ cm:

$v = 25\ \text{cm}\left(\dfrac{1}{5\ \text{cm}} + \dfrac{1}{25\ \text{cm}}\right) = 6$, d.h. 20%ige Verbesserung gegenüber v_∞, im allgemeinen zu gering, um dafür die Ermüdung des Auges in Kauf zu nehmen.

2) Die Vergrößerung nimmt proportional mit der Tubuslänge zu.

3) B und D und E

Abschnitt 1.4.5

1) B und D und E

2) $\lambda = \dfrac{3 \cdot 10^8 \text{ ms}^{-1}}{10^7 \text{ s}^{-1}} = 30 \text{ m}$ (Kurzwellenbereich)

3) A und E

Abschnitt 1.5.6

1) B und D und E

2) A und C und D und E

Abschnitt 1.6.4

B und C und D

Abschnitt 2.1.5

1) 1 Elektronenladung = $-1{,}6 \cdot 10^{-19}$ C

2) $Q = I \cdot t = 0{,}5 \text{ A} \cdot 1 \text{ s} = 0{,}5 \text{ C} \mathrel{\hat{\approx}} 3 \cdot 10^{18}$ Elektronen

Abschnitt 2.2.5

1) $\Delta W \cdot (\text{Preis}/\Delta W) = 10^9 \text{ V} \cdot 10^5 \text{ A} \cdot 10^{-4} \text{ s} \cdot 0{,}15 \text{ DM} \cdot (\text{kWh})^{-1} = 417{,}-\text{DM}$

2)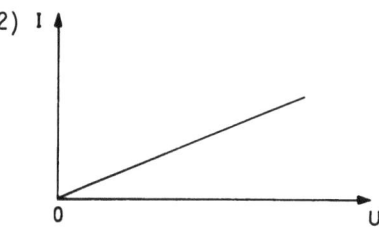

3) A und C

Abschnitt 2.3.8

1)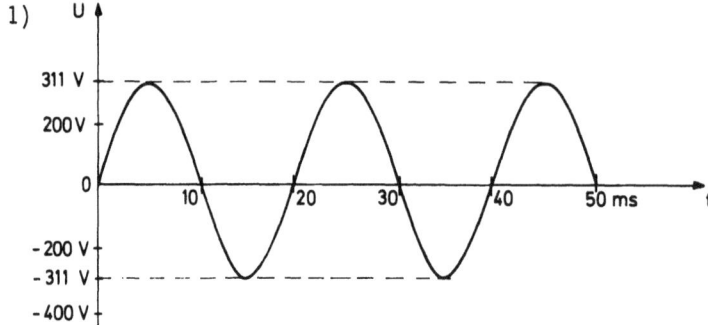

2) a)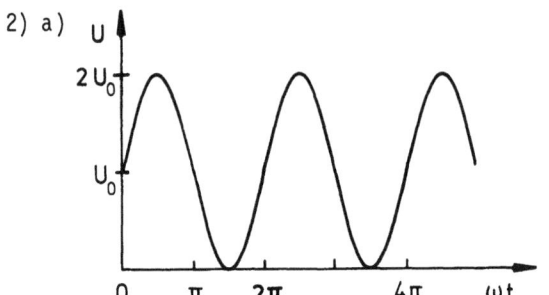

b) Maximalwert $\quad 2U_0$
Minimalwert $\quad 0$
Mittelwert $\quad U_0$
Effektivwert $\quad U_0 + \frac{1}{\sqrt{2}} U_0$

Abschnitt 2.4.5

1) $N_1 : N_2 = 1 : 50$; $I_2 = 0,2$ A ist sekundärseitig maximal abnehmbar

2) Widerstand : 1,5
   Kondensator: 3,5
   Spule : 1,5

3) c und b

Abschnitt 2.5.4

1) $\frac{1}{R_{AB}} = \frac{1}{5\,\Omega + 15\,\Omega} + \frac{1}{15\,\Omega + 15\,\Omega}$

   $R_{AB} = 12\,\Omega$

2) Die beiden parallel am Voltmeter liegenden 40 Ω-Widerstände machen zusammen 20 Ω und damit $U_x/20\,\Omega = 10\,\text{V}/80\,\Omega$, $U_x = 2,5$ V

3) Zeichnen Sie ein Diagramm von der Art der Abb.2.23b. Ergebnis: $R_i = 0{,}06\ \Omega$

4)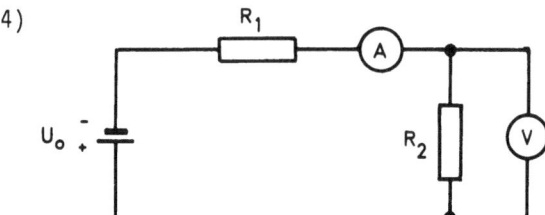

Der mit dem Amperemeter gemessene Strom I fließt sowohl durch R_1 wie durch R_2. An R_2 mißt das Voltmeter gleichzeitig die Spannung U_2. Damit ist $R_2 = U_2/I$. Nach der 2. Kirchhoffschen Regel beträgt der Spannungsabfall U_1 über R_1:

$U_1 = U_0 - U_2$ und $R_1 = (U_0 - U_2)/I$.

5) b, da das Amperemeter ohne Vorwiderstand mit der Spannungsquelle verbunden ist. Bei allen anderen Schaltungen liegen entweder der Widerstand oder das Voltmeter mit seinem hohen Innenwiderstand oder beide in Reihe mit dem Amperemeter zur Spannungsquelle.

Abschnitt 2.6.7

1) d (siehe Abb.2.26a)

2) Der Verstärkungsfaktor des einzelnen Verstärkers ist 50, der Verstärkungsfaktor zwei solcher hintereinander geschalteter Verstärker ist 2500.

Abschnitt 2.7.4

1) Bei Multiplikator 3 erreichen $3^{10} = 59049$ Elektronen die Anode. Bei Multiplikator 3,5 erreichen $3{,}5^{10} = 275855$ Elektronen die Anode.

2) $A \leftrightarrow 3$; $B \leftrightarrow 1$; $C \leftrightarrow 2$

Abschnitt 3.1.5

1) A, C, D

2) A, C, E

3) $\omega = \dfrac{63}{10}\ \text{s}^{-1} = 6{,}3\ \text{s}^{-1}$

$\nu = \dfrac{\omega}{2\pi} = \dfrac{6{,}3}{2\pi}\ \text{Hz} \approx 1\ \text{Hz}$

$T = \dfrac{1}{1\ \text{Hz}} = \dfrac{1}{1\ \text{s}^{-1}} = 1\ \text{s}$

4) $a_{tg} = \dfrac{F}{m}$, $a_n = 0$

Abschnitt 3.2.7

1) A

2) A, B, C, D

3) C

Abschnitt 3.3.7

1) A, B, D, E, F

2) $T = \dfrac{m}{2} v^2 = 1250 \cdot 10^3 \dfrac{kg \; km^2}{h^2} = \dfrac{1250 \cdot 10^3 \cdot 10^6}{(3,6)^2 \cdot 10^6} \dfrac{kg \; m^2}{s^2} = 96 \; kJ$

3)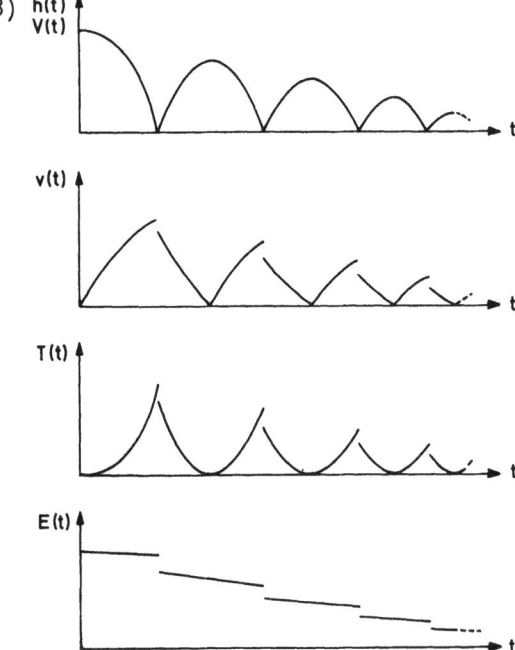

Die Krümmung des Geschwindigkeitsgraphen kommt durch Luftreibung zustande, die Sprünge in Geschwindigkeit und kinetischer Energie durch inelastisches Verhalten bei der Reflexion.

4) B, C, D

5) $T = qU = 1,6 \cdot 10^{-16}$ J.

$v = \sqrt{\dfrac{2qU}{m}} = \sqrt{\dfrac{3,2 \cdot 10^{-16} \; J}{9,11 \cdot 10^{-31} \; kg}} \approx 1,9 \cdot 10^7 \; \dfrac{m}{s}$

Abschnitt 3.4.5

1) A und C

2) $\lambda = \dfrac{6{,}6 \cdot 10^{-34} \text{ Js}}{9{,}1 \cdot 10^{-31} \text{ kg} \cdot 10^{8} \text{ ms}^{-1}} = 0{,}7 \cdot 10^{-11}$ m

3) $U = \dfrac{1{,}5 \text{ V}}{(10^{-2})^2} = 1{,}5 \cdot 10^{4}$ V $= 15$ kV

4) A: EM und LM
   B: LM im Hellfeld
   C: EM, LM im Dunkelfeld
   D: EM und LM

Abschnitt 3.5.5

1) ja, $\dfrac{m}{\Delta m} = \dfrac{28}{0{,}36385} = 770$

2) A, B, C

Abschnitt 3.6.3

1) B, D

2) $\rho_{Cu} = \dfrac{9{,}11 \cdot 10^{31} \text{ kg}}{8 \cdot 10^{28} \text{ m}^{-3} \cdot (1{,}6)^2 \cdot 10^{-38} \text{ C}^2 \cdot 3 \cdot 10^{-14} \text{ s}} \approx 1{,}5 \cdot 10^{-8}$ Ωm

3) A, B

Abschnitt 3.7

1) $\Delta p \approx \dfrac{1}{10} p = 10^{-24}$ kg·m/s

   $\Delta x \gtrsim \dfrac{h}{4\pi \Delta p} \approx \dfrac{6 \cdot 10^{-34} \text{ kg} \cdot \text{m}^2 \cdot \text{s}^{-1}}{12 \cdot 10^{-24} \text{ kg} \cdot \text{m} \cdot \text{s}^{-1}} = 0{,}5 \cdot 10^{-20}$ m

2) A, B, E

Abschnitt 4.1.7

1) $\rho(500 \text{ mbar}, 293 \text{ K}) = 1{,}205 \cdot 10^{-3} \cdot \dfrac{500}{1013}$ g/cm^3 $= 0{,}595 \cdot 10^{-3}$ g/cm^3

2) A, B, E

Abschnitt 4.2.5

1) $F_z = m \cdot 10$ cm $\cdot 10^8$ Hz$^2 = m \cdot 10^7$ ms^{-2}, das ist das 10^6-fache der Schwerkraft
   $mg \approx m \cdot 10$ ms^{-2}.

2) Zuckerlösungen haben eine Dichte $< 1,6$ kg/l, da ρ(Wasser)≈ 1 kg/l. Also kann man keinen Zuckergradienten herstellen, der irgendwo die Dichte 1,700 bzw. 1,707 kg/l hat.

3) $m = \dfrac{0,64 \cdot 10^{-10} \cdot 4,441 \cdot 10^{-19}}{1 - \dfrac{0,9982}{1,335}}$ kg $= 11,3 \cdot 10^{-23}$ kg ≈ 68000 u

Abschnitt 4.3.7

1) C, D, F

2) $u \approx 5 \cdot 10^{-9}$ m^2/Vs , $v = uE = 5 \cdot 10^{-5}$ m/s.

Abschnitt 4.4.4

A, C, D, E

Abschnitt 4.5.6

1) A, B

2) A, B, C, D, E

3) A-e, B-d, C-b

4) Schallintensitäten $J(10^6$ Mücken$) = 10^6 \cdot J(1$ Mücke$)$. Daraus folgt für die Intensitätspegel

$$P(10^6) = 10 \log \frac{J(10^6)}{J_0} = 10 \log \frac{10^6 \cdot J(1)}{J_0}$$

$$= 10\left(\log 10^6 + \log \frac{J(1)}{J_0}\right) = 60 \text{ dB} + P(1 \text{ Mücke})$$

Da nach Angabe $P(10^6) = 60$ dB, folgt $P(1$ Mücke$) = 0$. Die Schallintensität $J(1$ Mücke$)$ ist natürlich > 0, positiv. Der Intensitätspegel kann aber Null werden, wenn $J = J_0$, oder sogar negativ, wenn $J < J_0$.

Abschnitt 4.6.5

1) A, C, D, E

2) $\alpha = (72-29) \cdot 10^{-23}$ N/m $= 43$ N/m

3) $h_{max} = \dfrac{2 \cdot 72}{25 \cdot 9,81} \dfrac{10^3}{10^3 \cdot 10^{-6}} \dfrac{\text{kg} \cdot \text{m}^3 \cdot \text{s}^2}{\text{kg} \cdot \text{m}^2 \cdot \text{s}^2} \approx 0,6$ m

4) Druck $p \rightarrow$ Spreitungsdruck $\Pi =$ Kraft pro Randlänge.
   Volumen $V \rightarrow$ Fläche A der Lipidschicht

Abschnitt 5.2.5

1) A, B, C, D, F, G, I

   Zu E: Fotoelektronen nennt man solche frejen Elektronen, die durch Photonen erzeugt werden.

   Zu H: Als thermische Emission bezeichnet man die Erzeugung freier Elektronen durch Wärme.

2) Grünes Licht liegt im Wellenlängenbereich um 500 nm. Die Quantenenergie ist gegeben durch (5.1):

$$E_{Quant} = h\nu = h\frac{c}{\lambda} = 6{,}63 \cdot 10^{-34} \text{ Js} \cdot \frac{3 \cdot 10^8 \text{ ms}^{-1}}{5 \cdot 10^{-7} \text{ m}} = 4 \cdot 10^{-33} \text{ J}.$$

   Dies ist ein so winziger Energiebetrag, daß man keine anschauliche Vergleichsgröße angeben kann. Eine kleine Kerze gibt in 1 Sekunde etwa 1 J ab.

3) A4, B1, C6, D3, E2, F5

Abschnitt 5.3.7

1) $c = \frac{E}{\varepsilon x} = \frac{0{,}45}{250 \text{ mol}^{-1}\text{m}^2 \cdot 0{,}01 \text{ m}} = 0{,}18 \text{ mol} \cdot \text{m}^{-3}$

2) A6, B5, C1, D2, E7, F3, G4

3) T = 0,38; E = 0,42. Verdünnungsverhältnis 1 : 2

Abschnitt 5.4.5

1) Die Differenz zwischen benachbarten Energieniveaus ist gemäß (5.9) gegeben durch $h\nu_0$, siehe auch Abb.5.24. ν_0 läßt sich aus (5.8) errechnen:

$$\nu_0 = \frac{1}{2\pi}\sqrt{\frac{20 \text{ kg s}^{-2}(2 \text{ kg}+3 \text{ kg})}{2 \text{ kg} \cdot 3 \text{ kg}}} = 0{,}65 \text{ s}^{-1}$$

   Die Energiedifferenzen betragen also:
   $h\nu_0 = 6{,}26 \cdot 10^{-34} \text{ Js} \cdot 0{,}65 \text{ s}^{-1} = 4{,}1 \cdot 10^{-34} \text{ J}.$

2) Die Ausrechnung nach dem Muster der vorigen Aufgabe ergibt
   $h\nu_0 = 3 \cdot 10^{-20}$ J.

3) A. richtig
   B. richtig
   C. falsch; richtig ist $E = h\nu$
   D. richtig

4) C, F, G, I, J, L, M

Abschnitt 5.5.4

1) A3, A4, B5, C1, D3, D4, E2

2) A, C, D

Abschnitt 6.1.5

1) $E = 1\,kg \cdot (3 \cdot 10^8\,ms^{-1})^2 = 9 \cdot 10^{16}\,J$

2) $\Delta E = 0{,}0304 \cdot 1{,}66 \cdot 10^{-27}\,kg \cdot (3 \cdot 10^8\,ms^{-1})^2 = 4{,}5 \cdot 10^{-12}\,J$

3) Ja, denn $3 \cdot 4{,}0026$ ist größer als $12{,}000$.

4) 59,2 Bq

5) A, E, G, H

B und C werden zu richtigen Aussagen, wenn zwischen ihnen die Anfangsworte Lithium und Tritium vertauscht werden.

Zu D: α-Strahlung besteht aus Heliumkernen.

Zu F: γ-Strahlung ist eine elektromagnetische Strahlung.

Abschnitt 6.2.4

1) A, C

2) C, E

Abschnitt 6.3.5

1) A 5 6, B 2 9, C 8 10, D 1 4, E 3 7

2) 0,05 nm

Abschnitt 6.4.5

1) Das Fossil enthält 9 g Kohlenstoff. Da 1 mol Kohlenstoff = 12 g Kohlenstoff $6 \cdot 10^{23}$ Moleküle enthält, besteht das Fossil aus $9/12 \cdot 6 \cdot 10^{23} = 4{,}5 \cdot 10^{23}$ Kohlenstoff-Moleküle. Wenn ursprünglich 10^{-8}%, das ist der 10^{-10}-te Teil, ^{14}C-Moleküle waren, dann betrug die ursprüngliche Anzahl an ^{14}C-Molekülen $N_0 = 4{,}5 \cdot 10^{13}$. Die Zerfallskonstante von ^{14}C beträgt gemäß (6.7)

$$\lambda = \frac{0{,}693}{t_{1/2}} = \frac{0{,}693}{5770\,a} \cdot \frac{1\,a}{365\,d} \cdot \frac{1\,d}{24 \cdot 3600\,s} = 3{,}8 \cdot 10^{-12}\,s^{-1}$$

Die Anzahl der heutzutage noch vorhandenen ^{14}C-Moleküle ist gegeben durch (6.5) und beträgt

Abschnitt 6.5.4 - 7.1.4

$$N(t) = \frac{dN}{dt} \frac{1}{\lambda} = \frac{36}{3{,}8 \cdot 10^{-12}} = 9{,}4 \cdot 10^{12}$$

Das Alter des Fossils ergibt sich damit schließlich gemäß (6.6) zu

$$t = \frac{1}{\lambda} \cdot \ln \frac{N_0}{N(t)} = \frac{5770 \text{ a}}{0{,}693} \cdot \ln \frac{4{,}5 \cdot 10^{13}}{9{,}4 \cdot 10^{12}} = 13000 \text{ a}$$

2) a) 1 Elektron

b) $6{,}7 \cdot 10^8$ Jahre

Lösungsansatz: Es ist heute nur noch das 0,991-fache der ursprünglichen Menge an $^{87}_{37}$Rb vorhanden. Für die Zerfallsgleichung $N(t) = N_0 \exp(-\lambda t)$ gilt also

$$\frac{N(t)}{N_0} = 0{,}991 = \exp(-\lambda t) \quad , \quad t = -\frac{1}{\lambda} \ln 0{,}991 = -\frac{t_{1/2}}{0{,}693} \ln 0{,}991$$

3) A, D

Abschnitt 6.5.4

1) A1, B5, C4, D2, E3

2) Für einen 30-jährigen hat sich die natürliche Strahlenbelastung aufsummiert zu $30 \cdot 1{,}25$ mSv = 37,5 mSv.

a) Für den beruflich strahlenexponierten 30-jährigen ist als Summe zugelassen

$5 \cdot (30-18) \cdot 10^{-2}$ Sv $= 5 \cdot 12 \cdot 10^{-2}$ Sv $= 60 \cdot 10^{-2}$ Sv

$\frac{0{,}60 \text{ Sv}}{37{,}5 \text{ mSv}} = 16$

b) Für den beruflich nicht strahlenexponierten 30-jährigen:

$30 \cdot 5$ mSv $= 0{,}15$ Sv

$\frac{0{,}15 \text{ Sv}}{37{,}5 \text{ mSv}} = 4$

Abschnitt 6.6.7

1) C, E, F

2) A3, B4, C2, D1, E5

Abschnitt 7.1.4

1) B, C, E

2) $p \approx 101{,}5$ J/l $= 101500$ Pa $= 1015$ mbar (Atmosphärendruck)

3) Nach (7.5) verhalten sich die Partialdrucke wie die Konzentrationen, also $p(N_2) = 800$ mbar, $p(O_2) = 200$ mbar.

Abschnitt 7.2.4

I)

$w(\uparrow)$	$w(\downarrow)$	$W(\uparrow\uparrow)$	$W(\uparrow\downarrow)$	$W(\downarrow\uparrow)$	$W(\downarrow\downarrow)$
$\frac{1}{2}$	$\frac{1}{2}$	$\frac{1}{4}$	$\frac{1}{4}$	$\frac{1}{4}$	$\frac{1}{4}$
$\frac{2}{3}$	$\frac{1}{3}$	$\frac{4}{9}$	$\frac{2}{9}$	$\frac{2}{9}$	$\frac{1}{9}$
$\frac{3}{4}$	$\frac{1}{4}$	$\frac{9}{16}$	$\frac{3}{16}$	$\frac{3}{16}$	$\frac{1}{16}$
1	0	1	0	0	0

II)

$w(\uparrow)$	$w(\downarrow)$	$\frac{S}{k}$	fehlende Information
$\frac{1}{2}$	$\frac{1}{2}$	$\ln 4 = 1{,}3836$	maximal
$\frac{2}{3}$	$\frac{1}{3}$	1.2730	sehr groß
$\frac{3}{4}$	$\frac{1}{4}$	1,1247	groß
1	0	0	keine

Abschnitt 7.2.7

1) A, C, D

2) $v_{max}(N_2) = \sqrt{\frac{300 \cdot 2{,}76 \cdot 10^{-23}}{28 \cdot 1{,}66 \cdot 10^{-27}}} \frac{m}{s} = \sqrt{17{,}8 \cdot 10^4} \frac{m}{s} = 422 \frac{m}{s}$

$v_{max}(O_2) = \sqrt{\frac{300 \cdot 2{,}76 \cdot 10^{-23}}{32 \cdot 1{,}66 \cdot 10^{-27}}} \frac{m}{s} = \sqrt{15{,}5 \cdot 10^4} \frac{m}{s} = 395 \frac{m}{s}$

3) Stoffmengen = 1 mol. $U = \frac{3}{2} RT + RT + RT = \frac{7}{2} RT$

$\Delta U = \frac{7}{2} \cdot 8{,}3(299-298) J = 29$ J.

4) $S = -k \sum_i w(i) \ln w(i)$

5) $\sigma_{Reaktion} = -\frac{1}{T} \sum_{\substack{\text{alle} \\ \text{Komponenten } k}} \mu_k \frac{dn_k}{dt}$

Abschnitt 7.3.6

1) $\sigma \geq 0$

2) $\sigma = -\frac{1}{T} \sum\limits_{\substack{\text{alle} \\ \text{Komponenten k}}} \mu_k \frac{dn_k}{dt}$

3) $\sum\limits_{\substack{\text{alle} \\ \text{Komponenten k}}} \mu_k \, dn_k = 0$

4) $G = H - TS$

Abschnitt 7.4.6

1) Ideale Gase und gelöste Stoffe in verdünnter Lösung

2) Aus $dG/d\xi \leq 0$ folgt Reaktionsgeschwindigkeit $d\xi/dt \gtreqless 0$; im Falle des oberen Ungleichheitszeichens muß die Reaktion spontan von links nach rechts laufen, im anderen Falle von rechts nach links.

3) $zF\varphi$ mit z = Ladung des Molekülions in Einheiten der (positiven) Elementarladung

F = Faraday-Konstante

φ = elektrisches Potential

Abschnitt 8.1.7

1) B, C, D

2) Stoffwechselreaktionen: Energieerzeugung

Gewebe zwischen Körperinnerem und Haut: Wärmeleitung

Blut: Konvektion

Fell und Federkleid: Wärmeleitung

äußere Oberfläche von Fell, Federkleid oder Haut: Konvektion, Schwitzen, Emission und Absorption von Temperaturstrahlung

3) $\frac{x}{11} = \frac{1,5 \text{ kJ/h}}{2,4 \text{ kJ}}$, $x \approx 0,6 \text{ 1/h}$

Abschnitt 8.2.5

1) B, C, E

2) $D = \frac{300 \cdot 1,38 \cdot 10^{-23}}{6\pi \cdot 1,8 \cdot 10^{-3} \cdot 0,2 \cdot 10^{-9}} \frac{m^2}{s} = 61 \cdot 10^{-11} \frac{m^2}{s}$

3) in einer Minute $\overline{z^2} = 2 \cdot 6 \cdot 60 \cdot 10^{-10} \text{ m}^2 = 7,2 \cdot 10^{-8} \text{ m}^2$

in einer Stunde
$$\sqrt{\overline{z^2}} \approx 2{,}7 \cdot 10^{-4} \text{ m} = 0{,}27 \text{ mm}$$
$$\overline{z^2} = 4{,}32 \cdot 10^{-6} \text{ m}^2$$
$$\sqrt{\overline{z^2}} \approx 2{,}1 \cdot 10^{-3} \text{ m} = 2{,}1 \text{ mm}.$$

Abschnitt 8.3.6

1) Für ungeladene Moleküle

$$J = P(c_i - c_a) \quad \text{oder} \quad J = C(\mu_i - \mu_a)$$

c: Stoffmengenkonzentrationen; μ: chemische Potentiale

Für geladene Moleküle

$$J = P\left[c_i - c_a + \frac{czF}{RT}(\varphi_i - \varphi_a)\right]$$

z: Wertigkeit; F: Faraday-Konstante; φ: elektrische Potentiale

2) Osmotisches Gleichgewicht und Ionengleichgewicht

3) B, C, D, E

Anhang F: Ergänzende und weiterführende Literatur

Mit den folgenden Literaturangaben wollen wir Studierenden, die ihre Kenntnisse vertiefen wollen, Starthilfen geben. Da wir weder alle Wünsche der Leser vorhersehen können noch eine auch nur annähernd lückenlose Kenntnis aller in Frage kommenden Literatur besitzen, können diese Hinweise keinen Anspruch auf Vollständigkeit erfüllen.

Allgemein

Als Lehrbücher der Physik, die von Biologiestudenten ergänzend zu den meisten Kapiteln dieses Buches benutzt werden können, seien genannt:

H.U. Harten: *Physik für Mediziner* (Springer, Berlin, Heidelberg, New York 1977)
D. Gerthsen, H.O. Kneser, H. Vogel: *Physik* (Springer, Berlin, Heidelberg, New York 1977)
L.H. Greenberg: *Physics for Biology and Pre-Med Students* (Saunders, Philadelphia 1975)
J.W. Kane, M.M. Sternheim: *Physics* (Wiley, New York 1978)
J.B. Marion: *General Physics with Bioscience Essays* (Wiley, New York 1979)
H.A. Stuart, G. Klages: *Kurzes Lehrbuch der Physik* (Springer, Berlin, Heidelberg, New York 1977)

Zu Kapitel 1 (Optik)

D. Gerlach: *Das Lichtmikroskop* (Georg Thieme, Stuttgart 1976)

Zum gesamten Kapitel 2 (Elektrische Geräte und Schaltungen)

W. Irnich: *Einführung in die Bioelektronik* (Georg Thieme, Stuttgart 1975)
L.J. Weber, D.L. McLean: *Electrical Measurement Systems for Biological and Physical Scientists* (Addison-Wesley, Reading 1975)

Zu Abschnitt 3.4 (Elektronenmikroskop)

A.M. Glauert, ed.: *Practical Methods in Electron Microscopy*, Vol.2: Instrumentation, Vol.3: Preparation (North Holland-Elsevier, Amsterdam-New York 1974)

A.W. Robards: *Ultrastruktur der pflanzlichen Zelle* (Georg Thieme, Stuttgart 1974) Teil I: Elektronenmikroskopie, S.1-59
A. Ruthmann: *Methoden der Zellforschung* (Kosmos, Stuttgart 1966) 2. Teil: Elektronenmikroskopie, S.201-273

Zu Abschnitt 3.5 (Massenspektrometer)

C. Brunnée, H. Voshage: *Massenspektroskopie* (Karl Thiemig, München 1964)
H. Budzikiewicz: *Massenspektrometrie, eine Einführung* (Verlag Chemie, Weinheim 1972)
J. Seibl: *Massenspektrometrie* (Akademische Verlagsgesellschaft, Frankfurt 1970)

Zu Abschnitt 3.7 (Quantenmechanik)

H. Haken, H.-C. Wolf: *Atom- und Quantenphysik* (Springer, Berlin, Heidelberg, New York 1980)
J. Schreiner: *Anschauliche Quantenmechanik* (Diesterweg-Salle-Sauerländer, Frankfurt 1978)

Zum gesamten Kapitel 4 (Mechanik fester, flüssiger und gasförmiger Körper)

F.R. Hallet, P.A. Speight, R.H. Stinson: *Introductory Biophysics* (Chapman and Hall, London 1978)

Zu Abschnitt 4.2 (Zentrifugation)

H.K. Schachman: *Ultracentrifugation in Biochemistry* (Academic Press, New York 1959)
T. Svedberg, K.O. Pedersen: *Die Ultrazentrifuge* (Steinkopff, Dresden, Leipzig 1940)
C. Tanford: *Physical Chemistry of Macromolecules* (Wiley, New York 1967)

Zu Abschnitt 4.3 (Strömung von Flüssigkeiten)

W. Hoppe, W. Lohmann, H. Markl, H. Ziegler (Hrsg.): *Biophysik* (Springer, Berlin, Heidelberg, New York 1978) Kap.14, Biomechanik

Zu Abschnitt 4.5 (Akustik)

E. Meyer, E.G. Neumann: *Physikalische und Technische Akustik* (Vieweg, Wiesbaden 1979)

Zu Abschnitt 4.6 (Oberflächen und Membranen)

W. Hoppe, W. Lohmann, H. Markl, H. Ziegler (Hrsg.): *Biophysik* (Springer, Berlin, Heidelberg, New York 1978) Kap.11, Membranen
M.H. Saier, C.D. Stiles: *Molecular Dynamics in Biological Membranes* (Springer, Berlin, Heidelberg, New York 1975)

Zum gesamten Kapitel 5 (Atom- und Molekülphysik. Spektrometrie)

W. Finkelnburg: *Einführung in die Atomphysik* (Springer, Berlin, Heidelberg, New York 1976)

W. Hoppe, W. Lohmann, H. Markl, H. Ziegler (Hrsg.): *Biophysik* (Springer, Berlin, Heidelberg, New York 1978) Kap.3, Physikalische Methoden zur Bestimmung der strukturellen Eigenschaften von Biomolekülen

Zu Abschnitt 5.3 (Atome und Moleküle lassen sich "sehen")

P.F. Knowles, D. Marsh, H.W.E. Rattle: *Magnetic Resonance in Biomolecules. An Introduction to the Theory and Practice of NMR and ESR in Biological Systems* (Wiley, New York 1976)

B. Welz: *Atomabsorptionsspektrometrie* (Verlag Chemie, Weinheim 1975)

Zu Abschnitt 5.4 (Moleküle lassen sich erkennen)

H. Günzler, H. Böck: *IR-Spektrometrie. Eine Einführung* (Verlag Chemie/Physik-Verlag, Weinheim 1975)

M.C. Tobin: *Laser Raman Spectrometry* (Wiley-Interscience, New York 1971)

Zu Abschnitt 5.5 (Fotobiologie und Laser)

W. Demtröder: *Grundlagen und Techniken der Laserspektroskopie* (Springer, Berlin, Heidelberg, New York 1977)

J.B. Thomas: *Einführung in die Photobiologie* (Georg Thieme, Stuttgart 1968)

Zum gesamten Kapitel 6 (Kernphysik)

W. Braunbek: *Grundbegriffe der Kernphysik* (Karl Thiemig, München 1971)

W. Finkelnburg: *Einführung in die Atomphysik* (Springer, Berlin, Heidelberg, New York 1967) Kap.V: Kernphysik

G.S. Hurst, J.E. Turner: *Elementary Radiation Physics* (Wiley, New York 1970)

Zu Abschnitt 6.3 (Röntgen- und Gammastrahlung)

F. Regler: *Einführung in die Physik der Röntgen- und Gammastrahlen. Unter Berücksichtigung der Elektronen- und Neutronenbeugung* (Karl Thiemig, München 1967)

Zu Abschnitt 6.5 (Strahlenschäden und Strahlenschutz)

K. Aurand, u.a. (Hrsg.): *Die natürliche Strahlenexposition des Menschen. Grundlage zur Beurteilung des Strahlenrisikos* (Georg Thieme, Stuttgart 1974)

H. Dertinger, H. Jung: *Molekulare Strahlenbiologie* (Springer, Berlin, Heidelberg, New York 1969)

H. Fritz-Niggli: *Strahlengefährdung/Strahlenschutz*. Ein Leitfaden für die Praxis (Hans Huber, Bern, Suttgart, Wien 1975)

W. Hoppe, W., Lohmann, H. Markl, H. Ziegler (Hrsg.): *Biophysik* (Springer, Berlin, Heidelberg, New York 1978) Kap.6: Strahlenbiophysik

Zum gesamten Kapitel 7 (Thermodynamik)

G. Adam, P. Läuger, G. Stark: *Physikalische Chemie und Biophysik* (Springer, Berlin, Heidelberg, New York 1977)
H.J. Morowitz: *Foundations of Bioenergetics* (Academic Press, New York, San Francisco, London 1978)
I.G. Morris: *Physikalische Chemie für Biologen* (Verlag Chemie, Weinheim, 1976)
C. Tanford: *Physical Chemistry of Macromolecules* (Wiley, New York, London, Sydney 1967)

Zu den Abschnitten 7.3 und 7.4 (Biochemische Anwendungen der Hauptsätze)

B. Crabtree, D.J. Taylor: Thermodynamics and Metabolism. In: *Biochemical Thermodynamics*, ed. by M.N. Jones (Elsevier, Amsterdam, Oxford, New York 1979)
A.L. Lehninger: *Biochemie* (Verlag Chemie, Weinheim 1975)

Handbücher mit Tabellen zu den Abschnitten 7.3 und 7.4

CRC Handbook of Chemistry and Physics, ed. by R.C. Weast (Chemical Rubber Company Press, Boca Raton 1980)
CRC Handbook of Biochemistry and Molecular Biology, ed. by G.D. Fasman (Chemical Rubber Company Press, Boca Raton 1980)
Landolt-Börnstein: Zahlenwerte und Funktionen, Hrsg. K. Schäfer und E. Lax, 2. Band, 4.Teil *Kalorische Zustandsgrößen* (Springer, Berlin, Göttingen, Heidelberg 1961)

Zum gesamten Kapitel 8 (Dissipative Prozesse)

G. Adam, P. Läuger, G. Stark: *Physikalische Chemie und Biophysik* (Springer, Berlin, Heidelberg, New York 1977)
W. Laskowski, W. Pohlit: *Biophysik* (Georg Thieme, Stuttgart 1974)

Zu Abschnitt 8.3 (Stofftransport durch Membranen)

W. Hoppe, W. Lohmann, H. Markl, H. Ziegler (Hrsg.): *Biophysik* (Springer, Berlin, Heidelberg, New York 1978) Kap.11: Membranen

Zu Abschnitt 8.4 (Nichtlineare Phänomene)

W. Ebeling: *Strukturbildung bei irreversiblen Prozessen* (Teubner, Stuttgart 1976)
M. Eigen, P. Schuster: *The Hypercycle, a Principle of Natural Self-Organization* (Springer, Berlin, Heidelberg, New York 1979)
H. Haken: *Synergetics*. An Introduction, 2nd enlarged edition (Springer, Berlin, Heidelberg, New York 1978)

Zu Anhang A (Mathematik)

E. Batschelet: *Einführung in die Mathematik für Biologen* (Springer, Berlin, Heidelberg, New York 1980)

W. Ebenhöh: *Mathematik für Biologen und Mediziner* (Quelle & Meyer, Heidelberg 1975)

K.P. Hadeler: *Mathematik für Biologen* (Springer, Berlin, Heidelberg, New York 1974)

Zu Anhang B (Physikalische Größen und Maßeinheiten)

S. German, P. Drath: *Handbuch SI-Einheiten* (Vieweg, Braunschwieg/Wiesbaden 1979)

Sachverzeichnis

Abbildungsfehler 14,43
Abbildungsgleichung 12
Abbildungsmaßstab 12,49
Aberration, chromatische 43
Absorption 235,237,240,243,244,255, 263,295
Absorptionskoeffizient 248
Absorptionsspektrometer 245
Absorptionsvermögen 24,376
Adhäsion 218,221
Äquipotentiallinien 149
Äquivalentdosis 307,426
Aggregatzustand 165,356
Akkommodation 18,21
Akkumulator 98
Aktivität 285,425
Alpha-Strahlen 282
Alpha-Teilchen 283
Altersbestimmung 299,300
Ampere 62,423
Amperemeter 65,95
Amplitude 31
Amplitudenkontrast 50
Ångström 425
Anode 108,110,231,292
Analogmeßgerät 62
Anti-Stokessche Linien 267
Aperturblende 25
Aräometer 175
Arbeit 68,136,188,349

Atom 227,233,240,278
Atomabsorptionsspektrometrie 243
Atomemissionsspektrometrie 242
Atomistik 226
Atomkern 278
Auflösungsvermögen 47,145
Auftrieb 174,176,180
Auge 18
Autoradiographie 301
Avogadro-Zahl 170,181,333,426,428

Bahndrehimpulsquantenzahl 233
Bar 168
Barometrische Höhenformel 171,334
Basiseinheit 423
Basisgröße 423
Batterie 59,98
Becquerel 285,425
Benetzung 221
Bernoullische Gleichung 188
Beschleunigung 117
Besetzungsinversion 272
Beta-Strahlen 282
Beugung 29,43,162,209,296
 - am Gitter 46,297
 - am Spalt 43
 - an der Kreisblende 45
Beweglichkeit 194
Bilayer 224
Bildebene 11

Bildfenster 17
Bildkonstruktion 11
Bild, reelles 4,14
   -, virtuelles 4,14,21
Bildpunkt 9
Bildweite 11,14
Bindung, chemische 201,259
Bindungsenergie 281,288,290
Bioenergetik 366
Blasenkammer 317
Blende 17
Blutdruck 169,192
Blutkreislauf 187,192,196
Bohrsche Frequenzbedingung 236
Boltzmann-Faktor 334
Boltzmann-Konstante 333,339,390,428
Braggsche Bedingung 297
Brechkraft 10,425
Brechungsgesetz 6
Brechzahl 6,43
Bremsstrahlung 293
Brennebene 10
Brennpunkt 10
Brennweite 10,14
Brownsche Bewegung 157,176

Carrier 400,403
Celsius 170
Charakteristik 100,201,203,314
^{14}C-Methode 300
Cosinus 31,413,417
Cotransport 403
Coulomb 59,423
   - Feld 130
   - Kraft 127,131,139
   - Wechselwirkung 131
Curie 286

Dalton 425
De-Broglie-Relation 145
Dehnung 198
Determinismus 122,161
Deuterium 279,290
Dezibel 214
diamagnetisch 254
Dichte 167,175
Dichteschwingung 208
Dielektrizitätskonstante 82,132
Differentialzentrifugation 184
Diffusion 166,324,382,393,398
Diffusionsgleichung 389
Diffusionskonstante 383,390,396
Diffusionsstrom 382,394
Diffusionsstromdichte 383,394,398
Digitalmeßgerät 62
Diode 99
Dioptrie 10,425
Dioptrischer Apparat 18
Dipolmoment 264
Dispersion 43
Dissipation 370
Dissipative Struktur 409
Dissoziation 270
Doppelschicht 224
Dosimetrie 306,311
Dosiswirkungsbeziehung 307
Drehspulinstrument 62,76,129
Druck 166,168,188,190,325,326,336
Druckwelle 209
Dunkelfeldbeleuchtung 26
Durchlaßrichtung 100
Dynamik 120
Dynode 110

Effektivwert 74,76
Eichen 76
Eigenfrequenz 204,211,259

Einstein-Relation 390
Einsteinsche Äquivalenzbeziehung 281,287
Elastizitätsmodul 199,204
electron-staining 147
Elektrolyt 157,367
Elektromagnet 77
Elektrometer 60,132
Elektron 59,144,227,229,233,428
Elektronenanregungsspektrum 245
Elektronenhülle 233,278
Elektronenkanone 107,148
Elektronenmikroskop 143
Elektronenspinresonanz 254
Elektron, freies 229
   -, gebundenes 233
Elektronik 98
Elektronvolt 143,426
Elektrophorese 194
Element 278
Elementarladung 59,428
Elementarteilchen 227,278,321
Emission 235,237,240,242
   -, stimulierte 273
Emissionsvermögen 375
endergonisch 366
endotherm 351
Energie 68,135,425
   -, elektrische 68
   -, innere 138,159,165,167,325, 335,349
   -, kinetische 135,187,334
   -, potentielle 136
Energiedosis 306,426
Energieerhaltungssatz 135,138,166, 236,349
Energieniveau, Energieterm, Energiewert, Energiezustand 163,233,234, 235,237,259,260,261,262,273
Entfernungseinstellung 17
Enthalpie 325,350

Enthalpie, freie 325,353,359,363,367
Entropie 325,337,339
Entropieerzeugung, irreversible 341, 345,352,395,402
Erdleiter 78
Erdpotential 78
Erdschluß 78
Erhaltungsgröße 121,136
Erregung 31,41
exergonisch 363,366,402
exotherm 351,377
Exponentialfunktion 86,172,285,334, 416
Extinktion 249
Extinktionskoeffizient 249

Farad 81,423
Faraday-Konstante 367,398,428
Feder 30,204
Federkonstante 204,259
Feld 53
   -, elektrisches 55,127,139
   -, elektromagnetisches 55,122,126
   -, magnetisches 54,55,128,132
   -, skalares 54,418
Feldemission 230
Feldlinien 130,133
Feldstärke, elektrische und magnetische, siehe Feld, elektrisches oder magnetisches
Ficksches Gesetz, erstes 382
   --, zweites 385
Flammenfotometrie 243
Flüssigkeit 166
fluide Stoffe 165
Fluoreszenz 240,244,250
Fluoreszenzspektrometer 250
Flux 395
Fotodiode 112
Fotodissoziation 270
Fotoelement 112

Fotoemission 110,231
Fotokathode 110,231
Fotoleiter 112
Fotoleitfähigkeit 112
Fotospannungseffekt 112
Fotostrom 110
Fotosynthese 271,380
Fototransistor 112
Fotovervielfacher 110
Fotozelle 110
Fourier-Analyse 39,214
freie Energie, Gibbsche 353
freie Enthalpie 325,353,359,363,367
freier Fall 123
freie Standartenthalpie 359,364
Frequenz 31,144,204,207,214,425

Galileisches Trägheitsprinzip 120, 136
Galvanometer 62,76,129
Gamma-Strahlen 56,237,283,291
Gas 165,170,326,331
Gaskonstante 171,223,327,333,428
Gefrierpunktserniedrigung 361
Gehäuseschluß 78
Geiger-Müller-Zähler 313
Geschwindigkeit 116
Geschwindigkeitsamplitude 207
Geschwindigkeitsfeld 186,207
Gibbs-Donnan-Gleichgewicht 399
Gibbsche Freie Energie 353
Gitter 46,297
Gitterkonstante 46
Gittermonochromator 47
Gitterspektrograph 47
Gleichgewicht 323,371
Gleichgewichtsbedingung 328,329,353, 354,364,368
Gleichgewichtskonstante 329,347
Gleichgewichtszustand 323

Gleichrichter 99
Gleichspannung 72
Gleichstrom 72
-, pulsierender 72,100
Glühemission 143,230
Gradientenmethode 182
Gravitationsfeld 122,123
Gray 306,426
Grenzflächenspannung 218
Grenzzyklus 410
Größe, physikalische 422
Grundgesetz der Mechanik 121
Grundschwingung 39,214

Häufigkeitsaussagen 161
Häufigkeit, relative 331
Hagen-Poiseuillesches Gesetz 191
Halbleiter 67,157
Halbleiterdetektor 316
Halbwertszeit 284
harmonischer Oszillator 204,259
Hauptebene 14
Hauptquantenzahl 233
Hauptsatz, erster 349
-, zweiter 352,354,402
Heisenbergsche Unschärferelation 161
Hellfeldbeleuchtung 24
Hertz 31,425
Hohlspiegel 4
Hookesches Gesetz 199
Horizontalablenkung 107
Hydrodynamik 185
Hyperzyklus 411

Impuls 117
Information 339
Infrarotspektrometrie 264
Innenwiderstand 94,96
Intensitätspegel 214

Interferenz 38,43,209
Interferenzmikroskop 51
Ionenerzeugung 151
Ionengleichgewicht 398
Ionenoptik 152
Iris 18
isobar 350
Isolator 61,67,157
isotherm 353
Isotop 279

Joule 68,70,135,423
Joulesche Wärme 69,160,350

Kalibrieren 76
Kalorie 425
Kamera 17
Kapazität 81,131
Kapillarwirkung 222
Kathode 108,110,292
Kathodenstrahloszillograph 106
Kathodenstrahlröhre 107,108,125
Kelvin 170,423
Kennlinie 100,104
Kernfusion 290
Kernkräfte 122,279
Kernkraftwerk 285
Kernladungszahl 278
Kernreaktor 290
Kernspaltung 288
Kernspinresonanz 254
Kettenreaktion 288
Kilogramm 423,425
Kilowattstunde 70
Kinematik 115
Kirchhoffsche Regeln 91
Klangfarbe 214
Klemmenspannung 95
Knoten 90,91

Köhlersche Beleuchtung 25
Körperströme 62
Koexistenzbedingung 357
Koexistenzkurve 356
kohärent 274
Kohäsion 217,221
Koinzidenz 319
Kollektor 25
Kompressibilität 208,217
Kondensator 81,123,125,131
Kondensor 25
Kontaktwinkel 220
Kontinuitätsgleichung 187,385
Kontrast 24,26,50,146,295
Konvektion 371,374
kosmische Strahlung 236,298,311
Kraft 121,136
Kraftfeld 121,136
 -, homogenes 122,132
Kreisbewegung 118,129,178
Kreisblende 45
Kreisfrequenz 32
Kreiswelle 37
Kreiswellenzahl 35
Kugelwelle 37
Kurzschluß 99

Label 251,301
Ladung 59,130
Länge 423,425
Lambert-Beer-Gesetz 249
Laplace, Gesetz von 201,219
Laser 272
Laue-Diagramm 296
Lautstärke 214
Leckstrom 83
Leistung 70,136,426
 -, elektrische 70,75,141
Leiter 61,67,157

Leuchtfeldblende 25
Licht als Welle 29,33,41,53
　-, infrarotes 42,56,237,263
　-, sichtbares 42,55,56,237
　-, ultraviolettes 42,56,237
　-, weißes 42
Lichtbündel 2
Lichtgeschwindigkeit 37,41
Lichtleiter 8
Lichtquant 57,231
Lichtstrahl 2
Lichtstreuung 251
Linse 9
　-, dicke 14
　-, dünne 9
　-, elektrostatische und magnetostatische 149
　-, ideale 9
　-, reale 14
Linsenebene 10
Lipid 222,358,393
Liter 425
Lösung 358,366
Longitudinalschwingung 208
Lorentz-Kraft 128
Loschmidt-Zahl; *siehe* Avogadro-Zahl
Lumineszenz 241
Lupe 21
Luxmeter 113

Magnetfeld, *siehe* Feld, magnetisches
magnetische Bahnquantenzahl 233
Magnetpol 77
makroskopisch 165,324,334,337
Makrozustand 337,340
Manometer 168
Masche 90
Masse 121,423,425
　-, molare 171,177,181,426
　-, kritische 290

Maßeinheit 422
Massenauflösungsvermögen 153
Massendefekt 281
Masseneinheit, atomare 181,280,360, 425
Massenspektrometer 150
Massentrennung 152
Massenwirkungsgesetz 328,346,359
Massenzahl 278
Maßzahl 422
Maxwellsche Geschwindigkeitsverteilung 332,337,341
Membran 64,83,224,359,368,393
Meßwandler 104
Metall 157,230
Meter 423
Mikroskop 23,47
mikroskopisch 164,324,337
Mikrowellen 56,237
Mikrozustand 337,340
Minus-Pol 64
Mittelwert 72,335,421
Mol 170,423,426
Molarität 177,247,326,360,382,427
Molekül 165,235,240,358,324
Molekülmasse 181,191,252,360,390,427
Molekülrotation 260
Molekülschwingung 258,265
Molekulargewicht, *siehe* Molekülmasse
Molmasse 171,177,181,426
Molzahl 170
Monochromator 42,47

Natriumpumpe 83,400,405
Naturgesetz 9
Nebelkammer 317
Nernst-Planck-Gleichung 398
Nernstsche Gleichung 368,399
Netzgerät 99
Netzspannung 74,88,98

Sachverzeichnis

Neutron 227, 278, 288
Newton 122, 423
Newtonsches Grundgesetz 121
Nordpol 77
Normalbeschleunigung 118, 129, 178
Nukleinsäure 249, 271
Nukleon 278
Nuklid 279
Nulleiter 78
Nullrate 319

Oberflächenspannung 217
Oberschwingung 39, 214
Objektebene 11
Objektiv 14
   - des Mikroskops 23
Objektpunkt 9
Objektweite 11, 14
Ölimmersion 49
Ohm 66, 423
Ohm-Meter 68
Ohmscher Widerstand 66, 80
Ohmsches Gesetz 66, 159
Ohr 210, 212
Oktave 214
Okular 23
Onsager-Koeffizient 404
optische Achse 10
   - Dichte 249
Optoelektronik 110
Ordnungszahl 278
Ortsvektor 116, 415
Osmose 359, 397
Oszillator 204, 210, 259
Oszillograph 106

Parallelschaltung 93
paramagnetisch 254
Partialdruck 325, 328

Pascal 168, 423
Pendel 30
Periode 32, 118
periodische Struktur 35, 409
periodisches System 278, 287
Permeabilitätskoeffizient 384, 394, 396
Permease 401
Phase (Aggregatszustand) 165, 356
   -, elektrische 78
Phasendiagramm 356
Phasengeschwindigkeit 37, 41, 55, 207
Phasenkontrast 50
Phasenkontrastverfahren 51
Phasenübergang 224, 357
Phasenverschiebung 32, 84
Phon 214
Phosphoreszenz 241
Photon 57, 231
Plancksches Strahlungsgesetz 375
   - Wirkungsquantum 145, 161, 231, 428
Plus-Pol 64
Poise 189
Polarisation 55
Positron 287
Potential, chemisches 325, 343, 352, 358, 364
   -, elektrisches 139
   -, elektrochemisches 325, 368, 398
Potentialdifferenz 64, 139
Potentiometer 93
Prisma 8, 43
Prismenspektrograph 42
Protein 68, 203, 249, 252
Proton 227, 278, 428
Prozess, irreversibler 341, 346, 352, 354, 395
   -, isobarer 350
   -, isobar-isothermer 353

Quantenausbeute 232,270
Quantenbedingung 228,259,263
Quantenenergie 231,236,267,293
Quantenmechanik 161
Quantenzahl 233,260,262

Radikal, freies 304
Radioaktivität, künstliche 287
  -, natürliche 282
rad 306
Radiowellen 56,236
Raman-Effekt 267
  - Spektrometrie 266
  - Streuung 244,267
Rauschen 73
Rayleigh-Streuung 244,251,266
RBW-Faktor 307
Reaktion, chemische 342,352,354,362
  -, fotochemische 244,270
Reaktionsgeschwindigkeit 363
Reaktionslaufzahl 345,362
Reflexion 2
Reflexionsgesetz 3
Reflexionsvermögen 376
Reibung 138,155,156,188
  -, innere 189
Reibungskoeffizient 156,183,194,390
Reibungskraft 156
Reibungswärme 189,191,350
Reibungswiderstand 191,193
Reihenschaltung 92
relative biologische Wirksamkeit 307
Relaxationszeit 254
rem 307
Resonanz 210
Resonanzabsorption 240,243,244
Resonanzkurve 211
Resonanzlinie 243

Resonator 212
Retina 18
Reynolds-Zahl 195
Richtungsquantelung 233
Röntgendiffraktrometrie 296
Röntgenröhre 292
Röntgenstrahlen 56,237,291
Röntgenstrahlung, charakteristische 294
Rotationsenergie 261
Rotator 261

Sägezahnspannung 73,104
Saite 30,205
Sammellinse 15,21,149
Schallfeld 206
Schallgeschwindigkeit 37,207
Schallintensität 209,214
Schallschwelle 207
Schallwärme 210
Schallwelle 33,206
Schallwiderstand 209
Schärfentiefe 18
Schlag, elektrischer 77,78
Schreiber 106,108
Schutzkontakt-System 78
Schutz-Leiter 78
schwarzer Körper 375
Schwerefeld 122,172,174
Schwimmblase 176
Schwingung 30,204,259
  -, erzwungene 210
  -, harmonische 31,204
Schwingungsdauer 31
Schwingungsenergie 260
Sedimentation 176,181,183
Sedimentationsgleichgewicht 176,181, 334
Sedimentationskonstante 183,425
Sehweite, normale 18

Sehwinkel 19,21,24
Sekundärelektronenvervielfacher 110
Sekunde 423,425
Sicherung 99
Siedepunktserhöhung 361
Sievert 307,426
Sinus 31,413,417
Solarzelle 112
Spannung, elektrische 63,139
-, eingeprägte 91
-, elastische 199,200
-, induzierte 87
Spannungsabfall 91
Spannungskonstanthalter 98
Spannungsquelle 64,94,98
Spannungsteiler 93
Speicheroszillograph 106
Spektralanalyse 39,43,47
Spektralfarben 41
Spektralfotometer 245
Spektrallinie 235
Spektrograph 42,47
Spektrometrie 236
Spektrum 43,235
-, elektromagnetisches 55,56, 237,375
Sperrichtung 100
Spiegel 2
Spiegelbild 3
Spin 234,254
Spinquantenzahl 233
Spitzenspannung 74
Spreitungsdruck 223
Spule 87,133
Stabilitätsgrenze 409
Standardbedingungen 364,366
Standardkonzentration 344,359
Standardenthalpie, freie 359,364
Stoffmenge 170,423,426

Stoffmengenkonzentration 177,181, 246,325,326,360,382,394,427
Stokessche Linien 267
Stokessches Gesetz 193,390
Strahlenbelastung 306,310
Strahlenoptik 2
Strahlenschaden 308
Strahlenschutz 310
Strahlung, elektromagnetische 236,375
Strahlungsenergie 231
Streucharakteristik 253
Strömung, laminare 189,195
-, turbulente 195
Strom, elektrischer 60,132,423
Stromdichte 186
Stromglättung 101
Strommarken 78
Stromquelle 98
Stromrichtung, konventionelle 60,64
-, technische 60,64
Stromstärke 62,423
Südpol 77
Superposition 38
Svedberg 183,425
Szintillationsdetektor 314

Tangentialbeschleunigung 117
Teilchendichte 167,427
Temperatur 170,325,326,423
Temperaturfeld 372
Temperaturgradient 372
Temperaturregulation 377
Temperaturstrahlung 375
Termschema 234,241,273
thermische Emission 230
Thermistor 104
Thermolumineszenz 241
Thermosäule 105
Thermoumformer 76

Tonhöhe 214
Totalreflexion 7
Totzeit 319
Tracer 251,301
Trägheitsmoment 261
Trajektorie 115,149,161
Transformator 87
Translationsbewegung 165,335
Transmission 247
Transport, aktiver 402
 -, erleichterter 400
Transurane 287
Transversalschwingung 205
Trenntransformator 88
Tripelpunkt 356
Tritium 279,290,304
Tubuslänge 23

Uhr, biologische 410
Ultraschall 210
Untergrundstrahlung 319
Uran 288,300
 -Datierung 300
Ursprung 115,415

Vektor 54,413
Vektorfeld 54,121,186,418
Verdampfungswärme 361,379
Vergrößerung 12,14
 - der Lupe 21,22
 - des Mikroskops 24
Verkleinerung 12,14
Verschiebungsfeld 206
Verstärker 101
Verstärkungsfaktor 103
Vertikalablenkung 107
Verzerrung eines Signals 104
 -, elastische 199

Vielfachmeßinstrument 62
Viskosimeter 191
Viskosität 189,390
Volumen 425
Volt 64,423
Voltmeter 65,95,106

Wärme 350
Wärmeleitfähigkeit 373,378
Wärmeleitung 371
Wärmeleitungsgesetz 373
Wärmestrahlung 371,375,379
Wärmestrom 372
Wärmestromdichte 372
Wärmetönung 350
Wärmeübergangszahl 374,378
Wahrscheinlichkeitsverteilung 331
Wasserwelle 33,37
Watt 70,136,423
Wattsekunde 70
Wechselstrom, sinusförmiger 73
Weicheiseninstrument 77
Welle 33
 -, ebene 34
 -, elektromagnetische 53,55
 -, harmonische 34
 -, longitudinale 207
 - Teilchen-Dualismus 144,161,231, 236
 -, transversale 207
Wellenfront 34,37
Wellenlänge 35,144,207
Wellennormale 37
Wellenoptik 41
Wellenzahl 35,265
Widerstand 66,80,157
 -, spezifischer 67,159
Winkelgeschwindigkeit 118,178

Wirbeltierauge 18
Wurf 124

Zähigkeit 189
Zählrate 319
Zentrifugalkraft 179
Zentrifuge 178,181
Zeit 423,425
Zeitkonstante 87
Zellflüssigkeit 67,77,367,381
Zentimeterwellen 237
Zerfall, radioaktiver 283,287
Zerfallskonstante 284

Zerfallsrate 285
Zerfallsreihe 284
Zerstreuungslinse 14,149
Zugfestigkeit 202
Zungenpfeife 205
Zustand, stationärer 156
Zustandsgleichung 326,329,334
   -, kalorische 336
   -, thermische 170,326,336
Zustandsgröße, Zustandsvariable 165, 325,326
Zustandsraum 326
Zwischenbild 23

H. A. Stuart, G. Klages
Kurzes Lehrbuch der Physik
9., neubearbeitete Auflage. 1979. 366 Abbildungen, 21 Tabellen. XI, 292 Seiten
DM 54,-
ISBN 3-540-09450-4

In der Neuauflage konnte eine Straffung und größere Übersichtlichkeit dadurch erreicht werden, daß von einer rein induktiven Darstellung, die der historischen Entwicklung folgt, auf allen Gebieten abgegangen wurde. In diesem Sinne sind vor allem die Abschnitte über Akustik, Wärme sowie Optik und allgemeine Strahlungslehre, auch den Erfahrungen im Hochschulunterricht folgend, umgearbeitet worden. Dadurch werden SI-Einheiten und -Beziehungen verwendet; die Gegenstandskataloge für die ärztliche Vorprüfung und den Ersten Abschnitt der Pharmazeutischen Prüfung wurden berücksichtigt.

Gerthsen, Kneser, Vogel
Physik
Ein Lehrbuch zum Gebrauch neben Vorlesungen

13. Auflage neubearbeitet und erweitert von H. Vogel
1977. 885 Abbildungen, über 900 Aufgaben. XXVI, 768 Seiten
Gebunden DM 65,-
ISBN 3-540-07876-2

Der Text der 13. Auflage wurde gestrafft, so daß diese Auflage handlicher ist als die 12., trotz erheblicher Neufassungen und Erweiterungen. Diese betreffen vor allem den Festkörper, die Elementarteilchen und die Kosmologie. Hier wurde vor allem eine Einführung in moderne physikalische Gedankengänge angestrebt. Die theoretischen Techniken werden weniger betont, vielmehr soll gezeigt werden, wie mit wenig "Theorie", d. h. Mathematik, man auskommen kann – wenigstens als Nichtspezialist.
Fast alle "klassischen" Kapitel wurden ebenfalls überarbeitet und erweitert.

H.-U. Harten
Physik für Mediziner
Eine Einführung

Unter Mitarbeit von H. Nägerl, J. Schmidt, H.-D. Schulte
4. überarbeitete und ergänzte Auflage. 1980. 549 teilweise zweifarbige Abbildungen, 2 Tabellen, 2 Farbtafeln. XV, 373 Seiten
DM 48,-
ISBN 3-540-10315-5

Die 4., überarbeitete Auflage dieses Lehrbuches umfaßt die gesamte Physik, soweit sie für die Medizin von grundsätzlicher Bedeutung ist; entsprechend wird versucht, nach Möglichkeit physikalische Beispiele aus Medizin und Biologie heranzuziehen.
In der Stoffauswahl ist das Buch mit dem Gegenstandskatalog für die ärztliche Vorprüfung abgestimmt. Deshalb wendet es sich vor allem an Studenten der Human-, Zahn- und Veterinärmedizin, ist aber auch für Pharmazeuten und Biologen von Interesse.
Übersichtlicher Druck, der das Wichtigste besonders hervorhebt, und zahlreiche Abbildungen sollen dem Leser das Lesen erleichtern. Diesem Zweck dienen auch in den Text eingestreute Aufgaben, die zugleich eine zuverlässige Lernkontrolle bieten.

Springer-Verlag
Berlin
Heidelberg
New York

H. Haken
Synergetics
An Introduction

Nonequilibrium Phase Transitions and Self-Organization in Physics, Chemistry and Biology
Springer Series in Synergetics
2nd enlarged edition
1978. 152 figures, 4 tables. XII, 355 pages
Cloth DM 66,–
ISBN 3-540-08866-0

"Synergetics, according to Professor Haken, is the study of how component subsystems can interact to produce structure and coherent motion on a macroscopic scale. In fact it is a theory selforganisation with applications not only in physics and chemistry but also – biology and sociology. In this book an introduction is given to the basic physical ideas and mathematical methods to be used. The text is imaginatively written and well illustrated by an amazing variety of examples drawn from such diverse fields as laser physics, fluid dynamics, mechanical engineering, chemical reactions, ecology and morphogenesis. In particular I appreciated the care that Professor Haken had taken in introducing and making accessible topics and examples from other disciplines so that no specialized knowledge was required to read them. Correspondingly the mathematical tools have also been introduced with similar care and taken by themselves would form a good introduction to the study of probability and information theory, stochastic equations, Fokker Planck and master equations. There is also some discussion of the phase plane analysis of dynamic processes together with an elementary account of catastrophe theory. The formation of organized structures out of chaos represents fascinating and challenging problems. Professor Haken is to be congratulated in producing such a readable introduction to a subject still in its infancy."
Physics Bulletin

C. P. Slichter
Principles of Magnetic Resonance
2nd corrected printing of the 2nd revised and expanded edition. 1980. 115 figures, 9 tables.
XII, 397 pages
(Springer Series in Solid-State Sciences, Vol. 1)
Cloth DM 54,–
ISBN 3-540-08476-2

"...an improved introductory book... Slichter, a professor of physics, and his graduate students... are responsible for numerous original and significant research contributions that appear in the book. The clarity and style in which the book is written reveals Slichter's research expertise and talent as an excellent teacher and expositor... The referencing is so good that certain new priorities in research contributions to nmr appear that were not previously obvious..."
Physics Today

H. Haken, H. C. Wolf
Atom- und Quantenphysik
Eine Einführung in die experimentellen und theoretischen Grundlagen

1980. 228 Abbildungen, 21 Tabellen.
XIV, 365 Seiten
Gebunden DM 54,–
ISBN 3-540-09889-5

Dieses Lehrbuch wendet sich an Studenten der Physik, der Naturwissenschaften oder der Elektrotechnik ab 3. Semester. Die Atomphysik und die dazugehörige Quantentheorie bilden die Grundlage für viele moderne Gebiete der Physik, der Chemie, wie auch der Elektrotechnik. Dieses Lehrbuch führt sorgfältig und leicht verständlich in die Ergebnisse und Methoden der empirischen Atomphysik ein. Gleichzeitig wird dem Leser das Rüstzeug der Quantentheorie vermittelt, wobei die Wechselwirkung zwischen Experiment und Theorie besonders herausgearbeitet wird.
Die Autoren haben die neuesten Resultate mit berücksichtigt und behandeln u. a. die für Grundlagenforschung und Anwendungen gleichermaßen wichtige Laserphysik und nichtlineare Spektroskopie.

B. K. Agarwal
X-Ray Spectroscopy
An Introduction

1979. 188 figures, 31 tables. XIII, 418 pages
(Springer Series in Optical Sciences, Vol. 15)
ISBN 3-540-09268-4

X-ray spectroscopy has emerged as a powerful tool in research and in industrial laboratories. It is used in the study of metals, semiconductors, amorphous solids, liquids and gases.
This introduction to the field of X-ray spectroscopy relates the theory to the observations of research in these areas in simple and unambiguous language. The book begins with the basic principle behind the production of X-rays and goes on to detail their interaction with matter, and the recording and analysis of spectroscopic data. The author treats topics such as satellites, Auger spectra, photoelectron spectroscopy, and extended X-ray absorption fine structure (EXAFS). The book contains a comprehensive presentation of the subject and can be used as text for a one-year postgraduate course.

Springer-Verlag
Berlin
Heidelberg
New York

MIX
Papier aus verantwortungsvollen Quellen
Paper from responsible sources
FSC® C105338

If you have any concerns about our products,
you can contact us on
ProductSafety@springernature.com

In case Publisher is established outside the EU,
the EU authorized representative is:
**Springer Nature Customer Service Center GmbH
Europaplatz 3, 69115 Heidelberg, Germany**

Printed by Libri Plureos GmbH
in Hamburg, Germany